I. I. GICHMAN und A. W. SKOROCHOD

STOCHASTISCHE DIFFERENTIALGLEICHUNGEN

MATHEMATISCHE LEHRBÜCHER UND MONOGRAPHIEN

HERAUSGEGEBEN VON DER
DEUTSCHEN AKADEMIE DER WISSENSCHAFTEN ZU BERLIN
INSTITUTE FÜR MATHEMATIK

II. ABTEILUNG
MATHEMATISCHE MONOGRAPHIEN

BAND XXV

STOCHASTISCHE DIFFERENTIALGLEICHUNGEN

VON

I. I. GICHMAN und A. W. SKOROCHOD

AKADEMIE-VERLAG · BERLIN
1971

I. I. GICHMAN und A. W. SKOROCHOD

STOCHASTISCHE DIFFERENTIALGLEICHUNGEN

In deutscher Sprache herausgegeben von

Dr. HELGA BUNKE

AKADEMIE-VERLAG · BERLIN

1971

И. И. Гихман и А. В. Скороход
Стохастические дифференциальные уравнения

Erschienen im Verlag „Naukowa Dumka“, Kiew

Deutsche Übersetzung: Dr. Jurgis SZLAZA, Berlin

Erschienen im Akademie-Verlag GmbH, 108 Berlin, Leipziger Straße 3—4

Lizenz-Nr.: 202 · 100/586/71
Gesamtherstellung: VEB Druckerei „Thomas Müntzer“, 582 Bad Langensalza
Bestellnummer: 761 288 0 (5772) · ES 19 B 4/B 5
Printed in German Democratic Republic

INHALTSVERZEICHNIS

Teil II

Systeme von stochastischen Differentialgleichungen

EINLEITUNG

Die Untersuchung von Differentialgleichungen mit zufälligen Funktionen wird durch die immer größer werdenden Anforderungen der Mechanik, durch die Aufgaben der automatischen Steuerung, der Rundfunktechnik, und vieler Gebiete der theoretischen Physik bedingt. Die Anzahl der Arbeiten, die sich mit verschiedenen Problemen befassen, bei denen konkrete Gleichungen aus den soeben genannten einzelnen Wissenschaftszweigen auftreten, ist sehr groß (in unserem Literaturverzeichnis sind nur solche Arbeiten enthalten, die neuartige mathematische Ergebnisse beinhalten).

Bei der Betrachtung von Differentialgleichungen mit zufälligen Funktionen sind zwei Fälle zu unterscheiden. Im ersten Fall sind die in die Differentialgleichung eingehenden zufälligen Funktionen regulär genug, so daß man die Mehrzahl der mit der Untersuchung der Eigenschaften der Lösung zusammenhängenden Probleme mit den klassischen Methoden der Theorie der gewöhnlichen Differentialgleichungen lösen kann.[1]) Eine Ausnahme bildet die Aufgabe, die endlichdimensionalen Verteilungen (oder andere wahrscheinlichkeitstheoretische Charakteristiken) der Lösung aufzufinden. Bis jetzt läßt sich diese Aufgabe nur für lineare Gleichungen verhältnismäßig einfach lösen. Für nichtlineare Gleichungen gibt es noch keine allgemeinen Methoden zur Lösung dieses Problems.[2])

Im zweiten Fall hat man es mit Differentialgleichungen zu tun, die verallgemeinerte zufällige Prozesse von der Art des „weißen Rauschens" enthalten. Solche Gleichungen kann man als Grenzübergang von Gleichungen betrachten, welche Systeme beschreiben, die schnellveränderlichen Einflüssen unterworfen sind (Beispiele dafür sind der Schroteffekt in Rundfunksystemen, die auf ein Brownsches Teilchen einwirkende chaotische Wärmebewegung der Moleküle u. a.). Die klassischen Methoden lassen sich auf solche Gleichungen nicht anwenden, und es mußte für sie eine spezielle Theorie der stochastischen Diffe-

---

[1]) Zu stochastischen Differentialgleichungen dieses Typs ist in den letzten Jahren in mathematischen und ingenieurwissenschaftlichen Fachzeitschriften eine umfangreiche Literatur entstanden. (Anm. d. Herausg.)

[2]) Auch für lineare Gleichungen mit stochastischen Koeffizienten fehlt noch eine allgemeine Lösung. Das ist insbesondere im nichtlinearen Fall nicht verwunderlich, da eine allgemeine Lösung schon im deterministischen Spezialfall unbekannt ist. Eine numerische Methode findet man beispielsweise bei W. I. Tschernezki, Bestimmung der Wahrscheinlichkeitsverteilungsfunktion am Ausgang nichtlinearer Systeme der selbsttätigen Regelung, Isw. AN SSSR, OTN energet. i awtom., 2 (1961) (russ.). (Anm. d. Herausg.)

rentialgleichungen entwickelt werden. Im Unterschied zum ersten Fall existieren für die Lösungen solcher Gleichungen effektive Methoden zur Bestimmung der endlichdimensionalen Verteilungen. Diese Methoden basieren darauf, daß die Lösungen der Gleichungen MARKOWsche Prozesse darstellen. Somit besteht ein enger Zusammenhang zwischen der Theorie der stochastischen Differentialgleichungen und einem der wichtigsten Zweige der modernen Theorie der zufälligen Prozesse, den MARKOWschen Prozessen.

Der Ausdruck „stochastische Differentialgleichung" selbst stammt von S. N. BERNSTEIN [4, 5], der ein Differenzenschema zur Bestimmung einer MARKOWschen Kette mit nachfolgendem Grenzübergang in diesem Schema so benannt hat. Jedoch interessierte er sich nicht für den Grenzprozeß, sondern er untersuchte nur die Bedingungen der Existenz einer Grenzverteilung für die Folge der erhaltenen MARKOWschen Ketten. Obwohl die von S. N. BERNSTEIN entwickelten Methoden im weiteren in der Theorie der stochastischen Differentialgleichungen (im modernen Sinne) ihre Anwendung gefunden haben, kann man ihn jedoch nur mit einem gewissen Vorbehalt als Begründer dieser Theorie ansehen.

Bei der Entstehung der Theorie der stochastischen Differentialgleichungen hat die Arbeit von N. N. BOGOLJUBOW und N. M. KRYLOW [7] eine wichtige Rolle gespielt. In dieser Arbeit wurde zum ersten Mal die Grenzgleichung für ein dynamisches System unter Einwirkung einer zufälligen Kraft betrachtet, die beim Grenzübergang gegen einen Prozeß mit unabhängigen Werten strebt. Die Autoren haben nachgewiesen, daß man als Grenzwert einen MARKOWschen Prozeß erhält, und leiteten für seine Übergangswahrscheinlichkeiten die FOKKER-PLANCKsche Gleichung her. Jedoch ist in dieser Arbeit der Grenzübergang unzureichend begründet worden. Eine solche Begründung ist von I. I. GICHMAN [14, 15] vorgenommen worden. Dabei wurde mit der systematischen Untersuchung von Differentialgleichungen mit zufälligen Funktionen begonnen. In den Arbeiten [16, 17] definiert I. I. GICHMAN den allgemeinen Begriff der stochastischen Differentialgleichung. Dort sind auch Sätze über die Existenz und Eindeutigkeit solcher Gleichungen und die Differenzierbarkeit der Lösungen nach den Anfangsbedingungen bewiesen worden. Weiterhin wurden die Gleichungen von A. N. KOLMOGOROW für die Übergangswahrscheinlichkeiten der Lösungen hergeleitet.

Zur gleichen Zeit wurde von dem japanischen Mathematiker K. ITÔ [48—52], der sich damals mit der Untersuchung von stetigen MARKOWschen Prozessen befaßte, unabhängig von den oben genannten Arbeiten eine ähnliche Theorie der stochastischen Differentialgleichungen aufgebaut, die sich auf den Begriff des stochastischen Integrals stützt.[1]) Später hat er seine Gleichungen so ver-

---

[1]) Das Hauptanliegen von K. ITÔ war die Konstruktion MARKOWscher Prozesse, deren Übergangswahrscheinlichkeiten einer gegebenen KOLMOGOROWschen Gleichung genügen. Dementsprechend hat sich die Theorie der stochastischen Differentialgleichungen als selbständige Theorie und nicht als Verallgemeinerung der Theorie der gewöhnlichen Differentialgleichungen entwickelt. In gewissen Fällen spiegelt der einfache Übergang

allgemeinert, daß er auch unstetige eindimensionale MARKOWsche Prozesse betrachten konnte.

Im weiteren sind stochastische Differentialgleichungen von verschiedenen Autoren untersucht worden. Dabei wurden die Bedingungen für die Existenz und Eindeutigkeit präzisiert, stochastische Gleichungen für Prozesse mit Grenzen hergeleitet, die Abhängigkeit der Lösungen von einem Parameter untersucht, asymptotische Entwicklungen konstruiert, das BOGOLJUBOWsche Mittelungsverfahren für solche Gleichungen begründet, die Gleichungen für unstetige mehrdimensionale MARKOWsche Prozesse hergeleitet, die Stabilitätsbedingungen untersucht und Ergodensätze aufgestellt. Die Darlegung der Theorie der stochastischen Differentialgleichungen, die in den Büchern über die Theorie der zufälligen Prozesse [26, 35, 28, 22] enthalten ist, spiegelt den gegenwärtigen Stand dieser Theorie nicht im geringsten wider. Die Autoren versuchen mit ihrem Buch die bestehende Lücke zu beseitigen.[1])

Das Buch besteht aus zwei Teilen. Im ersten Teil wird die Theorie der eindimensionalen stochastischen Gleichung dargelegt, deren Lösung ein MARKOWscher Diffusionsprozeß ist. Die Betrachtung dieser Gleichung ist durch zwei Umstände gerechtfertigt: Einerseits treten in diesem einfachsten Fall die Hauptideen der Theorie klarer hervor, andererseits kann man für diese Gleichung mehr Resultate und verschiedene Resultate in endgültiger Form erhalten.

Der zweite Teil enthält eine allgemeinere Definition der stochastischen Differentialgleichung, die auf dem Begriff des Kurvenintegrals längs einer zufälligen Kurve basiert. Eine solche Definition erlaubt, alle unterschiedlichen Formen von stochastischen Differentialgleichungen zu erfassen und für sie Fragen der Existenz, der Eindeutigkeit, der Abhängigkeit von einem Parameter usw. zu lösen. Hier werden auch mehrdimensionale Gleichungen und Gleichungen für unstetige Prozesse betrachtet.

---

von der gewöhnlichen Differentialgleichung zur ITÔ-Differentialgleichung im Fall des „weißen Rauschens“ die technische Situation nicht richtig wieder. Dann muß entweder die Gestalt der Differentialgleichung oder die Definition des stochastischen Integrals modifiziert werden. Siehe etwa R. L. STRATONOWITSCH, Eine neue Darstellungsform stochastischer Integrale und Gleichungen, Westnik Moskowsk. Univ. Nr. 1 (1964) (russ.); E. WONG and M. ZAKAI, On the relation between ordinary and stochastic differential equations, Intern. J. Engng. Sci. **3** (1965), 213–229; A. H. GRAY and T. K. CANGHEY, A controversy in problems involving random exitation, J. Math. Phys. **44** (1965), 288–296. (Anm. d. Herausg.)

[1]) Nachdem das Manuskript des vorliegenden Buches fertig war, haben die Autoren von der Existenz der Monografie von DE DJU GEN [24] erfahren, die ebenfalls der Theorie der stochastischen Differentialgleichungen gewidmet ist.

TEIL I

EINDIMENSIONALE STOCHASTISCHE DIFFERENTIALGLEICHUNGEN ERSTER ORDNUNG

KAPITEL I

STOCHASTISCHE INTEGRALE UND DIFFERENTIALE

§ 1. Der WIENERprozeß

Ein Prozeß $w(t)$ heißt WIENER*prozeß*, wenn er für $t \geqq 0$ definiert und ein homogener GAUSSprozeß mit unabhängigen Zuwächsen ist, für den $w(0) = 0$, $\boldsymbol{M}\, w(t) = 0$, $\boldsymbol{D}\, w(t) = t$ gilt. Aus dieser Definition folgt, daß die Verteilung $w(t + h) - w(t)$ mit der Verteilung $w(h)$ übereinstimmt und eine Normalverteilung mit Mittelwert Null und Dispersion h darstellt, d. h.

$$\boldsymbol{P}\{a < w(h) < b\} = \frac{1}{\sqrt{2\pi h}} \int_b^a e^{-\frac{u^2}{2h}}\, du ,$$

und daß die charakteristische Funktion der Größe $w(h)$ durch die Formel

$$\boldsymbol{M}\, e^{i z w(h)} = e^{-\frac{z^2 h}{2}}$$

gegeben ist.

Offenbar ist ein Prozeß $w(t)$ genau dann ein WIENERprozeß, wenn für beliebige n, $0 = t_0 < t_1 < \cdots < t_n$ und $z_0, z_1, \ldots, z_n$ die Beziehung

$$\boldsymbol{M} \exp\left\{i \sum_{k=1}^{n} z_k\,[w(t_k) - w(t_{k-1})] + i\, z_0\, w(t_0)\right\} = \exp\left\{-\frac{1}{2} \sum_{k=1}^{n} z_k^2 (t_k - t_{k-1})\right\} \qquad (1)$$

gilt. Diese Formel werden wir zum Nachweis der Tatsache benutzen, daß ein gegebener Prozeß ein WIENERprozeß ist. Im folgenden betrachten wir nur den separablen WIENERprozeß, der mit Wahrscheinlichkeit 1 stetig ist. Wir formulieren nun ohne Beweis ein Lemma.

Lemma 1. *Für jedes $T > a$ und $x > 0$ gilt die Formel*

$$\boldsymbol{P}\left\{\sup_{0 \leqq t \leqq T} w(t) > x\right\} = 2\,\boldsymbol{P}\{w(t) > x\} = \frac{2}{\sqrt{2\pi}} \int_x^\infty e^{-\frac{u^2}{2T}}\, du .$$

Folgerung 1. Für jedes $\varepsilon > 0$ und $m > 0$ existiert eine solche Konstante $L_m(\varepsilon)$, daß die Ungleichung

$$\boldsymbol{P}\left\{\sup_{0 \leqq s \leqq t} |w(s)| > \varepsilon\right\} \leqq L_m(\varepsilon)\, t^m$$

erfüllt ist.

Aus der Symmetrie des Prozesses $w(t)$ $\bigl(-w(t)$ hat die gleichen Verteilungen wie $w(t)\bigr)$ folgt nämlich

$$P\left\{\sup_{0\leqq s\leqq t}|w(s)|>\varepsilon\right\}\leqq P\left\{\sup_{0\leqq s\leqq t}w(s)>\varepsilon\right\}+P\left\{\sup_{0\leqq s\leqq t}\bigl(-w(s)\bigr)>\varepsilon\right\}$$

$$\leqq\frac{4}{\sqrt{2\pi t}}\int\limits_{\varepsilon}^{\infty}e^{-\frac{u^2}{2t}}du\leqq\frac{4}{\sqrt{2\pi t}}\int\limits_{\varepsilon}^{\infty}\frac{u^{2m}}{\varepsilon^{2m}}e^{-\frac{u^2}{2t}}du$$

$$\leqq\frac{4\,t^m}{\sqrt{2\pi}\,\varepsilon^{2m}}\int\limits_0^{\infty}u^{2m}\,e^{-\frac{u^2}{2}}du\,.$$

Das Hauptergebnis dieses Paragraphen stellt der folgende von J. L. Doob bewiesene Satz dar.

Satz 1. *Der Prozeß $\xi(t)$ sei für $t\geqq 0$ definiert und mit Wahrscheinlichkeit* 1 *stetig, $\xi(0)=0$, und für alle $t\geqq 0$ seien die σ-Algebren $\mathfrak{F}_t$ definiert, wobei $\mathfrak{F}_{t_1}\subset\mathfrak{F}_{t_2}$ für $t_1<t_2$ ist. Der Prozeß $\xi(t)$ ist ein* Wiener*prozeß, wenn folgende Bedingungen erfüllt sind:*

1. *Für alle $t\geqq 0$ ist die Größe $\xi(t)$ $\mathfrak{F}_t$-meßbar.*

2. *Mit Wahrscheinlichkeit* 1 *ist* $M([\xi(t+h)-\xi(t)]/\mathfrak{F}_t)=0$ *für alle* $t\geqq 0$ *und* $h>0$.

3. *Mit Wahrscheinlichkeit* 1 *ist* $M([\xi(t+h)-\xi(t)]^2/\mathfrak{F}_t)=h$ *für alle* $t\geqq 0$, $h>0$.

Beweis. Wir bestimmen die bedingte charakteristische Funktion der Größe $\xi(t+h)-\xi(t)$ unter der Bedingung $\mathfrak{F}_t$:

$$M\,[e^{iz(\xi(t+h)-\xi(t))}/\mathfrak{F}_t]\,.$$

Wir setzen $w_{k+1}^n=\xi\left(t+\frac{k+1}{n}h\right)-\xi\left(t+\frac{k}{n}h\right)$. Dann ist

$$M(\exp\{iz[\xi(t+h)-\xi(t)]\}/\mathfrak{F}_t)=M\left(\exp\left\{iz\sum_{k=1}^{n}w_k^n\right\}\Big/\mathfrak{F}_t\right)$$

$$=e^{-\frac{hz^2}{2}}+\sum_{r=0}^{n-1}M\left[\left(e^{iz\sum\limits_{k=1}^{r+1}w_k^n}-e^{iz\sum\limits_{k=1}^{r}w_k^n-\frac{hz^2}{2n}}\right)\Big/\mathfrak{F}_t\right]e^{-\frac{n-r}{2n}hz^2}.$$

Wir schätzen nun die Differenz ab. Es gilt

$$\boldsymbol{M}\left[\exp\left\{i\,z\sum_{k=1}^{r} w_k^n\right\}\left(e^{i\,z\,w_{r+1}^n}-e^{-\frac{h\,z^2}{2\,n}}\right)\Big/\mathfrak{F}_t\right]$$

$$=\boldsymbol{M}\left[\exp\left\{i\,z\sum_{k=1}^{r} w_k^n\right\}\boldsymbol{M}\left(e^{i\,z\,w_{r+1}^n}-e^{-\frac{h\,z^2}{2\,n}}\Big/\mathfrak{F}_{t+\frac{r}{n}h}\right)\Big/\mathfrak{F}_t\right]$$

$$=\boldsymbol{M}\left[\exp\left\{i\,z\sum_{k=1}^{r} w_k^n\right\}\boldsymbol{M}\left(e^{i\,z\,w_{r+1}^n}-1-i\,z\,w_{r+1}^n+\frac{z^2}{2}(w_{r+1}^n)^2\Big/\mathfrak{F}_{t+\frac{r}{n}h}\right)\Big/\mathfrak{F}_t\right]$$

$$+\boldsymbol{M}\left[\exp\left\{i\,z\sum_{k=1}^{r} w_k^n\right\}\left(1-\frac{z^2}{2n}h-e^{-\frac{h\,z^2}{2\,n}}\right)\Big/\mathfrak{F}_t\right].$$

Berücksichtigen wir die Beziehung $e^{-\alpha}-1+\alpha=O(\alpha^2)$, so erhalten wir

$$\left|\boldsymbol{M}(\exp\{i\,z\,[\xi(t+h)-\xi(t)]\}/\mathfrak{F}_t)-e^{-\frac{h\,z^2}{2}}\right|$$

$$\leqq O\left(\frac{h^2}{n}\right)+\sum_{r=0}^{n-1}\boldsymbol{M}\left\{\left|\boldsymbol{M}\left(e^{i\,z\,w_{r+1}^n}-1-i\,z\,w_{r+1}^n+\frac{z^2}{2}(w_{r+1}^{(n)})\Big/\mathfrak{F}_{t+\frac{r}{n}h}\right)\right|\Big/\mathfrak{F}_t\right\}.$$

Wir zeigen nun, daß $\boldsymbol{M}[(\xi(t+h)-\xi(t))^4/\mathfrak{F}_t]\leqq 3\,h^2$ ist. Da für $\delta>0$

$$\sum_{k=1}^{n}(w_k^n)^{2+\delta}\leqq\max_k(w_k^n)^\delta\sum_{k=1}^{n}(w_k^n)^2$$

gilt, die Größen $\sum_{k=1}^{n}(w_k^n)^2$ wegen $\boldsymbol{M}\sum_{k=1}^{n}(w_k^n)^2=h$ in Wahrscheinlichkeit beschränkt sind und infolge der Stetigkeit von $\xi(t)$

$$\max_k(w_k^n)^\delta\to 0$$

mit Wahrscheinlichkeit 1 ist, gilt

$$[\xi(t+h)-\xi(t)]^4=\lim\left[\left(\sum_{k=1}^{n}w_k^n\right)^4+3\sum_{k=1}^{n}(w_k^n)^4-4\sum_{k=1}^{n}(w_k^n)^3\sum_{k=1}^{n}w_k^n\right]$$

im Sinne der Konvergenz in Wahrscheinlichkeit. Demzufolge haben wir

$$\boldsymbol{M}\{[\xi(t+h)-\xi(t)]^4/\mathfrak{F}_t\}$$

$$\leqq\overline{\lim_{n\to\infty}}\,\boldsymbol{M}\left(\left[\left(\sum_{k=1}^{n}w_k^n\right)^4+3\sum_{k=1}^{n}(w_k^n)^4-4\sum_{k=1}^{n}(w_k^n)^3\sum_{k=1}^{n}w_k^n\right]\Big/\mathfrak{F}_t\right)$$

$$\leqq\overline{\lim_{n\to\infty}}\,6\,\boldsymbol{M}\left(\sum_{k<j}(w_k^n)^2(w_j^n)^2/\mathfrak{F}_t\right)=6\,\overline{\lim}\,\boldsymbol{M}\left[\sum_{k<j}(w_k^n)^2\boldsymbol{M}\left([w_j^n]^2/\mathfrak{F}_{t+\frac{j-1}{n}h}\right)\Big/\mathfrak{F}_t\right]$$

$$=\lim 6\,\frac{n(n-1)}{2}\cdot\frac{h^2}{n^2}\leqq 3\,h^2$$

wegen

$$\boldsymbol{M}[w_k^n\,w_j^n\,w_l^n\,w_r^n/\mathfrak{F}_t]=0\qquad\text{für}\qquad k\leqq j\leqq l<r$$

und

$$\boldsymbol{M}\,[w_k^n\, w_j^n\, [w_l^n]^2/\mathfrak{F}_t] = \frac{h}{n}\,\boldsymbol{M}(w_k^n\, w_j^n/\mathfrak{F}_t) = 0 \qquad \text{für} \quad k < j < l\,.$$

Als Folgerung finden wir

$$\boldsymbol{M}\,(|\xi\,(t+h) - \xi(t)|^3/\mathfrak{F}_t)$$
$$\leqq \sqrt{\boldsymbol{M}\,[(\xi\,(t+h) - \xi(t))^2/\mathfrak{F}_t]\,\boldsymbol{M}\,(|\xi\,(t+h) - \xi(t)|^4/\mathfrak{F}_t)} \leqq \sqrt{3}\,h^{3/2}\,.$$

Also ist

$$\boldsymbol{M}\left(|w_k^n|^3/\mathfrak{F}_{t+\frac{k-1}{n}h}\right) = O\left(\frac{h}{n}\right)^{3/2}.$$

Wegen $\left|e^{izx} - 1 - izx + \frac{z^2 x^2}{2}\right| \leqq \frac{|zx|^3}{6}$ ist

$$\sum_{r=0}^{n-1} \boldsymbol{M}\left\{\left|e^{izw_{r+1}^n} - 1 - iz\,w_{r+1}^n + \frac{z^2}{2}\,(w_{r+1}^n)^2\right|\Big/\mathfrak{F}_t\right\} \leqq \frac{|z|^3}{6}\,n\,O\left(\frac{h}{n}\right)^{3/2} = O\left(\frac{1}{\sqrt{n}}\right).$$

Somit haben wir bewiesen, daß

$$\boldsymbol{M}\,[\exp\{i\,z\,(\xi\,(t+h) - \xi(t))\}/\mathfrak{F}_t] = e^{-\frac{z^2 h}{2}}$$

gilt. Demzufolge ist für $0 = t_0 < t_1 < \cdots < t_n$ die Beziehung

$$\boldsymbol{M}\exp\left\{i\sum_{k=1}^{n} z_k\,(\xi(t_k) - \xi(t_{k-1}))\right\}$$
$$= \boldsymbol{M}\exp\left\{i\sum_{k=1}^{n-1} z_k\,[\xi(t_k) - \xi(t_{k-1})]\right\}\boldsymbol{M}\,(\exp\{i\,z_n\,[\xi(t_n) - \xi(t_{n-1})]\}/\mathfrak{F}_{t_{n-1}})$$
$$= \boldsymbol{M}\exp\left\{i\sum_{k=1}^{n-1} z_k\,[\xi(t_k) - \xi(t_{k-1})]\right\} e^{\frac{-z_n^2(t_n - t_{n-1})}{2}}$$

erfüllt, d. h., für $\xi(t)$ gilt die Formel (1). Der Satz ist damit bewiesen.

Bemerkung 1. Aus dem Beweis des Satzes folgt, daß die Formel

$$\boldsymbol{M}\exp\left\{i\,z_0\,\eta + i\sum_{k=1}^{n} z_k\,(\xi(t_k) - \xi(t_{k-1}))\right\} = \boldsymbol{M}\,e^{i z_0 \eta}\exp\left\{-\frac{1}{2}\sum_{k=1}^{n}(t_k - t_{k-1})\,z_k^2\right\}$$

gilt, wenn η $\mathfrak{F}_0$-meßbar ist; deshalb ist der Prozeß $\xi(t)$ von der σ-Algebra $\mathfrak{F}_0$ unabhängig.

§ 2. Das stochastische Integral

In diesem Paragraphen wird mit dem Wienerprozeß das stochastische Integral

$$\int_0^T f(t)\,dw(t) \qquad (1)$$

definiert.

Wir bestimmen zuerst die Klasse der zufälligen Funktionen (Prozesse), für die das Integral (1) definiert wird.

Es seien für alle $t \in [0, T]$ σ-Algebren $\mathfrak{F}_t$ von Ereignissen definiert, die folgende Eigenschaften haben: a) Für $t_1 < t_2$ gilt die Inklusion $\mathfrak{F}_{t_1} \subset \mathfrak{F}_{t_2}$; b) $w(t)$ ist $\mathfrak{F}_t$-meßbar; c) der Prozeß $w_t(s) = w(t + s) - w(t)$ (t ist fest, s das Argument) ist unabhängig von der σ-Algebra $\mathfrak{F}_t$. Sind der Wahrscheinlichkeitsraum und der Prozeß $w(t)$ gegeben, dann kann man als σ-Algebra $\mathfrak{F}_t$ die Menge aller vom Prozeß $w_s(t)$ unabhängigen Ereignisse betrachten. Wir bezeichnen mit $H_2[0, T]$ den Raum der für $t \in [0, T]$ definierten und für jedes t $\mathfrak{F}_t$-meßbaren zufälligen Funktionen $f(t)$, für die das Integral

$$\int_0^T f^2(t)\,dt$$

mit Wahrscheinlichkeit 1 endlich ist. Im weiteren wird gezeigt, daß man das Integral (1) für alle $f(t)$ aus $H_2[0, T]$ so definieren kann, daß dieses Integral folgende Eigenschaften besitzt.

I. Gehören f_1 und f_2 zu $H_2[0, T]$ und sind α_1 und α_2 Zufallsgrößen, für die $\alpha_1 f_1(t) + \alpha_2 f_2(t)$ dem Raum $H_2[0, T]$ angehört, dann ist

$$\int_0^T [\alpha_1 f_1(s) + \alpha_2 f_2(s)]\,dw(s) = \alpha_1 \int_0^T f_1(s)\,dw(s) + \alpha_2 \int_0^T f_2(s)\,dw(s)\,.$$

II. Ist $\chi_{[\alpha,\beta]}(t)$ die charakteristische Funktion des Intervalls $[\alpha, \beta)$ aus $[0, T]$, dann ist

$$\int_0^T \chi_{[\alpha,\beta]}(t)\,dw(t) = w(\beta) - w(\alpha)\,.$$

III. Ist $f \in H_2[0, T]$ und $\int_0^T \boldsymbol{M} f^2(t)\,dt < \infty$, dann ist

$$\boldsymbol{M} \int_0^T f(t)\,dw(t) = 0\,, \qquad \boldsymbol{M}\left(\int_0^T f(t)\,dw(t)\right)^2 = \int_0^T \boldsymbol{M} f^2(t)\,dt\,.$$

IV. Für alle $f \in H_2[0, T]$, $C > 0$ und $N > 0$ gilt die Ungleichung

$$\boldsymbol{P}\left\{\left|\int_0^T f(t)\,dw(t)\right| > C\right\} \leqq \boldsymbol{P}\left\{\int_0^T f^2(t)\,dt > N\right\} + \frac{N}{C^2}\,.$$

Die Eigenschaften I und II sind Eigenschaften des gewöhnlichen Stieltjes-Integrals. Aus ihnen folgt, daß für eine Treppenfunktion aus $H_2[0, T]$, d. h. für eine Funktion $f(t)$, für die eine Aufteilung des Intervalls $[0, T]$ $(0 = t_0 < < t_1 < \cdots < t_m = T)$ existiert, so daß $f(t) = f(t_k)$ für $t_k \leqq t < t_{k+1}$ ist, das Integral (1) die Gestalt

$$\int_0^T f(t)\,dw(t) = \sum_{k=0}^{m-1} f(t_k)\,[w(t_{k+1}) - w(t_k)]$$

hat.

Wir überprüfen für Treppenfunktionen die Eigenschaft III. Es sei bemerkt, daß $f(t_k)$ und $w(t_{k+1}) - w(t_k)$ unabhängig sind, da $f(t_k)$ $\mathfrak{F}_{t_k}$-meßbar ist. Deshalb ist

$$\boldsymbol{M} f(t_k)\,[w(t_{k+1}) - w(t_k)] = \boldsymbol{M} f(t_k)\,\boldsymbol{M}\,[w(t_{k+1}) - w(t_k)] = 0\,,$$

falls $\boldsymbol{M}\,|f(t_k)| < \infty$ ist. In diesem Fall ist $\boldsymbol{M} \int_0^T f(t)\,dw(t) = 0$. Aus der Bedingung $\int_0^T \boldsymbol{M} f^2(t)\,dt < \infty$ folgt, daß $\boldsymbol{M} f^2(t_k) < \infty$ gilt, da

$$\int_0^T \boldsymbol{M} f^2(t)\,dt = \sum_{k=0}^{m-1} \boldsymbol{M} f^2(t_k)\,(t_{k+1} - t_k)$$

ist. Ferner haben wir wegen der Unabhängigkeit von $f^2(t_k)$ und $[w(t_{k+1}) - w(t_k)]^2$

$$\boldsymbol{M} f^2(t_k)\,[w(t_{k+1}) - w(t_k)]^2 = \boldsymbol{M} f^2(t_k)\,(t_{k+1} - t_k)\,. \tag{2}$$

Demzufolge ist für $k < j$

$$\boldsymbol{M}\,|f(t_k)\,\big(w(t_{k+1}) - w(t_k)\big)\,f(t_j)| \leqq \sqrt{\boldsymbol{M} f^2(t_k)\,[t_{k+1} - t_k]}\,\sqrt{\boldsymbol{M} f^2(t_j)} < \infty\,.$$

Berücksichtigen wir für $k < j$ die Unabhängigkeit der Größen $f(t_k)\,[w(t_{k+1}) - w(t_k)]\,f(t_j)$ (diese Größe ist $\mathfrak{F}_{t_j}$-meßbar) und $w(t_{j+1}) - w(t_j)$ sowie die Existenz der Erwartungswerte für diese Größen, so erhalten wir

$$\begin{aligned}&\boldsymbol{M} f(t_k)\,\big(w(t_{k+1}) - w(t_k)\big)\,f(t_j)\,\big(w(t_{j+1}) - w(t_j)\big)\\ &= \boldsymbol{M} f(t_k)\,\big(w(t_{k+1}) - w(t_k)\big)\,f(t_j)\,\boldsymbol{M}\,\big(w(t_{j+1}) - w(t_j)\big) = 0\,.\end{aligned}$$

Aus den Formeln (2) und (3) folgt die Gleichung

$$\begin{aligned}\boldsymbol{M}\left(\int_0^T f(t)\,dw(t)\right)^2 &= \boldsymbol{M}\left(\sum_{k=0}^{m-1} f(t_k)\,\big(w(t_{k+1}) - w(t_k)\big)\right)^2\\ &= \boldsymbol{M} \sum_{k=0}^{m-1} f^2(t_k)\,\big(w(t_{k+1}) - w(t_k)\big)^2\\ &\quad + 2\,\boldsymbol{M} \sum_{k<j} f(t_k)\,\big(w(t_{k+1}) - w(t_k)\big)\,f(t_j)\,\big(w(t_{j+1}) - w(t_j)\big)\\ &= \int_0^T \boldsymbol{M} f^2(t)\,dt\,.\end{aligned}$$

Wir zeigen nun, daß für Treppenfunktionen aus der Eigenschaft III die Eigenschaft IV folgt. Jeder Treppenfunktion $f(t)$ ordnen wir folgendermaßen eine Treppenfunktion $\varphi_N(t)$ zu: Ist $f(t)$ auf den Intervallen $[t_k, t_{k+1})$, $k = 0, \ldots, m-1$, konstant, dann setzen wir dort $\varphi_N(t) = f(t)$, wenn $\sum_{j=0}^{k} f^2(t_j)\,(t_{j+1} - t_j) \leqq N$, und $\varphi_N(t) = 0$, wenn $\sum_{j=0}^{k} f^2(t_j)\,(t_{j+1} - t_j) > N$ ist. Die Funktion $\varphi_N(t)$ gehört zu $H_2[0, T]$, sobald $f(t) \in H_2[0, T]$ ist. Offensichtlich gilt

$$\int_0^T \varphi_N^2(t)\,dt = \sum_{j=0}^{\nu} f^2(t_j)\,(t_{j+1} - t_j)\,,$$

wobei ν die größte ganze Zahl ist, für die $\sum_{j=0}^{\nu} f^2(t_j)\,(t_{j+1} - t_j) \leqq N$ gilt. Deshalb erhalten wir

$$\boldsymbol{M} \int_0^T \varphi_N^2(t)\,dt = \int_0^T \boldsymbol{M}\,\varphi_N^2(t)\,dt \leqq N\,.$$

Ferner ist $f(t) - \varphi_N(t) = 0$ für alle $t \in [0, T]$, sobald $\int_0^T f^2(t)\,dt \leqq N$ ist. Folglich haben wir

$$\boldsymbol{P}\left\{\left|\int_0^T f(t)\,dw(t)\right| > C\right\} \leqq \boldsymbol{P}\left\{\left|\int_0^T \varphi_N(t)\,dw(t)\right| > C\right\}$$

$$+ \boldsymbol{P}\left\{\int_0^T f(t)\,dw(t) \neq \int_0^T \varphi_N(t)\,dw(t)\right\}$$

$$\leqq \frac{\boldsymbol{M}\left[\int_0^T \varphi_N(t)\,dw(t)\right]^2}{C^2} + \boldsymbol{P}\left\{\int_0^T f^2(t)\,dt > N\right\} \leqq \frac{N}{C^2} + \boldsymbol{P}\left\{\int_0^T f^2(t)\,dt > N\right\}.$$

Die Eigenschaft IV ist somit für Treppenfunktionen nachgewiesen.

Es sei nun $f(t)$ eine Funktion aus $H_2[0, T]$, für die eine Folge von Treppenfunktionen $g_n(t)$ aus $H_2[0, T]$ eixstiert, so daß

$$\lim_{n\to\infty} \boldsymbol{M} \int_0^T [f(t) - g_n(t)]^2\,dt = 0$$

ist. Dann ist auch

$$\lim_{\substack{n\to\infty\\ m\to\infty}} \boldsymbol{M} \int_0^T [g_n(t) - g_m(t)]^2\,dt = 0$$

und folglich

$$\lim_{\substack{n\to\infty\\ m\to\infty}} \boldsymbol{M}\left[\int_0^T g_n(t)\,dw(t) - \int_0^T g_m(t)\,dw(t)\right]^2 = \lim_{\substack{n\to\infty\\ m\to\infty}} \boldsymbol{M} \int_0^T [g_n(t) - g_m(t)]^2\,dt = 0\,.$$

Somit ist die Folge der Zufallsgrößen $\int_0^T g_n(t)\,dw(t)$ eine Fundamentalfolge im Sinne der Konvergenz im quadratischen Mittel; sie konvergiert deshalb gegen einen Grenzwert, den wir mit $\int_0^T f(t)\,dw(t)$ bezeichnen werden. Die Werte dieses Grenzwertes für zwei verschiedene Folgen $g_n(t)$ und $\tilde{g}_n(t)$ sind offensichtlich mit Wahrscheinlichkeit 1 gleich, so daß die Definition des stochastischen Integrals von der Wahl der Folge $g_n(t)$ unabhängig ist. Bei der Konvergenz der Zufallsgrößen im quadratischen Mittel konvergieren auch ihre Momente der ersten beiden Ordnungen. Deshalb ist

$$\boldsymbol{M} \int_0^T f(t)\,dw(t) = \lim_{n\to\infty} \boldsymbol{M} \int_0^T g_n(t)\,dw(t) = 0\,,$$

$$\boldsymbol{M}\left(\int_0^T f(t)\,dw(t)\right)^2 = \lim_{n\to\infty} \boldsymbol{M}\left(\int_0^T g_n(t)\,dw(t)\right)^2 = \lim_{n\to\infty} \int_0^T \boldsymbol{M}\,g_n^2(t)\,dt = \int_0^T \boldsymbol{M} f^2(t)\,dt\,.$$

Für die betrachtete Klasse von Funktionen $f(t)$ ist somit die Eigenschaft III erfüllt. Die Eigenschaft IV läßt sich aus der Eigenschaft III genauso wie für Treppenfunktionen herleiten, wenn wir

$$\varphi_N(t) = f(t)\,\chi_N\left(\int_0^T f^2(s)\,\mathrm{d}s\right)$$

setzen, wobei $\chi_N(x) = 1$ für $x \leqq N$ und $\chi_N(x) = 0$ für $x > N$ ist.

Es sei nun $f(t) \in H_2[0, T]$. Dann kann man eine Folge von Treppenfunktionen $g_n(t)$ konstruieren, für die in Wahrscheinlichkeit $\int_0^T [g_n(t) - f(t)]^2\,\mathrm{d}t \to 0$ gilt. Demzufolge ist für ein beliebiges $\varepsilon > 0$

$$\lim_{\substack{n\to\infty\\ m\to\infty}} \boldsymbol{P}\left\{\int_0^T [g_n(t) - g_m(t)]^2\,\mathrm{d}t > \varepsilon\right\} = 0\,.$$

Indem wir beliebige $\varepsilon > 0$ und $\varrho > 0$ wählen und die Eigenschaft IV verwenden, die für stufenförmige Prozesse nachgewiesen wurde, können wir die folgende Ungleichung schreiben:

$$\boldsymbol{P}\left\{\left|\int_0^T g_n(t)\,\mathrm{d}w(t) - \int_0^T g_m(t)\,\mathrm{d}w(t)\right| > \varepsilon\right\} \leqq \varrho + \boldsymbol{P}\left\{\int_0^T [g_n(t) - g_m(t)]^2\,\mathrm{d}t > \varepsilon^2\varrho\right\}.$$

Hieraus folgt, daß die Folge der Zufallsgrößen $\int_0^T g_n(t)\,\mathrm{d}w(t)$ fundamental im Sinne der Konvergenz in Wahrscheinlichkeit ist. Deshalb konvergiert sie gegen einen gewissen Grenzwert (in Wahrscheinlichkeit), der von der Wahl der Folge $g_n(t)$ unabhängig ist. Dieser Grenzwert ist nach der Definition das Integral

$$\int_0^T f(t)\,\mathrm{d}w(t)\,.$$

Für den allgemeinen Fall ergeben sich die Eigenschaften I, II, IV aus der Gültigkeit dieser Eigenschaften für Treppenfunktionen und der Möglichkeit des Grenzüberganges.

Bemerkung 1. Wenn $f(t) \in H_2[0, T]$ und $\chi_{[\alpha,\beta)}(t)$ die charakteristische Funktion des Intervalls $[\alpha, \beta) \subset [0, T]$ ist, dann bezeichnen wir $\int_0^T \chi_{[\alpha,\beta)}(t)\,f(t)\,\mathrm{d}w(t)$ mit $\int_\alpha^\beta f(t)\,\mathrm{d}w(t)$. Es sei ξ eine beschränkte $\mathfrak{F}_\alpha$-meßbare Größe und $\boldsymbol{M}\int_0^T f^2(t)\,\mathrm{d}t < \infty$. Dann ist

$$\xi\,\chi_{[\alpha,\beta)}(t)\,f(t) \in H_2[0, T] \quad \text{und} \quad \int_0^T \boldsymbol{M}\,\xi^2\,\chi^2_{[\alpha,\beta)}(t)\,f^2(t)\,\mathrm{d}t < \infty\,.$$

Wegen der Eigenschaft III gilt somit

$$\boldsymbol{M}\,\xi\int_\alpha^\beta f(t)\,\mathrm{d}w(t) = 0\,,$$

$$\boldsymbol{M}\,\xi^2\left(\int_\alpha^\beta f(t)\,\mathrm{d}w(t)\right)^2 = \boldsymbol{M}\,\xi^2\int_\alpha^\beta f^2(t)\,\mathrm{d}t = \boldsymbol{M}\,\xi^2\int_\alpha^\beta \boldsymbol{M}\,(f^2(t)/\mathfrak{F}_\alpha)\,\mathrm{d}t\,.$$

Aus diesen Beziehungen erhält man folgende Verschärfung der Eigenschaft III:

III*. Ist $f(t) \in H_2[0, T]$ und $\int_0^T \boldsymbol{M} f^2(t)\, dt < \infty$, dann gilt für $[\alpha, \beta) \in [0, T]$

$$\boldsymbol{M}\left(\int_\alpha^\beta f(t)\, dw(t)/\mathfrak{F}_\alpha\right) = 0\,,$$

$$\boldsymbol{M}\left(\left[\int_\alpha^\beta f(t)\, dw(t)\right]^2\Big/\mathfrak{F}_\alpha\right) = \int_\alpha^\beta \left(\boldsymbol{M}\,(f^2(t)/\mathfrak{F}_\alpha)\right) dt\,.$$

Bemerkung 2. Ist $f(t)$ ein mit Wahrscheinlichkeit 1 stetiger Prozeß aus $H_2[0, T]$, dann ist

$$\int_0^T f(t)\, dw(t) = \lim_{\lambda\to 0} \sum_{k=0}^{n-1} f(t_k)\,[w(t_{k+1}) - w(t_k)]\,,$$

wobei

$$0 = t_0 < t_1 < \cdots < t_n = T\,, \qquad \lambda = \max_k\,(t_{k+1} - t_k)$$

ist.

§ 3. Eigenschaften des stochastischen Integrals als Funktion der oberen Grenze

Es sei $f(t) \in H_2[0, T]$. Wir betrachten die Eigenschaften des Integrals

$$I(t) = \int_0^t f(s)\, dw(s) \tag{1}$$

als Funktion der oberen Grenze. Für jedes t ist die Größe $I(t)$ nur mit Wahrscheinlichkeit 1 definiert, d. h., der Prozeß $I(t)$ ist mit einer Genauigkeit bis auf stochastische Äquivalenz bestimmt. Da jedem Prozeß ein separabler Prozeß stochastisch äquivalent ist, werden wir im weiteren voraussetzen, daß die Werte von $I(t)$ für verschiedene t so verstanden werden, daß $I(t)$ ein separabler Prozeß ist.

Für unsere weitere Darlegung benötigen wir einige Hilfssätze.

Lemma 1. *Die Zufallsgrößen* $\xi_1, \xi_2, \ldots, \xi_n$ *seien so beschaffen, daß* $\boldsymbol{M}|\xi_k| < \infty$ *und für ein beliebiges* k

$$\boldsymbol{M}\,(\xi_n - \xi_k/\xi_1, \ldots, \xi_k) = 0$$

gilt. Wir setzen $\zeta = \sup\{0, \xi_1, \ldots, \xi_n\}$, $\xi_n^+ = \frac{1}{2}(\xi_n + |\xi_n|)$. *Dann ist für* $\alpha > 1$

$$\boldsymbol{M}\zeta^\alpha \leqq \left(\frac{\alpha}{\alpha - 1}\right)^\alpha \boldsymbol{M}(\xi_n^+)^\alpha\,.$$

Beweis. Es sei $a > 0$ und $\chi_k(a) = 1$ im Fall $\xi_1 \leqq a, \ldots, \xi_{k-1} \leqq a,\ \xi_k > a$, aber $\chi_k(a) = 0$ in allen übrigen Fällen. Wegen $\sum_{k=1}^n \chi_k(a) = 1$ bei $a < \zeta$ und $\sum_{k=1}^n \chi_k(a) = 0$ bei $\zeta \leqq a$ ist für $\alpha > 1$

$$\zeta^\alpha = \alpha \int_0^\infty a^{\alpha-1} \sum_{k=1}^n \chi_k(a)\, da\,.$$

Aus der Definition der Größe $\chi_k(a)$ folgt die Ungleichung $a\,\chi_k(a) \leqq \xi_k\,\chi_k(a)$. Deshalb ist

$$a \sum_{k=1}^{n} \chi_k(a) \leqq \sum_{k=1}^{n} \xi_k\,\chi_k(a) \qquad \text{und} \qquad a^{\alpha-1} \sum_{k=1}^{n} \chi_k(a) \leqq \sum_{k=1}^{n} \xi_k\, a^{\alpha-2}\,\chi_k(a)\,.$$

Da $\chi_k(a)$ eine meßbare Funktion der Größen $\xi_1, \ldots, \xi_k$ ist, gilt

$$\boldsymbol{M}\,(\xi_n - \xi_k)\,\chi_k(a) = \boldsymbol{M}\,\chi_k(a)\,\boldsymbol{M}\,(\xi_n - \xi_k/\xi_1, \ldots, \xi_k) = 0$$

und

$$\boldsymbol{M}\,a^{\alpha-1} \sum_{k=1}^{n} \chi_k(a) \leqq \boldsymbol{M} \sum_{k=1}^{n} a^{\alpha-2}\,\chi_k(a)\,\xi_n \leqq \boldsymbol{M} \sum_{k=1}^{n} a^{\alpha-2}\,\chi_k(a)\,\xi_n^{+}\,.$$

Integrieren wir diese Beziehung über a von Null bis Unendlich, so erhalten wir

$$\boldsymbol{M}\,\frac{1}{\alpha}\,\zeta^{\alpha} \leqq \boldsymbol{M}\,\frac{1}{\alpha-1}\,\zeta^{\alpha-1}\,\xi_n^{+}\,.$$

Benutzen wir die HölderSche Ungleichung, so erhalten wir schließlich

$$\boldsymbol{M}\,\zeta^{\alpha} \leqq \frac{\alpha}{\alpha-1}\,\boldsymbol{M}\,\zeta^{\alpha-1}\,\xi_n^{+} \leqq \frac{\alpha}{\alpha-1}\,[\boldsymbol{M}\,\zeta^{\alpha}]^{\frac{\alpha-1}{\alpha}}\,[\boldsymbol{M}(\xi_n^{+})^{\alpha}]^{\frac{1}{\alpha}}\,.$$

Aus der letzten Beziehung folgt der Beweis des Lemmas.

Bemerkung 1. Wenn man berücksichtigt, daß $\boldsymbol{P}\,\{\zeta > a\} = \sum_{k=1}^{n} \boldsymbol{M}\,\chi_k(a)$ ist, kann man aus der Beziehung

$$a^{r} \sum_{k=1}^{n} \chi_k(a) \leqq \sum_{k=1}^{n} (\xi_k^{+})^{r}\,\chi_k(a) \qquad (r = 1, 2)$$

die Ungleichungen

$$\boldsymbol{P}\,\{\zeta > a\} \leqq \frac{\boldsymbol{M}\,\xi_n^{+}}{a}\,; \qquad \boldsymbol{P}\,\{\zeta > a\} \leqq \frac{\boldsymbol{M}(\xi_n^{+})^2}{a^2}$$

erhalten.

Folgerung 1. Wenden wir das Lemma auf die Größen $-\xi_1, -\xi_2, \ldots, -\xi_n$ an, so finden wir die Ungleichung

$$\boldsymbol{M}\,\zeta_{-}^{\alpha} \leqq \left(\frac{\alpha}{\alpha-1}\right)\boldsymbol{M}(\xi_n^{-})^{\alpha}\,,$$

mit $\zeta_{-} = \max\{0, -\xi_1, \ldots, -\xi_n\}$, $\xi_n^{-} = \dfrac{|\xi_n| - \xi_n}{2}$. Berücksichtigen wir die Gleichungen $\max|\xi_k| = \max(\zeta, \zeta_{-})$, $|\xi_n|^{\alpha} = (\xi_n^{+})^{\alpha} + (\xi_n^{-})^{\alpha}$, so finden wir $\boldsymbol{M}\left(\max_k|\xi_k|\right)^{\alpha} \leqq \left(\dfrac{\alpha}{\alpha-1}\right)^{\alpha}\boldsymbol{M}\,|\xi_n|^{\alpha}$.

Lemma 2. *Es sei $f(t)$ eine Treppenfunktion aus $H_2[0, T]$ und $\int_0^T \boldsymbol{M} f^2(t)\,dt < \infty$. Dann ist*

$$\boldsymbol{P}\left\{\sup_{0 \leqq t \leqq T}\left|\int_0^t f(s)\,dw(s)\right| > a\right\} \leqq \frac{1}{a^2}\int_0^T \boldsymbol{M} f^2(s)\,ds\,, \tag{2}$$

$$\boldsymbol{M}\sup_{0 \leqq t \leqq T}\left|\int_0^t f(t)\,dw(t)\right|^2 \leqq 4\,\boldsymbol{M}\left[\int_0^T f(t)\,dw(t)\right]^2 = 4\int_0^T \boldsymbol{M} f^2(t)\,dt\,. \tag{3}$$

Beweis. Die Punktfolge t_{nk}, $k = 0, 1, \ldots, n$, bilde für jedes $n > n_0$ eine derartige Aufteilung des Intervalls $[0, T]$, $0 = t_{n0} < t_{n1} < \cdots < t_{nn} = T$, daß $f(t)$ auf den Intervallen $[t_{nk}, t_{nk+1})$ konstant ist. Ist weiterhin Λ_n die Menge $\{t_{n0}, \ldots, t_{nn}\}$, dann ist $\Lambda_n \subset \Lambda_{n+1}$ und $\cup \Lambda_n$ die Separabilitätsmenge für den Prozeß

$$I(t) = \int_0^t f(s)\, dw(s)\,.$$

Dann ist $\zeta = \sup\limits_{0 \leqq t \leqq T} \left|\int_0^t f(s)\, dw(s)\right|$ der Grenzwert der Größen $\zeta_n = \sup\limits_k \left|\int_0^{t_{nk}} f(t) dw(t)\right|$.

Da die Größen $\int_0^{t_{nk}} f(t)\, dw(t)$ für $k \leqq j$ $\mathfrak{F}_{t_{nj}}$-meßbar sind, ist

$$\boldsymbol{M}\left(\int_0^{t_{nn}} f(t)\, dw(t) - \int_0^{t_{nj}} f(t)\, dw(t) \Bigg/ \int_0^{t_{n1}} f(t)\, dw(t), \ldots, \int_0^{t_{nj}} f(t)\, dw(t)\right) = 0\,,$$

und für die Größen $\int_0^{t_{nk}} f(t)\, dw(t)$ sind die Bedingungen des Lemmas 1 erfüllt. Auf Grund der Bemerkung 1 und der Folgerung 1 können wir

$$\boldsymbol{P}\,\{\zeta_n > a\} \leqq \frac{1}{a^2} \int_0^T \boldsymbol{M} f^2(t)\, dt\,,$$

$$\boldsymbol{M}\,\zeta_n^2 \leqq 4 \int_0^T \boldsymbol{M} f^2(t)\, dt$$

schreiben. Gehen wir in diesen Beziehungen zum Grenzwert für $n \to \infty$ über, so erhalten wir den Beweis für das Lemma.

Es sei nun $f(t)$ aus $H_2[0, T]$ so beschaffen, daß $\int_0^T \boldsymbol{M} f^2(t)\, dt < \infty$ ist. Wir nehmen eine solche Folge von Treppenfunktionen $f_n(t)$, für die

$$\lim_{n\to\infty} \int_0^T \boldsymbol{M}\,(f(t) - f_n(t))^2\, dt = 0$$

gilt. Dann ist für jedes $t \in [0, T]$ im Sinne der Konvergenz in Wahrscheinlichkeit

$$\int_0^t f(s)\, dw(s) = \lim \int_0^t f_n(s)\, dw(s)\,.$$

Wir wählen eine Teilfolge n_k mit

$$\int_0^T \boldsymbol{M}\,[f(t) - f_{n_k}(t)]^2\, dt \leqq \frac{1}{2^k}\,.$$

Dann ist

$$\int_0^T \boldsymbol{M}\,[f_{n_k}(t) - f_{n_{k+1}}(t)]^2\, dt$$

$$\leqq 2 \int_0^T \boldsymbol{M}\,[f_{n_k}(t) - f(t)]^2\, dt + 2 \int_0^T \boldsymbol{M}\,[f_{n_{k+1}}(t) - f(t)]^2\, dt \leqq \frac{3}{2^k}\,.$$

Die Funktion $f_{n_k}(t) - f_{n_{k+1}}(t)$ ist eine Treppenfunktion, und deshalb gelangen wir zu der Ungleichung

$$P\left\{\sup_{0\leq t\leq T}\left|\int_0^t f_{n_k}(s)\,dw(s) - \int_0^t f_{n_{k+1}}(s)\,dw(s)\right| > \frac{1}{k^2}\right\}$$

$$\leqq k^4 \int_0^T M\,[f_{n_k}(t) - f_{n_{k+1}}]^2\,dt \leqq \frac{3\,k^4}{2^k}.$$

Da die Reihe $\sum_{k=1}^{\infty} \frac{3\,k^4}{2^k}$ konvergiert, existiert nach dem Lemma von Borel-Cantelli mit Wahrscheinlichkeit 1 eine (im allgemeinen zufällige) ganze Zahl k, von der ab

$$\sup_{0\leq t\leq T}\left|\int_0^t f_{n_k}(s)\,dw(s) - \int_0^t f_{n_{k+1}}(s)\,dw(s)\right| \leqq \frac{1}{k^2}$$

gilt. Demzufolge konvergiert die Reihe

$$\int_0^t f_{n_1}(s)\,dw(s) + \sum_{k=1}^{\infty}\int_0^t \left(f_{n_{k+1}}(s) - f_{n_k}(s)\right) dw(s)$$

mit Wahrscheinlichkeit 1 gleichmäßig. Folglich ist die Summe dieser Reihe als Summe einer gleichmäßig konvergenten Reihe von stetigen Funktionen mit der gleichen Wahrscheinlichkeit stetig. Somit haben wir uns davon überzeugt, daß für den Fall $\int_0^T M f^2(t)\,dt < \infty$ unter den Prozessen, die zu dem Prozeß $\int_0^t f(t)\,dw(t)$ stochastisch äquivalent sind, mit Wahrscheinlichkeit 1 stetige Prozesse existieren. Ein mit Wahrscheinlichkeit 1 stetiger Prozeß ist separabel bezüglich einer beliebigen Menge von Werten des Arguments. Wie leicht zu sehen ist, sind zwei Prozesse (von denen wenigstens einer einseitig stetig ist) mit Wahrscheinlichkeit 1 identisch, wenn sie auf ihrer allgemeinen Separabilitätsmenge übereinstimmen. Deshalb ist jeder separable Prozeß, der zu dem Prozeß $I(t)$ stochastisch äquivalent ist, mit Wahrscheinlichkeit 1 stetig.

Berücksichtigen wir die gleichmäßige Konvergenz von $\int_0^t f_{n_k}(s)\,dw(s)$ gegen $\int_0^t f(s)\,dw(s)$ und das Lemma 2, dann können wir annehmen, daß die Beziehung (2) und (3) erfüllt sind, sobald $\int_0^T M f^2(t)\,dt < \infty$ gilt.

Satz 1. *Es sei* $f(t) \in H_2[0, T]$ *und* $\int_0^T M f^2(t)\,dt < \infty$. *Dann ist der separable Prozeß* $I(t) = \int_0^t f(s)\,dw(s)$ *mit Wahrscheinlichkeit* 1 *stetig, und für* $a > 0$ *sind die Ungleichungen*

$$P\left\{\sup_{0\leq t\leq T}\left|\int_0^t f(s)\,dw(s)\right| > a\right\} \leqq \frac{1}{a^2}\int_0^T M f^2(t)\,dt,$$

$$M \sup_{0\leq t\leq T}\left|\int_0^t f(s)\,dw(s)\right|^2 \leqq 4\int_0^T M f^2(t)\,dt.$$

erfüllt.

Es sei $f(t)$ eine beliebige Funktion aus $H_2[0, T]$. Wir setzen $\chi_N(z) = 0$ für $z > N$, $\chi_N(z) = 1$ für $z \leqq N$. Dann gehört die Funktion

$$f_N(t) = f(t)\,\chi_N\left(\int_0^t f^2(s)\,\mathrm{d}s\right)$$

zum Raum $H_2[0, T]$, und es ist $\int_0^T f_N^2(t)\,\mathrm{d}t \leqq N$, so daß $\int_0^T \boldsymbol{M} f_N^2(t)\,\mathrm{d}t < \infty$ gilt. Folglich ist der Prozeß $\int_0^t f_N(s)\,\mathrm{d}w(s)$ mit Wahrscheinlichkeit 1 stetig. Dieser Prozeß stimmt aber auf der Menge $\left\{\omega\colon \int_0^T f^2(t)\,\mathrm{d}t \leqq N\right\}$ mit dem Prozeß $\int_0^T f(s)\,\mathrm{d}w(s)$ überein. Wegen $\boldsymbol{P}\left\{\int_0^T f^2(t)\,\mathrm{d}t < \infty\right\} = 1$ gehören fast alle ω zu einer der Mengen $\left\{\omega\colon \int_0^T f^2(t)\,\mathrm{d}t \leqq N\right\}$. Setzen wir

$$\int_0^t f(s)\,\mathrm{d}w(s) = \int_0^t f_N(s)\,\mathrm{d}w(s)\,,$$

wenn $\omega \in \left\{\omega\colon \int_0^T f^2(t)\,\mathrm{d}t < N\right\}$ ist, so erhalten wir einen Prozeß, der zu $I(t)$ stochastisch äquivalent und mit Wahrscheinlichkeit 1 stetig ist. Die oben dargelegte Überlegung überzeugt uns davon, daß auch in diesem Fall der stetige Prozeß mit der gleichen Wahrscheinlichkeit mit dem separablen Prozeß $I(t)$ identisch ist.

Satz 2. *Ist $f \in H_2[0, T]$, dann ist der separable Prozeß $I(t) = \int_0^t f(s)\,\mathrm{d}w(s)$ mit Wahrscheinlichkeit* 1 *stetig, wobei*

$$\boldsymbol{P}\left\{\sup_{0 \leqq t \leqq T}\left|\int_0^t f(s)\,\mathrm{d}w(s)\right| > C\right\} \leqq \boldsymbol{P}\left\{\int_0^T f^2(t)\,\mathrm{d}t > N\right\} + \frac{N}{C^2} \tag{4}$$

gilt.

Wir brauchen nur die Formel (4) zu beweisen. Sie folgt aus dem Satz 1, der Separabilität der Prozesse $\int_0^t f(t)\,\mathrm{d}w(t)$, $\int_0^t f_N(t)\,\mathrm{d}w(t)$ und der Übereinsimmung dieser Prozesse auf der Menge $\left\{\omega\colon \int_0^T f^2(t)\,\mathrm{d}t \leqq N\right\}$.

Wir führen nun den Begriff des stochastischen Differentials ein. Der Prozeß $\zeta(t)$ genüge für alle $0 \leqq t_1 < t_2 \leqq T$ der Beziehung

$$\zeta(t_2) - \zeta(t_1) = \int_{t_1}^{t_2} a(t)\,\mathrm{d}t + \int_{t_1}^{t_2} b(t)\,\mathrm{d}w(t)\,,$$

wobei $\sqrt{|a(t)|} \in H_2[0, T]$, $b(t) \in H_2[0, T]$ ist (das erste Integral ist ein gewöhnliches Integral). Wir sagen dann, daß der Prozeß $\zeta(t)$ auf $[0, T]$ das *stochastische Differential*

$$\mathrm{d}\zeta(t) = a(t)\,\mathrm{d}t + b(t)\,\mathrm{d}w(t)$$

hat. Die somit eingeführte Operation der Differentiation ist linear. Die Differentiationsregeln für ein Produkt und eine zusammengesetzte Funktion unterscheiden sich aber für dieses Differential von den gewöhnlichen. Um zu diesen Formeln zu gelangen, formulieren wir einen Hilfssatz.

Lemma 3. *Es sei*

$$t_1 < t_2,\ t_1 = t_{n0} < t_{n1} < \cdots < t_{nn} = t_2,\ \lim_{n\to\infty} \max_k (t_{nk+1} - t_{nk}) = 0 .$$

Dann konvergiert $\sum_{k=0}^{n-1} [w(t_{nk+1}) - w(t_{nk})]^2$ *in Wahrscheinlichkeit gegen* $t_2 - t_1$.

Beweis. Wir setzen

$$\zeta_n = \sum_{k=0}^{n-1} [w(t_{nk+1}) - w(t_{nk})]^2 .$$

Dann ist

$$\boldsymbol{M}\,\zeta_n = t_2 - t_1 .$$

Aus der Unabhängigkeit der Größen $[w(t_{nk+1}) - w(t_{nk})]^2$ folgt

$$\boldsymbol{D}\,\zeta_n = \sum_{k=0}^{n-1} \boldsymbol{D}\,[w(t_{nk+1}) - w(t_{nk})]^2 .$$

Es ist aber

$$\boldsymbol{D}\,[w(t_{nk+1}) - w(t_{nk})]^2 \leqq \boldsymbol{M}\,[w(t_{nk+1}) - w(t_{nk})]^4 = 3\,(t_{nk+1} - t_{nk})^2$$

und daher

$$\boldsymbol{D}\,\zeta_n \leqq 3 \sum_{k=0}^{n-1} (t_{nk+1} - t_{nk})^2 \leqq 3 \max_k (t_{nk+1} - t_{nk})\,(t_2 - t_1) \to 0 .$$

Aus der Tschebyscheffschen Ungleichung

$$\boldsymbol{P}\,\{|\zeta_n - \boldsymbol{M}\,\zeta_n| > \varepsilon\} \leqq \frac{\boldsymbol{D}\,\zeta_n}{\varepsilon^2}$$

erhalten wir den Beweis des Lemmas.

Folgerung 2. Für $t_1 < t_2$ gilt die Formel

$$\int_{t_1}^{t_2} w(t)\,dw(t) = \frac{1}{2}\,[w(t_2)]^2 - \frac{1}{2}\,[w(t_1)]^2 - \frac{1}{2}\,(t_2 - t_1) .$$

Ist nämlich $t_1 = t_{n0} < t_{n1} < \cdots < t_{nn} = t_2$, so gilt

$$\int_{t_1}^{t_2} w(t)\,dw(t) = \lim_{n\to\infty} \sum w(t_{nk})\,[w(t_{nk+1}) - w(t_{nk})]$$

$$= \lim_{n\to\infty} \frac{1}{2} \sum_{h=0}^{n-1} \{ \big(w(t_{nk+1})\big)^2 - \big(w(t_{nk})\big)^2 - [w(t_{nk+1}) - w(t_{nk})]^2 \}$$

$$= \frac{1}{2}\,[w(t_2)]^2 - \frac{1}{2}\,[w(t_1)]^2 - \frac{1}{2} \lim_{n\to\infty} \sum_{k=0}^{n-1} [w(t_{nk+1}) - w(t_{nk})]^2 .$$

Satz 3. *Es sei*

$$d\zeta_1(t) = a_1(t)\,dt + b_1(t)\,dw(t)\,, \qquad d\zeta_2(t) = a_2(t)\,dt + b_2(t)\,dw(t)\,.$$

Dann ist

$$d\big(\zeta_1(t)\,\zeta_2(t)\big) = \zeta_1(t)\,d\zeta_2(t) + \zeta_2(t)\,d\zeta_1(t) + b_1(t)\,b_2(t)\,dt\,.$$

Beweis. Zunächst setzen wir voraus, daß die Funktionen $a_1(t) = a_1$, $b_1(t) = b_1$, $a_2(t) = a_2$, $b_2(t) = b_2$ konstant sind. Für den Beweis des Satzes genügt es in diesem Fall, die Beziehungen

$$d\big(t\,w(t)\big) = w(t)\,dt + t\,dw(t)\,, \tag{5}$$

$$d[w(t)]^2 = 2\,w(t)\,dw(t) + dt \tag{6}$$

zu beweisen.

Zum Beweis der Formel (5) nehmen wir $t_1 < t_2$ an; ferner sei $t_1 = t_{n0} < \cdots < t_{nn} = t_2$ die Folge der Intervallaufteilungen, für die $\lim\limits_{n\to\infty} \max\limits_{k} (t_{n\,k+1} - t_{nk}) = 0$ ist. Dann gilt

$$\int_{t_1}^{t_2} w(t)\,dt = \lim_{n\to\infty} \sum_{k=0}^{n-1} w(t_{n\,k+1})\,[t_{n\,k+1} - t_{n\,k}]\,,$$

$$\int_{t_1}^{t_2} t\,dw(t) = \lim_{n\to\infty} \sum_{k=0}^{n-1} t_{n\,k}\,[w(t_{n\,k+1}) - w(t_{n\,k})]$$

(der zweite Grenzwert existiert im Sinne der Konvergenz in Wahrscheinlichkeit). Demzufolge haben wir

$$\int_{t_1}^{t_2} w(t)\,dt + \int_{t_1}^{t_2} t\,dw(t) = \lim_{n\to\infty} \sum_{k=0}^{n-1} [t_{n\,k+1}\,w(t_{n\,k+1}) - t_{n\,k}\,w(t_{n\,k})] = t_2\,w(t_2) - t_1\,w(t_1)\,.$$

Diese Gleichung ist nach Definition des Differentials zur Formel (5) äquivalent. Die Beziehung (6) ergibt sich aus der Folgerung 2. Aus (5) und (6) resultiert der Beweis des Satzes für konstante Funktionen $a_1(t)$, $b_1(t)$, $a_2(t)$, $b_2(t)$, woraus seine Gültigkeit auch für Treppenfunktionen unmittelbar folgt. Den allgemeinen Fall erhält man leicht durch Grenzübergang von Treppenfunktionen.

Lemma 4. *Für alle ganzen Zahlen $m \geqq 2$ gilt die Formel*

$$d\big(w(t)\big) = m\big(w(t)\big)^{m-1}\,dw(t) + \frac{m\,(m-1)}{2}\,\big(w(t)\big)^{m-2}\,dt\,. \tag{7}$$

Beweis. Die Gültigkeit der Formel (7) für $m = 2$ folgt aus Satz 3. Wir nehmen an, daß sie für irgendein k richtig ist, und zeigen, daß sie dann auch für $m = k + 1$ gilt. Benutzen wir den Satz 3, so können wir offensichtlich

$$\begin{aligned} d\big(w(t)\big)^{k+1} &= \big(w(t)\big)^k\,dw(t) + w(t)\,d\big(w(t)\big)^k + k\big(w(t)\big)^{k-1}\,dt = \\ &= \big(w(t)\big)^k\,dw(t) + w(t)\left[k\big(w(t)\big)^{k-1}\,dw(t) + \frac{k\,(k-1)}{2}\,\big(w(t)\big)^{k-2}\,dt\right] \\ &\quad + k\big(w(t)\big)^{k-1}\,dt = (k+1)\,\big(w(t)\big)^k\,dw(t) + \frac{k\,(k+1)}{2}\,[w(t)]^{k-1}\,dt \end{aligned}$$

schreiben, woraus die Gültigkeit von (7) für alle $m \geqq 2$ zu ersehen ist.

Folgerung 3. Ist $P(x)$ ein Polynom in x, so ist

$$\mathrm{d}P(w(t)) = P'(w(t))\,\mathrm{d}w(t) + \frac{1}{2}P''(w(t))\,\mathrm{d}t\,, \tag{8}$$

wobei $P'(x)$ und $P''(x)$ die erste bzw. zweite Ableitung von $P(x)$ ist. Die Menge der Polynome, für die die Formel (8) gilt, ist nämlich linear und enthält wegen Lemma 4 alle Potenzen.

Folgerung 4. Es sei $f(x)$ eine zweimal stetig differenzierbare Funktion. Dann ist

$$\mathrm{d}f(w(t)) = f'(w(t))\,\mathrm{d}w(t) + \frac{1}{2}f''(w(t))\,\mathrm{d}t\,. \tag{9}$$

Für den Beweis der Formel (9) konstruieren wir eine Folge von Polynomen $q_n(x)$, die auf jedem endlichen Intervall gleichmäßig gegen $f''(x)$ konvergiert. Es sei

$$Q_n(x) = f(0) + f'(0)\,x + \int_0^x (x-y)\,q_n(y)\,\mathrm{d}y\,.$$

Wie leicht zu sehen ist, konvergieren $Q_n(x)$ und $Q_n'(x)$ gleichmäßig auf jedem endlichen Intervall gegen $f(x)$ bzw. $f'(x)$. Außerdem ist $Q_n''(x) = q_n(x)$. Gehen wir in der Beziehung

$$Q_n(w(t_2)) - Q_n(w(t_1)) = \int_{t_1}^{t_2} Q_n'(w(t))\,\mathrm{d}w(t) + \frac{1}{2}\int_{t_1}^{t_2} Q_n''(w(t))\,\mathrm{d}t$$

für $n \to \infty$ zum Grenzwert über und berücksichtigen wir dabei

$$\lim_{n\to\infty}\int_{t_1}^{t_2} [Q_n'(w(t)) - f'(w(t))]^2\,\mathrm{d}t = 0$$

sowie die Formel (4), so erhalten wir (9).

Lemma 5. *Die Funktion $\Phi(t, x)$ sei für $t \in [0, T]$ und $x \in (-\infty, \infty)$ definiert, habe eine stetige Ableitung nach t, und sei zweimal stetig differenzierbar nach x. Dann ist*

$$\mathrm{d}\Phi(t, w(t)) = \left[\Phi_t'(t, w(t)) + \frac{1}{2}\Phi_{xx}''(t, w(t))\right]\mathrm{d}t + \Phi_x'(t, w(t))\,\mathrm{d}w(t). \tag{10}$$

Beweis. Wir nehmen an, daß $\Phi(t, x) = g(t)\,\varphi(x)$ ist, wobei $g(t)$ stetig differenzierbar und $\varphi(x)$ zweimal stetig differenzierbar sind. Aus Satz 3 folgt die Beziehung

$$\begin{aligned}\mathrm{d}\Phi(t, w(t)) &= \varphi(w(t))\,g'(t)\,\mathrm{d}t + g(t)\,\mathrm{d}\varphi(w(t))\\ &= \left[\varphi(w(t))\,g'(t) + \frac{1}{2}g(t)\,\varphi''(w(t))\right]\mathrm{d}t + g(t)\,\varphi'(w(t))\,\mathrm{d}w(t)\,.\end{aligned}$$

Somit ist in diesem Fall die Gleichung (10) erfüllt. Wie schon in Folgerung 4 sehen wir, daß die Menge der Funktionen $\Phi(t, x)$, für die die Gleichung (10) erfüllt ist, linear und abgeschlossen ist bezüglich der Konvergenz, bei der auf jedem endlichen Intervall $\Phi(t, x)_n$, $\Phi'_t(t, x)_n$, $\Phi'_x(t, x_n)$ und $\Phi''_{xx}(t, x)_n$ gleichmäßig (in x) gegen $\Phi(t, x)$, $\Phi'_t(t, x)$, $\Phi'_x(t, x)$ und $\Phi''_{xx}(t, x)$ konvergieren. Für jede Funktion $\Phi(t, x)$, die den Bedingungen des Lemmas genügt, kann man eine Folge von Funktionen $\Phi(t, x)_n$ der Form $\sum_{k=1}^{n} g_k(t)\, \varphi_k(x)$ angeben, die ebenfalls den Bedingungen des Lemmas genügen, so daß für jedes $N > 0$

$$\lim_{n\to\infty} \sup_{|x|\le N} \sup_{0\le t\le T} \{|\Phi(t, x) - \Phi(t, x)_n| + |\Phi'_t(t, x) - \Phi'_t(t, x)_n| + |\Phi'_x(t, x) - \Phi'_x(t, x)_n| + |\Phi''_{xx}(t, x) - \Phi''_{xx}(t, x)_n|\} = 0$$

gilt. Das Lemma ist bewiesen.

Bemerkung 2. Das Lemma 5 behält seine Gültigkeit, wenn die Funktion $\Phi(t, x)$ auch noch von ω abhängt, $\Phi\big(t, w(t)\big)$ $\mathfrak{F}_t$-meßbar ist und für jedes ω die Bedingungen des Lemmas 5 erfüllt sind.

Satz 4. *Der Prozeß $\xi(t)$ habe das stochastische Differential*

$$d\xi(t) = a(t)\, dt + b(t)\, dw(t)\,,$$

und die Funktion $f(t, x)$ sei stetig und besitze die stetigen Ableitungen $f'_t(t, x)$, $f'_x(t, x)$, $f''_{xx}(t, x)$. Dann hat der Prozeß $f\big(t, \xi(t)\big)$ ebenfalls ein stochastisches Differential, und es ist

$$df\big(t, \xi(t)\big) = \left[f_t\big(t, \xi(t)\big) + \frac{1}{2} f''_{xx}\big(t, \xi(t)\big)\, b^2(t) + f'_x\big(t, \xi(t)\big)\, a(t)\right] dt + f'_x\big(t, \xi(t)\big)\, b(t)\, dw(t)\,. \tag{11}$$

Die Formel (11) trägt die Bezeichnung Itô-*Formel*.

Beweis. Wir betrachten zuerst den Fall konstanter a und b. Dann ist $\xi(t) = \xi(0) + a\,t + b\,w(t)$ und folglich $f\big(t, \xi(t)\big) = f\big(t, \xi_0 + a\,t + b\,w(t)\big)$, d. h. $f\big(t, \xi(t)\big) = \Phi\big(t, w(t)\big)$ mit $\Phi(t, x) = f(t, \xi_0 + a\,t + b\,x)$. Dabei ist

$$\Phi'_t(t, x) = f'_t(t, \xi_0 + a\,t + b\,x) + f'_x(t, \xi_0 + a\,t + b\,x)\, a\,;$$
$$\Phi'_x(t, x) = f'_x(t, \xi_0 + a\,t + b\,x)\, b\,;$$
$$\Phi''_{xx}(t, x) = f''_{xx}(t, \xi_0 + a\,t + b\,x)\, b^2\,.$$

Wenden wir auf unseren Fall das Lemma 5 und die Bemerkung 2 an, so können wir uns von der Gültigkeit der Formel (11) für konstante $a(t) = a$ und $b(t) = b$ überzeugen. Hieraus folgt ihre Richtigkeit für stufenförmige $a(t)$ und $b(t)$. Den endgültigen Beweis des Satzes erhalten wir durch Grenzübergang von Treppenfunktionen.

Bemerkung 3. Die Funktion $f(t, x_1, x_2, \ldots, x_r)$ besitze die stetigen Ableitungen $f'_t, f'_{x_i}, f''_{x_i x_j}$ $(i, j = 1, \ldots, r)$, und es seien $\xi_1(t), \ldots, \xi_r(t)$ zufällige Prozesse, die die stochastischen Differentiale

$$d\xi_i(t) = a_i(t)\, dt + b_i(t)\, dw(t)$$

haben. Dann ist

$$\mathrm{d}f\big(t, \xi_1(t), \ldots, \xi_r(t)\big) = \Bigg[\frac{\partial f}{\partial t}\big(t, \xi_1(t), \ldots, \xi_r(t)\big)$$

$$+ \sum_{i=1}^{r} f'_{x_i}\big(t, \xi_1(t), \ldots, \xi_r(t)\big)\, a_i(t) + \frac{1}{2} \sum_{i,j=1}^{r} f''_{x_i x_j}\big(t, \xi_1(t), \ldots, \xi_r(t)\big)$$

$$\times\, b_i(t)\, b_j(t)\Bigg] \mathrm{d}t + \sum_{i=1}^{r} f'_{x_i}\big(t, \xi_1(t), \ldots, \xi_r(t)\big)\, b_i(t)\, \mathrm{d}w(t)\,. \tag{12}$$

Sind a_i und b_i konstant, dann genügt es für die Herleitung der Formel (12), das Lemma 5 auf die Funktion

$$\Phi(t, x) = f\big(t, \xi_1(0) + a_1 t + b_1 x, \ldots, \xi_r(0) + a_r t + b_r x\big)$$

anzuwenden. Die Erweiterung der Formel (12) auf den allgemeinen Fall wird genauso vorgenommen wie im Satz 4. Die Formel (12) ist eine Verallgemeinerung von (11) und heißt ebenfalls Itô-*Formel.* Es sei angemerkt, daß der Satz 3 eine Folgerung von (12) ist.

Wir benutzen nun die hergeleiteten Differentiationsregeln zur Berechnung und Abschätzung einiger Momente stochastischer Integrale.

Satz 5. *Es seien* $b_1(t)$ *und* $b_2(t)$ *aus* $H_2[0, T]$ *und* $\int_0^T \boldsymbol{M}\, b_1^2(t)\, \mathrm{d}t < \infty$, $\int_0^T \boldsymbol{M}\, b_2^2(t)\, \mathrm{d}t < \infty$. *Dann ist*

$$\boldsymbol{M} \int_0^T b_1(t)\, \mathrm{d}w(t) \int_0^T b_2(t)\, \mathrm{d}w(t) = \int_0^T \boldsymbol{M}\, b_1(t)\, b_2(t)\, \mathrm{d}t\,.$$

Beweis. Aus der Eigenschaft III für stochastische Integrale folgt

$$\boldsymbol{M} \int_0^T b_1(t)\, \mathrm{d}w(t) \int_0^T b_2(t)\, \mathrm{d}w(t) = \frac{1}{2} \boldsymbol{M} \left[\int_0^T \big(b_1(t) + b_2(t)\big)\, \mathrm{d}w(t)\right]^2$$

$$- \frac{1}{2} \boldsymbol{M} \left(\int_0^T b_1(t)\, \mathrm{d}w(t)\right)^2 - \frac{1}{2} \boldsymbol{M} \left(\int_0^T b_2(t)\, \mathrm{d}w(t)\right)^2 = \int_0^T \boldsymbol{M}\, \big(b_1(t)$$

$$+ b_2(t)\big)^2\, \mathrm{d}t - \frac{1}{2} \int_0^T \boldsymbol{M}\, b_1^2(t)\, \mathrm{d}t - \frac{1}{2} \int_0^T \boldsymbol{M}\, b_2^2(t)\, \mathrm{d}t = \int_0^T \boldsymbol{M}\, b_1(t)\, b_2(t)\, \mathrm{d}t\,.$$

Satz 6. *Es sei* $f(t) \in H_2[0, T]$ *und* $\int_0^T \boldsymbol{M} f^{2m}(t)\, \mathrm{d}t < \infty$ *(m ist eine natürliche Zahl). Dann ist*

$$\boldsymbol{M} \left[\int_0^T f(t)\, \mathrm{d}w(t)\right]^{2m} \leq [m\,(2m-1)]^{m-1}\, T^{m-1} \int_0^T \boldsymbol{M} f^{2m}(t)\, \mathrm{d}t\,.$$

Beweis. Wenden wir die Itô-Formel auf die Funktionen $\varphi(x) = x^{2m}$ (m ist eine ganze nichtnegative Zahl) und $\xi(t) = \int_0^t f(s)\,dw(s)$ an, so erhalten wir

$$\left[\int_0^t f(s)\,dw(s)\right]^{2m} = 2m\int_0^t \left(\int_0^s f(u)\,dw(u)\right)^{2m-1} f(s)\,dw(s)$$

$$+ \frac{2m(2m-1)}{2}\int_0^t \left[\int_0^s f(u)\,dw(u)\right]^{2m-2} f^2(s)\,ds\,.$$

Wir setzen zuerst voraus, daß die Funktion $f(s)$ eine Treppenfunktion ist, die nichtzufällig und durch eine Konstante beschränkt ist. In diesem Fall ist offensichtlich

$$\int_0^T \boldsymbol{M}\left(\int_0^s f(u)\,dw(u)\right)^{4m-2} f^2(s)\,ds < \infty\,,$$

so daß

$$\boldsymbol{M}\left[\int_0^t f(s)\,dw(s)\right]^{2m} = \frac{2m(2m-1)}{2}\int_0^t \boldsymbol{M}\left[\int_0^s f(u)\,dw(u)\right]^{2m-2} f^2(s)\,ds \tag{13}$$

gilt. Benutzen wir die Höldersche Ungleichung, so gelangen wir zu

$$\boldsymbol{M}\left[\int_0^T f(s)\,dw(s)\right]^{2m} \leqq \frac{2m(2m-1)}{2}\left\{\int_0^T \boldsymbol{M}\left[\int_0^t f(u)\,dw(u)\right]^{2m} dt\right\}^{\frac{2m-2}{2m}}$$

$$\times\left\{\int_0^T \boldsymbol{M} f^{2m}(s)\,ds\right\}^{\frac{2}{2m}}.$$

Aus der Formel (13) ist ersichtlich, daß $\boldsymbol{M}\left[\int_0^t f(s)\,dw(s)\right]^{2m}$ mit t wächst. Deshalb ist

$$\boldsymbol{M}\left[\int_0^T f(t)\,dw(t)\right]^{2m} \leqq \frac{2m(2m-1)}{2}\left\{\int_0^T \boldsymbol{M}\left[\int_0^T f(s)\,dw(s)\right]^{2m}\right\}^{1-\frac{1}{m}}$$

$$\times\left\{\int_0^T \boldsymbol{M} f^{2m}(t)\,dt\right\}^{\frac{1}{m}}.$$

Erheben wir die Ungleichung auf beiden Seiten in die m-te Potenz und kürzen wir durch $\left\{\boldsymbol{M}\left[\int_0^T f(s)\,dw(s)\right]^{2m}\right\}^{m-1}$, so erhalten wir den Beweis des Satzes für den Fall, daß $f(t)$ eine Treppenfunktion ist, die durch eine nichtzufällige Konstante beschränkt ist. Den allgemeinen Fall erhält man durch Grenzübergang von Funktionen der betrachteten Art.

§ 4. Stochastische Integrale mit zufälligen Grenzen

Ist $f(t) \in H_2[0, T]$ und ζ eine Zufallsgröße mit $\boldsymbol{P}\{0 \leqq \zeta \leqq T\} = 1$, so ist unter dem Integral $\int\limits_0^\zeta f(t)\, \mathrm{d}w(t)$ die Größe $I(\zeta)$ zu verstehen, wobei $I(t) = \int\limits_0^t f(s) \times$ $\times\, \mathrm{d}w(s)$ ein mit Wahrscheinlichkeit 1 stetiger Prozeß ist. Ist $I(t)$ mit Wahrscheinlichkeit 1 rechtsseitig stetig, dann ist $I(\zeta)$ als Grenzwert der Größen $I(\zeta_n)$, $\zeta_n = \frac{k+1}{n}$ für $\frac{k}{n} \leqq \zeta < \frac{k+1}{n}$, eine Zufallsgröße, die bezüglich des Ausgangsraumes meßbar ist.

Das stochastische Integral über ein zufälliges Intervall besitzt die Eigenschaften I und II aus § 2, genügt aber nicht unbedingt der Eigenschaft III. Setzt man beispielsweise $\zeta = 0$, falls $\sup\limits_{0 \leqq t \leqq T} w(t) \leqq 1$ ist, und $\zeta = \inf\{t;\, w(t) \geqq 1\}$ falls $\sup\limits_{0 \leqq t \leqq T} w(t) > 1$ ist, und ist $f(t) = 1$, so finden wir

$$\boldsymbol{M} \int\limits_0^\zeta f(t)\, \mathrm{d}w(t) = \boldsymbol{P}\left\{\sup_{0 \leqq t \leqq T} w(t) \geqq 1\right\} \neq 0\,.$$

Man kann jedoch eine Klasse von Zufallsgrößen angeben, für die die Eigenschaft III (in der gewöhnlichen Formulierung) ebenfalls erfüllt ist. Diese Klasse wird von den MARKOW*schen Momenten* bezüglich der Gesamtheit der σ-Algebren $\mathfrak{F}_t$ (im weiteren nennen wir sie einfach MARKOWsche Momente) gebildet.

Definition. Eine Zufallsgröße ζ, die keine negativen Werte annimmt, heißt MARKOW*sches Moment* (bezüglich der Gesamtheit der σ-Algebren $\mathfrak{F}_t$), wenn für jedes $t \in [0, T]$ das Ereignis $\{\zeta > t\}$ zur σ-Algebra $\mathfrak{F}_t$ gehört.

Mit anderen Worten, um über das Eintreten des Zeitpunktes ζ bis zum Zeitpunkt t urteilen zu können, genügt es, die Ereignisse aus $\mathfrak{F}_t$ zu kennen, d. h., auf das Eintreten des Ereignisses $\{\zeta > t\}$ haben die Werte von $w(s)$ für $s \geqq t$ keinen Einfluß. Es sei bemerkt, daß die Größe ζ in dem oben betrachteten Beispiel kein MARKOWsches Moment darstellt, da das Eintreten des Ereignisses $\{\zeta > 0\}$ durch das Verhalten von $w(t)$ für $0 \leqq t \leqq T$ bestimmt wird.

Typische Beispiele für MARKOWsche Momente sind die Zeiten, bei denen bestimmte Ereignisse erstmalig eintreten:

$\zeta_1 = \inf\{t;\, w(t) = a\}$ ist die Zeit, bei der der Prozeß $w(t)$ erstmalig den Wert a erreicht;

$\zeta_2 = \inf\left\{t;\, \int\limits_0^t f(u)\, \mathrm{d}w(u) = a\right\}$ ist die Zeit, bei der der Prozeß $\int\limits_0^t f(u)\, \mathrm{d}w(u)$ erstmalig den Wert a erreicht.

Wenn die Prozesse auf dem Intervall $[0, T]$ betrachtet werden und sie die Werte a nicht annehmen, dann setzt man $\zeta = T$ (ist $T = +\infty$, dann kann ζ ebenfalls den Wert $+\infty$ annehmen).

Es seien ζ_1 und ζ_2 zwei Zufallsgrößen, für die $\boldsymbol{P}\{0 \leqq \zeta_1 \leqq \zeta_2 \leqq T\} = 1$ ist. Dann setzen wir

$$\int_{\zeta_1}^{\zeta_2} f(t)\,dw(t) = \int_0^{\zeta_2} f(t)\,dw(t) - \int_0^{\zeta_1} f(t)\,dw(t)$$

(Integrale mit einer zufälligen oberen Grenze sind schon definiert worden).

Wir zeigen nun, daß man dann, wenn die Grenzen des stochastischen Integrals MARKOWsche Momente sind, die Formeln für die Eigenschaft III so abändern kann, daß sie ihre Gültigkeit behalten.

Satz 1. *Nehmen wir an, daß* $f(t) \in H_2[0, T]$, $\int_0^T \boldsymbol{M} f^2(t)\,dt < \infty$ *gilt und* ζ_1 *und* ζ_2 MARKOW*sche Momente sind, für die* $\boldsymbol{P}\{0 \leqq \zeta_1 \leqq \zeta_2 \leqq T\} = 1$ *ist. Dann gilt*

$$\boldsymbol{M} \int_{\zeta_1}^{\zeta_2} f(t)\,dw(t) = 0\,,$$

$$\boldsymbol{M}\left[\int_{\zeta_1}^{\zeta_2} f(t)\,dw(t)\right]^2 = \boldsymbol{M} \int_{\zeta_1}^{\zeta_2} f^2(t)\,dt\,.$$

Beweis. Wir führen die zufälligen Funktionen $\chi_i(t) = 1$ für $t < \zeta_i$, $\chi_i(t) = 0$ für $t \geqq \zeta_i$ ein. Aus der Definition der MARKOWschen Momente folgt, daß die Funktionen $\chi_i(t)$ $\mathfrak{F}_t$-meßbar sind. Ferner ist

$$\int_{\zeta_1}^{\zeta_2} f(t)\,dw(t) = \int_0^{\zeta_2} f(t)\,dw(t) - \int_0^{\zeta_1} f(t)\,dw(t)$$

$$= \int_0^T \chi_2(t) f(t)\,dw(t) - \int_0^T \chi_1(t) f(t)\,dw(t) = \int_0^T f(t)\,[\chi_2(t) - \chi_1(t)]\,dw(t)\,.$$

Offensichtlich ist $\chi_i(t) f(t) \in H_2[0, T]$ und außerdem

$$\int_0^T \boldsymbol{M}\,\chi_i^2(t) f^2(t)\,dt \leqq \int_0^T \boldsymbol{M} f^2(t)\,dt < \infty\,.$$

Folglich haben wir

$$\boldsymbol{M} \int_{\zeta_1}^{\zeta_2} f(t)\,dw(t) = \boldsymbol{M} \int_0^T f(t)\,[\chi_2(t) - \chi_1(t)]\,dw(t) = 0\,,$$

$$\boldsymbol{M}\left\{\int_{\zeta_1}^{\zeta_2} f(t)\,dw(t)\right\}^2 = \boldsymbol{M}\left\{\int_0^T f(t)\,[\chi_2(t) - \chi_1(t)]\,dw(t)\right\}^2$$

$$= \int_0^T \boldsymbol{M} f^2(t)\,[\chi_2(t) - \chi_1(t)]^2\,dt = \boldsymbol{M} \int_0^T f^2(t)\,[\chi_2(t) - \chi_1(t)]\,dt$$

$$= \boldsymbol{M} \int_{\zeta_1}^{\zeta_2} f^2(t)\,dt$$

(die Beziehung $[\chi_2(t) - \chi_1(t)]^2 = \chi_2(t) - \chi_1(t)$ ergibt sich daraus, daß $\chi_2(t) - \chi_1(t)$ nur die Werte 0 und 1 annehmen kann: $\chi_2(t) - \chi_1(t) = 1$ für $\zeta_1 \leqq t < \zeta_2$ und $\chi_2(t) - \chi_1(t) = 0$ in den übrigen Fällen). Der Satz ist damit bewiesen.

Bemerkung 1. Wenn der Prozeß $f(t)$ und die σ-Algebren $\mathfrak{F}_t$ für alle $t \geqq 0$, $T > 0$ definiert sind, der Prozeß $f(t)$ zu $H_2[0, T]$ gehört und das MARKOWsche Moment ζ so beschaffen ist, daß $\boldsymbol{M} \int_0^\zeta f^2(t)\, dt < \infty$ gilt, dann ist

$$\boldsymbol{M} \int_0^\zeta f(t)\, dw(t) = 0 , \qquad \boldsymbol{M} \left\{ \int_0^\zeta f(t)\, dw(t) \right\}^2 = \boldsymbol{M} \int_0^\zeta f^2(t)\, dt .$$

Für den Beweis betrachten wir die Funktion $f_N(t) = f(t)$ bei $t \leqq N$, $|f(t)| \leqq N$ und $f_N(t) = 0$ in allen übrigen Fällen. Wegen Satz 1 gilt

$$\boldsymbol{M} \int_0^\zeta f_N(t)\, dw(t) = 0 ,$$

$$\boldsymbol{M} \left\{ \int_0^\zeta f_N(t)\, dw(t) \right\}^2 = \boldsymbol{M} \int_0^\zeta f_N^2(t)\, dt .$$

Gehen wir in diesen Beziehungen zum Grenzwert für $N \to \infty$ über, so gelangen wir zu der aufgestellten Behauptung.

Bemerkung 2. Es sei $\mathfrak{F}_{\zeta_1}$, wobei ζ_1 ein gewisses MARKOWsches Moment ist, die minimale σ-Algebra, die alle Ereignisse der Form $\mathfrak{A}_t \cap \{\zeta_1 > t\}$ enthält, wobei $\mathfrak{A}_t \in \mathfrak{F}_t$ ist. Ist η eine beliebige beschränkte $\mathfrak{F}_{\zeta_1}$-meßbare Größe und sind ζ_1 und ζ_2 so definiert wie im Beweis von Satz 1, dann ist für jedes $t \in [0, T]$ die Größe $\eta\, [\chi_2(t) - \chi_1(t)]$ $\mathfrak{F}_t$-meßbar. Wir nehmen zuerst an, η sei gleich Eins, wenn das Ereignis $\{\zeta_1 > s\} \cap \mathfrak{A}_s$ eintritt, und gleich Null, wenn dieses Ereignis nicht eintritt. Dann ist $\eta = \chi_{\mathfrak{A}_s} \chi_1(s)$, wobei $\chi_{\mathfrak{A}_s}$ der Indikator des Ereignisses $\mathfrak{A}_s$ ist ($\chi_{\mathfrak{A}_s} = 1$, wenn $\mathfrak{A}_s$ eintritt, und $\chi_{\mathfrak{A}_s} = 0$, wenn es nicht eintritt). Unter dieser Voraussetzung ist

$$\eta\, [\chi_2(t) - \chi_1(t)] = \chi_{\mathfrak{A}_s} \chi_1(s)\, [\chi_2(t) - \chi_1(t)] .$$

Ist $s \leqq t$, dann sind alle Faktoren $\mathfrak{F}_t$-meßbar; ist aber $s > t$, dann ist das Produkt gleich Null, d. h. konstant, da

$$0 \leqq \chi_1(s)\, [\chi_2(t) - \chi_1(t)] \leqq \chi_1(t)\, [\chi_2(t) - \chi_1(t)] \leqq \chi_1(t)\, [1 - \chi_2(t)] = 0$$

und da es für $s > t$ $\mathfrak{F}_t$-meßbar ist. Da man ein beliebiges Ereignis aus $\mathfrak{F}_{\zeta_1}$ als Vereinigung bzw. Durchschnitt von Ereignissen $\{\zeta_1 > s\} \cap \mathfrak{A}_s$ und ihren Komplementen erhalten kann, ist für alle $\mathfrak{A}$ aus $\mathfrak{F}_{\zeta_1}$ die Größe $\chi_{\mathfrak{A}}\, [\chi_2(t) - \chi_1(t)]$ $\mathfrak{F}_t$-meßbar, wobei $\chi_{\mathfrak{A}}$ der Indikator des Ereignisses $\mathfrak{A}$ ist. Da ferner eine beliebige Größe η als gleichmäßiger Grenzwert der Größen $\sum c_k \chi_{\mathfrak{A}_k}$ dargestellt werden kann, wobei $\chi_{\mathfrak{A}_k}$ die Indikatoren der Ereignisse aus $\mathfrak{F}_{\zeta_1}$ sind, ist auch $\eta\, [\chi_2(t) - \chi_1(t)]$ eine $\mathfrak{F}_t$-meßbare Größe. Benutzen wir diesen Umstand genauso wie im Satz 1, so finden wir

$$\boldsymbol{M} \eta \int_{\zeta_1}^{\zeta_2} f(t)\, dw(t) = 0 ,$$

$$\boldsymbol{M} \left[\eta \int_{\zeta_1}^{\zeta_2} f(t)\, dw(t) \right]^2 = \boldsymbol{M} \eta^2 \int_{\zeta_1}^{\zeta_2} f^2(t)\, dt .$$

Deshalb gelten unter den Voraussetzungen von Satz 1 mit Wahrscheinlichkeit 1 die Beziehungen

$$M\left[\int_{\zeta_1}^{\zeta_2}(t)\,\mathrm{d}w(t)/\mathfrak{F}_{\zeta_1}\right]=0\,,\qquad M\left[\left(\int_{\zeta_1}^{\zeta_2}f(t)\,\mathrm{d}w(t)\right)^2\Big/\mathfrak{F}_{\zeta_1}\right]=M\left[\int_{\zeta_1}^{\zeta_2}f^2(t)\,\mathrm{d}t/\mathfrak{F}_{\zeta_1}\right].$$

Wir benutzen nun die Bemerkung 2 für den Beweis einer wichtigen Eigenschaft des WIENERprozesses.

Satz 2. *Wenn τ ein* MARKOW*sches Zeitmoment ist, dann ist der Prozeß $\tilde{w}(t)=w(t+\tau)-w(\tau)$ ebenfalls ein* WIENER*prozeß, der von $\mathfrak{F}_\tau$ unabhängig ist.*

Ein Prozeß mit dieser Eigenschaft wird *streng* MARKOW*sch* genannt.

Beweis. Offensichtlich ist das Moment $\tau_h=\tau+h$ ebenfalls ein MARKOWsches Moment. Ferner sind wegen der Bemerkung 2 für $h_1<h_2$ mit Wahrscheinlichkeit 1 die Beziehungen

$$M\left[\int_{\tau+h_1}^{\tau+h_2}\mathrm{d}w(t)/\mathfrak{F}_{\tau_{h_1}}\right]=0\,,\quad M\left[\left(\int_{\tau+h_1}^{\tau+h_2}\mathrm{d}w(t)\right)^2\Big/\mathfrak{F}_{\tau_{h_1}}\right]=M\left[\int_{\tau+h_1}^{\tau+h_2}\mathrm{d}t/\mathfrak{F}_{\tau_{h_1}}\right]=h_2-h_1$$

erfüllt. Es ist aber $\int_{\tau+h_1}^{\tau+h_2}\mathrm{d}w(t)=w(\tau+h_2)-w(\tau+h_1)=\tilde{w}(h_2)-\tilde{w}(h_1)$. Somit genügen der Prozeß $\tilde{w}(t)$ und die Gesamtheit der σ-Algebren $\mathfrak{F}_{\tau_t}=\tilde{\mathfrak{F}}_t$ allen Bedingungen des Satzes 1 aus § 1 und der Bemerkung 1 aus § 1. Deshalb ist $\tilde{w}(t)$ ein von der σ-Algebra $\tilde{\mathfrak{F}}_0=\mathfrak{F}_\tau$ unabhängiger WIENERprozeß. Der Satz ist damit bewiesen.

Es zeigt sich, daß man stochastische Integrale als Werte eines WIENERprozesses zu zufälligen Zeitpunkten betrachten kann.

Satz 3. *Der Prozeß $f(t)$ sei für $t\geqq 0$ definiert, und für jedes $T>0$ sei $f(t)\in$ $\in H_2[0,T]$. Nehmen wir an, es sei mit Wahrscheinlichkeit* 1

$$\int_0^\infty f^2(t)\,\mathrm{d}t=+\infty\,,$$

und setzen wir $\tau_t=\inf\{s;\int_0^s f^2(u)\,du\geqq t\}$, dann ist der Prozeß $\zeta_t=\int_0^{\tau_t}f(s)\,\mathrm{d}w(s)$ ein WIENER*prozeß.*

Beweis. τ_t ist offensichtlich für jedes $t\geqq 0$ ein MARKOWsches Moment, und es ist $\tau_{t_1}<\tau_{t_2}$ für $t_1<t_2$. Wegen $\int_0^{\tau_t}f^2(s)\,\mathrm{d}s=t$ ist $M\int_0^{\tau_t}f^2(s)\,\mathrm{d}s<\infty$. Demzufolge ist für $t_1<t_2$ wegen Bemerkung 2

$$M\left[\int_{\tau_{t_1}}^{\tau_{t_2}}f(s)\,\mathrm{d}w(s)/\mathfrak{F}_{\tau_{t_1}}\right]=0\,,$$

$$M\left(\left[\int_{\tau_{t_1}}^{\tau_{t_2}}f(s)\,\mathrm{d}w(s)\right]^2\Big/\mathfrak{F}_{\tau_{t_1}}\right)=M\left(\int_{\tau_{t_1}}^{\tau_{t_2}}f^2(s)\,\mathrm{d}s/\mathfrak{F}_{\tau_{t_1}}\right)=t_2-t_1\,.$$

Wir zeigen nun, daß ζ_t ein mit Wahrscheinlichkeit 1 stetiger Prozeß ist. Er ist stetig in allen Stetigkeitspunkten des Prozesses τ_t. Da τ_t ein mit Wahrscheinlichkeit 1 monotoner Prozeß ist, haben die Unstetigkeiten von τ_t höchstens die Form von Sprüngen. Die Unstetigkeiten von ζ_t sind somit ebenfalls höchstens Sprünge, die nur an den Sprungstellen des Prozesses τ_t auftreten können. Setzen wir $\tau_{t-0} < \tau_{t+0}$ voraus, dann ist trotzdem

$$\int_{\tau_{t-0}}^{\tau_{t+0}} f^2(s)\, ds = 0 \qquad \text{und} \qquad \int_{\tau_{t-0}}^{\tau_{t+0}} f(s)\, dw(s) = 0 ,$$

d. h. $\zeta_{t-0} = \zeta_{t+0}$. Die Stetigkeit von ζ_t ist damit bewiesen. Der Prozeß ζ_t und die Gesamtheit der σ-Algebren $\mathfrak{F}_{\tau_t}$ genügen somit allen Bedingungen des Satzes 1 aus § 1. Folglich ist ζ_t ein WIENERprozeß.

Bemerkung 3. Ist die Funktion $f(t)$ nur für $t \in [0, T]$ definiert, dann kann man den Satz 3 anwenden, indem man $f(t)$ durch die Gleichung $f(t) = 1$ für $t \geqq T$ fortsetzt.

Folgerung 1. Ist $f(t) \in H_2[0, T]$, dann ist

$$\boldsymbol{P}\left\{\int_0^T f^2(s)\, ds \leqq h\right\} \geqq 2\, \boldsymbol{P}\{w(h) > a\} - \boldsymbol{P}\left\{\sup_{0 \leqq t \leqq T} \int_0^T f(s)\, dw(s) > a\right\}.$$

In der Tat, es sei $\int_0^T f^2(s)\, ds = \xi$. Dann ist nach Satz 3

$$\sup_{0 \leqq t \leqq T} \int_0^T f(s)\, dw(s) = \sup_{0 \leqq t \leqq \xi} \zeta_t .$$

Es sei τ_a der Zeitpunkt, zu dem der Prozeß ζ_t erstmalig den Wert a erreicht. Dann ist

$$\begin{aligned} \boldsymbol{P}\{\xi > h\} &= \boldsymbol{P}\{\xi > h, \quad \tau_a \leqq h\} + \boldsymbol{P}\{\xi > h, \quad \tau_a > h\} \\ &\leqq \boldsymbol{P}\{\xi > \tau_a\} + \boldsymbol{P}\{\tau_a > h\} \end{aligned}$$

und demzufolge

$$\boldsymbol{P}\{\xi \leqq h\} \geqq \boldsymbol{P}\{\tau_a \leqq h\} - \boldsymbol{P}\{\xi > \tau_a\} .$$

Wegen Lemma 1 aus § 1 ist aber

$$\boldsymbol{P}\{\xi > \tau_a\} = \boldsymbol{P}\left\{\sup_{0 \leqq t \leqq \xi} \zeta_t > a\right\},$$

$$\boldsymbol{P}\{\tau_a \leqq h\} = \boldsymbol{P}\left\{\sup_{0 \leqq t \leqq h} \zeta_t > a\right\} = 2\, \boldsymbol{P}\{\zeta(h) > a\} .$$

Da ζ_t ein WIENERprozeß ist, gilt $\boldsymbol{P}\{\zeta_h > a\} = \boldsymbol{P}\{w(h) > a\}$. Berücksichtigen wir noch die Beziehung

$$\boldsymbol{P}\{\xi \leqq h\} = \boldsymbol{P}\left\{\int_0^T f^2(s)\, ds \leqq h\right\},$$

so gelangen wir schließlich zu der Formel (1).

KAPITEL 2

LÖSUNGEN VON STOCHASTISCHEN DIFFERENTIAL-GLEICHUNGEN

§ 5. Die stochastische Differentialgleichung erster Ordnung

Wir behandeln die stochastische Differentialgleichung

$$d\eta(t) = a(t, \eta(t))\, dt + \sigma(t, \eta(t))\, dw(t)\,. \tag{1}$$

Die Funktionen $a(t, x)$ und $\sigma(t, x)$, die für $t \in [0, T]$ und $x \in (-\infty, \infty)$ definiert und meßbar sind, nennt man Koeffizienten der Gleichung (1); $\eta(t)$ ist die Lösung dieser Gleichung und $w(t)$ ein WIENERprozeß. Der zufällige Prozeß $\eta(t)$ ist die Lösung der Gleichung (1) auf dem Intervall $[0, T]$, wenn folgende Bedingungen erfüllt sind:

1. Es sei $\mathfrak{F}_t$, $0 \leqq t \leqq T$, die mininale σ-Algebra, bezüglich der die Größen $\eta(s)$ und $w(s)$ für $s \leqq t$ meßbar sind. Dann ist der Prozeß $w_t(s) = w(t + s) - w(t)$ von $\mathfrak{F}_t$ unabhängig.

2. Ist $H_2[0, T]$ der Raum der meßbaren zufälligen Funktionen $\varphi(t)$, die für jedes $t \in [0, T]$ $\mathfrak{F}_t$-meßbar sind und für die das Integral $\int_0^T \varphi^2(t)\, dt$ mit Wahrscheinlichkeit 1 endlich ist, dann gehören $|a(t, \eta(t))|^{1/2}$ und $\sigma(t, \eta(t))$ zu $H_2[0, T]$.

3. Der zufällige Prozeß $\eta(t)$ hat auf $[0, T]$ das stochastische Differential $d\eta(t) = \bar{a}(t)\, dt + \bar{\sigma}(t)\, dw(t)$, wobei für alle $t \in [0, T]$ die Beziehungen $\bar{a}(t) = a(t, \eta(t))$, $\bar{\sigma}(t) = \sigma(t, \eta(t))$ mit Wahrscheinlichkeit 1 erfüllt sind. Ist $\eta(t)$ die Lösung der Gleichung (1), dann ist $\eta(0)$ wegen Bedingung 2 unabhängig von $w(t) - w(0)$ für $t > 0$. Benutzen wir die Definition des stochastischen Differentials, dann können wir die Gleichung (1) in folgende Integralform überführen:

$$\eta(t) = \eta(0) + \int_0^t a(s, \eta(s))\, ds + \int_0^t \sigma(s, \eta(s))\, dw(s)\,. \tag{2}$$

Die Gleichungen (1) und (2) sind äquivalent und werden bei gegebenem $\eta(0)$ gelöst. Dabei wird $\eta(0)$ so gewählt, daß es von $w(t)$ unabhängig ist. Ist $\sigma(t, x) = 0$, dann kann man die Gleichung (1) wie eine gewöhnliche Differential gleichung behandeln und für jedes ω lösen.

Indem wir die Formel von ITÔ anwenden, betrachten wir verschiedene Umformungen der Gleichung (1). Es sei $\eta(t)$ die Lösung der Gleichung (1) und $f(t, x)$ eine monotone, bezüglich x stetige Funktion, die für $t \in [0, T]$, $x \in (-\infty, \infty)$ definiert ist und für die stetige Ableitungen $f_t'(t, x)$, $f_x'(t, x)$, $f_{xx}''(t, x)$ existieren. Für jedes $t \in [0, T]$ existiert die Umkehrfunktion $g(t, x)$ von $f(t, x)$

bezüglich x, d. h. die Funktion, für die $f(t, g(t, x)) = x$, $g(t, f(t, x)) = x$ gilt. Wir setzen $\zeta(t) = f(t, \eta(t))$. Dann ist $\eta(t) = g(t, \zeta(t))$ und

$$\mathrm{d}\zeta(t) = \Big[f'_t(t, \eta(t)) + f'_x(t, \eta(t))\, a(t, \eta(t)) + \frac{1}{2} f''_{xx}(t, \eta(t))\, \sigma^2(t, \eta(t))\Big] \mathrm{d}t + f'_x(t, \eta(t))\, \sigma(t, \eta(t))\, \mathrm{d}w(t)\,.$$

Somit ist der Prozeß $\zeta(t)$ die Lösung der Gleichung

$$\mathrm{d}\zeta(t) = \bar{a}(t, \zeta(t))\, \mathrm{d}t + \bar{\sigma}(t, \zeta(t))\, \mathrm{d}w(t)\,,$$

wobei

$$\bar{a}(t, x) = f'_t(t, u)\Big|_{u=g(t,x)} + f'_u(t, u)\Big|_{u=g(t,x)} \cdot a(t, g(t, x)) + \frac{1}{2} f''_{uu}(t, u)\Big|_{u=g(t,x)} \cdot \sigma^2(t, g(t, x))\,, \tag{3}$$

$$\bar{\sigma}(t, x) = f'_u(t, u)\,|_{u=g(t,x)} \cdot \sigma(t, g(t, x)) \tag{4}$$

ist. Eine derartige Substitution der unbekannten Funktion erlaubt es, die Gleichung (durch Veränderung ihrer Koeffizienten) in eine günstigere Gestalt umzuformen. Wir geben zwei Spezialfälle einer solchen Substitution an: a) die Substitution, bei der

$$\bar{\sigma}(t, x) = 1\,, \qquad \text{d. h.} \qquad f'_x(t, x)\, \sigma(t, x) = 1\,,$$

$$f'_x(t, x) = \frac{1}{\sigma(t, x)}\,, \qquad f(t, x) = \int_0^x \frac{1}{\sigma(t, y)}\, \mathrm{d}y$$

ist. Eine solche Substitution ist immer dann möglich, wenn $\sigma(t, x) > 0$ und $\sigma'_x(t, x)$ stetig sind; b) die Substitution, bei der $\bar{a}(t, x) = 0$ ist. In diesem Fall muß die Funktion $f(t, x)$ der Gleichung

$$\frac{\partial f(t, x)}{\partial t} + a(t, x) \frac{\partial f(t, x)}{\partial x} + \frac{1}{2} \sigma^2(t, x) \frac{\partial^2 f(t, x)}{\partial x^2} = 0 \tag{6}$$

genügen. Sind die Koeffizienten $a(t, x)$ und $\sigma(t, x)$ von t unabhängig, so kann man für die Funktion $f(t, x)$ einen expliziten Ausdruck finden. Diese Funktion kann man dann auch als eine von t unabhängige Funktion suchen. Dann hat die Gleichung (6) die Gestalt

$$a(x)\, f'(x) + \frac{1}{2} \sigma^2(x)\, f''(x) = 0\,,$$

so daß

$$f(x) = C_1 + C_2 \int_0^x \exp\left\{-\int_0^z \frac{2\, a(u)}{\sigma^2(u)}\, \mathrm{d}u\right\} \mathrm{d}z$$

gilt.

Wir betrachten nun einfachste Beispiele für stochastische Differentialgleichungen.

Beispiel 1. Die stochastische Differentialgleichung, deren Koeffizienten nur von t abhängen:

$$d\eta(t) = a(t)\,dt + \sigma(t)\,dw(t)\,. \tag{7}$$

Die Lösung der Gleichung (7) hat die Form

$$\eta(t) = \eta(0) + \int_0^t a(s)\,ds + \int_0^t \sigma(s)\,dw(s)\,.$$

Dies ist ein Prozeß mit unabhängigen Gaussschen Zuwächsen, da $\int_{t'}^{t''} \sigma(s)\,dw(s)$ normal verteilt ist. Dabei ist

$$\boldsymbol{M}\,[\eta(t) - \eta(0)] = \int_0^t a(s)\,ds\,, \qquad \boldsymbol{D}\,[\eta(t) - \eta(0)] = \int_0^t \sigma^2(s)\,ds\,.$$

Beispiel 2. Stochastische Differentialgleichungen, die nach Substitution der unbekannten Funktion zu der Gestalt (7) führen.

Wir betrachten eine Gleichung der allgemeinen Form (1) und suchen Bedingungen, unter denen diese Gleichung durch Substitution der unbekannten Funktion $\zeta(t) = f(t, \eta(t))$ in die Gestalt (7) übergeführt werden kann. Wir nehmen an, daß die Koeffizienten der Ausgangsgleichung hinreichend glatt sind, so daß alle in den weiteren Ausführungen auftretenden Ableitungen existieren. Damit der Prozeß $\zeta(t)$ der Gleichung $d\zeta(t) = \bar{a}(t)\,dt + \bar{\sigma}(t)\,dw(t)$ genügt, müssen wegen (3) und (4) die Gleichungen

$$f'_t(t, x) + a(t, x)\,f'_x(t, x) + \frac{1}{2} f''_{xx}(t, x)\,\sigma^2(t, x) = \bar{a}(t)\,,$$

$$f'_x(t, x)\,\sigma(t, x) = \bar{\sigma}(t)$$

erfüllt sein (da die rechten Seiten dieser Gleichungen von x unabhängig sind, kann man $g(t, x)$ durch x ersetzen). Aus der zweiten Gleichung finden wir $f'_x(t, x) = \dfrac{\bar{\sigma}(t)}{\sigma(t, x)}$. Wir differenzieren die erste Gleichung nach x,

$$f''_{tx}(t, x) + \frac{\partial}{\partial x}\left[a(t, x)\,f'_x(t, x) + \frac{1}{2}\sigma^2(t, x)\,f''_{xx}(t, x)\right] = 0\,.$$

Setzen wir hier die Werte $f'_x(t, x)$, $f''_{tx}(t, x) = \dfrac{\bar{\sigma}'_t(t)\,\sigma(t, x) - \bar{\sigma}(t)\,\sigma'_t(t, x)}{\sigma^2(t, x)}$ und $f''_{xx} = -$ $- \dfrac{\bar{\sigma}(t)\,\sigma'_x(t, x)}{\sigma^2(t, x)}$ ein, so erhalten wir

$$\frac{\bar{\sigma}'_t}{\sigma(t, x)} - \bar{\sigma}(t)\left[\frac{\sigma'_t(t, x)}{\sigma^2(t, x)} - \frac{\partial}{\partial x}\left(\frac{a(t, x)}{\sigma(t, x)}\right) + \frac{1}{2}\sigma''_{xx}(t, x)\right] = 0\,,$$

woraus sich

$$\frac{\bar{\sigma}'_t(t)}{\bar{\sigma}(t)} = \sigma(t, x)\left[\frac{\sigma'_t(t, x)}{\sigma^2(t, x)} - \frac{\partial}{\partial x}\left(\frac{a(t, x)}{\sigma(t, x)}\right) + \frac{1}{2}\sigma''_{xx}(t, x)\right] \tag{8}$$

ergibt. Differenzieren wir beide Seiten nach x, so erhalten wir schließlich die Bedingung, unter der sich die Gleichung (1) in die Form (7) überführen läßt:

$$\frac{\partial}{\partial x}\left\{\sigma(t, x)\left[\frac{\sigma_t'(t, x)}{\sigma^2(t, x)} - \frac{\partial}{\partial x}\left(\frac{a(t, x)}{\sigma(t, x)}\right) + \frac{1}{2}\sigma_{xx}''(t, x)\right]\right\} = 0 . \tag{9}$$

Ist (9) erfüllt, dann hängt die rechte Seite von (8) nur von t ab, und aus (8) können wir $\bar{\sigma}(t)$ und $f(t, x)$ ermitteln, indem wir von der Beziehung $f_x'(t, x) = \frac{\bar{\sigma}(t)}{\sigma(t, x)}$ ausgehen. Ferner ist die Beziehung (8) zur Gleichung

$$\frac{\partial}{\partial x}\left[f_t'(t, x) + a(t, x) f_x'(t, x) + \frac{1}{2}\sigma^2(t, x) f_{xx}''(t, x)\right] = 0$$

äquivalent. Deshalb ist der Ausdruck in der eckigen Klammer von x unabhängig, und wir können für ihn $\bar{a}(t)$ setzen.

Insbesondere betrachten wir den Fall, daß die Koeffizienten der Gleichung von t unabhängig sind, d. h. $a(t, x) = a(x)$, $\sigma(t, x) = \sigma(x)$. Dann hat die Beziehung (8) die Gestalt

$$\frac{\bar{\sigma}'(t)}{\bar{\sigma}(t)} = \sigma(x)\left[\frac{1}{2}\sigma''(x) - \frac{\mathrm{d}}{\mathrm{d}x}\left(\frac{a(x)}{\sigma(x)}\right)\right].$$

Da die linke Seite dieser Gleichung nur von t abhängt und die rechte nur von x, ist

$$\frac{\bar{\sigma}'(t)}{\bar{\sigma}(t)} = \sigma(x)\left[\frac{1}{2}\sigma''(x) - \frac{\mathrm{d}}{\mathrm{d}x}\left(\frac{a(x)}{\sigma(x)}\right)\right] = c ,$$

wobei c eine beliebige Konstante ist. Folglich ist $\sigma(t) = e^{ct}$, und $f(t, x)$ kann die Gestalt $f(t, x) = e^{ct}\int_0^x \frac{\mathrm{d}y}{\sigma(y)}$ annehmen. Deshalb ist

$$\bar{a}(t) = e^{ct}\left[c\int_0^x \frac{\mathrm{d}y}{\sigma(y)} + \frac{a(x)}{\sigma(x)} - \frac{1}{2}\sigma'(x)\right],$$

wobei der Ausdruck in der eckigen Klammer konstant ist, da infolge (10) seine Ableitung gleich Null ist.

Beispiel 3. Lineare Gleichungen.

So nennt man gewöhnlich Gleichungen, bei denen die Funktionen $a(t, x)$ und $\sigma(t, x)$ linear von x abhängen, d. h. Gleichungen der Form

$$\mathrm{d}\eta(t) = [\alpha(t) + \beta(t)\,\eta(t)]\,\mathrm{d}t + [\gamma(t) + \delta(t)\,\eta(t)]\,\mathrm{d}w(t) . \tag{11}$$

Ist $\alpha(t) = 0$ und $\gamma(t) = 0$, so nennt man die lineare Gleichung *homogen*. Wir betrachten zuerst die Lösung der homogenen Gleichung

$$\mathrm{d}\eta(t) = \beta(t)\,\eta(t)\,\mathrm{d}t + \delta(t)\,\eta(t)\,\mathrm{d}w(t) . \tag{12}$$

Wir setzen voraus, daß $\eta(0) > 0$ ist. Dann gilt infolge der Stetigkeit auf einem gewissen Intervall $\eta(t) > 0$. Wir setzen $\zeta(t) = \log \eta(t)$. Indem wir die ITÔsche Formel anwenden, finden wir

$$\mathrm{d}\zeta(t) = \frac{1}{\eta(t)} \beta(t)\, \eta(t)\, \mathrm{d}t - \frac{1}{2} \cdot \frac{1}{\eta^2(t)} \delta^2(t)\, \eta^2(t)\, \mathrm{d}t + \frac{1}{\eta(t)} \delta(t)\, \eta(t)\, \mathrm{d}w(t) .$$

Somit ist

$$\left.\begin{aligned} \mathrm{d}\zeta(t) &= \left[\beta(t) - \frac{1}{2} \delta^2(t)\right] \mathrm{d}t + \delta(t)\, \mathrm{d}w(t) , \\ \zeta(t) &= \zeta_0 + \int_0^t \left[\beta(s) - \frac{1}{2} \delta^2(s)\right] \mathrm{d}s + \int_0^t \delta(s)\, \mathrm{d}w(s) , \\ \eta(t) &= \eta(0) \exp\left\{\int_0^t \left[\beta(s) - \frac{1}{2} \delta^2(s)\right] \mathrm{d}s + \int_0^t \delta(s)\, \mathrm{d}w(s)\right\} . \end{aligned}\right\} \tag{13}$$

Wie wir leicht nachprüfen können, liefert die Formel (13) so lange die Lösung der Gleichung (12), wie diese Lösung nicht verschwindet. Da aber die rechte Seite von (13) für $t > 0$ nicht verschwindet, stellt die Formel (13) eine beliebige Lösung der Gleichung (12) dar, sobald $\eta(0) > 0$ ist. Stellen wir ähnliche Überlegungen für den Fall $\eta(0) < 0$ an, so können wir uns von der Richtigkeit der Formel (13) überzeugen, sobald $\eta(0) \neq 0$ ist.

Wir gehen nun zur Lösung der allgemeinen Gleichung (11) über und führen eine neue unbekannte Funktion $\zeta(t)$ ein, die mit $\eta(t)$ durch die Beziehung

$$\zeta(t) = \eta_0(t)\, \eta(t)$$

verknüpft ist, wobei

$$\eta_0(t) = \exp\left[- \int_0^t \left[\beta(s) - \frac{1}{2} \delta^2(s)\right] \mathrm{d}s - \int_0^t \delta(s)\, \mathrm{d}w(s)\right]$$

ist. Eine einfache Rechnung zeigt, daß

$$\mathrm{d}\eta_0(t) = \eta_0(t)\, [(- \beta(s) + \delta^2(s))\, \mathrm{d}s - \delta(s)\, \mathrm{d}w(s)]$$

gilt. Deshalb ist

$$\begin{aligned} \mathrm{d}\zeta(t) &= \eta(t)\, \mathrm{d}\eta_0(t) + \eta_0(t)\, \mathrm{d}\eta(t) - [\gamma(t) + \delta(t)\, \eta(t)]\, \eta_0(t)\, \delta(t)\, \mathrm{d}t \\ &= \eta(t)\, \eta_0(t)\, [\delta^2(s) - \beta(s)]\, \mathrm{d}s - \eta(t)\, \eta_0(t)\, \delta(s)\, \mathrm{d}w(s) + \eta_0(t)\, [\alpha(t) \\ &\quad + \beta(t)\, \eta(t)]\, \mathrm{d}t + \eta_0(t)\, [\gamma(t) + \delta(t)\, \eta(t)]\, \mathrm{d}w(t) - \delta(t)\, [\gamma(t) \\ &\quad + \delta(t)\, \eta(t)]\, \eta_0(t)\, \mathrm{d}t = \eta_0(t)\, [\alpha(t) - \gamma(t)\, \delta(t)]\, \mathrm{d}t + \eta_0(t)\, \gamma(t)\, \mathrm{d}w(t) \end{aligned}$$

und

$$\zeta(t) = \zeta(0) + \int_0^t \eta_0(s)\, [\alpha(s) - \gamma(s)\, \delta(s)]\, \mathrm{d}s + \int_0^t \gamma(s)\, \eta_0(s)\, \mathrm{d}w(s) .$$

Setzen wir den Wert $\eta_0(t)$ in den Ausdruck für $\zeta(t)$ ein und drücken $\eta(t)$ durch $\zeta(t)$ aus, so erhalten wir schließlich

$$\eta(t) = \exp\left\{\int_0^t \left[\beta(s) - \delta^2(s)\right] ds + \int_0^t \delta(s)\, dw(s)\right\}\left[\eta(0)\right.$$
$$+ \int_0^t \exp\left\{-\int_0^s \left[\beta(u) - \frac{1}{2}\delta^2(u)\right] du - \int_0^s \delta(u)\, dw(u)\right\}[\alpha(s) - \gamma(s)\,\delta(s)]\, ds$$
$$\left.+ \int_0^t \exp\left\{-\int_0^s \left[\beta(u) - \frac{1}{2}\delta^2(u)\right] du - \int_0^s \delta(u)\, dw\,(u)\right\}\gamma(s)\, dw(s)\right].$$

Beispiel 4. Gleichungen, die sich in lineare Gleichungen überführen lassen.

Wir betrchten nun den Fall, daß die Koeffizienten der Gleichungen (1) und (11) von t unabhängig sind. Wenn sich die Gleichung mit Hilfe der Substitution $\zeta(t) = f(\eta(t))$ in eine lineare Gleichung überführen läßt und $g(x)$ die Umkehrfunktion von $f(x)$ ist, dann existieren Konstante α, β, γ, δ, für die

$$a(g(x))\, f'(g(x)) + \frac{1}{2}\sigma^2(g(x))\, f''(g(x)) = \alpha + \beta\, x\,,$$
$$\sigma(g(x))\, f'(g(x)) = \gamma + \delta\, x$$

gilt. Setzen wir in diese Gleichung $x = f(z)$ ein, so erhalten wir

$$a(x)\, f'(x) + \frac{1}{2}\sigma^2(x)\, f''(x) = \alpha + \beta\, f(x)\,, \qquad \sigma(x)\, f'(x) = \gamma + \delta\, f(x)\,. \qquad (14)$$

Wir nehmen $\delta \neq 0$ an. Setzen wir dann $B(x) = \int_0^x \frac{1}{\sigma(z)} dz$, so gelangen wir zu

$$f(x) = C\, e^{\delta\, B(x)} - \frac{\gamma}{\delta}\,,$$

wobei C eine Konstante ist. Setzen wir diesen Ausdruck für $f(x)$ in die erste Gleichung von (14) ein, so erhalten wir

$$\left\{\frac{a(x)}{\sigma(x)}\delta + \frac{1}{2}\sigma^2(x)\left[\frac{\delta^2}{\sigma^2(x)} - \frac{\delta\sigma'(x)}{\sigma^2(x)}\right]\right\} C\, e^{\delta B(x)} = \beta\, C\, e^{\delta\, B(x)} - \frac{\beta\,\gamma}{\delta} + \alpha$$

und daraus

$$\left[\frac{a(x)}{\sigma(x)}\delta + \frac{1}{2}\delta^2 - \beta - \frac{\delta}{2}\sigma'(x)\right] e^{\delta\, B(x)} = \frac{\alpha\,\delta - \gamma\,\beta}{\delta C}\,.$$

Mit der Bezeichnung $Z(x) = \frac{a(x)}{\sigma(x)} - \frac{1}{2}\sigma'(x)$ gelangen wir, indem wir durch Differentiation die unbekannten Konstanten ausschließen, zu folgender Bedingung dafür, daß sich die Gleichung in eine lineare Gleichung überführen läßt:

$$\frac{d}{dx}\left[\frac{\frac{d}{dx}\left(\sigma(x)\, Z'(x)\right)}{Z'(x)}\right] = 0\,. \qquad (15)$$

Es ist leicht zu zeigen, daß bei Erfülltsein der Bedingung (15) die Substitution mit Hilfe der Funktion

$$f(x) = C \exp\{\delta\, B(x)\}\,,$$

wobei

$$\delta = -\frac{\dfrac{\mathrm{d}}{\mathrm{d}x}\,(\sigma(x)\, Z'(x))}{Z'(x)}$$

ist, bei beliebigem C die Ausgangsgleichung in eine lineare Gleichung überführt. Ist $\delta = 0$, dann ist mit den gleichen Bezeichnungen

$$f(x) = \gamma\, B(x) + C\,, \quad \left[\frac{a(x)}{\sigma(x)} - \frac{1}{2}\sigma'(x)\right]\gamma = \beta\,\gamma\, B(x) + C_1\,.$$

Deshalb ist $\dfrac{\mathrm{d}}{\mathrm{d}x}\,[\sigma(x)\, Z'(x)] = 0$ die Bedingung für die Überführbarkeit in eine lineare Gleichung. Die letzte Gleichung hat offensichtlich die Bedingung (15) zur Folge. Demzufolge ist die allgemeine Bedingung für die Überführbarkeit einer Gleichung mit von t unabhängigen Koeffizienten in eine lineare Gleichung durch die Beziehung (15) gegeben.

Es sei erwähnt, daß in allen betrachteten Fällen die Gestalt der Lösung einer stochastischen Gleichung nur unter der Voraussetzung gefunden wurde, daß eine solche Lösung existiert. Infolge der Äquivalenz aller Umformungen kann man sich leicht davon überzeugen, daß die erhaltenen Ausdrücke tatsächlich Lösungen der entsprechende Gleichungen sind. In den betrachteten Fällen wurde somit die Existenz und Eindeutigkeit der Lösung einer stochastischen Differentialgleichung mit vorgegebener Anfangsbedingung bewiesen.

§ 6. Existenz und Eindeutigkeit der Lösungen von stochastischen Differentialgleichungen

Wir betrachten die Gleichung

$$\mathrm{d}\eta(t) = a\big(t, \eta(t)\big)\,\mathrm{d}t + \sigma\big(t, \eta(t)\big)\,\mathrm{d}w(t)\,, \tag{1}$$

deren Koeffizienten $a(t, x)$ und $\sigma(t, x)$ definiert und meßbar sind für $t \in [0, T]$, $x \in (-\infty, \infty)$, und beweisen die Existenz und Eindeutigkeit der Lösung der Gleichung (1) bei gegebener Anfangsbedingung. Im weiteren wird klar, daß die Fragen der Existenz und Eindeutigkeit für die Schaffung eines Apparates zur Bestimmung wahrscheinlichkeitstheoretischer Charakteristiken der Lösung der Gleichung eine große Bedeutung haben (ein solcher Apparat wird in Kapitel 3 geschaffen). Im Fall gewöhnlicher Differentialgleichungen, die man aus der Gleichung (1) bei $\sigma(t, x) = 0$ erhält, wird der einfachste Satz für die Existenz und Eindeutigkeit für eine Gleichung mit dem Koeffizienten $a(t, x)$ bewiesen, der in x einer Lipschitzbedingung genügt und in t für gewisses x beschränkt ist. Wir zeigen, daß für die Existenz und Eindeutigkeit der Lösung einer stochastischen Differentialgleichung hinreichend ist, daß beide Koeffizienten der Gleichung die genannten Eigenschaften besitzen.

Satz 1. *Es seien die folgenden Bedingungen erfüllt:*

1. *Die Funktionen* $a(t, x)$ *und* $\sigma(t, x)$ *sind für* $t \in [0, T]$ *und* $x \in (-\infty, \infty)$ *definiert und meßbar.*

2. *Es existiert eine solche Konstante* K, *daß für* $t \in [0, T]$, $x, y \in (-\infty, \infty)$ *die Ungleichungen*

$$|a(t, x) - a(t, y)| + |\sigma(t, x) - \sigma(t, y)| \leqq K\,|x - y|\,,$$
$$|a(t, x)|^2 + |\sigma(t, x)|^2 \leqq K^2\,(1 + |x|^2)$$

gelten.

3. $\eta(0)$ *ist unabhängig von* $w(t)$, *und es ist* $\boldsymbol{M}\,\eta(0)^2 < \infty$.

Dann existiert eine Lösung (1) *von* $\eta(t)$, *die folgenden Bedingungen genügt:*

A. $\eta(t)$ *ist mit Wahrscheinlichkeit* 1 *stetig, und es ist* $\eta(t) = \eta(0)$ *für* $t = 0$;

B. $\sup\limits_{0 \leqq t \leqq T} \boldsymbol{M}\;\eta(t)^2 < \infty$.

Sind $\eta_1(t)$ *und* $\eta_2(t)$ *zwei Lösungen von* (1), *die den Bedingungen* A *und* B *genügen, dann ist*

$$\boldsymbol{P}\left\{\sup_{0 \leqq t \leqq T} |\eta_1(t) - \eta_2(t)| = 0\right\} = 1\,.$$

Beweis. Wir beweisen zuerst die Eindeutigkeit. Es sei

$$\eta_i(t) = \eta(0) + \int_0^t a\big(s, \eta_i(s)\big)\,ds + \int_0^t \sigma\big(s, \eta_i(s)\big)\,dw(s) \qquad (i = 1, 2);$$

dann ist

$$\begin{aligned}
&\boldsymbol{M}\,[\eta_1(t) - \eta_2(t)]^2 \\
&= \boldsymbol{M}\left[\int_0^t [a\big(s, \eta_1(s)\big) - a\big(s, \eta_2(s)\big)]\,ds + \int_0^t [\sigma\big(s, \eta_1(s)\big) - \sigma\big(s, \eta_2(s)\big)]\,dw(s)\right]^2 \\
&\leqq 2\boldsymbol{M}\left[\int_0^t [a\big(s, \eta_1(s)\big) - a\big(s, \eta_2(s)\big)]\,ds\right]^2 + 2\boldsymbol{M}\left[\int_0^t [\sigma\big(s, \eta_1(s)\big) - \sigma\big(s, \eta_2(s)\big)]\,dw(s)\right]^2 \\
&\leqq 2\,\boldsymbol{M}\,t \int_0^t [a\big(s, \eta_1(s)\big) - a\big(s, \eta_2(s)\big)]^2\,ds + 2\,\boldsymbol{M} \int_0^t [\sigma\big(s, \eta_1(s)\big) \\
&\quad - \sigma\big(s, \eta_2(s)\big)]^2\,ds \leqq 2\,t\,K^2 \int_0^t \boldsymbol{M}\,|\eta_1(s) - \eta_2(s)|^2\,ds + 2\,K^2 \int_0^t \boldsymbol{M}\,|\eta_1(s) \\
&\quad - \eta_2(s)|^2\,ds \leqq L \int_0^t \boldsymbol{M}\,|\eta_1(s) - \eta_2(s)|^2\,ds\,,
\end{aligned}$$

wobei $L = 2\,(T + 1)\,K^2$ ist.

Lemma 1. *Es seien* $\varphi(t)$ *und* $\alpha(t)$ *meßbare beschränkte Funktionen, und für ein gewisses* $L > 0$ *sei die Ungleichung*

$$\varphi(t) \leqq \alpha(t) + L \int_0^t \varphi(s)\,ds$$

erfüllt. Dann ist

$$\varphi(t) \leqq \alpha(t) + L \int_0^t e^{L(t-s)}\,\alpha(s)\,ds\,. \tag{2}$$

Beweis. Wir bezeichnen die rechte Seite der Ungleichung (2) mit $\psi(t)$. Dann genügt $\psi(t)$ der Beziehung

$$\psi(t) = \alpha(t) + L \int_0^t \alpha(s)\, ds\,, \qquad \psi(0) = \alpha(0)\,.$$

Setzen wir $\Delta(t) = \psi(t) - \varphi(t)$, so gelangen wir zu

$$\Delta(t) \geqq L \int_0^t \Delta(s)\, ds \geqq L^2 \int_0^t \int_0^s \Delta(u)\, du = L^2 \int_0^t (t-u)\, \Delta(u)\, du$$

$$\geqq L^3 \int_0^t (t-u) \int_0^u \Delta(s)\, ds = L^3 \int_0^t \frac{(t-s)^2}{2} \Delta(s)\, ds \geqq \cdots \geqq$$

$$\geqq \frac{L^n}{(n-1)!} \int_0^t (t-s)^{n-1}\, \Delta(s)\, ds\,.$$

Da für $n \to \infty$ die rechte Seite der letzten Ungleichung gegen Null strebt, ist $\Delta(t) \geqq 0$. Das Lemma ist somit bewiesen.

Kehren wir nun zum Beweis des Satzes 1 zurück. Wir haben festgestellt, daß $\boldsymbol{M}\, |\eta_1(t) - \eta_2(t)|^2 \leqq L \int_0^t \boldsymbol{M}\, |\eta_1(s) - \eta_2(s)|^2\, ds$ ist. Indem wir das Lemma 1 anwenden, sehen wir, daß $\boldsymbol{M}\, |\eta_1(t) - \eta_2(t)| = 0$ ist. Folglich ist $\boldsymbol{P}\,\{\eta_1(t) = \eta_2(t)\} = 1$ für jedes $t \in [0, T]$. Hieraus folgt, daß für jede abzählbare Untermenge N des Intervalls $[0, N]$ die Gleichung

$$\boldsymbol{P}\left\{\sup_{t \in N} |\eta_1(t) - \eta_2(t)| = 0\right\} = 1$$

gilt. Ist N überall dicht auf $[0, T]$, dann folgt aus der Stetigkeit von $\eta_1(t)$ und $\eta_2(t)$ mit Wahrscheinlichkeit 1

$$\boldsymbol{P}\left\{\sup_{0 \leqq t \leqq T} |\eta_1(t) - \eta_2(t)| = 0\right\} = \boldsymbol{P}\left\{\sup_{t \in N} |\eta_1(t) - \eta_2(t)| = 0\right\} = 1\,.$$

Die Eindeutigkeit der Lösung ist damit bewiesen.

Wir beweisen nun die Existenz einer Lösung von (1), die die Eigenschaften A und B hat. Wir setzen $\eta_0(t) = \eta(0)$,

$$\eta_n(t) = \eta(0) + \int_0^t a\big(s, \eta_{n-1}(s)\big)\, ds + \int_0^t \sigma\big(s, \eta_{n-1}(s)\big)\, dw(s)\,. \tag{3}$$

Mit Hilfe analoger Abschätzungen wie beim Beweis der Eindeutigkeit erhalten wir

$$\boldsymbol{M}\, [\eta_{n-1}(t) - \eta_n(t)]^2$$

$$= \boldsymbol{M}\left[\int_0^t [a\big(s, \eta_n(s)\big) - a\big(s, \eta_{n-1}(s)\big)]\, ds + \int_0^t [\sigma\big(s, \eta_n(s)\big) - \sigma\big(s, \eta_{n-1}(s)\big)]\, dw(s)\right]^2$$

$$\leqq L \int_0^t \boldsymbol{M}\, |\eta_n(s) - \eta_{n-1}(s)|^2\, ds$$

(L hat den gleichen Wert). Iterieren wir diese Ungleichung, so finden wir

$$M\,|\eta_{n+1}(s) - \eta_n(t)|^2 \leqq L \int_0^t \frac{(t-s)^{n-1}}{(n-1)!} M\,|\eta_1(s) - \eta_0(s)|^2\, ds\,.$$

Es ist aber

$$M\,|\eta_1(s) - \eta_0(s)|^2 = M\left[\int_0^t a\big(s, \eta(0)\big)\, ds\right]^2 + M \int_0^t \sigma^2\big(s, \eta(0)\big)\, ds$$
$$\leqq L\,T\,K^2\,\big(1 + M\,\eta^2(0)\big)\,.$$

Deshalb existiert eine solche Konstante C, daß

$$M\,|\eta_{n+1}(t) - \eta_n(t)|^2 \leqq C\,\frac{(L\,T)^n}{n!}$$

ist. Es sei erwähnt, daß

$$\sup_{0 \leqq t \leqq T} |\eta_{n+1}(t) - \eta_n(t)| \leqq \int_0^T \big|a\big(s, \eta_n(s)\big) - a\big(s, \eta_{n-1}(s)\big)\big|\, ds$$
$$+ \sup_{0 \leqq t \leqq T} \left|\int_0^t \big[\sigma\big(s, \eta_{n+1}(s)\big) - \sigma\big(s, \eta_n(s)\big)\big]\, dw(s)\right|$$

ist. Wenden wir die CAUCHYsche Ungleichung, den Satz 1 aus § 3 und die LIPSCHITZbedingung an, so können wir

$$M \sup_{0 \leqq t \leqq T} |\eta_{n+1}(t) - \eta_n(t)|^2 \leqq 2\,T \int_0^t M\,K^2\,|\eta_n(s) - \eta_{n-1}(s)|^2\, ds$$
$$+ 8\,K^2 \int_0^T M\,|\eta_n(t) - \eta_{n-1}(s)|^2\, ds \leqq \frac{C_1\,L^{n-1}\,T^{n-1}}{(n-1)!}$$

schreiben, wobei $C_1 = K^2\,(2\,T + 8)\,C\,T$ ist. Aus der Konvergenz der Reihe

$$\sum_{n=1}^{\infty} P\left\{\sup_{0 \leqq t \leqq T} |\eta_{n+1}(t) - \eta_n(t)| > \frac{1}{n^2}\right\} \leqq \sum_{n=1}^{\infty} \frac{C_1\,L^{n-1}\,T^{n-1}}{(n-1)!}\, n^4$$

folgt mit Wahrscheinlichkeit 1 die gleichmäßige Konvergenz der Reihe

$$\eta_0 + \sum_{n=0}^{\infty} [\eta_{n+1}(t) - \eta_n(t)]\,.$$

Die Summe dieser Reihe ist mit Wahrscheinlichkeit 1 ein gleichmäßiger Grenzwert von $\eta_n(t)$. $\eta_n(t)$ strebt also gegen einen zufälligen Prozeß $\eta(t)$. Gehen wir in der Gleichung (3) zum Grenzwert für $n \to \infty$ über, so überzeugen wir uns davon, daß $\eta(t)$ eine Lösung der Gleichung (1) ist. Dabei ist $\eta(t)$ meßbar bezüglich der σ-Algebra $\mathfrak{F}_t$, der minimalen σ-Algebra, bezüglich der $\eta(0)$ und $w(s)$ für $s \leqq t$ meßbar sind (bezüglich dieser σ-Algebra sind alle $\eta_n(t)$ meßbar, und folglich auch der Grenzwert von $\eta_n(t)$). Die Stetigkeit von $\eta(t)$ folgt daraus, daß $\eta(t)$ mit Wahrscheinlichkeit 1 gleichmäßiger Grenzwert von mit Wahrscheinlichkeit 1 stetigen Prozessen ist. Ferner ist

$$M\,\eta_n^2(t) \leqq 3\left\{M\,\eta^2(0) + M\left[\int_0^t a(s, \eta_{n-1}(s))\,\mathrm{d}s\right]^2 + M\left[\int_0^t \sigma\big(s, \eta_{n-1}(s)\big)\,\mathrm{d}w(s)\right]^2\right\} \leqq 3\,M\,\eta^2(0) + 3\,L\int_0^t M\,\eta_{n-1}^2(s)\,\mathrm{d}s\,.$$

Indem wir diese Abschätzung sukzessiv auf $\eta_{n-1}(s)$, $\eta_{n-2}(s)$ usw. anwenden, erhalten wir

$$M\,\eta_n^2(t) \leqq 3\,M\,\eta^2(0) + 3\,M\,\eta^2(0)\,3\,L\,t + (3\,L)^2\int_0^t (t-s)\,M\,\eta_{n-2}^2(s)\,\mathrm{d}s$$

$$\leqq 3\,M\,\eta^2(0) + 3\,L\,t\,3\,M\,\eta^2(0) + 3\,M\,\eta^2(0)\,\frac{(3\,L\,t)^2}{2} + \cdots \leqq 3\,M\,\eta^2(0)\,e^{3\,L\,t}\,.$$

Durch Grenzübergang für $n \to \infty$ gelangen wir zu der Ungleichung

$$\sup_{0\leqq t\leqq T} M\,\eta^2(t) \leqq 3\,M\,\eta^2(0)\,e^{3\,L\,T}.$$

Der Satz ist damit bewiesen.

Um die Bedingungen etwas abzuschwächen, unter denen eine eindeutige Lösung der Gleichung (1) existiert, beweisen wir einen Satz über die lokale Abhängigkeit der Lösung der Gleichung von den Koeffizienten. Dieser Satz wird bei der Untersuchung vieler Eigenschaften von Lösungen stochastischer Gleichungen eine wichtige Rolle spielen.

Satz 2. *Wir nehmen an, daß die Koeffizienten* $a_1(t, x)$, $\sigma_1(t, x)$, $a_2(t, x)$, $\sigma_2(t, x)$ *der stochastischen Differentialgleichungen*

$$\mathrm{d}\eta_i(t) = a_i\big(t, \eta_i(t)\big)\,\mathrm{d}t + \sigma_i\big(t, \eta_i(t)\big)\,\mathrm{d}w(t) \tag{4}$$

den Bedingungen des Satzes 1 *genügen und daß bei einem gewissen* $N > 0$ *für* $|x| \leqq N$ *die Gleichungen* $a_1(t, x) = a_2(t, x)$, $\sigma_1(t, x) = \sigma_2(t, x)$ *gelten. Wenn* $\eta_1(t)$ *und* $\eta_2(t)$ *Lösungen der Gleichungen* (4) *sind mit denselben Anfangsbedingungen* $\eta_1(0) = \eta_2(0) = \eta_0$, $M\,\eta_0^2 < \infty$ *und* τ_i *die größten Werte von t sind, für die* $\sup_{0\leqq s\leqq t} |\eta_i(t)| \leqq N$ *ist, dann ist* $P\,\{\tau_1 = \tau_2\} = 1$ *und*

$$P\left\{\sup_{0\leqq s\leqq \tau_1} |\eta_1(s) - \eta_2(s)| = 0\right\} = 1\,.$$

Beweis. Wir definieren die Funktion $\varphi_1(t)$ wie folgt:

$$\varphi_1(t) = 1 \qquad \text{für} \qquad \sup_{0\leqq s\leqq t} |\eta_1(s)| \leqq N\,,$$

$$\varphi_1(t) = 0 \qquad \text{für} \qquad \sup_{0\leqq s\leqq t} |\eta_1(s)| > 0$$

(d. h., $\varphi_1(t)$ ist die charakteristische Funktion des Intervalls $[0, \tau_1]$). Wir können nun

$$\varphi_1(t)\,[\eta_1(t) - \eta_2(t)] = \varphi_1(t) \int_0^t [a_1(s, \eta_1(s)) - a_2(s, \eta_2(s))]\,ds$$
$$+ \varphi_1(t) \int_0^t [\sigma_1(s, \eta_1(s)) - \sigma_2(s, \eta_2(s))]\,dw(s) = \varphi_1(t) \int_0^t [a_1(s, \eta_1(s))$$
$$- a_2(s, \eta_1(s))]\,ds + \varphi_1(t) \int_0^t [\sigma_1(s, \eta_1(s)) - \sigma_2(s, \eta_1(s))]\,dw(s)$$
$$+ \varphi_1(t) \int_0^t [a_2(s, \eta_1(s)) - a_2(s, \eta_2(s))]\,ds + \varphi_1(t) \int_0^t [\sigma_2(s, \eta_1(s))$$
$$- \sigma_2(s, \eta_2(s))]\,dw(s)$$

schreiben. Aus der Gleichung $\varphi_1(t) = 1$ folgen die Beziehungen $a_1(s, \eta_1(s)) = = a_2(s, \eta_1(s))$ und $\sigma_1(s, \eta_1(s)) = \sigma_2(s, \eta_1(s))$ für $s \leqq t$. Deshalb ist

$$\varphi_1(t)\,[\eta_1(t) - \eta_2(t)]^2 \leqq 2\,\varphi_1(t) \left\{\int_0^t [a_2(s, \eta_1(s)) - a_2(s, \eta_2(s))]\,ds\right\}^2$$
$$+ 2\,\varphi_1(t) \left[\int_0^t \sigma_2(s, \eta_1(s)) - \sigma_2(s, \eta_2(s))]\,dw(s)\right]^2.$$

Wenn wir berücksichtigen, daß bei $\varphi_1(t) = 1$ auch $\varphi_1(s) = 1$ für $s \leqq t$ ist, dann können wir

$$\varphi_1(t)\,[\eta_1(t) - \eta_2(t)]^2 \leqq 2 \left\{\int_0^t \varphi_1(s)\,[a_2(s, \eta_1(s)) - a_2(s, \eta_2(s))]\,ds\right\}^2$$
$$+ 2 \left[\int_0^t \varphi_1(s)\,[\sigma_2(s, \eta_1(s)) - \sigma_2(s, \eta_2(s))]\,dw(s)\right]^2.$$

schreiben. Bilden wir den Erwartungswert und berücksichtigen wir die LIPSCHITZbedingung und die CAUCHYsche Ungleichung, so sehen wir, daß eine Konstante L existiert, für die

$$\boldsymbol{M}\,\varphi_1(t)\,[\eta_1(t) - \eta_2(t)]^2 \leqq L \int_0^t \boldsymbol{M}\,\varphi_1(s)\,[\eta_1(s) - \eta_2(s)]^2\,ds$$

ist. Aus dem Lemma 1 folgt $\boldsymbol{M}\,\varphi_1(t)\,[\eta_1(t) - \eta_2(t)]^2 = 0$. Berücksichtigen wir die Stetigkeit der Prozesse $\eta_1(t)$ und $\eta_2(t)$, so können wir die Gleichung

$$\boldsymbol{P}\left\{\sup_{0 \leqq t \leqq T} \varphi_1(t)\,[\eta_1(t) - \eta_2(t)]^2 = 0\right\} = 1$$

erhalten. Hieraus folgt, daß auf dem Intervall $[0, \tau_1]$ die Prozesse $\eta_1(t)$ und $\eta_2(t)$ mit Wahrscheinlichkeit 1 übereinstimmen. Somit ist auch $\boldsymbol{P}\,\{\tau_2 \geqq \tau_1\} = 1$. Indem wir im Beweis des Satzes die Indizes „1" und „2" austauschen, gelangen wir zu der Gleichung $\boldsymbol{P}\,\{\tau_1 \geqq \tau_2\} = 1$. Der Satz ist damit bewiesen.

Bemerkung 1. Der Satz 2 kann auf den Fall verallgemeinert werden, daß die Koeffizienten der beiden Gleichungen in einem beliebigen Gebiet übereinstimmen. Die Lösungen der beiden Gleichungen sind dann, falls sie zum Anfangszeitpunkt übereinstimmten, bis zu dem Zeitpunkt gleich, bei dem sie dieses Gebiet verlassen.

Satz 3. *Die Koeffizienten der Gleichung* (1) *seien definiert und meßbar für* $t \in [0, T]$, $x \in (-\infty, \infty)$ *und sollen folgenden Bedingungen genügen:*

1. *Für ein gewisses K ist die Ungleichung*

$$|a(t, x)|^2 + |\sigma(t, x)|^2 \leqq K^2 (1 + x^2)$$

erfüllt.

2) *Für jedes N existiert ein solches* L_N, *daß*

$$|a(t, x) - a(t, y)| + |\sigma(t, x) - \sigma(t, y)| \leqq L_N |x - y|$$

für $|x| \leqq N$, $|y| \leqq N$ *ist.*

Dann hat die Gleichung (1) *mit Wahrscheinlichkeit* 1 *eine Lösung, die der Anfangsbedingung* $\eta(t)|_{t=0} = \eta(0)$ *genügt, wobei diese Lösung im Sinne des Satzes* 1 *eindeutig ist.*

Beweis. Wir beweisen zuerst die Existenz einer Lösung. Wir setzen $\eta_N(0) = \eta(0)$ für $|\eta(0)| \leqq N$; $\eta_N(0) = N \operatorname{sign} \eta(0)$ für $|\eta(0)| > N$; $a_N(t, x) = a(t, x)$ für $|x| \leqq N$; $a_N(t, x) = a(t, N \operatorname{sign} x)$ für $|x| > N$; $\sigma_N(t, x) = \sigma(t, x)$ für $|x| \leqq N$; $\sigma_N(t, x) = \sigma(t, N \operatorname{sign} x)$ für $|x| > N$.

Wir bezeichnen mit $\eta_N(t)$ die Lösung der Gleichung

$$d\eta_N(t) = a_N(t, \eta_N(t))\, dt + \sigma_N(t, \eta_N(t))\, dw(t) \tag{5}$$

mit der Anfangsbedingung $\eta_N(t)|_{t=0} = \eta_N(0)$. Für die Gleichung (5) und die Anfangsbedingung sind alle Voraussetzungen des Satzes 1 erfüllt. Deshalb existiert die Lösung $\eta_N(t)$ der Gleichung (5), die den Bedingungen A und B des Satzes 1 genügt. Wir bezeichnen mit τ_N den maximalen Wert von t, für den $\sup\limits_{0 \leqq s \leqq t} |\eta_N(s)| \leqq N$ ist. Es sei $N' > N$. Da $a_N(t, x) = a_{N'}(t, x)$ und $\sigma_N(t, x) = \sigma_{N'}(t, x)$ auf dem Intervall $[-N, N]$ gilt, ist wegen Satz 2 $\eta_N(t) = \eta_{N'}(t)$ mit Wahrscheinlichkeit 1 auf dem Intervall $[0, \tau_N]$. Es ist also für $N' > N$

$$\boldsymbol{P}\left\{\sup_{0 \leqq t \leqq T} |\eta_N(t) - \eta_{N'}(t)| > 0\right\} \leqq \boldsymbol{P}\{\tau_N < T\} = \boldsymbol{P}\left\{\sup_{0 \leqq t \leqq T} |\eta_N(t)| > N\right\}.$$

Wenn wir beweisen, daß $\boldsymbol{P}\left\{\sup\limits_{0 \leqq t \leqq T} |\eta_N(t)| > N\right\} \to 0$ für $N \to \infty$ gilt, dann folgt hieraus, daß $\eta_N(t)$ mit Wahrscheinlichkeit 1 für $N \to \infty$ gleichmäßig gegen einen Grenzwert $\eta(t)$ konvergiert. Wenn wir in der Gleichung

$$\eta_N(t) = \eta_N(0) = + \int_0^t a_N(s, \eta_N(s))\, ds + \int_0^t \sigma_N(s, \eta_N(s))\, dw(s)$$

zum Grenzwert übergehen, dann können wir uns davon überzeugen, daß $\eta(t)$ mit Wahrscheinlichkeit 1 eine stetige Lösung der Gleichung (1) ist, die der

Anfangsbedingung $\eta(t)|_{t=0} = \eta(0)$ genügt. Folglich braucht man für den Beweis der Existenz nur noch zu zeigen, daß

$$\lim_{N\to\infty} \boldsymbol{P}\left\{\sup_{0\leq t\leq T} |\eta_N(t)| > N\right\} = 0 \tag{6}$$

ist. Es sei $\psi(x) = \frac{1}{1+x^2}$. Dann ist

$$\psi(\eta(0)) \sup_{0\leq t\leq T} |\eta_N(t)|^2 \leqq 3\,\psi(\eta(0))\,\eta_N^2(0) + 3\,\psi(\eta(0))\,T\int_0^T a_N^2(s,\eta_N(s))\,ds$$

$$+ 3\,\psi(\eta(0)) \sup_{0\leq t\leq T}\left[\int_0^t \sigma_N(s,\eta_N(s))\,dw(s)\right]^2.$$

Bilden wir zuerst den bedingten Erwartungswert bei festem $\eta(0)$ und danach den unbedingten Erwartungswert, so erhalten wir

$$\boldsymbol{M}\,\psi(\eta(0)) \sup_{0\leq t\leq T} |\eta_N(t)|^2 \leqq 3 + 3\,T\,K^2 \int_0^T \boldsymbol{M}\,\psi(\eta(0))\,[1 + |\eta_N(t)|^2]\,dt$$

$$+ 12\,K^2 \int_0^T \boldsymbol{M}\,\psi(\eta(0))\,[1 + |\eta_N(t)|^2]\,dt\,,$$

aber es ist

$$\boldsymbol{M}\,\psi(\eta(0))\,|\eta_N(t)|^2 \leqq 3 + 3\,t\,K^2 \int_0^t \boldsymbol{M}\,\psi(\eta(0))\,[1 + |\eta_N(s)|^2]\,ds$$

$$+ 3\,K^2 \int_0^t \boldsymbol{M}\,\psi(\eta(0))\,[1 + |\eta_N(s)|^2]\,ds\,.$$

Wenn wir das Lemma 1 anwenden, dann ist für ein gewisses C, das nur von K und T abhängt (und unabhängig von N ist), $\boldsymbol{M}\,\psi(\eta(0))\,|\eta_N(t)|^2 \leqq C$. Deshalb ist für ein von N unabhängiges C_1 die Ungleichung

$$\boldsymbol{M}\,\psi(\eta(0)) \sup_{0\leq t\leq T} |\eta_N(t)|^2 \leqq C_1$$

erfüllt. Ferner können wir

$$\boldsymbol{P}\left\{\sup_{0\leq t\leq T} |\eta_N(t)| > N\right\} = \boldsymbol{P}\left\{\psi(\eta(0)) \sup_{0\leq t\leq T} |\eta_N(t)|^2 > N^2\,\psi(\eta(0))\right\}$$

$$\leqq \boldsymbol{P}\left\{\psi(\eta(0)) \sup_{0\leq t\leq T} |\eta_N(t)|^2 > \delta N^2\right\} + \boldsymbol{P}\,\{\psi(\eta(0)) \leqq \delta\}$$

$$\leqq \frac{C_1}{\delta N^2} + \boldsymbol{P}\,\{\psi(\eta(0)) \leqq \delta\}$$

schreiben. Demzufolge ist

$$\overline{\lim_{N\to\infty}}\, \boldsymbol{P}\left\{\sup_{0\leq t\leq T} |\eta_N(t)| > N\right\} \leqq \boldsymbol{P}\,\{\psi(\eta(0)) \leqq \delta\}\,.$$

Da δ eine beliebige positive Zahl und $\boldsymbol{P}\,\{\psi(\eta(0)) = 0\} = 0$ ist, folgt aus der letzten Beziehung die Gleichung (6) und folglich auch der Beweis der Existenz einer Lösung der Gleichung (1).

Wir beweisen nun die Eindeutigkeit. Es seien $\eta_1(t)$ und $\eta_2(t)$ zwei mit Wahrscheinlichkeit 1 stetige Lösungen der Gleichung (1), die der Anfangsbedingung $\eta_1(0) = \eta_2(0) = \eta(0)$ genügen. Wir bezeichnen mit $\varphi(t)$ eine Größe, die für $\sup\limits_{s \leqq t} |\eta_1(s)| \leqq N$, $\sup\limits_{s \leqq t} |\eta_2(s)| \leqq N$ gleich 1 und sonst gleich 0 ist. Benutzen wir dann die Bedingung 2, so können wir

$$\begin{aligned} M(\eta_1(t) - \eta_2(t))^2 \varphi(t) &\leqq 2\, M\, \varphi(t) \left\{\int_0^t [a(s, \eta_1(s)) - a(s, \eta_2(s))]\, ds\right\}^2 \\ &\quad + 2\, M\, \varphi(t) \left[\int_0^t [\sigma(s, \eta_1(s)) - \sigma(s, \eta_2(s))]\, dw(s)\right]^2 \\ &\leqq 2\, t\, M \int_0^t \varphi(s)\, [a(s, \eta_1(s)) - a(s, \eta_2(s))]^2\, ds \\ &\quad + 2\, M \int_0^t \varphi(s)\, [\sigma(s, \eta_1(s)) - \sigma(s, \eta_2(s))]^2\, ds \\ &\leqq (2\, T + 2)\, L_N^2 \int_0^t M\, \varphi(s)\, [\eta_1(s) - \eta_2(s)]^2\, ds \end{aligned}$$

schreiben. Nach dem Lemma 1 ist also $M(\eta_1(t) - \eta_2(t))^2 \varphi(t) = 0$, d. h.

$$P\,\{\eta_1(t) \neq \eta_2(t)\} \leqq P\left\{\sup_{0 \leqq s \leqq T} |\eta_1(s)| > N\right\} + P\left\{\sup_{0 \leqq s \leqq T} |\eta_2(s)| > N\right\}.$$

Aus der Stetigkeit von $\eta_i(t)$ folgt die Beschränktheit dieser Funktion. Deshalb konvergieren die Wahrscheinlichkeiten auf der rechten Seite dieser Gleichung gegen Null für $N \to \infty$, d. h., für alle t aus $[0, T]$ gilt die Gleichung $P\,\{\eta_1(t) = \eta_2(t)\} = 1$. Hieraus folgt, wie beim Beweis des Satzes 1 gezeigt wurde, die Eindeutigkeit. Der Satz ist also vollständig bewiesen.

Bemerkung 2. Für den Beweis der Eindeutigkeit ist nur die Bedingung 2 benutzt worden.

Bemerkung 3. Beim Beweis der Existenz einer Lösung kann man die Bedingung 1 durch folgende ersetzen: *Für ein gewisses K ist die Ungleichung*

$$x\, a(t, x) + \sigma^2(t, x) \leqq K^2\, (1 + x^2)$$

erfüllt.

Wie beim Beweis des Satzes 3 genügt es nachzuweisen, daß für ein C die Ungleichung $M\, \psi(\eta(0))\, |\eta_N(t)|^2 \leqq C$ (C ist unabhängig von N) gilt. Nach der Itô-Formel ist

$$d\eta_N^2(t) = 2\, a_N(t, \eta_N(t))\, \eta_N(t)\, dt + \sigma_N^2(t, \eta_N(t))\, dt + 2\, \sigma_N(t, \eta_N(t))\, \eta_N(t)\, dw(t)\,.$$

Hieraus erhalten wir

$$\begin{aligned} &M\, \eta_N^2(t)\, \psi(\eta(0)) - M\, \eta_N^2(0)\, \psi(\eta(0)) \\ &= M\, \psi(\eta(0)) \int_0^t [2\, a_N(s, \eta_N(s))\, \eta_N(s) + \sigma_N^2(s, \eta_N(s))]\, ds \\ &\leqq 2\, K^2 \left[t\, M\, \psi(\eta(0)) + \int_0^t M\, \psi(\eta(0))\, \eta_N^2(s)\, ds\right]. \end{aligned}$$

Indem wir das Lemma 1 anwenden, finden wir

$$\boldsymbol{M}\,\psi(\eta(0))\,\eta_N^2(t) \leqq 2\,K^2\,\boldsymbol{M}\,\psi(\eta(0))\left[t + \int_0^t e^{2K^2(t-s)}\,s\,\mathrm{d}s\right],$$

was zu beweisen war.

Bemerkung 4. Satz 1, Satz 3 und Satz 3 mit Bemerkung 3 liefern allgemeine Bedingungen für\die Existenz und Eindeutigkeit der Lösung einer stochastischen Differentialgleichung bei gegebener Anfangsbedingung. Diese Sätze werden im weiteren häufig *Existenz- und Eindeutigkeitssätze* genannt.

Wir suchen nun Abschätzungen für die Momente einer Lösung der Gleichung (1).

Satz 4. *Die Koeffizienten der Gleichung* (1) *mögen den Bedingungen des Satzes* 3 *genügen (die Bedingung* 1 *kann man durch die Bedingung der Bemerkung* 3 *ersetzen), und es sei* $\boldsymbol{M}\,[\eta(0)]^{2m} < \infty$ *($m > 0$ ist eine ganze Zahl). Dann läßt sich ein C finden, das nur von m, K und T abhängt und für das die Ungleichung*

$$\boldsymbol{M}[\eta(t)]^{2m} \leqq \boldsymbol{M}\,[1 + (\eta(0))^{2m}]\,e^{Ct} \tag{7}$$

gilt.

Sind aber die Bedingungen des Satzes 3 *erfüllt (d. h., die Bedingung 1 kann jetzt nicht durch die Bedingung der Bemerkung 3 ersetzt werden), dann existiert eine von* m, $\overline{K}$ *und* T *abhängige Konstante* $\overline{K}$, *für die*

$$\boldsymbol{M}\,[\eta(t) - \eta(0)]^{2m} \leqq \overline{K}\,[\boldsymbol{M}(\eta(0)^{2m}) + 1]\,e^{Ct}\,t^m \tag{8}$$

ist.

Beweis. Wir werden die Bezeichnungen des Satzes 3 verwenden. Aus der Itô-Formel folgt

$$\begin{aligned}\mathrm{d}[\eta_N(t)]^{2m} = [\eta_N(0)]^{2m} &+ \int_0^t [2\,m(\eta_N(s))^{2m+1}\,a_N(s, \eta_N(s)) \\ &+ m\,(2\,m - 1)\,(\eta_N(s))^{2m-2}\,\sigma_N^2\,(s, \eta_N(s))]\,\mathrm{d}s + \int_0^t 2\,m\,(\eta_N\,(s))^{2m-1} \\ &\times \sigma_N(s, \eta_N(s))\,\mathrm{d}w(s)\,. \end{aligned} \tag{9}$$

Da

$$\eta_N(t) = \eta_N(0) + \int_0^t a_N(s, \eta_N(s))\,\mathrm{d}s + \int_0^t \sigma_N(s, \eta_N(s))\,\mathrm{d}w(s)$$

und $\boldsymbol{M}\,[\eta_N(0)]^{2m} < \infty$ ist und $a_N(t, x)$ und $\sigma_N(t, x)$ beschränkt sind, ist $\boldsymbol{M}\,[\eta_N(t)]^{2m} < \infty$.

Bilden wir in der Beziehung (9) den Erwartungswert, so erhalten wir

$$\begin{aligned}\boldsymbol{M}[\eta_N(t)]^{2m} = \boldsymbol{M}[\eta_N(0)]^{2m} &+ \int_0^t \boldsymbol{M}\,[2\,m\,a_N(s, \eta_N(s))\,\eta_N(s) \\ &+ m\,(2\,m - 1)\,\sigma_N^2(s, \eta_N(s))]\,(\eta_N(s))^{2m-2}\,\mathrm{d}s \leqq \boldsymbol{M}\,[\eta(0)]^{2m} \\ &+ (2\,m + 1)\,m\,K^2 \int_0^t \boldsymbol{M}\,(1 + \eta_N^2(s))\,[\eta_N(s)]^{2m-2}\,\mathrm{d}s.\end{aligned}$$

Wir benutzen nun die Ungleichung $[\eta_N(s)]^{2m-2} \leqq 1 + [\eta_N(s)]^{2m}$. Dann ist

$$M[\eta_N(t)]^{2m} \leqq M[\eta(0)]^{2m} + (2m+1)\, m\, K^2 \int_0^t \{1 + 2\, M[\eta_N(s)]^{2m}\}\, ds\,.$$

Aus dem Lemma 1 erhalten wir

$$M[\eta_N(t)]^{2m} \leqq M[\eta(0)]^{2m} + m(2m+1) K^2 t$$
$$+ 2m(2m+1) K^2 \int_0^t e^{2m(2m+1)K^2(t-s)} [M(\eta(0))^{2m} + s\, m(2m+1) K^2]\, ds\,,$$

woraus die Ungleichung (7) für $\eta_N(t)$ folgt, wenn $C = 2m(m+1) K^2$ ist. Wenn wir dann für $N \to \infty$ zum Grenzwert übergehen, erhalten wir die Ungleichung (7).

Wir beweisen jetzt die Ungleichung (8). Wir haben

$$M[\eta(t) - \eta(0)]^{2m} = M\left[\int_0^t a(s, \eta(s))\, ds + \int_0^t \sigma(s, \eta(s))\, dw(s)\right]^{2m}$$
$$\leqq 2^{2m-1}\left\{M\left[\int_0^t a(s, \eta(s))\, ds\right]^{2m} + M\left[\int_0^t \sigma(s, \eta(s))\, dw(s)\right]^{2m}\right\}.$$

Benutzen wir die Hölderrsche Ungleichung und den Satz 6 aus § 3, dann finden wir

$$M[\eta(t) - \eta(0)]^{2m} \leqq 2^{2m-1}\left[t^{2m-1}\int_0^t M[a(s, \eta(s))]^{2m}\, ds\right.$$
$$\left. + t^{m-1}[m(2m-1)]^m M\int_0^t \sigma^{2m}(s, \eta(s))\, ds\right].$$

Folglich existiert ein solches K_1, daß

$$M[\eta(t) - \eta(0)]^{2m} \leqq K_1 t^{m-1} \int_0^t M(1 + \eta^2(s))^m\, ds$$
$$\leqq K_1 t^{m-1} \int_0^t [2^{m-1} + 2^{m-1} M\eta^{2m}(s)]\, ds$$
$$\leqq 2^{m-1} K_1 t^{m-1} \int_0^t [1 + (1 + M[\eta(0)]^{2m})\, e^{Cs}]\, ds$$
$$= 2^m K_1 t^m + 2^{2m-1} t^m K_1 M[\eta(0)]^{2m} \frac{e^{Ct} - 1}{Ct}$$
$$\leqq 2^m K_1 t^m \{1 + M[\eta(0)]^{2m}\}\, e^{Ct}$$

ist, da $\frac{e^x - 1}{x} \leqq e^x$ ist für $x > 0$. Damit ist der Satz bewiesen.

§ 7. Parameterabhängige stochastische Differentialgleichungen

Bei der Untersuchung von stochastischen Differentialgleichungen, die in § 5 eingeführt wurden, sind manchmal Hilfsgleichungen von der allgemeineren Form

$$\eta(t) = \varphi(t) + \int_0^t A(s, \eta(s))\, ds + \int_0^t B(s, \eta(s))\, dw(s) \qquad (1)$$

zu betrachten, wobei $\varphi(t)$, $A(t, x)$, $B(t, x)$ schon zufällige Funktionen sind. Um die Bedingungen anzugeben, denen diese Funktionen genügen, setzen wir voraus, daß eine Familie von σ-Algebren $\mathfrak{F}_t$, $0 \leqq t \leqq T$, gegeben ist, für die $\mathfrak{F}_{t_1} \subset \mathfrak{F}_{t_2}$ bei $t_1 < t_2$ ist, daß $w(t)$ $\mathfrak{F}_t$-meßbar ist und der Prozeß $w_h(t) = w(t+h) - w(t)$ von $\mathfrak{F}_h$, $0 \leqq h \leqq T$, unabhängig ist. In diesem Paragraphen wird vorausgesetzt, daß die Funktionen $\varphi(t)$, $A(t, x)$, $B(t, x)$ (mit Indizes oder ohne) für $t \in [0, T]$, $x \in (-\infty, \infty)$ definiert, in der Gesamtheit der Variablen (einschließlich der Variablen aus dem Wahrscheinlichkeitsraum) meßbar und für feste t und x $\mathfrak{F}_t$-meßbar sind. Die Lösung $\eta(t)$ der Gleichung (1) muß $\mathfrak{F}_t$-meßbar sein für $t \in [0, T]$, die Integrale auf der rechten Seite von (1) müssen definiert und die Gleichung (1) muß mit Wahrscheinlichkeit 1 für jedes $t \in [0, T]$ erfüllt sein. Auf solche Gleichungen ist die Beweismethode für die Existenz und Eindeutigkeit anwendbar, die im vorangegangenen Paragraphen benutzt wurde.

Satz 1. *Es sei* $\sup\limits_{0 \leqq t \leqq T} \boldsymbol{M}\, \varphi^2(t) < \infty$, *und es existiere eine solche Konstante* K, *daß mit Wahrscheinlichkeit* 1 *die Ungleichungen*

$$|A(t, x)|^2 + |B(t, x)|^2 \leqq K^2 (1 + x^2)\,,$$

$$|A(t, x) - A(t, y)| + |B(t, x) - B(t, y)| \leqq K\, |x - y|$$

erfüllt sind. Dann hat die Gleichung (1) *eine Lösung, die der Bedingung* $\sup\limits_{0 \leqq t \leqq T} \boldsymbol{M}\, \eta^2(t) < \infty$ *genügt, und zwei beliebige Lösungen* $\eta_1(t)$ *und* $\eta_2(t)$, *die dieser Bedingung genügen, sind stochastisch äquivalent, d. h.* $\boldsymbol{P}\{\eta_1(t) = \eta_2(t)\} = 1$ *für alle* $t \in [0, T]$.

Beweis. Wir setzen $\eta_0(t) = \varphi(t)$

$$\eta_n(t) = \varphi(t) + \int_0^t A\big(s, \eta_{n-1}(s)\big)\, ds + \int_0^t B\big(s, \eta_{n-1}(s)\big)\, dw(s)\,.$$

Dann ist

$$\boldsymbol{M}\, [\eta_n(t) - \eta_{n-1}(t)]^2 \leqq 2\, \boldsymbol{M} \left\{ \int_0^t [A\big(s, \eta_{n-1}(s)\big) - A\big(s, \eta_{n-2}(s)\big)]\, ds \right\}^2$$

$$+ 2\, \boldsymbol{M} \left\{ \int_0^T [B\big(s, \eta(s)\big) - B\big(s, \eta_{n-2}(s)\big)]\, dw(s) \right\}^2$$

$$\leqq 2\,(t+1)\, K^2 \int_0^t \boldsymbol{M}\, [\eta_{n-1}(s) - \eta_{n-2}(s)]^2\, ds$$

und

$$\boldsymbol{M}\, [\eta_1(s) - \eta_0(s)]^2 \leqq 2\, t\, K^2 \int_0^t \boldsymbol{M}\, A^2\big(s, \eta_0(s)\big)\, ds + 2\, K^2 \int_0^t \boldsymbol{M}\, B^2\big(s, \eta_0(s)\big)\, ds$$

$$\leqq 2\,(t+1)\, K^2 \int_0^t \boldsymbol{M}\, \big(1 + \varphi^2(s)\big)\, ds\,.$$

Für ein gewisses L ist also die Ungleichung

$$\boldsymbol{M}\, [\eta_n(t) - \eta_{n-1}(t)]^2 \leqq L\, \frac{L^{n-1}}{(n-1)!}$$

erfüllt.

Der weitere Beweis der Existenz einer Lösung und ihrer Eindeutigkeit wird wie in Satz 1 aus § 6 geführt.

Bemerkung 1. Ist $\varphi(t)$ mit Wahrscheinlichkeit 1 stetig. dann existieren mit Wahrscheinlichkeit 1 stetige Lösungen der Gleichung (1). Sind $\eta_1(t)$ und $\eta_2(t)$ zwei derartige Lösungen, dann ist $\boldsymbol{P}\left\{\sup_{0 \leqq t \leqq T} |\eta_1(t) - \eta_2(t)| > 0\right\} = 0$.

Bemerkung 2. Ist $\varphi(t)$ mit Wahrscheinlichkeit 1 beschränkt, dann genügt für die Gültigkeit des Satzes, daß $A(s, x)$ und $B(s, x)$ für ein gewisses K der Ungleichung $A^2(s, x) + B^2(s, x) \leqq K^2 (1 + x^2)$ genügen und daß für jedes $N > 0$ ein solches L_N existiert, daß bei $|x| \leqq N$, $|y| \leqq N$ die Ungleichung

$$|A(s, x) - A(s, y)| + |B(s, x) - B(s, y)| \leqq L_N |x - y|$$

erfüllt ist.

In diesem Fall existiert eine eindeutige, mit Wahrscheinlichkeit 1 beschränkte Lösung.

Bemerkung 3. Ist $\sup_{0 \leqq t \leqq T} \boldsymbol{M} |\varphi(t)|^m < C$ $(m > 0)$, dann kann man ein solches nur von C, K, T, m abhängiges C_1 angeben, daß $\sup_{0 \leqq t \leqq T} \boldsymbol{M} |\eta(t)|^m < C_1$ ist.

Wir formulieren nun einen Grenzwertsatz für Gleichungen der Gestalt (1).

Satz 2. *Es seien $\eta_n(t)$, $n = 0, 1, 2, \ldots$, Lösungen der Gleichungen*

$$\eta_n(t) = \varphi_n(t) + \int_0^t A_n(s, \eta_n(s))\, ds + \int_0^t B_n(s, \eta_n(s))\, dw(s)\,, \tag{2}$$

wobei die Koeffizienten $A_n(s, x)$ und $B_n(s, x)$ den Bedingungen des Satzes 1 (*mit demselben K*) *genügen sollen, die $\varphi_n(t)$ mit Wahrscheinlichkeit* 1 *stetig sind und $\sup_{0 \leqq t \leqq T} \boldsymbol{M} \varphi_n^2(t) \leqq C$ ist. Wenn für jedes $N > 0$, $s \in [0, T]$ und $\varepsilon > 0$*

$$\lim_{n \to \infty} \boldsymbol{P}\left\{\sup_{|x| \leqq N} |A_n(s, x) - A_0(s, x)| + |B_n(s, x) - B_0(s, x)| > \varepsilon\right\} = 0$$

und

$$\lim_{n \to \infty} \sup_{0 \leqq t \leqq T} \boldsymbol{M} (\varphi_n(t) - \varphi_0(t))^2 = 0$$

gilt, dann ist $\lim_{n \to \infty} \sup_{0 \leqq t \leqq T} \boldsymbol{M} (\eta_n(t) - \eta_0(t))^2 = 0$.

Beweis. Wir schreiben

$$\eta_n(t) - \eta_0(t) = \zeta_n(t) + \int_0^t [A_n(s, \eta_n(s)) - A_n(s, \eta_0(s))]\, ds$$
$$+ \int_0^t [B_n(s, \eta_n(s)) - B_n(s, \eta_0(s))]\, dw(s)\,,$$

wobei

$$\zeta_n(t) = \varphi_n(t) - \varphi_0(t) + \int_0^t [A_n(s, \eta_0(s)) - A_0(s, \eta_0(s))]\, ds$$
$$+ \int_0^t [B_n(s, \eta_0(s)) - B_0(s, \eta_0(s))]\, dw(s)$$

ist. Indem wir die LIPSCHITZbedingung anwenden, können wir zeigen, daß für $L = 3(T+1)K^2$ die Ungleichung

$$M[\eta_n(t) - \eta_0(t)]^2 \leqq 3 M \zeta_n^2(t) + L \int_0^t M[\eta_n(s) - \eta_0(s)]^2 ds$$

erfüllt ist. Infolge Lemma 1 aus § 6 ist also

$$M[\eta_n(t) - \eta_0(t)]^2 \leqq 3 M \zeta_n^2(t) + L \int_0^t e^{L(t-s)} M \zeta_n^2(s) ds .$$

Somit braucht man für den Beweis des Satzes nur zu zeigen, daß $\sup_t M \zeta_n^2(t) \to 0$ strebt und zu benutzen, daß nach Voraussetzung $\sup_t M[\varphi_n(t) - \varphi_0(t)]^2 \to 0$ gilt. Ferner ist

$$M \int_0^t [A_n(s, \eta_0(s)) - A_0(s, \eta_0(s))] ds \leqq t M \int_0^t [A_n(s, \eta_0(s)) - A_0(s, \eta_0(s))]^2 ds .$$

Die Größe unter dem Integralzeichen auf der rechten Seite der letzten Ungleichung ist durch die Größe $2K^2(1 + \eta_0^2(s))$ beschränkt, für die $M \int_0^T [1 + \eta_0^2(s)] ds < \infty$ ist und die mit Wahrscheinlichkeit 1 gegen Null konvergiert. Deshalb ist nach dem Satz von LEBESGUE

$$\sup_{0 \leqq t \leqq T} M \left[\int_0^t (A_n(s, \eta_0(s)) - A_0(s, \eta_0(s))) ds \right]^2 \\ \leqq T \int_0^T M [A_n(s, \eta_0(s)) - A_0(s, \eta_0(s))^2] ds \to 0 .$$

Berücksichtigen wir den Satz 1 aus § 3, so gelangen wir zu der Beziehung

$$M \sup_{0 \leqq t \leqq T} \left\{ \int_0^T [B_n(s, \eta_0(s)) - B_0(s, \eta_0(s))] dw(s) \right\}^2 \\ \leqq 4 M \int_0^T [B_n(s, \eta_0(s)) - B_0(s, \eta_0(s))]^2 ds \to 0 .$$

Damit ist der Satz bewiesen.

Bemerkung 4. Falls $M \sup_{0 \leqq t \leqq T} |\varphi_n(t) - \varphi_0(t)|^2 \to 0$ strebt, läßt sich analog beweisen, daß die Beziehung $M \sup_{0 \leqq t \leqq T} |\eta_n(t) - \eta_0(t)|^2 \to 0$ erfüllt ist.

Folgerung 1. Die Koeffizienten der Gleichung (1) mögen von einem Parameter α abhängen, der in einer Zahlenmenge G variiert:

$$\eta_\alpha(t) = \varphi_\alpha(t) = \int_0^t A_\alpha(s, \eta_\alpha(s)) ds + \int_0^t B_\alpha(s, \eta_\alpha(s)) dw(s) , \tag{3}$$

wobei

$$\lim_{\alpha' \to \alpha} \sup_t M [\varphi_{\alpha'}(t) - \varphi_\alpha(t)]^2 = 0$$

und für $\varepsilon > 0$, $N > 0$

$$\lim_{\alpha' \to \alpha} \boldsymbol{P} \left\{ \sup_{|x| \leq N} (|A_{\alpha'}(s, x) - A_\alpha(s, x)| + |B_{\alpha'}(s, x) - B_\alpha(s, x)|) > \varepsilon \right\} = 0$$

gilt und die Koeffizienten $A_\alpha(s, x)$ und $B_\alpha(s, x)$ den Bedingungen des Satzes 1 mit derselben Konstanten K genügen. Dann ist $\eta_\alpha(t)$ in α stetig im quadratischen Mittel. Darüberhinaus ist

$$\lim_{\alpha' \to \alpha} \sup_{0 \leq t \leq T} \boldsymbol{M} [\eta_{\alpha'}(t) - \eta_\alpha(t)]^2 = 0 .$$

Diese Behauptung ist eine Folgerung des Satzes 2, da man den Satz auf die Folge $\eta_{\alpha_n}(t)$ anwenden kann, wobei $\alpha_n \to \alpha$ strebt.

Untersuchen wir nun, welche Folgerungen man aus dem Satz 2 für die Lösungen von stochastischen Differentialgleichungen der Form (1) aus § 6 erhalten kann.

Satz 3. *Es seien $\eta_n(t)$, $n = 0, 1, 2, \ldots$, Lösungen der stochastischen Gleichungen*

$$\eta_n(t) = \eta_n(0) + \int_0^t a_n(s, \eta_n(s))\, ds + \int_0^t \sigma_n(s, \eta_n(s))\, dw(s) ,$$

$\eta_n(0)$ konvergiere in Wahrscheinlichkeit gegen $\eta_0(0)$, $a_n(s, x)$ und $\sigma_n(s, x)$ mögen für jedes n den Bedingungen des Existenz- und Eindeutigkeitssatzes genügen, für jedes $N > 0$ sei

$$\lim_{n \to \infty} \sup_{|x| \leq N} (|a_n(s, x) - a_0(s, x)| + |\sigma_n(s, x) - \sigma_0(s, x)|) = 0 ,$$

und es existiere ein solches K, daß für alle n und $s \in [0, T]$ die Ungleichung

$$|a_n(s, x)|^2 + |\sigma_n(s, x)|^2 \leq K^2 (1 + x^2) \tag{4}$$

gilt. Dann gilt $\sup_{0 \leq t \leq T} |\eta_n(t) - \eta_0(t)| \to 0$ in Wahrscheinlichkeit für $n \to \infty$.

Beweis. Wir setzen $g_N(x) = x$ für $|x| \leq N$, $g_N(x) = N \operatorname{sign} x$ für $|x| > N$, $\eta_n^{(N)}(0) = g_N(\eta_n(0))$,

$$a_n^{(N)}(s, x) = a_n(s, g_N(x)) , \quad \sigma_n^{(N)}(s, x) = \sigma_n(s, g_N(x)) .$$

Es sei $\eta_n^{(N)}(t)$ eine Lösung der Gleichung

$$\eta_n^{(N)}(t) = \eta_n^{(N)}(0) = \int_0^t a_n^{(N)}(s, \eta_n^{(N)}(s))\, ds + \int_0^t \sigma_n^{(N)}(s, \eta_n^{(N)}(s))\, dw(s) .$$

Infolge Satz 2 aus § 6 ist

$$\boldsymbol{P} \left\{ \sup_{0 \leq t \leq T} |\eta_n^{(N)}(t) - \eta_n(t)| > 0 \right\} \leq \boldsymbol{P} \left\{ \sup_{0 \leq t \leq T} |\eta_n^{(N)}(t)| > N \right\} .$$

Demzufolge erhalten wir

$$\boldsymbol{P}\left\{\sup_{0\leq t\leq T}|\eta_n(t)-\eta_0(t)|>\varepsilon\right\}\leq\boldsymbol{P}\left\{\sup_{0\leq t\leq T}|\eta_n^{(N)}(t)-\eta_0^{(N)}(t)|>\varepsilon\right\}$$
$$+\boldsymbol{P}\left\{\sup_{0\leq t\leq T}|\eta_n^{(N)}(t)|>N\right\}+\boldsymbol{P}\left\{\sup_{0\leq t\leq T}|\eta_n^{(N)}(t)|>N\right\}. \tag{5}$$

Wegen Bemerkung 4 strebt der erste Summand auf der rechten Seite von (5) gegen Null. Wie bei Satz 3 aus § 6 kann man aus der Ungleichung (4) und der Beschränktheit in Wahrscheinlichkeit von $\eta_n(0)$ (das ist eine Folgerung der Konvergenz in Wahrscheinlichkeit von $\eta_n(0)$ gegen $\eta_0(0)$) beweisen, daß gleichmäßig bezüglich n

$$\lim_{N\to\infty}\boldsymbol{P}\left\{\sup_{0\leq t\leq T}|\eta_n^{(N)}(t)|>N\right\}=0$$

ist. Gehen wir in (5) zum Grenzwert für $n\to\infty$ und danach für $N\to\infty$ über, so erhalten wir den Beweis des Satzes.

Wir untersuchen nun die Frage der Differenzierbarkeit der Lösung einer stochastischen Differentialgleichung nach einem Parameter. Wir werden die mittleren quadratischen Ableitungen nach einem Parameter betrachten: Ist ξ_α eine Familie von Zufallsgrößen, dann ist $\frac{\partial}{\partial a}\xi_\alpha$ eine Größe, für die $\lim\limits_{\Delta\alpha\to 0}\left|\frac{\xi_{\alpha+\Delta\alpha}-\xi_\alpha}{\Delta\alpha}-\frac{\partial}{\partial\alpha}\xi_\alpha\right|^2=0$ gilt.

Satz 4. *Es sei $\eta_\alpha(t)$ eine Lösung der Gleichung* (3), *wobei folgende Bedingungen erfüllt seien:*

1. $\sup\limits_{0\leq t\leq T}\boldsymbol{M}\varphi_\alpha^2(t)<\infty$, *es existiert* $\frac{\partial}{\partial\alpha}\varphi_\alpha(t)$, *und es ist*

$$\lim_{\Delta\alpha\to 0}\sup_{0\leq t\leq T}\boldsymbol{M}\left(\frac{\partial}{\partial\alpha}\varphi_\alpha(t)-\frac{1}{\Delta\alpha}[\varphi_{\alpha+\Delta\alpha}(t)-\varphi_\alpha(t)]\right)^2=0.$$

2. *Es existieren* $\frac{\partial}{\partial a}A_\alpha(s,x)$, $\frac{\partial}{\partial a}B_\alpha(s,x)$, *und es ist*

$$\lim_{\Delta\alpha\to 0}\boldsymbol{M}\int_0^T\left\{\left[\frac{A_{\alpha+\Delta\alpha}(s,\eta_\alpha(s))-A_\alpha(s,\eta_\alpha(s))}{\Delta\alpha}-\frac{\partial}{\partial\alpha}A_\alpha(s,\eta_\alpha(s))\right]^2\right.$$
$$\left.+\left[\frac{B_{\alpha+\Delta\alpha}(s,\eta_\alpha)(s))}{\Delta\alpha}-\frac{B_\alpha(s,\eta_\alpha(s))}{\Delta\alpha}-\frac{\partial}{\partial\alpha}B_\alpha(s,\eta_\alpha(s))\right]^2\right\}ds=0.$$

3. *Es existieren mit Wahrscheinlichkeit* 1 *stetige* (*in der Gesamtheit der Variablen*) *Ableitungen* $\frac{\partial}{\partial x}A_\alpha(s,x)$, $\frac{\partial}{\partial x}B_\alpha(s,x)$, *und für ein K gilt*

$$\boldsymbol{P}\left\{\left|\frac{\partial}{\partial x}A_\alpha(s,x)\leq K\right\}=1,\qquad\boldsymbol{P}\left\{\left|\frac{\partial}{\partial x}B_\alpha(s,x)\right|\leq K\right\}=1.$$

Dann ist $\eta_\alpha(t)$ nach α differenzierbar.

Beweis. Es sei

$$\zeta_{\alpha,\Delta\alpha}(t)=\frac{1}{\Delta\alpha}\left(\eta_{\alpha+\Delta\alpha}(t)-\eta_\alpha(t)\right).$$

Dieser zufällige Prozeß genügt der Gleichung

$$\zeta_{\alpha,\Delta\alpha}(t) = \frac{\varphi_{\alpha+\Delta\alpha}(t) - \varphi_\alpha(t)}{\Delta\alpha}$$

$$+\int_0^t \frac{A_{\alpha+\Delta\alpha}(s,\eta_{\alpha+\Delta\alpha}(s)) - A_{\alpha+\Delta\alpha}(s,\eta_\alpha(s))}{\eta_{\alpha+\Delta\alpha}(s) - \eta_\alpha(s)}\,\zeta_{\alpha,\Delta\alpha}(s)\,ds$$

$$+\int_0^t \frac{B_{\alpha+\Delta\alpha}(s,\eta_{\alpha+\Delta\alpha}(s)) - B_{\alpha+\Delta\alpha}(s,\eta_\alpha(s))}{\eta_{\alpha+\Delta\alpha}(s) - \eta_\alpha(s)}\,\zeta_{\alpha,\Delta\alpha}(s)\,dw(s)$$

$$+\int_0^t \frac{A_{\alpha+\Delta\alpha}(s,\eta_\alpha(s)) - A_\alpha(s,\eta_\alpha(s))}{\Delta\alpha}\,ds +$$

$$+\int_0^t \frac{B_{\alpha+\Delta\alpha}(s,\eta_\alpha(s)) - B_\alpha(s,\eta_\alpha(s))}{\Delta\alpha}\,dw(s)\,. \tag{6}$$

Wir bezeichnen mit $\zeta_{\alpha,0}(t)$ die Lösung der Gleichung

$$\zeta_{\alpha,0}(t) = \frac{\partial}{\partial\alpha}\varphi_\alpha(t) + \int_0^t \frac{\partial}{\partial\alpha}A_\alpha(s,\eta_\alpha(s))\,ds + \int_0^t \frac{\partial}{\partial\alpha}B_\alpha(s,\eta_\alpha(s))\,dw(s)$$

$$+\int_0^t \frac{\partial}{\partial x}A_\alpha(s,\eta_\alpha(s))\,\zeta_{\alpha,0}(s)\,ds + \int_0^t \frac{\partial}{\partial x}B_\alpha(s,\eta_\alpha(s))\,\zeta_{\alpha,0}(s)\,dw(s)\,. \tag{7}$$

Wir führen folgende Funktionen ein:

$$\tilde\varphi_{\Delta\alpha}(t) = \frac{\varphi_{\alpha+\Delta\alpha}(t) - \varphi_\alpha(t)}{\Delta\alpha} + \int_0^t \frac{A_{\alpha+\Delta\alpha}(s,\eta_\alpha(s)) - A_\alpha(s,\eta_\alpha(s))}{\Delta\alpha}\,ds$$

$$+\int_0^t \frac{B_{\alpha+\Delta\alpha}(s,\eta_\alpha(s)) - B_\alpha(s,\eta_\alpha(s))}{\Delta\alpha}\,dw(s)\,,$$

wenn $\Delta\alpha \neq 0$ ist;

$$\tilde\varphi_{\Delta\alpha}(t) = \frac{\partial}{\partial\alpha}\varphi_\alpha(t) + \int_0^t \frac{\partial}{\partial\alpha}A_\alpha(s,\eta_\alpha(s))\,ds + \int_0^t \frac{\partial}{\partial\alpha}B_\alpha(s,\eta_\alpha(s))\,dw(s)\,,$$

wenn $\Delta\alpha = 0$ ist;

$$\tilde A_{\Delta\alpha}(s,x) = \frac{A_{\alpha+\Delta\alpha}(s,\eta_{\alpha+\Delta\alpha}(s)) - A_{\alpha+\Delta\alpha}(s,\eta_\alpha(s))}{\eta_{\alpha+\Delta\alpha}(s) - \eta_\alpha(s)}\,x,$$

wenn $\Delta\alpha \neq 0$ ist;

$$\tilde A_{\Delta\alpha}(s,x) = \frac{\partial}{\partial x}A_\alpha(s,\eta_\alpha(s))\,x\,,$$

wenn $\Delta\alpha = 0$ ist;

$$\tilde B_{\Delta\alpha}(s,x) = \frac{B_{\alpha+\Delta\alpha}(s,\eta_{\alpha+\Delta\alpha}(s)) - B_{\alpha+\Delta\alpha}(s,\eta_\alpha(s))}{\eta_{\alpha+\Delta\alpha}(s) - \eta_\alpha(s)}\,x\,,$$

wenn $\Delta\alpha \neq 0$ ist;

$$\tilde{B}_{\Delta\alpha}(s, x) = \frac{\partial}{\partial x} B_\alpha(s, \eta_\alpha(s))\, x\,,$$

wenn $\Delta\alpha = 0$ ist.

Benutzen wir diese Bezeichnungen, dann kann man die Gleichungen (6) und (7) in die Form

$$\zeta_{\alpha,\Delta\alpha}(s) = \tilde{\varphi}_{\Delta\alpha}(t) + \int_0^t \tilde{A}_{\Delta\alpha}(s, \zeta_{\alpha,\Delta\alpha}(s))\, ds + \int_0^t \tilde{B}_{\Delta\alpha}(s, \zeta_{\alpha,\Delta\alpha}(s))\, dw(s) \tag{8}$$

überführen.

Für den Beweis des Satzes braucht man nur zu zeigen, daß $M\,[\zeta_{\alpha,\Delta\alpha}(t) - \zeta_{\alpha,0}]^2 \to 0$ konvergiert für $\Delta\alpha \to 0$. Hierfür genügt es wegen der Folgerung 1, folgende Bedingungen nachzuweisen:

$$\lim_{\Delta\alpha\to 0} \sup_{0\le t\le T} M\,|\tilde{\varphi}_{\Delta\alpha}(t) - \tilde{\varphi}_0(t)|^2 = 0\,, \tag{9}$$

und für jedes $N > 0$, $\varepsilon > 0$ haben wir

$$\lim_{n\to\infty} P\left\{\sup_{|x|\le N} (|\tilde{A}_{\Delta\alpha}(s, x) - \tilde{A}_0(s, x)| + |\tilde{B}_{\Delta\alpha}(s, x) - \tilde{B}_0(x, s)|) > \varepsilon\right\} = 0\,. \tag{10}$$

Die Beziehung (10) folgt aus der Bedingung 3 und der linearen Abhängigkeit der Funktionen $\tilde{A}_{\Delta\alpha}(s, x)$ und $\tilde{B}_{\Delta\alpha}(s, x)$ von x, und (9) ist eine Folgerung der Bedingungen 1 und 2. Der Satz ist damit bewiesen.

Bemerkung 5. Um $\frac{\partial}{\partial\alpha}\eta_\alpha(t)$ zu bestimmen, muß man die Gleichung (3) nach α differenzieren. Dabei erhält man für $\frac{\partial}{\partial\alpha}\eta_\alpha(t)$ eine lineare stochastische Gleichung der Gestalt (7).

Bemerkung 6. Wenn die Koeffizienten der Gleichung (7) ebenfalls den Bedingungen des Satzes 4 genügen, dann existiert $\frac{\partial^2}{\partial\alpha^2}\eta_\alpha(t)$.

Bemerkung 7. Ist $M(\eta_\alpha(t))^m$ für jedes $m > 0$ beschränkt, dann braucht man für die Erfüllung der Bedingung 2 von Satz 4 nur zu fordern, daß für ein $m > 0$ und für $r > 2$ ein solches L existiert, daß

$$M \sup \left(\frac{|A_{\alpha+\Delta\alpha}(s, x) - A_\alpha(s, x)| + |B_{\alpha+\Delta\alpha}(s, x) - B_\alpha(s, x)|}{\Delta\alpha\,(1 + |x|^m)}\right)^r \le L$$

ist und für jedes $N > 0$ in Wahrscheinlichkeit

$$\sup_{|x|\le N}\left[\left|\frac{A_{\alpha+\Delta\alpha}(s, x) - A_\alpha(s, x)}{\Delta\alpha} - \frac{\partial}{\partial\alpha} A_\alpha(s, x)\right| + \left|\frac{B_{\alpha+\Delta\alpha}(s, x) - B_\alpha(s, x)}{\Delta\alpha} - \frac{\partial}{\partial\alpha} B(s, x)\right|\right] \to 0$$

gilt. Tatsächlich ist in diesem Fall

$$M \int_0^T \left[\frac{A_{\alpha+\Delta\alpha}(s, \eta_\alpha(s)) - A_\alpha(s, \eta_\alpha(s))}{\Delta\alpha} - \frac{\partial}{\partial\alpha} A_\alpha(s, \eta_\alpha(s))\right]^2 ds \to 0\,,$$

da der Integrand in Wahrscheinlichkeit gegen Null konvergiert und wir für $2 < r_1 < r$ aus der HÖLDERschen Ungleichung

$$\boldsymbol{M}\int_0^T \left|\frac{A_{\alpha+\Delta\alpha}(s,\eta_\alpha(s)) - A_\alpha(s,\eta_\alpha(s))}{\Delta\alpha} - \frac{\partial}{\partial\alpha} A_\alpha(s,\eta_\alpha(s))\right|^{r_1} ds$$

$$\leqq \left\{\boldsymbol{M}\int_0^T \left|\frac{A_{\alpha+\Delta\alpha}(s,\eta_\alpha(s)) - A_\alpha(s,\eta_\alpha(s)) - \Delta\alpha \frac{\partial}{\partial\alpha} A_\alpha(s,\eta_\alpha(s))}{\Delta\alpha\,(1+|\eta_\alpha(s)^m|}\right|^{r_1} ds\right\}^{\frac{r_1}{r}}$$

$$\times \left\{\boldsymbol{M}\int_0^T (1+|\eta_\alpha(s)|^m)^{\frac{r_1}{r-r_1}}\,ds\right\}^{1-\frac{r_1}{r}}$$

erhalten. Folglich kann man den Satz über den Grenzübergang unter dem Integralzeichen anwenden. Analoge Überlegungen lassen sich bezüglich $B_\alpha(s, x)$ anstellen.

Die Ableitungen von Lösungen stochastischer Differentialgleichungen kann man für die Konstruktion von asymptotischen Entwicklungen nach einem kleinen Parameter benutzen. Dabei verwendet man die TAYLORformel. Zur Illustration betrachten wir nun zwei einfache Beispiele.

Beispiel 1. Es sei

$$d\eta_\varepsilon(t) = \varepsilon\, a(t, \eta_\varepsilon(t))\, dt + dw(t)\,,$$

wobei ε ein kleiner Parameter ist. Die Lösung dieser Gleichung für $\varepsilon = 0$ ist $\eta_0(t) = \eta(0) + w(t)$. Für $\frac{\partial}{\partial\varepsilon}\eta_\varepsilon(t)$ erhalten wir die Gleichung

$$\frac{\partial}{\partial\varepsilon}\eta(t) = \int_0^t a(s, \eta_\varepsilon(s))\, ds + \varepsilon\int_0^t a'_x(s, \eta_\varepsilon(s))\,\frac{\partial}{\partial\varepsilon}\eta_\varepsilon(s)\, ds\,,$$

aus der wir $\left.\frac{\partial}{\partial\varepsilon}\eta_\varepsilon(t)\right|_{\varepsilon=0} = \int_0^t a(s, \eta(0) + w(s))\, ds$ finden. Folglich ist

$$\eta_\varepsilon(t) = \eta(0) + w(t) + \varepsilon\int_0^t a(s, \eta(0) + w(s))\, ds + o(\varepsilon)\,.$$

Beispiel 2. $d\eta_\varepsilon(t) = a(t, \eta_\varepsilon(t))\, dt + \varepsilon\, d\omega(t)$. Dann ist $\eta_0(t)$ Lösung der gewöhnlichen Differentialgleichung $\frac{\partial\eta_0(t)}{dt} = a(t, \eta_0(t))$ (wobei zufällige Anfangsbedingungen erlaubt sind). Der Prozeß $\eta^{(1)}(t) = \left.\frac{\partial}{\partial\varepsilon}\eta_\varepsilon(t)\right|_{\varepsilon=0}$ genügt der Gleichung

$$d\eta^{(1)}(t) = a'_x(t, \eta_0(t))\,\eta^{(1)}(t)\, dt + dw(t)$$

mit der Anfangsbedingung $\eta^{(1)}(0) = 0$. Die Lösung dieser Gleichung ist

$$\eta^{(1)}(t) = \exp\left\{\int_0^t a'_x(s, \eta_0(s))\, ds\right\}\int_0^t \exp\left\{-\int_0^s a'_x(u, \eta_0(u))\, du\right\} dw(s)\,.$$

Man kann wiederum die Lösung der Ausgangsgleichung mit einer Genauigkeit bis auf $o(\varepsilon)$ aufschreiben.

§ 8. Die Abhängigkeit der Lösungen stochastischer Differentialgleichungen von den Anfangsbedingungen

Wir betrachten wieder eine Gleichung der Form

$$d\eta(t) = a\big(t, \eta(t)\big)\, dt + \sigma\big(t, \eta(t)\big)\, dw(t) . \tag{1}$$

Wir nehmen an, daß die Koeffizienten dieser Gleichung den Bedingungen von Satz 1 aus § 6 genügen. Es sei $\eta_{z,s}(t)$ eine Lösung der Gleichung

$$\eta_{z,s}(t) = z + \int_s^t a\big(u, \eta_{z,s}(u)\big)\, du + \int_s^t \sigma\big(u, \eta_{z,s}(u)\big)\, dw(u) , \tag{2}$$

d. h. eine Lösung von (1) auf dem Intervall $[s, T]$, die der Anfangsbedingung $\eta_{z,s}(s) = z$ genügt. Wir betrachten diese Gleichung als Gleichung der Gestalt (3) aus § 7, indem wir z als Parameter annehmen. Die Koeffizienten der Gleichung sind vom Parameter unabhängig. Deshalb kann man bei Existenz der stetigen beschränkten Ableitungen $\frac{\partial a(s, x)}{\partial x}$ und $\frac{\partial}{\partial x}\sigma(s, x)$ auf Grund des Satzes 4 aus § 7 behaupten, daß eine mittlere quadratische Ableitung $\frac{\partial}{\partial z}\eta_{z,s}(t)$ existiert, die der Gleichung

$$\frac{\partial}{\partial z}\eta_{z,s}(t) = 1 + \int_s^t a_x'\big(u, \eta_{z,s}(u)\big)\frac{\partial}{\partial z}\eta_{z,s}(u)\, du + \int_s^t \sigma_x'\big(u, \eta_{z,s}(u)\big)\frac{\partial}{\partial z}\eta_{z,s}(u)\, dw(u) \tag{3}$$

genügt. Aus der Bemerkung 3 von § 7 folgt, daß für jedes $m > 0$ eine solche Konstante C (außer von m ist diese Konstante noch von K, das in die Lipschitzbedingung eingeht, und von T abhängig) existiert, daß

$$\sup_{s \leq t \leq T} M \left|\frac{\partial}{\partial z}\eta_{z,s}(t)\right|^m < C$$

ist.

Ferner mögen die stetigen Ableitungen $\frac{\partial^2}{\partial x^2}a(s, x)$ und $\frac{\partial^2}{\partial x^2}\sigma(s, x)$ existieren, die für gewisse m_2 und L_2 der Ungleichung

$$\left|\frac{\partial^2}{\partial x^2}a(s, x)\right| + \left|\frac{\partial^2}{\partial x^2}\sigma(s, x)\right| \leq L_2\,(1 + |x|^{m_2})$$

genügen. Wir zeigen, daß dann $\frac{\partial^2}{\partial z^2}\eta_{z,s}(t)$ existiert und der Gleichung

$$\begin{aligned}\frac{\partial^2}{\partial z^2}\eta_{z,s}(t) &= \int_s^t a_{xx}''\big(u, \eta_{z,s}(u)\big)\left(\frac{\partial}{\partial z}\eta_{z,s}(u)\right)^2 du \\ &\quad + \int_s^t \sigma_{xx}''\big(u, \eta_{z,s}(u)\big)\left(\frac{\partial}{\partial z}\eta_{z,s}(u)\right)^2 dw(u) \\ &\quad + \int_s^t a_x'\big(u, \eta_{z,s}(u)\big)\frac{\partial^2}{\partial z^2}\eta_{z,s}(u)\, du + \int_s^t \sigma_x'\big(u, \eta_{z,s}(u)\big)\frac{\partial^2}{\partial z^2}\eta_{z,s}(u)\, dw(u)\end{aligned} \tag{4}$$

genügt. Für den Beweis dieser Behauptung sei bemerkt, daß die Gleichung (4) auf die Gleichung (3) aus § 7 zurückgeführt werden kann, wenn folgende

Bezeichnungen eingeführt werden: $\alpha = z$, $\eta_\alpha(u) = \frac{\partial}{\partial z} \eta_{z,s}(u)$, $\varphi_\alpha(t) = 1$, $A_\alpha(u, x) = a'_x(u, \eta_{z,s}(u))\, x$, $B_\alpha(u, x) = \sigma'_x(u, \eta_{z,s}(u))\, x$.

Wir überprüfen nun, ob die Bedingungen des Satzes 4 und der Bemerkung 7 aus § 7 erfüllt sind. Wegen

$$\frac{A_{\alpha+\Delta\alpha}(u, x) - A_\alpha(u, x)}{\Delta\alpha} = x\, \frac{a'_x(u, \eta_{z+\Delta z, s}(u)) - a'_x(u, \eta_{z,s}(u))}{\eta_{z+\Delta z, s}(u) - \eta_{z,s}(u)}\, \frac{\eta_{z+\Delta z, s}(u) - \eta_{z,s}(u)}{\Delta z}$$

gilt

$$\left|\frac{A_{\alpha+\Delta\alpha}(u, x) - A_\alpha(u, x)}{\Delta\alpha\,(1 + |x|)}\right| \leqq L_2\,(1 + |\eta_{z+\Delta z, s}(u)|^{m_2} + |\eta_{z,s}(u)^{m_2}|\, \left|\frac{\eta_{z+\Delta z, s}(u) - \eta_{z,s}(u)}{\Delta z}\right|;$$

alle Momente (positiver Potenz) der rechten Seite dieser Ungleichung sind in u beschränkt (für $\eta_{z,s}(u)$ folgt dies aus dem Satz 4 aus § 6), und

$$\zeta_{\Delta z}(u) = \frac{\eta_{z+\Delta z, s}(u) - \eta_{z,s}(u)}{\Delta z}$$

genügt der Gleichung

$$\zeta_{\Delta z}(t) = 1 + \int_0^t \frac{a(u, \eta_{z+\Delta z, s}(u)) - a(u, \eta_{z,s}(u))}{\eta_{z+\Delta z, s}(u) - \eta_{z,s}(u)}\, \zeta_{\Delta z}(u)\, du$$

$$+ \int_0^t \frac{\sigma(u, \eta_{z+\Delta z, s}(u)) - \sigma(u, \eta_{z,s}(u))}{\eta_{z+\Delta z, s}(u) - \eta_{z,s}(u)}\, \zeta_{\Delta z}(u)\, dw(u)\,,$$

so daß die Beschränktheit aller Momente $\zeta_{\Delta z}(u)$ aus der Bemerkung 3 von § 7 folgt.

Indem wir Überlegungen anstellen, die den vorangegangenen analog sind, können wir die Existenz der Ableitungen höherer Ordnungen unter entsprechenden Bedingungen für die Koeffizienten nachweisen. Man kann also folgenden Satz formulieren.

Satz 1. *Die Koeffizienten der Gleichung* (1), $a(t, x)$ *und* $\sigma(t, x)$, *mögen den Bedingungen des Satzes* 1 *aus* § 6 *genügen, und es mögen die Ableitungen* $\frac{\partial^k}{\partial x^k} a(t, x)$, $\frac{\partial^k}{\partial x^k} \sigma(t, x)$, $k = 1, 2, \ldots, r$, *existieren, stetig sein und für bestimmte* $m_k > 0$ *und* C_k *den Ungleichungen*

$$\left|\frac{\partial^k}{\partial x^k} a(t, x)\right| + \left|\frac{\partial^k}{\partial x^k} \sigma(t, x)\right| \leqq C_k(1 + |x|^{m_k})\,, \qquad k = 2, \ldots, r$$

genügen. Dann ist die Lösung der Gleichung (2), $\eta_{z,s}(t)$, *nach* z r*-mal differenzierbar, wobei für jedes* $m > 0$

$$\lim_{\Delta z \to 0} \boldsymbol{M} \left|\frac{1}{\Delta z}\left[\frac{\partial^{k-1}}{\partial z^{k-1}} \eta_{z+\Delta z, s}(t) - \frac{\partial^{k-1}}{\partial z^{k-1}} \eta_{z,s}(t)\right] - \frac{\partial^k}{\partial z^k} \eta_{z,s}(t)\right|^m = 0$$

gilt, für jedes $m > 0$ *und* $k \leqq r$ *eine solche Konstante* $C_{m,k}$ *existiert, daß*

$$\boldsymbol{M} \left|\frac{\partial^k}{\partial z^k} \eta_{z,s}(t)\right|^m \leqq C_{m,k}$$

ist, und außerdem $\frac{\partial^k}{\partial z^k} \eta_{z,s}(t)$ *in* z *im quadratischen Mittel stetig ist.*

Bemerkung 1. Wir untersuchen nun die Abhängigkeit der Lösung der Gleichung (2) von s. Es sei $s \leqq s_1 \leqq t \leqq T$. Dann ist

$$\eta_{z,s}(t) = \eta_{z,s}(s_1) + \int_{s_1}^{t} a(u, \eta_{z,s}(u))\, du + \int_{s_1}^{t} \sigma(u, \eta_{z,s}(u))\, dw(u)\,,$$

$$\eta_{z_1,s_1}(t) = z_1 + \int_{s_1}^{t} a(u, \eta_{z_1,s_1}(u))\, du + \int_{s_1}^{t} \sigma(u, \eta_{z_1,s_1}(u))\, dw(u)\,.$$

Für ein bestimmtes L erhalten wir also

$$\boldsymbol{M}\, |\eta_{z_1,s_1}(t) - \eta_{z,s}(t)|^2 \leqq L\,(\boldsymbol{M}\, |\eta_{z,s}(s_1) - z_1|^2 + \int_{s_1}^{t} |\eta_{z_1,s_1}(u) - \eta_{z,s}(u)|^2\, du)\,,$$

und wegen Lemma 1 aus § 6 ist für ein gewisses C die Ungleichung

$$\boldsymbol{M}\, |\eta_{z_1,s_1}(t) - \eta_{z,s}(t)|^2 \leqq C\, \boldsymbol{M}\, |\eta_{z,s}(s_1) - z_1|^2$$
$$\leqq 2\, C\, \boldsymbol{M}\, |\eta_{z,s}(s_1) - z|^2 + 2\, C\, |z - z_1|^2 = o\left((s - s_1)^2 + (z - z_1)^2\right)$$

erfüllt (wir haben den Satz 4 aus § 6 benutzt). Analog läßt sich beweisen, daß die Ableitungen $\frac{\partial^k}{\partial z^k}\, \eta_{z,s}(t)$ ebenfalls über die Gesamtheit von z und s im quadratischen Mittel stetig sind.

Folgerung 1. Die Funktion $f(x)$ habe r Ableitungen, die für ein gewisses $m > 0$ der Ungleichung $|f^{(k)}(x)| \leqq L\,(1 + |x|^m)$ genügen. Dann ist unter den Bedingungen des vorangegangenen Satzes die Funktion $\Phi_s(z) = \boldsymbol{M} f(\eta_{z,s}(t))$ nach z r-mal differenzierbar. In der Tat, es ist

$$\frac{\Phi_s\,(z + \Delta z) - \Phi_s(z)}{\Delta z} = \boldsymbol{M} \frac{f(\eta_{z+\Delta z,\, s}(t)) - f(\eta_{t,s}(t))}{\eta_{z+\Delta z,\, s}(t) - \eta_{z,s}(t)} \cdot \frac{\eta_{z+\Delta z,\, s}(t) - \eta_{z,s}(t)}{\Delta z}\,.$$

Demzufolge haben wir

$$\left| \frac{\Phi_s\,(z + \Delta z) - \Phi_s(z)}{\Delta z} - \boldsymbol{M} f'(\eta_{z,s}(t))\, \frac{\partial}{\partial z}\, \eta_{z,s}(t) \right|$$
$$\leqq \boldsymbol{M} \left| \frac{f(\eta_{z+\Delta z,\, s}(t)) - f(\eta_{z,s}(t))}{\eta^{z}{}_{+\Delta z,\, s}(t) - \eta_{z,s}(t)} \left[\frac{\eta_{z+\Delta z,\, s}(t) - \eta_{z,s}(t)}{\Delta z} - \frac{\partial}{\partial z}\, \eta_{z,e}(t) \right] \right|$$
$$+ \boldsymbol{M} \left| \frac{\partial}{\partial z}\, \eta_{z,s}(t) \left[\frac{f(\eta_{z+\Delta z,\, s}(t)) - f(\eta_{z,s}(t))}{\eta_{z+\Delta z,\, s}(t) - \eta_{z,s}(t)} - f'(\eta_{z,s}(t)) \right] \right|$$
$$\leqq \left\{ \boldsymbol{M} \left| \frac{f(\eta_{z+\Delta z,\, s}(t)) - f(\eta_{z,s}(t))}{\eta_{z+\Delta z,\, s}(t) - \eta_{z,s}(t)} \right|^2 \right\}^{1/2} \left\{ \boldsymbol{M} \left(\frac{\eta_{z+\Delta z,\, s}(t) - \eta_{z,s}(t)}{\Delta z} - \frac{\partial}{\partial z}\, \eta_{z,s}(t) \right)^2 \right\}^{1/2}$$
$$+ \left\{ \boldsymbol{M} \left(\frac{\partial}{\partial z}\, \eta_{z,s}(t) \right)^2 \right\}^{1/2} \left\{ \boldsymbol{M} \left[\frac{f(\eta_{z+\Delta z,\, s}(t)) - f(\eta_{z,s}(t))}{\eta_{z+\Delta z,\, s}(t) - \eta_{z,s}(t)} - f'(\eta_{z,s}(t)) \right]^2 \right\}^{1/2}.$$

Somit ist

$$\frac{\partial}{\partial z}\, \Phi_s(z) = \boldsymbol{M} f'(\eta_{z,s}(t))\, \frac{\partial}{\partial z}\, \eta_{z,s}(t))\,.$$

Man kann sich davon überzeugen, daß man den Ausdruck für $\frac{\partial}{\partial z}\, \Phi_s(z)$ unter dem Erwartungswert ebenfalls wieder differenzieren kann, usw. Berücksichtigen wir die Bemerkung 1, so kann man beweisen, daß $\Phi_s(z)$ und seine Ableitungen nach z in der Gesamtheit der Variablen stetig sind.

KAPITEL 3

LÖSUNGEN VON STOCHASTISCHEN DIFFERENTIALGLEICHUNGEN UND MARKOWSCHE DIFFUSIONSPROZESSE

§ 9. Markowsche Prozesse. Diffusionsprozesse

Bei verschiedenen Problemen der Naturwissenschaften hat man es häufig mit determinierten Systemen zu tun, deren weitere Evolution durch ihren Zustand zum gegebenen Zeitpunkt bestimmt wird. Die natürliche Verallgemeinerung derartiger Systeme sind die stochastisch definierten Systeme, die sich auf zufällige Weise weiterentwickeln und für die der Zustand zum gegebenen Zeitpunkt vollständig die Wahrscheinlichkeiten für das Verweilen des Systems in verschiedenen möglichen Zuständen zu allen nachfolgenden Zeitpunkten bestimmt. Solche Systeme heißen Markow*sche Systeme* und können mit Hilfe der Markowschen Prozesse beschrieben werden.

Definition 1. Es sei $\xi(t)$ ein zufälliger Prozeß, der auf $[0, T]$ definiert ist, und es sei $\mathfrak{F}_t$ die minimale σ-Algebra, bezüglich der die Größen $\xi(s)$ bei $s \leqq t$ meßbar sind. Wir nehmen an, daß eine für alle x, $0 \leqq t \leqq s \leqq T$ und Borelmengen A definierte Funktion $P(t, x, s, A)$ existiert, für die mit Wahrscheinlichkeit 1 die Gleichung

$$\mathbf{P}\{\xi(s) \in A/\mathfrak{F}_t\} = P(t, \xi(t), s, A) = \mathbf{P}\{\xi(s) \in A/\xi(t)\}$$

gilt, und zwar für beliebige $0 \leqq t < s < T$ und Borelmegen A. Dann nennt man den Prozeß $\xi(t)$ Markow*schen Prozeß* und die Funktion $P(t, x, s, A)$ *Übergangswahrscheinlichkeit* des Prozesses $\xi(t)$.

Im weiteren werden wir voraussetzen, daß die Übergangswahrscheinlichkeit $P(t, x, s, A)$ des Prozesses $\xi(t)$ folgenden Bedingungen genügt:

I. $P(t, x, s, A)$ ist eine Borelfunktion von x;

II. $P(t, x, s, A)$ ist für feste t, x, s ein Maß in A;

III. $\int P(t,x,s,dy)\ P(s,y,\tau,A) = P(t,x,\tau,A)$ für alle x und $0 \leqq t < s < \tau \leqq T$.

Zur Erklärung der Bedingungen II und III sei folgendes bemerkt: Da $P(t, \xi(t), s, A)$ eine bedingte Verteilung in A darstellt, ist diese Wahrscheinlichkeit abzählbar additiv in A. Benutzen wir ferner die Eigenschaften der bedingten Wahrscheinlichkeiten und der bedingten Erwartungswerte, so können wir

$$\begin{aligned} P(t, \xi(t), \tau, A) &= \mathbf{P}\{\xi(\tau) \in A/\mathfrak{F}_t\} = \mathbf{M}(\mathbf{P}\{\xi(\tau) \in A/\mathfrak{F}_s\}/\mathfrak{F}) \\ &= \mathbf{M}(P(s, \xi(s), \tau, A)/\mathfrak{F}_t) = \mathbf{M}(P(s, \xi(s), \tau, A)/\xi(t)) \end{aligned}$$

schreiben. Wegen $\mathbf{M}(\varphi(\xi(s))/\xi(t)) = \int \varphi(y)\, P(t, \xi(t), s, dy)$ ist

$$P(t, \xi(t), \tau, A) = \int P(s, y, \tau, A)\, P(t, \xi(t), s, dy)\ .$$

Die Bedingungen II und III folgen aus der Definition des MARKOWschen Prozesses, wenn wir sie etwas abschwächen: Sie sind mit Wahrscheinlichkeit 1 erfüllt, wenn man $\xi(t)$ anstelle von x einsetzt.

Mit Hilfe der Übergangswahrscheinlichkeit des Prozesses kann man alle endlichdimensionalen Verteilungen des Prozesses angeben, sobald die Verteilung von $\xi(0)$ bekannt ist. Wir führen die Bezeichnung $\boldsymbol{P}\,\{\xi(0) < x\} = F_0(x)$ ein. Es sei $0 < t_1 < t_2 < \cdots < t_n$, und $A_0, \ldots, A_n$ seien BORELmengen auf der Geraden. Dann ist

$$\boldsymbol{P}\,\{\xi(0) \in A_0,\ \xi(t_1) \in A_1, \ldots, \xi(t_n) \in A_n\}$$
$$= \int_{A_0} \mathrm{d}F_0(x_0) \int_{A_1} P(0, x_0, t_1, \mathrm{d}x_1) \ldots \int_{A_n} P(t_{n-1}, x_{n-1}, t_n, \mathrm{d}x_n)\,. \tag{1}$$

Von der Richtigkeit dieser Formel können wir uns leicht überzeugen, wenn wir die Beziehung

$$\boldsymbol{P}\,\{\xi(0) \in A_0, \ldots, \xi(t_{n-1}) \in A_{n-1}, \xi(t_n) \in A_n\}$$
$$= \boldsymbol{M}\,\boldsymbol{P}\,\{\xi(t_n) \in A_n/\xi(t_{n-1})\} \prod_{i=0}^{n-1} \chi_{A_i}(\xi(t_i))$$
$$\chi_A(x) = 1 \quad \text{für} \quad x \in A\,, \qquad \chi_A(x) = 0 \quad \text{für} \quad x \notin A\,,$$

benutzen. Aus (1) folgt, daß für jede BORELfunktion $f(x_0, x_1, \ldots, x_n)$ die Gleichung

$$\boldsymbol{M} f(\xi(0), \xi(t_1), \ldots, \xi(t_n)) = \int \ldots \int f(x_0, x_1, \ldots, x_n)$$
$$\times\ \mathrm{d}F_0(x_0)\, P(0, x_0, t_1, \mathrm{d}x_1) \ldots P(t_{n-1}, x_{n-1}, t_n, \mathrm{d}x_n) \tag{2}$$

gilt, falls ihre rechte Seite einen Sinn hat.

Wir nehmen an, daß $\xi(t)$ auf $[0, T]$ ein MARKOWscher Prozeß ist und daß $g(t, x)$ für $t \in [0, T]$, $x \in (-\infty, \infty)$ definiert und für jedes $t \in [0, T]$ in x monoton ist. Dann ist der Prozeß $\eta(t) = g(t, \xi(t))$ ebenfalls ein MARKOWscher Prozeß, und die Übergangswahrscheinlichkeit $\widetilde{P}(t, x, s, A)$ dieses Prozesses läßt sich durch die Übergangswahrscheinlichkeit $P(t, x, s, A)$ des Prozesses $\xi(t)$ vermöge

$$\widetilde{P}(t, x, s, A) = P(t, g^{-1}(t, x), s, g^{-1}(s, A))$$

ausdrücken, wobei $g^{-1}(t, x)$ die Umkehrfunktion von $g(t, x)$ bezüglich x ist, und $g^{-1}(s, A)$ die Menge derjenigen y angibt, für die $g(s, y) \in A$ ist.

Im weiteren werden die MARKOW*schen Diffusionsprozesse* (oder einfach *Diffusionsprozesse*) eine wesentliche Rolle spielen.

Definition 2. Ein MARKOWscher Prozeß $\xi(t)$, $t \in [0, T]$, heißt *Diffusionsprozeß*, wenn seine Übergangswahrscheinlichkeit $P(t, x, s, A)$ folgende Eigenschaften besitzt:

1. Für jedes $\varepsilon > 0$ und $t \in [0, T]$, $x \in (-\infty, \infty)$ ist

$$\lim_{\Delta \to 0} \frac{1}{\Delta} \int_{|x-y| > \varepsilon} P\,(t, x, t + \Delta, \mathrm{d}y) = 0\,.$$

2. Es existieren solche Funktionen $a(t, x)$ und $b(t, x)$, daß für alle $\varepsilon > 0$, $t \in [0, T]$, $x \in (-\infty, \infty)$ die Beziehungen

a) $$\lim_{\Delta \to 0} \frac{1}{\Delta} \int_{|x-y| \leq \varepsilon} (y - x) P(t, x, t + \Delta, dy) = a(t, x),$$

b) $$\lim_{\Delta \to 0} \frac{1}{\Delta} \int_{|x-y| < \varepsilon} (y - x)^2 P(t, x, t + \Delta, dy) = b(t, x)$$

erfüllt sind. Die Koeffizienten $b(t, x)$ und $a(t, x)$ werden entsprechend *Diffusions-* bzw. *Übertragungskoeffizienten* genannt.

Die Bezeichnung „Diffusionsprozeß" ist dadurch entstanden, daß man unter gewissen Voraussetzungen mit Hilfe der Diffusionsprozesse die Bewegung eines diffundierenden Teilchens hinreichend genau beschreiben kann. Die Verschiebung eines solchen Teilchens während der Zeit Δ, falls es sich zum Zeitpunkt t im Punkt x befunden hat, kann man als Summe zweier Verschiebungen $a(t, x) \Delta + \delta x + o(\Delta)$ darstellen, wobei $a(t, x)$ die makroskopische Geschwindigkeit der Flüssigkeit ist und δx eine zufällige Verlagerung, die durch den Zusammenstoß des Teilchens mit den sich in chaotischer Wärmebewegung befindenden Molekülen der Flüssigkeit hervorgerufen wird, wobei $M(\delta x)^2 = b(t, x) \Delta + o(\Delta)$ ist (der Koeffizient $b(t, x)$ ist proportional der mittleren Energie der Moleküle der Flüssigkeit in der Umgebung des Punktes x zum Zeitpunkt t).

Bemerkung 1. Dafür, daß der Prozeß $\xi(t)$ ein Diffusionsprozeß ist, ist hinreichend, daß seine Übergangswahrscheinlichkeit folgenden Bedingungen genügt:

1*. Für ein gewisses $\delta > 0$ ist

$$\lim_{\Delta \to 0} \frac{1}{\Delta} \int |x - y|^{2+\delta} P(t, x, t + \Delta, dy) = 0.$$

2*. Es existieren Funktionen $a(t, x)$ und $b(t, x)$ dergestalt, daß für alle t, x die Beziehungen

a) $$\lim_{\Delta \to 0} \frac{1}{\Delta} \int (y - x) P(t, x, t + \Delta, dy) = a(t, x),$$

b) $$\lim_{\Delta \to 0} \frac{1}{\Delta} \int (y - x)^2 P(t, x, t + \Delta, dy) = b(t, x)$$

erfüllt sind. In der Tat, in diesem Fall haben wir

$$\int_{|y-x| > \varepsilon} P(t, x, t + \Delta, dy) \leqq \frac{1}{\varepsilon^{2+\delta}} \int |y - x|^{2+\delta} P(t, x, t + \Delta, dy) = o(\Delta),$$

$$\left| \int_{|y-x| > \varepsilon} (y - x) P(t, x, t + \Delta, dy) \right| \leqq \frac{1}{\varepsilon^{1+\delta}} \int |y - x|^{2+\delta} P(t, x, t + \Delta, dy) = o(\Delta),$$

$$\int_{|y-x| > \varepsilon} (y - x)^2 P(t, x, t + \Delta, dy) = \frac{1}{\varepsilon^{\delta}} \int |y - x|^{2+\delta} P(t, x, t + \Delta, dy) = o(\Delta).$$

In vielen Fällen sind die Bedingungen 1* und 2* für die Überprüfung geeigneter.

Es sei $g(t, x)$ in x zweimal stetig differenzierbar und monoton und nach t stetig differenzierbar, und $\xi(t)$ sei ein Diffusionsprozeß. Wir zeigen, daß der Prozeß $\eta(t) = g(t, \xi(t))$ ebenfalls ein Diffusionsprozeß ist, und bestimmen seine Diffusionskoeffizienten. Daß $\eta(t)$ ein MARKOWscher Prozeß ist, ist schon früher bewiesen worden. Ferner ist

$$\lim_{\Delta\to 0} \frac{1}{\Delta} \int\limits_{|x-y|>\varepsilon} P\left(t, g^{-1}(t, x), t+\Delta, g^{-1}(t+\Delta, dy)\right)$$

$$= \lim_{\Delta\to 0} \frac{1}{\Delta} \int\limits_{|g(t,u)-g(t+\Delta, v)|>\varepsilon} P(t, u, t+\Delta, dv) = 0 .$$

$$\frac{1}{\Delta} \int\limits_{|x-y|\leqq\varepsilon} P\left(t, g^{-1}(t, x), t+\Delta, g^{-1}(t+\Delta, dy)\right)(y-x)$$

$$= \frac{1}{\Delta} \int\limits_{|g(t,u)-g(t+\Delta, v)|\leqq\varepsilon} [g(t+\Delta, v) - g(t, u)]\, P(t, u, t+\Delta, dv)$$

$$= \frac{\partial}{\partial t} g(t, u) + \frac{1}{\Delta} \int\limits_{|g(t,u)-g(t+\Delta, v)|\leqq\varepsilon} \frac{\partial}{\partial u} g(t, u)\,(v-u)\, P(t, u, t+\Delta, dv)$$

$$+ \frac{1+o(\varepsilon)}{\Delta} \int\limits_{|g(t,u)-g(t+\Delta, v)|\leqq\varepsilon} \frac{1}{2} \frac{\partial^2 g(t, u)}{\partial u^2} (v-u)^2\, P(t, u, t+\Delta, dv) + o(\Delta)$$

$$= \frac{\partial}{\partial t} g(t, u) + a(t, u) \frac{\partial g(t, u)}{\partial u} + \frac{1}{2} b(t, u) \frac{\partial^2 g(t, u)}{\partial u^2} + o(\Delta) ,$$

wobei $u = g^{-1}(t, x)$ ist. Analog erhalten wir

$$\frac{1}{\Delta} \int\limits_{|x-y|\leqq\varepsilon} (y-x)^2\, P(t, g^{-1}(t, x), t+\Delta, g^{-1}(t+\Delta, dy) = b(t, u) \left(\frac{\partial}{\partial u} g(t, u)\right)^2 + o(\Delta) .$$

Für den Diffusionsprozess $\eta(t) = g(t, \xi(t))$ lassen sich also die Diffusionskoeffizienten nach Formeln

$$\bar{a}(t, x) = \frac{\partial}{\partial t} g(t, u)|_{u=g^{-1}(t,x)} + a\left(t, g^{-1}(t, x)\right) \frac{\partial}{\partial t} g(t, u)|_{u=g^{-1}(t,x)}$$

$$+ \frac{1}{2} b\left(t, g^{-1}(t, x)\right) \frac{\partial^2}{\partial u^2} g(t, u)|_{u=g^{-1}(t,x)} , \tag{3}$$

$$\bar{b}(t, x) = b\left(t, g^{-1}(t, x)\right) \left[\frac{\partial}{\partial u} g(t, u)|_{u=g^{-1}(t,x)}\right]^2 \tag{4}$$

bestimmen. Interessant ist die Analogie zwischen diesen Formeln und den Formeln (3), (4) und § 5 (man braucht nur $b = \sigma^2$ zu setzen). Die vorhergehenden Formeln zeigen, daß der Diffusionskoeffizient für den Prozeß $\eta(t) = g(t, \xi(t))$ mit

$$g(t, x) = \int_0^x \frac{du}{\sqrt{b(t, u)}}$$

identisch ist, falls $b(t, x)$ positiv und nach beiden Variablen stetig differenzierbar ist.

§ 10. Diffusionsprozesse als Lösungen von stochastischen Differentialgleichungen

Satz 1. *Es sei $\eta(t)$ eine Lösung der Gleichung*

$$d\eta(t) = a(t, \eta(t))\, dt + \sigma(t, \eta(t))\, dw(t)\,, \tag{1}$$

für deren Koeffizienten $a(t, x)$ und $\sigma(t, x)$ die Bedingungen des Existenz- und Eindeutigkeitssatzes erfüllt sind. Dann ist $\eta(t)$ ein Markowscher *Prozeß, wobei die Übergangswahrscheinlichkeit $P(t, x, s, A)$ dieses Prozesses durch die Beziehung*

$$P(t, x, s, A) = \mathbf{P}\left(\eta_{x,t}(s) \in A\right) \tag{2}$$

bestimmt wird und $\eta_{x,t}(s)$ eine Lösung der stochastischen Gleichung

$$\eta_{x,t}(s) = x + \int_t^s a(u, \eta_{x,t}(u))\, du + \int_t^s \sigma(u, \eta_{x,t}(u))\, dw(u) \tag{3}$$

auf dem Intervall $[t, T]$ ist.

Beweis. Wir bezeichnen mit $\mathfrak{F}_t$ die minimale σ-Algebra von Ereignissen, bezüglich der $\eta(0)$ und $w(s)$ für $s \leqq t$ meßbar sind, und mit G^t die durch die Größen $w(s) - w(t)$; $s \geqq t$, erzeugte σ-Algebra. Offenbar sind die Ereignisse der σ-Algebra G^t von den Ereignissen der σ-Algebra $\mathfrak{F}_t$ unabhängig. Die Größe $\eta_{x,t}(s)$ wird vollständig durch die Zuwächse $w(u) - w(t)$ für $u \geqq t$ bestimmt und ist G^t-meßbar. Es sei ferner angemerkt, daß $\eta(s) = \eta_{\eta(t),t}(s)$ ist, da für $s > t$ die Größe $\eta(s)$ der Gleichung

$$\eta(s) = \eta(t) + \int_t^s a(u, \eta(u))\, du + \int_t^s \sigma(u, \eta(u))\, dw(u) \tag{4}$$

genügt, der auch $\eta_{\eta(t),t}(s)$ genügt, und die Lösung der Gleichung (4) eindeutig ist. Somit ist $\eta(s) = f(\eta(t), \omega)$, wobei $f(x, \omega)$ eine von den Ereignissen der σ-Algebra $\mathfrak{F}_t$ unabhängige zufällige Funktion ist. Wir formulieren nun folgenden Hilfssatz.

Lemma 1. *Es seien $f(x, \omega)$ eine von den Ereignissen aus $\mathfrak{F}_t$ unabhängige beschränkte meßbare zufällige Funktion von x und ζ eine $\mathfrak{F}_t$-meßbare Zufallsgröße. Dann ist*

$$\mathbf{M}(f(\zeta, \omega)/\mathfrak{F}_t) = g(\zeta) \qquad \text{mit} \qquad g(x) = \mathbf{M}\, f(x, \omega)\,.$$

Beweis. Wir nehmen an, daß $f(x, \omega) = \sum \psi_k(x) \lambda_k(\omega)$ ist (ψ_k sind keine zufälligen Funktionen). Dann gilt für jede $\mathfrak{F}_t$-meßbare Zufallsgröße ζ_1 die Gleichung

$$\boldsymbol{M} f(\zeta, w) \zeta_1 = \boldsymbol{M} \sum \psi_k(\zeta) \lambda_k(\omega) \zeta_1 = \boldsymbol{M} \sum \psi_k(\zeta) \zeta_1 \boldsymbol{M} \lambda_k(\omega) = \boldsymbol{M} g(\zeta) \zeta_1 ,$$

da in diesem Fall $g(x)$ gleich $\sum \psi_k(x) \boldsymbol{M} \lambda_k(\omega)$ ist. Da man mit Hilfe derartiger Summen eine beliebige meßbare beschränkte Funktion approximieren kann, beweisen wir das Lemma für den allgemeinen Fall durch Grenzübergang von der erhaltenen Gleichung.

Wir wenden uns nun wieder dem Beweis des Satzes zu. Indem wir das Lemma anwenden, können wir uns von der Richtigkeit der Gleichung

$$\boldsymbol{M} \left(\chi_A(\eta(s))/\mathfrak{F}_t\right) = \boldsymbol{M} \chi_A\left(\eta_{x,t}(s)\right)\big|_{x=\eta(t)} = P(t, x, s, A)\big|_{x=\eta(t)}$$

überzeugen, wobei $P(t, x, s, A)$ durch die Beziehung (2) definiert ist. Der Satz ist damit bewiesen.

Satz 2. *Die Funktionen $a(t, x)$ und $\sigma(t, x)$ seien in der Gesamtheit der Variablen stetig, es existiere ein K mit*

$$|a(t, x)|^2 + |\sigma(t, x)|^2 \leqq K (1 + |x|^2) ,$$

und für jedes N existiere ein solches L_N, daß für $|x| \leqq N$, $|y| \leqq N$ die Ungleichung

$$|a(t, x) - a(t, y)| + |\sigma(t, x) - \sigma(t, y)| \leqq L_N |x - y|$$

erfüllt ist. Dann ist ein Prozeß $\eta(t)$, der eine Lösung der Gleichung (1) darstellt, ein Diffusionsprozeß mit dem Diffusionskoeffizienten $b(t, x) = \sigma^2(t, x)$ und dem Übertragungskoeffizienten $a(t, x)$.

Beweis. Es genügt zu zeigen, daß

$$\boldsymbol{M} \left(\eta_{x,t}(t + \Delta) - x\right)^4 = \int (y - x)^4 P(t, x, t + \Delta, dy) = o(\Delta) ,$$

$$\lim_{\Delta \to 0} \frac{1}{\Delta} \left(\eta_{x,t}(t + \Delta) - x\right) = \lim_{\Delta \to 0} \frac{1}{\Delta} \int (y - x) P(t, x, t + \Delta, dy) = a(t, x)$$

$$\lim_{\Delta \to 0} \frac{1}{\Delta} \left(\eta_{x,t}(t + \Delta) - x\right)^2 = \lim_{\Delta \to 0} \frac{1}{\Delta} \int (y - x)^2 P(t, x, t + \Delta, dy) = b(t, x)$$

gilt. Nach Satz 4 aus § 6 existiert eine von t und x unabhängige Konstante K_1, für die

$$\boldsymbol{M} [\eta_{x,t}(t + \Delta) - \eta_{x,t}(t)]^4 = \boldsymbol{M} \left(\eta_{x,t}(t + \Delta) - x\right)^4 \leqq K_1 \Delta^2 (1 + x^4)$$

ist. Ferner ist

$$\frac{1}{\Delta} \boldsymbol{M}_{x,t} \left(\eta_{x,t}(t + \Delta) - x\right) = \frac{1}{\Delta} \int_t^{t+\Delta} \boldsymbol{M} a\left(u, \eta_{x,t}(u)\right) du$$

$$= \int_0^1 \boldsymbol{M} a \left(t + \Delta s, \eta_{x,t}(t + \Delta s)\right) ds .$$

Da für $\Delta \to 0$ mit Wahrscheinlichkeit 1

$$a\left(t + \Delta s, \eta_{x,t}(t + \Delta s)\right) \to a(t, x)$$

gilt und

$$|a\left(t + \Delta s, \eta_{x,t}(t + \Delta s)\right)|^2 \leqq K_1\left(1 + |\eta_{x,t}(t + \Delta s)|^2\right)$$

ist, wobei $\boldsymbol{M}\int\limits_0^1 \left(1 + |\eta_{x,t}(t + \Delta s)|^2\right) ds < \infty$ ist, erhalten wir nach dem Satz von LEBESGUE über den Grenzübergang unter dem Integralzeichen

$$\lim_{\Delta \to 0} \int\limits_0^1 \boldsymbol{M}\, a\left(t + \Delta s, \eta_{x,t}(t + \Delta s)\right) ds = a(t, x)\,.$$

Benutzen wir die ITÔ-Formel, so können wir

$$\begin{aligned} \boldsymbol{M}\left(\eta_{x,t}(t + \Delta) - x\right)^2 &= \boldsymbol{M}\,[\eta_{x,t}(t + \Delta)]^2 - x^2 - 2\,x\,[\boldsymbol{M}\,\eta_{x,t}(t + \Delta) - x] \\ &= \boldsymbol{M}\left[\int\limits_t^{t+\Delta} [2\,\eta_{x,t}(u)\, a\left(u, \eta_{x,t}(u)\right) + \sigma^2\left(u, \eta_{x,t}(u)\right)]\, du \right. \\ &\quad \left. + \int\limits_t^{t+\Delta} 2\,\eta_{x,t}(u)\,\sigma\left(u, \eta_{x,t}(u)\right) dw(u)\right] - 2\,x\left(a(t, x)\,\Delta + o(\Delta)\right) \end{aligned}$$

schreiben. Analog kann man folgenden Grenzübergang beweisen:

$$\begin{aligned} &\lim_{\Delta \to 0} \frac{1}{\Delta}\,\boldsymbol{M}\left(\eta_{x,t}(t + \Delta) - x\right)^2 \\ &= \lim_{\Delta \to 0} \int\limits_0^1 [2\,\eta_{x,t}(t + \Delta s)\, a\left(t + \Delta s, \eta_{x,t}(t + \Delta s)\right) + \sigma^2\left(t + \Delta s, \eta_{x,t}(t + \Delta s)\right)]\, ds \\ &\quad - 2\,x\,a(t, x) = \sigma^2(t, x)\,. \end{aligned}$$

Der Satz ist damit bewiesen.

Bemerkung 1. Es seien die Bedingungen des Satzes 2 erfüllt, und $f(t, x)$ sei eine in der Gesamtheit der Variablen stetige Funktion, für die es Konstanten K und $m > 0$ gibt, so daß die Ungleichung $|f(t, x)| \leqq K(1 + |x|^m)$ gilt. Indem wir die gleichen Überlegungen wie beim Beweis des Satzes 2 und des Satzes 4 aus § 6 anstellen, können wir zeigen, daß

$$\lim_{\Delta \to 0} \frac{1}{\Delta} \int\limits_t^{t+\Delta} \boldsymbol{M} f\left(s, \eta_{x,t}(s)\right) ds = \lim_{\Delta \to 0} \int\limits_{t-\Delta}^{t} \boldsymbol{M} f\left(s, \eta_{x,t}(s)\right) ds = f(t, x)$$

ist.

Wir zeigen nun, daß ein Diffusionsprozeß unter gewissen Bedingungen Lösung einer stochastischen Differentialgelichung ist.

Lemma 2. *Wir setzen voraus, daß der Prozeß $\zeta(t)$ auf $[0, T]$ definiert ist und $\mathfrak{F}_t$ die durch die Größen $\zeta(s)$, $s \leqq t$, erzeugte σ-Algebra ist. Ferner seien folgende*

Bedingungen erfüllt: a) *Der Prozeß* $\zeta(t)$ *ist mit Wahrscheinlichkeit* 1 *stetig und* $\zeta(0) = 0$; b) *es existieren solche Zufallsgrößen* ξ_1 *und* ξ_2, daß

$$\left|\frac{1}{\Delta} M\left(\zeta(t+\Delta) - \zeta(t)/\mathfrak{F}_t\right)\right| \leqq \xi_1, \qquad \frac{1}{\Delta} M\left([\zeta(t+\Delta) - \zeta(t)]^2/\mathfrak{F}_t\right) \leqq \xi_2$$

und $M\,\xi_k < \infty$ *gilt;* c) *für jedes* $t \in [0, T]$ *gilt mit Wahrscheinlichkeit* 1

$$\lim_{\Delta \to 0} \frac{1}{\Delta} M\left(\zeta(t+\Delta) - \zeta(t)/\mathfrak{F}_t\right) = 0\,,$$

$$\lim \frac{1}{\Delta} M\left([\zeta(t+\Delta) - \zeta(t)]^2/\mathfrak{F}_t\right) = 1\,.$$

Dann ist der Prozeß $\zeta(t)$ *ein* WIENER*prozeß.*

Beweis. Wir zeigen, daß unter den genannten Voraussetzungen die Bedingungen des Satzes 1 aus § 1 erfüllt sind. Es sei für $t > s$

$$\varphi(t) = M\left(\zeta(t) - \zeta(s)/\mathfrak{F}_s\right).$$

Dann ist

$$\lim_{\Delta \downarrow 0} \frac{\varphi(t+\Delta) - \varphi(t)}{\Delta} = \lim_{\Delta \downarrow 0} M\left(\frac{\zeta(t+\Delta) - \zeta(t)}{\Delta}\Big/\mathfrak{F}_s\right)$$

$$= \lim_{\Delta \downarrow 0} M\left(M\left\{\frac{\zeta(t+\Delta) - \zeta(t)}{\Delta}\Big/\mathfrak{F}_t\right\}\Big/\mathfrak{F}_s\right).$$

Wegen der Bedingung b) ist der Grenzübergang unter dem Zeichen für den Erwartungswert möglich, und deshalb ist

$$\lim_{\Delta \downarrow 0} \frac{\varphi(t+\Delta) - \varphi(t)}{\Delta} = 0\,.$$

Wie leicht zu sehen ist, ist die Funktion $\varphi(t)$ mit Wahrscheinlichkeit 1 stetig. Jede stetige Funktion aber, deren rechtsseitige Ableitung in jedem Punkt gleich Null ist, ist eine Konstante. Wegen $\varphi(s) = 0$ ist $\varphi(t) = 0$ für $s < t$. Somit erhalten wir

$$M\left(\zeta(t) - \zeta(s)/\mathfrak{F}_s\right) = 0 \qquad (t \geqq s)\,.$$

Analoge Überlegungen lassen den Schluß zu, daß für die Funktion

$$\psi(t) = M\left([\zeta(t) - \zeta(s)]^2/\mathfrak{F}_s\right)$$

bei $t \geqq s$ und $\psi(t) = t - s$ die Gleichung $\lim\limits_{\Delta \downarrow 0} \dfrac{\psi(t+\Delta) - \varphi(t)}{\Delta} = 1$ erfüllt ist. Der endgültige Beweis des Lemmas folgt aus dem Satz 1 von §1.

Satz 3. *Es sei* $\xi(t)$ *ein mit Wahrscheinlichkeit* 1 *auf* $[0, T]$ *stetiger Diffusionsprozeß mit dem Diffusionskoeffizienten* $a(t, x)$ *und* $b(t, x)$, *die folgenden Bedingungen genügen:*

1. $a(t, x)$ *ist in der Gesamtheit der Variablen stetig, und für ein* $K > 0$ *ist die Ungleichung* $|a(t, x)| \leqq K(1 + |x|)$ *erfüllt;*

2. *$b(t, x)$ ist in der Gesamtheit der Variablen stetig und hat stetige beschränkte Ableitungen $\frac{\partial}{\partial t} b(t, x)$ und $\frac{\partial}{\partial x} b(t, x)$, und die Funktion $\frac{1}{b(t, x)}$ ist beschränkt;*

3. *es existiert eine von t und Δ unabhängige Funktion $\psi(x)$ mit $\psi(x) > 1 + |x|$, $\sup\limits_{0 \leq t \leq T} \boldsymbol{M}\, \psi(\xi(t)) < \infty$ und*

$$\left| \int (y - x)\, P(t, x, t + \Delta, \mathrm{d}y) \right| + \int (y - x)^2\, P(t, x, t + \Delta, \mathrm{d}y) \leqq \psi(x)\, \Delta\,,$$

$$\int (|y| + y^2)\, P(t, x, t + \Delta, \mathrm{d}y) \leqq \psi(x)\,.$$

Dann existiert ein WIENER*prozeß $w(t)$, so daß $\xi(t)$ der stochastischen Differentialgleichung*

$$\mathrm{d}\xi(t) = a(t, \xi(t))\, \mathrm{d}t + \sqrt{b(t, \xi(t))}\, \mathrm{d}w(t) \tag{5}$$

genügt.

Beweis. Da sich bei der Substitution $\eta(t) = g(t, \xi(t))$ die Diffusionskoeffizienten und die Koeffizienten der Gleichung (5) nach den gleichen Formeln umformen lassen, braucht man nur zu beweisen, daß der Prozeß $\eta(t) = g(t, \xi(t))$ der stochastischen Gleichung

$$\mathrm{d}\eta(t) = \bar{a}(t, \eta(t))\, \mathrm{d}t + \mathrm{d}w(t) \tag{6}$$

genügt, wobei $\bar{a}(t, x)$ sich nach der Formel (3) aus § 9 bestimmen läßt und $g(t, x) = \int\limits_0^x \frac{\mathrm{d}z}{\sqrt{b(t, z)}}$ ist. Wir haben

$$\boldsymbol{M}\, (\eta(t + \Delta) - \eta(t)/\eta(t)) = \boldsymbol{M}\, (g\,(t + \Delta, \xi\,(t + \Delta)) - g(t, \xi(t))/\xi(t))$$
$$= \boldsymbol{M}\, (g_t'\,(t + \theta\, \Delta, \xi\,(t + \Delta)/\xi(t))\, \Delta + g_x'(t, \xi(t))\, \boldsymbol{M}\, (\xi\,(t + \Delta) - \xi(t)/\xi(t))$$
$$+ \frac{1}{2} \boldsymbol{M}\, (g_{xx}''(t, \xi(t) + \theta'\, [\xi\,(t + \Delta) - \xi(t)])\, (\xi\,(t + \Delta) - \xi(t))^2/\xi(t))$$
$$(\theta \in (0, 1),\ \theta' \in (0, 1))\,.$$

Unter den getroffenen Voraussetzungen ist $|g_t'| \leqq K\, |x|$, und g_x', g_{xx}'' sind beschränkt. Folglich ist

$$|\boldsymbol{M}\, [\eta\,(t + \Delta) - \eta(t)/\eta(t)]| \leqq L\, \psi(t, g^{-1}(t, \eta(t))\, \Delta = L\, \bar{\psi}(t, \eta(t))\, \Delta$$

mit $\bar{\psi}(t, x) = \psi(t, g^{-1}(t, x))$ und $\sup\limits_t \boldsymbol{M}\, \bar{\psi}(t, \eta(t)) = \sup\limits_t \boldsymbol{M}\, \psi(\xi(t)) < \infty$.

Analog läßt sich zeigen, daß

$$\boldsymbol{M}\, ([\eta\,(t + \Delta) - \eta(t)]^2/\eta(t)) \leqq L\, \bar{\psi}(t, \eta(t))\, \Delta$$

ist. Wir führen folgenden Prozeß ein:

$$\zeta(t) = \eta(t) - \eta(0) - \int\limits_0^t \bar{a}(s, \eta(s))\, \mathrm{d}s\,.$$

Dann ist $\zeta(t)$ meßbar bezüglich der σ-Algebra $\mathfrak{F}_t$, die durch die Größen $\eta(s)$, $s \leqq t$, erzeugt wird, und es ist

$$|M(\zeta(t+\Delta) - \zeta(t)/\mathfrak{F}_t)|$$

$$= |M(\eta(t+\Delta) - \eta(t)/\eta(t)) - \int_t^{t+\Delta} (M\bar{a}(s, \eta(s))/\mathfrak{F}_t)\, ds|$$

$$\leqq L\bar{\psi}(t, \eta(t))\,\Delta + K_1 \int_t^{t+\Delta} M(1 + |g(s, \xi(s))|/\mathfrak{F}_t)\, ds \leqq L_1 \bar{\psi}(t, \eta(t))\,\Delta\,,$$

wobei Δ eine Konstante ist. Offenbar ist auch mit Wahrscheinlichkeit 1

$$\lim_{\Delta\to 0} \frac{1}{\Delta} \int_t^{t+\Delta} M(\bar{a}(s, \eta(s))/\mathfrak{F}_t)\, ds = \bar{a}(t, \eta(t))\,;$$

deshalb ist

$$\lim_{\Delta\to 0} \frac{1}{\Delta} M(\zeta(t+\Delta) - \zeta(t)/\mathfrak{F}_t) = 0\,.$$

Analog finden wir

$$M([\zeta(t+\Delta) - \zeta(t)]^2/\mathfrak{F}_t) \leqq L_1 \bar{\psi}(t, \eta(t))\,\Delta$$

und

$$\lim_{\Delta\to 0} \frac{1}{\Delta} M([\zeta(t+\Delta) - \zeta(t)]^2/\mathfrak{F}_t) = \lim_{\Delta\to 0} \frac{1}{\Delta} M([\eta(t+\Delta) - \eta(t)]^2/\mathfrak{F}_t) = 1\,.$$

Der Prozeß $\zeta(t)$ ist seiner Definition zufolge mit Wahrscheinlichkeit 1 stetig. Deshalb ist $\zeta(t)$ auf Grund des Lemmas 2 ein WIENERprozeß. Setzen wir $w(t) = \zeta(t)$, dann können wir uns überzeugen, daß für $\eta(t)$ die Beziehung

$$\eta(t) = \eta(0) + \int_0^t \bar{a}(s, \eta(s))\, ds + w(t)$$

gilt, die der Gleichung (6) äquivalent ist. Der Satz ist damit bewiesen.

Wir können also feststellen, daß die Lösungen von stochastischen Differentialgleichungen und die Diffusionsprozesse unter bestimmten Bedingungen ein und dieselbe Klasse von Prozessen bilden.

Als Folgerung des Satzes 3 erhalten wir insbesondere, daß dann, wenn $a(t, x)$ und $\sqrt{b(t, x)}$ den Bedingungen des Existenz- und Eindeutigkeitssatzes für eine stochastische Differentialgleichung genügen, die Übergangswahrscheinlichkeit des Diffusionsprozesses $\xi(t)$ vollständig durch seine Diffusionskoeffizienten bestimmt wird. Diese Tatsache ist nicht trivial, da $a(t, x)$ und $b(t, x)$ durch die ersten beiden Momente der bedingten Verteilung bestimmt werden, eine Verteilung aber nicht durch ihre beiden Momente bestimmt wird.

§ 11. Die Gleichungen von A. N. Kolmogorow

Zur Bestimmung der Übergangswahrscheinlichkeit eines Prozesses $\eta(t)$, der Lösung der Gleichung (1) aus § 10 ist, genügt es, den Erwartungswert $M f(\eta_{x,t}(s))$ für eine im Raum aller stetigen Funktionen überall dichte Menge von Funktionen $f(x)$ zu finden, wobei $\eta_{x,t}(s)$ eine Lösung der Gleichung (3) aus § 10 ist. Für eine Funktion

$$u(t, x) = M f(\eta_{x,t}(s)) ,$$

die für $0 \leqq t \leqq s$ und $x \in (-\infty, \infty)$ definiert ist, leiten wir eine partielle Differentialgleichung her, die *retrospektive Gleichung* von A. N. Kolmogorow. Wir formulieren zunächst einen Hilfssatz.

Lemma 1. *Wenn die Funktion $f(x)$ zweimal stetig differenzierbar ist, für ein $C > 0$ und ein $m > 0$ die Ungleichung $|f(x)| + |f'(x)| + |f''(x)| \leqq C(1 + |x|^m)$ erfüllt ist und die Koeffizienten $a(t, x)$ und $\sigma(t, x)$ der Gleichung den Bedingungen des Satzes 2 aus § 10 genügen, dann ist*

$$\lim_{\Delta \to 0} \frac{1}{\Delta} \left(M f(\eta_{x,t-\Delta}(t + \Delta)) - f(x)\right) = a(t, x) f'(x) + \frac{1}{2} \sigma^2(t, x) f''(x) .$$

Beweis. Auf Grund der Itô-Formel kann man

$$\begin{aligned} f(\eta_{x,t-\Delta}(t)) - f(x) = \int_{t-\Delta}^{t} \Big[& a(s, \eta_{x,t-\Delta}(s)) f'(\eta_{x,t-\Delta}(s)) \\ & + \frac{1}{2} \sigma^2(s, \eta_{x,t-\Delta}(s)) f''(\eta_{x,t-\Delta}(s)) \Big] ds \\ & + \int_{t-\Delta}^{t} \sigma(s, \eta_{x,t-\Delta}(s)) f'(\eta_{x,t-\Delta}(s)) \, dw(s) \end{aligned}$$

schreiben. Bilden wir den Erwartungswert auf beiden Seiten der letzten Gleichung und berücksichtigen wir die Bemerkung 1 aus § 10, so können wir uns von der Gültigkeit des Lemmas überzeugen.

Satz 1. *Die Koeffizienten $a(t, x)$ und $\sigma(t, x)$ der stochastischen Gleichung seien stetig und mögen stetige partielle Ableitungen $a'_x(t, x)$, $a''_{xx}(t, x)$, $\sigma'_x(t, x)$, $\sigma''_{xx}(t, x)$ haben, wobei für ein $K > 0$ und* ein *$m > 0$ die Ungleichungen*

$$|a(t, x)| + |\sigma(t, x)| \leqq K(1 + |x|) ,$$

$$|a'_x(t, x)| + |a''_{xx}(t, x)| + |\sigma'_x(t, x)| + |\sigma''_{xx}(t, x)| \leqq K(1 + |x|^m)$$

erfüllt sein sollen, und es sei $f(x)$ zweimal stetig differenzierbar und $|f(x)| + |f'(x)| + |f''(x)| \leqq K(1 + |x|^m)$. Dann genügt die Funktion $u(t, x) = M f(\eta_{x,t}(s))$ im Gebiet $t \in (0, s)$, $x \in (-\infty, \infty)$ der Gleichung

$$\frac{\partial u(t, x)}{\partial t} + a(t, x) \frac{\partial u(t, x)}{\partial x} + \frac{1}{2} \sigma^2(t, x) \frac{\partial^2 u(t, x)}{\partial x^2} = 0 . \qquad (1)$$

und der Randbedingung $\lim_{t \uparrow s} u(t, x) = f(x)$.

Beweis. Aus der Beziehung $\eta_{x,t-\Delta}(s) = \eta_{\eta_{x,t-\Delta}(t),t}(s)$ folgt

$$u(t-\Delta, x) = \boldsymbol{M}\,\boldsymbol{M}\left(f(\eta_{x,t-\Delta}(s))/\eta_{x,t-\Delta}(t)\right) = \boldsymbol{M}\,u\left(t, \eta_{x,t-\Delta}(t)\right).$$

Wegen der Folgerung 1 in § 8 ist die Funktion $u(t, x)$ nach x zweimal stetig differenzierbar. Da nach Lemma 1

$$\lim_{\Delta\to 0}\frac{1}{\Delta}\left[\boldsymbol{M}\,u\left(t, \eta_{x,t-\Delta}(t)\right) - u(t, x)\right] = a(t, x)\,\frac{\partial u(t, x)}{\partial x} + \frac{1}{2}\,\sigma^2(t, x)\,\frac{\partial^2 u(t, x)}{\partial x^2}$$

und

$$\frac{u(t, x) - u(t-\Delta, x)}{\Delta} + \frac{\boldsymbol{M}\,u(t, \eta_{x,t-\Delta}) - u(t, x)}{\Delta} = 0$$

gilt, existiert der Grenzwert

$$\lim_{\Delta\to 0}\frac{1}{\Delta}\left(u(t, x) - u(t-\Delta, x)\right) - a(t, x)\,\frac{\partial u(t, x)}{\partial x} - \frac{1}{2}\,\sigma^2(t, x)\,\frac{\partial^2 u(t, x)}{\partial x^2}.$$

Wir zeigen, daß die rechte Seite dieser Beziehung in t stetig ist. Dazu werden wir die Formel

$$\lim_{t_1 - t_2 \downarrow 0}\boldsymbol{M}\left(\eta_{x,t_1}(s) - \eta_{x,t_2}(s)\right)^2 = 0$$

benötigen. Wegen $\eta_{x,t_1}(s) = \eta_{\eta_{x,t_1}(t_2),t_2}(s)$ kann man infolge Satz 4 aus § 6 solche Konstanten L_1 und L_2 angeben, daß die Beziehung

$$\boldsymbol{M}\left(\eta_{x,t_1}(s) - \eta_{x,t_2}(s)\right)^2 \leqq L_1\,\boldsymbol{M}\left(\eta_{x,t_1}(t_2) - x\right)^2 \leqq L_2\,(1 + |x|^2)\,(t_2 - t_1)$$

erfüllt ist, und folglich ist

$$\begin{aligned}
&\boldsymbol{M}\left|f\left(\eta_{x,t_1}(s)\right) - f\left(\eta_{x,t_2}(s)\right)\right| \\
&\leqq L_3\,\boldsymbol{M}\left|\eta_{x,t_1}(s) - \eta_{x,t_2}(s)\right|\left(1 + |\eta_{x,t_1}(s)|^m + |\eta_{x,t_2}(s)|^m\right) \\
&\leqq L_3\sqrt{\boldsymbol{M}\left|\eta_{x,t_1}(s) - \eta_{x,t_2}(s)\right|^2}\,\sqrt{\boldsymbol{M}\left(1 + |\eta_{x,t_1}(s)|^m + |\eta_{x,t_2}(s)|^m\right)^2} \to 0
\end{aligned}$$

(hierbei sind wir davon ausgegangen, daß für ein $\theta \in (0, 1)$ die Ungleichung $|f(x) - f(y)| \leqq |x - y|\,\left|f'\left(x + \theta\,(y - x)\right)\right|$ gilt und für ein L_3 also die Ungleichung $|f(x) - f(y)| \leqq L_3\,|x - y|\,(1 + |x|^m + |y|^m)$ erfüllt ist). Aus der bewiesenen Beziehung folgt die Stetigkeit von $u(t, x)$ in t. Genauso kann man zeigen, daß auch $u'_x(t, x)$ und $u''_{xx}(t, x)$ in t stetig sind. Folglich ist $u(t, x)$ in t stetig und hat eine stetige linksseitige Ableitung nach t, d. h., es existiert die Ableitung nach t, und es ist

$$\lim_{\Delta\downarrow 0}\frac{u(t, x) - u(t-\Delta, x)}{\Delta} = \frac{\partial u(t, x)}{\partial t}.$$

Die Beziehung $\lim_{t \uparrow s} u(t, x) = f(x)$ ergibt sich daraus, daß $\eta_{x,t}(s)$ für $t \uparrow s$ in Wahrscheinlichkeit gegen x konvergiert, und aus der Möglichkeit, in der Beziehung

$$\lim_{t \uparrow s} u(t, x) = \lim_{t \uparrow s} \boldsymbol{M} f\big(\eta_{x,t}(s)\big)$$

den Grenzübergang und die Bildung des Erwartungswerts zu vertauschen. Damit ist der Satz bewiesen.

Wir bezeichnen den Differentialoperator $a(t, x) \frac{\partial}{\partial x} + \frac{1}{2} \sigma^2(t, x) \frac{\partial^2}{\partial x^2}$ mit L. Dieser Operator geht in der KOLMOGOROWgleichung ein. Wie wir sehen werden, kann man mit Hilfe der Gleichungen, die diesen Operator enthalten, viele andere Charakteristiken des Prozesses ermitteln.

Wir betrachten nun eine Gleichung zur Bestimmung der Verteilung der Größe

$$\int_0^T g\big(s, \eta(s)\big)\, ds\,, \tag{2}$$

wobei $\eta(t)$ Lösung einer stochastischen Gleichung ist. Wir führen eine Gleichung ein für die gemeinsame charakteristische Funktion der Größen $\int_t^T g\big(s, \eta_{x,t}(s)\big)\, ds$ und $f\big(\eta_{x,t}(T)\big)$:

$$V_{\lambda,\mu}(t, x) = \boldsymbol{M} \exp \left\{ i \lambda \int_t^T g\big(s, \eta_{x,t}(s)\big)\, ds + i \mu f\big(\eta_{x,t}(T)\big) \right\}.$$

Ist $V_{\lambda,\mu}(t, x)$ bekannt, dann kann man die charakteristische Funktion der Größe (2) ermitteln, indem man $V_{\lambda,0}(0, x)$ über die Verteilung $\eta(0)$ integriert.

Satz 2. *Wenn die Bedingungen des Satzes* 1 *erfüllt sind und die Funktion* $g(t, x)$ *nach* x *zweimal stetig differenzierbar ist und für ein* $K > 0$ *und* $m > 0$ *die Ungleichung*

$$|g(t, x)| + |g'_x(t, x)| + |g''_{xx}(t, x)| \leqq K\,(1 + |x|^m)$$

gilt, dann genügt die Funktion $V_{\lambda,\mu}(t, x)$ *im Gebiet* $t \in [0, T]$, $x \in (-\infty, \infty)$ *der Gleichung*

$$\frac{\partial}{\partial t} V_{\lambda,\mu}(t, x) + L\, V_{\lambda,\mu}(t, x) + i \lambda\, g(t, x)\, V_{\lambda,\mu}(t, x) = 0 \tag{3}$$

und der Randbedingnng $\lim_{t \uparrow T} V_{\lambda,\mu}(t, x) = e^{i \mu f(x)}$.

Beweis. Die Randbedingung ist offensichtlich erfüllt. Die zweimalige Differenzierbarkeit von $V_{\lambda,\mu}(t, x)$ nach x folgt daraus, daß man wegen der Differenzierbarkeit von $g(t, x)$ und $f(x)$ und der Differenzierbarkeit im quadratischen Mittel des Prozesses $\eta_{x,t}(s)$ nach x unter dem Erwartungswertzeichen nach x differenzieren kann, und aus der Folgerung 1 von § 8. Wir haben

$$
\begin{aligned}
&V_{\lambda,\mu}(t, x) - V_{\lambda,\mu}(t-\Delta, x) \\
&= V_{\lambda,\mu}(t, x) - \boldsymbol{M} \exp\left\{i\lambda \int_{t-\Delta}^{T} g(s, \eta_{x,t-\Delta}(s))\, ds + i\mu f(\eta_{x,t-\Delta}(T))\right\} \\
&= V_{\lambda,\mu}(t, x) - \boldsymbol{M} \exp\left\{i\lambda \int_{t}^{T} g(s, \eta_{\eta_{x,t-\Delta}(t),t}(s))\, ds + i\mu f(\eta_{\eta_{x,t-\Delta}(t),t}(T))\right\} \\
&\quad + \boldsymbol{M} \exp\left\{i\lambda \int_{t}^{T} g(s, \eta_{x,t-\Delta}(s))\, ds + i\mu f(\eta_{x,t}(T))\right\} \\
&\quad \times \left[1 - \exp\left\{i\lambda \int_{t-\Delta}^{t} g(s, \eta_{x,t-\Delta}(s))\, ds\right\}\right] \\
&= V_{\lambda,\mu}(t, x) - \boldsymbol{M}\, V_{\lambda,\mu}(t, \eta_{x,t-\Delta}(t)) \\
&\quad + \boldsymbol{M} \exp\left\{i\lambda \int_{t}^{T} g(s, \eta_{x,t-\Delta}(s))\, ds + i\mu f(\eta_{x,t}(T))\right\} \\
&\quad \times \left[1 - \exp\left\{i\lambda \int_{t-\Delta}^{t} g(s, \eta_{x,t-\Delta}(s))\, ds\right\}\right].
\end{aligned}
$$

Auf Grund des Lemmas 1 ist

$$
\lim_{\Delta \downarrow 0} \frac{1}{\Delta} [V_{\lambda,\mu}(t, x) - V_{\lambda,\mu}(t, \eta_{x,t-\Delta}(t))] = - L\, V_{\lambda,\mu}(t, x) .
$$

Da in Wahrscheinlichkeit

$$
\begin{aligned}
&\lim_{\Delta \to 0} \frac{1}{\Delta} \left[1 - \exp\left\{i\lambda \int_{t-\Delta}^{t} g(s, \eta_{x,t-\Delta}(s))\, ds\right\}\right] \\
&= - \lim_{\Delta \to 0} \frac{i\lambda}{\Delta} \int_{t-\Delta}^{t} g(s, \eta_{x,t-\Delta}(s))\, ds = - i\lambda\, g(t, x)
\end{aligned}
$$

ist, gilt

$$
\begin{aligned}
&\lim_{\Delta \to 0} \frac{1}{\Delta} \boldsymbol{M} \exp\left\{i\lambda \int_{t}^{T} g(s, \eta_{x,t-\Delta}(s))\, ds + i\mu f(\eta_{x,t-\Delta}(T))\right\} \\
&\quad \times \left[1 - \exp\left\{i\lambda \int_{t-\Delta}^{t} g(s, \eta_{x,t-\Delta}(s))\, ds\right\}\right] = - \lim_{\Delta \to 0} \frac{1}{\Delta} \boldsymbol{M} \\
&\quad \times \exp\left\{i\lambda \int_{t}^{T} g(s, \eta_{x,t-\Delta}(s))\, ds + i\mu f(\eta_{x,t-\Delta}(T))\right\} i\lambda\, g(t, x) \\
&= - i\lambda\, g(t, x)\, V_{\lambda,\mu}(t, x) .
\end{aligned}
$$

Somit erhalten wir

$$
\lim_{\Delta \downarrow 0} \frac{V_{\lambda,\mu}(t, x) - V_{\lambda,\mu}(t-\Delta, x)}{\Delta} = - L\, V_{\lambda,\mu}(t, x) - i\lambda\, g(t, x)\, V_{\lambda,\mu}(t, x) .
$$

Aus der Existenz der linksseitigen Ableitung nach t für die Funktion $V_{\lambda,\mu}(t, x)$ schließen wir wie im Satz 1 auf die Existenz von $\frac{\partial}{\partial t} V_{\lambda,\mu}(t, x)$, so daß die Gleichung (3) eine Folgerung der vorigen Beziehung darstellt.

Bemerkung 1. Man kann feststellen, daß die Funktion

$$V_\lambda(t, x) = \boldsymbol{M} f(\eta_{x,t}(T)) \exp\left\{i\lambda \int_t^T g(s, \eta_{x,t}(s))\, ds\right\}$$

unter den Bedingungen des Satzes 2 ebenfalls der Gleichung (3) mit der Randbedingung $\lim_{t\uparrow T} V_\lambda(t, x) = f(x)$ genügt.

Diese Behauptung vereinigt in sich sowohl den Satz 1 als auch den Satz 2.

Bemerkung 2. Um die Verteilung der Größe (2) zu finden, muß man die Gleichung (3) mit der Randbedingung $V_\lambda(T, x) = 1$ lösen.

Bemerkung 3. Wir leiten nun die Gleichung für die Momente her:

$$M_k(t, x) = \boldsymbol{M}\left[\int_t^T g(s, \eta_{x,t}(s))\, ds\right]^k.$$

Dazu benutzen wir die Entwicklung

$$V_{\lambda,0}(t, x) = 1 + \sum_{k=1}^{\infty} \frac{(i\lambda)^k}{k!} M_k(t, x).$$

Setzen wir diese Entwicklung in die Gleichung (3) ein und vergleichen die Koeffizienten bei gleichen Potenzen von λ, so erhalten wir

$$\frac{\partial}{\partial t} M_k(t, x) + L\, M_k(t, x) + k\, g(t, x)\, M_{k-1}(t, x) = 0. \tag{4}$$

Die Randbedingungen für $M_k(t, x)$ lauten $M_k(t, x) = 0$ für $k \geqq 1$, $M_0(t, x) \equiv 1$.

Wir betrachten nun Gleichungen für die Verteilungen stochastischer Integrale der Form $\int_t^T h(s, \eta_{x,t}(s))\, dw(s)$.

Wir lösen die folgende allgemeinere Aufgabe: Wir suchen die Gleichung zur Bestimmung der gemeinsamen Verteilung der Größen

$$\eta_{x,t}(T), \qquad \int_t^T g(s, \eta_{x,t}(s))\, ds, \qquad \int_t^T h(s, \eta_{x,t}(s))\, dw(s).$$

Es sei

$$\psi(t, x) = \boldsymbol{M} \exp\left\{i\lambda \int_t^T g(s, \eta_{x,t}(s))\, ds + i\mu \int_t^T h(s, \eta_{x,t}(s))\, dw(s)\right\} f(\eta_{x,t}(T)). \tag{5}$$

Satz 3. *Es seien die Bedingungen des Satzes 2 erfüllt, und für $K > 0$ und $m > 0$ genüge die zweimal stetig differenzierbare Funktion $h(t, x)$ der Ungleichung*

$$|h(t, x)| + |h'_x(t, x)| + |h''_{xx}(t, x)| \leqq K(1 + |x|^m).$$

Dann genügt die Funktion $\psi(t, x)$ im Gebiet $t \in (0, T$, $x \in (-\infty, \infty)$ der Gleichung

$$\frac{\partial \psi(t, x)}{\partial t} + L\,\psi(t, x) + i\,\mu\, h(t, x)\,\frac{\partial \psi(t, x)}{\partial x} + \left[i\,\lambda\, g(t, x) - \frac{\mu^2}{2}\, h^2(t, x)\right] \psi(t, x) = 0 \quad (6)$$

mit der Randbedingung $\lim\limits_{t \uparrow T} \psi(t, x) = f(x)$.

Beweis. Wir führen die Funktion $H(t, x)$ ein, für die

$$H_x'(t, x) = \frac{h(t, x)}{\sigma(t, x)}$$

ist. Dann ist

$$H\big(T, \eta_{x,t}(T)\big) - H(t, x) = \int_t^T H_x'\big(s, \eta_{x,t}(s)\big)\, \sigma\big(s, \eta_{x,t}(s)\big)\, dw(s)$$

$$+ \int_t^T \Big[H_s'\big(s, \eta_{x,t}(s)\big) + H_x'\big(s, \eta_{x,t}(s)\big)\, a\big(s, \eta_{x,t}(s)\big)$$

$$+ \frac{1}{2} H_{xx}''\big(s, \eta_{x,t}(s)\big)\, \sigma^2\big(s, \eta_{x,t}(s)\big)\Big]\, ds\,.$$

Berücksichtigen wir den Wert von H_x', dann finden wir

$$\int_t^T h\big(s, \eta_{x,t}(s)\big)\, dw(s) = H\big(T, \eta_{x,t}(T)\big) - H(t, x) - \int_t^T \big[H_s'\big(s, \eta_{x,t}(s)\big) - L\, H\big(s, \eta_{x,t}(s)\big)\big]\, ds.$$

Es ist also

$$\psi(t, x) = \exp\{- i\,\mu\, H(t, x)\}\, \boldsymbol{M} \exp\Big\{i \int_t^T [\lambda\, g\big(s, \eta_{x,t}(s)\big)$$

$$- \mu\, H_s'\big(s, \eta_{x,t}(s)\big) - \mu\, L\, H\big(s, \eta_{x,t}(s)\big)]\, ds\Big\}\, e^{i\,\mu\, H\,(T, \eta_{x,t}(T))}\, f\big(\eta_{x,t}(T)\big)\,.$$

Wir nehmen an, daß die Funktion $H_s'(s, x) + L\, H(s, x)$ nach x zweimal stetig differenzierbar ist und daß

$$\frac{\partial^2}{\partial x^2}\big(H_s'(s, x) + L\, H(s, x)\big) \leqq K\,(1 + |x|^m)$$

gilt. Dann genügt nach dem Satz 2 die Funktion $\psi(t, x)\, e^{i\,\mu\, H(t, x)}$ der Gleichung

$$\frac{\partial}{\partial t}\, [\psi(t, x)\, e^{i\,\mu\, H(t, x)}] + L\, [\psi(t, x)\, e^{i\,\mu\, H(t, x)}]$$

$$+ [i\,\lambda\, g(t, x) - i\,\mu\big(H_t'(t, x) + L\, H(t, x)\big)]\, \psi(t, x)\, e^{i\,\mu\, H(t, x)} = 0\,.$$

Indem wir differenzieren und durch $e^{i\,\mu\, H(t, x)}$ kürzen, erhalten wir nach der Reduktion ähnlicher Glieder die Gleichung (6). Um uns von der im Beweis gemachten Voraussetzung zu lösen, bemerken wir, daß die Funktion $\psi(t, x)$ $e^{i\,\mu\, H(t, x)}$ unter den Bedingungen des Satzes nach x zweimal stetig differenzierbar ist, und das ist die einzige Voraussetzung, die beim Beweis des Satzes 2 benutzt wurde. Der Satz ist damit bewiesen.

Bemerkung 4. Es sei $\sigma(t, x) = 1$, und $\Phi(x)$ sei eine beliebige, zweimal stetig differenzierbare Funktion, die außerhalb eines gewissen endlichen Intervalls verschwindet; wir werden die Gesamtheit derartiger Funktionen mit $C_f^{(2)}$ bezeichnen. Multiplizieren wir die Gleichung (6) mit $\Phi(x)$ und integrieren wir über x über die gesamte Gerade, dann erhalten wir (unter Berücksichtigung der Formel für die partielle Integration)

$$\frac{\partial}{\partial t}\int \psi(t, x)\,\Phi(x)\,dx + \frac{1}{2}\int \psi(t, x)\,\Phi''(x)\,dx$$
$$-\int \psi(t, x)\,\frac{\partial}{\partial x}\left[\big(a(t, x) + i\,\mu\,h(t, x)\big)\,\Phi(x)\right]dx$$
$$+\int\left(i\,\lambda\,g(t, x) - \frac{\mu^2}{2}\,h^2(t, x)\right)\psi(t, x)\,\Phi(x)\,dx = \theta\,. \qquad (6')$$

Wir bezeichnen mit $L_1^*(t)$ den Differentialoperator

$$L_1^*(t)\,U = \frac{1}{2}\cdot\frac{\partial^2}{\partial x^2}\,U - \frac{\partial}{\partial x}\left[\big(a(t, x) + i\,\mu\,h(t, x)\big)\,U\right]$$
$$+\left(i\,\lambda\,g(t, x) - \frac{\mu^2}{2}\,h^2(t, x)\right)U\,.$$

Dann folgt aus der Gleichung (6′)

$$\frac{\partial}{\partial t}\int \psi(t, x)\,\Phi(x)\,dx + \int \psi(t, x)\,L_1^*(t)\,\Phi(x)\,dx = 0\,. \qquad (7)$$

Wenn (7) für alle Funktionen Φ aus $C_f^{(2)}$ erfüllt ist und $\psi(t, x)$ nach x zweimal stetig differenzierbar ist, folgt (6) aus (7).

Wir nennen $\psi(t, x)$ *verallgemeinerte Lösung der Gleichung* (6), wenn für sie für beliebige Funktionen Φ aus $C_f^{(2)}$ die Beziehung (7) gilt. Wir zeigen, daß die durch die Gleichung (5) definierte Funktion $\psi(t, x)$ eine verallgemeinerte Lösung der Gleichung (6) ist, wenn $\sigma(t, x) = 1$, $a_x'(t, x)$ stetig und beschränkt und die Funktionen $g(t, x)$ und $h(t, x)$ stetig sind. Hierfür betrachten wir den Prozeß $\eta_{x,t}^{(n)}(s)$, der eine Lösung der Gleichung

$$\eta_{x,t}^{(n)}(s) = x + \int_t^s a_n\big(u, \eta_{x,t}^n(u)\,du\big) + w(s) - w(t)$$

ist. Hierbei mögen die $a_n(t, x)$ beschränkte stetige Ableitungen $\frac{\partial}{\partial x}\,a_n(t, x)$, $\frac{\partial^2}{\partial x^2}\,a_n(t, x)$ besitzen und $\frac{\partial}{\partial x}\,a_n(t, x)$ bzw. $a_n(t, x)$ gleichmäßig gegen $\frac{\partial}{\partial x}\,a(t, x)$ bzw. gegen $a(t, x)$ konvergieren. Die Funktionen $h_n(t, x)$, $g_n(t, x)$, $f_n(x)$ mögen für jedes n den Bedingungen des Satzes 3 genügen und für $n \to \infty$ gleichmäßig gegen $h(t, x)$, $g(t, x)$, $f(x)$ konvergieren. Wir setzen

$$\psi^{(n)}(t, x) = \boldsymbol{M}\exp\left\{i\,\lambda\int_t^T g\big(s, \eta_{x,t}^{(n)}(s)\big)\,ds + i\,\mu\int_t^T h_n\big(s, \eta_{x,t}^{(n)}(s)\big)\,dw(s)\right\} f_n\big(\eta_{x,t}^{(n)}(T)\big)\,.$$

Infolge Satz 3 und Gleichung (7) können wir

$$\int\left[\psi^{(n)}(T, x) - \psi^{(n)}(t, x)\right]\Phi(x)\,dx + \int_t^T\int \psi(s, x)\,L_1^{*\,(n)}(s)\,\Phi(x)\,dx\,ds = 0 \qquad (8)$$

schreiben, wobei $L_1^{*(n)}(s)$ ein Operator ist, den man aus $L_1^*(s)$ erhält, wenn man $a(s, x)$ durch $a_n(s, x)$ ersetzt. Benutzen wir den Satz 2 aus § 7, so sehen wir, daß $\Phi^{(n)}(t, x)$ für $n \to \infty$ gegen $\psi(t, x)$ konvergiert. Gehen wir zum Grenzwert über und differenzieren wir die erhaltene Gleichung (8) nach t, dann gelangen wir zu der Gleichung (7).

Bemerkung 5. Unter Verwendung des Satzes 2 aus § 7 kann man sich, davon überzeugen, daß Folgendes gilt: Sind die Funktionen $a(t, x)$, $\sigma(t, x)$, $f(x)$ $g(t, x)$, $h(t, x)$ stetig und die Bedingungen des Existenz- und Eindeutigkeitssatzes erfüllt, dann genügt die durch (5) definierte Funktion $\psi(t, x)$ im folgenden verallgemeinerten Sinne der Gleichung (6):

$$\psi(t, x) = \lim_{n \to \infty} \psi_n(t, x) ,$$

wobei $\psi_n(t, x)$ der Gleichung

$$\frac{\partial \psi_n(t, x)}{\partial t} + \frac{1}{2} \sigma_n(t, x) \frac{\partial^2 \psi_n(t, x)}{\partial x^2} + \big(a_n(t, x) + i \mu h_n(t, x) \sigma_n(t, x)\big) \frac{\partial \psi_n(t, x)}{\partial x}$$
$$+ \left(i \lambda g_n(t, x) - \frac{\mu^2}{2} h_n^2(t, x)\right) \psi_n(t, x) = 0$$

genügt, die Funktionen $a_n(t, x)$, $\sigma_n(t, x)$, $f_n(x)$, $g_n(t, x)$, $h_n(t, x)$ den Bedingungen des Satzes 3 genügen und für $n \to \infty$ gleichmäßig gegen die Funktionen $a(t, x)$, $\sigma(t, x)$, $f(x)$, $g(t, x)$, $h(t, x)$ konvergieren.

§ 12. Über Maße, die durch die Diffusionsprozesse in den Funktionenraum induziert werden

Wir erinnern noch einmal an die allgemeine Definition des Zufallsprozesses. Es sei $\{\Omega, \mathfrak{S}, \boldsymbol{P}\}$ ein Wahrscheinlichkeitsraum, wobei Ω die Menge der Elementarereignisse ω, $\mathfrak{S}$ eine σ-Algebra von Ereignissen (Teilmengen von Ω) und $\boldsymbol{P}$ ein Wahrscheinlichkeitsmaß auf $\mathfrak{S}$ ist. Der zufällige Prozeß $\xi(t)$ auf $[0, T]$ wird durch den Wahrscheinlichkeitsraum $\{\Omega, \mathfrak{S}, \boldsymbol{P}\}$ und die Funktion $\xi(t, \omega)$ definiert. Diese Funktion ist für $t \in [0, T]$ und $\omega \in \Omega$ definiert und für jedes $t \in [0, T]$ $\mathfrak{S}$-meßbar in ω.

Wir bezeichnen mit $F[0, T]$ den Raum der auf $[0, T]$ definierten reellen Funktionen $x(t)$ und mit $C_s(A)$ die Menge der Funktionen $x(t)$ mit $x(s) \in A$, wobei $s \in [0, T]$ und A eine BORELmenge auf der Geraden ist. Als *Zylindermenge* bezeichnet man eine Teilmenge von $F[0, T]$ der Form $\prod_{k=1}^{n} C_{t_k}(A_k)$, wobei $t_k \in [0, T]$ und A_k BORELmengen sind. Es sei $\mathfrak{F}[0, T]$ die minimale σ-Algebra von Teilmengen aus $F[0, T]$, die alle Zylindermengen enthält. Jedem auf $[0, T]$ definierten Prozeß $\xi(t)$ wird ein Wahrscheinlichkeitsmaß μ auf der σ-Algebra $\mathfrak{F}[0, T]$ zugeordnet. Für Zylindermengen ist der Wert des Maßes μ durch die Beziehung

$$\mu\left(\prod_{k=1}^{n} C_{t_k}(A_k)\right) = \boldsymbol{P}\,\{\xi(t_1) \in A_1, \ldots, \xi(t_n) \in A_n\}$$

bestimmt, und danach wird μ mit Hilfe der Additivitäts- und Stetigkeitseigenschaften auf ganz $\mathfrak{F}[0, T]$ erweitert. Das so konstruierte Maß μ nennen wir das *dem Prozeß $\xi(t)$ entsprechende Maß*. Die Betrachtung dieses Maßes ist für die Untersuchung vieler Fragen der Theorie der zufälligen Prozesse nützlich.

Wir betrachten folgende Transformation eines zufälligen Prozesses. Es sei $\varrho(\omega)$ eine reelle, auf Ω definierte $\mathfrak{S}$-meßbare Funktion, wobei das Maß

$$\boldsymbol{P}_1(E) = \int_E \varrho(\omega)\, \boldsymbol{P}(\mathrm{d}\omega) \qquad (E \in \mathfrak{S})$$

ebenfalls ein Wahrscheinlichkeitsmaß sein soll. Wir behandeln den zufälligen Prozeß, der durch die gleiche Funktion $\xi(t) = \xi(t, \omega)$ definiert ist, aber auf dem Wahrscheinlichkeitsraum $\{\Omega, \mathfrak{S}, \boldsymbol{P}_1\}$ betrachtet wird. Damit man diese beiden Prozesse unterscheiden kann, benutzen wir die Bezeichnungen $\{\xi(t), \boldsymbol{P}\}$, $\{\xi(t), \boldsymbol{P}_1\}$, indem wir neben dem Prozeß auch das Wahrscheinlichkeitsmaß angeben, das in die Definition des Wahrscheinlichkeitsraumes eingeht. Es ist leicht zu sehen, daß das Maß $\boldsymbol{P}_1$ dann und nur dann ein Wahrscheinlichkeitsmaß ist, wenn $\varrho(\omega) \geqq 0$ fast überall bezüglich des Maßes $\boldsymbol{P}$ gilt und $\int \varrho(\omega)\, \boldsymbol{P}(\mathrm{d}\omega) = 1$ ist. Wenn dem Prozeß $\{\xi(t), \boldsymbol{P}_1\}$ das Maß μ_1 entspricht, dann ist es absolut stetig bezüglich dem Maß μ, das dem Prozeß $\{\xi(t), \boldsymbol{P}\}$ entspricht, wobei seine Dichte bezüglich μ $\left(\text{wir werden diese Dichte mit } \frac{\mathrm{d}\mu_1}{\mathrm{d}\mu}\,(x(\cdot)) \text{ bezeichnen}\right)$ mit der Funktion $\varrho(\omega)$ durch die Beziehung

$$\frac{d\mu_1}{d\mu}\,\big(\xi(\cdot, \omega)\big) = \varrho(\omega)$$

verknüpft ist. Uns wird die Form von $\varrho(\omega)$ für den Fall interessieren, daß $\{\xi(t), \boldsymbol{P}\}$ und $\{\xi(t), \boldsymbol{P}_1\}$ Diffusionsprozesse sind.

Wir formulieren zunächst in einem Lemma die Behauptung, daß für eine gewisse Klasse von nichtnegativen Zufallsgrößen ϱ die Beziehung $\boldsymbol{M}\,\varrho = 1$ gilt. Wir bezeichnen mit $H_2[0, T]$ den in § 2 eingeführten Raum von zufälligen Funktionen und mit $\mathfrak{F}_t$ die Gesamtheit der σ-Algebren, die in die Definition des Raumes $H_2[0, T]$ eingehen.

Lemma 1. *Ist $\alpha(t) \in H_2[0, T]$ und für ein $\delta > 0$*

$$\boldsymbol{M} \exp \left\{(1 + \delta) \int_0^T \alpha^2(s)\, \mathrm{d}s\right\} < \infty\,,$$

dann ist

$$\boldsymbol{M} \exp \left\{\int_0^T \alpha(s)\, \mathrm{d}w(s) - \frac{1}{2} \int_0^T \alpha^2(s)\, \mathrm{d}s\right\} = 1\,.$$

Beweis. Wir setzen zunächst voraus, daß $\alpha(s)$ eine beschränkte Treppenfunktion ist. Wie leicht zu sehen ist, gilt in diesem Fall

$$\boldsymbol{M} \exp \left\{2 \int_0^T \alpha(s)\, \mathrm{d}w(s)\right\} < \infty\,.$$

Auf Grund der ITÔ-Formel ist

$$\exp\left\{\int_{t_1}^{t_2} \alpha(s)\, dw(s) - \frac{1}{2}\int_{t_1}^{t_2} \alpha^2(s)\, ds\right\} - 1$$

$$= \int_{t_1}^{t_2} \exp\left\{\int_{t_1}^{t} \alpha(s)\, dw(s) - \frac{1}{2}\int_{t_1}^{t} \alpha^2(s)\, ds\right\} \alpha(t)\, dw(t)\,.$$

Da unter unseren Voraussetzungen

$$\int_{t_1}^{t_2} M\left[\exp\left\{\int_{t_1}^{t} \alpha(s)\, dw(s) - \frac{1}{2}\int_{t_1}^{t} \alpha^2(s)\, ds\right\}\right]^2 \alpha^2(t)\, dt < \infty$$

ist, gilt

$$M \exp\left\{\int_{t_1}^{t_2} \alpha(s)\, dw(s) - \frac{1}{2}\int_{t_1}^{t_2} \alpha^2(s)\, ds\right\} = 1\,, \qquad 0 \leqq t_1 < t_2 \leqq T\,.$$

Gehen wir zum Grenzwert über, dann überzeugen wir uns, daß für alle $\alpha(t)$ aus $H_2[0, T]$ die Ungleichung

$$M \exp\left\{\int_{t_1}^{t_2} \alpha(s)\, dw(s) - \frac{1}{2}\int_{t_1}^{t_2} \alpha^2(s)\, ds\right\} \leqq 1$$

gilt. Es sei $\alpha_n(t)$ eine Folge von beschränkten Treppenfunktionen, für die $\alpha_n^2(t) \leqq \alpha^2(t)$ ist und mit Wahrscheinlichkeit 1

$$\lim_{n\to\infty} \int_0^T \big(\alpha(t) - \alpha(t)\big)^2\, dt = 0$$

gilt. Dann ist

$$M\left[\exp\left\{\int_{t_1}^{t_2} \alpha_n(s)\, dw(s) - \frac{1}{2}\int_{t_1}^{t_2} \alpha_n^2(s)\, ds\right\}\right]^{1+\varepsilon}$$

$$= M \exp\left\{(1+\varepsilon)\int_{t_1}^{t_2} \alpha_n(s)\, dw(s) - \frac{(1+\varepsilon)^3}{2}\int_{t_1}^{t_2} \alpha_n^2(s)\, ds\right\}$$

$$\times \exp\left\{\frac{(1+\varepsilon)(2\,\varepsilon+\varepsilon^2)}{2}\int_{t_1}^{t_2} \alpha_n^2(s)\, ds\right\}$$

$$\leqq \left[M \exp\left\{(1+\varepsilon)^2\int_{t_1}^{t_2} \alpha_n(s)\, dw(s) - \frac{1}{2}(1+\varepsilon)^4\int_{t_1}^{t_2} \alpha_n^2(s)\, ds\right\}\right]^{\frac{1}{1+\varepsilon}}$$

$$\times \left[M \exp\left\{\frac{(1+\varepsilon)^2(2+\varepsilon)}{2}\int_{t_1}^{t_2} \alpha_n^2(s)\, ds\right\}\right]^{\frac{\varepsilon}{1+\varepsilon}}$$

$$\leqq \left[\boldsymbol{M} \exp \left\{ \frac{(1+\varepsilon)^2 (2+\varepsilon)}{2} \int_{t_1}^{t_2} \alpha_n^2(s)\, ds \right\} \right]^{\frac{\varepsilon}{1+\varepsilon}}$$

$$\leqq \left[\boldsymbol{M} \exp \left\{ \left(1 + \frac{\varepsilon(2+\varepsilon^2)}{2}\right) \int_{t_1}^{t_2} \alpha^2(s)\, ds \right\} \right]^{\frac{\varepsilon}{1+\varepsilon}} < \infty \quad \text{für} \quad \frac{\varepsilon(2+\varepsilon)^2}{2} < \delta\,.$$

Nach dem Satz über den Grenzübergang unter dem Integralzeichen ist dann also

$$1 = \lim_{n\to\infty} \boldsymbol{M} \exp \left\{ \int_{t_1}^{t_2} \alpha_n(s)\, dw(s) - \frac{1}{2} \int_{t_1}^{t_2} \alpha_n^2(s)\, ds \right\}$$

$$= \boldsymbol{M} \exp \left\{ \int_{t_1}^{t_2} \alpha(s)\, dw(s) - \frac{1}{2} \int_{t_1}^{t_2} \alpha^2(s)\, ds \right\}, \qquad 0 \leqq t_1 < t_2 \leqq T\,.$$

Das Lemma ist damit bewiesen.

Bemerkung 1. Betrachten wir ohne Änderung der Beweisführung des Lemmas anstelle der gewöhnlichen die bedingten Erwartungswerte, so können wir uns davon überzeugen, daß unter den Voraussetzungen des Lemmas

$$\boldsymbol{M} \left(\exp \left\{ \int_{t_1}^{t_2} \alpha(s)\, dw(s) - \frac{1}{2} \int_{t_1}^{t_2} \alpha^2(s)\, ds \right\} \Big/ \mathfrak{F}_{t_1} \right) = 1$$

ist.

Bemerkung 2. Für die Gültigkeit des Lemmas 1 ist hinreichend, daß für ein $\delta > 0$ ein $C > 0$ existiert, so daß für $s \in [0, T]$ die Ungleichung $\boldsymbol{M} \exp \{\delta \alpha^2(s)\} \leqq C$ erfüllt ist.

In der Tat folgt aus der Jensenschen Ungleichung

$$e^{\lambda \int_{t_1}^{t_2} \alpha^2(s)\, ds} = \exp \left\{ \lambda (t_2 - t_1) \frac{1}{t_2 - t_1} \int_{t_1}^{t_2} \alpha^2(s)\, ds \right\} \leqq \frac{1}{t_2 - t_1} \int_{t_1}^{t_2} e^{\lambda (t_2 - t_1) \alpha^2(s)}\, ds$$

(die Funktion $e^{\lambda x}$ ist konvex), d. h., für jedes $\lambda > 1$ kann man ein solches $\varepsilon > 0$ wählen, daß für $0 < t'' - t' < \varepsilon$

$$\boldsymbol{M} \exp \left\{ \lambda \int_{t'}^{t''} \alpha^2(s)\, ds \right\} \leqq \frac{1}{t'' - t'} \int_{t'}^{t''} \boldsymbol{M}\, e^{\lambda (t'' - t') \alpha^2(s)}\, ds \leqq C$$

ist. Deshalb ist nach Bemerkung 1

$$\boldsymbol{M} \left(\exp \left\{ \int_{t'}^{t''} \alpha(s)\, dw(s) - \frac{1}{2} \int_{t'}^{t''} \alpha^2(s)\, ds \right\} \Big/ \mathfrak{F}_{t'} \right) = 1\,.$$

Wir unterteilen ein beliebiges Intervall $[t', t'']$ durch die Punkte $t_1 = s_0 < < \cdots < s_n = t_2$ derart, daß $s_{k+1} - s_k < \varepsilon$ ist. Dann ist

$$\boldsymbol{M} \exp\left\{\int_{t_1}^{t_2} \alpha(s)\, dw(s) - \frac{1}{2}\int_{t_1}^{t_2} \alpha^2(s)\, ds\right\} = \boldsymbol{M} \exp\left\{\int_{s_0}^{s_{n-1}} \alpha(s)\, dw(s) - \frac{1}{2}\int_{s_0}^{s_{n-1}} \alpha^2(s)\, ds\right\} \exp\left\{\int_{s_{n-1}}^{s_n} \alpha(s)\, dw(s) - \frac{1}{2}\int_{s_{n-1}}^{s_n} \alpha^2(s)\, ds\right\}$$

$$= \boldsymbol{M}\left[\boldsymbol{M}\left(\exp\left\{\int_{s_{n-1}}^{s_n} \alpha(s)\, dw(s) - \frac{1}{2}\int_{s_{n-1}}^{s_n} \alpha^2(s)\, ds\right\} \Big/ \mathfrak{F}_{n-1}\right) \times \exp\left\{\int_{s_0}^{s_{n-1}} \alpha(s)\, dw(s) - \frac{1}{2}\int_{s_0}^{s_{n-1}} \alpha^2(s)\, ds\right\}\right]$$

$$= \boldsymbol{M} \exp\left\{\int_{s_0}^{s_{n-1}} \alpha(s)\, dw(s) - \frac{1}{2}\int_{s_0}^{s_{n-1}} \alpha^2(s)\, ds\right\} = \cdots =$$

$$= \boldsymbol{M} \exp\left\{\int_{s_0}^{s_1} \alpha(s)\, dw(s) - \frac{1}{2}\int_{s_0}^{s_1} \alpha^2(s)\, ds\right\} = 1\,.$$

Satz 1. *Es sei $\eta(t)$, $0 \leqq t \leqq T$, eine Lösung der stochastischen Gleichung* (1) *aus* § 10, $\eta_{x,t}(s)$ *eine Lösung der Gleichung* (3) *aus* § 10, *und die für* $s \in [0, T]$, $x \in (-\infty, \infty)$ *definierte* BOREL*funktion* $\alpha(s, x)$ *sei so beschaffen, daß für ein* $\delta > 0$ *eine Funktion* $C(x)$ *existiert, für die* $\sup_{0 \leqq t \leqq T} \boldsymbol{M}\, C(\eta(t)) < \infty$ *und* $\boldsymbol{M} \exp \times \{\delta\, \alpha^2(s, \eta_{x,t}(s))\} \leqq C(x)$ *gilt. Wir setzen*

$$\boldsymbol{P}^*(E) = \int_E \exp\left\{\int_0^T \alpha(s, \eta(s))\, dw(s) - \frac{1}{2}\int_0^T \alpha^2(s, \eta(s))\, ds\right\} \boldsymbol{P}(d\omega)\,. \tag{1}$$

Dann ist der Prozeß $\{\eta(t), \boldsymbol{P}^*\}$ *ein* MARKOW*scher Prozeß mit der Übergangswahrscheinlichkeit* $P^*(t, x, s, A)$, *die durch die Beziehung*

$$P^*(t, x, s, A) = = \boldsymbol{M} \exp\left\{\int_t^s \alpha(u, \eta_{x,t}(u))\, dw(u) - \frac{1}{2}\int_t^s \alpha^2(u, \eta_{x,t}(u))\, du\right\} \chi_A(\eta_{x,t}(s)) \tag{2}$$

definiert ist ($\chi_A(x)$ *ist der Indikator der Menge* A).

Beweis. Wir setzen

$$\varrho(x, t_1, t_2) = \exp\left\{\int_{t_1}^{t_2} \alpha(s, \eta_{x,t_1}(s))\, dw(s) - \frac{1}{2}\int_{t_1}^{t_2} \alpha^2(s, \eta_{x,t_1}(s))\, ds\right\}.$$

Offenbar gelten die Beziehungen

$$\exp\left\{\int_{t_1}^{t_2} \alpha(s, \eta(s))\, dw(s) - \frac{1}{2}\int_{t_1}^{t_2} \alpha^2(s, \eta(s))\, ds\right\} = \varrho(\eta(t_1), t_1, t_2),$$

da $\eta_{\eta(t_1), t_1}(s) = \eta(s)$ ist für $s > t_1$, und

$$\varrho(\eta(t_1), t_1, t_3) = \varrho(\eta(t_1), t_1, t_2)\, \varrho(\eta(t_2), t_2, t_3), \tag{3}$$

wenn $t_1 < t_2 < t_3$ ist.

Wir bezeichnen mit $\boldsymbol{M}(\cdot)$ und $\boldsymbol{M}^*(\cdot)$ die Erwartungswerte bezüglich der Maße $\boldsymbol{P}$ bzw. $\boldsymbol{P}^*$. Für den Beweis des Satzes braucht man nur zu zeigen, daß für jede beschränkte Borelfunktion $\varphi(x_1, x_2, \ldots, x_n)$ und eine beliebige Borelmenge A die Gleichung

$$\begin{aligned} &\boldsymbol{M}^* \varphi(\eta(t_1), \ldots, \eta(t_k))\, P^*(t_k, \eta(t_k), t_{k+1}, A) \\ &= \boldsymbol{M}^* \varphi(\eta(t_1), \ldots, \eta(t_k))\, \chi_A(\eta(t_{k+1})) \end{aligned} \tag{4}$$

erfüllt ist, sobald $t_1 < \cdots < t_k < t_{k+1}$ ist. Die rechte Seite von (4) kann man wie folgt umschreiben: Es ist

$$\begin{aligned} &\boldsymbol{M} \varphi(\eta(t_1), \ldots, \eta(t_k))\, \chi_A(\eta(t_{k+1}))\, \varrho(\eta(0), 0, T) \\ &= \boldsymbol{M} \varphi(\eta(t_1), \ldots, \eta(t_k))\, \chi_A(\eta(t_{k+1}))\, \varrho(\eta(0), 0, t_{k+1})\, \varrho(\eta(t_{k+1}), t_{k+1}, T) \\ &= \boldsymbol{M} \varphi(\eta(t_1), \ldots, \eta(t_k))\, \chi_A(\eta(t_{k+1}))\, \varrho(\eta(0), 0, t_{k+1}), \end{aligned} \tag{5}$$

denn wegen Bemerkung 2 ist

$$\boldsymbol{M}\left(\varrho(\eta(t_{k+1}), t_{k+1}, T) / \mathfrak{F}_{t_{k+1}}\right) = 1.$$

Berücksichtigen wir die Beziehung (2), dann kann man die linke Seite der Gleichung (4) wie folgt schreiben:

$$\begin{aligned} &\boldsymbol{M} \varphi(\eta(t_1), \ldots, \eta(t_k))\, \boldsymbol{P}^*(t_k, \eta(t_k), t_{k+1}, A)\, \varrho(\eta(0), 0, t_k) \\ &= \boldsymbol{M} \varphi(\eta(t_1), \ldots, \eta(t_k))\, \varrho(\eta(0), 0, t_k)\, \boldsymbol{M}\left[\varrho(\eta(t_k), t_k, t_{k+1})\right. \\ &\quad \times \left.\chi_A(\eta(t_{k+1})) / \eta(t_k)\right] = \boldsymbol{M} \varphi(\eta(t_1), \ldots, \eta(t_k))\, \varrho(\eta(0), 0, t_k) \\ &\quad \times \boldsymbol{M}\left[\varrho(\eta(t_k), t_k, t_{k+1})\, \chi_A(\eta(t_{k+1})) / \mathfrak{F}_{t_k}\right] = \boldsymbol{M} \varphi(\eta(t_1), \ldots, \eta(t_k)) \\ &\quad \times \varrho(\eta(0), 0, t_k)\, \varrho(\eta(t_k), t_k, t_{k+1})\, \chi_A(\eta(t_{k+1})) \\ &= \boldsymbol{M} \varphi(\eta(t_1), \ldots, \eta(t_k))\, \varrho(\eta(0), 0, t_{k+1})\, \chi_A(\eta(t_{k+1})). \end{aligned}$$

Vergleichen wir das erhaltene Ergebnis mit (5), so überzeugen wir uns von der Gültigkeit des Satzes.

Wir zeigen nun, daß der Prozeß $\{\eta(t), \boldsymbol{P}^*\}$ ebenfalls ein Diffusionsprozeß ist, und bestimmen seine Diffusionskoeffizienten. Dazu benötigen wir einige Hilfssätze.

Lemma 2. *Sind die Bedingungen des Satzes 1 erfüllt, dann ist*

$$\boldsymbol{M} \exp\left\{\int_t^s \alpha(u, \eta_{x,t}(u))\, dw(u)\right\} \leq \boldsymbol{M} \exp\left\{2\int_t^s \alpha^2(u, \eta_{x,t}(u))\, du\right\}.$$

Beweis. Wegen

$$M \exp\left\{2\int_t^s \alpha(u, \eta_{x,t}(u))\, dw(u) - 2\int_t^s \alpha^2(u, \eta_{x,t}(u))\, du\right\} \leqq 1$$

ist

$$M \exp\left\{\int_t^s \alpha(u, \eta_{x,t}(u))\, dw(u)\right\}$$

$$\leqq \sqrt{M \exp\left\{2\int_t^s \alpha(u, \eta_{x,t}(u))\, dw(u)\right\} - 2\int_t^s \alpha^2(u, \eta_{x,t}(u))\, du}$$

$$\times \sqrt{M \exp\left\{2\int_t^s \alpha^2(u, \eta_{x,t}(u))\, du\right\}} \leqq M \exp\left\{2\int_t^s \alpha^2(u, \eta_{x,t}(u))\, du\right\}$$

(wir haben für $a > 1$ die Ungleichung $\sqrt{a} < a$ benutzt). Damit ist das Lemma bewiesen.

Folgerung 1. Unter den Bedingungen des Satzes 1 kann man für jedes $m > 0$ ein solches $\delta_1 > 0$ angeben, daß für $0 < s - t < \delta_1$ die Ungleichung

$$M[\varrho(x, t, s)]^m \leqq C(x)$$

erfüllt ist (die Funktion $C(x)$ wurde in Satz 1 eingeführt).

Offenbar ist

$$M[\varrho(x, t, s)]^m \leqq M \exp\left\{m \int_t^s \alpha(u, \eta_{x,t}(u)) dw(u)\right\}$$

$$\leqq M \exp\left\{2\, m^2 \int_t^s \alpha^2(u, \eta_{x,t}(u))\, du\right\} \leqq \frac{1}{s-t}$$

$$\times \int_t^s M \exp\left\{2\, m^2\, (s-t)\, \alpha^2(u, \eta_{x,t}(u))\right\} du < C(x),$$

sofern $(s - t)\, 2\, m^2 < \delta$ ist.

Folgerung 2. Unter den Bedingungen des Satzes 1 existiert eine (von x abhängige) Konstante L, so daß für genügend kleine δ die Ungleichung

$$M(\varrho(x, s, t) - 1)^2 \leqq L\,(s - t)$$

erfüllt ist.

In der Tat ist nach der ITO-Formel

$$\varrho(x, s, t) - 1 = \exp\left\{\int_t^s \alpha(u, \eta_{x,t}(u))\, dw(u) - \frac{1}{2}\int_t^s \alpha^2(u, \eta_{x,t}(u))\, du\right\}$$

$$- 1 = \int_t^s \varrho(x, t, u)\, \alpha(u, \eta_{x,t}(u))\, dw(u)\,,$$

und deshalb haben wir

$$= \boldsymbol{M}\left(\varrho(x,t,u)-1\right)^2$$

$$= \int_t^s \boldsymbol{M}\,\varrho^2(x,t,u)\,\alpha^2(u,\eta_{x,t}(u))\,du$$

$$\leqq \left[\int_t^s \boldsymbol{M}\,\varrho^4(x,t,u)\,du\right]^{1/2}\left[\int_t^s \boldsymbol{M}\,\alpha^4(u,\eta_{x,t}(u))\,du\right]^{1/2}$$

$$\leqq [C(x)\,(s-t)]^{1/2}\left[\int_t^s \boldsymbol{M}\,\frac{2}{\delta^2}\,e^{\delta\,\alpha^2(u,\eta_{x,t}(u))}\,du\right]^{1/2} \leqq \frac{C(x)\sqrt{2}\,(s-t)}{\delta},$$

sofern $8\,(s-t) < \delta$ ist.

Satz 2. *Es seien die Bedingungen des Satzes* 1 *erfüllt, die Funktion* $a^*(t,x) = a(t,x) + \alpha(t,x)\,\sigma(t,x)$ *sei in allen Variablen gemeinsam stetig und genüge für ein* $K > 0$ *der Ungleichung* $|a^*(t,x)|^2 \leqq K\,(1+x^2)$. *Dann ist der Prozeß* $\{\eta(t), \boldsymbol{P}^*\}$ *ein Diffusionsprozeß mit den Diffusionskoeffizienten* $b^*(t,x) = \sigma^2(t,x)$, $a^*(t,x)$.

Beweis. Da auf Grund der Folgerung 1 und des Satzes 4 aus § 6

$$\boldsymbol{M}^*\left(\eta_{x,t}(s)-x\right)^4 = \boldsymbol{M}\left(\eta_{x,t}(s)-x\right)^4\varrho(x,t,s)$$
$$\leqq \left(\boldsymbol{M}\left(\eta_{x,t}(s)-x\right)^8\right)^{1/2}\left(\boldsymbol{M}\,\varrho^2(x,t,s)\right)^{1/2} = O\,(s-t)^2$$

ist, braucht man für den Beweis des Satzes nur zu zeigen, daß

$$\left.\begin{aligned} \boldsymbol{M}^*\left(\eta_{x,t}(s)-x\right) &= a^*(x,t)\,(s-t) + o\,(s-t)\,,\\ \boldsymbol{M}^*\left(\eta_{x,t}(s)-x\right)^2 &= \sigma^2(t,x)\,(s-t) + o\,(s-t) \end{aligned}\right\} \tag{6}$$

gilt. Die zweite Beziehung folgt aus der Ungleichung

$$|\boldsymbol{M}^*\left(\eta_{x,t}(s)-x\right)^2 - \boldsymbol{M}\left(\eta_{x,t}(s)-x^2\right)| = |\boldsymbol{M}\left(\eta_{x,t}(s)-x\right)^2\left(\varrho(x,t,s)-1\right)|$$
$$\leqq [\boldsymbol{M}\left(\eta_{x,t}(s)-x\right)^4]^{1/2}\left(\boldsymbol{M}\left(\varrho(x,t,s)-1\right)^2\right)^{1/2} = O\,(s-t)^{3/2}$$

und dem Satz 2 von § 10. Überzeugen wir uns nun von der Richtigkeit der Formel (6). Es gilt

$$\boldsymbol{M}^*\left(\eta_{x,t}(s)-x\right) = \boldsymbol{M}\left(\eta_{x,t}(s)-x\right)\varrho(x,t,s)$$
$$= \boldsymbol{M}\left(\int_t^s \left(\sigma(u,\eta_{x,t}(u)\right)dw(u) + \int_t^s a\left(u,\eta_{x,t}(u)\right)du\right)$$
$$\times\left(1 + \int_t^s \varrho(x,t,u)\,\alpha\left((u,\eta_{x,t}(u)\right)dw(u)\right) = \boldsymbol{M}\int_t^s \left(a(u,\eta_{x,t}(u)\right)$$
$$+ \sigma\left((u,\eta_{x,t}(u)\right)\alpha\left(u,\eta_{x,t}(u)\right)du + \boldsymbol{M}\int_t^s a\left(u,\eta_{x,t}(u)\right)du\left(\varrho(x,t,s)-1\right)$$
$$+ \boldsymbol{M}\int_t^s \sigma\left(u,\eta_{x,t}(u)\right)\alpha\left(u,\eta_{x,t}(u)\right)\left(\varrho(x,t,u)-1\right)du\,.$$

Ferner ist

$$\left| M \int_t^s a\big(u, \eta_{x,t}(u)\big)\, du\, \big(\varrho(x, t, s) - 1\big) \right|$$

$$\leqq \left\{ M \left[\int_t^s a\big(u, \eta_{x,t}(u)\big)\, du \right]^2 \right\}^{1/2} \left(M\, |\varrho(x, t, s) - 1|^2\right)^{1/2} = O(s - t)^{3/2}$$

und

$$\left| M \int_t^s \sigma\big(u, \eta_{x,t}(u)\big)\, \alpha\big((u, \eta_{x,t}(u)\big)\, \big(\varrho(x, t, u) - 1\big)\, du \right|$$

$$\leqq \left(\int_t^s M\, \sigma^4\big(u, \eta_{x,t}(u)\big)\, du \right)^{1/4} \left(\int_t^s M\, \big(\varrho(x, t, u) - 1\big)^2\, du \right)^{1/2}$$

$$\times \left(\int_t^s M\, \alpha^4\big(u, \eta_{x,t}(u)\big)\, du \right)^{1/4} = O(s - t)^{1/4 + 1 + 1/4}\,.$$

Somit erhalten wir

$$M^* \big(\eta_{x,t}(s) - x\big) = M \int_t^s a^*\big(u, \eta_{x,t}(u)\big)\, du + o\,(s - t)\,.$$

Wie auch in Satz 2 aus § 10 erhalten wir aus dieser Beziehung die Gleichung (6). Der Satz ist damit bewiesen.

Lemma 3. *Wir setzen* $w^*(t) = w(t) + \int_0^t \alpha\big(s, \eta(s)\big)\, ds$. *Dann ist unter den Bedingungen des Satzes* 1 *der Prozeß* $\{w^*(t), P^*\}$ *ein* WIENER*prozeß.*

Beweis. Da der Prozeß $w^*(t)$ mit Wahrscheinlichkeit 1 stetig ist, braucht man infolge des Satzes aus § 1 nur zu zeigen, daß

$$M^* \left[w^*(t + h) - w^*(t)/\mathfrak{F}_t\right] = 0\,, \qquad M^* \left[\big(w^*(t + h) - w^*(t)\big)^2/\mathfrak{F}_t\right] = h \quad (7)$$

ist. Es ist aber

$$M^* \left[w^*(t + h) - w^*(t)/\mathfrak{F}_t\right] = M \Bigg[\big(w(t + h) - w(t)\big)\, \varrho\big(\eta(t), t, t + h\big)$$

$$- \int_t^{t+h} \alpha\big((s, \eta(s)\big)\, ds\, \varrho\, \big(\eta(t), t, t + h\big)/\mathfrak{F}_t \Bigg]$$

$$= M \Bigg[\int_t^{t+h} dw(s) \int_t^{t+h} \varrho\big(\eta(t), t, s\big)\, \alpha\big(s, \eta(s)\big)\, dw(s)$$

$$- \int_t^{t+h} \alpha\big(s, \eta(s)\big)\, \varrho\big(\eta(t), t, t + h\big) ds/\mathfrak{F}_t \Bigg]$$

$$= M \Bigg[\int_t^{t+h} \alpha\big(s, \eta(s)\big)\, \varrho\big(\eta(t), t, s\big)\, ds$$

$$- \int_t^{t+h} \alpha\big(s, \eta(s)\big)\, \varrho\big(\eta(t), t, s\big)\, \varrho\big(\eta(s), s, t + h\big)\, ds/\mathfrak{F}_t \Bigg]$$

$$= M \Bigg[\int_t^{t+h} \alpha\big(s, \eta(s)\big)\, \varrho\big(\eta(t), t, s\big)\, M\left[1 - \varrho\, \big(\eta(s), s, t + h\big)/\mathfrak{F}_s\right] ds/\mathfrak{F}_t \Bigg] = 0\,.$$

Ferner haben wir

$$M^* \left[(w^*(t+h) - w^*(t))^2/\mathfrak{F}_t\right] = M^* \left(\sum_{k=1}^{n} [w^*(t_k) - w^*(t_{k-1})]^2/\mathfrak{F}_t\right),$$

wobei $t = t_0 < \cdots < t_n = t + h$ ist. Wir gelangen also zu der Beziehung

$$M^* \left[(w^*(t+h) - w^*(t))^2/\mathfrak{F}_t\right] = M \left(\sum_{k=1}^{n} (w(t_k) - w(t_{k=1}))^2 \varrho(\eta(t), t, t+h)/\mathfrak{F}_t\right) + 2\, M \left(\sum_{k=1}^{n} (w(t_k) - w(t_{k-1} \int_{t_{k-1}}^{t_k} \alpha(u, \eta(u))\, du\, \varrho(\eta(t), t, t+h)/\mathfrak{F}_t\right) + M\left(\sum_{k=1}^{n} \left(\int_{t_{k-1}}^{t_k} \alpha((u, \eta(u))\, du\right)^2 \varrho(\eta(t), t, t+h)/\mathfrak{F}_t)\right).$$

Wegen

$$\left| M\left(\sum_{k=1}^{n} (w(t_k) - w(t_{k-1})) \int_{t_{k-1}}^{t_k} \alpha(u, \eta(u))\, du\, \varrho(\eta(t), t, t++h)/\mathfrak{F}_t\right)\right| \leqq \left[M\left(\sum_{k=1}^{n} (w(t_k) - w(t_{k-1}))^2 \varrho(\eta(t), t, t+h)/\mathfrak{F}_t\right)\right]^{1/2} \times \left[M\left(\sum_{k=1}^{n} \left[\int_{t_{k-1}}^{t_k} \alpha(u, \eta(u))\, du\right]^2 \varrho(\eta(t), t, t+h)/\mathfrak{F}\right)\right]^{1/2}$$

braucht man für den Beweis der zweiten Formel aus (7) nur zu zeigen, daß

$$\lim_{\lambda\to 0} M\left(\sum_{k=1}^{n} M\,(w(t_k) - w(t_{k-1}))^2 \varrho(\eta(t), t, h+t)/\mathfrak{F}_t\right) = h\,, \tag{8}$$

$$\lim_{\lambda\to 0} M\left(\sum_{k-1}^{n} \left(\int_{t_{k-1}}^{t_k} \alpha(u, \eta(u)\, du\right)^2 \varrho(\eta(t), t, t+h)/\mathfrak{F}_t\right) = 0\,, \tag{9}$$

$$\lambda = \max_k (t_k - t_{k-1})$$

gilt. Es ist aber

$$\left| M\left(\left[\sum_{k=1}^{n} (w(t_k) - w(t_{k-1}))^2 - h\right) \varrho(\eta(t), t, t+h)/\mathfrak{F}_t\right)\right| \leqq \left[M\left(\left[\sum_{k=1}^{n} (w(t_k) - w(t_{k-1}))^2 - h\right]^2 \Big/ \mathfrak{F}_t\right)\right]^{1/2} [M[\varrho^2(\eta(t), t, t+h)/\mathfrak{F}_t)]^{1/2} \to 0\,,$$

sofern h so klein ist, daß $M\left[\varrho^2(\eta(t), t, t+h)/\mathfrak{F}_t\right] = C(\eta(t))$ ist. Benutzt man die Beziehung $\alpha^4 \leqq \frac{2}{\delta^2} e^{\delta\alpha^2}$, so gelangt man auch zu der Gleichung (9). Das Lemma ist damit bewiesen.

Satz 3. *Es seien* $\xi_1(t)$ *und* $\xi_2(t)$ *Lösungen der stochastischen Differentialgleichungen*

$$d\xi_i(t) = a^{(i)}(t, \xi_i(t))\, dt + \sigma(t, \xi_i(t))\, dw(t)$$

auf dem Intervall $[0, T]$ *mit gleichen Anfangsbedingungen* $\xi_i(0) = \xi_0$ *und* μ_i *die Maße, die diesen Prozessen auf* $\mathfrak{F}_{[0,T]}$ *entsprechen. Wenn die Koeffizienten* $a^{(1)}(t, x)$, $a^{(2)}(t, x)$, $\sigma(t, x)$ *so beschaffen sind, daß die Bedingungen des Existenz- und Eindeutigkeitssatzes erfüllt sind, und für die Funktion*

$$\alpha(t, x) = \frac{a^{(2)}(t, x) - a^{(1)}(t, x)}{\sigma(t, x)}$$

ein $\delta > 0$ *existiert, für das* $\sup_t \boldsymbol{M} \exp \{\delta\alpha^2(t, \xi_1(t))\} < \infty$ *ist, dann ist das Maß* μ_2 *in bezug auf das Maß* μ_1 *absolut stetig, wobei*

$$\frac{d\mu_2}{d\mu_1}(\xi_1(\cdot)) = \exp\left\{\int_0^T \alpha(s, \xi_1(s))\, dw(s) - \frac{1}{2}\int_0^T \alpha^2(s, \xi_1(s))\, ds\right\} \tag{10}$$

ist.

Beweis. Wegen Lemma 3 ist der Prozeß $\{w^*(t), \boldsymbol{P}^*\}$ mit

$$w^*(t) = w(t) + \int_0^t \alpha(u, \xi_1(u))\, du$$

ein WIENERprozeß. Da $\xi_1(t)$ eine Lösung der Gleichung

$$d\xi_1(t) = a^{(2)}(t, \xi_1(t))\, dt + \sigma(t, \xi_1(t))\, dw^*(t)$$

ist, hat der Prozeß $\{\xi_1(t), \boldsymbol{P}^*\}$ die gleichen Verteilungen wie der Prozeß $\{\xi_2(t), \boldsymbol{P}\}$. Deshalb entspricht auf $\mathfrak{F}_{(0,T)}$ den Prozessen $\{\xi_1(t), \boldsymbol{P}^*\}$ und $\{\xi_2(t), \boldsymbol{P}\}$ ein und dasselbe Maß μ_2. Da die Maße μ_1 und μ_2 Prozessen entsprechen, bei denen man einen aus dem anderen durch eine absolut stetige Transformation des Maßes auf dem Wahrscheinlichkeitsraum erhalten kann, ist

$$\frac{d\mu_2}{d\mu_1}(\xi_1(\cdot)) = \frac{dP^*}{dP}(\omega) .$$

Der Satz ist damit bewiesen.

§ 13. Formeln für die Dichte der Übergangswahrscheinlichkeit

Wir benutzen die Ergebnisse des vorigen Paragraphen für den Existenzbeweis und die Herleitung von Formeln für die Dichte der Übergangswahrscheinlichkeit eines Diffusionsprozesses. Wir setzen zunächst voraus, daß der Diffusionsprozeß einen Übertragungskoeffizienten $a(t, x)$ hat und der Diffusionskoeffizient gleich Eins ist. Wie aus dem Satz 3 von § 10 folgt, genügt ein derartiger Prozeß $\xi(t)$ der stochastischen Differentialgleichung

$$d\xi(t) = a(t, \xi(t))\, dt + dw(t) ; \tag{1}$$

$a(t, x)$ sei stetig und genüge den Bedingungen des Existenz- und Eindeutigkeitssatzes. Für $s > t$ bezeichnen wir mit $\xi_{x,t}(s)$ die Lösung der Gleichung (1) mit der Anfangsbedingung $\xi_{x,t}(t) = x$. Infolge Satz 1 aus § 10 ist die Übergangswahrscheinlichkeit für den Prozeß $\xi(t)$ mit der Funktion

$$P(t, x, s, A) = \mathbf{P}\,\{\xi_{x,t}(s) \in A\}$$

verknüpft. Es sei $\bar{\xi}_{x,t}(s) = x + w(s) - w(t)$. Dieser Prozeß ist für $s > t$ eine Lösung der Gleichung $d\bar{\xi}_{x,t}(s) = dw(s)$ mit der Anfangsbedingung $\bar{\xi}_{x,t}(t) = x$. Auf Grund des Satzes 3 aus § 12 schließen wir, daß

$$P(t, x, s, A) = \mathbf{M}\,\chi_A(\bar{\xi}_{x,t}(s)) \exp\left\{\int_t^s a(u, \bar{\xi}_{x,t}(u))\, dw(u) - \frac{1}{2}\int_t^s a^2(u, \bar{\xi}_{x,t}(u))\, du\right\}$$

ist (wegen $|a(s, x)|^2 \leqq K\,(1 + x^2)$ gilt

$$\mathbf{M} \exp\{\delta\, |a(s, \bar{\xi}_{x,t}(s))|^2\} = O\left(\mathbf{M} \exp\{\delta\, K\, |w(s) - w(t)|^2\}\right) < \infty\,,$$

sofern $2\,K\,\delta\,(s - t) < 1$ ist). Setzen wir

$$\Phi(t, s, x, \bar{\xi}_{x,t}(s)) = \mathbf{M}\left(\exp\left\{\int_t^s a(u, \bar{\xi}_{x,t}(u))\, dw(u) - \frac{1}{2}\int_t^s a^2(u, \bar{\xi}_{x,t}(u))\, du\right\}\Big/ \bar{\xi}_{x,t}(s)\right),$$

dann erhalten wir

$$P(t, x, s, A) = \mathbf{M}\,\chi_A(\bar{\xi}_{x,t}(s))\; \Phi(t, s, x, \bar{\xi}_{x,t}(s)) =$$

$$= \int \chi_A(y)\, \Phi(t, s, x, y)\, \mathbf{P}\,\{\bar{\xi}_{x,t}(s) \in dy\} = \int_A \frac{1}{\sqrt{2\pi(s-t)}}\, \Phi(t, s, x, y)\, e^{-\frac{(y-x)^2}{2(s-t)}}\, dy\,.$$

Der letzte Ausdruck zeigt, daß für die Übergangswahrscheinlichkeit die Dichte $p(t, x, s, y)$ existiert, d. h., man kann die Funktion $P(t, x, s, A)$ in der Form $P(t, x, s, A) = \int_A p(t, x, s, y)\, dy$ darstellen, wobei

$$p(t, x, s, y) = \frac{1}{\sqrt{2\pi(s-t)}} \exp\left\{-\frac{(y-x)^2}{2(s-t)}\right\} \Phi(t, s, x, y) \tag{2}$$

ist. Die Funktion $\Phi(t, s, x, y)$ wird durch einen bedingten Erwartungswert ausgedrückt. Hierbei treten gewisse Schwierigkeiten auf.

Nehmen wir zusätzlich an, daß der Koeffizient $a(t, x)$ glatt ist, so finden wir für die Funktion $\Phi(t, s, x, y)$ einen Ausdruck in Form eines unbedingten Erwartungswertes. Dazu beweisen wir einige Hilfssätze.

Lemma 1. *Ist $w(t)$ ein* Wiener*prozeß, dann ist der für $u \in [t, s]$ definierte zufällige Prozeß*

$$\eta(u) = w(u) - w(t) - \frac{u-t}{s-t}[w(s) - w(t)]$$

von $w(t)$ und $w(s)$ unabhängig.

Beweis. Da der WIENERprozeß unabhängige Zuwächse besitzt, folgt, daß $w(s) - w(t)$ und $\eta(u)$ von $w(t)$ unabhängig sind. Da ferner $w(s), \eta(u_1), \ldots, \eta(u_k)$, $u_1, \ldots, u_k \in [t, s]$, eine gemeinsame GAUSSverteilung haben und $\boldsymbol{M}\, w(s) = \boldsymbol{M}\, \eta(u) = 0$ ist, braucht man nur zu zeigen, daß $w(s)$ mit $\eta(u)$ nichtkorreliert ist, d. h., daß $\boldsymbol{M}\, w(s)\, \eta(u) = 0$ ist für $u \in [t, s]$. Es ist aber

$$\begin{aligned}\boldsymbol{M}\, w(s)\, \eta(u) &= \boldsymbol{M}\, w(s)\, [w(u) - w(t)] - \frac{u-t}{s-t} \boldsymbol{M}\, w(s)\, [w(s) - w(t)] \\ &= \boldsymbol{M}\, [w(s) - w(u)]\, [w(u) - w(t)] + \boldsymbol{M}\, [w(u) - w(t)]^2 \\ &\quad + \boldsymbol{M}\, w(t)\, [w(u) - w(t)] - \frac{u-t}{s-t} \boldsymbol{M}\, [w(s) - w(t)]^2 \\ &\quad - \frac{u-t}{s-t} \boldsymbol{M}\, w(t)\, [w(s) - w(t)] = u - t - \frac{u-t}{s-t}(s-t) = 0\end{aligned}$$

(wir haben wiederum die Unabhängigkeit der Zuwächse von $w(u)$ benutzt). Damit ist das Lemma bewiesen.

Lemma 2. *Die Zufallsgröße ζ habe die Gestalt*

$$\zeta = g\left(\int_t^s K\big(u, w(t), w(s), \eta\big)(u)\, \mathrm{d}u\right),$$

wobei $g(x)$ stetig, $K(u, x, y, z)$ eine über ihre Variablen integrierbare Funktion und $\eta(u)$ der in Lemma 1 definierte Prozeß ist. Dann gilt

$$\boldsymbol{M}\, \big(\zeta / w(t), w(s)\big) = r\big(w(t), w(s)\big)\,, \tag{3}$$

wobei $r(x, y) = \boldsymbol{M}\, g\left(\int_t^s K\big(u, x, y, \eta(u)\big)\, \mathrm{d}u\right)$ *ist.*

Beweis. Um sich von der Richtigkeit der Formel (3) zu überzeugen, genügt zu zeigen, daß für jede meßbare Funktion $\lambda(x, y)$ die Gleichung

$$\boldsymbol{M}\, \zeta\, \lambda\big(w(t), w(s)\big) = \boldsymbol{M}\, r\big(w(t), w(s)\big)\, \lambda\big(w(t), w(s)\big) \tag{4}$$

gilt. Wir betrachten die Zufallsgröße $\zeta_n = \psi\big(w(t), w(s), \eta(u_1), \ldots, \eta(u_n)\big)$, wobei $\psi(x, y, z_1, \ldots, z_n)$ eine meßbare beschränkte Funktion ist und $r_n(x, y) = \boldsymbol{M}\, \psi\big(x, y, \eta(u_1), \ldots, \eta(u_n)\big)$ gilt. Dann ist

$$\begin{aligned}\boldsymbol{M}\, \zeta_n\, \lambda\big(w(t), w(s)\big) &= \boldsymbol{M}\, \psi\big(w(t), w(s)\big), \big(\eta(u_1), \ldots, \eta(u_n)\big)\, \lambda\big(w(t), w(s)\big) \\ &= \int \psi(x, y, z_1, \ldots, z_n)\, \lambda(x, y)\, g_n(\mathrm{d}z_1, \ldots, \mathrm{d}z)\, \boldsymbol{P}(\mathrm{d}x, \mathrm{d}y) \\ &= \int \lambda(x, y)\, \left[\int \psi(x, y, z_1, \ldots, z_n)\, g_n(\mathrm{d}z_1, \ldots, \mathrm{d}_n)\right] \boldsymbol{P}(\mathrm{d}x, \mathrm{d}y)\,,\end{aligned}$$

wobei $g_n(\mathrm{d}z_1, \ldots, \mathrm{d}z_n)$ die gemeinsame Verteilung von $\eta(u_1), \ldots, \eta(u_n)$ und $P(\mathrm{d}x, \mathrm{d}y)$ die gemeinsame Verteilung von $w(t), w(s)$ ist. Wegen

$$r_n(x, y) = \int \psi(x, y, z_1, \ldots, z_n)\, g_n(\mathrm{d}z_1, \ldots, \mathrm{d}z_n)$$

gilt

$$\begin{aligned}\boldsymbol{M}\, \zeta_n\, \lambda\big(w(t), w(s)\big) &= \int \lambda(x, y)\, r_n(x, y)\, P(\mathrm{d}x, \mathrm{d}y) \\ &= \boldsymbol{M}\, r_n\big(w(t), w(s)\big)\, \lambda\big(w(t), w(s)\big)\,.\end{aligned}$$

Folglich gilt dann die Gleichung (4), wenn man in ihr ζ durch ζ_n und r durch r_n ersetzt. Es sei nun bemerkt, daß man die Folge ζ_n so wählen kann, daß sie in Wahrscheinlichkeit gegen ζ konvergiert, daß $r_n \to r$ strebt und in (4) der Grenzübergang unter dem Erwartungswertzeichen möglich wird. Damit ist das Lemma bewiesen.

Den Ausdruck

$$\exp\left\{\int_t^s a\left(u, \bar{\xi}_{x,t}(u)\right) \mathrm{d}w(u) - \frac{1}{2}\int_t^s a^2\left(u, \bar{\xi}_{x,t}(u)\right) \mathrm{d}u\right\} \tag{5}$$

formen wir so um, daß man das Lemma 2 anwenden kann. Wir nehmen an, daß $a(u, x)$ nach u und x differenzierbar ist. Setzen wir

$$A(u, x) = \int_0^x a(x, y)\,\mathrm{d}y\,,$$

dann erhalten wir wegen der Itô-Formel

$$A\left(s, \bar{\xi}_{x,t}(s)\right) - A\left(t, \xi_{x,t}(t)\right) = \int_t^s \frac{\partial A}{\partial x}\left(u\,\bar{\xi}_{x,t}(u)\right) \mathrm{d}w(u)$$

$$+ \int_t^s \left[\frac{\partial A}{\partial u}\left(u, \bar{\xi}_{x,t}(u)\right) + \frac{1}{2}\cdot\frac{\delta^2 A}{\partial x^2}\left(u, \bar{\xi}_{x,t}(u)\right)\right] \mathrm{d}u$$

$\left(\mathrm{d}\bar{\xi}_{x,t}(u) = \mathrm{d}w(u)\right)$. Wegen $\frac{\partial A}{\partial x} = a(u, x)$, $\bar{\xi}_{x,t}(t) = x$ ist

$$\int_t^s a\left(u, \bar{\xi}_{x,t}(u)\right) \mathrm{d}w(u) = A\left(s, \bar{\xi}_{x,t}(s)\right) - A(t, x)$$

$$- \int_t^s \left[\frac{\partial A}{\partial u}\left(u, \bar{\xi}_{x,t}(u)\right) + \frac{1}{2}\cdot\frac{\partial a}{\partial x}\left(u, \bar{\xi}_{x,t}(u)\right)\right] \mathrm{d}u\,.$$

Somit läßt sich der Ausdruck (5) in die Form

$$\exp\left\{A\left(s, \bar{\xi}_{x,t}(s)\right) - A(t, x) + \int_t^s B\left(u, \bar{\xi}_{x,t}(u)\right) \mathrm{d}u\right\} \tag{6}$$

überführen, wobei

$$B(u, x) = -\frac{1}{2}a^2(u, x) - \frac{1}{2}a_x(u, x) - \int_0^x a_u(u, y)\,\mathrm{d}y$$

ist. Ferner haben wir

$$\bar{\xi}_{x,t}(u) = x + w(u) - w(t) = x + \eta(u) + \frac{u-t}{s-t}[w(s) - w(t)]\,.$$

Setzen wir diesen Ausdruck in (6) ein, so erhalten wir

$$\exp\left\{A\left(s, x + w(s) - w(t)\right) - A(t, x) + \int_t^s B\left(u, x + \eta(u) + \frac{u-t}{s-t}[w(s) - w(t)]\right) du\right\},$$

woraus auf Grund von Lemma 2

$$\Phi\left(t, s, x, \bar{\xi}_{x,t}(s)\right) = M\left(\exp\left\{A\left(s, x + w(s) - w(t)\right) - A(t, x) + \int_t^s B\left(u, x + \eta(u) + \frac{u-t}{s-t}[w(s) - w(t)]\, du\right\}\Big/ \bar{\xi}_{x,t}(s)\right)$$

$$= \exp\{A(s, \bar{\xi}_{x,t}(s)) - A(t, x)\}\, M\left(\exp\left\{\int_t^s B\left(u, x + \eta(u) + \frac{u-t}{s-t}[\bar{\xi}_{x,t}(s) - x]\right) du\right\}\Big/\bar{\xi}_{x,t}(s)\right) = \exp\left\{A\left(s, \bar{\xi}_{x,t}(s)\right) - A\, t\left(t, x\right)\right\} G(\bar{\xi}_{x,t}(s))$$

folgt, wobei

$$G(y) = M \exp\left\{\int_t^s B\left(u, x + \eta(u) + \frac{u-t}{s-t}(y - x)\right) du\right\}$$

ist. Wenn wir den Wert $\Phi(t, s, x, y)$ in (2) einsetzen, dann erhalten wir folgende Formel für die Dichte der Übergangswahrscheinlichkeit:

$$p(t, x, s, y) = \frac{1}{\sqrt{2\pi(s-t)}} \exp\left\{-\frac{(y-x)^2}{2(s-t)} + A(s, y) - A(t, x)\right\} \times M \exp\left\{\int_t^s B\left(u, x + \eta(u) + \frac{u-t}{s-t}(y - x)\right) du\right\}.$$

Die Schwierigkeit bei dieser Formel besteht darin, daß $\eta(u)$ von t und s abhängt. Wir führen folgende Substitution durch: $\frac{u-t}{s-t} = v,\ u = t + (s-t)\, v,\ 0 \leqq v \leqq 1$, $\eta\left(t + (s-t)\, v\right) = w\left(t + (s-t)\, v\right) - w(t) - v\,[w(s) - w(t)]$. Der Prozeß $w^*(v) = \frac{w(t + (s-t)\, v) - w(t)}{\sqrt{s-t}}$ ist ebenfalls ein WIENERprozeß. Setzen wir $\eta^*(u) = w^*(u) - u\, w^*(1)$ für $0 \leq u \leq 1$, dann haben wir folgende (schon endgültige) Formel für die Dichte der Übergangswahrscheinlichkeit:

$$p(t, x, s, y) = \frac{1}{\sqrt{2\pi(s-t)}} \exp\left\{-\frac{(y-x)^2}{2(s-t)} + A(s, y) - A(t, x)\right\}$$
$$\times M \exp\left\{(s-t)\int_0^1 B\left(t + u\,(s-t), x + \sqrt{s-t}\,\eta^*(u) + u\,(y-x)\right) du\right\}. \quad (7)$$

Wir suchen nun Bedingungen, die die Endlichkeit des Erwartungswertes auf der rechten Seite der Formel (7) gewährleisten.

Lemma 3. *Für die meßbare Funktion $C(u, x)$ existiere $\delta < 2$ und $K > 0$ derart, daß $C(u, x) < K + \delta x^2$ ist. Dann ist*

$$\boldsymbol{M} \exp \left\{ \int_0^1 C(u, \eta^*(u))\, du \right\} < \infty .$$

Für den Beweis braucht man nur zu zeigen, daß

$$\boldsymbol{M} \exp \left\{ \delta \int_0^1 [\eta^*(u)]^2\, du \right\} < \infty$$

ist; aber nach dem Satz von Jensen ist

$$\exp \left\{ \delta \int_0^1 [\eta^*(u)]^2\, du \right\} \leqq \int_0^1 e^{\delta[\eta^*(u)]^2}\, du ,$$

und $\eta^*(u)$ besitzt eine Normalverteilung mit der Dispersion $u(1 - u)$ und dem Mittelwert Null, so daß

$$\boldsymbol{M}\, e^{\delta[\eta^*(u)]^2} \leqq \boldsymbol{M}\, e^{\delta u(1-u)\xi^2} \leqq \boldsymbol{M}\, e^{\frac{\delta}{4}\xi^2}$$

ist, wobei ξ normal verteilt, $\boldsymbol{M}\xi = 0$ und $\boldsymbol{D}\xi = 1$ ist. Folglich haben wir

$$\boldsymbol{M}\, e^{\frac{\delta}{4}\xi^2} = \frac{1}{\sqrt{2\pi}} \int_{-\infty}^{\infty} e^{\left(\frac{\delta}{4} - \frac{1}{2}\right)x^2}\, dx = \sqrt{\frac{2}{2 - \delta}} .$$

Schließlich erhalten wir

$$\boldsymbol{M} \exp \left\{ \delta \int_0^1 [\eta^*(u)]^2\, du \right\} \leqq \sqrt{\frac{2}{2 - \delta}} .$$

Das Lemma ist bewiesen.

Satz 1. *Für die Diffusionskoeffizienten $a(t, x)$ und $\sigma(t, x)$ des Diffusionsprozesses $\xi(t)$ mögen die Ableitungen $a'_x(t, x)$, $a'_t(t, x)$ existieren, es sei $b(t, x) = 1$, und die Funktion*

$$B(t, x) = -\frac{1}{2} a^2(t, x) - \frac{1}{2} a'_x(t, x) - \int_0^x a'_t(t, x)\, dy$$

genüge der Beziehung

$$\overline{\lim_{|x| \to \infty}} \frac{\sup\limits_{0 \leqq t \leqq T} B(t, x)}{1 + x^2} = 0 .$$

Dann ist für alle $0 \leqq t < s \leqq T$ die Dichte der Übergangswahrscheinlichkeit für den Diffusionsprozeß durch die Formel (7) gegeben.

Bemerkung 1. Wird anstelle der $B(t, x)$ auferlegten Bedingungen gefordert, daß ein K existiert, für das $B(t, x) \leq K(1 + x^2)$ ist, dann gilt die Formel (7), falls $K(s - t)^2 < 1$ ist.

Satz 2. *Es sei $\xi(t)$ ein Diffusionsprozeß auf $[0, T]$ mit den Diffusionskoeffizienten $a(t, x)$ und $\sigma^2(t, x) > 0$, die folgenden Bedingungen genügen sollen: 1. Es existieren die beschränkten Ableitungen $a_x'(t, x)$ und $\sigma_x'(t, x)$; es existieren die Ableitungen σ_{xx}'', σ_{xt}'', σ_{tt}'', a_t'; 2. $g(t, x)$ läßt sich aus der Gleichung $x = \int_0^{g(t,x)} \frac{dy}{\sigma(t, y)}$ bestimmen; es ist*

$$\bar{a}(t, x) = \int_0^{g(t, x)} \frac{\sigma_t'(t, y)}{\sigma^2(t, y)} dy + \frac{a(t, g(t, x))}{\sigma(t, g(t, x))} - \frac{1}{2} \sigma_x'(t, g(t, x)),$$

$$\bar{B}(t,x) = -\frac{1}{2} \bar{a}^2(t, x) - \frac{1}{2} \bar{a}_x'(t, x) - \int_0^x \bar{a}_t'(t, y)\, dy,$$

und die Funktion $\bar{B}(t, x)$ genügt der Beziehung

$$\overline{\lim_{|x| \to \infty}} \frac{1}{1 + x^2} \sup_{0 \leq t \leq T} \bar{B}(t, x) \leq 0.$$

Unter diesen Voraussetzungen existiert die Dichte der Übergangswahrscheinlichkeit des Prozesses und ist durch die Formel

$$p(t, x, s, y) = \frac{1}{\sqrt{2\pi(s - t)}\, \sigma(s, y)} \exp\left\{-\frac{(f(s, y) - f(t, x))^2}{2(s - t)} + \bar{A}(s, f(s, y)) - \bar{A}(t, f(t, x))\right\} M \exp\left\{(s - t) \int_0^1 \bar{B}\left(t + u(s - t)\right), f(t, x) + \sqrt{s - t}\,\eta^*(u) + u\,[f(s, y) - f(t, x)]\right) du\right\} \quad (8)$$

definiert, wobei $\bar{A}(s, x) = \int_0^x \bar{a}(s, y)\, dy$ und $f(t, x) = \int_0^x \frac{dy}{\sigma(t, y)}$ ist.

Beweis. Wir führen den Diffusionsprozeß $\eta(t) = f(t, \xi(t))$ mit den Diffusionskoeffizienten $\bar{b}(t, x) = 1$ und $\bar{a}(t, x)$ ein, die wie in Bedingung 2 des Satzes definiert sind. Die Dichte der Übergangswahrscheinlichkeit $\bar{p}(t, x, s, y)$ für den Prozeß $\eta(t)$ ist durch die Formel (7) gegeben, wenn man in ihr anstelle von $A(t, x)$ und $B(t, x)$ die Funktionen $\bar{A}(t, x)$ und $\bar{B}(t, x)$ setzt. Es sei nur noch bemerkt, daß

$$p(t, x, s, y) = \bar{p}((t, f(t, x), s, f(s, y))\, f_y'(s, y) = \frac{1}{\sigma(s, y)} \bar{p}(t, f(t, x), s, f(s, y))$$

ist. Der Satz ist bewiesen.

Die Formel (8) läßt sich beträchtlich vereinfachen, wenn die Diffusionskoeffizienten von der Zeit unabhängig sind, d. h., wenn $a(t, x) = a(x)$ und $b(t, x) = \sigma^2(x) = b(x)$ gilt. In diesem Fall ist $\bar{a}(x) = \frac{a(g(x))}{\sigma(g(x))} - \frac{1}{2}\sigma'(g(x))$, wobei $g(x)$ eine Lösung der Gleichung $x = \int\limits_0^{g(x)} \frac{dy}{\sigma(y)}$ und

$$f(x) = \int\limits_0^x \frac{dy}{\sigma(y)} \quad (f(g(x)) = x)\,,$$

$$\bar{A}(f(x)) = \int\limits_0^{f(x)} \left[\frac{a(g(y))}{\sigma(g(y))} - \frac{1}{2}\sigma'(g(y))\right] dy$$

sind. Indem wir in diesem Integral die Substitution der Integrationsvariablen $g(y) = z$ vornehmen, erhalten wir

$$\bar{A}(f(x)) = \int\limits_0^x \left(\frac{a(z)}{\sigma(z)} - \frac{1}{2}\sigma'(z)\right)\frac{dz}{\sigma(z)} = \int\limits_0^x \frac{a(z)}{b(z)}\, dz - \frac{1}{2}\ln\frac{\sigma(x)}{\sigma(0)}\,.$$

Setzen wir dann $\bar{B}(x) = -\frac{1}{2}\bar{a}^2(x) - \frac{1}{2}\bar{a}'_x(x)$, so finden wir

$$p(t, x, s, y) = \frac{1}{\sqrt{2\pi(s-t)\,b(y)}}\left(\frac{b(x)}{b(y)}\right)^{1/4} \exp\left\{-\frac{1}{2(s-t)}\left(\int\limits_x^y \frac{dz}{\sqrt{b(z)}}\right)^2 + \int\limits_x^y \frac{a(z)}{b(z)}\, dz\right\} M \exp\left\{(s-t)\int\limits_0^1 \bar{B}(f(x) + \sqrt{s-t}\,\eta^*(u) + u\,[f(y) - f(x)])\, du\right\}. \tag{9}$$

Wir betrachten nun die Frage der Existenz der Ableitungen für die durch die Formel (8) gegebene Dichte der Übergangswahrscheinlichkeit. Dazu untersuchen wir, ob die Differentiation unter dem Erwartungswertzeichen in der Formel (8) möglich ist.

Lemma 4. *Die Funktion $c(\alpha, t, x)$ genüge folgenden Bedingungen:*

1. $\lim\limits_{|x|\to\infty} \sup\limits_{\substack{0\le t\le T\\ a\le\alpha\le b}} \frac{c(\alpha, t, x)}{1 + x^2} \le 0\,.$

2. *Es existiert $c'_\alpha(\alpha, t, x)$, und für alle $\delta > 0$ ist*

$$\lim_{|x|\to\infty} \sup_{\substack{0\le t\le T\\ x\in[a,b]}} |c'_\alpha(\alpha, t, x)|\, e^{-\delta x^2} = 0\,.$$

Dann ist die Funktion

$$\psi(\alpha) = \boldsymbol{M} \exp \left\{ \int_0^1 c(\alpha, u, \eta^*(u))\, du \right\}$$

für $\alpha \in [a, b]$ *nach* α *differenzierbar; sind außerdem* $c(\alpha, t, x)$ *und* $c'_\alpha(\alpha, t, x)$ *stetig in* α, *dann ist* $\psi'(\alpha)$ *eine stetige Funktion.*

Beweis. Die formale Ableitung nach α hat die Form

$$\boldsymbol{M} \exp \left\{ \int_0^1 c(\alpha, u, \eta^*(u))\, du \right\} \int_0^1 c'_\alpha(\alpha, u, \eta^*(u))\, du\,.$$

Der angegebene Erwartungswert konvergiert bezüglich α gleichmäßig, da

$$\exp \left\{ \int_0^1 c(\alpha, u, \eta^*(u))\, du \right\} \leqq K_1 \int_0^1 e^{\delta[\eta^*(u)]^2}\, du\,,$$

$$\left| \int_0^1 c'_\alpha(\alpha, u, \eta^*(u))\, du \right| \leqq K_2 \int_0^1 e^{\delta[\eta^*(u)]^2}\, du$$

ist, und folglich ist der Ausdruck unter dem Erwartungswertzeichen durch eine Größe beschränkt, die (für ein hinreichend kleines δ) einen endlichen Erwartungswert besitzt. Hieraus folgt auch, daß man den Erwartungswert nach dem Parameter differenzieren kann. Wenn die Funktion unter dem Erwartungswertzeichen stetig von α abhängt, dann folgt aus der gleichmäßigen Konvergenz die Stetigkeit des Erwartungswertes als Funktion des Parameters. Das Lemma ist damit bewiesen.

Wenden wir dieses Lemma auf die Dichte der Übergangswahrscheinlichkeit in der Form (8) an, dann können wir folgenden Satz formulieren.

Satz 3. *Die Bedingungen des Satzes* 2 *seien erfüllt, die Funktionen* $a(t, x)$ *und* $\sigma(t, x)$ *mögen stetige Ableitungen bis einschließlich dritter Ordnung haben, und für jedes* $\delta > 0$ *sei*

$$\lim_{|x|\to\infty} \sup_{0\leqq t\leqq T} \left\{ \left|\frac{\partial \bar{B}}{\partial t}(t, x)\right| + \left|\frac{\partial \bar{B}}{\partial x}(t, x)\right| + \left|\frac{\partial^2 B}{\partial x^2}(t, x)\right| \right\} e^{-\delta x^2} = 0\,.$$

Dann existieren im Fall $t < s$ *für die Dichte der Übergangswahrscheinlichkeit die stetigen partiellen Ableitungen*

$$\frac{\partial p(t, x, s, y)}{\partial t}, \quad \frac{\partial p(t, x, s, y)}{\partial s}, \quad \frac{\partial p(t, x, s, y)}{\partial x}, \quad \frac{\partial p(t, x, s, y)}{\partial y}, \quad \frac{\partial^2 p(t, x, s, y)}{\partial x^2}, \quad \frac{\partial^2 p(t, x, s, y)}{\partial y^2}\,.$$

Bemerkung 2. Wir betrachten die Frage, ob die Dichte der Übergangswahrscheinlichkeit beschränkt ist. Aus der Formel (7) folgt, daß $p(t, x, s, y)$ im Fall $\sigma(t, x) = 1$ und für $s - t > \delta$ beschränkt ist, wenn folgende Bedingungen erfüllt sind:

1. $\frac{\partial}{\partial s} \int_0^x a(s, y)\, dy = \frac{\partial}{\partial s} A(s, y)$ ist eine beschränkte Funktion.

2. $\lim\limits_{|y-x|\to\infty} \frac{A(s, y) - A(s, x)}{1 + (y - x)^2} = 0$.

3. $B(s, x)$ ist eine beschränkte Funktion.

Wenn anstelle der Bedingung 3 gefordert wird, daß $\lim\limits_{|x|\to\infty} \sup\limits_{0\leq s\leq t} \frac{B(s, x)}{1 + x^2} = 0$ ist, dann ist $p(t, x, s, y)$ in y beschränkt für x aus einem beliebigen endlichen Intervall und $s - t > \delta$. Außerdem ist $p(t, x, s, y)$ in x beschränkt für y aus einem beliebigen endlichen Intervall und $s - t > \delta$.

§ 14. Die Gleichungen von A. N. KOLMOGOROW für die Dichte der Übergangswahrscheinlichkeit

Es sei $\xi(t)$ ein MARKOWscher Prozeß auf $[0, T]$, für den bei $t < s$ eine in x und y meßbare Dichte $p(t, x, s, y)$ der Übergangswahrscheinlichkeit existiert. Es sei $t_1 < t_2 < t_3$, und wir betrachten das Doppelintegral

$$\iint p(t_1, x, t_2, y)\, p(t_2, y, t_3, z)\, dy\, dz\,. \tag{1}$$

Da der Integrand nicht negativ und

$$\begin{aligned} &\int \left[\int p(t_1, x, t_2, y)\, p(t_2, y, t_3, z)\, dz\right] dy \\ &= \int p(t_1, x, t_2, y) \left[\int p(t_2, y, t_3, z)\, dz\right] dy = 1 \end{aligned}$$

ist $\left(\int p(t, x, s, y)\, dy = 1\right.$, da $p(t, x, s, y)$ in y eine Wahrscheinlichkeitsdichte ist$\left.\right)$, so existiert nach dem Satz von FUBINI für fast alle z das Integral

$$\psi(z) = \int p(t_1, x, t_2, y)\, p(t_2, y, t_3, z)\, dy\,,$$

und $\psi(z)$ ist über z integrierbar. Ist A eine beliebige meßbare Menge, dann ist

$$\begin{aligned} \int\limits_A \psi(z)\, dz &= \int\limits_A \left[\int p(t_1, x, t_2, y)\, p(t_2, y, t_3, z)\, dy\right] dz \\ &= \int p(t_1, x, t_2, y) \left[\int\limits_A p(t_2, y, t_3, z)\, dz\right] dy \\ &= \int p(t_1, x, t_2, y)\, P(t_2, y, t_3, A)\, dy \\ &= \int P(t_2, y, t_3, A)\, P(t_1, x, t_2, dy)\,, \end{aligned}$$

wobei $P(t, x, s, A)$ die Übergangswahrscheinlichkeit eines MARKOWschen Prozesses ist. Nach dem Satz von FUBINI ist die Vertauschung der Reihenfolge bei der Integration möglich. Wenn wir die Eigenschaft III aus § 9 für die Übergangswahrscheinlichkeiten eines MARKOWschen Prozesses berücksichtigen, erhalten wir also

$$\int\limits_A \psi(z)\, dz = P(t_1, x, t_3, A) = \int\limits_A p(t_1, x, t_3, z)\, dz\,.$$

Diese Beziehung gilt für jede meßbare Menge A. Deshalb stimmt $\psi(z)$ fast überall (bezüglich dem LEBESGUEschen Maß) mit $p(t_1, x, t_3, z)$ überein.

Satz 1. *Ist die Dichte der Übergangswahrscheinlichkeit eines* MARKOW*schen Prozesses $p(t, x, s, y)$ bezüglich aller Variablen meßbar, dann ist für jedes x, $t_1 < t_2 < t_3$ und für fast alle z*

$$\int p(t_1, x, t_2, y)\, p(t_2, y, t_3, z)\, dy = p(t_1, x, t_3, z)\,. \tag{2}$$

Diese Gleichung nennt man die *Gleichung von* CHAPMAN-KOLMOGOROW für die Dichte der Übergangswahrscheinlichkeit.

Bemerkung 1. Wenn die Dichte $p(t, x, s, y)$ in x und y stetig ist und das Integral in (2) in jedem endlichen Intervall bezüglich z gleichmäßig konvergiert (wenn z. B. für jedes Intervall $[a, b]$ die Ungleichung $\sup_y \sup_{z\in[a,b]} p(t_2, y, t_3, z) < \infty$ erfüllt ist; solche Bedingungen sind in der Bemerkung 2 von § 13 aufgezeigt worden), dann gilt die Beziehung (2) für alle z, da aus der Tatsache, daß zwei stetige Funktionen fast überall übereinstimmen, ihre Gleichheit folgt.

Wir betrachten auf $[0, T]$ einen Diffusionsprozeß mit den Diffusionskoeffizienten $a(t, x)$ und $b(t, x)$, die den Bedingungen des Satzes 3 aus § 13 genügen. Dann existieren für die Dichte der Übergangswahrscheinlichkeit $p(t, x, s, y)$ die stetigen partiellen Ableitungen $\frac{\partial p}{\partial t}, \frac{\partial p}{\partial s}, \frac{\partial p}{\partial x}, \frac{\partial p}{\partial y}, \frac{\partial^2 p}{\partial x^2}, \frac{\partial^2 p}{\partial y^2}$.

Unter diesen Voraussetzungen leiten wir nun zwei Gleichungen her, in die die partiellen Ableitungen von $p(t, x, s, y)$ eingehen. Wir beweisen zunächst folgenden Hilfssatz.

Lemma 1. *Es sei $g(y)$ eine zweimal stetig differenzierbare beschränkte Funktion, dann ist*

$$\lim_{h\downarrow 0} \frac{1}{h} \int [g(y) - g(x)]\, p\,(t, x, t+h, y)\, dy = a(t, x)\, g'(x) + \frac{b(t, x)}{2} g''(x)\,. \tag{3}$$

Beweis. Für jedes $\varepsilon > 0$ ist

$$\begin{aligned} &\int_{|x-y|\geqq\varepsilon} |g(y) - g(x)|\, p\,(t, x, t+h, y)\, dy \\ &\leqq 2 \sup_y |g(y)| \int_{|x-y|\leqq\varepsilon} \boldsymbol{P}\,(t, x, t+h, dy) = o\,(h)\,. \end{aligned}$$

Benutzen wir ferner die TAYLORformel, so erhalten wir

$$\int_{|x-y|\leqq\varepsilon} (g(y) - g(x))\; p\,(t, x, t+h, y)\, dy$$

$$= \int_{|x-y|\leqq\varepsilon} \left[g'(x)\,(y-x) + \frac{1}{2} g''(x)\,(y-x)^2 + r_\varepsilon(x, y)\,(y-x)^2\right] p\,(t, x, t+h, y)\, dy\,,$$

wobei $\lim_{\varepsilon\to 0} \sup_{|x-y|<\varepsilon} |r_\varepsilon(x, y)| = 0$ ist. Bei Berücksichtigung der Beziehungen

$$\int_{|y-x|\leqq\varepsilon} (y-x)\, p\,(t, x, t+h, dy) = a(t, x)\, h + o(h)\,,$$

$$\int_{|y-x|\leqq\varepsilon} (y-x)^2\, p\,(t, x, t+h, dy) = b(t, x)\, h + o(h)$$

finden wir

$$\frac{1}{h}\int [g(y) - g(x)]\, p\,(t, x, t + h, y)\, dy - a(t, x)\, g'(x)$$

$$-\frac{1}{2} b(t, x)\, g''(x) = \frac{o(h)}{h} + o\,\big(\sup_{|y-x|\leqq\varepsilon} r_\varepsilon(x, y)\big)\,.$$

Folglich ist

$$\overline{\lim_{h\downarrow 0}} \left| \frac{1}{h}\int [g(y) - g(x)]\, p\,(t, x, t + h, y)\, dy - a(t, x)\, g'(x) \right.$$

$$\left. -\frac{1}{2} b(t, x)\, g''(x) \right| \leqq 0\,\big(\sup_{|y-x|\leqq\varepsilon} r_\varepsilon(x, y)\big)\,.$$

Gehen wir für $\varepsilon \to 0$ zum Grenzwert über, so erhalten wir den Beweis des Lemmas.

Bemerkung 2. Genau so kann man beweisen, daß

$$\lim_{h\downarrow 0} \frac{1}{h}\int [g(h, y) - g(h, x)]\, p\,(t, x, t + h, y)\, dy$$

$$= a(t, x)\, g_x'(0, x) + \frac{1}{2} b(t, x)\, g_{xx}''(0, x)$$

ist, sofern $g_x'(h, x)$ und $g_{xx}''(h, x)$ in allen Variablen gemeinsam stetig sind und $g(h, x)$ beschränkt ist.

Satz 1. *Existieren die stetigen partiellen Ableitungen*

$$\frac{\partial}{\partial x} a(t, x)\,, \quad \frac{\partial}{\partial x} b(t, x)\,, \quad \frac{\partial^2 b(t, x)}{\partial x^2}\,, \quad \frac{\partial p(t, x, s, y)}{ds}\,, \quad \frac{\partial p(t, x, s, y)}{\partial y}\,, \quad \frac{\partial^2 p(t, s, x, y)}{\partial y^2}$$

dann genügt $p(t, x, s, y)$ für $s > t$ der Gleichung

$$\frac{\partial p(t, x, s, y)}{\partial s} = -\frac{\partial}{\partial y}\big(a(s, y)\, p(t, x, s, y)\big) + \frac{1}{2}\cdot\frac{\partial^2}{\partial y^2}\big(b(s, y)\, p(t, x, s, y)\big)\,. \quad (4)$$

Diese Gleichung ist die *direkte Gleichung von* A. N. Kolmogorow oder die Fokker-Planck-*Gleichung.*

Beweis. Wir nehmen eine zweimal stetig differenzierbare Funktion $g(z)$, die außerhalb eines gewissen endlichen Intervalls verschwindet. Aus (2) folgt die Beziehung

$$\int p\,(t, x, s + h, z)\, g(z)\, dz = \int p(t, x, s, y)\,[\int p\,(s, y, s + h, z)\, g(z)\, dz]\, dy\,;$$

folglich ist

$$\int [p\,(t, x, s + h, z) - p(t, x, s, z)]\, g(z)\, dz$$

$$= \int p(t, x, s, y)\,[\int p\,(s, y, s + h, z)\,[g(z) - g(y)]\, dz]\, dy\,. \quad (5)$$

Indem wir beide Seiten der Gleichung durch h teilen und für $h \to 0$ zum Grenzwert übergehen, erhalten wir linksseitig

$$\int \frac{\partial p}{\partial s}(t, x, s, z)\, g(z)\, dz\,.$$

Die Berechtigung zu diesem Grenzübergang folgt aus der Stetigkeit von $\frac{\partial p}{\partial s}$ und daraus, daß $g(z)$ nur auf einem endlichen Intervall von Null verschieden ist. Wir zeigen nun, daß

$$\lim_{h\to 0}\int p(t, x, s, y)\left[\frac{1}{h}\int p\,(s, y, s+h, z)\,[g(z)-g(y)]\,\mathrm{d}z\right]\mathrm{d}y$$

$$=\int p(t, x, s, y)\left[a(s, y)\,g'(y)+\frac{1}{2}\,b(s, y)\,g''(y)\right]\mathrm{d}y \tag{6}$$

ist.

Wenn wir das Lemma 1 anwenden, so sehen wir, daß man für $h\to 0$ nur den Grenzübergang unter dem Integralzeichen in (6) zu begründen braucht. Wir bezeichnen mit $\xi_{x,s}(u)$ die Lösung der stochastischen Gleichung

$$\mathrm{d}\xi_{x,s}(u)=a\big(u, \xi_{x,s}(u)\big)\,du+\sqrt{b\big(u, \xi_{x,s}(u)\big)}\,\mathrm{d}w(u)\,.$$

Aus dem Satz 1 von § 10 folgt, daß die Verteilung von $\xi_{x,s}\,(s+h)$ mit der Übergangswahrscheinlichkeit $P\,(s, x, s+h, A)$ des Prozesses $\xi(t)$ übereinstimmt, so daß

$$\int p\,(s, y, s+h, z)\,[g(z)-g(y)]\,\mathrm{d}z=\boldsymbol{M}\,g\,\big(\xi_{y,s}\,(s+h)\big)-g(y)$$

ist. Auf Grund der ITÔ-Formel ist

$$\boldsymbol{M}\,g\,\big(\xi_{y,s}\,(s+h)\big)-g(y)=\boldsymbol{M}\int\limits_s^{s+h}\Big[a\big(u, \xi_{y,s}(u)\big)\,g_x'\big(\xi_{y,s}(u)\big)$$

$$+\frac{1}{2}\,b\big(u, \xi_{y,s}(u)\big)\,g_{xx}''\big(\xi_{y,s}(u)\big)\Big]\,du=o(h)\,,$$

da $a(u, z)\,g'(z)+\frac{1}{2}\,b(u, z)\,g''(z)$ stetig und nur auf einem endlichen Intervall von Null verschieden und folglich beschränkt ist. Für ein gewisses $C>0$ haben wir also

$$\left|\frac{1}{h}\int p\,(s, y, s+h, z)\,[g(z)-g(y)]\,\mathrm{d}z\right|\leqq C\,,$$

und nach dem Satz von LEBESGUE ist der Grenzübergang in (6) möglich. Somit ist die Beziehung

$$\int\frac{\partial p}{\partial s}\,(t, x, s, z)\,g(z)\,\mathrm{d}z=\int p(t, x, s, z)\left(a(s, z)\,g'(z)+\frac{1}{2}\,g''(z)\right)\mathrm{d}z$$

bewiesen. Durch partielle Integration erhalten wir

$$\int p(t, x, s, z)\,a(s, z)\,g'(z)\,\mathrm{d}z=-\int g(z)\,\frac{\partial}{\partial z}\,\big(a(s, z)\,p(t, x, s, z)\big)\,\mathrm{d}z\,,$$

$$\int p(t, x, s, z)\,b(s, z)\,g''(z)\,\mathrm{d}z=\int g(z)\,\frac{\partial^2}{\partial z^2}\,\big(b(s, z)\,p(t, x, s, z)\big)\,\mathrm{d}z\,,$$

woraus

$$\int\left\{\frac{\partial p}{\partial s}\,(t, x, s, z)+\frac{\partial}{\partial z}\,[a(s, z)\,p(t, x, s, z)]-\frac{1}{2}\cdot\frac{\partial^2}{\partial z^2}\,[b(t, z)\,p(t, x, s, z)]\right\}\,g(z)\,\mathrm{d}z=0 \tag{7}$$

folgt. Da der Ausdruck in den Klammern unter dem Integral in (7) stetig und $g(z)$ eine beliebige zweimal stetig differenzierbare Funktion ist, die außerhalb eines endlichen Intervalls verschwindet, so folgt aus (7), daß der Integrand gleich Null ist, d. h., es folgt die Gleichung (4). Der Satz ist damit bewiesen.

Folgerung 1. Unter den Bedingungen des Satzes 1 sei die Verteilungsfunktion $F(y)$ so beschaffen, daß die Integrale

$$\int dF(x)\, p(0, x, t, y)\,, \qquad \int dF(x)\, p_y'(0, x, t, y)\,, \qquad \int dF(x)\, p_t'(0, x, t, y)$$

auf jedem endlichen Intervall von y und für $t \in [\delta, T]$ mit $\delta > 0$ gleichmäßig konvergieren. Wir setzen

$$F(t, y) = \int_{-\infty}^{\infty} dF(x) \int_{-\infty}^{y} p(0, x, t, z)\, \mathrm{d}z\,.$$

$\big(F(t, y)$ ist die Verteilung von $\xi(t)$, falls $\xi(0)$ die Verteilung $F(x)$ hat$\big)$. Ist

$$\lim_{y \to -\infty} \frac{\partial}{\partial t} F(t, y) + a(t, y) \frac{\partial F(t, y)}{\partial y} - \frac{1}{2} \cdot \frac{\partial}{\partial y} \left(b(t, y) \frac{\partial F(t, y)}{\partial y} \right) = 0\,,$$

dann genügt die Funktion $F(t, y)$ der Gleichung (sie heißt ebenfalls FOKKER-PLANCK-Gleichung)

$$\frac{\partial F(t, y)}{\partial t} = - a(t, y) \frac{\partial F(t, y)}{\partial y} + \frac{1}{2} \cdot \frac{\partial}{\partial y} \left(b(t, y) \frac{\partial F(t, y)}{\partial y} \right) \tag{8}$$

und der Anfangsbedingung $\lim\limits_{t \to 0} F(t, y) = F(y)$. Durch Integration über $\mathrm{d}F(x)$ von $-\infty$ bis ∞ und über y von $-\infty$ bis y erhält man aus der Gleichung (4) die Gleichung (8).

Satz 2. *Die Dichte $p(t, x, s, y)$ der Übergangswahrscheinlichkeit eines Diffusionsprozesses auf $[0, T]$ mit den Diffusionskoeffizienten $a(t, x)$ und $b(t, x)$ genüge den Bedingungen:*

1. *Für $s - t > \delta$ bei beliebigem $\delta > 0$ ist $p(t, x, s, y)$ stetig und beschränkt in x, s, t.*
2. *Es existieren die stetigen partiellen Ableitungen*

$$\frac{\partial p}{\partial t}(t, x, s, y)\,, \quad \frac{\partial p}{\partial x}(t, x, s, y), \quad \frac{\partial^2 p}{\partial x^2}(t, x, s, y)\,.$$

Für $0 < t < s$ genügt dann $p(t, x, s, y)$ der Gleichung

$$\frac{\partial p(t, x, s, y)}{\partial t} = - a(t, x) \frac{\partial p(t, x, s, y)}{\partial x} - \frac{1}{2} b(t, x) \frac{\partial^2 p(t, x, s, y)}{\partial x^2}\,. \tag{9}$$

Das ist die *inverse Gleichung von* A. N. KOLMOGOROW für die Dichte der Übergangswahrscheinlichkeit.

Beweis. Aus (2) folgt die Beziehung

$$p(t + h, x, s, y) - p(t, x, s, y) = \int p(t, x, t + h, z)\, [p(t + h, x, s, y) - p(t + h, z, s, y)]\, \mathrm{d}z\,.$$

Indem wir beide Seiten durch h teilen und für $h \to 0$ zum Grenzwert übergehen, erhalten wir wegen Bemerkung 2 den Beweis des Satzes.

Bemerkung 3. Es sei $f(x)$ eine stetige beschränkte Funktion, die nur auf einem endlichen Intervall von Null verschieden ist, und es sei $u_s(t, x) = \int f(y)\, p(t, x, s, y)\, dy$. Unter den Bedingungen des Satzes 2 ist dann

$$\frac{\partial u_s(t, x)}{\partial t} = -a(t, x)\frac{\partial u_s(t, x)}{\partial x} - \frac{1}{2} b(t, x)\frac{\partial^2 u_s(t, x)}{\partial x^2}, \tag{10}$$

und für $t \uparrow s$ strebt $u_s(t, x) \to f(x)$. Da man das Integral $\int f(y)\, p(t, x, s, y)\, dy$ unter dem Integralzeichen zweimal nach t und x differenzieren kann, erhält man somit die Gleichung (10). Ist die Funktion $v_t(s, y) = \int g(x)\, p(t, x, s, y)\, dx$, wobei $g(y)$ eine stetige Funktion ist, die nur auf einem endlichen Intervall von Null verschieden ist, so können wir analog beweisen, daß unter den Voraussetzungen des Satzes 1

$$\frac{\partial v_t(s, y)}{\partial s} = -\frac{\partial}{\partial y}\big(a(s, y)\, v_t(s, y)\big) + \frac{1}{2}\cdot\frac{\partial^2}{\partial y^2}\big(b(s, y)\, v_t(s, y)\big)$$

und $\lim\limits_{s \downarrow t} v(s, y) = g(y)$ ist. Somit ist $p(t, x, s, y)$ für ein festes s eine Fundamentallösung der Gleichung

$$\frac{\partial u}{\partial t} + a(t, x)\frac{\partial u}{\partial x} + \frac{1}{2} b(t, x)\frac{\partial^2 u}{\partial x^2} = 0, \quad 0 \leqq t \leqq s, \tag{11}$$

und $p(s, y, t, x)$ für ein festes s eine Fundamentallösung der Gleichung

$$-\frac{\partial v}{\partial t} - \frac{\partial}{\partial x}\big(a(t,x)\, u\big) + \frac{1}{2}\cdot\frac{\partial^2}{\partial x^2}\big(b(t, x)\, u\big) = 0, \quad s \leqq t \leqq T. \tag{12}$$

Wir bemerken, daß die Differentialoperatoren auf den linken Seiten von (10) und (11) formal einer dem anderen konjugiert sind. Benutzen wir die Formeln für die Dichte der Übergangswahrscheinlichkeit aus dem vorigen Paragraphen, so können wir die Eigenschaften der Fundamentallösungen von (11) und (12) untersuchen.

§ 15. Zeithomogene Lösungen von stochastischen Differentialgleichungen

Wir behandeln stochastische Differentialgleichungen, deren Koeffizienten explizit nicht von der Zeit abhängen, d. h. Gleichungen der Gestalt

$$d\xi(t) = a\big(\xi(t)\big)\, dt + \sigma\big(\xi(t)\big)\, dw(t), \tag{1}$$

wobei $a(x)$ und $\sigma(x)$ gegebene Funktionen auf $(-\infty, \infty)$ sind. Diese Funktionen mögen den folgenden Bedingungen genügen:

a) Für ein gewisses K ist

$$|a(x)| + |\sigma(x)| \leqq K(1 + |x|);$$

b) für jedes $C > 0$ existiert ein solches L_C, daß für $|x| \leqq C$ und $|y| \leqq C$

$$|a(x) - a(y)| + |\sigma(x) - \sigma(y)| \leqq L_C\,|x - y|$$

ist.

Dann existiert für jede von $w(t)$ unabhängige Zufallsgröße $\xi(0)$ auf einem beliebigen Intervall $[0, T]$, $T > 0$, eine eindeutige Lösung der Gleichung (1), die für $t = 0$ der Anfangsbedingung $\xi(t) = \xi(0)$ genügt. In diesem Fall kann man also die Lösung der Gleichung (1) auf dem Intervall $[0, \infty]$ betrachten. In § 10 wurde gezeigt, daß $\xi(t)$ ein Markowscher Prozeß ist, dessen Übergangswahrscheinlichkeit $P(t, x, s, A)$ mit der Wahrscheinlichkeit $\boldsymbol{P}\,\{\xi_{x,t}(s) \in A\}$ übereinstimmt, wobei $\xi_{x,t}(s)$ bei $s \geqq t$ der Gleichung

$$d\xi_{x,t}(s) = a(\xi_{x,t}(s))\,ds + \sigma(\xi_{x,t}(s))\,dw(s) \tag{2}$$

mit der Anfangsbedingung $\xi_{x,t}(t) = x$ genügt. Wir setzen $\tilde{\xi}_x(s) = \xi_{x,t}(t + s)$, $\tilde{w}(s) = w(t + s) - w(t)$. Der Prozeß $\tilde{w}(s)$ ist ebenfalls ein Wienerprozeß, und $\tilde{\xi}_x(s)$ ist eine Lösung der Gleichung

$$d\tilde{\xi}_x(s) = a(\tilde{\xi}_{x,t}(s))\,ds + \sigma(\tilde{\xi}_x(s))\,dw(s) \tag{3}$$

mit der Anfangsbedingung $\tilde{\xi}_x(0) = x$. Offenbar kann man die Gleichung (3) aus der Gleichung (2) erhalten, wenn man in (2) $t = 0$ setzt und $w(s)$ durch $\tilde{w}(s)$ ersetzt. Aus der Eindeutigkeit der Lösung und der Gleichheit der Verteilungen der Prozesse $w(s)$ und $\tilde{w}(s)$ folgt, daß die Verteilungen von $\xi_x(s) = \xi_{x,0}(s)$ und $\tilde{\xi}_x(s)$ ebenfalls übereinstimmen. Mit anderen Worten, die Verteilung von $\xi_{x,t}(t + s)$ ist von t unabhängig, und die Übergangswahrscheinlichkeit $P(t, s, x, A)$ für den Prozeß $\xi(t)$, der eine Lösung von (1) ist, hängt nur von der Differenz $s - t$ ab: $P(t, x, s, A) = P(0, x, s - t, A)$. Markowsche Prozesse, deren Übergangswahrscheinlichkeit dieser Beziehung genügt, heißen *homogene Markowsche Prozesse.* Die Übergangswahrscheinlichkeit solcher Prozesse während der Zeit t werden wir mit

$$P(t, x, A) = P(0, x, t, A)$$

bezeichnen. Wir stellen also fest, daß die Lösung der Gleichung (1) ein homogener Markowscher Prozeß ist.

Wir haben schon gezeigt, daß für $s > 0$ die Verteilung von $\xi(\tau + s)$ (τ ist keine Zufallsgröße) mit der Verteilung von $\xi_{\xi(\tau)}(s)$ zusammenfällt, wobei $\check{\xi}_x(s)$ eine Lösung der Gleichung $d\check{\xi}_x(s) = a(\check{\xi}_x(s))\,ds + \sigma(\check{\xi}_x(s))\,d\check{w}(s)$ mit der Anfangsbedingung $\check{\xi}_x(0) = x$ und $\check{w}(s)$ ein von $\xi(t)$ unabhängiger Wienerprozeß ist. Wir zeigen, daß diese Eigenschaft erhalten bleibt, wenn τ eine Zufallsgröße einer bestimmten Klasse ist, nämlich, wenn τ ein Markowsches Moment ist (siehe § 4), d. h., wenn für alle $t > 0$ das Ereignis $\{\tau > t\}$ zur σ-Algebra $\mathfrak{F}_t$ gehört, die die kleinste σ-Algebra ist, bezüglich der $\xi(0)$ und $w(s)$ für $s \leqq t$ meßbar sind. Aus dem Satz 2 von § 4 folgt, daß $w(\tau + s) - w(\tau)$ ein Wienerprozeß ist, der für $t \leqq \tau$ von τ und $w(t)$ unabhängig ist. Da sich $\xi(\tau)$ für $t \leqq \tau$ durch $\xi(0)$ und $w(t)$ ausdrücken läßt, $\xi(0)$ unabhängig von $w(t)$ ist und $w(t)$ für $t \leqq \tau$ und

$s \geqq 0$ nicht von $w(\tau + s) - w(\tau)$ abhängt, ist der Prozeß $\hat{w}(t) = w(t + \tau) - w(\tau)$ von τ und $\xi(\tau)$ unabhängig. Ferner haben wir

$$\xi(\tau + t) = \xi(\tau) + \int_\tau^{\tau+t} a(\xi(s))\, ds + \int_\tau^{\tau+t} \sigma(\xi(s))\, dw(s)$$

$$= \xi(\tau) + \int_0^t a(\xi(s + \tau))\, ds + \int_0^t \sigma(\xi(s + \tau))\, dw(s),$$

und folglich ist $\xi(t + \tau) = \hat{\xi}_{\xi(\tau)}(t)$, wobei $\hat{\xi}_x(t)$ eine Lösung der Gleichung

$$\hat{\xi}_x(t) = x + \int_0^t a(\hat{\xi}_x(s))\, ds + \int_0^t \sigma(\hat{\xi}_x(s))\, d\hat{w}(s)$$

ist.

Es sei $\mathfrak{F}_\tau$ die σ-Algebra von Ereignissen, die durch die Ereignisse der Form $\mathfrak{A}_t \cap \{\tau > t\}$ erzeugt wird, wobei $\mathfrak{A}_t \in \mathfrak{F}_t$ ist. Aus dem Bewiesenen folgt der folgende Satz.

Satz 1. *Für jedes* MARKOW*sche Moment τ und jede meßbare beschränkte Funktion $f(x)$ ist die Beziehung*

$$\boldsymbol{M}[f(\xi(\tau + t))/\mathfrak{F}_\tau] = \boldsymbol{M}_{\xi(\tau)} f(\xi(t))$$

erfüllt, wobei $\boldsymbol{M}_x f(\xi(t)) = \boldsymbol{M} f(\xi_x(t)) = \int f(y)\, P(t, x, dy)$ ist.

Prozesse, für die der Satz 1 gilt, heißen *streng* MARKOW*sche Prozesse.*

Bemerkung 1. Ist $0 < t_1 < t_2 < \cdots < t_n$ und ist $f(x_1, \ldots, x_n)$ eine beschränkte BORELfunktion, so gilt

$$\boldsymbol{M}[f(\xi(\tau + t_1), \ldots, \xi(\tau + t_n))/\mathfrak{F}_t] = \boldsymbol{M}_{\xi(\tau)} f(\xi(t_1), \ldots, \xi(t_n)).$$

Bemerkung 2. Es sei τ_x der Zeitpunkt, zu dem der Prozeß $\xi(t)$ erstmalig den Punkt x erreicht: $\tau_x = \inf\{t, \xi(t) = x\}$; ist die Menge in den geschweiften Klammern leer, dann sei $\tau_x = +\infty$. Falls $\boldsymbol{P}\{\tau_x < +\infty\} = 1$ ist, stimmen die Verteilungen des Prozesses $\xi(\tau_x + t)$ mit den Verteilungen des Prozesses $\xi_x(t)$ überein, und der Prozeß $\xi(\tau_x + t)$ selbst ist von den Ereignissen der σ-Algebra $\mathfrak{F}_{\tau_x}$ unabhängig. Diese Behauptung gilt für jedes MARKOWsche Moment τ, für das $\boldsymbol{P}\{\xi(\tau) = x\} = 1$ ist.

Folgerung 1. Es sei $\xi(0) = x$, und τ_0 sei ein MARKOWsches Moment, für das mit Wahrscheinlichkeit Eins $\xi(\tau_0) = x$ ist. Wir setzen $\xi_1(t) = \xi(\tau_0 + t)$ und bezeichnen mit τ_1 einen zufälligen Zeitpunkt, der mit $\xi_1(t)$ im gleichen Zusammenhang steht wie τ_0 mit $\xi(t)$. Wir konstruieren induktiv eine Folge von Prozessen $\xi_k(t)$ und eine Folge von Zeitpunkten τ_k, die durch die Beziehung $\xi_k(t) = \xi_{k-1}(\tau_{k-1} + t)$ verknüpft sind, so daß die Zufallsgröße τ_k durch den Prozeß $\xi_k(t)$ genauso bestimmt wird wie τ_0 durch den Prozeß $\xi(t)$. Wir nehmen an, daß für die Funktion $f(x)$ das Integral $\int_0^{\tau_0} f(\xi(s))\, ds$ definiert ist. Dann sind die Zufallsgrößen

$$\int_0^{\tau_0} f(\xi(s))\, ds, \quad \int_0^{\tau_1} f(\xi_1(s))\, ds, \ldots, \int_0^{\tau_k} f(\xi_k(s))\, ds$$

unabhängig und besitzen die gleiche Verteilung. Insbesondere (wenn $f = 1$ ist) sind die Zufallsgrößen $\tau_0, \tau_1, \ldots, \tau_k$ unabhängig und besitzen die gleiche Verteilung. Die Richtigkeit der formulierten Behauptung folgt daraus, daß die Größe $\tau_0 + \tau_1 + \cdots + \tau_{k-1}$ ein MARKOWsches Moment ist, für das $\xi(\tau_0 + \tau_1 + + \cdots + \tau_{k-1}) = x$ ist; deshalb ist $\xi(\tau_0 + \tau_1 + \cdots + \tau_{k-1} + t)$ bei $s \leqq \tau_0 + + \cdots + \tau_{k-1}$;, $\tau_0, \ldots, \tau_{k-1}$ unabhängig von $w(s)$, die Verteilungen dieses Prozesses stimmen mit den Verteilungen des Prozesses $\xi(t)$ überein, und es ist

$$\int_0^{\tau_k} f(\xi_k(s))\, ds = \int_{\tau_0+\cdots+\tau_{k-1}}^{\tau^0+\cdots+\tau_k} f(\xi(s))\, ds .$$

Wir untersuchen nun gewisse Eigenschaften der zufälligen Zeitpunkte, zu denen der Prozeß $\xi_x(t)$ erstmalig die Grenzen eines gewissen Intervalls erreicht. Es sei $\tau_x[a, b] = \inf\{t; \xi(t) \notin (a, b)\}$. Ist die Menge von t, für die $\xi(t) \notin (a, b)$ ist, leer, dann setzen wir $\tau_x[a, b] = \infty$.

Satz 2. *Ist $\sigma(x) > 0$ für $x \in [a, b]$, dann ist für $x \in (a, b)$ die Größe $\tau_x[a, b]$ mit Wahrscheinlichkeit 1 endlich, und es gilt $\boldsymbol{M}\tau_x[a, b] = v(x)$, wobei $v(x)$ eine Lösung der Differentialgleichung*

$$\frac{1}{2}\sigma^2(x)\, v''(x) + a(x)\, v'(x) = -1 \tag{4}$$

ist, die den Bedingungen $v(a) = v(b) = 0$ genügt.

Beweis. Mit Hilfe der ITÔ-Formel können wir

$$v(\xi_x(t)) - v(x)$$

$$= \int_0^t v'(\xi_x(s))\, \sigma(\xi_x(s))\, dw(s) + \int_0^t \left[a(\xi_x(s))\, v'(\xi_x(s)) + \frac{1}{2}\sigma^2(\xi_x(s))\, v''(\xi_x(s))\right] ds \tag{5}$$

schreiben. Wir setzen $\tau_T = \inf[T; \tau_x[a, b]]$. Für $s < \tau_T$ gehört dann die Größe $\xi_x(s)$ zum Intervall (a, b), und folglich ist mit Wahrscheinlichkeit 1

$$a(\xi_x(s))\, v'(\xi_x(s)) + \frac{1}{2}\sigma^2(\xi_x(s))\, v''(\xi_x(s)) = -1 .$$

Setzen wir $t = \tau_T$ in die Formel (5) ein, so erhalten wir nach einfachen Umformungen

$$\tau_T = \int_0^{\tau_T} v'(\xi_x(s))\, \sigma(\xi_x(s))\, dw(s) + v(x) - v(\xi_x(\tau_T)) , \tag{6}$$

woraus $\boldsymbol{M}\tau_T = v(x) - \boldsymbol{M}\, v(\xi_x(\tau_T))$ folgt. Da für $T \to \infty$ die Größe τ_T monoton wachsend gegen $\tau_x[a, b]$ konvergiert und $\boldsymbol{M}\tau_T$ in T gleichmäßig beschränkt sind, strebt $\boldsymbol{M}\tau_T$ gegen $\boldsymbol{M}\tau_x[a, b] < \infty$. Demzufolge ist $\tau_x[a, b]$ mit Wahrscheinlichkeit 1 endlich, und mit Wahrscheinlichkeit 1 konvergiert $\xi_x(\tau_T)$ gegen $\xi_x(\tau_x[a, b])$ und $v(\xi_x(\tau_T))$ gegen $v(\xi_x(\tau_x[a, b])) = 0$, da $\xi_x(\tau_x[a, b])$ entweder gleich a oder b ist. Auf Grund des Satzes von LEBESGUE über den Grenzübergang unter dem Integralzeichen (die Funktion v ist im Intervall $[a, b]$ beschränkt) konvergiert dann also $\boldsymbol{M}\, v(\xi_x(\tau_T)) \to 0$ für $T \to \infty$. Deshalb ist

$$\boldsymbol{M}\,\tau_x[a, b] = \lim_{T\to\infty} \boldsymbol{M}\,\tau_T = v(x) - \lim_{T\to\infty} \boldsymbol{M}\, v(\xi_x(\tau_T)) = v(x)\,.$$

Der Satz ist damit bewiesen.

Folgerung 2. Wir setzen

$$\Phi(x) = \exp\left\{- \int_a^x \frac{2\,a(z)}{\sigma^2(z)}\,\mathrm{d}z\right\}.$$

Indem wir die Gleichung für $v(x)$ lösen, erhalten wir

$$\boldsymbol{M}\tau_x[a, b] = -\int_a^x 2\,\Phi(y) \int_a^y \frac{\mathrm{d}z}{\sigma^2(z)\,\Phi(z)}\,\mathrm{d}y + \int_a^b 2\,\Phi(y) \int_a^y \frac{\mathrm{d}z}{\sigma^2(z)\,\Phi(z)}\,\mathrm{d}y\, \frac{\int_a^x \Phi(z)\,\mathrm{d}z}{\int_a^b \Phi(z)\,\mathrm{d}z}\,. \tag{7}$$

Satz 3. *Unter den Bedingungen des Satzes 2 ist* $\boldsymbol{M}\,(\tau_x[a, b])^2 = v_1(x)$, *wobei* $v_1(x)$ *eine Lösung der Gleichung*

$$\frac{1}{2}\,\sigma^2(x)\, v_1''(x) + a(x)\, v_1'(x) = -\,2\, v(x) \tag{8}$$

ist, die den Bedingungen $v_1(a) = v_1(b) = 0$ *genügt, und die Funktion* $v(x)$ *in Satz 2 definiert ist.*

Beweis. Berücksichtigen wir die Endlichkeit der Größe $\tau_x[a, b]$ und gehen wir in (6) für $T \to \infty$ zum Grenzwert über, dann erhalten wir

$$\tau_x[a, b] = \int_0^{\tau_x[a,b]} v'(\xi_x(s))\,\sigma(\xi_x(s))\,\mathrm{d}w(s) + v(x)\,.$$

Hieraus folgt

$$\boldsymbol{M}(\tau_x[a, b])^2 = \boldsymbol{M}\int_0^{\tau_x[a,b]} \{v'(\xi_x(s))\,\sigma(\xi_x(s))\}^2\,\mathrm{d}s + v^2(x)$$

(die Endlichkeit des Erwartungswertes für das Integral folgt aus der Beschränktheit der Funktion $v'(x)\,\sigma(x)$ auf $[a, b]$ und der Endlichkeit von $\boldsymbol{M}\,\tau_x[a, b]$).

Es sei $z(x)$ eine Lösung der Gleichung

$$\frac{1}{2}\,\sigma^2(x)\, z''(x) + a(x)\, z'(x) = -\,\{v'(x)\,\sigma(x)\}^2\,,$$

die den Randbedingungen $z(a) = z(b) = 0$ genügt. Nach der ITÔ-Formel können wir

$$z(\xi_x(\tau_x[a, b]) - z(x)) = -\int_0^{\tau_x[a,b]} [v'(\xi_x(s))\,\sigma(\xi_x(s))]^2\,\mathrm{d}s + \int_0^{\tau_x[a,b]} z'(\xi_x(s))\,\sigma(\xi_x(s))\,\mathrm{d}w(s)$$

schreiben. Wegen $z(\xi_x(\tau_x[a, b])) = 0$ ist

$$M \int_0^{\tau_x[a,b]} \{v'(\xi_x(s))\, \sigma(\xi_x(s))\}^2\, ds = z(x)\,.$$

Folglich ist $M(\tau_x[a, b])^2 = z(x) - v^2(x)$. Setzen wir $v_1(x) = z(x) - v^2(x)$, dann ist $v_1(a) = v_1(b) = 0$ und

$$\frac{1}{2}\sigma^2(x)\, v_1''(x) + a(x)\, v_1'(x)$$

$$= \frac{1}{2}\sigma^2(x)\, z''(x) + a(x)\, z'(x) + \frac{1}{2}\sigma^2(x)\left[2\, v(x)\, v''(x) + 2\,[v'(x)]^2\right] + 2\, a(x)\, v(x)\, v'(x)$$

$$= [\sigma^2(x)\, v''(x) + 2\, a(x)\, v'(x)]\, v(x) = -\,2\, v(x)\,.$$

Damit ist der Satz bewiesen.

Es seien $p_a(x; b)$ die Wahrscheinlichkeiten dafür, daß $\xi_x(t)$ zu dem Punkt a früher gelangt als zu dem Punkt b. Wenn x nicht zwischen a und b liegt, dann gelangt offensichtlich $\xi_x(t)$ mit Wahrscheinlichkeit 1 früher zu dem nächstliegenden Punkt, da $\xi_x(t)$ mit Wahrscheinlichkeit 1 in t stetig ist. Deshalb ist nur derjenige Fall von Interesse, für den x zwischen a und b liegt.

Satz 4. *Es sei* $a < x < b$, $\sigma(x) > 0$ *für* $x \in [a, b]$ *und* $u(x)$ *auf dem Intervall* $[a, b]$ *eine Lösung der Gleichung* $\frac{1}{2}\sigma^2(x)\, u''(x) + a(x)\, u'(x) = 0$, *die nicht identisch gleich einer Konstanten sein soll, Dann ist* $p_a(x; b) = \dfrac{u(x) - u(b)}{u(a) - u(b)}$.

Beweis. Die Funktion $\psi(x) = \dfrac{u(x) - u(b)}{u(a) - u(b)}$ genügt der Gleichung $\frac{1}{2}\sigma^2(x)\, \psi''(x) + a(x)\, \psi'(x) = 0$ und den Bedingungen $\psi(a) = 1$, $\psi(b) = 0$. Es ist also

$$\psi(\xi_x(\tau_x[a, b])) - \psi(x)$$

$$= \int_0^{\tau_x[a, b]} \sigma(\xi_x(s))\, \psi'(\xi_x(s))\, dw(s) + \int_0^{\tau_x[a, b]} \left\{\frac{\sigma^2(\xi_x(s))}{2}\, \psi''(\xi_x(s)) + a(\xi_x(s))\, \psi'(\xi_x(s))\right\} ds$$

$$= \int_0^{\tau_x[a, b]} \sigma(\xi_x(s))\, \psi'(\xi_x(s))\, dw(s)\,,$$

und folglich erhalten wir $M\, \xi_x(\tau_x[a, b]) = \psi(x)$. Es ist aber $\xi_x(\tau_x[a, b]) = a$ mit Wahrscheinlichkeit $p_a(x; b)$ und $\xi_x(\tau_x[a, b]) = b$ mit Wahrscheinlichkeit $p_b(x; a)$, und deshalb ist

$$\psi(x) = M\, \xi_x(\tau_x[a, b]) = \psi(a)\, p_a(x; b) + \psi(b)\, p_b(x; a) = p_a(x; b)\,.$$

Der Satz ist damit bewiesen.

Folgerung 3. Wenn wir die Bezeichnungen aus Folgerung 2 verwenden, dann ist

$$p_a(x; b) = \frac{\int\limits_x^b \Phi(z)\,dz}{\int\limits_a^b \Phi(z)\,dz}, \qquad p_b(x; a) = \frac{\int\limits_a^x \Phi(z)\,dz}{\int\limits_a^b \Phi(z)\,dz}. \tag{9}$$

Für die Herleitung der ersten Formel braucht man nur zu bemerken, daß die Funktion $u(x) = \int\limits_a^x \Phi(z)\,dz$ den Bedingungen des Satzes 4 genügt. Die zweite Formel kann man aus der Behauptung erhalten, die in Satz 4 formuliert wurde.

Bemerkung 3. Ist $a(x) \equiv 0$ für $x \in [a, b]$, dann haben die Formeln für $p_a(x; b)$ und $p_b(x; a)$ eine besonders einfache Gestalt:

$$p_a(x; b) = \frac{b - x}{b - a}, \qquad p_b(x; a) = \frac{x - a}{b - a}. \tag{10}$$

Wir untersuchen nun die Frage der zufälligen Substitution der Zeit in einer stochastischen Differentialgleichung, deren Koeffizienten nicht explizit von der Zeit abhängen. Es sei $\xi(t)$ eine Lösung von (1), die für $t \geqq 0$ definiert ist und für $t = 0$ der Anfangsbedingung $\xi(t) = \xi(0)$ genügt. Ferner sei $g(x)$ eine positive stetige Funktion, für die mit Wahrscheinlichkeit 1

$$\int\limits_0^\infty g(\xi(s))\,ds = \infty$$

ist. Wir definieren eine Familie von Zufallsgrößen τ_t durch die Beziehung

$$t = \int\limits_0^{\tau_t} g(\xi(s))\,ds. \tag{11}$$

Für jedes t ist die Größe τ_t ein MARKOWsches Moment und mit Wahrscheinlichkeit 1 eine monotone und stetige Funktion von t. Wir führen den zufälligen Prozeß $\eta(t) = \xi(\tau_t)$ ein. Dann ist

$$\eta(t) = \xi(\tau_t) = \xi(0) + \int\limits_0^{\tau_t} a((\xi(s))\,ds + \int\limits_0^{\tau_t} \sigma(\xi(s))\,dw(s).$$

Im ersten Integral führen wir die Substitution der Integrationsvariablen $s = \tau_u$ durch. Dann ist

$$ds = \frac{d\tau_u}{du}\,du = \frac{du}{g(\xi(\tau_u))},$$

da aus (11) folgt, daß $1 = g(\xi(\tau_t))\,\frac{d\tau_t}{dt}$ ist. Nach der Substitution erhalten wir

$$\int\limits_0^{\tau_t} a(\xi(s))\,ds = \int\limits_0^t \frac{a(\xi(\tau_u))}{g(\xi(\tau_u))}\,du = \int\limits_0^t \frac{a(\eta(u))}{g(\eta(u))}\,du.$$

Die gleiche Substitution führen wir im stochastischen Integral durch,

$$\int_0^{\tau_t} \sigma(\xi(s))\, dw(s) = \int_0^t \frac{\sigma(\xi(\tau_u))}{\sqrt{g(\xi(\tau_u))}} \sqrt{g(\xi(\tau_u))}\, dw(\tau_a) = \int_0^t \frac{\sigma(\eta(u))}{\sqrt{g(\eta(u))}}\, dw_1(u)\,,$$

wobei $w_1(u) = \int\limits_0^{\tau_u} \sqrt{g(\xi(s))}\, dw(s)$ ist. Wir bemerken, daß das Integral über $dw_1(u)$ als mittlerer quadratischer Grenzwert der entsprechenden RIEMANNschen Integralsummen existiert. Wir zeigen, daß $w_1(t)$ ebenfalls ein WIENERprozeß ist. Dazu braucht man nur zu beweisen, daß

$$\boldsymbol{M}\left(w_1(u+h) - w_1(u)/\mathfrak{F}_{\tau_u}\right) = 0\,, \quad \boldsymbol{M}\left([w_1(u+h) - w_1(u)]^2/\mathfrak{F}_{\tau_u}\right) = h$$

für alle $u > 0$ und $h > 0$ gilt (siehe Satz 1 aus § 1). Auf Grund der Bemerkung 2 aus § 4 ist aber

$$\boldsymbol{M}\left(\int\limits_{\tau_u}^{\tau_{u+h}} \sqrt{g(\xi(s))}\, dw(s) \Big/ \mathfrak{F}_{\tau_u}\right) = 0\,.$$

Ferner haben wir

$$\begin{aligned}
&\boldsymbol{M}\left[(w_1(u+h) - w_1(u))^2/\mathfrak{F}_{\tau_u}\right] \\
&= \boldsymbol{M}\left[\left(\int\limits_{\tau_u}^{\tau_{u+h}} \sqrt{g(\xi(s))}\, dw(s)\right)^2 \Big/ \mathfrak{F}_{\tau_u}\right] = \boldsymbol{M}\left[\int\limits_{\tau_u}^{\tau_{u+h}} g(\xi(s))\, ds \Big/ \mathfrak{F}_{\tau_u}\right] \\
&= \boldsymbol{M}\left[\int\limits_0^{\tau_{u+h}} g(\xi(s))\, ds - \int\limits_0^{\tau_u} g(\xi(s))\, ds \Big/ \mathfrak{F}_{\tau_u}\right] = \boldsymbol{M}\left[u + h - u/\mathfrak{F}_{\tau_u}\right] = h\,.
\end{aligned}$$

Somit ist $w_1(t)$ ein WIENERprozeß, wobei wegen des Satzes 1 aus § 1 $w_1(t+h) - w_1(t)$ für $s \leqq \tau_t$ unabhängig ist von den Ereignissen der σ-Algebra $\mathfrak{F}_{\tau_t}$ und von $\xi(s)$, d. h. für $u \leqq t$ nicht von $\eta(u)$ abhängt. Setzen wir die umgeformten Integrale in den Ausdruck für $\eta(t)$ ein, so erhalten wir

$$\eta(t) = \xi(0) + \int_0^t \frac{a(\eta(s))}{g(\eta(s))}\, ds + \int_0^t \frac{\sigma(\eta(s))}{\sqrt{g(\eta(s))}}\, dw_1(s)\,.$$

Berücksichtigen wir $\xi(0) = \eta(0)$, dann können wir folgenden Satz formulieren.

Satz 5. *Es sei $\xi(t)$ eine Lösung der Gleichung* (1) *und $\eta(t) = \xi(\tau_t)$, wobei τ_t sich aus der Beziehung* (11) *bestimmen läßt, in der $g(x)$ eine stetige positive Funktion und $\boldsymbol{P}\left\{\int\limits_0^\infty g(\xi(s))\, ds = \infty\right\} = 1$ ist. Dann ist $\eta(t)$ ebenfalls eine Lösung einer stochastischen Differentialgleichung*

$$d\eta(t) = \frac{a(\eta(t))}{g(\eta(t))}\, dt + \frac{\sigma(\eta(t))}{\sqrt{g(\eta(t))}}\, dw_1(t)\,,$$

wobei $w_1(t)$ ein WIENERprozeß und $\eta(0)$ von $w_1(t)$ unabhängig ist.

Folgerung 4. Ist $w(t)$ ein WIENERprozeß und ist τ_t durch

$$t = \int_0^{\tau_t} \frac{1}{\sigma^2(w(s))} \, ds$$

bestimmt, wobei $\sigma(x) > 0$ so beschaffen sei, daß $\mathbf{P}\left\{\int_0^\infty \frac{ds}{\sigma^2(w(s))} = \infty\right\} = 1$ ist, dann ist der Prozeß $\eta(t) = w(\tau_t)$ eine Lösung der stochastischen Gleichung $d\eta(t) = \sigma(\eta(t))\, dw_1(t)$, wobei $w_1(t)$ ebenfalls ein WIENERprozeß ist.

Mit Hilfe einer wachsenden zweimal stetig differenzierbaren Funktion $f(x)$ kann man erreichen, daß der Prozeß $\xi(s)$, $\xi(t) = f(\eta(t))$, der Gleichung (1) mit vorgegebenen Koeffizienten genügt. Folglich kann man jeden homogenen MARKOWschen Prozeß, der eine Lösung der Gleichung (1) ist, aus einem WIENERprozeß erhalten, indem man eine zufällige Substitution der Zeit und eine Transformation des Raumes vornimmt.

KAPITEL 4

DAS ASYMPTOTISCHE VERHALTEN DER LÖSUNGEN STOCHASTISCHER GLEICHUNGEN[1]

§ 16. Beschränktheit und Unbeschränktheit der Lösungen stochastischer Gleichungen

Wir untersuchen Bedingungen für die einseitige Beschränktheit und Unbeschränktheit der Lösungen stochastischer Differentialgleichungen auf dem gesamten Intervall, auf dem sie definiert sind. Im Fall homogener Prozesse (die Koeffizienten der Gleichung sind von der Zeit unabhängig) ist ein solches Intervall das Intervall $[0, \infty)$. Für den allgemeinen Fall ist zu bemerken, daß aus der Stetigkeit der Lösung ihre Beschränktheit auf jedem abgeschlossenen endlichen Intervall folgt. Deshalb ist für den inhomogenen Fall nur das Verhalten der Lösung auf einem rechtsseitig offenen Intervall $[0, T)$ von Interesse. Ein solches Intervall kann man aber immer durch eine Zeitsubstitution in das Intervall $[0, \infty)$ verwandeln. Wir betrachten also Gleichungen, die eine Lösung auf dem Intervall $[0, \infty)$ besitzen. Wir behandeln zunächst den Fall, daß die Koeffizienten der Gleichung von der Zeit unabhängig sind: Wir werden die einseitige Beschränktheit der Lösungen der Gleichung

$$d\xi(t) = a(\xi(t))\, dt + \sigma(\xi(t))\, dw(t) \tag{1}$$

untersuchen. Wir nehmen an, daß die Gleichung (1) für einen beliebigen Anfangswert $\xi(0)$ eine eindeutige Lösung besitzt und daß $\sigma(x) > 0$ für alle x ist. Die Gleichungen, für die $\sigma(x)$ verschwindet, werden in einem der nächsten Paragraphen dieses Kapitels untersucht.

Bei der Untersuchung von Fragen der Beschränktheit oder Unbeschränktheit von Lösungen der Gleichung (1) werden die Funktionen $\varphi(x)$, die für alle x der Gleichung $a(x)\, \varphi'(x) + \frac{1}{2}\sigma^2(x)\, \varphi''(x) = 0$ genügen, eine wichtige Rolle spielen. Der Einfachheit halber bezeichnen wir den Differentialoperator $a(x)\frac{d}{dx}[\,] + \frac{1}{2}\sigma^2(x)\frac{d^2}{dx^2}[\,]$ mit $L[\,]$. Die Funktion φ, die der Gleichung $L[\varphi] = 0$ genügt, werden wir *L-harmonische Funktion* nennen. Wie leicht zu sehen ist, gilt für jede L-harmonische Funktion

$$\varphi'(x) = C \exp\left\{-\int_0^x \frac{2\,a(z)}{\sigma^2(z)}\, dz\right\}.$$

Ist φ nicht identisch einer Konstanten, dann verschwindet $\varphi'(x)$ nicht, und φ ist monoton. Wir beweisen nun einige Hilfssätze über den Zusammenhang

[1]) Siehe auch H. J. Kushner, Stochastic stability and control, Academic Press, New York—London 1967.

zwischen dem Verhalten von L-harmonischen Funktionen und dem Verhalten von Lösungen der Gleichung (1).

Lemma 1. *Existiert eine L-harmonische Funktion $\varphi(x)$ mit $\varphi(x) \to +\infty$ bei $x \to +\infty$ und $\varphi(x) \to -\infty$ bei $x \to -\infty$, dann ist*

$$P\left\{\sup_{t>0} \xi(t) = +\infty\right\} = P\left\{\inf_{t>0} \xi(t) = -\infty\right\} = 1 . \tag{2}$$

Beweis. Da $\xi(t) = \xi_{\xi(0)}(t)$ ist, wobei $\xi_x(t)$ eine Lösung der Gleichung (1) mit der Anfangsbedingung $\xi_x(0) = x$ ist, braucht man nur zu beweisen, daß bei beliebigem x das Lemma 1 für $\xi_x(t)$ gilt.

Es sei $x_1 < x < x_2$. Wir bezeichnen, wie in § 15, mit $\tau_x[x_1, x_2]$ die Zeit, bei der der Prozeß $\xi_x(t)$ erstmalig die Grenzen des Intervalls (x_1, x_2) erreicht. Dann ist $\xi_x(\tau_x[x_1, x_2])$ entweder gleich x_1 oder gleich x_2. Auf Grund des Satzes 4 aus § 15 können wir

$$P\{\xi_x(\tau_x[x_1, x_2]) = x_1\} = \frac{\varphi(x_2) - \varphi(x)}{\varphi(x_2) - \varphi(x_1)} ,$$

$$P\{\xi_x(\tau_x[x_1, x_2]) = x_2\} = \frac{\varphi(x) - \varphi(x_1)}{\varphi(x_2) - \varphi(x_1)}$$

schreiben. Offenbar ist

$$P\left\{\sup_{t>0} \xi_x(t) \geqq x_2\right\} \geqq P\{\xi_x(\tau_x[x_1, x_2]) = x_2\}$$

für ein beliebiges $x_1 < x$. Deshalb erhalten wir

$$P\left\{\sup_{t>0} \xi_x(t) \geqq x_2\right\} \geqq \frac{\varphi(x) - \varphi(x_1)}{\varphi(x_2) - \varphi(x_1)} .$$

Gehen wir für $x_1 \to -\infty$ in dieser Beziehung zum Grenzwert über und berücksichtigen wir, daß $\varphi(x_1) \to -\infty$ konvergiert, so können wir uns davon überzeugen, daß $P\left\{\sup_{t>0} \xi_x(t) \geqq x_2\right\} = 1$ ist. Dann ist aber

$$P\left\{\sup_{>0} \xi_x(t) = +\infty\right\} = \lim_{x_2 \to +\infty} P\left\{\sup_{t>0} \xi_x(t) \geqq x_2\right\} = 1 .$$

Analog läßt sich zeigen, daß $P\left\{\inf_{t>0} \xi_x(t) = -\infty\right\} = 1$ ist. Das Lemma ist damit bewiesen.

Das Lemma 1 gibt hinreichende Bedingungen dafür an, daß die Lösung der Gleichung (1) von beiden Seiten unbeschränkt ist. Wir überzeugen uns nun davon, daß diese Bedingungen auch notwendig sind. Unter den Voraussetzungen von Lemma 1 hat $\xi(t)$ für $t \to +\infty$ weder einen endlichen noch einen unendlichen Grenzwert, sondern schwankt mit immer größerwerdender Amplitude hin und her.

Wir betrachten nun den Fall, daß eine einseitig beschränkte L-harmonische Funktion existiert.

Lemma 2. *Es existiere eine L-harmonische Funktion $\varphi(x)$, für die $\varphi(x) \to +\infty$ konvergiert bei $x \to +\infty$ und $\varphi(x) \geqq C$ ist für alle x. Dann ist*

$$\boldsymbol{P}\left\{\sup_{t>0} \xi(t) < +\infty\right\} = \boldsymbol{P}\left\{\inf_{t>0} \xi(t) = -\infty\right\} = \boldsymbol{P}\left\{\lim_{t\to+\infty} \xi(t) = -\infty\right\} = 1\,.$$

Beweis. Wir benutzen wieder die Beziehung

$$\boldsymbol{P}\,\{\xi_x(\tau_x[x_1, x_2]) = x_2\} = \frac{\varphi(x) - \varphi(x_1)}{\varphi(x_2) - \varphi(x_1)}\,.$$

Offensichtlich ist

$$\lim_{x_1\to-\infty} \boldsymbol{P}\{\xi_x(\tau_x[x_1, x_2]) = x_2\} = \boldsymbol{P}\left\{\sup_{t>0} \xi_x(t) \geqq x_2\right\}$$

(wenn für ein gewisses $s > 0$ die Gleichung $\xi_x(s) = x_2$ gilt, dann ist für $x_1 < \inf\limits_{t<s} \xi(s)$ die Gleichung $\xi_x(\tau_x[x_1, x_2]) = x_2$ erfüllt). Da die Funktion $\varphi(x)$ anwächst und nach unten beschränkt ist, existiert $\lim\limits_{x\to-\infty} \varphi(x) = \varphi(-\infty)$. Folglich ist

$$\left.\begin{aligned} \boldsymbol{P}\left\{\sup_{t>0} \xi_x(t) \geqq x_2\right\} &= \frac{\varphi(x) - \varphi(-\infty)}{\varphi(x_2) - \varphi(-\infty)}\,, \\ \boldsymbol{P}\left\{\sup_{t>0} \xi_x(t) < x_2\right\} &= \frac{\varphi(x_2) - \varphi(x)}{\varphi(x_2) - \varphi(-\infty)}\,. \end{aligned}\right\} \tag{3}$$

Gehen wir für $x_2 \to +\infty$ zum Grenzwert über und berücksichtigen wir, daß $\lim\limits_{x_2\to+\infty} \varphi(x_2) = +\infty$ ist, dann erhalten wir $\boldsymbol{P}\left\{\sup\limits_{t>0} \xi(t) < +\infty\right\} = 1$. Die Gleichung $\boldsymbol{P}\left\{\inf\limits_{t>0} \xi(t) = -\infty\right\} = 1$ wird genau so bewiesen wie in Lemma 1, da wir für den Beweis dieser Beziehung nur benutzen, daß $\varphi(x)$ für $x \to +\infty$ gegen $+\infty$ konvergiert.

Wir zeigen, daß $\boldsymbol{P}\left\{\lim\limits_{t\to\infty} \xi(t) = -\infty\right\} = 1$ ist. Wir bezeichnen mit τ_y den Zeitpunkt, zu dem der Prozeß $\xi(t)$ erstmalig den Punkt y erreicht. Wegen $\boldsymbol{P}\left\{\inf\limits_{t>0} \xi_x(t) = -\infty\right\} = 1$ ist τ_y für alle $y < x$ mit Wahrscheinlichkeit 1 endlich. Auf Grund der Bemerkung 2 aus § 15 können wir

$$\boldsymbol{P}\left\{\sup_{t>0} \xi_x(t + \tau_y) \geqq x_2\right\} = \boldsymbol{P}\left\{\sup_{t>0} \xi_y(t) \geqq x_2\right\} = \frac{\varphi(y) - \varphi(-\infty)}{\varphi(x_2) - \varphi(-\infty)}$$

schreiben, sofern $y < x_2$ ist. Es ist aber für ein beliebiges y

$$\boldsymbol{P}\left\{\sup_{t>0} \xi_x(t + \tau_y) \geqq x_2\right\} = \boldsymbol{P}\left\{\sup_{t>\tau_y} \xi_x(t) \geqq x_2\right\} \geqq \boldsymbol{P}\left\{\overline{\lim_{t\to\infty}}\, \xi_x(t) \geqq x_2\right\}$$

und

$$\boldsymbol{P}\left\{\overline{\lim_{t\to\infty}}\, \xi_x(t) \geqq x_2\right\} \leqq \frac{\varphi(y) - \varphi(-\infty)}{\varphi(x_2) - \varphi(-\infty)}\,.$$

Gehen wir für $y \to -\infty$ zum Grenzwert über, dann erhalten wir $\mathbf{P}\left\{\overline{\lim_{t\to\infty}}\, \xi_x(t) \geqq x_2\right\} = 0$ für alle x_2. Folglich gilt mit Wahrscheinlichkeit Eins $\overline{\lim_{t\to\infty}}\, \xi_x(t) = -\infty$. Dann ist aber auch mit der gleichen Wahrscheinlichkeit $\lim_{t\to\infty} \xi_x(t) = -\infty$. Das Lemma ist bewiesen.

Bemerkung 1. Existiert eine nach oben beschränkte L-harmonische Funktion $\varphi(x)$, für die $\lim_{x\to-\infty} \varphi(x) = -\infty$ ist, dann ist

$$\mathbf{P}\left\{\lim_{t\to\infty} \xi(t) = +\infty\right\} = \mathbf{P}\left\{\sup_{t>0} \xi(t) = +\infty\right\} = \mathbf{P}\left\{\inf_{t>0} \xi(t) > -\infty\right\} = 1\,.$$

Der Beweis dieser Behauptung wird auf die gleiche Weise durchgeführt wie der Beweis von Lemma 2.

Wir behandeln schließlich den Fall, daß eine von beiden Seiten beschränkte L-harmonische Funktion existiert.

Lemma 3. *Es existiere eine wachsende L-harmonische Funktion φ, für die die Größen $\lim_{x\to-\infty} \varphi(x) = \varphi(-\infty)$ und $\lim_{x\to+\infty} \varphi(x) = \varphi(+\infty)$ endlich sind. Dann gilt*

$$\mathbf{P}\left\{\sup_{t>0} \xi_x(t) < \infty\right\} = \mathbf{P}\left\{\inf_{t>0} \xi_x(t) = -\infty\right\} = \frac{\varphi(+\infty) - \varphi(x)}{\varphi(+\infty) - \varphi(-\infty)}\,, \tag{4}$$

$$\mathbf{P}\left\{\inf_{t>0} \xi_x(t) > -\infty\right\} = \mathbf{P}\left\{\sup_{t>0} \xi_x(t) = \infty\right\} = \frac{\varphi(x) - \varphi(-\infty)}{\varphi(+\infty) - \varphi(-\infty)}\,, \tag{5}$$

und dabei ist

$$\mathbf{P}\left\{\lim_{t\to\infty} \xi_x(t) = -\infty\right\} = \mathbf{P}\left\{\sup \xi_x(t) < \infty\right\},$$

$$\mathbf{P}\left\{\lim_{t\to\infty} \xi_x(t) = +\infty\right\} = \mathbf{P}\left\{\inf \xi_x(t) > -\infty\right\}.$$

Beweis. Die Beziehung (4) erhält man aus (3), wenn man für $x_2 \to +\infty$ zum Grenzwert übergeht. Durch Grenzübergang für $x_1 \to -\infty$ kann man aus der Gleichung

$$\mathbf{P}\left\{\inf_{t>0} \xi_x(t) > x_1\right\} = \frac{\varphi(x) - \varphi(x_1)}{\varphi(+\infty) - \varphi(x_1)} \tag{6}$$

die Beziehung (5) erhalten. Die Formel (6) selbst erhält man analog zur Formel (3). Daß

$$\mathbf{P}\left\{\sup_{t>0} \xi_x(t) < +\infty\right\} = \mathbf{P}\left\{\inf_{t>0} \xi_x(t) = -\infty\right\},$$

$$\mathbf{P}\left\{\inf_{t>0} \xi_x(t) > -\infty\right\} = \mathbf{P}\left\{\sup_{t>0} \xi_x(t) = +\infty\right\}$$

gilt, folgt aus der wenigstens einseitigen Unbeschränktheit von $\xi_x(t)$, da die Größe $\tau_x[x_1, x_2]$ wegen Satz 2 aus § 15 für alle $x_1 < x < x_2$ mit Wahrscheinlichkeit 1 endlich ist.

Wir zeigen nun, daß

$$P\left\{\lim_{t\to\infty} \xi_x(t) = +\infty\right\} = P\left\{\inf_{t>0} \xi_x(t) > -\infty\right\}$$

ist. Dazu braucht man nur zu beweisen, daß man für jedes C ein T mit $\xi_x(t) \notin [-C, C]$ für $t \geqq T$ finden kann. In diesem Fall konvergiert nämlich $|\xi_x(t)|$ mit t gegen ∞, und da $\xi_x(t)$ mit Wahrscheinlichkeit 1 eine stetige Funktion ist, konvergiert $\xi_x(t)$ für $t \to \infty$ entweder gegen $+\infty$ oder $-\infty$; die Wahrscheinlichkeit anderer Möglichkeiten ist gleich Null. Dann ist aber

$$P\{\xi_x(t) \to +\infty\} = P\left\{\sup_{t>0} \xi_x(t) = +\infty\right\},$$

$$P\{\xi_x(t) \to -\infty\} = P\left\{\inf_{t>0} \xi_x(t) = -\infty\right\}.$$

Wir wählen $x_1 < -C$, $x_2 > C$ derart, daß

$$P\left\{\sup_{t>0} \xi_{x_1}(t) < -C\right\} = \frac{\varphi(-C) - \varphi(x_1)}{\varphi(-C) - \varphi(-\infty)} = 1 - \varepsilon,$$

$$P\left\{\inf_{t>0} \xi_{x_2}(t) > C\right\} = \frac{\varphi(x_2) - \varphi(C)}{\varphi(+\infty) - \varphi(C)} = 1 - \varepsilon,$$

gilt, wobei $\varepsilon > 0$ eine vorgegebene Zahl ist. Es sei $\tau = \tau_x[x_1, x_2]$. Dann ist

$$P\{\xi(t) \notin [-C, C] \text{ für } t > \tau\} = P\left\{\inf_{t>0} \xi_x(t+\tau) > C/\xi(\tau) = x_2\right\} P\{\xi(\tau) = x_2\} +$$

$$+ P\left\{\sup_{t>0} \xi_x(t+\tau) < -C/\xi(\tau) = x_1\right\} P\{\xi(\tau) = x_1\}.$$

Auf Grund der Bemerkung 2 aus § 15 ist

$$P\left\{\inf_{t>0} \xi(t+\tau) > C/\xi(\tau) = x_2\right\} = P\left\{\inf_{t>0} \xi_{x_2}(t) > C\right\} = 1 - \varepsilon,$$

$$P\left\{\sup_{t>0} \xi(t+\tau) < -C/\xi(\tau) = x_1\right\} = P\left\{\sup_{t>0} \xi_{x_1}(t) < -C\right\} = 1 - \varepsilon.$$

Wegen $P\{\xi(\tau) = x_2\} + P\{\xi(\tau) = x_1\} = 1$ gilt $P\left\{\inf_{t>\tau} |\xi(t)| \geqq C\right\} = 1 - \varepsilon$. Es ist aber

$$P\left\{\varliminf_{t\to\infty} |\xi(t)| \geqq C\right\} \geqq P\left\{\inf_{t>\tau} |\xi(t)| \geqq C\right\} = 1 - \varepsilon.$$

Da $P\left\{\varliminf_{t\to\infty} |\xi(t)| \geqq C\right\}$ von ε unabhängig ist, erhalten wir durch Grenzübergang für $\varepsilon \to 0$

$$P\left\{\varliminf_{t\to\infty} |\xi(t)| \geqq C\right\} = 1.$$

Wie schon oben bemerkt wurde, folgt aus der letzten Beziehung der vollständige Beweis des Lemmas.

Bemerkung 2. In den Lemmata 1, 2, 3 und der Bemerkung 1 sind alle möglichen und sich gegenseitig ausschließenden Fälle für das Verhalten von

L-harmonischen Funktionen betrachtet worden, und im Zusammenhang damit sind die sich gegenseitig ausschließenden Fälle für das Verhalten von Lösungen stochastischer Differentialgleichungen für $t \to +\infty$ aufgezeigt worden. Hieraus folgt, daß für das in diesen Lemmata aufgezeigte Verhalten von Lösungen das entsprechende Verhalten von L-harmonischen Funktionen nicht nur hinreichend, sondern auch notwendig ist.

Wir führen folgende Integrale ein (sie können auch den Wert $+\infty$ annehmen)

$$I_1(x) = \int_{-\infty}^{x} \exp\left\{-\int_0^z \frac{2\,a(u)}{\sigma^2(u)}\,du\right\} dz\,, \quad I_2(x) = \int_x^{\infty} \exp\left\{-\int_0^z \frac{2\,a(u)}{\sigma^2(u)}\,du\right\} dz\,.$$

Fassen wir die Behauptungen der Lemmata 1, 2, 3 und der Bemerkung 1 zusammen, dann erhalten wir folgenden Satz.

Satz 1. *Die Koeffizienten der Gleichung* (1) *mögen den Bedingungen des Existenz- und Eindeutigkeitssatzes genügen, es sei* $\sigma(x) > 0$, *und* $\xi(t)$ *sei eine Lösung der Gleichung* (1). *Dann gelten die folgenden Beziehungen:*

1. *Ist* $I_1(x) = +\infty$ *und* $I_2(x) = +\infty$, *dann gilt*

$$\mathbf{P}\left\{\sup_{t>0} \xi(t) = +\infty\right\} = \mathbf{P}\left\{\inf_{t>0} \xi(t) = -\infty\right\} = 1\,.$$

2. *Ist* $I_1(x) < \infty$ *und* $I_2(x) < \infty$, *dann gilt*

$$\mathbf{P}\left\{\sup_{t>0} \xi(t) = +\infty\right\} = \mathbf{P}\left\{\lim_{t\to\infty} \xi(t) = +\infty\right\} = \mathbf{M}\frac{I_1(\xi(0))}{I_1(\xi(0)) + I_2(\xi(0))}\,,$$

$$\mathbf{P}\left\{\inf_{t>0} \xi(t) = -\infty\right\} = \mathbf{P}\left\{\lim_{t\to\infty} \xi(t) = -\infty\right\} = \mathbf{M}\frac{I_2(\xi(0))}{I_1(\xi(0)) + I_2(\xi(0))}\,.$$

3. *Ist* $I_1(x) < +\infty$ *und* $I_2(x) = +\infty$, *dann gilt*

$$\mathbf{P}\left\{\sup_{t>0} \xi(t) < \infty\right\} = \mathbf{P}\left\{\inf_{t>0} \xi(t) = -\infty\right\} = \mathbf{P}\left\{\lim_{t\to\infty} \xi(t) = -\infty\right\} = 1\,.$$

4. *Ist* $I_1(x) = +\infty$ *und* $I_2(x) < +\infty$, *dann gilt*

$$\mathbf{P}\left\{\sup_{t>0} \xi(t) = +\infty\right\} = \mathbf{P}\,\{\inf \xi(t) > -\infty\} = \mathbf{P}\left\{\lim_{t\to\infty} \xi(t) = +\infty\right\} = 1\,.$$

Beweis. Aus der Definition der Integrale $I_k(x)$ ist ersichtlich, daß $I_k(x)$ entweder für alle x endlich ist oder identisch gleich $+\infty$ ist. Wenn $\varphi(x) = \int_0^x \exp\left\{-\int_0^z \frac{2\,a(u)}{\sigma^2(u)}\,du\right\} dz$ ist, dann sind im Fall 1 die Bedingungen des Lemmas 1, im Fall 4 die Bedingungen des Lemmas 2, im Fall 3 die Bedingungen der Bemerkung 1 und im Fall 2 die Bedingungen des Lemmas 3 erfüllt. Es bleibt zu bemerken, daß im Fall 2

$$\mathbf{P}\left\{\lim_{t\to\infty} \xi(t) = +\infty/\xi(0)\right\} = \mathbf{P}\left\{\lim_{t\to\infty} \xi_{\xi(0)}(t) = +\infty/\xi(0)\right\} = \frac{I_1(\xi(0))}{I_1(\xi(0)) + I_2(\xi(0))}$$

ist. Bilden wir auf beiden Seiten dieser Gleichung den Erwartungswert, dann erhalten wir die erste Formel der Behauptung 2. Analog erhält man die zweite Formel. Der Satz ist bewiesen.

Wenn die Koeffizienten der Gleichung von t abhängen, kann man derartig vollständige Resultate nicht erhalten. Wir betrachten nun gewisse hinreichende Bedingungen für die einseitige Beschränktheit von Lösungen der Gleichungen, für die $\sigma(t, x) = 1$ ist. Bei der Abschätzung der Lösungen der Gleichungen kann der folgende Hilfssatz von Nutzen sein.

Lemma 4. *Es seien $\xi_1(t)$ und $\xi_2(t)$ Lösungen der Gleichungen*

$$d\xi_i(t) = a_i(t, \xi_i(t))\, dt + dw(t) \qquad (i = 1, 2)\,,$$

die ein und denselben Randbedingungen $\xi_i(0) = x$ genügen. Wenn für alle $t \geqq 0$ und x die Ungleichung $a_1(t, x) < a_2(t, x)$ erfüllt ist, dann ist für alle $t > 0$ mit Wahrscheinlichkeit 1

$$\xi_1(t) < \xi_2(t)\,.$$

Beweis. Wegen

$$\xi_2(t) - \xi_1(t) = \int_0^t [a_2(s, \xi_2(s)) - a_1(s, \xi_1(s))]\, ds$$

ist $\Delta(t) = \xi_2(t) - \xi_1(t)$ eine differenzierbare Funktion, wobei in allen Punkten t mit $\Delta(t) = 0$ die Ungleichung $\Delta'(t) = a_2(t, \xi_2(t)) - a_1(t, \xi_1(t)) > 0$ erfüllt ist, da in diesem Fall $\xi_1(t) = \xi_2(t)$ ist. Insbesondere gilt $\Delta(0) = 0$, $\Delta'(0) > 0$. Es gibt also ein $\delta > 0$ derart, daß die Ungleichung $\Delta(t) > 0$ für $0 < t < \delta$ gilt. Es sei $t_1 = \inf\{t; t > 0, \Delta(t) = 0\}$, wenn die Menge in den geschweiften Klammern nicht leer ist. Dann ist $\Delta(t_1) = 0$, $\Delta'(t_1) > 0$. Folglich kann man ein δ_1 angeben, so daß $\Delta(t) < 0$ für $t \in [t_1 - \delta_1, t_1]$ ist. Die Funktion $\Delta(t)$ ändert aber dann auf dem Intervall $[\delta, t - \delta_1]$ ihr Vorzeichen, d. h., sie verschwindet, was der Definition von t_1 widerspricht. Deshalb ist die Menge $\{t; t > 0, \Delta(t) = 0\}$ mit Wahrscheinlichkeit 1 leer, und da $\Delta(t) > 0$ für hinreichend kleine t ist, gilt $\Delta(t) > 0$ für alle $t > 0$. Das Lemma ist bewiesen.

Wir benutzen dieses Lemma für den Beweis des folgenden Satzes.

Satz 2. *Es sei $\xi(t)$ eine Lösung der Gleichung*

$$d\xi(t) = a(t, \xi(t))\, dt + dw(t) \tag{7}$$

mit der Anfangsbedingung $\xi(0) = \xi_0$. Wir setzen

$$\alpha_1(t) = \inf_{x \in R_1} a(t, x)\,, \qquad \alpha_2(t) = \sup_{x \in R_1} a(t, x)\,,$$

$$a_1(x) = \inf_{t > 0} a(t, x)\,, \qquad a_2(x) = \sup_{t > 0} a(t, x)\,.$$

Dann gelten die folgenden Beziehungen:

1. *Ist* $\lim\limits_{T \to \infty} \dfrac{1}{\sqrt{2T \log\log T}} \displaystyle\int_0^T \alpha_1(t)\, dt > 1$, *dann gilt* $\boldsymbol{P}\left\{\lim\limits_{t \to \infty} \xi(t) = +\infty\right\} = 1$;

ist

$$\overline{\lim_{T\to\infty}} \frac{1}{\sqrt{2T\log\log T}} \int_0^T \alpha_2(t)\,dt < -1\,, \quad \textit{dann gilt} \quad \mathbf{P}\left\{\lim_{t\to\infty} \xi(t) = -\infty\right\} = 1\,;$$

2\. *Ist*

$$\int_{-\infty}^0 e^{-\int_0^x 2a_1(z)\,dz}\,dx = +\infty\,, \qquad \int_0^\infty e^{-\int_0^x 2a_1(z)\,dz}\,dx < +\infty\,,$$

dann gilt $\mathbf{P}\left\{\lim_{t\to\infty} \xi(t) = +\infty\right\} = 1$; *ist aber*

$$\int_{-\infty}^0 e^{-\int_0^x 2a_2(z)\,dz}\,dx < +\infty\,, \qquad \int_0^\infty e^{-\int_0^x 2a_2(z)\,dz}\,dx = +\infty\,,$$

dann gilt $\mathbf{P}\left\{\lim_{t\to\infty} \xi(t) = -\infty\right\} = 1\,.$

Beweis. Es sei $\varepsilon(t)$ eine positive Funktion, für die $\int_0^\infty \varepsilon(t)\,dt < \infty$ ist. Wir bezeichnen mit $\xi_1(t)$ die Lösung der Gleichung

$$d\xi_1(t) = [\alpha_1(t) - \varepsilon(t)]\,dt + dw(t)\,.$$

Auf Grund von Lemma 4 ist $\xi_1(t) < \xi(t)$, da für alle $t > 0$ und x die Ungleichung $\alpha_1(t) - \varepsilon(t) < a(t, x)$ gilt. Folglich ist

$$\xi(t) > \xi_0 + w(t) + \int_0^t [\alpha_1(s) - \varepsilon(s)]\,ds\,.$$

Nach dem Gesetz des iterierten Logarithmus für einen WIENERprozeß (siehe [15]) gilt mit Wahrscheinlichkeit 1 $\underline{\lim}_{t\to\infty} \frac{w(t)}{\sqrt{2t\log\log t}} = -1$ und deshalb auch mit der gleichen Wahrscheinlichkeit

$$\underline{\lim}_{t\to\infty} \frac{\xi(t)}{\sqrt{2t\log\log t}} \geqq \underline{\lim}_{t\to\infty} \frac{w(t)}{\sqrt{2t\log\log t}} + \underline{\lim}_{t\to\infty} \frac{1}{\sqrt{2t\log\log t}} \int_0^t [\alpha_1(s) - \varepsilon(s)]\,ds > 0\,.$$

Aus der erhaltenen Ungleichung folgt die erste Behauptung des Punktes 1 des Satzes. Analog läßt sich die zweite Behauptung beweisen.

Für den Beweis der ersten Behauptung des Punktes 2 betrachten wir den Prozeß $\eta_1(t)$, der eine Lösung der Gleichung

$$d\eta_1(t) = \bar{a}_1(\eta_1(t))\,dt + dw(t)$$

ist (mit der gleichen Anfangsbedingung wie $\xi(t)$), wobei $\bar{a}_1(x)$ den Bedingungen des Existenz- und Eindeutigkeitssatzes genügt,

$$\bar{a}_1(x) < a_1(x)$$

und

$$\int_{-\infty}^0 \exp\left\{-\int_0^x 2\,\bar{a}_1(z)\,dz\right\} dx = +\infty\,, \qquad \int_0^\infty \exp\left\{-\int_0^x 2\,\bar{a}_1(z)\,dz\right\} dx < +\infty$$

gilt. Dann ist für $t > 0$ auf Grund von Lemma 4 $\eta_1(t) < \xi(t)$, und nach der Behauptung 3 von Satz 1 ist $P\left\{\lim_{t\to\infty} \eta_1(t) = +\infty\right\} = 1$ und $P\left\{\lim_{t\to\infty} \xi(t) = +\infty\right\} = 1$. Analog läßt sich auch die zweite Behauptung des Punktes 2 beweisen. Der Satz ist damit bewiesen.

Wir werden einen allgemeinen Satz über die Beschränktheit der Lösungen von Gleichung (7) formulieren, zunächst aber einen in vielen Beziehungen wichtigen Hilfssatz beweisen.

Lemma 5. *Der auf* $[0, T]$ *definierte Prozeß* $\xi(t)$ *sei mit Wahrscheinlichkeit* 1 *stetig und nichtnegativ. Wir nehmen an, daß für* $t \in [0, T]$ *die Ungleichung* $M\,\xi(t) < \infty$ *und für beliebige* $0 \leqq t_1 < t_2 < \cdots < t_n \leqq T$ *mit Wahrscheinlichkeit* 1 *die Ungleichung* $M\big(\xi(t_n)/\xi(t_1), \ldots, \xi(t_{n-1})\big) \leqq \xi(t_{n-1})$ *erfüllt ist. Dann ist für jedes* $C > 0$

$$P\left\{\sup_{0\leqq t\leqq T} \xi(t) > C\right\} \leqq \frac{1}{C} M\,\xi(0)\,.$$

Beweis. Es sei $\xi_k = \xi(t_k)$ Dann ist für $k = 1, 2, \ldots$ die Ungleichung $M(\xi_{k+1}/\xi_1, \ldots, \xi_k) \leqq \xi_k$ erfüllt. Es sei $C > 0$ und

$$\xi_k^* = \begin{cases} \xi_k, & \text{wenn} \quad \sup\limits_{i\leqq k} \xi_i < C \quad \text{ist,} \\ C, & \text{wenn} \quad \sup\limits_{i\leqq k} \xi_i \geqq C \quad \text{ist.} \end{cases}$$

Wir bezeichnen mit $\mathfrak{B}_k$ das Ereignis $\left\{\sup\limits_{i\leqq k} \xi_i < C\right\}$; es sei $g_C(x) = x$, falls $x < C$ ist, und $g_C(x) = C$, falls $x \geqq C$ ist. Das Ereignis $\mathfrak{B}_k$ sei eingetreten. Für $i \leqq k$ ist dann $\xi_i = \xi_i^*$, und es ist

$$\begin{aligned} &M(\xi_{k+1}^*/\xi_1^*, \ldots, \xi_k^*) = M({}_1\xi_{k+1}^*/\xi_1, \ldots, \xi_k) \\ &= M\big(g_C(\xi_{k+1})/\xi_1, \ldots, \xi_k\big) \leqq M(\xi_{k+1}/\xi_1, \ldots, \xi_k) \leqq \xi_k = \xi_k^*\,. \end{aligned}$$

Ist das Ereignis $\mathfrak{B}_k$ nicht eingetreten und ist $\xi_{k+1}^* = \xi_k^* = C$, dann ist $M(\xi_{k+1}^*/\xi_1^*, \ldots, \xi_k^*) = \xi_k^*$. Somit ist $M(\xi_{k+1}^*/\xi_1^*, \ldots, \xi_k^*) \leqq \xi_k^*$, und deshalb erhalten wir $M\,\xi_{k+1}^* \leqq M\xi_k^*$ und $M\,\xi_n^* \leqq M\,\xi_1^*$. Wegen

$$C\,P\left\{\sup_{1\leqq k\leqq n} \xi_k > C\right\} \leqq M\,\xi_n^*$$

ist

$$P\left\{\sup_{1\leqq k\leqq n} \xi_k \leqq C\right\} \leqq \frac{M\,\xi_1}{C}\,.$$

Setzen wir $t_k = \frac{k}{n} T$, dann erhalten wir

$$P\left\{\sup_{1\leqq k\leqq n} \xi\left(\frac{k\,T}{n}\right) \geqq C\right\} \leqq \frac{M\,\xi(0)}{C}\,.$$

Gehen wir in dieser Beziehung für $n \to \infty$ zum Grenzwert über und berücksichtigen die Stetigkeit von $\xi(t)$, so erhalten wir den Beweis des Lemmas.

Satz 3. *Es existiere eine nichtnegative zweimal nach x stetig differenzierbare und einmal nach t differenzierbare Funktion $\varphi(t, x)$, die für alle $t > 0$ und $x \in R_1$ der Beziehung*

$$\frac{\partial \varphi(t, x)}{\partial t} + a(t, x) \frac{\partial \varphi(t, x)}{\partial x} + \frac{1}{2} \cdot \frac{\partial^2 \varphi(t, x)}{\partial x^2} \leqq 0$$

genügt und für die $\lim\limits_{\substack{x \to +\infty \\ T \to +\infty}} \inf\limits_{t > T} \varphi(t, x) = +\infty$ *ist. Dann ist* $\boldsymbol{P}\left\{\sup\limits_{t>0} \xi(t) < \infty\right\} = 1$.

Beweis. Indem wir die Itô-Formel benutzen, können wir

$$\varphi(t, \xi(t)) - \varphi(t_1, \xi(t_1))$$
$$= \int_{t_1}^{t} \left[\frac{\partial \varphi}{\partial s}(s, \xi(s)) + a(s, \xi(s)) \frac{\partial \varphi}{\partial x}(s, \xi(s)) + \frac{1}{2} \cdot \frac{\partial^2 \varphi}{\partial x^2}(s, \xi(s))\right] ds$$
$$+ \int_{t_1}^{t} \frac{\partial \varphi}{\partial x}(s, \xi(s))\, dw(s) \leqq \int_{t_1}^{t} \frac{\partial \varphi}{\partial x}(s, \xi(s))\, dw(s)$$

schreiben. Aus dieser Formel erhalten wir für $t_0 < t_1 < \cdots < t_n$

$$\boldsymbol{M}\left\{\varphi(t_{k+1}, \xi(t_{k+1})) - \varphi(t_k, \xi(t_k)) / \varphi(t_0, \xi(t_0)), \ldots, \varphi(t_k, \xi(t_k))\right\}$$
$$\leqq \boldsymbol{M}\left\{\int_{t_k}^{t_{k+1}} \frac{\partial \varphi(s, \xi(s))}{\partial x}\, dw(s) / \varphi(t_0, \xi(t_0)), \ldots, \varphi(t_k, \xi(t_k))\right\} = 0,$$

und deshalb ist auf Grund von Lemma 5

$$\boldsymbol{P}\left\{\sup_{0<t<T} \varphi(t, \xi(t)) > C / \xi(0)\right\} \leqq \frac{\varphi(0, \xi(0))}{C}.$$

Gehen wir für $T \to \infty$ zum Grenzwert über, so erhalten wir

$$\boldsymbol{P}\left\{\sup_{0<t} \varphi(t, \xi(t)) > C / \xi(0)\right\} \leqq \frac{\varphi(0, \xi(0))}{C}. \tag{8}$$

Aus der Beziehung (8) folgt

$$\boldsymbol{P}\left\{\sup_{t>0} \varphi(t, \xi(t)) < +\infty\right\} = 1. \tag{9}$$

Würde eine Folge $t_n \to \infty$ existieren, für die $\xi(t_n) \to +\infty$ konvergiert, dann konvergiert wegen der Eigenschaften der Funktion $\varphi(t, x)$ für $n \to \infty$ auch $\varphi(t_n, \xi(t_n)) \to +\infty$. Deshalb folgt aus der Gleichung (9) der Beweis des Satzes.

Folgerung 1. Die Funktion $a(t, x)$ sei so beschaffen, daß für alle x, $t > 0$, die Ableitung $\dfrac{\partial}{\partial t} \displaystyle\int_0^x a(t, z)\, dz \geqq 0$ existiert und das Integral

$$v(t, x) = \int_{-\infty}^{x} \exp\left\{-\int_0^y 2\, a(t, z)\, dz\right\} dy$$

konvergiert.

Wir nehmen an, daß der Grenzwert $\lim\limits_{t \to +\infty} v(t, x) = v(x)$ und $\lim\limits_{x \to +\infty} v(x) = +\infty$ existiert. Dann ist $\boldsymbol{P}\left\{\sup\limits_t \xi(t) < +\infty\right\} = 1$. Da

$$\frac{\partial v(t, x)}{\partial t} = -\int\limits_{-\infty}^{x} \exp\left\{-\int\limits_0^y 2\, a(t, z)\, dz\right\} \frac{\partial}{\partial t} \int\limits_0^y 2\, a(t, z)\, dz\, dy \leqq 0$$

und

$$a(t, x) \frac{\partial v(t, x)}{\partial x} + \frac{1}{2} \cdot \frac{\partial^2 v(t, x)}{\partial x^2} = 0$$

gilt, ist

$$\frac{\partial v(t, x)}{\partial t} + a(t, x) \frac{\partial v(t, x)}{\partial x} + \frac{1}{2} \cdot \frac{\partial^2 v(t, x)}{\partial x^2} \leqq 0\,.$$

Weiterhin nimmt $v(t, x)$ in t monoton ab, und folglich ist $v(t, x) \geqq v(x)$. Aus der Bedingung $\lim\limits_{x \to \infty} v(x) = +\infty$ folgt also $\lim\limits_{x \to \infty} \inf\limits_{t > 0} v(t, x) = +\infty$. Nun braucht man nur noch den Satz 3 anzuwenden.

§ 17. Sätze über das asymptotische Verhalten der Lösungen stochastischer Gleichungen

Wir werden die Lösungen von Gleichungen betrachten, deren Koeffizienten von der Zeit unabhängig sind. Im Fall $\xi(t) \to +\infty$ mit Wahrscheinlichkeit 1 bei $t \to \infty$ werden wir eine für $t \to \infty$ ebenfalls gegen Unendlich strebende reelle Funktion $\varphi(t)$ suchen, für die

$$\boldsymbol{P}\left\{\lim_{t \to \infty} \frac{\xi(t)}{\varphi(t)} = 1\right\} = 1 \tag{1}$$

ist. Eine solche Funktion $\varphi(t)$ bezeichnen wir als *Wachstumsordnung* von $\xi(t)$ für $t \to \infty$. Wir beweisen einen einfachen Satz über die Existenz einer Wachstumsordnung.

Satz 1. *Es sei $\xi(t)$ eine Lösung der Gleichung*

$$d\xi(t) = a(\xi(t))\, dt + \sigma(\xi(t))\, dw(t)\,. \tag{2}$$

Bezüglich der Koeffizienten dieser Gleichung setzen wir voraus, daß folgende Bedingungen erfüllt sind:

1. $\lim\limits_{x \to +\infty} a(x) = a_0 > 0$;
2. *$\sigma(x)$ ist beschränkt und positiv;*
3. *die Koeffizienten $a(x)$ und $\sigma(x)$ sind so beschaffen, daß*

$$\boldsymbol{P}\left\{\lim_{t \to \infty} \xi(t) = +\infty\right\} = 1 \tag{3}$$

ist.

Dann ist

$$P\left\{\lim_{t\to\infty} \frac{\xi(t)}{a_0 t} = 1\right\} = 1 . \tag{4}$$

Beweis. Wegen

$$\xi(t) = \xi(0) + \int_0^t a(\xi(s))\, ds + \int_0^t \sigma(\xi(s))\, dw(s)$$

braucht man zum Beweis des Satzes nur zu zeigen, daß

$$P\left\{\lim_{t\to\infty} \frac{1}{t}\int_0^t a(\xi(s))\, ds = a_0\right\} = 1 , \tag{5}$$

$$P\left\{\lim_{t\to\infty} \frac{1}{t}\int_0^t \sigma(\xi(s))\, dw(s) = 0\right\} = 1 \tag{6}$$

ist. Die Gleichung (5) folgt aus der Beziehung $P\left\{\lim_{t\to\infty} a(\xi(t)) = a_0\right\} = 1$, die eine Folgerung der Bedingung 1 des Satzes und der Gleichung (3) ist.

Wir beweisen nun die Beziehung (6). Auf Grund des Satzes 1 aus § 3 ist

$$P\left\{\sup_{A\le t\le A_1} \frac{1}{t}\left|\int_0^t \sigma(\xi(u))\, dw(u)\right| > \varepsilon\right\} \le P\left\{\sup_{A\le t\le A_1} \frac{1}{A}\left|\int_0^t \sigma(\xi(u))\, dw(u)\right| > \varepsilon\right\}$$

$$\le \frac{1}{A^2\varepsilon^2} M\left[\int_0^{A_1} \sigma(\xi(u))\, dw(u)\right]^2 \le \frac{C A_1}{\varepsilon^2 A^2}$$

mit $C = \sup_x \sigma^2(x)$. Folglich ist

$$P\left\{\sup_{A\le t} \frac{1}{t}\left|\int_0^t \sigma(\xi(u))\, dw(u)\right| > \varepsilon\right\}$$

$$\le \sum_{k=0}^{\infty} P\left\{\sup_{A\cdot 2^k\le t\le A\cdot 2^{k+1}} \frac{1}{t}\left|\int_0^t \sigma(\xi(u))\, dw(u)\right| > \varepsilon\right\} \le \sum_{k=0}^{\infty} \frac{C A\cdot 2^{k+1}}{\varepsilon^2 A^2\cdot 2^{2k}} = \frac{4C}{\varepsilon^2 A} .$$

Für $A\to\infty$ nimmt die Größe $\alpha(A) = \sup_{t\ge A} \frac{1}{t}\left|\int_0^t \sigma(\xi(u))\, dw(u)\right|$ monoton ab, und folglich existiert der Grenzwert $\alpha = \lim_{A\to\infty} \alpha(A)$. Dann ist

$$P\{\alpha > \varepsilon\} = \lim_{A\to\infty} P\{\alpha(A) > \varepsilon\} = 0 .$$

Damit ist die Formel (6) und folglich auch der Satz bewiesen.

Den Satz 1 kann man für den Beweis der Existenz einer Wachstumsordnung, die von einer linearen verschieden ist, anwenden. In vielen Fällen ist dafür folgender Satz von Bedeutung, der sich leicht aus dem Satz 1 herleiten läßt.

Satz 2. *Es sei $\xi(t)$ eine Lösung der Gleichung* (2), *deren Koeffizienten folgenden Bedingungen genügen:*

1. *$a(x)$ und $\sigma(x)$ sind so beschaffen, daß $\boldsymbol{P}\left\{\lim\limits_{t\to\infty}\xi(t) = +\infty\right\} = 1$ ist;*

2. *es existiert eine wachsende zweimal stetig differenzierbare Funktion $f(x)$, für die $f(x)\to+\infty$ bei $x\to+\infty$ ist, $\lim\limits_{x\to+\infty}\left[a(x)\,f'(x) + \frac{1}{2}f''(x)\,\sigma^2(x)\right] = C > 0$ gilt und $f'(x)\,\sigma(x)$ beschränkt ist.*

Dann ist

$$\boldsymbol{P}\left\{\lim_{t\to\infty}\frac{f(\xi(t))}{t} = C\right\} = 1\,. \tag{7}$$

Beweis. Es sei $\varphi(x)$ die Umkehrfunktion von f. Wir setzen $\eta(t) = f(\xi(t))$. Offensichtlich ist $\boldsymbol{P}\left\{\lim\limits_{t\to\infty}\eta(t) = +\infty\right\} = 1$. Ferner genügt $\eta(t)$ der Gleichung $d\eta(t) = \bar{a}(\eta(t))\,dt + \bar{\sigma}(\eta(t))\,dw(t)$ mit den Koeffizienten

$$\bar{a}(x) = a(\varphi(x))\,f'(\varphi(x)) + \frac{1}{2}\sigma(\varphi(x))\,f''(\varphi(x))\,,$$

$$\bar{\sigma}(x) = \sigma(\varphi(x))\,f'(\varphi(x))\,.$$

Aus den Bedingungen des Satzes folgt, daß $\lim\limits_{x\to+\infty}\bar{a}(x) = C > 0$ und $\bar{\sigma}(x)$ beschränkt ist. Auf Grund des Satzes 1 erhalten wir also

$$\boldsymbol{P}\left\{\lim_{t\to\infty}\frac{\eta(t)}{C\,t} = 1\right\} = 1\,.$$

Wegen $\eta(t) = f(\xi(t))$ folgt aus der letzten Beziehung der Beweis des Satzes.

Bemerkung 1. Unter folgenden Bedingungen an die Funktion f sind beispielsweise die Behauptungen des Satzes erfüllt:

1. $\lim\limits_{x\to+\infty} a(x)\,f'(x) = C > 0$;
2. $\lim\limits_{x\to+\infty} f''(x)\,\sigma^2(x) = 0$;
3. die Funktion $f'(x)\,\sigma(x)$ ist beschränkt.

Wir benutzen nun die Bemerkung 1, um einige einfache Folgerungen aus dem Satz 2 zu erhalten.

Folgerung 1. Für $x\to+\infty$, $0<\alpha<1$, $C>0$ sei $a(x)\sim C\,x^{\alpha}$. Für genügend große x nehmen wir $f(x) = x^{1-\alpha}$. Dann ist $f'(x) = (1-\alpha)\,x^{-\alpha}$, $f''(x) = -\alpha\,(1-\alpha)\,x^{-1-\alpha}$. Da $f'(x)\,a(x)\to C\,(1-\alpha)$ konvergiert, ist

$$\boldsymbol{P}\left\{\lim_{t\to\infty}\frac{\xi(t)^{1-\alpha}}{t} = C\,(1-\alpha)\right\} = 1\,,$$

sofern $\lim\limits_{x\to\infty} \cdot \frac{\sigma^2(x)}{x^{1+\alpha}} = 0$ und $\lim\limits_{x\to\infty} \frac{\sigma(x)}{x^\alpha} = 0$ ist. Sind also die angegebenen Bedingungen erfüllt, dann ist

$$P\left\{\lim_{t\to\infty} \frac{\xi(t)}{t^{\frac{1}{1-\alpha}}} = [C(1-\alpha)]^{\frac{1}{1-\alpha}}\right\} = 1\,. \tag{8}$$

Folgerung 2. Für $x \to \infty$, $C > 0$ sei $a(x) \sim C\,x$. Für genügend große x setzen wir $f(x) = \ln x$. Da $a(x)\,f'(x) \to C$ für $x \to +\infty$ konvergiert, gilt für den Fall, daß $\frac{\sigma^2(x)}{x^2} \to 0$ für $x \to \infty$ konvergiert und $P\left\{\lim\limits_{t\to\infty} \xi(t) = +\infty\right\} = 1$ ist, die Beziehung

$$P\left\{\lim_{t\to\infty} \frac{\ln \xi(t)}{t} = C\right\} = 1\,.$$

Aus der vorigen Formel kann man keine Aussagen bezüglich der Wachstumsordnung der Lösung $\xi(t)$ machen. Das Beispiel der Gleichung $d\xi(t) = C\,\xi(t)\,dt + dw(t)$ mit der Lösung $\xi(t) = \xi(0)\,e^{Ct} + e^{Ct} \int\limits_0^t e^{-Cu}\,dw(u)$ zeigt, daß der Ausdruck $\xi(t)\,e^{-Ct}$ gegen eine Zufallsgröße η konvergieren kann (im Beispiel ist $\eta = \xi(0) + \int\limits_0^\infty e^{-Cu}\,dw(u)$).

Wir betrachten nun die Gleichung mit $\sigma(x) = 1$ und leiten für diese Gleichung allgemeinere Bedingungen für das Potenzwachstum her.

Satz 3. *Wir setzen*

$$A(z) = 2 \int_0^z a(y)\,dy\,.$$

Für ein gewisses $\alpha \in (1, 2)$ und für alle $z > 0$ sei

$$A(z) = C\,z^\alpha + \beta(z) + \gamma(z)\,,$$

wobei $C > 0$, $\beta(z) = o(z^\alpha)$, $\beta'(z) = o(z^{\alpha-1})$ für $z \to +\infty$ und $\gamma(z)$ eine beschränkte und gleichmäßig stetige Funktion ist. Ist $\int\limits_{-\infty}^0 e^{-A(z)}\,dz = +\infty$, dann ist für die Lösung der Gleichung

$$d\xi(t) = a(\xi(t))\,dt + dw(t) \tag{9}$$

die Beziehung

$$P\left\{\lim_{t\to\infty} \frac{\xi(t)}{t^{\frac{1}{2-\alpha}}} = \left[\frac{C(2-\alpha)}{2}\right]^{\frac{1}{2-\alpha}}\right\} = 1 \tag{10}$$

erfüllt.

Beweis. Wegen $\int_0^\infty e^{-A(z)}\,dz < \infty$ ist auf Grund der Behauptung 4 des Satzes 1 aus § 16

$$\boldsymbol{P}\left\{\lim_{t\to\infty} \xi(t) = +\infty\right\} = 1\,.$$

Die Funktion $f(x)$ genüge der Gleichung

$$a(x)\,f'(x) + \frac{1}{2} f''(x) = \chi(x)\,,$$

wobei $\chi(x)$ eine stetige Funktion ist, die für $x > 0$ gleich Eins ist. Für $x > 0$ gilt dann die Formel

$$f'(x) = 2\,e^{-A(x)}\left[\int_0^x e^{A(z)}\,dz + C_1\right],$$

wobei C_1 eine gewisse Konstante ist. Indem wir die Darstellung für $A(x)$ benutzen, können wir folgende asymptotische Formel schreiben:

$$f'(x) = 2\,e^{-Cx^\alpha - \beta(x)} \int_a^x \frac{de^{Cz^\alpha + \beta(z)}}{\alpha\,C\,z^{\alpha-1} + \beta'(z)}\,e^{\gamma(z)-\gamma(x)} + o(e^{-Cx^\alpha - \beta(x)})$$

(für $x \to +\infty$), wobei a so groß gewählt wird, daß für $z > a$ die Ungleichung $\alpha\,C\,z^{\alpha-1} + \beta'(z) > 1$ gilt. Da für ein gewisses $\delta > 0$

$$e^{-Cx^\alpha - \beta(x)} \int_a^{x/2} \frac{de^{Cz^\alpha + \beta(z)}}{\alpha\,C\,z^{\alpha-1} + \beta'(z)}\,e^{\gamma(z)-\gamma(x)} = o(e^{-\delta x^\alpha})$$

ist, gilt für $\varepsilon > 0$

$$\begin{aligned} e^{-Cx^\alpha - \beta(x)} &\int_{x/2}^{x-\varepsilon} \frac{de^{Cz^\alpha + \beta(z)}}{\alpha\,C\,z^{\alpha-1} + \beta'(z)}\,e^{\gamma(z)-\gamma(x)} \\ &= O\left(\exp\{-C\,[x^\alpha - (x-\varepsilon)^\alpha - \beta(x) + \beta\,(x-\varepsilon)]\}\right) \\ &= O\left(\exp\{-\alpha\,C\,(x-\varepsilon)^{\alpha-1}\,\varepsilon + |\beta'\,(x+\theta)|\,\varepsilon\}\right) \\ &= O\left(\exp\{-\alpha\,C\,(x-\varepsilon)^{\alpha-1}\,\varepsilon + o(x^{\alpha-1})\}\right) = o(e^{-\delta_1 \varepsilon x^{\alpha-1}}) \end{aligned}$$

mit einer bestimmten Zahl $\delta_1 > 0$. Somit ist für jedes $\varepsilon > 0$

$$f'(x) = 2\,e^{-Cx^\alpha - \beta(x)} \int_{x-\varepsilon}^x \frac{de^{Cz^\alpha + \beta(z)}}{\alpha\,C\,z^{\alpha-1} + \beta'(z)}\,e^{\gamma(z)-\gamma(x)} + o(e^{-2\delta_1 x^{\alpha-1}})\,.$$

Indem wir die gleichmäßige Stetigkeit von $\gamma(z)$ berücksichtigen, können wir aus der letzten Beziehung herleiten, daß

$$\lim_{x\to+\infty} f'(x)\,\frac{\alpha\,C\,x^{\alpha-1}}{2} = 1$$

ist und folglich $f'(x) \sim \frac{2}{\alpha\, C\, x^{\alpha-1}}$ für $x \to +\infty$ bzw.

$$f(x) \sim \frac{2\, x^{2-\alpha}}{\alpha\, C\,(2-\alpha)} \qquad \text{für} \quad x \to +\infty$$

gilt. Offenbar kann man $f(x)$ für $x < 0$ so fortsetzen, daß $f'(x)$ für alle x beschränkt ist. Dann kann man auf Grund des Satzes 2 schließen, daß

$$\boldsymbol{P}\left\{\lim_{t\to+\infty} \frac{f(\xi(t))}{t} = 1\right\} = 1$$

ist, und wegen $\boldsymbol{P}\,\{\xi(t) \to +\infty\} = 1$ ist

$$\boldsymbol{P}\left\{\lim_{t\to+\infty} \frac{f(\xi(t))}{\dfrac{2\,\xi(t)^{2-\alpha}}{\alpha\, C\,(2-\alpha)}} = 1\right\} = 1$$

und

$$\boldsymbol{P}\left\{\lim_{t\to\infty} \frac{2\,\xi(t)^{2-\alpha}}{\alpha\, C\,(2-\alpha)\, t} = 1\right\} = 1\,.$$

Aus der letzten Gleichung folgt der Beweis des Satzes.

Das einfachste Beispiel einer Gleichung, für die $a(x)$ keine Potenzasymptotik für $x \to +\infty$ und $\xi(t)$ im Unendlichen ein Potenzwachstum besitzen, ist die Gleichung, bei der $a(x) = x^\alpha + \lambda\, x^\beta \cos x^\gamma$ für $x > 0$ ist, wobei $\beta > \alpha > 0$ und γ so beschaffen sind, daß $\int_0^\infty x^\beta \cos x^\gamma\, dx$ konvergiert $(\gamma > \beta + 1)$.

Wir benutzen nun den Satz 2 zur Ermittlung von Bedingungen, bei denen die Wachstumsordnung $\varphi(t)$ der Lösung $\xi(t)$ von (2) so gewählt werden kann, daß $\varphi(t)$ die Lösung einer gewöhnlichen Differentialgleichung ist, die man aus der Gleichung (2) durch Fortlassen des Gliedes mit dem stochastischen Differential erhält. Mit anderen Worten, uns interessiert der Fall, für den man als Wachstumsordnung die Lösung der Gleichung

$$d\varphi(t) = a(\varphi(t))\, dt \tag{11}$$

nehmen kann.

Es sei bemerkt, daß der Wunsch, eine (nichtzufällige) Funktion, die für $t \to +\infty$ genau so wie die Lösung der stochastischen Gleichung anwächst, in der Form einer Lösung der Ausgangsgleichung, aber ohne zufällige Glieder, zu finden, sehr natürlich ist. Wir präzisieren die Bedingungen, unter denen ein solcher Ansatz zur Untersuchung des asymptotischen Verhaltens der Lösung einer stochastischen Gleichung gerechtfertigt ist. Es ist klar, daß nur derjenige Fall von Interesse ist, für den die Lösung der Gleichung (11) bei $t \to +\infty$ unbeschränkt anwächst. Derartige Lösungen existieren, sofern $a(x) > 0$ für alle hinreichend großen x ist.

Satz 4. *Es sei $a(x)$ so beschaffen, daß die Gleichungen* (2) *und* (11) *für beliebige Anfangsbedingungen eine eindeutige Lösung besitzen. Für alle hinreichend* *großen* $x > 0$ *sei* $a(x) > 0$, $\frac{\sigma(x)}{a(x)}$ *sei beschränkt, und es existiere* $a'(x)$ *und* $a'(x) \to 0$. *Ist* $\varphi(t)$ *eine Lösung der Gleichung* (11), *für die* $\lim_{t\to+\infty} \varphi(t) = +\infty$ *und für ein gewisses* $C > 0$

$$\lim_{\varepsilon\to 0} \sup_{\left|\frac{z}{u}-1\right| \leqq \varepsilon,\, z > C} \left|\frac{\varphi(z)}{\varphi(u)} - 1\right| = 0 \tag{12}$$

gilt, dann ist

$$P\left\{\lim_{t\to\infty} \frac{\xi(t)}{\varphi(t)} = 1\right\} = 1 .$$

Beweis. Für hinreichend große x sei $f'(x) = \frac{1}{a(x)}$. Wir setzen $f'(x)$ über die gesamte Gerade so fort, daß $f'(x)\,\sigma(x)$ positiv und beschränkt ist und $f''(x)$ existiert. Da

$$\lim_{x\to+\infty} a(x) f'(x) = 1 , \qquad \lim_{x\to+\infty} \sigma^2(x) f''(x) = \lim_{x\to+\infty} \frac{\sigma^2(x)\, a'(x)}{a^2(x)} = 0$$

ist und $f'(x)\,\sigma(x) = \frac{\sigma(x)}{a(x)}$ beschränkt ist, sind alle Bedingungen der Bemerkung 1 erfüllt. Deshalb ist

$$P\left\{\lim_{t\to\infty} \frac{f(\xi(t))}{t} = 1\right\} = 1 .$$

Wir werden nun die Gleichung $d\varphi(t) = a(\varphi(t))\, dt$ mit der Anfangsbedingung $\varphi(0) = x_0$ lösen. Diese Anfangsbedingung ist so beschaffen, daß $f'(x) = \frac{1}{a(x)} > 0$ für $x \geqq x_0$ ist. Dann gilt $f'(\varphi(t))\, d\varphi(t) = dt$ und $f(\varphi(t)) - f(x_0) = t$. Aus den Eigenschaften der Funktion $\varphi(t)$ folgt

$$P\left\{\lim_{t\to\infty} \frac{\varphi(f(\xi(t)))}{\varphi(t)} = 1\right\} = 1 . \tag{13}$$

Wir zeigen, daß $\lim_{x\to+\infty} \frac{\varphi(f(x))}{x} = 1$ ist. Da $\varphi(t)$ für $t \to +\infty$ gegen $+\infty$ strebt, braucht man nur zu zeigen, daß $\lim_{t\to\infty} \frac{\varphi(f(\varphi(t)))}{\varphi(t)} = 1$ ist. Wegen der Bedingung (12) gilt aber $\frac{\varphi(f(\varphi(t)))}{\varphi(t)} = \frac{\varphi(f(x_0) + t)}{\varphi(t)} \to 1$, da $\frac{t + f(x_0)}{t} \to 1$ konvergiert. Da mit Wahrscheinlichkeit Eins $\xi(t) \to +\infty$ strebt, ist mit der gleichen Wahrscheinlichkeit $\lim_{t\to\infty} \frac{\varphi(f(\xi(t)))}{\xi(t)} = 1$. Demzufolge folgt aus (13) der Beweis des Satzes.

Wir untersuchen nun den Fall, daß $a(x)$ für $x \to +\infty$ gegen 0 strebt. Dazu benötigen wir folgenden Hilfssatz.

Lemma 1. *Es sei* $\xi(t)$ *eine Lösung der Gleichung*

$$d\xi(t) = dt + \sigma(\xi(t))\, dw(t) , \tag{14}$$

wobei für ein gewisses $\alpha < 1$ die Funktion $\sigma(x)$ der Ungleichung $\sigma^2(x) \leqq C(1 + |x|^\alpha)$ genügt. Dann ist

$$P\left\{\lim_{t\to\infty} \frac{\xi(t)}{t} = 1\right\} = 1 .$$

Beweis. Man braucht das Lemma nur für den Fall zu beweisen, daß $\xi(0)$ nichtzufällig und $\xi(0) = x$ ist. Aus (14) folgt

$$\xi(t) = x + t + \int_0^t \sigma(\xi(s))\, dw(s) .$$

Folglich haben wir

$$M\,\xi(t)^2 = (t + x)^2 + \int_0^t M\,\sigma^2(\xi(s))\, ds \leqq (t + x)^2 + C\,t + C \int_0^t M\,|\xi(s)|^\alpha\, ds$$

$$\leqq (t + x)^2 + C\,t + C \int_0^t [M\,\xi(s)^2]^{\alpha/2}\, ds ,$$

und für ein gewisses x_0 gilt die Ungleichung

$$M\,\xi(t)^2 \leqq (t + x_0)^2 + C \int_0^t (M\,\xi(s)^2)^{\alpha/2}\, ds .$$

Es sei $\sup\limits_{0\leqq t\leqq T} M\,\xi(t)^2 = g(T)$. Dann genügt die Funktion $g(T)$ der Beziehung $g(T) \leqq (T + x_0)^2 + C\,T\,g(T)^{\alpha/2}$. Wie leicht zu sehen ist, genügt die Lösung der Ungleichung $x < a + k\,x^\beta$, $\beta < 1$, auch der Ungleichung

$$x < a + k\,a^\beta + \beta\,k\,a^{\beta-1}(x - a) ,$$

da für $x > a$

$$k\,x^\beta < k\,a^\beta + \frac{d}{dx}(k\,x^\beta)\Big|_{x=a}(x - a)$$

ist. Folglich erhalten wir

$$g(t) \leqq (t + x_0)^2 + C\,t\,(t + x_0)^\alpha + \frac{\alpha}{2} C\,t\,(t + x_0)^{\alpha-2}\,[g(t) - (t + x_0)^2] ,$$

d. h.

$$g(t) \leqq \frac{(t + x_0)^2 + C\,t\left(1 - \frac{\alpha}{2}\right)(t_0 + x_0)^\alpha}{1 - C\,\frac{\alpha}{2}\cdot\frac{t}{(t_0 + x_0)^{2-\alpha}}} .$$

Aus der letzten Ungleichung folgt, daß $\overline{\lim\limits_{t\to\infty}}\, \frac{g(t)}{t^2} \leqq 1$ und $M\,\xi(t)^2 \leqq A + B\,t^2$ für gewisse A und B ist. Dann ist aber

$$M\left[\frac{1}{t}\int_0^t \sigma(\xi(s))\, dw(s)\right]^2 \leqq \frac{1}{t^2}\int_0^t M\,\sigma(\xi(s))^2\, ds \leqq \frac{1}{t^2}\, C \int_0^t (1 + M\,|\xi(s)|^\alpha)\, ds$$

$$\leqq \frac{C}{t^2}\left[t + \int_0^t [M(\xi(s))^2]^{\alpha/2}\, ds\right] \leqq \frac{C}{t^2}\left[t + \int_0^t (A + B\,s^2)^{\alpha/2}\, ds\right]$$

$$\leqq \frac{C}{t} + O\left(\frac{1}{t^{1-\alpha}}\right) \leqq \frac{L}{t^{1-\alpha}} \qquad \text{für} \quad t > 1 ,$$

wobei L irgendeine Konstante ist. Auf Grund des Satzes 1 aus § 3 ist also

$$\boldsymbol{P}\left\{\sup_{N\cdot 2^k \leqq t \leqq N\cdot 2^{k+1}} \left|\frac{1}{t}\int_0^t \sigma(\xi(u))\,\mathrm{d}w(u)\right| > \varepsilon\right\}$$

$$\leqq \boldsymbol{P}\left\{\sup_{N\cdot 2^k \leqq t \leqq N\cdot 2^{k+1}} \left|\frac{1}{N\cdot 2^k}\int_0^t \sigma(\xi(u))\,\mathrm{d}w(u)\right| > \varepsilon\right\}$$

$$\leqq \frac{1}{\varepsilon^2 N^2\cdot 2^{2k}} \int_0^{N\cdot 2^{k+1}} M\,\sigma^2(\xi(u))\,\mathrm{d}u \leqq \frac{4\,L}{\varepsilon^2 N^{1-\alpha}\cdot 2^{(1-\alpha)(k+1)}}\,.$$

Aus dieser Ungleichung (wie im Satz 1) kann man die Beziehung

$$\boldsymbol{P}\left\{\lim_{t\to\infty}\frac{1}{t}\int_0^t \sigma(\xi(u))\,\mathrm{d}w(u) = 0\right\} = 1$$

herleiten. Damit ist das Lemma bewiesen.

Bemerkung 2. Ohne größere Änderung des Beweises kann man die Richtigkeit der Behauptung des Lemmas 1 für die Lösung der Gleichung (2) nachweisen, wobei $a(x)$ beschränkt ist, $\sigma(x)$ den Bedingungen des Lemmas 1 genügt, $\lim\limits_{x\to+\infty} a(x) = 1$ und

$$\boldsymbol{P}\left\{\lim_{t\to\infty}\xi(t) = \infty\right\} = 1$$

gilt.

Wir benutzen nun diese Bemerkung zur Untersuchung des Wachstums von Lösungen einer stochastischen Gleichung, bei der $a(x)$ für $x \to +\infty$ eine Potenzasymptotik mit negativem Exponenten besitzt.

Satz 5. *Für $x \to +\infty$ sei $a(x) \sim C\,x^\alpha$ ($C > 0$; $-1 < \alpha < 0$). Ist dann $\xi(t)$ eine Lösung der Gleichung (2), in der $\sigma(x)$ beschränkt und $\boldsymbol{P}\left\{\lim\limits_{t\to\infty}\xi(t) = +\infty\right\} = 1$ ist, so gilt*

$$\boldsymbol{P}\left\{\lim_{t\to\infty}\frac{\xi(t)}{t^{\frac{1}{1-\alpha}}} = [C\,(1-\alpha)]^{\frac{1}{1-\alpha}}\right\} = 1\,.$$

Beweis. Wir betrachten die wachsende Funktion $f(x)$, die für hinreichend große x gleich $\frac{1}{C}\cdot\frac{x^{1-\alpha}}{1-\alpha}$ ist. Diese Funktion setzen wir so fort, daß sie auf der gesamten Geraden monoton wächst, die Ableitungen $f'(x)$ und $f''(x)$ existieren und daß die Funktion $a(x)\,f'(x) + \frac{1}{2}\sigma^2(x)\,f''(x)$ beschränkt ist. Dann genügt der Prozeß $\eta(t) = f(\xi(t))$ der Gleichung

$$\mathrm{d}\eta(t) = \bar{a}(\eta(t))\,\mathrm{d}t + \bar{\sigma}(\eta(t))\,\mathrm{d}w(t)\,,$$

wobei

$$\lim_{x\to+\infty} \bar{a}(x) = \lim_{x\to+\infty} \left[a(x) f'(x) + \frac{1}{2}\sigma^2(x) f''(x)\right] = 1\,,$$

$$\bar{\sigma}(x) = \sigma\big(g(x)\big) f'\big(g(x)\big)$$

und $g(x)$ die inverse Funktion zu $f(x)$ ist. Folglich haben wir für hinreichend große x

$$g(x) = [C(1-\alpha)\,x]^{\frac{1}{1-\alpha}}\,,$$

$$\bar{\sigma}(x) = \sigma\big(g(x)\big)\left\{\frac{1}{C}[C(1-\alpha)\,x]^{\frac{1}{1-\alpha}}\right\}^{-\alpha} \leqq L_1\, x^{-\frac{\alpha}{1-\alpha}} \left(0 < \frac{-\alpha}{1-\alpha} < \frac{1}{2}\right).$$

Deshalb sind für $\eta(t)$ die Bedingungen der Bemerkung 2 erfüllt, und es ist

$$\boldsymbol{P}\left\{\lim_{t\to\infty}\frac{\eta(t)}{t} = 1\right\} = 1 \qquad \text{oder} \qquad \boldsymbol{P}\left\{\lim_{t\to\infty}\frac{\xi(t)^{1-\alpha}}{C(1-\alpha)\,t} = 1\right\} = 1\,.$$

Aus der letzten Beziehung folgt der Beweis des Satzes.

Bemerkung 3. Analog zu dem Beweis des Satzes 3 kann man zeigen, daß die Behauptung des Satzes 3 ihre Gültigkeit behält, wenn der Koeffizient $a(x)$ der Gleichung (9) so beschaffen ist, daß die in Satz 3 definierte Funktion $A(x)$ der Bedingung $A(x) = C\,x^\alpha + \beta(x)$ genügt, wobei $C > 0$, $0 < \alpha \leqq 1$ ist, für $\beta(x)$ der Grenzwert $\lim\limits_{x\to\infty}\beta(x)$ existiert und $\int\limits_{-\infty}^{0}\exp\{-A(z)\}\,dz = +\infty$ ist.

In der Tat, nach der Transformation $\eta(t) = f\big(\xi(t)\big)$ mit der in Satz 3 eingeführten Funktion f genügt $\eta(t)$ der Gleichung

$$d\eta(t) = \bar{a}\big(\eta(t)\big)\,dt + \bar{\sigma}\big(\eta(t)\big)\,dw(t)\,,$$

wobei $\bar{a}(x) = 1$ für $x > 0$ und $\bar{\sigma}(x) \sim \frac{1}{C}[C(2-\alpha)]^{\frac{1-\alpha}{2-\alpha}} x^{\frac{1-\alpha}{2-\alpha}}$ mit $0 \leqq \frac{1-\alpha}{2-\alpha} < \frac{1}{2}$ ist, so daß man das Lemma 1 anwenden kann.

Bemerkung 4. Ist $a(x) \sim \frac{C}{x}$ für $x \to \infty$ (d. h. in Satz 5 ist $\alpha = -1$), dann gilt die Behauptung des Satzes 5 schon nicht mehr.

Nehmen wir nämlich an, daß in diesem Fall ein $a > 0$ existiert, für das

$$\boldsymbol{P}\left\{\lim_{t\to\infty}\frac{\xi(t)}{\sqrt{t}} = a\right\} = 1$$

ist, dann erhalten wir

$$\boldsymbol{P}\left\{\lim_{t\to+\infty}\frac{1}{\sqrt{t}}\int_0^t a\big(\xi(s)\big)\,ds = \lim_{t\to\infty}\frac{1}{\sqrt{t}}\int_0^t\frac{C}{\xi(s)}\,ds = \lim_{t\to\infty}\frac{1}{\sqrt{t}}\int_0^t\frac{C}{a\sqrt{s}}\,ds = \frac{2C}{a}\right\} = 1\,.$$

Wegen $\xi(t) = \xi(0) + \int_0^t a(\xi(s))\, ds + w(t)$ folgt unter unserer Voraussetzung $P\left\{\lim_{t\to\infty} \frac{w(t)}{\sqrt{t}} = a - \frac{2C}{a}\right\} = 1$, was nicht möglich sein kann, da $\frac{w(t)}{\sqrt{t}}$ eine Normalverteilung mit Mittelwert Null und Dispersion Eins besitzt.

§ 18. Ergodensätze

Man unterscheidet zwei Arten von Ergodensätzen: a) ***Ergodensätze für die Prozesse selbst.*** Diese Sätze sind von der Art eines Gesetzes der großen Zahlen für die Mittelwerte $\frac{1}{T}\int_0^T f(\xi(s))\, ds \ (T \to +\infty)$, wobei $\xi(t)$ der betrachtete Prozeß und f eine Funktion aus einer hinreichend weiten Klasse (zum Beispiel eine beliebige stetige Funktion) sind. b) ***Ergodensätze für die Verteilungen.*** Diese Sätze sagen etwas über die Existenz einer Grenzverteilung der Größe $\xi(t)$ für $t \to +\infty$ aus. Der Zusammenhang zwischen ihnen besteht darin, daß in den interessantesten Fällen mit Wahrscheinlichkeit 1

$$\lim_{T\to\infty} \frac{1}{T}\int_0^T f(\xi(s))\, ds = \int f(x)\, dG(x) \tag{1}$$

ist, wobei G die Grenzverteilung der Größe $\xi(t)$ für $t \to \infty$ ist. Eine solche Verteilung G heißt *ergodische Verteilung für den Prozeß* $\xi(t)$.

Wir untersuchen die Bedingungen, unter denen für die Lösungen von stochastischen Gleichungen eine ergodische Verteilung existiert, und suchen die explizite Form der ergodischen Verteilung.

Es sei $\xi(t)$ eine Lösung der Gleichung

$$d\xi(t) = a(\xi(t))\, dt + \sigma(\xi(t))\, dw(t)\,,$$

in der die Koeffizienten $a(x)$ und $\sigma(x)$ einer Lipschitzbedingung genügen und $\sigma(x) > 0$ ist. Die ergodische Verteilung kann offenbar nur in dem Fall existieren, daß $|\xi(t)|$ nicht mit Wahrscheinlichkeit 1 gegen Unendlich strebt, was nur dann möglich ist, wenn die Funktion

$$f(x) = \int_0^x \exp\left\{-\int_0^z \frac{2\,a(y)}{\sigma^2(y)}\, dy\right\} dz$$

den Bedingungen $\lim_{x\to+\infty} f(x) = +\infty$, $\lim_{x\to-\infty} f(x) = -\infty$ genügt.

Wir setzen $\eta(t) = f(\xi(t))$. Der Prozeß $\eta(t)$ genügt einer stochastischen Gleichung der Form $d\eta(t) = \bar{\sigma}(\eta(t))\, dw(t)$. Aus den Eigenschaften der Funktion f folgt, daß die Grenzverteilungen für die Größen $\eta(t)$ und $\xi(t)$ gleichzeitig existieren. Deshalb werden wir im weiteren die Existenz einer Grenzverteilung für den Prozeß $\xi(t)$ untersuchen, der eine Lösung der Gleichung

$$d\xi(t) = \sigma(\xi(t))\, dw(t) \tag{2}$$

ist. Wir untersuchen zuerst die zufällige Zeit $\tau_{x,y} = \inf\{s, \xi_x(s) = y\}$, die der Prozeß $\xi_x(s)$ benötigt, um zum ersten Mal zu dem Punkt y zu gelangen, wobei der Prozeß $\xi_x(s)$ der Gleichung (2) und der Anfangsbedingung $\xi_x(0) = x$ genügt. Da in unserem Fall

$$\boldsymbol{P}\left\{\sup_{t>0} \xi(t) = +\infty\right\} = 1\,, \qquad \boldsymbol{P}\left\{\inf_{t>0} \xi(t) = -\infty\right\} = 1$$

gilt, ist die Zeit $\tau_{x,y}$ für jedes Paar x und y mit Wahrscheinlichkeit 1 definiert (endlich). Es sei $a < x < b$. Wir bezeichnen mit $\tau_x[a, b]$ die Zeit, bei der der Prozeß $\xi_x(t)$ erstmalig die Grenzen des Intervalls (a, b) erreicht. Indem wir die Folgerung 2 aus § 15 und die Tatsache benutzen, daß in unserem Fall $\Phi(z) = 1$ ist (Φ ist die Funktion aus Folgerung 2 von § 15), erhalten wir die Formel

$$\boldsymbol{M}\tau_x[a, b] = \frac{x-a}{b-a}\int_a^b \frac{2\,(b-z)}{\sigma^2(z)}\,dz - \int_a^x \frac{2\,(x-z)}{\sigma^2(z)}\,dz\,. \tag{3}$$

Durch einfache Umformungen kann man diese Beziehung auf folgende (mehr symmetrische) Gestalt bringen:

$$\boldsymbol{M}\tau_x[a, b] = \frac{x-a}{b-a}\int_x^b \frac{2\,(b-z)}{\sigma^2(z)}\,dz + \frac{b-x}{b-a}\int_a^x \frac{2\,(z-a)}{\sigma^2(z)}\,dz\,. \tag{4}$$

Wir benutzen nun die letzte Formel für den Beweis des folgenden Hilfssatzes.

Lemma 1. *Ist* $\int_0^\infty \frac{1}{\sigma^2(z)}\,dz < \infty$, *so gilt für* $y < x$

$$\boldsymbol{M}\tau_{x,y} = (x-y)\int_x^\infty \frac{2}{\sigma^2(z)}\,dz + \int_y^x (z-y)\frac{2}{\sigma^2(z)}\,dz\,; \tag{5}$$

ist aber $\int_{-\infty}^0 \frac{1}{\sigma^2(z)}\,dz < \infty$, *so gilt für* $x < y$

$$\boldsymbol{M}\tau_{x,y} = (y-x)\int_{-\infty}^x \frac{2}{\sigma^2(z)}\,dz + \int_x^y (y-z)\frac{2}{\sigma^2(z)}\,dz\,. \tag{6}$$

Beweis. Da beide Formeln in gleicher Weise bewiesen werden, beweisen wir nur Formel (5). Es sei $C > x$. Wir betrachten die Größe $\tau_x[y, C]$. Für $C \to +\infty$ strebt offensichtlich $\tau_x[y, C] \to \tau_{x,y}$ mit monoton wachsendem C. Benutzt man Formel (4) und geht für $C \to +\infty$ zum Grenzwert über, so erhält man

$$\boldsymbol{M}\tau_x[y, C] = \frac{C-x}{C-y}\int_y^x (z-y)\frac{2}{\sigma^2(z)}\,dz + (x-y)\int_x^C \frac{C-z}{C-y}\cdot\frac{2}{\sigma^2(z)}\,dz\,.$$

Strebt $C \to +\infty$, dann haben wir folgende Beziehungen:

$$\frac{C-x}{C-y} \to 1\,, \qquad 0 \leqq \frac{C-z}{C-y} \leqq 1\,, \qquad \frac{C-z}{C-y} \to 1\,.$$

Das Lemma ist damit bewiesen.

Lemma 2. *Es sei $\sigma(x)$ so beschaffen, daß $\int\limits_{-\infty}^{\infty} \frac{1}{\sigma^2(x)}\, dx < \infty$ und $\xi_x(t)$ eine Lösung der Gleichung* (2) *mit der Anfangsbedingung $\xi_x(0) = x$ ist. Dann gilt für beliebige x und y und eine beliebige beschränkte meßbare* Borel*funktion $\varphi(z)$ die Gleichung*

$$\lim_{T\to\infty} \boldsymbol{M}\left(\frac{1}{T}\int\limits_0^T \varphi(\xi_x(t))\,dt - \frac{1}{T}\int\limits_0^T \varphi(\xi_y(t))\,dt\right) = 0\,. \tag{7}$$

Beweis. Wir setzen $\tilde{\xi}(t) = \xi_x(\tau_{x,y} + t)$. Wie aus der Bemerkung 2 von § 15 folgt, stimmen die Verteilungen der Prozesse $\tilde{\xi}(t)$ und $\xi_y(t)$ überein. Ferner ist

$$\boldsymbol{M}\frac{1}{T}\int\limits_0^T \varphi(\xi_x(t))\,dt = \boldsymbol{M}\frac{1}{T}\int\limits_0^{\tau_{x,y}} \varphi(\xi_x(t))\,dt + \boldsymbol{M}\frac{1}{T}\int\limits_{\tau_{x,y}}^{T+\tau_{x,y}} \varphi(\xi_x(t))\,dt - \boldsymbol{M}\frac{1}{T}\int\limits_T^{T+\tau_{x,y}} \varphi(\xi_x(t))\,dt\,.$$

Offenbar gilt

$$\boldsymbol{M}\frac{1}{T}\int\limits_{\tau_{x,y}}^{T+\tau_{x,y}} \varphi(\xi_x(s))\,ds = \boldsymbol{M}\frac{1}{T}\int\limits_0^T \varphi(\tilde{\xi}(s))\,ds = \boldsymbol{M}\frac{1}{T}\int\limits_0^T \varphi(\xi_y(s))\,ds$$

und

$$\left|\boldsymbol{M}\frac{1}{T}\int\limits_0^{\tau_{x,y}} \varphi(\xi_x(t))\,dt\right| \leqq \frac{\boldsymbol{M}\tau_{x,y}}{T}\sup_z |\varphi(z)|\,.$$

Eine analoge Abschätzung gilt auch für die Größe

$$\left|\boldsymbol{M}\frac{1}{T}\int\limits_T^{\tau_{x,y}+T} \varphi(\xi_x(t))\,dt\right|.$$

Folglich ist für ein gewisses $L > 0$

$$\left|\boldsymbol{M}\frac{1}{T}\int\limits_0^T \varphi(\xi_x(t))\,dt - \boldsymbol{M}\frac{1}{T}\int\limits_0^T \varphi(\xi_y(t))\,dt\right| \leqq \frac{L}{T}\,. \tag{8}$$

Aus dieser Ungleichung folgt der Beweis des Lemmas.

Bemerkung 1. Da man L gleich

$$2\,\boldsymbol{M}\tau_{x,y}\sup_z \varphi(z)$$

wählen kann, können wir uns unter Berücksichtigung von

$$\boldsymbol{M}\tau_{x,y} \leqq |x-y| \int\limits_{-\infty}^{\infty} \frac{2}{\sigma^2(z)}\,dz$$

davon überzeugen, daß eine Konstante H existiert, für die

$$\left|\frac{1}{T}\int_0^T M\,\varphi\big(\xi_x(t)\big)\,\mathrm{d}t - \frac{1}{T}\int_0^T M\,\varphi\big(\xi_y(t)\big)\,\mathrm{d}t\right| \leqq \frac{H\,|x-y|\,\|\varphi\|}{T} \tag{9}$$

ist, wobei $\|\varphi\| = \sup_z |\varphi(z)|$ ist.

Lemma 3. *Ist* $\int\limits_{-\infty}^{\infty} \frac{1}{\sigma^2(x)}\,\mathrm{d}x < \infty$ *und* $F_{t,x}(y) = P\,\{\xi_x(t) < y\}$ *die Verteilungsfunktion der Größe* $\xi_x(t)$, *dann ist für alle* $t > 0$

$$\int_{-\infty}^{\infty} \frac{1}{\sigma^2(x)}\,F_{t,x}(y)\,\mathrm{d}x = \int_{-\infty}^{y} \frac{1}{\sigma^2(x)}\,\mathrm{d}x\,. \tag{10}$$

Beweis. Wir setzen zunächst voraus, daß $\sigma(x)$ so beschaffen ist, daß die Funktion

$$g(t, y) = \int_{-\infty}^{\infty} \frac{1}{\sigma^2(x)}\,F_{t,x}(y)\,\mathrm{d}x$$

der Fokker-Planck-Gleichung (siehe Bemerkung 3 aus § 14)

$$\frac{\partial g(t,y)}{\partial t} = \frac{1}{2}\cdot\frac{\partial}{\partial y}\left(\sigma^2(y)\,\frac{\partial g(t,y)}{\partial y}\right) \tag{11}$$

und der Anfangsbedingung $g(0, y) = \int\limits_{-\infty}^{y} \frac{\mathrm{d}x}{\sigma^2(x)}$ genügt. Wie leicht zu sehen ist, löst die Funktion $g(t, y) = \int\limits_{-\infty}^{y} \frac{\mathrm{d}x}{\sigma^2(x)}$ dieses Cauchysche Anfangsproblem für die Gleichung (11). Bei hinreichend glatter Funktion $\sigma(x)$ besitzt die Gleichung (11) eine eindeutige Lösung des gestellten Cauchyschen Anfangswertproblems, so daß unter den getroffenen Voraussetzungen die Formel (10) gilt. Es sei nur noch bemerkt, daß man die Folge $\sigma_n(x)$ so wählen kann, daß für jedes n die Beziehung

$$\int_{-\infty}^{\infty} \frac{1}{\sigma_n^2(x)}\,F^{(n)}_{t,x}(y)\,\mathrm{d}x = \int_{-\infty}^{y} \frac{1}{\sigma_n^2(z)}\,\mathrm{d}z$$

erfüllt ist, wobei $F^{(n)}_{t,x}(y)$ die Verteilungsfunktion des Prozesses $\xi^{(n)}_x(t)$ ist, der eine Lösung der Gleichung $\mathrm{d}\xi^{(n)}_x(t) = \sigma_n\big(\xi^{(n)}_x(t)\big)\,\mathrm{d}w(t)$ mit der Anfangsbedingung $\xi^{(n)}_x(0) = x$ darstellt, und daß außerdem $\frac{1}{\sigma_n^2(x)} \to \frac{1}{\sigma^2(x)}$ gleichmäßig und $\int\limits_{-\infty}^{\infty} \left|\frac{1}{\sigma_n^2(y)} - \frac{1}{\sigma^2(x)}\right| \mathrm{d}y \to 0$ konvergiert. Dann konvergiert auch die Verteilung von

$\xi_x^{(n)}(t)$ gegen die Verteilung von $\xi_x(t)$ (zum Beispiel wegen Satz 2 aus § 7), und folglich ist

$$\int_{-\infty}^{y} \frac{dz}{\sigma^2(z)} = \lim_{n\to\infty} \int_{-\infty}^{y} \frac{dz}{\sigma_n^2(z)} = \lim_{n\to\infty} \int_{-\infty}^{\infty} \frac{1}{\sigma_n^2(x)} F_{t,x}^{(n)}(y)\, dx = \int_{-\infty}^{\infty} \frac{1}{\sigma^2(x)} F_{t,x}(y)\, dx .$$

Damit ist das Lemma bewiesen.

Folgerung 1. Sind die Bedingungen des Lemmas 3 erfüllt, dann ist für jede BORELfunktion $\varphi(x)$, für die $\int_{-\infty}^{\infty} \frac{|\varphi(z)|}{\sigma^2(z)}\, dz < \infty$ ist, die Beziehung

$$\int \boldsymbol{M}\, \varphi(\xi_y(t))\, \frac{1}{\sigma^2(y)}\, dy = \int \frac{\varphi(y)}{\sigma^2(y)}\, dy \tag{12}$$

erfüllt.

Wir nehmen an, $\xi(0)$ besitze die Verteilungsfunktion $D \int_{-\infty}^{y} \frac{1}{\sigma^2(z)}\, dz$, wobei $D^{-1} = \int_{-\infty}^{\infty} \frac{dz}{\sigma^2(z)}$ ist. Dann folgt aus Lemma 3, daß für alle $t > 0$ die Verteilung der Größe $\xi_{\xi(0)}(t)$ mit der Verteilung von $\xi(0)$ übereinstimmt. Deshalb ist für jede beschränkte stetige Funktion φ die Beziehung (12) erfüllt, da

$$D \int_{-\infty}^{\infty} \frac{\varphi(z)}{\sigma^2(z)}\, dz = \boldsymbol{M}\varphi(\xi(0)) = \boldsymbol{M}\varphi(\xi(t)) = \boldsymbol{M}(\boldsymbol{M}\varphi(\xi_{\xi(0)}(t))/\xi(0)) = D \int \boldsymbol{M}\varphi(\xi_y(t))\, \frac{dy}{\sigma^2(y)}$$

ist. Man kann offensichtlich die Beziehung (12) mit Hilfe des Grenzübergangs auf alle Funktionen φ übertragen, für die die rechte Seite von (12) einen Sinn hat.

Satz 1. *Ist φ eine beschränkte* BOREL*funktion, dann gilt für jedes x die Gleichung*

$$\lim_{T\to\infty} \frac{1}{T} \int_0^T \boldsymbol{M}\, \varphi(\xi_x(t))\, dt = D \int_{-\infty}^{\infty} \frac{\varphi(y)}{\sigma^2(y)}\, dy .$$

Beweis. Wir zeigen zunächst, daß

$$\lim_{T\to\infty} \int_{-\infty}^{\infty} \left[\frac{1}{T} \boldsymbol{M} \int_0^T \varphi(\xi_x(t))\, dt - \frac{1}{T} \boldsymbol{M} \int_0^T \varphi(\xi_y(t))\, dt \right] \frac{dy}{\sigma^2(y)} = 0 \tag{13}$$

ist. Die Funktion $\psi_T(x, y) = \frac{1}{T} \int_0^T [\boldsymbol{M}\, \varphi(\xi_x(t)) - \boldsymbol{M}\, \varphi(\xi_y(t))]\, dt$ genügt für jedes y und x den Bedingungen $|\psi_T(x, y)| \leq 2\, K \left(K = \sup_x |\varphi(x)|\right)$ und $\psi_T(x, y) \to 0$, wenn $T \to \infty$ strebt (wegen Lemma 2). Die Gleichung (13) ergibt sich demzufolge aus dem Satz von LEBESGUE über den Grenzübergang unter dem Integralzeichen. Auf Grund der Folgerung 1 ist

$$\int_{-\infty}^{\infty} \frac{1}{T} \boldsymbol{M} \int_0^T \varphi(\xi_y(t)) \frac{dt}{\sigma^2(y)} dy = \frac{1}{T} \int_0^T \left[\int_{-\infty}^{\infty} \boldsymbol{M} \varphi(\xi_y(t)) \frac{dy}{\sigma^2(y)} \right] dt = \int \frac{\varphi(z)}{\sigma^2(z)} dz ;$$

deshalb kann man die Gleichung (13) wie folgt schreiben:

$$\lim_{T\to\infty} \left[\frac{1}{T} \int_0^T \boldsymbol{M} \varphi(\xi_x(t)) dt \int_{-\infty}^{\infty} \frac{dy}{\sigma^2(y)} - \int_{-\infty}^{\infty} \frac{\varphi(z)}{\sigma^2(z)} dz \right] = 0 .$$

Der Satz ist damit bewiesen.

Bemerkung 2. Indem wir die Abschätzung (9) anwenden, gelangen wir zu einer Ungleichung, die den Satz 1 präzisiert:

$$\left| \frac{1}{T} \int_0^T \boldsymbol{M} \varphi(\xi_x(t)) dt - D \int_{-\infty}^{\infty} \frac{\varphi(z)}{\sigma^2(z)} dz \right|$$
$$\leqq D \,\|\varphi\| \left\{ \int_{|x-y|\geqq T} \frac{dy}{\sigma^2(y)} + \frac{H}{T} \int_{|x-y|\leqq T} |x-y| \frac{dy}{\sigma^2(y)} \right\} .$$

Lemma 4. *Unter den Bedingungen des Satzes* 1 *ist*

$$\lim_{T\to\infty} \boldsymbol{M} \left\{ \frac{1}{T} \int_0^T \varphi(\xi_x(t)) dt - D \int \frac{\varphi(z)}{\sigma^2(z)} dz \right\}^2 = 0 ,$$

d. h., im quadratischen Mittel ist

$$\lim_{T\to\infty} \frac{1}{T} \int_0^T \varphi(\xi_x(t)) dt = D \int \frac{\varphi(z)}{\sigma^2(z)} dz .$$

Beweis. Ohne Einschränkung der Allgemeinheit können wir annehmen, daß $\int \frac{\varphi(z)}{\sigma^2(z)} dz = 0$ ist (das kann man erreichen, indem man von φ eine geeignete Konstante subtrahiert). Aus der Bemerkung 2 folgt, daß an eine beschränkte und für $T \to +\infty$ auf jedem beschränkten Intervall gleichmäßig bezüglich x gegen Null konvergierende Funktion $\psi(T, x)$ angeben kann, für die

$$\left| \frac{1}{T} \int_0^T \boldsymbol{M} \varphi(\xi_x(t)) dt \right| \leqq \psi(T, x)$$

ist. Dann erhalten wir

$$\boldsymbol{M} \left(\frac{1}{T} \int_0^T \varphi(\xi_x(t)) dt \right)^2 = \frac{2}{T^2} \boldsymbol{M} \int_0^T \varphi(\xi_x(t)) \int_t^T \varphi(\xi_x(s)) ds\, dt$$

$$= \frac{2}{T^2} \boldsymbol{M} \int_0^T \varphi(\xi_x(t)) \boldsymbol{M} \left[\int_t^T \varphi(\xi_x(s)) ds / \xi_x(t) \right] dt \leqq \frac{2\,\|\varphi\|}{T} \boldsymbol{M} \int_0^T \frac{T-t}{T} \psi(T-t, \xi_x(t)) dt$$

und folglich ist für fast alle x bei $T \to \infty$ und $\boldsymbol{M}\left(\frac{1}{T}\int\limits_0^T \varphi(\xi_x(t))\,\mathrm{d}t\right)^2 \to 0$

$$\int\limits_{-\infty}^{\infty} \frac{1}{\sigma^2(x)} \boldsymbol{M}\left(\frac{1}{T}\int\limits_0^T \varphi(\xi_x(t))\,\mathrm{d}t\right)^2 \leqq \frac{2\,\|\varphi\|}{T}\int\limits_0^T\int\limits_{-\infty}^{\infty} \boldsymbol{M}\,\psi(T-t,\xi_x(t))\,\frac{\mathrm{d}x}{\sigma^2(x)}\,\mathrm{d}t$$

$$= \frac{2\,\|\varphi\|}{T}\int\limits_0^T\int\limits_{-\infty}^{\infty} \psi(T-t,y)\,\frac{\mathrm{d}y}{\sigma^2(y)}\,\mathrm{d}t \to 0\,.$$

Außerdem ist dieser Ausdruck durch $\|\varphi\|^2$ beschränkt. Demzufolge konvergiert für $h > 0$

$$\int p(h,x,y)\,\boldsymbol{M}\left(\frac{1}{T-h}\int\limits_0^{T-h} \varphi(\xi_y(t))\,\mathrm{d}t\right)^2 \mathrm{d}y \to 0\,,$$

wobei $p(h, x, y)$ die Verteilungsdichte von $\xi_x(t)$ ist (die Existenz der Dichte folgt aus der Formel (9) von § 13). Für $T \to \infty$ ist aber

$$\boldsymbol{M}\left(\frac{1}{T}\int\limits_0^T \varphi(\xi_x(t))\,\mathrm{d}t\right)^2 = \frac{1}{T^2}\boldsymbol{M}\left[\int\limits_0^h \varphi(\xi_x(s))\,\mathrm{d}s\right]^2$$

$$+ \frac{2}{T^2}\boldsymbol{M}\int\limits_0^h \varphi(\xi_x(s))\,\mathrm{d}s\int\limits_h^T \varphi(\xi_x(s))\,\mathrm{d}s + \frac{1}{T^2}\boldsymbol{M}\left(\int\limits_h^T \varphi(\xi_x(s))\,\mathrm{d}s\right)^2$$

$$\leqq \frac{h^2\,\|\varphi\|^2}{T^2} + \frac{2\,h\,\|\varphi\|^2}{T} + \frac{1}{T^2}\int\limits_{-\infty}^{\infty} p(h,x,y)\,\boldsymbol{M}\left\{\int\limits_0^{T-h} \varphi(\xi_y(s))\,\mathrm{d}s\right\}^2 \mathrm{d}y \to 0\,.$$

Das Lemma ist damit bewiesen.

Wie schon bemerkt wurde, folgt aus Lemma 4, daß im Sinne der Konvergenz im quadratischen Mittel

$$\lim_{T\to\infty} \frac{1}{T}\int\limits_0^T \boldsymbol{M}\,\varphi(\xi_x(t))\,\mathrm{d}t = D\int\limits_{-\infty}^{\infty} \frac{\varphi(z)}{\sigma^2(z)}\,\mathrm{d}z \tag{14}$$

ist. Wir zeigen, daß die Gleichung (14) mit Wahrscheinlichkeit 1 gilt, d. h., daß für den Prozeß $\xi_x(t)$ der folgende Ergodensatz gilt.

Satz 2. *Ist* $\int\limits_{-\infty}^{\infty} \frac{\mathrm{d}z}{\sigma^2(z)} < \infty$ *und ist* $\varphi(z)$ *eine* Borel*funktion mit*

$$\int\limits_{-\infty}^{\infty} \frac{|\varphi(z)|}{\sigma^2(z)}\,\mathrm{d}z < \infty\,,$$

dann ist

$$\boldsymbol{P}\left\{\lim_{T\to\infty} \frac{1}{T}\int\limits_0^T \varphi(\xi_x(t))\,\mathrm{d}t = D\int \frac{\varphi(z)}{\sigma^2(z)}\,\mathrm{d}z\right\} = 1\,.$$

Beweis. Es sei $a < x$. Wir setzen

$$\tau = \inf\left\{s;\, \xi_x(s) = x,\ \inf_{0\leqq u \leqq s} \xi_x(u) \leqq a\right\}.$$

Mit anderen Worten, τ ist die kürzeste Zeit, die der Prozeß $\xi_x(t)$ benötigt, um aus dem Intervall (a, ∞) auszutreten und danach wieder zum Punkt x zurückzukehren. Wie leicht zu sehen ist, gilt $\tau < \tau_{x,a} + \tau'_{a,x}$, wobei $\tau'_{a,x} = \inf\{s;\, \xi'_a(s) = x\}$ und $\xi'_a(s) = \xi_x(\tau_{x,a} + s)$ ist. Aus der Bemerkung 2 von § 15 folgt, daß $\xi'_a(s)$ die gleiche Verteilung hat wie $\xi_a(s)$, deshalb ist $\boldsymbol{M}\tau < \boldsymbol{M}\tau'_{a,x} + \boldsymbol{M}\tau_{x,a} < \infty$. Es sei $\tau^{(1)} = \tau$, $\xi_x^{(1)}(s) = \xi_x(\tau + s) = \xi_x^{(0)}(\tau^{(1)} + s)$. Ferner sei $\tau^{(2)}$ eine Größe, die dem Prozeß $\xi_x^{(1)}(s)$ so zugeordnet ist wie τ dem Prozeß $\xi_x(s)$. Wir definieren ferner die Prozesse $\xi_x^{(k)}(s) - \xi_x^{(k-1)}(\tau^{(k)} + s)$ und die Größen $\tau^{(k+1)} = \inf\left\{s;\, \xi_x^k(s) = x,\ \inf_{0\leqq u\leqq s} \xi_x^k(u) \leqq a\right\}$. Wegen der Folgerung 1 aus § 15 haben die Größen $\tau^{(1)}, \tau^{(2)}, \ldots, \tau^{(k)}, \ldots$ die gleiche Verteilung, und sie sind unabhängig, wie auch die Größen

$$\eta_{k+1} = \int_{\tau^{(k)}}^{\tau^{(k+1)}} \varphi\big(\xi_x^{(k)}(s)\big)\, ds\,.$$

Wir setzen zunächst voraus, daß die Funktion φ beschränkt und nichtnegativ ist. Dann ist $\boldsymbol{M}\eta_k \leqq \|\varphi\|\, \boldsymbol{M}\tau^{(k)}$. Auf Grund des verschärften Gesetzes der großen Zahlen haben wir

$$\boldsymbol{P}\left\{\lim_{k\to\infty} \frac{1}{k}\sum_{i=1}^{k} \eta_i = \boldsymbol{M}\eta_1\right\} = \boldsymbol{P}\left\{\lim_{k\to\infty} \frac{1}{k}\sum_{i=1}^{k} \tau^{(1)} = \boldsymbol{M}\tau^{(1)}\right\} = 1$$

und

$$\boldsymbol{P}\left\{\lim_{k\to\infty} \frac{\sum_{i=1}^{k} \eta_i}{\sum_{i=1}^{k} \tau^{(i)}} = \frac{\boldsymbol{M}\eta_1}{\boldsymbol{M}\tau^{(1)}}\right\} = 1\,. \tag{15}$$

Es sei bemerkt, daß $\sum_{i=1}^{k} \eta_i = \int_0^{\tau^{(1)} + \cdots + \tau^{(k)}} \varphi\big(\xi_x(s)\big)\, ds$ ist.

Es sei ν_T so beschaffen, daß $\tau^{(1)} + \cdots + \tau^{(\nu_T)} < T \leqq \tau^{(1)} + \cdots + \tau^{(\nu_T + 1)}$ ist. Dann erhalten wir

$$\frac{\sum_{i=1}^{\nu_T} \eta_i}{\sum_{i=1}^{\nu_T+1} \tau^{(i)}} \leqq \frac{1}{T}\int_0^T \varphi\big(\xi_x(s)\big)\, ds \leqq \frac{\sum_{i=1}^{\nu_T+1} \eta_i}{\sum_{i=1}^{\nu_T} \tau^{(i)}}\,. \tag{16}$$

Wie leicht zu sehen ist, gilt mit Wahrscheinlichkeit Eins $\nu_T \to +\infty$, und es ist

$$\boldsymbol{P}\left\{\lim_{k\to\infty} \frac{\sum_{i=1}^{k} \tau^{(i)}}{\sum_{i=1}^{k+1} \tau^{(i)}} = 1\right\} = 1\,.$$

Für $T \to \infty$ konvergieren deshalb die äußeren Glieder der Ungleichung (16) mit der gleichen Wahrscheinlichkeit gegen denselben Grenzwert $\frac{M\eta_1}{M\tau^{(1)}}$, woraus

$$P\left\{\lim \frac{1}{T}\int_0^T \varphi(\xi_x(s))\, ds = \frac{M\eta_1}{M\tau^{(1)}}\right\} = 1 \tag{17}$$

folgt. Aus (14) ergibt sich

$$\frac{M\eta_1}{M\tau^{(1)}} = D\int \frac{\varphi(z)}{\sigma^2(z)}\, dz\,,$$

d. h., für alle beschränkten nichtnegativen Funktionen ist

$$M\int_0^{\tau^{(1)}} \varphi(\xi_x(s))\, ds = D\, M\tau^{(1)}\int \frac{\varphi(z)}{\sigma^2(z)}\, dz\,. \tag{18}$$

Durch Grenzübergang können wir uns davon überzeugen, daß die Gleichung (18) für alle nichtnegativen Funktionen φ erfüllt ist, für die $\int \frac{\varphi(z)}{\sigma^2(z)}\, dz < \infty$ ist. Dann ist aber $M\int_0^{\tau^{(1)}} \varphi(\xi_x(s))\, ds < \infty$, und folglich gelten die Beziehungen (15) und (17). Der Satz ist damit für nichtnegative Funktionen bewiesen. Der Beweis für den allgemeinen Fall folgt daraus, daß man jede Funktion φ, die den Bedingungen des Satzes genügt, als Differenz nichtnegativer Funktionen darstellen kann.

Wir beweisen nun einen Ergodensatz für die Verteilungen des Prozesses $\xi_x(t)$.

Satz 3. *$\sigma(x)$ genüge einer* Lipschitz*bedingung, und es sei*

$$\int_{-\infty}^{\infty} \frac{1}{\sigma^2(y)}\, dy < \infty \qquad \text{und} \qquad F_t(y) = P\,\{\xi_x(t) < y\}\,.$$

Dann ist

$$\lim_{t\to\infty} F_t(y) = D\int_{-\infty}^{y} \frac{1}{\sigma^2(z)}\, dz\,.$$

Beweis. Es sei $x < y$. Dann folgt aus der Eindeutigkeit der Lösung von (2), daß für alle $t > 0$ die Ungleichung $\xi_y(t) - \xi_x(t) \geqq 0$ erfüllt ist. Es sei $\Delta_{x,y}(t) = \xi_y(t) - \xi_x(t)$. Wegen

$$\Delta_{x,y}(t_{n+1}) - \Delta_{x,y}(t_n) = \int_{t_n}^{t_{n+1}} [\sigma(\xi_y(s)) - \sigma(\xi_x(s))]\, dw(s)$$

ist

$$M\,(\Delta_{x,y}(t_{n+1}) - \Delta_{x,y}(t_n)/\Delta_{x,y}(t_1), \ldots, \Delta_{x,y}(t_n)) = 0\,,$$

falls $t_1 < t_2 < \cdots < t_n < t_{n+1}$ ist. Auf Grund von Lemma 5 aus § 16 können wir also

$$P\left\{\sup_{t>0} \Delta_{x,y}(t) > a\right\} \leqq \frac{y-x}{a}$$

schreiben. Wegen der Folgerung 1 aus § 4 ist dann aber

$$\boldsymbol{P}\left\{\int_0^\infty [\sigma(\xi_y(t)) - \sigma(\xi_x(t))]^2 \, dt < C\right\} \geqq 2\,\boldsymbol{P}\{w(C) > a\} - \frac{y-x}{a}. \tag{19}$$

Durch Wahl genügend großer $a > 0$ und $C > 0$ können wir erreichen, daß der Ausdruck auf der rechten Seite von (19) beliebig nahe bei Eins liegt, und deshalb ist

$$\boldsymbol{P}\left\{\int_0^\infty [\sigma(\xi_y(t)) - \sigma(\xi_x(t))]^2 \, dt < \infty\right\} = 1. \tag{20}$$

Aus der Gleichung (20) folgt, daß der Grenzwert

$$\Delta_\infty = \lim_{t\to\infty} \Delta_{x,y}(t) = \int_0^\infty [\sigma(\xi_y(t)) - \sigma(\xi_x(t))] \, dw(t)$$

mit Wahrscheinlichkeit 1 existiert. Wie man leicht sieht, ist

$$\lim_{T\to\infty} \frac{1}{T}\int_0^T [\sigma(\xi_x(t) + \Delta_{x,y}(t)) - \sigma(\xi_x(t))]^2 \, dt = \lim_{T\to\infty} \frac{1}{T}\int_0^T [\sigma(\xi_x(t)) + \Delta_\infty) - \sigma(\xi_x(t))]^2 \, dt,$$

und folglich erhalten wir

$$\lim_{T\to\infty} \frac{1}{T}\int_0^T [\sigma(\xi_x(t) + \Delta_\infty) - \sigma(\xi_x(t))]^2 \, dt = 0. \tag{21}$$

Da bei jedem nichtzufälligen Δ die Funktion $(\sigma(y + \Delta) - \sigma(y))^2$ beschränkt ist (σ genügt einer Lipschitzbedingung), ist auf Grund von Satz 2

$$\lim_{T\to\infty} \frac{1}{T}\int_0^T [\sigma(\xi_x(t) + \Delta) - \sigma(\xi_x(t))]^2 \, dt = D\int_{-\infty}^{\infty} \frac{[\sigma(y + \Delta) - \sigma(y)]^2}{\sigma^2(y)} \, dy.$$

Ferner genügt die Funktion

$$\psi_T(\Delta) = \frac{1}{T}\int_0^T [\sigma(\xi_x(t) + \Delta) - \sigma(\xi_x(t))]^2 \, dt$$

der Ungleichung

$$\begin{aligned} &|\psi_T(\Delta) - \psi_T(\Delta_1)| \\ &\leqq \frac{1}{T}\int_0^T |\sigma(\xi_x(t) + \Delta) - \sigma(\xi_x(t) + \Delta_1)|\,|\sigma(\xi_x(t) + \Delta) + \sigma(\xi_x(t) + \Delta_1) - 2\sigma(\xi_x(t))| \, dt \\ &\leqq 2K^2 |\Delta - \Delta_1| (|\Delta| + |\Delta_1|), \end{aligned}$$

wobei K die Lipschitzkonstante für $\sigma(x)$ ist. Demzufolge sind die Funktionen $\psi_T(\Delta)$ auf jedem endlichen Intervall gleichgradig stetig in Δ, woraus folgt, daß

$\psi_T(\Delta)$ auf jedem endlichen Intervall für $T \to +\infty$ gleichmäßig gegen $D \int\limits_{-\infty}^{\infty} \frac{[\sigma(y+\Delta) - \sigma(y)]^2}{\sigma^2(y)} \, dy$ konvergiert. Ist Δ_∞ eine Zufallsgröße, dann gilt deshalb

$$\lim_{T\to\infty} \psi_T(\Delta_\infty) = D \int\limits_{-\infty}^{\infty} \frac{[\sigma(y+\Delta_\infty) - \sigma(y)]^2 \, dy}{\sigma^2(y)} .$$

Aber aus (21) folgt, daß $\lim\limits_{T\to\infty} \psi_T(\Delta_\infty) = 0$ ist, d. h., daß mit Wahrscheinlichkeit Eins

$$\int\limits_{-\infty}^{\infty} \frac{[\sigma(y+\Delta_\infty) - \sigma(y)]^2}{\sigma^2(y)} \, dy = 0$$

ist. Da der Integrand stetig und nichtnegativ ist, ist er mit Wahrscheinlichkeit 1 identisch Null, d. h., es ist $\boldsymbol{P}\{\sigma(y+\Delta_\infty) = \sigma(y), \; -\infty < y < \infty\} = 1$. Hieraus folgt, daß entweder mit der gleichen Wahrscheinlichkeit $\Delta_\infty = 0$ ist oder daß $\sigma(y)$ eine Periode hat. Die Periodizität von $\sigma(y)$ widerspricht der Konvergenz des Integrals $\int\limits_{-\infty}^{\infty} \frac{dy}{\sigma^2(y)}$. Folglich ist $\boldsymbol{P}\{\Delta_\infty = 0\} = 1$. Somit haben wir bewiesen, daß für beliebige x und y mit Wahrscheinlichkeit Eins $\lim\limits_{t\to\infty} [\xi_y(t) - \xi_x(t)] = 0$ ist. Deshalb ist für jede gleichmäßig stetige Funktion $f(z)$

$$\boldsymbol{P}\left\{\lim_{t\to\infty} [f(\xi_y(t)) - f(\xi_x(t))] = 0\right\} = 1 .$$

Wenn außerdem f beschränkt ist, erhalten wir durch Anwendung des Satzes von Lebesgue über den Grenzübergang unter dem Integralzeichen

$$\lim_{t\to\infty} [\boldsymbol{M} f(\xi_y(t)) - \boldsymbol{M} f(\xi_x(t))] = 0 .$$

Multiplizieren wir diese Gleichung mit $\frac{1}{\sigma^2(y)}$ und integrieren über y, dann erhalten wir

$$\lim_{t\to\infty} \left[\int \frac{1}{\sigma^2(y)} \boldsymbol{M} f(\xi_y(t)) \, dy - \int \frac{dy}{\sigma^2(y)} \boldsymbol{M} f(\xi_x(t))\right] = 0 .$$

Indem wir die Folgerung 1 benutzen, finden wir aus der letzten Gleichung

$$\lim_{t\to\infty} \boldsymbol{M} f(\xi_x(t)) = D \int \frac{f(z)}{\sigma^2(z)} \, dz . \tag{22}$$

Es sei $f(z) = e^{i\lambda z}$. Dann ist

$$\lim_{t\to\infty} \int\limits_{-\infty}^{\infty} e^{i\lambda z} \, dF_t(z) = D \int\limits_{-\infty}^{\infty} e^{i\lambda z} \frac{1}{\sigma^2(z)} \, dz , \tag{23}$$

d. h., die charakteristische Funktion der Verteilung $F_t(y)$ konvergiert gegen die charakteristische Funktion der Verteilung $F(y) = D \int\limits_{-\infty}^{y} \frac{dz}{\sigma^2(z)}$. Der Satz ist damit bewiesen.

§ 19. Die Stabilität der Lösungen stochastischer Differentialgleichungen

Bis jetzt haben wir nur Gleichungen mit von t unabhängigen Koeffizienten behandelt, für die $\sigma(x)$ nicht verschwindet. In diesem Paragraphen lassen wir auch zu, daß $\sigma(x)$ verschwinden kann. Wir untersuchen das Verhalten der Lösung in der Umgebung eines *stationären Punktes*. So heißen die Punkte x_0, für die $\sigma(x_0) = a(x_0) = 0$ ist. Setzen wir voraus, daß die Koeffizienten $a(x)$ und $\sigma(x)$ so beschaffen sind, daß die Lösung der stochastischen Gleichung eindeutig ist, dann können wir uns davon überzeugen, daß für $x < x_0 < y$ die Ungleichung $\xi_x(t) \leqq x_0 \leqq \xi_y(t)$ gilt, da $\xi_{x_0}(t) = x_0$ ist.

Den stationären Punkt x_0 nennen wir *stabil*, wenn für jedes $\varepsilon > 0$ ein solches $\delta > 0$ existiert, daß für $|x - x_0| < \delta$ die Ungleichung

$$P\left\{\lim_{t\to\infty} \xi_x(t) = x_0\right\} \geqq 1 - \varepsilon \tag{1}$$

erfüllt ist. Existiert für jedes $\varepsilon > 0$ ein δ, so daß die Beziehung (1) für $x \in (x_0, x_0 + \delta)$ $\left(x \in (x_0 - \delta, x_0)\right)$ erfüllt ist, dann nennt man den stationären Punkt x_0 *rechtsseitig* (*linksseitig*) *stabil*.

Wir untersuchen nun die Bedingungen für die linksseitige oder rechtsseitige Stabilität eines stationären Punktes (für die Stabilität ist notwendig und hinreichend, daß der Punkt sowohl linksseitig als auch rechtsseitig stabil ist). Der stationäre Punkt möge der Punkt 0 sein. Sind die Koeffizienten $a(x)$ und $\sigma(x)$ so beschaffen, daß die Bedingungen des Existenz- und Eindeutigkeitssatzes erfüllt sind, dann sind die Funktionen $\frac{a(x)}{x}$ und $\frac{\sigma(x)}{x}$ beschränkt. Wir nehmen an, daß $\sigma(x)$ für $x > 0$ nicht verschwindet. Wir bezeichnen mit $\eta_x(t)$ die Lösung der Gleichung

$$d\eta_x(t) = \bar{a}\left(\eta_x(t)\right) dt + \bar{\sigma}\left(\eta_x(t)\right) dw(t) \tag{2}$$

zur Anfangsbedingung $\eta_x(0) = x$, deren Koeffizienten durch die Beziehungen

$$\bar{\sigma}(x) = \sigma(e^x)\, e^{-x}, \qquad \bar{a}(x) = a(e^x)\, e^{-x} + \frac{1}{2} \sigma^2(e^x)\, e^{-2x}$$

definiert sind. Diese Koeffizienten sind beschränkte Funktionen, die auf jedem endlichen Intervall einer Lipschitzbedingung genügen. Wie leicht zu sehen ist, genügt der Prozeß $\xi(t) = e^{\eta_x(t)}$ der Gleichung $d\xi(t) = a\left(\xi(t)\right) dt + \sigma\left(\xi(t)\right) dw(t)$ mit der Anfangsbedingung $\xi(0) = e^x$. Folglich gilt für $x > 0$ die Gleichung

$$\xi_x(t) = e^{\eta_{\log x}(t)}.$$

Hieraus ergibt sich, daß die rechtsseitige Stabilität des Punktes 0 folgender Behauptung äquivalent ist: Für jedes $\varepsilon > 0$ existiert ein C, so daß für $x < C$

$$\mathbf{P}\left\{\lim_{t\to\infty} \eta_x(t) = -\infty\right\} \geqq 1 - \varepsilon$$

ist. Aus dem Satz 1 von § 16 folgt, daß im Fall $\bar{\sigma} > 0$ (gerade dieser Fall liegt vor) das Ereignis $\left\{\lim_{t\to\infty} \eta_x(t) = -\infty\right\}$ in folgenden beiden Fällen möglich ist:

1. Ist

$$\int_0^\infty \exp\left\{-\int_0^y \frac{2\,\bar{a}(z)}{\bar{\sigma}^2(z)}\,dz\right\} dy = +\infty$$

und

$$\int_{-\infty}^0 \exp\left\{-\int_0^y \frac{2\,\bar{a}(z)}{\bar{\sigma}^2(z)}\,dz\right\} dy < \infty\,,$$

dann gilt für alle x die Gleichung $\mathbf{P}\left\{\lim_{t\to+\infty} \eta_x(t) = -\infty\right\} = 1.$

2. Ist

$$\int_{-\infty}^\infty \exp\left\{-\int_0^y \frac{2\,\bar{a}(z)}{\bar{\sigma}^2(z)}\,dz\right\} dy < \infty\,,$$

dann ist

$$\mathbf{P}\left\{\lim_{t\to\infty} \eta_x(t) = -\infty\right\} = \frac{\int_x^\infty \exp\left\{-\int_0^y \frac{2\,\bar{a}(z)}{\bar{\sigma}^2(z)}\,dz\right\} dy}{\int_{-\infty}^\infty \exp\left\{-\int_0^y \frac{2\,\bar{a}(z)}{\bar{\sigma}^2(z)}\,dz\right\} dy}\,.$$

Für $x \to -\infty$ konvergiert dieser Ausdruck gegen Eins, in allen übrigen Fällen ist für alle x

$$\mathbf{P}\left\{\lim_{t\to\infty} \eta_x(t) = -\infty\right\} = 0\,.$$

Für die rechtsseitige Stabilität des Punktes 0 ist also notwendig und hinreichend, daß

$$\int_{-\infty}^0 \exp\left\{-\int_0^y \frac{2\,\bar{a}(z)}{\bar{\sigma}^2(z)}\,dz\right\} dy < \infty$$

ist. Setzen wir die Werte $\bar{a}$ und $\bar{\sigma}$ ein, so finden wir

$$\int_0^y \frac{2\,\bar{a}(z)}{\bar{\sigma}^2(z)}\,dz = \int_0^y \frac{2\,a(e^z)\,e^{-z} + \sigma^2(e^z)\,e^{-2z}}{\sigma^2(e^z)\,e^{-2z}}\,dz = y + \int_0^y \frac{2\,a(e^z)}{\sigma^2(e^z)}\,e^z\,dz = y + \int_1^{e^y} \frac{2\,a(z)}{\sigma^2(z)}\,dz\,.$$

Hieraus erhalten wir für die rechtsseitige Stabilität die Bedingung

$$\int_{-\infty}^{0} \exp\left\{-y - \int_{1}^{e^y} \frac{2\,a(z)}{\sigma^2(z)}\,dz\right\} dy < \infty\,. \tag{3}$$

Im äußeren Integral führen wir die Substitution der Integrationsvariablen $y = \ln u$ durch. Dann läßt sich die Bedingung (3) in der Form

$$\int_{0}^{1} \exp\left\{\int_{u}^{1} \frac{2\,a(z)}{\sigma^2(z)}\,dz\right\} du < \infty \tag{4}$$

schreiben. Unter unseren Voraussetzungen ist die Bedingung (4) offensichtlich folgender Aussage äquivalent: Für ein gewisses $\delta > 0$ ist die Ungleichung

$$\int_{0}^{\delta} \exp\left\{\int_{u}^{\delta} \frac{2\,a(z)}{\sigma^2(z)}\,dz\right\} du < \infty$$

erfüllt. Eine analoge Bedingung kann man für die linksseitige Stabilität des stationären Punktes aufstellen. Es gilt also folgendes Lemma:

Lemma 1. *$a(x)$ und $\sigma(x)$ mögen den Bedingungen des Existenz- und Eindeutigkeitssatzes genügen, und es sei $a(0) = \sigma(0) = 0$, $\sigma(x) > 0$ für $x \neq 0$. Die Behauptungen, daß der stationäre Punkt* 0 a) *rechtsseitig stabil;* b) *linksseitig stabil;* c) *stabil ist, sind äquivalent zu folgenden Aussagen: Für ein gewisses $\delta > 0$ ist* a) $I_1 < \infty$; b) $I_2 < \infty$; c) $I_1 + I_2 < \infty$, *wobei*

$$I_1 = \int_{0}^{\delta} \exp\left\{\int_{u}^{\delta} \frac{2\,a(z)}{\sigma^2(z)}\,dz\right\} du\,, \qquad I_2 = \int_{-\delta}^{0} \exp\left\{-\int_{-\delta}^{u} \frac{2\,a(z)}{\sigma^2(z)}\,dz\right\} du$$

ist.

Folgerung 1. Für $x \to 0$, $x > 0$ mögen $\frac{\sigma(x)}{x} \to \sigma$ und $\frac{a(x)}{x} \to a$ konvergieren. Für $\frac{a}{\sigma^2} < \frac{1}{2}$ ist dann der Punkt 0 rechtsseitig stabil; er ist rechtsseitig instabil für $\frac{a}{\sigma^2} > \frac{1}{2}$.

Unter den gemachten Voraussetzungen ist nämlich

$$\int_{u}^{\delta} \frac{2\,a(z)}{\sigma^2(z)}\,dz = \int_{u}^{\delta} \frac{2\,a}{\sigma^2}\cdot\frac{1}{z}\,\bigl(1 + o(z)\bigr)\,dz = -\frac{2\,a}{\sigma^2}\ln u\,\bigl(1 + o(1)\bigr) + o(1)$$

und folglich haben wir

$$I_1 = O\left\{\int_{0}^{\delta} \left(\frac{1}{u}\right)^{\frac{2\,a}{\sigma^2}(1 + o(1))} du\right\}.$$

Dieses Integral konvergiert für $\frac{2a}{\sigma^2} < 1$ und divergiert für $\frac{2a}{\sigma^2} > 1$. Eine analoge Bedingung gilt auch für die linksseitige Stabilität.

Das Lemma 1 ermöglicht die Untersuchung der Stabilität eines stationären Punktes, falls keine weiteren Punkte existieren, in denen $\sigma(x)$ verschwindet. Gleichzeitig lassen sich die Stabilitätsbedingungen durch die Koeffizienten der Gleichung in einer beliebig kleinen Umgebung des stationären Punktes ausdrücken. Wir sehen also, daß die Bedingung $\sigma(x) \neq 0$ für $x \neq 0$ im Lemma 1 unnötig scharf ist und daß man sie durch folgende Bedingung ersetzen kann: Es existiert ein $\delta > 0$, so daß $\sigma(x) \neq 0$ ist für $0 < |x| < \delta$. Als Beispiel betrachten wir die rechtsseitige Stabilität. Für $x \in (0, h)$ sei $\sigma(x) > 0$. Wir bezeichnen mit $\sigma^*(x)$ eine Funktion, die auf $\left(0, \frac{h}{2}\right)$ mit $\sigma(x)$ übereinstimmt und die für $x \geqq \frac{h}{2}$ gleich $\sigma\left(\frac{h}{2}\right)$ ist. Ist $I_1 < \infty$ für ein gewisses $\delta < \frac{h}{2}$ (I_1 wurde in Lemma 1 definiert), dann ist für den Prozeß $\xi_x^*(t)$, der eine Lösung der Gleichung

$$d\xi_x^*(t) = a\left(\xi_x^*(t)\right) dt + \sigma^*\left(\xi_x^*(t)\right) dw(t)$$

mit der Anfangsbedingung $\xi_x^*(0) = x$ ist, der Punkt 0 rechtsseitig stabil. Ist $\eta_{\log x}^*(t) = \log \xi_x^*(t)$, dann können wir uns unter Berücksichtigung der Formel (3) aus § 16 davon überzeugen, daß für $\log x \to -\infty$, d. h. $x \to 0$, $\boldsymbol{P}\left\{\sup_{t \geqq 0} \eta_{\log x}^*(t) \geqq C\right\} \to 0$ konvergiert. Deshalb kann man für jedes $\varepsilon > 0$ ein $\delta > 0$ angeben, so daß für $x < \delta$ die Ungleichung

$$\boldsymbol{P}\left\{\sup_{t \geqq 0} \eta_{\log x}^*(t) < \log \frac{h}{2},\ \lim_{t \to \infty} \eta_{\log x}^*(t) = -\infty\right\} \geqq 1 - \varepsilon$$

erfüllt ist. Folglich ist für $0 < x < \delta$

$$\boldsymbol{P}\left\{\sup_{t \geqq 0} \xi_x^*(t) < \frac{h}{2},\ \lim_{t \to \infty} \xi_x^*(t) = 0\right\} \geqq 1 - \varepsilon\,.$$

Es sei $\tau = \inf\left\{s, \xi_x^*(s) = \frac{h}{2}\right\}$ und $\tau = +\infty$, falls die Menge in den geschweiften Klammern leer ist. Auf Grund des Satzes 2 aus § 6 gilt dann für $t < \tau$ die Gleichung $\xi_x^*(t) = \xi_x(t)$. Demzufolge ist

$$\boldsymbol{P}\left\{\lim_{t \to \infty} \xi_x(t) = 0\right\} \geqq \boldsymbol{P}\left\{\lim_{t \to \infty} \xi_x(t) = 0,\ \sup_{t \geqq 0} \xi_x(t) < \frac{h}{2}\right\}$$
$$= \boldsymbol{P}\left\{\lim_{t \to \infty} \xi_x^*(t) = 0,\ \sup_{t \geqq 0} \xi_x^*(t) < \frac{h}{2}\right\} \geqq 1 - \varepsilon\,.$$

Aus der letzten Beziehung folgt die rechtsseitige Stabilität des Punktes 0 auch für den Prozeß $\xi_x(t)$. Die letzte Beziehung (mit Vertauschung der Prozesse $\xi_x(t)$ und $\xi_x^*(t)$) kann man auch für den Beweis der rechtsseitigen Stabilität des Punktes 0 für den Prozeß $\xi_x^*(t)$ benutzen, falls er für $\xi_x(t)$ stabil ist. Wir haben somit folgenden Satz über die Stabilität eines stationären Punktes bewiesen.

Satz 1. *Die Koeffizienten $a(x)$ und $\sigma(x)$ einer stochastischen Gleichung mögen bei $x = 0$ verschwinden, und es existiere ein $\delta > 0$, so daß $\sigma(x) > 0$ für $0 < x < \delta$ ist. Dann ist der stationäre Punkt 0 genau dann* a) *rechtsseitig stabil,* b) *linksseitig stabil,* c) *stabil, wenn für ein $\delta > 0$* a) $I_1 < \infty$, b) $I_2 < \infty$, c) $I_1 + I_2 < \infty$ *gilt* (die Größen I_1 und I_2 wurden in Lemma 1 definiert).

Wir betrachten nun das Verhalten der Lösung in der Nähe eines Punktes, in dem $\sigma(x)$ gleich Null und $a(x)$ verschieden von Null ist.

Satz 2. *Es sei $\sigma(x_0) = 0$, $a(x_0) > 0$, und mit einem gewissen $\delta > 0$ sei $\sigma(x) > 0$ für $0 < |x - x_0| < \delta$. Dann ist für alle $t > 0$ und $x \geqq x_0$*

$$P\,\{\xi_x(t) > x_0\} = 1\,.$$

Beweis. Wir zeigen zunächst, daß $P\,\{\xi_x(t) > x_0\} = 1$ ist, wenn $x > x_0$ ist. Für $x > x_0$, $x_1 > x_0$ setzen wir

$$\varphi(x) = \int_{x_1}^{x} \exp\left\{-\int_{x_1}^{y} \frac{2\,a(z)}{\sigma^2(z)}\,dz\right\} dy\,.$$

Wir wählen $\delta_1 < \delta$ und $x \in (x_0 + \delta_1, x_0 + \delta)$. Es sei $\tau_x\,[x_0 + \delta_1, x_0 + \delta]$ die Zeit, zu der der Prozeß $\xi_x(t)$ zum ersten Mal das Intervall $(x_0 + \delta_1, x_0 + \delta)$ verläßt (diese Zeit wurde in § 15 definiert). Auf Grund der Folgerung 2 aus § 15 ist

$$P\,\{\xi_x(\tau_x[x_0 + \delta_1, x_0 + \delta]) = x_0 + \delta_1\} = \frac{\varphi\,(x_0 + \delta) - \varphi(x)}{\varphi\,(x_0 + \delta) - \varphi\,(x_0 + \delta_1)}\,.$$

Wir bemerken, daß wegen der gemachten Voraussetzungen für ein gewisses $C > 0$

$$-\int_{x_1}^{y} \frac{2\,a(z)}{\sigma^2(z)}\,dz = \int_{y}^{x_1} \frac{2\,a(z)}{\sigma^2(z)}\,dz \geqq C\int_{y}^{x_1} \frac{dz}{(z - x_0)^2} = C\left[\frac{1}{y - x_0} - \frac{1}{x_1 - x_0}\right]$$

ist, da $a(z) > C_1 > 0$ und

$$\frac{1}{\sigma^2(z)} = \frac{1}{[\sigma(z) - \sigma(x_0)]^2} \geqq \frac{1}{K^2\,(z - x_0)^2}$$

gilt. Für $\delta_1 \to 0$ erhalten wir also für ein gewisses $N > 0$

$$\int_{x_0+\delta_1}^{x_0+\delta} \exp\left\{-\int_{x_1}^{y} \frac{2\,a(z)}{\sigma^2(z)}\,dz\right\} dy > N \int_{x_0+\delta_1}^{x_0+\delta} e^{\frac{C}{y - x_0}}\,dy \to +\infty\,.$$

Folglich konvergiert $P\,\{\xi_x(\tau) = \delta_1 + x_0\} \to 0$ für $\delta_1 \to 0$.

Für alle $x \in (x_0, x_0 + \delta)$ erreicht somit $\xi_x(t)$ mit Wahrscheinlichkeit 1 den Punkt $x_0 + \delta$ früher als den Punkt x_0. Wir bezeichnen mit $\tau^{(1)}$ einen Zeitpunkt, der folgende Eigenschaften besitzt: $[\tau^{(1)} > \tau_x[x_0, x_0 + \delta]$, $\xi_x(\tau^{(1)}) = x$, $\xi_x(s) \neq x$

für $\tau < s < \tau^{(1)}$. Wir setzen $\xi_x^{(1)}(t) = \xi_x(t + \tau^{(1)})$. Wir definieren $\tau^{(2)}$ durch den Prozeß $\xi_x^{(1)}(t)$ genauso wie $\tau^{(1)}$ durch den Prozeß $\xi_x(t)$. Auf diese Weise bestimmen wir sukzessiv die Momente $\tau^{(k)}$ und die Prozesse $\xi_x^{(k)}(t)$. Auf Grund der Folgerung 1 aus § 15 besitzen die Zufallsgrößen $\tau^{(k)}$ die gleiche Verteilung. Außerdem ist $P\{\tau^{(k)} > 0\} = 1$. Deshalb erhalten wir

$$P\left\{\sum_{k=1}^{\infty} \tau^{(k)} = +\infty\right\} = 1 .$$

Wegen

$$P\{\xi_x^{(k)}(t) > x_0 \quad \text{für} \quad 0 \leqq t \leqq \tau^{(k+1)}\} = 1$$

ist

$$P\{\xi_x(t) > x_0 \quad \text{für} \quad \tau^{(1)} + \cdots + \tau^{(k)} \leqq t \leqq \tau^{(1)} + \cdots + \tau^{(k+1)}\} = 1$$

und

$$P\{\xi_x(t) > x_0 \quad \text{für} \quad t > 0\} =$$

$$= P\left\{\prod_{n=0}^{\infty}\left\{\xi_x(t) > x_0 \quad \text{für} \quad \sum_{k=1}^{n} \tau^{(k)} \leqq t \leqq \sum_{k=1}^{n+1} \tau^{(k)}\right\}\right\} = 1 \qquad \left(\sum_{k=1}^{0} \tau^{(k)} = 0\right).$$

Für $x > x_0$ ist der Satz bewiesen.

Für den Beweis der Beziehung $P\{\xi_{x_0}(t) > x_0, t > 0\} = 1$ genügt zu zeigen, daß mit Wahrscheinlichkeit 1 ein $\varepsilon > 0$ existiert, so daß $\xi_{x_0}(t) > x_0$ für $0 < t < \varepsilon$ ist. Es sei

$$\varphi(t) = M\left(\int_0^t \sigma(\xi_{x_0}(s))\, dw(s)\right)^2 = M \int_0^t \sigma^2(\xi_{x_0}(s))\, ds .$$

Mit Hilfe der LIPSCHITZbedingung erhalten wir

$$M\,\sigma^2(\xi_{x_0}(s)) = M\,[\sigma(\xi_{x_0}(s)) - \sigma(x_0)]^2 \leqq M\,K^2\,|\xi_{x_0}(s) - x_0|^2$$

$$= K^2\,M\left|\int_0^s a(\xi_{x_0}(u))\, du + \int_0^s \sigma(\xi_{x_0}(u))\, dw(u)\right|^2 \leqq K_1 s^2 + K_2\,\varphi(s) ,$$

wobei K_1 und K_2 Konstante sind. Folglich ist

$$\varphi(t) \leqq K_3\,t^3 + K_2 \int_0^t \varphi(s)\, ds .$$

Auf Grund von Lemma 1 aus § 6 haben wir

$$\varphi(t) \leqq e^{K_2 t} \int_0^t e^{-K_2 s}\, 3\,K_3\, s^2\, ds \leqq K_3\, e^{K_2 t}\, t^3 .$$

Demzufolge existiert ein solches H, daß für hinreichend kleine t die Ungleichung $\varphi(t) \leqq H\,t^3$ erfüllt ist. Aus Satz 1 von § 3 folgt ferner, daß

$$P\left\{\sup_{0 \leqq s \leqq t}\left|\int_0^s \sigma(\xi_{x_0}(u))\, dw(u)\right| > \varepsilon\, t\right\} \leqq \frac{\varphi(t)}{\varepsilon^2 t^2} \leqq \frac{H\,t}{\varepsilon^2}$$

ist, und es gilt also

$$P\left\{\sup_{2^{-k}\le s\le 2^{-k+1}} \frac{1}{s}\left|\int_0^s \sigma(\xi_{x_0}(u))\,dw(u)\right| > \frac{1}{k}\right\} \leqq$$

$$\leqq P\left\{\sup_{0\le s\le 2^{-k+1}} \left|\int_0^s \sigma(\xi_{x_0}(u))\,dw(u)\right| > \frac{2^{-k}}{k}\right\} \leqq \frac{4\,H\,k^2}{2^k}$$

und

$$\sum_{k=1}^{\infty} P\left\{\sup_{2^{-k}\le s\le 2^{-k+1}} \frac{1}{s}\left|\int_0^s \sigma(\xi_{x_0}(u))\,dw(u)\right| > \frac{1}{k}\right\} \leqq \sum_{k=1}^{\infty}\frac{4\,H\,k^2}{2^k} < \infty\,.$$

Nach dem Lemma von Borel-Cantelli ist mit Wahrscheinlichkeit 1 für alle hinreichend großen k die Ungleichung

$$\sup_{2^{-k}\le s\le 2^{-k+1}} \frac{1}{s}\left|\int_0^s \sigma(\xi_{x_0}(u))\,dw(u)\right| \leqq \frac{1}{k}$$

erfüllt, d. h., mit Wahrscheinlichkeit 1 ist

$$\lim_{t\to\infty}\frac{1}{t}\int_0 \sigma(\xi_{x_0}(u))\,dw(u) = 0\,.$$

Offensichtlich ist mit Wahrscheinlichkeit 1 auch

$$\lim_{t\to\infty}\frac{1}{t}\int_0^t a(\xi_{x_0}(s))\,ds = a(x_0) > 0$$

und deshalb ist

$$P\left\{\lim_{t\to\infty}\frac{1}{t}\,[\xi_{x_0}(t) - x_0] = a(x_0)\right\} = 1\,.$$

Man kann also ein $\varepsilon > 0$ angeben, so daß für $0 < t < \varepsilon$ die Ungleichung $\xi_{x_0}(t) - x_0 > \frac{a(x_0)}{2}t$ erfüllt ist. Wie schon oben bemerkt wurde, folgt hieraus der Beweis des Satzes.

Bemerkung 1. Berücksichtigen wir die Zeit, zu der der Prozeß für $x < x_0$ die Grenzen des Intervalls $(x_0 - \delta, x_0)$ erreicht, dann können wir uns davon überzeugen, daß für $x \uparrow x_0$

$$P\,\{\xi_x(\tau_x[x_0 - \delta, x_0]) = x_0\} \to 1$$

konvergiert. Folglich hat der Punkt x_0 die Eigenschaft, daß die Trajektorie des Prozesses $\xi(t)$ ihn von links nach rechts durchlaufen kann und nicht umgekehrt.

§ 20. Einige andere Grenzwertsätze

Wir behandeln nun einige Sätze, die etwas über die Existenz einer Grenzverteilung der Größe $\frac{\xi(t)}{B(t)}$ aussagen. Hierbei ist $\xi(t)$ die Lösung einer stochastischen Differentialgleichung mit von t unabhängigen Koeffizienten und $B(t)$ eine geeignete Funktion, die für $t \to \infty$ gegen Unendlich konvergiert. Die Grenzwertsätze dieses Paragraphen erheben keinen Anspruch auf vollständige Lösung des Problems der Existenz einer Grenzverteilung für die entsprechend normierte Größe $\xi(t)$, sondern können eher als Beispiele derartiger Sätze angesehen werden. Die hier erhaltenen Grenzverteilungen sind entweder Normalverteilungen, oder sie lassen sich einfach durch eine Normalverteilung ausdrücken.

Wir beginnen mit dem einfachsten Fall, daß $\sigma(x) = 1$ ist.

Lemma 1. *Es sei $\xi(t)$ eine Lösung der Gleichung*

$$d\xi(t) = a(\xi(t))\, dt + dw(t)\,.$$

Genügt $a(x)$ der Beziehung $\int\limits_{-\infty}^{\infty} a(x)\, dx = 0$, dann konvergiert $\frac{\xi(t) - w(t)}{\sqrt{t}}$ für $t \to \infty$ in Wahrscheinlichkeit gegen Null.

Beweis. Ohne Beschränkung der Allgemeinheit können wir annehmen, daß $M\, \xi(0)^2 < \infty$ ist. Wegen

$$\frac{\xi(t) - w(t)}{\sqrt{t}} = \frac{\xi(0)}{\sqrt{t}} + \frac{1}{\sqrt{t}} \int\limits_0^t a(\xi(s))\, ds$$

braucht man zum Beweis des Lemmas nur zu zeigen, daß in Wahrscheinlichkeit $\lim\limits_{t \to 0} \frac{1}{\sqrt{t}} \int\limits_0^t a(\xi(s))\, ds = 0$ ist. Genügt die Funktion Φ der Gleichung $a(x)\, \Phi'(x) + \frac{1}{2}\, \Phi''(x) = a(x)$, dann ist nach der Itô-Formel

$$\Phi(\xi(t)) - \Phi(\xi(0)) = \int\limits_0^t \Phi'(\xi(s))\, dw(s) + \int\limits_0^t a(\xi(s))\, ds\,.$$

Wir zeigen, daß man die Funktion Φ, die der oben angegebenen Gleichung genügt, so wählen kann, daß die Größen

$$\frac{\Phi(\xi(t))}{\sqrt{t}} \quad \text{und} \quad \frac{1}{\sqrt{t}} \int\limits_0^t \Phi'(\xi(s))\, dw(s)$$

für $t \to \infty$ in Wahrscheinlichkeit gegen Null konvergieren. Die allgemeine Form der Funktionen Φ lautet

$$\Phi(x) = C_1 + \int\limits_0^x [C\, e^{A(z)} - 1]\, dz\,,$$

wobei $A(x) = \int\limits_{-\infty}^{x} a(y)\, dy$ ist. Wenn wir $C_1 = 0$ und $C = 1$ wählen, dann erhalten wir $\Phi'(x) = e^{A(x)} - 1 \to 0$ für $|x| \to \infty$ $(A(x) \to 0$ für $|x| \to \infty)$. Für $|x| \to \infty$ konvergiert also $\frac{\Phi(x)}{x} \to 0$. Da

$$M \left[\frac{1}{\sqrt{t}} \int\limits_0^t \Phi'(\xi(s))\, dw(s)\right]^2 = \frac{1}{t} \int\limits_0^t M\, [\Phi'(\xi(s))]^2\, ds$$

eine beschränkte Größe ist, ist $\frac{1}{\sqrt{t}}\int\limits_0^t \Phi'(\xi(s))\,dw(s)$ in Wahrscheinlichkeit beschränkt. Berücksichtigen wir die Beziehung

$$\frac{\xi(t)-\Phi(\xi(t))}{\sqrt{t}} = \frac{\xi(0)-\Phi(\xi(0))}{\sqrt{t}} + \frac{w(t)}{\sqrt{t}} + \frac{1}{\sqrt{t}}\int\limits_0^t \Phi'(\xi(s))\,dw(s)$$

und die Beschränktheit in Wahrscheinlichkeit der Größe $\frac{w(t)}{\sqrt{t}}$, dann können wir uns davon überzeugen, daß auch die Größe $M\left[\frac{\xi(t)-\Phi(\xi(t))}{\sqrt{t}}\right]$ beschränkt ist, und folglich ist auch $M\frac{\xi^2(t)}{t}$ beschränkt, da $\sup\frac{x^2}{[x-\Phi(x)]^2+1} < \infty$ ist. Wir schreiben die Ungleichung

$$\frac{|\Phi(\xi(t))|}{\sqrt{t}} = \frac{|\Phi(\xi(t))|}{|\xi(t)|+1}\cdot\frac{|\xi(t)|+1}{\sqrt{t}} \leqq \sup_{|x|>\sqrt[3]{t}}\frac{|\Phi(x)|}{1+|x|}\cdot\frac{|\xi(t)|+1}{\sqrt{t}} + B\frac{\sqrt[3]{t}+1}{\sqrt{t}},$$

$$B = \sup_x\frac{\Phi(x)}{1+|x|}.$$

Für $t\to\infty$ konvergiert der zweite Summand gegen Null, und der erste Summand ist das Produkt zweier Multiplikatoren, wobei der erste Multiplikator gegen Null strebt und der zweite in Wahrscheinlichkeit beschränkt ist. Demzufolge konvergiert $\frac{\Phi(\xi(t))}{\sqrt{t}}$ in Wahrscheinlichkeit gegen Null. Unter Berücksichtigung der Eigenschaft IV des stochastischen Integrals (§ 2) braucht man für den Beweis der Konvergenz der Größe $\frac{1}{\sqrt{t}}\int\limits_0^t \Phi'(\xi(s))\,dw(s)$ in Wahrscheinlichkeit gegen Null nur zu zeigen, daß in Wahrscheinlichkeit $\frac{1}{t}\int\limits_0^t [\Phi'(\xi(s))]^2\,ds \to 0$ konvergiert. $\psi(x)$ sei durch die Beziehung

$$\psi(x) = \int\limits_0^x e^{-2A(z)}\int\limits_0^z e^{2A(y)}\,[\Phi'(y)]^2\,dy\,dz$$

definiert $\left(\lim\limits_{x\to\infty}\frac{\psi(x)}{x^2} = 0\right.$, und $\psi(x)$ genügt der Gleichung $\frac{1}{2}\psi''(x) + a(x)\,\psi'(x) = \left.[\Phi'(x)]^2\right)$. Auf Grund der Formel von Itô haben wir

$$\psi(\xi(t)) - \psi(\xi(0)) = \int\limits_0^t \psi'(\xi(s))\,dw(s) + \int\limits_0^t\left[a(\xi(s))\,\psi'(\xi(s)) + \frac{1}{2}\psi''(\xi(s))\right]ds$$

$$= \int\limits_0^t \psi'(\xi(s))\,dw(s) + \int\limits_0^t [\Phi'(\xi(s))]^2\,ds$$

und folglich ist

$$\frac{1}{t} \boldsymbol{M} \int_0^t [\Phi'(\xi(s))]^2 \, ds = \boldsymbol{M} \frac{\psi(\xi(t)) - \psi(\xi(0))}{t} .$$

Ferner ist

$$\boldsymbol{M} \frac{\psi(\xi(t))}{t} = \boldsymbol{M} \frac{\psi(\xi(t))}{1 + \xi^2(t)} \cdot \frac{1 + \xi^2(t)}{t} \leqq \varepsilon_L \frac{1 + \xi^2(t)}{t} + \frac{C_L}{t}$$

mit

$$C_L = \sup_{|x| \leqq L} |\psi(x)| , \qquad \varepsilon_L = \sup_{|x| > L} \frac{|\psi(x)|}{1 + |x|^2} .$$

Indem wir L hinreichend groß wählen, können wir die Größe ε_L beliebig klein machen. Aus dem schon früher Bewiesenen folgt, daß $\boldsymbol{M} \frac{\xi^2(t)}{t}$ beschränkt ist. Da $\frac{C_L}{t}$ für $t \to \infty$ gegen 0 geht und man ε_L beliebig klein wählen kann, konvergiert $\boldsymbol{M} \frac{\psi(\xi(t))}{t} \to 0$. Das Lemma ist damit bewiesen.

Folgerung 1. Unter den Bedingungen des Lemmas hat $\frac{\xi(t)}{\sqrt{t}}$ eine asymptotische (0,1)-Normalverteilung, d. h., für alle y ist

$$\lim_{t \to \infty} \boldsymbol{P} \left\{ \xi(t) < y \sqrt{t} \right\} = \frac{1}{\sqrt{2\pi}} \int_{-\infty}^{y} e^{-z^2/2} \, dz .$$

Aus dem Lemma 1 leiten wir nun eine allgemeinere Bedingung für die asymptotische Normalität der Größe $\xi(t)$ her, die eine Lösung der Gleichung

$$d\xi(t) = a(\xi(t)) \, dt + \sigma(\xi(t)) \, dw(t) \tag{1}$$

darstellt.

Satz 1. *Die Koeffizienten $a(x)$ und $\sigma(x)$ der Gleichung* (1) *mögen folgenden Bedingungen genügen:*

a) Die Funktionen $a(x)$, $\sigma(x)$ und $\sigma'(x)$ genügen der LIPSCHITZ*bedingung;*

b) $\sigma(x) > 0$ *und* $\lim_{x \to \infty} \frac{1}{x} \int_0^x \frac{1}{\sigma(y)} \, dy = s_0$;

c) $\int_{-\infty}^{\infty} \frac{a(z) - \frac{1}{2} \sigma(z) \, \sigma'(z)}{\sigma^2(z)} \, dz = 0$.

Dann ist

$$\lim_{t \to \infty} \boldsymbol{P} \left\{ \xi(t) < \frac{x \sqrt{t}}{s_0} \right\} = \frac{1}{\sqrt{2\pi}} \int_{-\infty}^{x} e^{-y^2/2} \, dy .$$

Beweis. Es sei $\Phi(z) = \int\limits_0^z \frac{dy}{\sigma(y)}$, $\eta(t) = \Phi(\xi(t))$, und $g(z) = \Phi^{-1}(z)$ sei die inverse Funktion von Φ. Der Prozeß $\eta(t)$ genügt der Gleichung

$$d\eta(t) = \left[a(\xi(t))\, \Phi'(\xi(t)) + \frac{1}{2}\sigma^2(\xi(t))\, \Phi''(\xi(t))\right] dt + \Phi'(\xi(t))\, \sigma(\xi(t))\, dw(t)\,.$$

Berücksichtigen wir den Wert von Φ und die Beziehung $\xi(t) = g(\eta(t))$, dann erhalten wir

$$d\eta(t) = \left(\frac{a(g(\eta(t)))}{\sigma(g(\eta(t)))} - \frac{1}{2}\sigma'(g(\eta(t)))\right) dt + dw(t)\,.$$

Wegen

$$\int\limits_{-\infty}^{\infty} \left[\frac{a(g(y))}{\sigma(g(y))} - \frac{1}{2}\sigma'(g(y))\right] dy = \int\limits_{-\infty}^{\infty} \left[\frac{a(z)}{\sigma(z)} - \frac{1}{2}\sigma'(z)\right] \Phi'(z)\, dz$$

$$= \int\limits_{-\infty}^{\infty} \frac{a(z) - \frac{1}{2}\sigma(z)\,\sigma'(z)}{\sigma^2(z)}\, dz = 0$$

ist auf Grund der Folgerung 1

$$\lim_{t\to\infty} \boldsymbol{P}\left\{\eta(t) < x\sqrt{t}\right\} = \frac{1}{\sqrt{2\pi}} \int\limits_{-\infty}^{x} e^{-y^2/2}\, dy\,.$$

Es sei $x \neq 0$. Dann ist

$$\lim_{t\to\infty} \boldsymbol{P}\left\{\xi(t) < \frac{x\sqrt{t}}{s_0}\right\} = \lim_{t\to\infty} \boldsymbol{P}\left\{\Phi(\xi(t)) < \Phi\left(\frac{x\sqrt{t}}{s_0}\right)\right\}$$

$$= \lim_{t\to\infty} \boldsymbol{P}\left\{\eta(t) < \frac{\Phi\left(\frac{x\sqrt{t}}{s_0}\right)\frac{x\sqrt{t}}{s_0}}{\frac{x\sqrt{t}}{s_0}}\right\} = \lim_{t\to\infty} \boldsymbol{P}\left\{\eta(t) < x\sqrt{t}\right\}, \tag{2}$$

da wegen der Bedingung b) $\lim\limits_{t\to\infty} \frac{\Phi\left(\frac{x\sqrt{t}}{s_0}\right)}{\frac{x\sqrt{t}}{s_0}} = s_0$ ist. Aus der Gültigkeit der Gleichung (2) für alle $x \neq 0$ folgt, daß sie auch für $x = 0$ erfüllt ist. Der Satz ist damit bewiesen.

Bemerkung 1. Die Bedingungen b) und c) kann man durch folgende schärfere Bedingungen ersetzen, die für die Überprüfung geeigneter sind:

b′) Es sei $\sigma(x) > 0$, und es existiert $\lim\limits_{|x| \to \infty} \sigma(x) = \frac{1}{s_0} > 0$;

c′) $\int\limits_{-\infty}^{\infty} \frac{a(z)}{\sigma^2(z)}\, dz = 0\,.$

Offensichtlich hat b′) die Bedingung b) zur Folge. Sind b′) und c′) erfüllt, dann ist

$$\int\limits_{-\infty}^{\infty} \frac{a(z) - \frac{1}{2}\sigma(z)\,\sigma'(z)}{\sigma^2(z)}\, dz = -\frac{1}{2}\int\limits_{-\infty}^{\infty} \frac{\sigma'(z)}{\sigma(z)}\, dz = -\frac{1}{2}\ln\frac{\sigma(+\infty)}{\sigma(-\infty)} = 0\,.$$

Bemerkung 2. Wenn wir nicht fordern, daß die Bedingung b) des Satzes 1 erfüllt ist, dann kann man trotzdem behaupten, daß die Verteilung von $\Phi(\xi(t))$ asymptotisch normal (0, 1) ist.

Die Funktion $\Phi(x)$ besitze die Eigenschaft der Regularität für $x \to \infty$, d. h., für alle $x \neq 0$ und $y \neq 0$ existiert $\lim\limits_{k \to +\infty} \frac{\Phi(k\,x)}{\Phi(k\,y)}$. Dann ist

$$g(x) = \lim_{k \to +\infty} \frac{\Phi(k\,x)}{\Phi(k)} = \begin{cases} x^\alpha & \text{für } x > 0\,, \\ -\,C\,|x|^\alpha & \text{für } x \leqq 0 \end{cases}$$

($C > 0$ und $\alpha > 0$), da $\Phi(x)$ monoton wächst. Es sei $B(t)$ eine Lösung der Gleichung $\Phi(B(t)) = \sqrt{t}$. Aus den Eigenschaften der Funktion $\Phi(x)$ folgt

$$\frac{\Phi(\xi(t))}{\sqrt{t}} = \frac{\Phi(\xi(t))}{\Phi(B(t))} \sim g\left(\frac{\xi(t)}{B(t)}\right),$$

wobei man die Äquivalenz in dem Sinne zu verstehen hat, daß der Quotient äquivalenter Zufallsgrößen in Wahrscheinlichkeit gegen Eins konvergiert. Folglich hat $g\left(\frac{\xi(t)}{B(t)}\right)$ eine Grenzverteilung mit der Dichte $\frac{1}{\sqrt{2\pi}} \exp\left\{-\frac{x^2}{2}\right\}$. Demzufolge hat $\frac{\xi(t)}{B(t)}$ eine Grenzverteilung mit der Dichte

$$\varphi(x) = \begin{cases} \frac{1}{\sqrt{2\pi}} \cdot \frac{1}{a}\, x^{1/\alpha - 1} \exp\left\{-\frac{x^{2/\alpha}}{2}\right\}, & x > 0\,, \\ \frac{1}{\sqrt{2\pi}}\, C^{-1/\alpha}\, \frac{1}{\alpha}\, |x|^{1/\alpha - 1} \exp\left\{-\frac{|x|^{2/\alpha}}{2\,C^{2/\alpha}}\right\}, & x < 0\,. \end{cases} \tag{3}$$

Damit haben wir folgenden Satz bewiesen.

Satz 2. *Es mögen Konstanten $\alpha > 0$ und $C > 0$ existieren, für die*

$$\lim_{k\to\infty} \frac{\int\limits_0^{kx} \frac{1}{\sigma(y)}\,dy}{\int\limits_0^{k} \frac{1}{\sigma(y)}\,dy} = \begin{cases} x^\alpha & \text{für} \quad x > 0\,, \\ -C\,|x|^\alpha & \text{für} \quad x < 0 \end{cases}$$

und

$$\int\limits_{-\infty}^{\infty} \left(a(y) - \frac{1}{2}\,\sigma(y)\,\sigma'(y)\right) \frac{1}{\sigma^2(y)}\,dy = 0$$

gilt. Wir bezeichnen mit $B(t)$ die Lösung der Gleichung $\sqrt{t} = \int\limits_0^{B(t)} \frac{dy}{\sigma(y)}$. Für $t \to \infty$ hat dann $\frac{\xi(t)}{B(t)}$ eine Grenzverteilung, deren Dichte durch die Formel (3) *gegeben ist.*

KAPITEL 5

STOCHASTISCHE DIFFERENTIALGLEICHUNGEN AUF EINEM ENDLICHEN RÄUMLICHEN INTERVALL

§ 21. Randbedingungen an den Intervallenden

Für $t \geqq 0$, $r_1 < x < r_2$ seien die Funktionen $a(t, x)$ und $\sigma(t, x)$ definiert und stetig, und auf jedem abgeschlossenen Abschnitt des Intervalls (r_1, r_2) mögen sie einer LIPSCHITZbedingung genügen, d. h., für jedes Intervall $[\bar{r}_1, \bar{r}_2]$ aus (r_1, r_2) existiert eine Konstante K, so daß für $x, y \in [\bar{r}_1, \bar{r}_2]$ die Ungleichung

$$|a(t, x) - a(t, y)| + |\sigma(t, x) - \sigma(t, y)| \leqq K\,|x - y|$$

erfüllt ist. Wir betrachten die Funktionenfolgen $a_n(t, x)$ und $\sigma_n(t, x)$, die den Bedingungen des Existenz- und Eindeutigkeitssatzes genügen und so beschaffen sind, daß $a_n(t, x) = a(t, x)$, $\sigma_n(t, x) = \sigma(t, x)$ ist für $r_1^{(n)} \leqq x \leqq r_2^{(n)}$, wobei $r_1^{(n)} \downarrow r_1$, $r_2^{(n)} \uparrow r_2$ konvergiert. Wir bezeichnen mit $\xi_n(t)$ eine Lösung der stochastischen Differentialgleichung

$$d\xi_n(t) = a_n(t, \xi_n(t))\, dt + \sigma_n(t, \xi_n(t))\, dw(t)$$

mit der Anfangsbedingung $\xi_n(0) = \xi(0) \in (r_1, r_2)$. Es sei

$$\tau_n = \inf\{s; \xi_n(s) \notin [r_1^{(n)}, r_2^{(n)}]\}\,,$$

wenn die Menge $\{s; \xi_n(s) \notin [r_1^{(n)}, r_2^{(n)}]\}$ nicht leer ist, und $\tau_n = +\infty$ im entgegengesetzten Fall. Wegen des Satzes 2 aus § 6 stimmen dann für $m > n$ die Prozesse $\xi_m(t)$ und $\xi_n(t)$ auf $[0, \tau_n]$ überein, und es ist $\tau_m > \tau_n$. Ferner gelten für $t < \tau_n$ die Beziehungen

$$a_n(t, \xi_n(t)) = a(t, \xi_n(t))\,, \quad \sigma_n(t, \xi_n(t)) = \sigma(t, \xi_n(t))\,.$$

Es sei $\tau = \sup\limits_n \tau_n$, $\xi^{(0)}(t) = \xi_n(t)$, wenn $t \leqq \tau_n$ ist (die Eigenschaften von $\xi_n(t)$ sind derart, daß für $m > n$ die Funktion $\xi_m(t)$ die Fortsetzung der Funktion $\xi_n(t)$ ist). Offensichtlich ist die Funktion $\xi^{(0)}(t)$ für $t < \tau$ eine Lösung der Gleichung

$$d\xi^{(0)}(t) = a(t, \xi^{(0)}(t))\, dt + \sigma(t, \xi^{(0)}(t))\, dw(t)\,. \tag{1}$$

Im weiteren werden wir $\xi^{(0)}(t)$ als Lösung der Gleichung (1) auf dem Intervall (r_1, r_2) bezeichnen, und τ ist die Zeit, zu der diese Lösung erstmalig an die Grenze des Intervalls gelangt. Somit können wir die Lösung einer stochastischen Differentialgleichung bis zu dem Zeitpunkt konstruieren, zu dem sie erstmalig an die Intervallgrenze gelangt. Ist $\tau = +\infty$, dann ist $\xi(t)$ für alle $t > 0$ definiert, und das Vorhandensein einer Grenze hat keinen Einfluß auf die Lösung der Gleichung. Ein Beispiel für eine solche Gleichung ist die Gleichung mit den

Koeffizienten $a(x)$ und $\sigma(x)$, die den Bedingungen $\sigma(x) > 0$ für $x \in (r_1, r_2)$, $\sigma(r_1) = \sigma(r_2) = 0$, $a(r_1) \geqq 0$, $a(r_2) \leqq 0$ genügen. In der Tat genügt (wie aus den Sätzen 1 und 2 von § 19 folgt) in diesem Fall für alle $t > 0$ die Lösung der Gleichung

$$d\xi_x(t) = a(\xi_x(t))\, dt + \sigma(\xi_x(t))\, dw(t)$$

mit der Anfangsbedingung $\xi_x(0) = x \in (r_1, r_2)$ der Ungleichung $r_1 < \xi_x(t) < r_2$. Wenn bei einer beliebigen Anfangsbedingung $\xi(0) \in (r_1, r_2)$ mit Wahrscheinlichkeit Eins $\tau = +\infty$ ist, dann sagen wir, daß die Grenze des Intervalls (r_1, r_2) eine natürliche Grenze für die Gleichung (1) ist.

Unser Ziel besteht darin, einen Prozeß $\xi(t)$ so zu konstruieren, daß innerhalb des Intervalls (r_1, r_2) die Gleichung (1) erfüllt und $\xi(t)$ für alle $t > 0$ definiert ist, wobei $\xi(t) \in [r_1, r_2]$ ist. Unter der Bedingung $\tau = +\infty$ ist $\xi^{(0)}(t)$ ein solcher Prozeß. Ist aber $\tau < +\infty$, dann muß man die Lösung an der Grenze so definieren, daß $\xi(t)$ nach Erreichen der Grenze die Schranken des Intervalls $[r_1, r_2]$ nicht verläßt.

Wir werden nun einige möglichen Varianten für das Verhalten des Prozesses an der Grenze angeben.

1. Die einfachste Methode zur Fortsetzung des Prozesses nach Erreichen der Grenze besteht darin, daß man im weiteren seinen Wert konstant hält: $\xi(t) = r_i$ bei $t > \tau$, wenn $\xi^{(0)}(\tau - 0) = r_i$ ist. Der so erhaltene Prozeß heißt *Prozeß mit Randabsorption.*

2. Der Prozeß mit *Randreflexion.* Nachdem der Prozeß den Rand erreicht hat, kehrt er stetig und unmittelbar in das Intervall (r_1, r_2) zurück. In diesem Fall verbleibt der Prozeß entweder die Zeit Null oder irgendeine positive Zeit am Rand (als Verweilzeit des Prozesses am Rand r_i wird das Lebesguesche Maß der Menge $\{s;\ \xi(s) = r_i\}$ aufgefaßt). Im ersten Fall nennt man den Prozeß Prozeß mit momentaner Reflexion, im zweiten Fall Prozeß mit verzögerter Reflexion.

3. Sprungartige Rückkehr in das Intervall. In diesem Fall ist $\xi(\tau)$ als eine gewisse Zufallsgröße definiert, die von dem durch den Prozeß erreichten Randpunkt und dem Zeitpunkt abhängt, zu dem der Prozeß an den Rand gelangt ist. Der weitere Verlauf des Prozesses ist wiederum durch die Gleichung (1) bestimmt.

Worin besteht nun der physikalische Sinn der verschiedenen Randbedingungen? Im Prozeß mit absorbierendem Rand unterliegt das Teilchen am Rand keiner Störung mehr, und nachdem es an den Rand gelangt ist, verbleibt es dort. Wenn das Teilchen nach Auftreffen auf den Rand mit einer endlichen Geschwindigkeit wieder in das Intervall zurückkehrt, so braucht es eine positive Zeit, damit es einen endlichen Weg in das Intervall zurücklegen kann. In diesem Fall hat man es mit einem Prozeß mit verzögerter Reflexion zu tun. Wenn aber die Geschwindigkeit, mit der das Teilchen die Grenze verläßt, unendlich ist, dann kann die Zeit, die es am Rand verbleibt, nur gleich Null sein, da sonst während einer endlichen Zeit eine unendliche Verschiebung erfolgen würde.

Wir erinnern uns, daß die Geschwindigkeit eines Teilchens, dessen Bewegung durch eine stochastische Differentialgleichung beschrieben wird, gleich Unendlich ist. Somit kann man den Rand bei einem Prozeß mit momentaner Reflexion als absolut elastisch ansehen: Die Auftreffgeschwindigkeit auf den Rand ist gleich der Reflexionsgeschwindigkeit. Für Prozesse mit verzögerter Reflexion verringert sich teilweise die Geschwindigkeit bei der Reflexion am Rand; einen solchen Rand nennt man *elastisch*. Die Randbedingungen des Typs 3 sind im Zusammenhang mit folgendem Erneuerungsmodell zu betrachten: Das Teilchen, das sich in Übereinstimmung mit der Gleichung (1) im Intervall (r_1, r_2) bewegt, verschwindet, nachdem es den Rand erreicht hat, und wird zum gleichen Zeitpunkt durch ein neues Teilchen ersetzt, welches sich aus einem gewissen inneren Punkt des Intervalls $\xi(\tau) \in (r_1, r_2)$ nach dem gleichen Gesetz wie das vorhergehende Teilchen zu bewegen beginnt.

Wenn man die aufgezählten Randbedingungen kombiniert, kann man auch bedeutend kompliziertere Randbedingungen erhalten. Die für die Untersuchung einfachsten Randbedingungen sind die Bedingungen der Typen 1 und 3. Die Bedingungen des Typs 2 kann man nicht auf jedem Rand betrachten. Der Rand kann so beschaffen sein, daß eine stetige Reflexion nicht möglich ist.

Wir untersuchen nun die Abhängigkeit der Eigenschaften des Randes von den Koeffizienten der Gleichung für den Fall, daß diese Koeffizienten unabhängig von der Zeit sind. Die Koeffizienten der Gleichung seien $a(x)$ und $\sigma(x)$, wobei $\sigma(x) > 0$ für $x \in (r_1, r_2)$ ist. Für $x \in (r_1, r_2)$ setzen wir

$$\varphi(x) = \int_{x_1}^{x} \exp\left\{-\int_{x_0}^{y} \frac{2\,a(z)}{\sigma^2(z)}\,dz\right\} dy\,,$$

wobei x_0, x_1 irgendwelche Punkte aus (r_1, r_2) sind. Wir bezeichnen mit $\xi_x^{(0)}(t)$ die Lösung von $d\xi_x^{(0)}(t) = a(\xi_x^{(0)}(t))\,dt + \sigma(\xi_x^{(0)}(t))\,dw(t)$ bis zum Austritt aus dem Intervall (r_1, r_2), die der Bedingung $\xi_x^{(0)}(0) = x$ genügt, und mit $\tau_x[\alpha, \beta]$ den Zeitpunkt, zu dem der Prozeß $\xi_x^{(0)}(t)$ erstmalig die Grenzen des Intervalls $(\alpha, \beta) \subset (r_1, r_2)$ erreicht, wobei $x \in (\alpha, \beta)$ ist. Wegen Satz 4 aus § 15 haben wir

$$\boldsymbol{P}\,\{\xi_x^{(0)}(\tau_x[\alpha, \beta]) = \alpha\} = \frac{\varphi(\beta) - \varphi(x)}{\varphi(\beta) - \varphi(\alpha)}\,.$$

Nehmen wir an, daß $\lim\limits_{\alpha \downarrow r_1} \varphi(\alpha) > -\infty$ ist, dann gilt

$$\boldsymbol{P}\,\{\xi_x^{(0)}\,(\tau_x[r_1, \beta] - 0) = r_1\} = \frac{\varphi(\beta) - \varphi(x)}{\varphi(\beta) - \varphi_1(r_1 + 0)}\,.$$

Ist aber $\varphi\,(r_1 + 0) = -\infty$, dann kann man durch geeignete Wahl von $\varepsilon > 0$ die Größe $\boldsymbol{P}\,\{\xi_x^{(0)}\,(\tau_x\,[r_1 + \varepsilon, \beta]) = r_1 + \varepsilon\}$ für jedes x und β beliebig klein machen. In diesem Fall wird während einer endlichen Zeit der Rand r_1 nicht früher erreicht als der Rand β (d. h., er wird überhaupt nicht erreicht, da der Prozeß nach Erreichen von β in das Intervall (r_1, β) zurückkehren muß). Außerdem kann $\xi_x^{(0)}(t)$ in diesem Fall für $t \to +\infty$ nicht mit einer positiven Wahrscheinlichkeit gegen r_1 konvergieren, da sonst $\xi_x^{(0)}(t)$ mit der gleichen Wahrscheinlichkeit $r_1 + \varepsilon$ früher erreichen würde als den Punkt β (für jedes $\varepsilon > 0$), was nicht möglich ist. Damit wir den Fall $\varphi(r_1 + 0) > -\infty$ untersuchen können, setzen wir $\eta^{(0)}(t) = \varphi(\xi^{(0)}(t))$, wobei wir $x_1 = r_1$ in der Definition von φ setzen. Dann ist

$$d\eta^{(0)}(t) = \varphi'(\xi^{(0)}(t))\, \sigma(\xi^{(0)}(t))\, dw(t)\,,$$

und der Prozeß $\eta^{(0)}(t)$ ist ein Prozeß bis zum Austritt aus dem Intervall $(0, \bar{r})$, $\bar{r} = \int\limits_{r_1}^{r_2} \exp\left\{-\int\limits_{x_0}^{y} \frac{2\,a(z)}{\sigma^2(z)}\, dz\right\} dy$. Innerhalb dieses Intervalls genügt er der Gleichung $d\eta^{(0)}(t) = \bar{\sigma}(\eta^{(0)}(t))\, dw(t)$, wobei

$$\bar{\sigma}(x) = \sigma(g(x))\, U(g(x))\,, \qquad U(x) = \exp\left\{-\int\limits_{x_0}^{x} \frac{2\,a(z)}{\sigma^2(z)}\, dz\right\}$$

ist und $g(x)$ die zu $\varphi(x)$ inverse Funktion ist.

Wir bezeichnen mit $\eta_x(t)$ die Lösung der Gleichung $d\eta_x(t) = \bar{\sigma}(\eta_x(t))\, dw(t)$ bis zum Austritt aus dem Intervall $(0, \bar{r})$ mit der Anfangsbedingung $\eta_x(0) = x$, mit $\bar{\tau}_x[s_1, s_2]$ die Zeit, zu der der Prozeß $\eta_x(t)$ die Grenzen des Intervalls (s_1, s_2) erreicht, $0 < s_1 < s_2 < \bar{r}$. Aus den Sätzen 2 und 3 von § 15 folgen die Gleichungen

$$\boldsymbol{M}\,\bar{\tau}_x[s_1, s_2] = 2\int\limits_{s_1}^{x} \frac{(z - s_1)(s_2 - x)}{(s_2 - s_1)\,\bar{\sigma}^2(z)}\, dz + 2\int\limits_{x}^{s_2} \frac{(x - s_1)(s_2 - z)}{(s_2 - s_1)\,\bar{\sigma}^2(z)}\, dz\,, \tag{2}$$

$$\boldsymbol{M}\,\bar{\tau}_x^2[s_1, s_2] = 4\int\limits_{s_1}^{x} \frac{(z - s_1)(s_2 - x)}{(s_2 - s_1)\,\bar{\sigma}^2(z)}\, V(z)\, dz + 4\int\limits_{x}^{s_2} \frac{(s_2 - z)(x - s_1)}{(s_2 - s_1)\,\bar{\sigma}^2(z)}\, V(z)\, dz\,, \tag{3}$$

wobei $V(x) = \boldsymbol{M}\,\bar{\tau}_x[s_1, s_2]$, $s_1 \leqq x \leqq s_2$, ist.

Lemma 1. *Ist* $\lim\limits_{s_1 \downarrow 0} \boldsymbol{M}\,\bar{\tau}_x[s_1, s_2] = +\infty$, *dann ist*

$$\overline{\lim_{s_1 \downarrow 0}}\, \frac{\boldsymbol{M}\,\bar{\tau}_x^2[s_1, s_2]}{(\boldsymbol{M}\,\bar{\tau}_x[s_1, s_2])^2} \leqq \frac{s_2}{s_2 - x}\,.$$

Beweis. Unter unseren Voraussetzungen gilt

$$\boldsymbol{M}\,\bar{\tau}[s_1, s_2] = 2\,\frac{s_2 - x}{s_2 - s_1} \int\limits_{s_1}^{x} \frac{(z - s_1)}{\bar{\sigma}^2(z)}\, dz + o(1)\,,$$

$$\begin{aligned} \boldsymbol{M}\,\bar{\tau}_x[s_1, s_2] &= 8\,\frac{s_2 - x}{(s_2 - s_1)} \int\limits_{s_1}^{x} \frac{(z - s_1)}{\bar{\sigma}^2(z)} \int\limits_{s_1}^{z} \frac{(u - s_1)(s_2 - z)}{\bar{\sigma}^2(u)}\, du\, dz \\ &+ o(\boldsymbol{M}\,\bar{\tau}_x[s_1, s_2]) \leqq 8\,\frac{s_2 - x}{s_2 - s_1} \int\limits_{s_1}^{x} \int\limits_{s_1}^{u} \frac{(z - s_1)(u - s_1)}{\bar{\sigma}^2(z)\,\bar{\sigma}^2(u)}\, du\, dz \\ &+ o\,(\boldsymbol{M}\,\bar{\tau}_x[s_1, s_2]) = 4\,\frac{s_2 - x}{s_2 - s_1} \left(\int\limits_{s_1}^{x} \frac{z - s_1}{\bar{\sigma}^2(z)}\, dz\right)^2 + o\,(\boldsymbol{M}\,\bar{\tau}_x[s_1, s_2]) \\ &= \frac{s_2 - s_1}{s_2 - x} (\boldsymbol{M}\,\bar{\tau}_x[s_1, s_2])^2 + o(\boldsymbol{M}\,\tau_x([s_1, s_2])\,, \end{aligned}$$

womit das Lemma bewiesen ist.

Folgerung 1. Ist $x < \frac{s_2}{2}$, dann folgt aus der Gleichung $M\,\bar{\tau}_x[0, s_2] = \infty$, daß $P\,\{\bar{\tau}_x[0, s_2] = +\infty\} > 0$ ist.

Für $\varepsilon > 0$ erhalten wir nämlich

$$\lim_{s_1 \downarrow 0} P\,\{|\bar{\tau}_x[s_1, s_2] - M\,\bar{\tau}_x[s_1, s_2]| > (1-\varepsilon)\,M\,\bar{\tau}_x[s_1, s_2]\}$$

$$\leqq \overline{\lim_{s_1 \downarrow 0}} \frac{M\,\tau_x^2[s_1, s_2] - (M\,\bar{\tau}_x[s_1, s_2])^2}{(1-\varepsilon)^2\,(M\,\tau_x([s_1, s_2])^2} \leqq \frac{\frac{s_2}{s_2 - x} - 1}{(1-\varepsilon)^2} = \frac{x}{(1-\varepsilon)^2\,(s_2 - x)}\,.$$

Deshalb ist für ein hinreichend kleines $\varepsilon > 0$

$$\overline{\lim_{s_1 \downarrow 0}} P\,\{\bar{\tau}_x[s_1, s_2] \geqq \varepsilon\,M\,\bar{\tau}_x[s_1, s_2]\} \geqq 1 - \frac{x}{(1-\varepsilon)^2\,(s_2 - x)} > 0\,.$$

Folglich ist für jedes $C > 0$

$$\underline{\lim_{s_1 \downarrow 0}} P\,\{\bar{\tau}_x[s_1, s_2] \geqq C\} \geqq 1 - \frac{x}{(1-\varepsilon)^2\,(s_2 - x)}\,.$$

Hieraus folgt die Behauptung, da $\tau_x[s_1. s_2]$ für $s_1 \downarrow 0$ nicht abnimmt.

Aus der Formel (2) folgt, daß wir für die Endlichkeit von $M\,\bar{\tau}_x[0, s_2]$ folgende notwendige und hinreichende Bedingung haben: Für ein gewisses $x_0 > 0$ ist

$$\int_0^{x_0} z\,\frac{dz}{\bar{\sigma}^2(z)} < \infty\,.$$

Hieraus kann man die Bedingung für die Endlichkeit von $M\,\tau_x[r_1, \beta]$ erhalten (die Zeit $\tau_x[r_1, \beta]$ ist bezüglich des Prozesses $\xi^{(0)}(t)$ definiert). Da $\bar{\sigma}(z) = \sigma(g(z))\;U(g(z))$ ist, erhalten wir nach der Variablensubstitution $g(z) = y$, $z = \varphi(y)$ im Integral $\int_0^{x_0} \frac{z\,dz}{\sigma^2(g(z))\;U^2(g(z))}$ die Ungleichung

$$\int_{r_1}^{x_0} \frac{\varphi(y)}{\sigma^2(y)\;U(y)}\,dy < \infty\,. \tag{4}$$

Wir erinnern, daß unter unseren Voraussetzungen $\varphi(r_1) = 0$ ist.

Wir nehmen an, daß $M\,\tau_x[r_1, \beta] = \infty$ für jedes $\beta > r_1$ ist, sofern $x \in (r_1, \beta)$ ist. Wir zeigen, daß in diesem Fall entweder $\tau_x[r_1, \beta] < \infty$ und $\xi^{(0)}(\tau_x[r_1, \beta]) = \beta$ oder daß $\tau_x[r_1, \beta] = +\infty$ ist. Aus diesem Grunde beweisen wir den folgenden Hilfssatz.

Lemma 2. *Wir bezeichnen mit $\tau_x[r_1, \beta]$ die Zeit, zu der der Prozeß $\xi_x^{(0)}(t)$ den Rand des Intervalls (r_1, β) erreicht. Wenn für gewisse $\delta > 0$ und $C > 0$ und für alle $x \in (r_1, \beta)$ die Ungleichung $P\,\{\tau_x[r_1, \beta] \leqq C\} \geqq \delta$ erfüllt ist, dann ist $M\,\tau_x[r_1, \beta] < \infty$.*

Beweis. Ist die Bedingung des Lemmas erfüllt, dann ist für alle $x \in (r_1, \beta)$

$$P\{\tau_x[r_1, \beta] > C\} \leqq 1 - \delta .$$

Deshalb ist

$$P\{\tau_x[r_1, \beta] > 2\,C\} = \int_{r_1}^{\beta} P\{\tau_y\,[r_1, \beta] > C\}\, P\{\tau_x[r_1, \beta] > C\,,\ \xi_x^{(0)}(C) \leqq dy\} \leqq (1 - \delta)^2 .$$

Analog kann man beweisen, daß $P\{\tau_x[r_1, \beta] > k\,C\} \leqq (1 - \delta)^k$ ist. Folglich ist $M\,\tau_x[r_1, \beta] \leqq \sum_{k=0}^{\infty} (k + 1)\, C\,(1 - \delta)^k < \infty$. Das Lemma ist damit bewiesen.

Lemma 3. *Ist für ein gewisses $x \in (r_1, \beta)$ die Wahrscheinlichkeit* $P\{\tau_x[r_1, \beta] < \infty,\ \xi_x^{(0)}(\tau_x[r_1, \beta]) = r_1\}$ positiv, *dann ist* $M\,\tau_x[r_1, \beta] < \infty$.

Beweis. In diesem Fall ist für gewisse $C > 0$ und $\delta > 0$

$$P\{\tau_x[r_1, \beta] \leqq C\,,\quad \xi_x^{(0)}(\tau_x[r_1, \beta]) = r_1\} \geqq \delta .$$

Für alle $\bar{x} \in (r_1, x)$ haben wir dann aber

$$P\{\tau_{\bar{x}}[r_1, \beta] \leqq C\,,\quad \xi_{\bar{x}}^{(0)}(\tau_{\bar{x}}[r_1, \beta]) = r_1\} \geqq P\{\tau[r_1, \beta] \leqq C\,,\ \xi_x^{(0)}(\tau_x[r_1, \beta]) = r_1\} \geqq \delta .$$

Ferner ist auf Grund von Satz 2 aus § 15 die Funktion $M\,\tau_y[x, \beta]$ für $y \in [x,\ \beta]$ stetig und folglich auch beschränkt. Demzufolge ist

$$P\{\tau_y[r_1, \beta] \leqq C + Z\} \geqq P\{\tau_y[x, \beta] \leqq Z\}\, P\{\bar{\tau}_x \leqq C\} \geqq \left(1 - \frac{M\,\tau_y[x, \beta]}{Z}\right)\delta ,$$

wobei $\bar{\tau}_x$ der Zeitpunkt ist, zu dem der Prozeß $\xi_y(\tau_y[x, \beta] + s)$ erstmalig die Grenze des Intervalls (r_1, β) erreicht. Somit kann man derartige $C_1 > 0$ und $\delta_1 > 0$ angeben, daß für alle $y \in [r_1, \beta]$ die Ungleichung $P\{\tau_y[r_1, \beta] \leqq C_1\} \geqq \delta_1$ erfüllt ist. Man braucht nun nur noch das Lemma 2 anzuwenden.

Folgerung 2. Ist $M\,\tau_x[r_1, \beta] = +\infty$, dann ist für alle $x \in (r_1, \beta)$

$$P\{\tau_x[r_1, \beta] < \infty,\ \xi_x(\tau_x[r_1, \beta]) = r_1\} = 0 .$$

Die letzte Beziehung bedeutet auch, daß entweder $\tau_x[r_1, \beta] < \infty$ und $\xi_x(\tau_x[r_1, \beta]) = \beta$ oder daß $\tau_x[r_1, \beta] = +\infty$ ist.

Aus den bewiesenen Lemmata ergibt sich folgender Satz.

Satz 1. *Wir führen die Konstante*

$$L_1 = \int_{r_1}^{\beta} \exp\left\{-\int_{\beta}^{x} \frac{2\,a(z)}{\sigma^2(z)}\, dz\right\} dx$$

ein. Ist $L_1 < \infty$, dann verwenden wir

$$L_2 = \int_{r_1}^{\beta} \frac{1}{\sigma^2(y)} \int_{r_1}^{y} \exp\left\{-\int_{\beta}^{x} \frac{2\,a(z)}{\sigma^2(z)}\, dz\right\} dx \exp\left\{\int_{\beta}^{y} \frac{2\,a(z)}{\sigma^2(z)}\, dz\right\} dy .$$

Es gelten folgende Behauptungen:

1. *Ist* $L_1 = +\infty$, *dann erreicht* $\xi_x^{(0)}(t)$ *für beliebige* $x \in (r_1, \beta)$ *den Punkt* β *mit Wahrscheinlichkeit* 1 *früher als den Punkt* r_1.

2. *Ist* $L_1 < +\infty$, $L_2 = +\infty$, *dann ist für* $t \to +\infty$ *entweder* $\tau_x[r_1, \beta] = +\infty$ *und* $\xi_x^{(0)}(t) \to r_1$, *oder es ist* $\tau_x[r_1, \beta] < \infty$ *und* $\xi_x^{(0)}(\tau_x[r_1, \beta]) = \beta$.

3. *Ist* $L_1 < +\infty$ *und* $L_2 < +\infty$, *dann ist* $\boldsymbol{M}\,\tau_x[r_1, \beta] < \infty$ *für alle* $x \in (r_1, \beta)$, *und folglich gilt* $\boldsymbol{P}\,\{\tau_x[r_1, \beta] < +\infty\} = 1$ *und* $\boldsymbol{P}\,\{\xi_x^{(0)}(\tau_x[r_1, \beta] - 0) = r_1\} > 0$.

Zu beweisen ist nur die Behauptung 2, und zwar, daß die Beziehung $\tau_x[r_1, \beta] = +\infty$ den Grenzwert $\lim_{t\to\infty} \xi_x^{(0)}(t) = r_1$ nach sich zieht.

Wir nehmen an, daß man solche $s_1 < s_2$ angeben kann, daß $\varliminf_{t\to\infty} \xi_x^{(0)}(t) < s_1$ und $\varlimsup_{t\to\infty} \xi_x^{(0)}(t) > s_2$ ist.. Dann kann man eine unendliche Folge von Zeitpunkten τ_n angeben, zu denen der Prozeß nach Erreichen der Grenzen des Intervalls (s_1, s_2) zum n-ten Mal in den Punkt $s_0 \in (s_1, s_2)$ gelangt, d. h., zum Zeitpunkt τ_n ist $\xi_x^{(0)}(\tau_n) = s_0$, danach erreicht der Prozeß entweder s_1 oder s_2 und kehrt dann erst wieder zum Zeitpunkt τ_{n+1} nach s_0 zurück. Zwischen τ_n und τ_{n+1} erreicht der Prozeß $\xi_x^{(0)}(t)$ mit einer positiven Wahrscheinlichkeit den Punkt β. Demzufolge ist die Wahrscheinlichkeit dafür, daß der Prozeß $\xi_x^{(0)}(t)$ während unendlich vieler solcher Zyklen nicht ein einziges Mal in den Punkt β gelangt, gleich Null. Folglich existiert der Grenzwert $\lim_{t\to\infty} \xi_x^{(0)}(t)$, und er kann nur gleich r_1 sein, da $\sigma(x) > 0$ für $x < r_1$ ist.

Wir untersuchen nun die Bedingungen, unter denen eine stetige Reflexion von der Grenze r_1 in das Intervall (r_1, r_2) möglich ist (wir nehmen an, daß $L_1 < \infty$ und $L_2 < \infty$ ist, da im entgegengesetzten Fall der Prozeß nicht in den Punkt r_1 gelangt). Wir nehmen ein beliebiges $\varepsilon > 0$ und bezeichnen mit $\xi_\varepsilon^{(1)}(t)$ einen Prozeß im Intervall (r_1, β), der auf folgende Weise konstruiert wird: $\xi_\varepsilon^{(1)}(0) = \varepsilon$, $\xi_\varepsilon^{(1)}(t)$ genügt im Intervall (r_1, β) der Gleichung (1). Ist τ der Zeitpunkt, zu dem der Prozeß das Intervall (r_1, β) verläßt, dann setzen wir $\xi_\varepsilon^{(1)}(\tau) = \varepsilon$, und die weitere Änderung des Prozesses $\xi_\varepsilon^{(1)}(t)$ für $t > \tau$ wird durch die Lösung der Gleichung (1) bestimmt, solange sie nicht wieder zum Rand des Intervalls (r_1, β) gelangt, usw. Somit ist der Prozeß $\xi_\varepsilon^{(1)}(t)$ für alle $t > 0$ definiert. Der Prozeß kann natürlich den Rand r_1 verlassen, wenn für $\varepsilon \to 0$ die Wahrscheinlichkeit dafür, daß $\xi_\varepsilon^{(1)}(t)$ während einer endlichen Zeit zum Punkt β gelangen kann, positiv bleibt (den Punkt β kann man beliebig nahe an r_1 wählen, aber so, daß er unabhängig von ε ist). Wir bezeichnen mit τ_k den Zeitpunkt, zu dem der Prozeß $\xi_\varepsilon^{(1)}(t)$ zum k-ten Mal zum Rand des Intervalls (r_1, β) gelangt. Die Größen $\tau_{k+1} - \tau_k$ besitzen die gleiche Verteilung und sind unabhängig (siehe Folgerung 1 aus § 15); unabhängig sind auch die Ereignisse $\mathfrak{A}_k = \{\xi_\varepsilon^{(1)}(\tau_k - 0) = \beta\}$. Indem wir die Bezeichnungen dieses Paragraphen benutzen, können wir

$$\boldsymbol{M}(\tau_{k+1} - \tau_k) = V(r_1 + \varepsilon)\,,$$

$$\boldsymbol{P}\,\{\mathfrak{A}_k\} = \frac{\varphi(r_1 + \varepsilon) - \varphi(r_1)}{\varphi(\beta) - \varphi(r_1)}$$

schreiben (unter den gemachten Voraussetzungen sind die Funktionen $\varphi(x)$ und $V(x)$ im Intervall (r_1, β) definiert und beschränkt); deshalb ist

$$\boldsymbol{P}\left\{\sup_{t \leq \tau_n} \xi_\varepsilon^{(1)}(t) = \beta\right\} = 1 - \left(1 - \frac{\varphi(r_1 + \varepsilon) - \varphi(r_1)}{\varphi(\beta) - \varphi(r_1)}\right)^n. \tag{5}$$

Wenden wir die Formeln (2) und (3) an, dann können wir zeigen, daß man $\overline{\lim_{\varepsilon \to 0}} \frac{\boldsymbol{D}(\tau_k - \tau_{k-1})}{\boldsymbol{M}(\tau_k - \tau_{k-1})}$ kleiner als eine beliebig kleine Zahl machen kann, indem man β genügend nahe an r_1 wählt. Es sei n_ε die größte ganze Zahl, die kleiner ist als $\frac{1}{\boldsymbol{M}_k(\tau_k - \tau_{k-1})}$. Dann ist für ein hinreichend kleines $\boldsymbol{M}\tau_1$

$$\boldsymbol{P}\{\tau_{n_\varepsilon} > t_1\} = \boldsymbol{P}\left\{\sum_{k=1}^{n_\varepsilon} (\tau_k - \tau_{k-1}) > t_1\right\} = 1 - \boldsymbol{P}\left\{\sum_{k=1}^{n_\varepsilon} (\tau_k - \tau_{k-1}) \leq t_1\right\}$$

$$\geq 1 - \boldsymbol{P}\left\{\left|\sum_{k=1}^{n_\varepsilon} [\tau_k - \tau_{k-1} - \boldsymbol{M}(\tau_k - \tau_{k-1})]\right| \leq n_\varepsilon \boldsymbol{M}\tau_1 - t_1\right\}$$

$$\geq 1 - \frac{n_\varepsilon \boldsymbol{D}\tau_1}{(1 - t_1)^2} \geq 1 - \frac{\boldsymbol{D}\tau_1}{\boldsymbol{M}\tau_1 (1 - t_1)^2} > 0,$$

und

$$\boldsymbol{P}\{\tau_{n_\varepsilon} < t_2\} \geq 1 - \frac{\boldsymbol{M}\tau_{n_\varepsilon}}{t_2}$$

ist für hinreichend große t_2 beliebig nahe bei Eins. Dafür, daß $\boldsymbol{P}\left\{\sup_{t \leq T} \xi_\varepsilon^{(1)}(t) = \beta\right\}$ nach unten durch eine positive Konstante beschränkt ist, ist

$$\overline{\lim_{\varepsilon \to 0}} \left(1 - \frac{\varphi(r_1 + \varepsilon) - \varphi(r_1)}{\varphi(\beta) - \varphi(r_1)}\right)^{n_\varepsilon} < 1, \quad \text{d. h.} \quad \overline{\lim_{\varepsilon \to 0}}\, n_\varepsilon [\varphi(r_1 + \varepsilon) - \varphi(r_1)] > 0$$

oder

$$\overline{\lim_{\varepsilon \to 0}} \frac{V(r_1 + \varepsilon)}{\varphi(r_1 + \varepsilon) - \varphi(r_1)} < \infty$$

notwendig und hinreichend.

Es sei bemerkt, daß $\lim_{\varepsilon \to 0} \frac{V(r_1 + \varepsilon)}{\varphi(r_1 + \varepsilon) - \varphi(r_1)}$ existiert (der Grenzwert kann auch Unendlich sein). Um uns davon zu überzeugen, benutzen wir die wahrscheinlichkeitstheoretische Bedeutung der Funktionen $V(x)$ und $\varphi(x)$:

$$\frac{V(r_1 + \varepsilon)}{\varphi(r_1 + \varepsilon) - \varphi(r_1)} = \frac{1}{\varphi(\beta) - \varphi(r_1)} \cdot \frac{\boldsymbol{M}\tau_{r_1+\varepsilon}[r_1, \beta]}{\boldsymbol{P}\{\xi_\varepsilon^{(0)}(\tau_{r_1+\varepsilon}[r_1, \beta] - 0) = \beta\}}.$$

Wir formen nun den Prozeß $\xi_\varepsilon^{(0)}(t)$ derart um, daß $a(x)$ gleich Null wird. Dann ist

$$\frac{V(r_1 + \varepsilon)}{\varphi(r_1 + \varepsilon) - \varphi(r_1)} = \frac{V_1(r_1 + \varepsilon) - V_1(r_1)}{\varepsilon},$$

wobei $V_1(x)$ die Lösung der Gleichung $\frac{\sigma^2(x)}{2} V_1''(x) = -1$ ist. Die Funktion $V_1(x)$ ist konkav und hat deshalb überall eine endliche oder unendliche einseitige

Ableitung. Ferner genügt die Funktion $Z(x) = \frac{V'(x)}{\varphi'(x)}$ der Gleichung $Z'(x) = = -\frac{2}{\sigma^2(x)\,\varphi'(x)}$, d. h., die Funktion $Z(x)$ ist monoton, und es existiert deshalb immer der Grenzwert $\lim_{x \downarrow r_1} Z(x) = \lim_{x \downarrow r_1} \frac{V'(x)}{\varphi'(x)}$. Folglich ist

$$\lim_{\varepsilon \downarrow 0} \frac{V(r_1 + \varepsilon)}{\varphi(r_1 + \varepsilon) - \varphi(r_1)} = \lim_{x \downarrow r_1} \frac{V'(x)}{\varphi'(x)}.$$

Notwendig und hinreichend dafür, daß der letzte Grenzwert endlich ist, ist die Bedingung

$$\int_{r_1}^{\beta} \frac{1}{\sigma^2(x)\,\varphi'(x)}\, dx < \infty ,$$

d. h., die Konstante

$$L_3 = \int_{r_1}^{\beta} \frac{1}{\sigma^2(z)} \exp\left\{\int_{x_0}^{z} \frac{2\,a(u)}{\sigma^2(u)}\, du\right\} dz$$

muß endlich sein.

Wir sagen, daß der Rand r_1 ein *absorbierender* Rand ist, wenn $L_3 = +\infty$ ist; anderenfalls ist er ein *reflektierender* Rand. Analog werden auch die Begriffe für den absorbierenden und reflektierenden Rand r_2 definiert.

In Abhängigkeit von den Werten der Konstanten L_1, L_2, L_3 nennt man den Rand r_1

1. natürlichen Rand, wenn $L_1 = +\infty$ ist;
2. anziehenden Rand, wenn $L_1 < +\infty$, $L_2 = +\infty$ ist;
3. absorbierenden Rand, wenn $L_1 < +\infty$, $L_2 < +\infty$, $L_3 = +\infty$ ist;
4. regulären Rand, wenn $L_1 < +\infty$, $L_2 < +\infty$, $L_3 < +\infty$ ist.

Die Randbedingungen sind nur für die Ränder 3 und 4 anzugeben, die Ränder 1 und 2 sind nicht erreichbar. Am Rand 4 kann man alle oben aufgezeigten Randbedingungen angeben, am Rand 3 hat man es nur mit der Absorption und der sprungartigen Reflexion vom Rand zu tun.

§ 22. Der Prozeß mit Absorption am Rand

In diesem Paragraphen werden wir Prozesse behandeln, die eine allgemeinere Form haben als diejenigen, über die wir in § 21 gesprochen haben. Wir nehmen an, daß der Prozeß in einem gewissen Gebiet auf der t, x-Ebene vorsichgeht, das durch die Kurven $x = g_1(t)$ und $x = g_2(t)$ begrenzt ist; wobei $g_i(t)$ für $t \geqq 0$ definiert und stetig sind und $g_1(t) < g_2(t)$ ist. Mit G bezeichnen wir die Menge der Punkte $(t; x)$, für die $t > 0$ und $g_1(t) < x < g_2(t)$ ist. Als Begrenzung der Menge G werden wir die Punkte der Kurven $x = g_i(t)$, $i = 1, 2$, ansehen; die Kurve $x = g_2(t)$ nennen wir *obere Grenze* des Gebietes G, die Kurve $x = g_1(t)$

untere Grenze. Wir nehmen an, daß innerhalb des Gebietes G die Funktionen $a(t, x)$ und $\sigma(t, x)$ definiert und stetig in t sind und bezüglich x einer LIPSCHITZ-bedingung genügen: Mit einem $K > 0$ gilt

$$|a(t, x) - a(t, y)| + |\sigma(t, x) - \sigma(t, y)| \leqq K\,|x - y| \tag{1}$$

für $x, y \in (g_1(t), g_2(t))$. Im Gebiet G genügt der Prozeß $\xi(t)$ der Gleichung

$$d\xi(t) = a(t, \xi(t))\,dt + \sigma(t, \xi(t))\,dw(t)\,, \tag{2}$$

und er ist ein Prozeß mit Absorption am Rand G, wenn die Gleichung (2) für alle die t erfüllt ist, für die $g_1(t) < \xi(t) < g_2(t)$, $\xi(t)$ stetig und außerdem $\xi(t) = g_i(t)$ für $t > t'$ ist, sofern $\xi(t') = g_i(t')$ ist.

Satz 1. *Wenn G und die Koeffizienten $a(t, x)$, $\sigma(t, x)$ den aufgezählten Bedingungen genügen, $\xi(0)$ unabhängig von $w(t)$ ist und $\mathbf{P}\{\xi(0) \in [g_1(0), g_2(0)]\} = 1$ gilt, dann existiert eine mit einer Genauigkeit bis auf stochastische Äquivalenz eindeutige Lösung von (2), die ein Prozeß mit Absorption am Rand G ist.*

Beweis. Um die Existenz des beschriebenen Prozesses zu beweisen, setzen wir $\bar{a}(t, x) = a(t, g_1(t) + 0)$, $\bar{\sigma}(t, x) = \sigma(t, g_1(t) + 0)$ für $x \leqq g_1(t)$; $\bar{a}(t, x) = a(t, x)$, $\bar{\sigma}(t, x) = \sigma(t, x)$ für $g_1(t) < x < g_2(t)$; $\bar{a}(t, x) = a(t, g_2(t) - 0)$, $\bar{\sigma}(t, x) = \sigma(t, g_2(t) - 0)$ für $x > g_2(t)$ (die Existenz der Grenzwerte für $a(t, x)$ und $\sigma(t, x)$ folgt aus der Bedingung (1)). Es sei $\bar{\xi}(t)$ eine Lösung der Gleichung $d\bar{\xi}(t) = \bar{a}(t, \bar{\xi}(t))\,dt + \bar{\sigma}(t, \bar{\xi}(t))\,dw(t)$ mit der Anfangsbedingung $\bar{\xi}(0) = \xi(0)$. Aus Satz 1 von § 6 folgt die Existenz einer derartigen Lösung. Wir setzen $\psi(t) = 1$, wenn $g_1(s) < \bar{\xi}(s) < g_2(s)$ für $s < t$ ist, und $\psi(t) = 0$, wenn $\bar{\xi}(s) \notin (g_1(s), g_2(s))$ für ein gewisses $s < t$ ist; wir bezeichnen mit τ eine Größe, für die $\psi(t) = 1$ bei $t < \tau$ und $\psi(t) = 0$ bei $t > \tau$ ist (es kann auch $\tau = +\infty$ sein). Ist $\tau < +\infty$, dann ist für ein gewisses i die Gleichung $\bar{\xi}(\tau) = g_i(\tau)$ erfüllt. Für $t < \tau$ setzen wir $\xi(t) = \bar{\xi}(t)$, und es ist $\xi(t) = g_i(t)$, wenn $t \geqq \tau$ und $\bar{\xi}(\tau) = g_i(\tau)$ ist. Wir können uns leicht davon überzeugen, daß $\xi(t)$ der gesuchte Prozeß ist.

Wir beweisen nun die Eindeutigkeit des Prozesses $\xi(t)$, der im Gebiet G eine Lösung von (2) und ein Prozeß mit Absorption am Rand G ist. Es seien $\xi_1(t)$ und $\xi_2(t)$ zwei derartige Lösungen, und es sei $\psi(t) = 1$, wenn $\xi_1(t) \in (g_1(t), g_2(t))$ und $\xi_2(t) \in (g_1(t), g_2(t))$ ist; es sei $\psi(t) = 0$, wenn entweder $\xi_1(t) \notin (g_1(t), g_2(t))$ oder $\xi_2(t) \notin (g_1(t), g_2(t))$ ist. Dann ist

$$[\xi_1(t) - \xi_2(t)]\,\psi(t) = \psi(t)\left[\int_0^t [a(s, \xi_1(s)) - a(s, \xi_2(s))]\,ds + \int_0^t [\sigma(s, \xi_1(s)) - \sigma(s, \xi_2(s))]\,dw(s)\right];$$

$$[\xi_1(t) - \xi_2(t)]^2\,\psi(t) \leqq 2\left(\int_0^t \psi(s)\,[a(s, \xi_1(s)) - a(s, \xi_2(s))]\,ds\right)^2 + 2\left(\int_0^t \psi(s)\,[\sigma(s, \xi_1(s)) - \sigma(s, \xi_2(s))]\,dw(s)\right)^2.$$

Da

$$\psi(s)\,\{|a(s,\xi_1(s)) - a(s,\xi_2(s))|^2 + |\sigma(s,\xi_1(s)) - \sigma(s,\xi_2(s))|^2\}$$
$$\leqq 2\,K^2\,|\xi_1(s) - \xi_2(s)|^2\,\psi(s)$$

ist, stellen wir wie in Satz 2 aus § 6 fest, daß für jedes $T > 0$ ein derartiges L existiert, daß für $0 \leqq t \leqq T$

$$\boldsymbol{M}\,|\xi_1(t) - \xi_2(t)|^2\,\psi(t) \leqq L\int_0^t \boldsymbol{M}\,|\xi_1(s) - \xi_2(s)|^2\,\psi(s)\,\mathrm{d}s$$

ist. Wegen Lemma 1 aus § 6 folgt aus der letzten Ungleichung, daß $\boldsymbol{M}\,|\xi_1(t) - \xi_2(t)|^2\,\psi(t) = 0$ ist. Somit haben wir

$$\boldsymbol{P}\,\{\xi_1(t) = \xi_2(t)/\psi(t) = 1\} = 1\,.$$

Aus der Stetigkeit von $\xi_i(t)$ folgt, daß die Prozesse $\xi_1(t)$ und $\xi_2(t)$ bis zum Zeitpunkt τ^*, für den $\psi(t) = 1$ bei $t < \tau^*$ und $\psi(t) = 0$ bei $t > \tau^*$ gilt, mit Wahrscheinlichkeit Eins übereinstimmen. Dann ist aber $\xi_1(\tau^* - 0) = \xi_2(\tau^* - 0)$. Da zum Zeitpunkt τ^* wenigstens einer der Prozesse $\xi_i(t)$ an den Rand des Gebietes G gelangt, ist für ein i

$$\xi_1(\tau^*) = \xi_2(\tau^*) = g_i(\tau^*)\,,$$

und da beides Prozesse mit Absorption am Rand sind, ist $\xi_1(t) = \xi_2(t) = g_i(t)$ für $t > \tau^*$. Der Satz ist damit bewiesen.

Wir zeigen, daß man unter der Voraussetzung $\sigma(t, x) > 0$ und einer gewissen Glattheit von $a(t, x)$ und $\sigma(t, x)$ sowie der Funktionen $g_1(t)$ und $g_2(t)$ durch Substitution der Zeit (nichtzufällig) und der räumlichen Variablen das Gebiet G zu einem Streifen umformen kann, der durch die Geraden $x = 0$ und $x = 1$ begrenzt ist, und daß man die Gleichung (2) in die Form

$$\mathrm{d}\tilde{\xi}(t) = \tilde{a}(t, \tilde{\xi}(t))\,\mathrm{d}t + \mathrm{d}\tilde{w}(t) \tag{3}$$

überführen kann, wobei $\tilde{w}(t)$ ebenfalls ein WIENERprozeß ist.

Für $x \in [g_1(t), g_2(t)]$ sei

$$\bar{g}_2(t) = \int_{g_1(t)}^{g_2(t)} \frac{\mathrm{d}y}{\sigma(t, y)}\,, \qquad \bar{g}_1(t) = 0\,, \qquad f(t, x) = \int_{g_1(t)}^{x} \frac{\mathrm{d}y}{\sigma(t, y)}\,;$$

$\varphi(t, x)$ sei die zu $f(t, x)$ inverse Funktion: für $0 \leqq x \leqq \bar{g}_2(t)$ ist $f(t, \varphi(t, x)) = x$; $\eta(t) = f(t, \xi(t))$, wobei $\xi(t)$ eine Lösung der Gleichung (2) mit Absorption am Rand G ist. Wir bezeichnen mit $\bar{G}$ das folgende Gebiet der t, x-Ebene: $\bar{G} = \{(t; x)\colon t > 0,\ x \in (0, \bar{g}_2(t))\}$, und sei es

$$\bar{a}(t, x) = f_t'(t, \varphi(t, x)) + f_x''(t, \varphi(t, x))\,a(t, \varphi(t, x))$$
$$+ \frac{1}{2} f_{xx}''(t, \varphi(t, x))\,\sigma^2(t, \varphi(t, x))\,. \tag{4}$$

Dann ist $\eta(t)$ ein Prozeß mit Absorption am Rand des Gebietes $\bar{G}$, der der Gleichung

$$\mathrm{d}\eta(t) = \bar{a}(t, \eta(t))\,\mathrm{d}t + \mathrm{d}w(t)$$

genügt (das folgt aus der ITÔ-Formel). Es sei nun $\tilde{\xi}(t) = \frac{\eta(\lambda(t))}{\bar{g}_2(\lambda(t))}$, wobei $\lambda(t)$ eine wachsende stetig differenzierbare Funktion ist, die wir später auswählen. Dann ist

$$\begin{aligned} d\tilde{\xi}(t) &= -\frac{\eta(\lambda(t))}{[\bar{g}_2(\lambda(t))]^2}\lambda'(t)\,dt + \frac{d\eta(\lambda(t))}{\bar{g}_2(\lambda(t))} \\ &= -\frac{\tilde{\xi}(t)\,\lambda'(t)}{\bar{g}_2(\lambda(t))}\,dt + \frac{\bar{a}(\lambda(t),\eta(\lambda(t)))\,\lambda'(t)\,dt}{\bar{g}_2(\lambda(t))} + \frac{dw(\lambda(t))}{\bar{g}_2(\lambda(t))} \\ &= -\frac{\tilde{\xi}(t) + \bar{a}(\lambda(t),\bar{g}_2(\lambda(t))\,\tilde{\xi}(t))}{\bar{g}_2(\lambda(t))}\lambda'(t)\,dt + d\int\limits_0^{\lambda(t)} \frac{dw(s)}{\bar{g}_2(s)}. \end{aligned}$$

Der Prozeß $\zeta(u) = \int\limits_0^u \frac{dw(s)}{\bar{g}_2(s)}$ ist ein GAUSSprozeß mit unabhängigen Zuwächsen, für den $\boldsymbol{M}\,\zeta(u) = 0$, $\boldsymbol{D}\,\zeta(u) = \int\limits_0^u \frac{ds}{(\bar{g}_2(s))^2}$ sind. Wenn wir $\lambda(t)$ dergestalt wählen, daß $\int\limits_0^{\lambda(t)} \frac{ds}{(\bar{g}_2(s))^2} = t$ ist, dann ist der Prozeß $\tilde{w}(t) = \zeta(\lambda(t))$ ein WIENERprozeß. Deshalb ist der Prozeß $\tilde{\xi}(t)$ ein Prozeß mit Absorption am Rand des Gebietes $G_1 = \{(t;x); t > 0,\ x \in (0,1)\}$ und genügt innerhalb dieses Gebietes der Gleichung (3), wobei

$$\tilde{a}(t,x) = -\frac{x + \bar{a}(\lambda(t),\bar{g}_2(\lambda(t))\,x)}{\bar{g}_2(\lambda(t))}\lambda'(t)$$

ist. Da die Prozesse $\xi(t)$ und $\tilde{\xi}(t)$ durch die eineindeutige Beziehung

$$\tilde{\xi}(t) = \frac{1}{\bar{g}_2(\lambda(t))} f(\lambda(t), \xi(\lambda(t)))$$

verknüpft sind, kann man anstelle des Prozesses $\xi(t)$ den Prozeß $\tilde{\xi}(t)$ untersuchen.

Es sei $x \in (0,1)$. Für $t > s$ bezeichnen wir mit $\tilde{\xi}_{x,s}(t)$ die Lösung der Gleichung $d\tilde{\xi}_{x,s}(t) = \tilde{a}(t,\tilde{\xi}_{x,s}(t))\,dt + d\tilde{w}(t)$ mit Absorption am Rand von $(0,1)$, die der Anfangsbedingung $\tilde{\xi}_{x,s}(s) = x$ genügt. Man kann zeigen, daß der Prozeß, der eine Lösung der Gleichung (3) ist, im Gebiet mit Absorption am Rand von $(0,1)$ ein MARKOWscher Prozeß ist, dessen Übergangswahrscheinlichkeit $\boldsymbol{P}(s,x,t,A)$ mit der Wahrscheinlichkeit $\boldsymbol{P}\{\tilde{\xi}_{x,s}(t) \in A\}$ übereinstimmt.

Wir untersuchen die Abhängigkeit der Lösung der Gleichung (3) von den Anfangswerten, und für die Funktion $u(s,x) = \boldsymbol{M} f(\tilde{\xi}_{x,s}(t))$ leiten wir die Gleichung von A. N. KOLMOGOROW her.

Wir bezeichnen mit $\tilde{a}^*(t,x)$ eine Funktion, die für $x \in (0,1)$ mit $\tilde{a}(t,x)$ übereinstimmt, die beschränkt ist und den Bedingungen des Existenz- und Eindeutigkeitssatzes genügt. Für $t \geqq s$ sei $\xi^*_{x,s}(t)$ die Lösung von

$$d\xi^*_{x,s}(t) = \tilde{a}^*(t,\xi^*_{x,s}(t))\,dt + d\tilde{w}(t),$$

die der Anfangsbedingung $\xi^*_{x,s}(s) = x$ genügt. Es sei ferner $\tau_{x,s}$ durch die Beziehung

$$\tau_{x,s} = \inf \{t;\, \xi^*_{x,s}(t) \notin (0, 1)$$

definiert, falls die Menge $\{t;\, \xi^*_{x,s}(t) \notin (0, 1)\}$ nicht leer ist, und es sei $\tau_{x,s} = +\infty$ andernfalls. Offensichtlich läßt sich $\tilde{\xi}_{x,s}(t)$ auf folgende Weise durch $\xi^*_{x,s}(t)$ ausdrücken: $\tilde{\xi}_{x,s}(t) = \xi^*_{x,s}(t)$ für $t < \tau_{x,s}$ und $\tilde{\xi}_{x,s}(t) = \xi^*_{x,s}(\tau_{x,s})$ für $t \geqq \tau_{x,s}$.

Lemma 1. *Für jedes $T > 0$ kann man ein L_T angeben, so daß $x_1, x_2 \in (0, 1)$, $0 < s_1 < s_2 < T$ die Ungleichung*

$$\sup_{s_2 \leqq t \leqq T} |\xi^*_{x_1,s_1}(t) - \xi^*_{x_2,s_2}(t)| \leqq L_T \left(|x_1 - x_2| + |s_1 - s_2| + |\tilde{w}(s_1) - \tilde{w}(s_2)|\right)$$

erfüllt ist.

Beweis. Da für $t > s_2$

$$\xi^*_{x_1,s_1}(t) - \xi^*_{x_2,s_2}(t) = \xi^*_{x_1,s_1}(s_2) - x_2 + \int_{s_2}^{t} [\tilde{a}^*(u, \xi^*_{x_1,s_1}(u)) - \tilde{a}^*(u, \xi^*_{x_2,s_2}(u))]\, du$$

ist, gilt auf Grund von Lemma 1 aus § 6

$$|\xi^*_{x_1,s_1}(t) - \xi^*_{x_2,s_2}(t)| \leqq |\xi^*_{x_1,s_1}(s_2) - x_2|\, e^{L(t-s_2)},$$

wobei L so beschaffen ist, daß $|\tilde{a}^*(t, x) - \tilde{a}^*(t, y)| \leqq L\, |x - y|$ ist. Hieraus folgt der Beweis des Lemmas, wenn wir berücksichtigen, daß

$$\xi^*_{x_1,s_1}(s_2) = x_1 + \tilde{w}(s_2) - \tilde{w}(s_1) + \int_{s_1}^{s_2} \tilde{a}^*(u, \xi^*_{x_1,s_1}(u))\, du$$

gilt und $\tilde{a}^*(u, x)$ eine beschränkte Funktion ist.

Lemma 2. *Für beliebige $x \in (0, 1)$ und $s > 0$ konvergiert mit Wahrscheinlichkeit Eins $\tau_{x',s'} \to \tau_{x,s}$ bei $x' \to x$, $s' \to s$. Wenn $x' \to 1$ ($x' \to 0$), $s' \to s$ strebt, dann konvergiert mit Wahrscheinlichkeit Eins $\tau_{x',s'} \to s$.*

Beweis. Wir betrachten die erste Behauptung. Da auf jedem endlichen Intervall $\xi^*_{x',s'}(t)$ gleichmäßig (bezüglich t) gegen $\xi^*_{x,s}(t)$ konvergiert, braucht man für den Beweis von $\tau_{x',s'} \to \tau_{x,s}$ nur zu zeigen, daß für jedes $\delta > 0$

$$\sup_{0<u<\delta} \xi^*_{x,s}(\tau_{x,s} + u) > 1 \quad \text{im Fall} \quad \xi^*_{x,s}(\tau_{x,s}) = 1$$

und

$$\inf_{0<u<\delta} \xi^*_{x,s}(\tau_{x,s} + u) < 0 \quad \text{im Fall} \quad \xi^*_{x,s}(\tau_{x,s}) = 0$$

ist. Folglich ist das Lemma bewiesen, wenn wir zeigen, daß die Wahrscheinlichkeit dafür, daß $\xi^*_{x,s}(t)$ ein lokales Maximum, das gleich Eins ist, oder ein lokales Minimum, das gleich Null ist, besitzt, gleich Null ist. Da das im Funktionalraum dem Prozeß $\xi^*_{x,s}(t)$ entsprechende Maß absolut stetig ist bezüglich dem Maß, das dem Prozeß $w(t) - w(s) + x$ entspricht (siehe § 12), braucht man nur zu zeigen, daß für jedes rationale Intervall (r_1, r_2) und ein beliebiges α

$$P\left\{\sup_{r_1<t<r_2} w(t) = \alpha\right\} = 0$$

ist. Das folgt auch daraus, daß $\sup\limits_{r_1<t<r_2} w(t)$ eine stetige Verteilung besitzt (siehe Lemma 1 aus § 1). Eine analoge Behauptung gilt für das Infimum.

Es möge nun $x' \leqq 1$, $s' \to s$ streben. Aus dem Gesetz des iterierten Logarithmus für den Prozeß der BROWNschen Bewegung folgt, daß man mit Wahrscheinlichkeit 1 eine derartige Folge $s_n \downarrow s$ angeben kann, daß $w(s_n) - w(s) < < \sqrt{s_n - s}$ ist. Wenn $|\tilde{a}^*(t, x)| \leqq C$ ist, dann ist also

$$\xi^*_{x', s'}(s_n) = x' + \int_{s'}^{s_n} \tilde{a}^*(u, \xi^*_{x', s'}(u)\, du + w(s_n) - w(s')$$
$$\geqq 1 + \sqrt{s_n - s} - C\,(s_n - s') - |w(s) - w(s')| - (1 - x')' .$$

Folglich ist $s' \leqq \tau_{x', s'} \leqq s_n$, sofern $|s - s'|$ und $|1 - x'|$ so klein sind, daß $C\,|s - s'| + |w(s) - w(s')| + |1 - x'| < \sqrt{s_n - s} - C\,|s_n - s|$ ist. Da $w(s)$ eine stetige Funktion ist und s_n beliebig nahe bei s liegt, folgt hieraus der Beweis des Lemmas.

Folgerung 1. Für jede stetige Funktion $f(x)$, für die $f(0) = f(1) = 0$ ist, ist die Funktion $\boldsymbol{M} f(\tilde{\xi}_{x, s}(t))$ stetig in allen ihren Argumenten. Das folgt daraus, daß $\tilde{\xi}_{x', s'}(t')$ in Wahrscheinlichkeit gegen $\tilde{\xi}_{x, s}(t)$ konvergiert, wenn $x' \to x$, $s' \to s$, $t' \to t$ strebt, und aus der Beschränktheit von $f(x)$.

Wir führen den Prozeß $w^*_{x, s}(t) = \tilde{w}(t) - \tilde{w}(s) + x$ ein und den Zeitpunkt $\bar{\tau}_{x, s}$, zu dem der Prozeß $w^*_{x, s}(t)$ zum ersten Mal die Grenzen des Intervalls $(0, 1)$ erreicht. Für $t < \tau_{x, s}$ setzen wir $\tilde{w}_{x, s}(t) = w^*_{x, s}(t)$, und für $t \geqq \bar{\tau}_{x, s}$ sei $\tilde{w}_{x, s}(t) = = w^*_{x, s}(\bar{\tau}_{x, s})$. Auf Grund der Ergebnisse aus § 12 ist das im Funktionalraum dem Prozeß $\tilde{\xi}^*_{x, s}(t)$ entsprechende Maß absolut stetig bezüglich dem Maß, das dem Prozeß $w^*_{x, s}(t)$ entspricht, wobei die Dichte des ersten Maßes bezüglich dem zweiten Maß gleich

$$\varrho = \exp\left\{\int_s^t \tilde{a}^*(u, w^*_{x, s}(u))\, d\tilde{w}(u) - \frac{1}{2}\int_s^t [\tilde{a}^*(u, w^*_{x, s}(u))]^2\, du\right\}$$

ist. Wenn insbesondere A eine BORELmenge auf $(0, 1)$ ist, dann gilt

$$P\,\{0 < \xi^*_{x, s}(u) < 1; \quad s \leqq u \leqq t; \quad \xi^*_{x, s}(t) \in A\} = \boldsymbol{M}\,\psi\,\varrho ,$$

wobei $\psi = 1$ ist, wenn $w^*_{x, s}(t) \in A$ ist und $0 < w^*_{x, s}(u) < 1$ für $s \leqq u \leqq t$ gilt, und $\psi = 0$ ist in allen übrigen Fällen. Die linke Seite der letzten Gleichung ist gleich $P\,\{\tilde{\xi}_{x, s}(t) \in A\}$, und die rechte Seite kann man in der Form

$\boldsymbol{M}\,\chi_A(\tilde{w}_{x,s}(t))\,\varrho$ schreiben. Deshalb ist für jede stetige Funktion $f(x)$, für die $f(0) = f(1) = 0$ ist, die Beziehung

$$\boldsymbol{M} f(\tilde{\xi}_{x,s}(t)) = \\ = \boldsymbol{M} f(\tilde{w}_{x,s}(t)) \exp\left\{\int\limits_s^t \tilde{a}^*(u, w^*_{x,s}(u))\, d\tilde{w}(u) - \frac{1}{2}\int\limits_s^t [\tilde{a}^*(u, w^*_{x,s}(u))]^2\, du\right\} \tag{5}$$

erfüllt.

Wir gehen nun zur Herleitung der Gleichungen von A. N. Kolmogorow über. Es sei $\tilde{a}^*(s, x)$ hinreichend glatt, $g(x) = 0$ für $x \in [0, 1]$, $g(x) > 0$ für $x \notin [0, 1]$, und $g(x)$ habe stetige und beschränkte Ableitungen bis einschließlich zweiter Ordnung. Wenn $f(x)$ für alle x definiert ist und beschränkte stetige Ableitungen $f'(x)$ und $f''(x)$ besitzt, dann ist die Funktion

$$u_n(s, x) = \boldsymbol{M} f(\xi^*_{x,s}(t)) \exp\left\{-n\int\limits_s^t g(\xi^*_{x,s}(u))\, du\right\} \tag{6}$$

nach x zweimal stetig und nach s einmal differenzierbar und genügt der Gleichung

$$-\frac{\partial u_n(s,x)}{\partial s} = \tilde{a}^*(s, x)\frac{\partial}{\partial x} u_n(s, x) + \frac{1}{2}\cdot\frac{\partial^2 u_n(s,x)}{\partial x^2} - n\, g(x)\, u_n(s, x) \tag{7}$$

mit der Randbedingung $u_n(t, x) = f(x)$ (siehe § 11, Bemerkung 1). Ferner setzen wir voraus, daß die Funktion $f(x)$ nichtnegativ ist. Für $n \to \infty$ ist die Folge $u_n(s, x)$ nichtwachsend, und folglich existiert $\lim\limits_{n\to\infty} u_n(s, x) = u_0(s, x)$ (dabei ist $u_0(t, x) = f(x)$).

Es sei $\varphi(x)$ eine zweimal stetig differenzierbare Funktion, für die $\varphi(x) = 0$ ist, wenn $x \notin (0, 1)$ ist. Indem wir (7) über s von s_1 bis t integrieren, danach mit $\varphi(x)$ multiplizieren, über x von $-\infty$ bis ∞ integrieren, dabei berücksichtigen, daß $\varphi(x)\, g(x) = 0$ ist, und die Formel der partiellen Integration anwenden, erhalten wir

$$-\int\limits_{-\infty}^{\infty} f(x)\,\varphi(x)\,dx + \int\limits_{-\infty}^{\infty} u_n(s_1, x)\,\varphi(x)\,dx = -\int\limits_{s_1}^{t}\int\limits_{-\infty}^{\infty} u_n(s, x) \\ \times \frac{\partial}{\partial x}(\tilde{a}^*(s, x)\,\varphi(x))\,dx + \frac{1}{2}\int\limits_{s_1}^{t}\int\limits_{-\infty}^{\infty} u_n(s, x)\frac{d^2}{dx^2}\varphi(x)\,dx\,.$$

In dieser Beziehung gehen wir für $n \to \infty$ zum Grenzwert über:

$$-\int\limits_{-\infty}^{\infty} f(x)\,\varphi(x)\,dx + \int\limits_{-\infty}^{\infty} u_0(s_1, x)\,\varphi(x)\,dx \\ = \int\limits_{s_1}^{t}\int\limits_{-\infty}^{\infty} u_0(s, x)\left[-\frac{\partial}{\partial x}(\tilde{a}^*(s, x)\,\varphi(x)) + \frac{1}{2}\cdot\frac{d^2}{dx^2}\varphi(x)\right] dx\,.$$

Indem wir nach s_1 differenzieren, finden wir

$$-\frac{\partial}{\partial s_1}\int_0^1 u_0(s, x)\,\varphi(x)\,dx = \int_0^1 u_0(s, x)\left[-\frac{\partial}{\partial x}(\tilde{a}(s, x)\,\varphi(x)) + \frac{1}{2}\varphi''(x)\right]dx\,. \tag{8}$$

Die Gleichung (8) ist für alle Funktionen $\varphi(x)$ erfüllt, die auf $[0, 1]$ definiert und zweimal stetig differenzierbar sind und den Bedingungen $\varphi(0) = \varphi(1) = \varphi'(0) = \varphi'(1) = \varphi''(0) = \varphi''(1) = 0$ genügen. Die Beziehung (8) bedeutet, daß $u_0(s, x)$ eine verallgemeinerte Lösung der Gleichung

$$-\frac{\partial}{\partial s}u_0(s, x) = \tilde{a}(s, x)\frac{\partial}{\partial x}u_0(s, x) + \frac{1}{2}\cdot\frac{\partial^2}{\partial x^2}u_0(s, x) \tag{9}$$

ist.

Worin besteht nun die wahrscheinlichkeitstheoretische Bedeutung der Funktion $u_0(s, x)$? Wir bemerken, daß

$$\exp\left\{-n\int_s^t g(\xi^*_{x,s}(u))\,du\right\} \to 0$$

konvergiert, sofern $\int_s^t g(\xi^*_{x,s}(u))\,du > 0$ ist, d. h., wenn sich ein solches $u \in [s, t]$ finden läßt, daß $\xi^*_{x,s}(u) \notin [0, 1]$ ist (in diesem Fall ist $g(\xi^*_{x,s}(u)) > 0$ in einem gewissen Punkt u, und wegen der Stetigkeit dieser Funktion in u ist $g(\xi^*_{x,s}(u)) > 0$ auf einem gewissen Intervall). Wenn ferner für $u \in [s, t]$ $\xi^*_{x,s}(u) \in [0, 1]$ ist, dann ist $\int_s^t g(\xi^*_{x,s}(u))\,du = 0$. Wie beim Beweis des Lemmas 2 gezeigt wurde, ist schließlich

$$\boldsymbol{P}\left\{\sup_{s\leq u\leq t}\xi^*_{x,s}(u) = 1\right\} = \boldsymbol{P}\left\{\inf_{s\leq u\leq t}\xi^*_{x,s}(u) = 0\right\} = 0\,.$$

Wenn also $f(0) = f(1) = 0$ ist, dann ist

$$\boldsymbol{P}\left\{\lim_{n\to\infty} f(\xi^*_{x,s}(t))\exp\left\{-n\int_s^t g(\xi^*_{x,s}(u))\,du\right\} \neq f(\tilde{\xi}_{x,s}(t))\right\}$$
$$\leq \boldsymbol{P}\left\{\sup_{s\leq u\leq t}\xi^*_{x,s}(u) = 1\right\} + \boldsymbol{P}\left\{\inf_{s\leq u\leq t}\xi^*_{x,s}(u) = 0\right\} = 0\,,$$

und folglich ist mit Wahrscheinlichkeit Eins

$$\lim_{n\to\infty} f(\xi^*_{x,s}(t))\exp\left\{-n\int_s^t g(\xi^*_{x,s}(u))\,du\right\} = f(\tilde{\xi}_{x,s}(t))\,.$$

Dann ist aber

$$\lim_{n\to\infty}\boldsymbol{M}f(\xi^*_{x,s}(t))\exp\left\{-n\int_s^t g(\xi^*_{x,s}(u))\,du\right\} = \boldsymbol{M}f(\tilde{\xi}_{x,s}(t))$$

und

$$u_0(s, x) = \boldsymbol{M}f(\tilde{\xi}_{x,s}(x))\,. \tag{10}$$

Wir zeigen nun, daß

$$\lim_{x\downarrow 0} u_0(s, x) = \lim_{x\uparrow 1} u_0(s, x) = 0$$

ist. Dazu benutzen wir die Formel (5), da $u_0(s, x)$ mit der linken Seite dieser Formel übereinstimmt. Da wegen der Beschränktheit von $\tilde{a}^*(s, x)$ die Funktion $M\varrho^2$ gleichmäßig beschränkt ist (siehe Lemma 2 aus § 12), braucht man nur zu zeigen, daß $f(\tilde{w}_{x,s}(t))$ in Wahrscheinlichkeit gegen Null konvergiert, wenn entweder $x\downarrow 0$ oder $x\uparrow 1$ strebt. Es ist aber

$$P\{f(\tilde{w}_{x,s}(t)) \neq 0\} \leqq P\left\{\sup_{s\leqq u\leqq t} [w(u) - w(s)] < 1 - x\right\} = \frac{2}{\sqrt{2\pi(t-s)}}$$

$$\times \int_0^{1-x} e^{-\frac{z^2}{2(t-s)}} dz \to 0 \quad \text{für} \quad x\uparrow 1 .$$

Analog haben wir

$$P\{f(\tilde{w}_{x,s}(t)) \neq 0\} \leqq P\left\{\inf_{s\leqq u\leqq t} [w(u) - w(s)] > -x\right\}$$

$$= P\left\{\sup_{s\leqq u\leqq t} [w(u) - w(s)] < x\right\} \to 0 \quad \text{für} \quad x\downarrow 0 .$$

Damit ergibt sich die folgende Behauptung.

Satz 2. *Es sei $\tilde{a}(s, x)$ im Intervall* (0, 1) *eine nach x zweimal gleichmäßig stetig differenzierbare Funktion, $f(x)$ im Intervlll* (0, 1) *zweimal stetig differenzerbar und $f(0) = f(1) = 0$. Dann ist die Funktion $u_0(s, x) = M f(\tilde{\xi}_{x,s}(t))$ für $s < t$, $x \in (0, 1)$ eine stetige verallgemeinerte Lösung von* (9), *die den Randbedingungen*

$$\lim_{s\uparrow t} u_0(s, x) = f(x) , \qquad \lim_{x\uparrow 1} u_0(s, x) = \lim_{x\downarrow 0} u_0(s, x) = 0$$

genügt.

Bemerkung 1. Wenn man anstelle der Funktionenfolge $u_n(s, x)$ die Funktionenfolge

$$V_n(s, x) = M \exp\left\{- n \int_s^t g(\xi^*_{x,s}(u))\, du + \lambda \int_s^t \Phi(u, \xi^*_{x,s}(u))\, du\right\} f(\xi^*_{x,s}(t))$$

betrachtet, wobei $g(x)$ und $f(x)$ die gleichen Funktionen sind wie in Formel (6) und $\Phi(s, x)$ nach x zweimal stetig differenzierbar ist, dann ist

$$\lim_{n\to\infty} V(s, x) = V_0(s, x) = M \exp\left\{\lambda \int_s^t \Phi(u, \tilde{\xi}_{x,s}(u))\, du\right\} f(\tilde{\xi}_{x,s}(t)) ,$$

wobei die Funktion $V_0(s, x)$ eine verallgemeinerte Lösung der Gleichung

$$-\frac{\partial V_0(s, x)}{\partial s} = \tilde{a}(s, x) \frac{\partial V_0(s, x)}{\partial x} + \frac{1}{2} \cdot \frac{\partial^2 V_0(s, x)}{\partial x^2} + \lambda\, \Phi(s, x)\, V_0(s, x)$$

ist, die den Randbedingungen

$$\lim_{s\uparrow t} V_0(s, x) = f(x)\,,$$

$$\lim_{x\downarrow 0} V_0(s, x) = \lim_{x\uparrow 1} V_0(s, x) = 0$$

genügt.

Wir betrachten nun die Wahrscheinlichkeiten

$$p_0(s, x, t) = \boldsymbol{P}\,\{\tilde{\xi}_{x,s}(t) = 0\}\,, \qquad p_1(s, x, t) = \boldsymbol{P}\,\{\tilde{\xi}_{x,s}(t) = 1\}\,.$$

Es sei $f_\varepsilon(x) = 0$, wenn $x \notin (0, \varepsilon)$ ist, $f_\varepsilon(x) > 0$, wenn $x \in (0, \varepsilon)$ ist, und außerdem sei $f_\varepsilon(x)$ zweimal stetig differenzierbar. Dann ist für jedes n die Funktion

$$\Phi_{\varepsilon,n}(s, x, t) = \boldsymbol{M} \exp\left\{- n \int_s^t f_\varepsilon(\tilde{\xi}_{x,s}(u))\, du\right\} \chi_{(0,1)}(\tilde{\xi}_{x,s}(t))$$

eine verallgemeinerte Lösung der Gleichung

$$-\frac{\partial}{\partial s}\Phi_{\varepsilon,n}(s, x, t) = \tilde{a}(s, x)\frac{\partial}{\partial x}\Phi_{\varepsilon,n}(s, x, t) + \frac{1}{2}\cdot\frac{\partial^2}{\partial x^2}\Phi_{\varepsilon,n}(s, x, t)$$
$$- n f_\varepsilon(x)\,\Phi_{\varepsilon,n}(s, x, t)\,.$$

Folglich ist im Intervall $(\varepsilon, 1)$ die Funktion $\Phi_{\varepsilon,n}(s, x, t)$ eine verallgemeinerte Lösung der Gleichung

$$-\frac{\partial}{\partial s}\Phi_{\varepsilon,n}(s, x, t) = \tilde{a}(s, x)\frac{\partial}{\partial x}\Phi_{\varepsilon,n}(s, x, t) + \frac{1}{2}\cdot\frac{\partial^2}{\partial x^2}\Phi_{\varepsilon,n}(s, x, t)\,. \tag{11}$$

Der Grenzwert $\lim_{n\to\infty} \Phi_{\varepsilon,n}(s, x, t) = \Phi_\varepsilon(s, x, t)$ existiert. Gehen wir also in der Gleichung (11) (die mit einer gewissen Funktion multipliziert wird und analog wie in (8) integriert wird) zum Grenzwert über, so können wir uns davon überzeugen, daß $\Phi_\varepsilon(s, x, t)$ eine verallgemeinerte Lösung der Gleichung 8

$$-\frac{\partial}{\partial s}\Phi_\varepsilon(s, x, t) = \tilde{a}(s, x)\frac{\partial}{\partial x}\Phi_\varepsilon(s, x, t) + \frac{1}{2}\cdot\frac{\partial^2}{\partial x^2}\Phi_\varepsilon(s, x, t)$$

ist, wobei, wie man leicht sieht,

$$\Phi_\varepsilon(s, x, t) = \boldsymbol{P}\left\{\inf_{s\le u\le t}\tilde{\xi}_{x,s}(u) > \varepsilon\right\}$$

ist. Schließlich existiert der Grenzwert

$$\lim_{\varepsilon\to 0}\Phi_\varepsilon(s, x, t) = \boldsymbol{P}\left\{\inf_{s\le u\le t}\tilde{\xi}_{x,s}(u) > 0\right\} = 1 - p_0(s, x, t);$$

deshalb ist auf dem Intervall (0, 1) die Funktion $p_0(s, x, t)$ eine verallgemeinerte Lösung der Gleichung

$$-\frac{\partial}{\partial s}p_0(s, x, t) = \tilde{a}(s, x)\,\frac{\partial}{\partial x}p_0(s, x, t) + \frac{1}{2}\cdot\frac{\partial^2}{\partial x^2}p_0(s, x, t)$$

(davon können wir uns überzeugen, indem wir erneut analoge Formeln wie in (8) anwenden). Offensichtlich genügt $p_0(s, x, t)$ den Randbedingungen

$$\lim_{s\uparrow t} p_0(s, x, t) = 0\,, \qquad \lim_{x\downarrow 0} p_0(s, x, t) = 1\,, \qquad \lim_{x\uparrow 1} p_0(s, x, t) = 0\,.$$

Analog können wir zeigen, daß $p_1(s, x, t)$ eine verallgemeinerte Lösung der Gleichung

$$-\frac{\partial}{\partial s} p_1(s, x, t) = \tilde{a}(s, x) \frac{\partial}{\partial x} p_1(s, x, t) + \frac{1}{2} \cdot \frac{\partial^2}{\partial x^2} p_1(s, x, t)$$

mit den Randbedingungen

$$\lim_{s\uparrow t} p_1(s, x, t) = 0\,, \qquad \lim_{x\downarrow 0} p_1(s, x, t) = 0\,, \qquad \lim_{x\uparrow 1} p_1(s, x, t) = 1$$

ist. Es sei bemerkt, daß

$$q(s, x, t) = p_0(s, x, t) + p_1(s, x, t) = \boldsymbol{P}\,\{\tau_{x,s} < t\}$$

ist. Aus allem Gesagten folgt, daß $q(s, x, t)$ eine verallgemeinerte Lösung von

$$-\frac{\partial}{\partial s} q(s, x, t) = \tilde{a}(s, x) \frac{\partial}{\partial x} q(s, x, t) + \frac{1}{2} \cdot \frac{\partial^2}{\partial x^2} q(s, x, t)$$

ist, die den Randbedingungen

$$\lim_{s\uparrow t} q(s, x, t) = 0\,, \qquad \lim_{x\downarrow 0} q(s, x, t) = \lim_{x\uparrow 1} q(s, x, t) = 1$$

genügt.

Wir behandeln nun den Fall, daß $\tilde{a}(s, x)$ unabhängig von s ist: $\tilde{a}(s, x) = a(x)$. Dann fallen die endlichdimensionalen Verteilungen des Prozesses $\tilde{\xi}_{x,s}(s + t)$ mit den endlichdimensionalen Verteilungen des Prozesses $\tilde{\xi}_{x,0}(t)$ zusammen (insbesondere ist die Verteilung $\tau_{x,s} - s$ unabhängig von s, und sie stimmt mit der Verteilung $\tau_{x,0}$ überein), und es ist

$$\boldsymbol{M} f(\tilde{\xi}_{x,s}(t)) = \boldsymbol{M} f(\tilde{\xi}_{x,0}(t - s))\,,$$

$$\boldsymbol{M} f(\tilde{\xi}_{x,s}(t)) \exp\left\{\int_s^t g(\tilde{\xi}_{x,s}(u))\, du\right\} = \boldsymbol{M} f(\tilde{\xi}_{x,0}(t - s)) \exp\left\{\int_0^{t-s} g(\tilde{\xi}_{x,0}(u))\, du\right\}.$$

Aus den vorigen Ergebnissen folgt somit der Satz 3.

Satz 3. *Es sei $\tilde{\xi}_x(t)$ eine Lösung der Gleichung $d\tilde{\xi}_x(t) = a(\tilde{\xi}_x(t))\, dt + dw(t)$ im Gebiet G_1 mit Absorption am Rand von G_1, wobei die Funktion $a(x)$ im Intervall $(0, 1)$ zweimal stetig differenzierbar ist. Dann gilt:*

1. *Die Funktion*

$$u(t, x) = \boldsymbol{M} f(\tilde{\xi}_x(t)) \exp\left\{\int_0^t g(\tilde{\xi}_x(u))\, du\right\}$$

(hier sind $f(x)$ und $g(x)$ zweimal stetig differenzierbare Funktionen, wobei $f(0) = f(1) = 0$ ist) genügt der Gleichung

$$\frac{\partial u(t, x)}{\partial t} = L\, u(t, x) + g(x)\, u(t, x)\,, \tag{12}$$

wobei $L\,u = a(x)\,\frac{\partial u}{\partial x} + \frac{1}{2}\cdot\frac{\partial^2 u}{\partial x^2}$ *ist, mit der Randbedingung*

$$\lim_{t\downarrow 0} u(t, x) = f(x)\,, \qquad \lim_{x\downarrow 0} u(t, x) = \lim_{x\uparrow 1} u(t, x) = 0\,.$$

2. *Die Funktionen*

$$p_0(t, x) = \boldsymbol{P}\,\{\tilde{\xi}_x(t) = 0\}\,, \qquad p_1(t, x) = \boldsymbol{P}\,\{\tilde{\xi}_x(t) = 1\}\,,$$
$$q(t, x) = \boldsymbol{P}\,\{\tau_{x,0} < t\}$$

sind verallgemeinerte Lösungen der Gleichungen

$$\frac{\partial p_i(t, x)}{\partial t} = L\,p_i(t, x)\,, \qquad \frac{\partial q(t, x)}{\partial t} = L\,q(t, x)\,,$$

die den Randbedingungen

$$\lim_{t\downarrow 0} p_i(t, x) = \lim_{t\downarrow 0} q(t, x) = 0\,, \qquad \lim_{x\downarrow 0} p_1(t, x) = \lim_{x\uparrow 1} p_0(t, x) = 0\,,$$
$$\lim_{x\downarrow 0} p_0(t, x) = \lim_{x\uparrow 1} p_1(t, x) = \lim_{x\downarrow 0} q(t, x) = \lim_{x\uparrow 1} q(t, x) = 1$$

genügen.

Für die Lösung der Gleichungen im homogenen Fall ist die Anwendung der Laplace-Transformation geeignet. Wir bezeichnen mit L^* den zu L adjungierten Differentialoperator:

$$L^*\,V = -\frac{\partial}{\partial x}(a(x)\,V) + \frac{1}{2}\cdot\frac{\partial^2}{\partial x^2}\,V\,.$$

Die Tatsache, daß $u(t, x)$ eine verallgemeinerte Lösung der Gleichung (12) ist, bedeutet, daß für jede Funktion $\varphi(x)$, die zweimal stetig differenzierbar ist und den Bedingungen $\varphi(0) = \varphi'(0) = 0$, $\varphi(1) = \varphi'(1) = \varphi''(1) = 0$ genügt, die Beziehung

$$\frac{\mathrm{d}}{\mathrm{d}t}\int_0^1 u(t, x)\,\varphi(x)\,\mathrm{d}x = \int_0^1 u(t, x)\,L^*\varphi(x)\,\mathrm{d}x + \int_0^1 g(x)\,u(t, x)\,\varphi(x)\,\mathrm{d}x \tag{13}$$

gilt. Da $u(t, x) \leqq A\,e^{Ct}$ ist (hier ist $C = \sup_{0\leqq x\leqq 1} g(x)$), existiert für $\lambda > C$ die Funktion $\psi_\lambda(x) = \int_0^\infty u(t, x)\,e^{-\lambda t}\,\mathrm{d}t$. Indem wir die Beziehung (13) mit $e^{-\lambda t}$ multiplizieren und über t von 0 bis ∞ integrieren, erhalten wir

$$\lambda \int_0^\infty e^{-\lambda t} \int_0^1 u(t, x)\,\varphi(x)\,\mathrm{d}x\,\mathrm{d}t - \int_0^1 f(x)\,\varphi(x)\,\mathrm{d}x$$
$$= \int_0^\infty \int_0^1 e^{-\lambda t}\,u(t, x)\,[L^*\varphi(x) + g(x)\,\varphi(x)]\,\mathrm{d}x$$

oder

$$\int_0^1 \psi_\lambda(x)\,[L^*\varphi(x) + g(x)\,\varphi(x) - \lambda\,\varphi(x)]\,\mathrm{d}x + \int_0^1 f(x)\,\varphi(x)\,\mathrm{d}x = 0\,. \tag{14}$$

Die letzte Beziehung ist für jede Funktion φ erfüllt, die den oben genannten Bedingungen genügt. Durch Grenzübergang läßt sich zeigen, daß dafür außer der Stetigkeit der zweiten Ableitung die Bedingung $\varphi(0) = \varphi(1) = 0$ hinreichend ist.

Es sei $K_\lambda(x, y)$ eine Funktion, mit deren Hilfe man die Lösung der Gleichung

$$L^* \varphi(x) + g(x)\,\varphi(x) - \lambda\,\varphi(x) = r(x) \tag{15}$$

mit den Randbedingungen $\varphi(0) = \varphi(1) = 0$ in der Form

$$\varphi(x) = \int_0^1 K_\lambda(x, y)\, r(y)\, dy$$

schreiben kann. (Eine solche Funktion nennt man GREENsche Funktion für die Gleichung (15) mit den genannten Randbedingungen; sie hat die Form

$$K_\lambda(x, y) = \begin{cases} \dfrac{\varphi_1(x)\,\varphi_2(y)}{b(y)}, & x < y; \\[2ex] \dfrac{\varphi_2(x)\,\varphi_1(y)}{b(y)}, & x > y; \end{cases}$$

$$b(y) = \frac{1}{2}\,[\varphi_1(y)\,\varphi_2'(y) - \varphi_2(y)\,\varphi_1'(y)]\,,$$

und die Funktionen $\varphi_i(x)$ genügen der Gleichung $L^* \varphi_i(x) + g(x)\,\varphi_i(x) - \lambda\,\varphi_i(x) = 0$ mit den Randbedingungen $\varphi_1(0) = 0$, $\varphi_0'(0) > 0$, $\varphi_2(1) = 0$, $\varphi_2'(1) > 0$.)

Setzen wir nun in (14) $\varphi(x) = \int_0^1 K_\lambda(x, y)\, r(y)\, dy$ ein, so finden wir

$$\int_0^1 \psi_\lambda(x)\, r(x)\, dx = \int_0^1 f(x) \int_0^1 K_\lambda(x, y)\, r(y)\, dy\, dx$$

$$= \int_0^1 r(y) \left[\int_0^1 K_\lambda(x, y)\, f(x)\, dx\right] dy\,.$$

Somit gilt die Gleichung

$$\psi_\lambda(x) = \int_0^1 K_\lambda(x, y)\, f(y)\, dy\,.$$

Wir haben gezeigt, daß sich die Funktionen $\psi_\lambda(x)$ und $u(t, x)$ im homogenen Fall eindeutig bestimmen lassen. Hat also die Gleichung (12) eine gewöhnliche Lösung des gestellten Randwertproblems, dann stimmt diese Lösung mit $u(t, x)$ überein. Analoge Aussagen gelten auch für die Funktionen $p_0(t, x)$, $p_1(t, x)$, $q(t, x)$. Da man für die LAPLACE-Transformierten gewöhnliche Gleichungen erhält, die immer eine Lösung haben, gilt folgender Satz.

Satz 4. *Die Funktionen $\psi_\lambda(x)$, $p_0(\lambda, x)$, $p_1(\lambda, x)$, $q(\lambda, x)$ seien durch die Beziehungen*

$$\psi_\lambda(x) = \int_0^\infty e^{-\lambda t}\, u(t, x)\, dt\,, \qquad p_i(t, x) = \int_0^\infty p_i(t, x)\, e^{-\lambda t}\, dt\,,$$

$$q(\lambda, x) = \int_0^\infty q(t, x)\, e^{-\lambda t}\, dt$$

definiert, wobei $u(t, x)$, $p_i(t, x)$, $q(t, x)$ im Satz 3 definiert wurden. Dann sind diese Funktionen eindeutig definiert als Lösungen der Gleichungen

$$L\,\psi_\lambda(x) + g(x)\,\psi_\lambda(x) - \lambda\,\psi_\lambda(x) = -f(x)\,,$$

$$L\,p_i(\lambda, x) - \lambda\,p_i(\lambda, x) = 0\,, \qquad L\,q(\lambda, x) - \lambda\,q(\lambda, x) = 0$$

mit den Randbedingungen

$$\psi_\lambda(0) = \psi_\lambda(1) = 0\,, \qquad p_0(\lambda, 0) = p_1(\lambda_1, 1) = q, \lambda(0) = q(\lambda, 1) = \frac{1}{\lambda}\,,$$

$$p_0(\lambda, 1) = p_1(\lambda, 1) = 0\,.$$

§ 23. Die momentane Reflexion am Rand

Wir betrachten zunächst einen Prozeß auf einem halbunendlichen Intervall, der auf diesem Intervall der stochastischen Differentialgleichung

$$d\xi(t) = a(t, \xi(t))\,dt + \sigma(t, \xi(t))\,dw(t) \tag{1}$$

genügt, wobei $a(t, x)$ und $\sigma(t, x)$ für $t \in [0, T]$, $x > 0$ definiert, in allen Variablen stetig sind und in x einer LIPSCHITZbedingung genügen: für $x > 0$, $y > 0$ ist $|a(t, x) - a(t, y)| + |\sigma(t, x) - \sigma(t, y)| \leqq K\,|x - y|$. Unser Ziel besteht darin, den Prozeß $\xi(t)$ zu konstruieren, der für $t \in [0, T]$ definiert und stetig ist, der für alle $t \in [0, T]$ meßbar ist bezüglich der σ-Algebra $\mathfrak{F}_t$, die für $s \leqq t$ durch die Größen $\xi(0)$ und $w(s)$ erzeugt wird ($\xi(0)$ ist unabhängig von $w(t)$), der für alle t, für die $\xi(t) > 0$ ist, der Gleichung (1) genügt und für den das LEBESGUEsche Maß der Menge derjenigen t, für die $\xi(t) = 0$ ist, gleich Null ist.

Die Bestimmung des Prozesses, für den alle aufgezählten Bedingungen erfüllt sind, ist der Lösung folgender Aufgabe äquivalent: Es ist das Paar von Prozessen $\xi(t)$ und $\zeta(t)$ zu finden, die folgenden Bedingungen genügen: 1. $\xi(t)$ und $\zeta(t)$ sind für $t \in [0, T]$ definiert und stetig und für jedes t $\mathfrak{F}_t$-meßbar; 2. der Prozeß $\zeta(t)$ nimmt nicht ab, und die Punkte, in denen er anwächst, sind nur diejenigen Punkte t, für die $\xi(t) = 0$ ist; 3. für alle $t \in [0, T]$ ist $\xi(t) \geqq 0$ und die Beziehung

$$\xi(t) = \xi(0) + \int_0^t a(s, \xi(s))\,ds + \int_0^t \sigma(s, \xi(s))\,dw(s) + \zeta(t) \tag{2}$$

erfüllt.

Die Tatsache, daß $\zeta(t)$ nur dort anwächst, wo $\xi(t) = 0$ ist, ergibt sich daraus, daß für $\xi(t)$ die Gleichung (1) erfüllt sein muß. Ist Λ die Menge der Nullstellen von $\xi(t)$, dann ist sowohl das gewöhnliche als auch das stochastische Integral über Λ gleich Null, und für $t \in \Lambda$ ist $d\xi(t) = 0$; folglich ist $d\zeta(t) \geqq 0$ auf Λ, da für $t \in \Lambda$ die Gleichung $d\xi(t) = d\zeta(t)$ gilt.

Satz 1. *Das Paar von zufälligen Prozessen $\xi(t)$ und $\zeta(t)$ ist durch die Bedingungen 1 bis 3 eindeutig bestimmt.*

Beweis. Wir nehmen an, daß $\xi_1(t)$, $\zeta_1(t)$ und $\xi_2(t)$, $\zeta_2(t)$ den Bedingungen 1 und 2 und den Gleichungen

$$\xi_i(t) = \xi(0) + \int_0^t a(s, \xi_i(s))\, ds + \int_0^t \sigma(s, \xi_i(s))\, dw(s) + \zeta_i(t) \tag{3}$$

genügen. Wir zeigen, daß mit Wahrscheinlichkeit Eins $\xi_1(t) = \xi_2(t)$ ist. Wir setzen $\Delta_{1,2}(t) = \xi_1(t) - \xi_2(t)$, wenn $\xi_1(t) - \xi_2(t) > 0$ ist, und $\Delta_{1,2}(t) = 0$, wenn $\xi_1(t) - \xi_2(t) \leqq 0$ ist. Die Funktion $\Delta_{1,2}(t)$ ist mit Wahrscheinlichkeit Eins stetig. Es sei τ die auf $[0, T]$ am weitesten rechts liegende Nullstelle von $\Delta_{1,2}(s)$. Ist $\tau < t$, dann ist für $s \in (\tau, t]$ $\Delta_{1,2}(s) > 0$. Deshalb ist $\xi_1(s) - \xi_2(s) > 0$ bei $s \in (\tau, t]$ und $\xi_1(\tau) = \xi_2(\tau)$. Wegen $\xi_1(s) > 0$ für $s \in (\tau, t]$ ist $\zeta_1(s)$ auf $(\tau, t]$ konstant, d. h., es ist $\zeta_1(t) - \zeta_1(\tau) = 0$. Demzufolge haben wir

$$\xi_1(t) - \xi_1(\tau) = \int_\tau^t a(s, \xi_1(s))\, ds + \int_\tau^t \sigma(s, \xi_1(s))\, dw(s)\,,$$

$$\xi_2(t) - \xi_2(\tau) = \int_\tau^t a(s, \xi_2(s))\, ds + \int_\tau^t \sigma(s, \xi_2(s))\, dw(s) + \zeta_2(t) - \zeta_2(\tau)\,.$$

Unter Berücksichtigung der Beziehungen $\xi_1(\tau) = \xi_2(\tau)$, $\zeta_2(t) - \zeta_2(\tau) = 0$ sehen wir, daß unter unseren Voraussetzungen $(\tau < t)$

$$\Delta_{1,2}(t) \leqq \int_\tau^t [a(s, \xi_1(s)) - a(s, \xi_2(s))]\, ds + \int_\tau^t [\sigma(s, \xi_1(s)) - \sigma(s, \xi_2(s)]\, dw(s)$$

ist. Für jedes τ gilt die Ungleichung

$$\Delta_{1,2}(t) \leqq \sup_{0<t'<t} \left| \int_{t'}^t [a(s, \xi_1(s)) - a(s, \xi_2(s))]\, ds + \int_{t'}^t [\sigma(s, \xi_1(s)) - \sigma(s, \xi_2(s))]\, dw(s) \right|.$$

Offensichtlich gilt eine analoge Abschätzung auch für die Größe $\Delta_{2,1}(t)$, wobei $\Delta_{2,1}(t) = \xi_2(t) - \xi_1(t)$ für $\xi_2(t) - \xi_1(t) > 0$ und $\Delta_{2,1}(t) = 0$ für $\xi_2(t) - \xi_1(t) \leqq 0$ ist. Wegen

$$|\xi_1(t) - \xi_2(t)| = \max\{\Delta_{1,2}(t), \Delta_{2,1}(t)\}$$

ist

$$|\xi_1(t) - \xi_2(t)| \leqq \int_0^t |a(s, \xi_1(s)) - a(s, \xi_2(s))|\, ds + \sup_{0 \leqq t' \leqq t} \left| \int_{t'}^t [\sigma(s, \xi_1(s)) - \sigma(s, \xi_2(s))]\, dw(s) \right|.$$

Es sei $\chi_n(t) = 1$, wenn $\sup_{0 \leqq s \leqq t} |\xi_1(s)| \leqq n$, $\sup_{0 \leqq s \leqq t} |\xi_2(s)| \leqq n$ ist, und $\chi_n(t) = 0$ in den übrigen Fällen. Benutzen wir die Ungleichung

$$\sup_{0 \leqq t' \leqq t} \left| \int_{t'}^t g(s)\, dw(s) \right| \leqq 2 \sup_{0 \leqq t' \leqq t} \left| \int_0^{t'} g(s)\, dw(s) \right|$$

und den Satz 1 aus § 3, dann erhalten wir

$$\boldsymbol{M}\, |\xi_1(t) - \xi_2(t)|^2\, \chi_n(t) \leqq 2\, \boldsymbol{M}\left[\int_0^t \chi_n(s)\, |a(s, \xi_1(s)) - a(s, \xi_2(s))|\, ds\right]^2 + 32 \int_0^t \boldsymbol{M}\, \chi_n(s)\, [\sigma(s, \xi_1(s)) - \sigma(s, \xi_2(s))]^2\, ds\,.$$

Es läßt sich ein solches K_1 finden, daß

$$\boldsymbol{M}\, |\xi_1(t) - \xi_2(t)|^2\, \chi_n(t) \leqq K_1 \int_0^t \boldsymbol{M}\, |\xi_1(s) - \xi_2(s)|^2\, \chi_n(s)\, ds$$

ist, und wegen Lemma 1 aus § 6 ist $\boldsymbol{M}\, |\xi_1(t) - \xi_2(\xi)|^2\, \chi_n(t) = 0$ für alle n. Somit ist $\boldsymbol{P}\,\{\xi_1(t) = \xi_2(t)\} = 1$. Aus der Stetigkeit von $\xi_1(t)$ und $\xi_2(t)$ folgt mit Wahrscheinlichkeit Eins, daß $\boldsymbol{P}\left\{\sup_{0 \leqq t \leqq T} |\xi_1(t) - \xi_2(t)| = 0\right\} = 1$ ist. Dann stimmen für $i = 1, 2$ die Integrale auf der rechten Seite der Gleichung (3) überein. Deshalb fallen auch $\zeta_1(t)$ und $\zeta_2(t)$ zusammen. Der Satz ist damit bewiesen.

Bemerkung 1. Wir haben, obwohl in die Gleichung (2) zwei unbekannte Funktionen eingehen, die Eindeutigkeit des Funktionenpaars bewiesen, das dieser Gleichung genügt. Die Funktion $\zeta(t)$ gibt uns die gesamte Verlagerung des Teilchens an, die durch die Reflexion am Rand bedingt ist. Nichttrivial ist auch die Tatsache, daß eine solche Funktion eindeutig ist. Das bedeutet, daß im Prozeß mit momentaner Reflexion der Abgang vom Rand nur auf eindeutige Weise erfolgen kann.

Wir konstruieren nun einen Prozeß mit momentaner Reflexion am Rand unter der Voraussetzung $\sigma(t, +0) > 0$. Wir nehmen eine Funktion $u(t, x)$, die für $x \geqq 0$, $t \in [0, T]$ definiert ist und mit x wächst, die ferner die stetigen beschränkten Ableitungen $u'_t(t, x)$, $u'_x(t, x)$, $u''_{xx}(t, x)$ besitzt und den Beziehungen

$$u(t, 0) = 0\,, \qquad u'_t(t, 0) + a(t, +0)\, u'_x(t, 0) + \frac{1}{2}\sigma^2(t, +0)\, u'_{xx}(t, 0) = 0$$

genügt. Wir setzen $\eta(t) = u(t, \xi(t))$. Wenn dann $\xi(t)$ ein Prozeß ist, der (1) genügt mit momentaner Reflexion am Rand, dann genügt $\eta(t)$ im Intervall $(0, \infty)$ der Gleichung

$$d\eta(t) = a_1(t, \eta(t))\, dt + \sigma_1(t, \eta(t))\, dw(t) \tag{4}$$

und ist ebenfalls ein Prozeß mit momentaner Reflexion am Rand. Dabei ist

$$a_1(t, x) = u'_t(t, \varphi(t, x)) + a(t, \varphi(t, x))\, u'_x(t, \varphi(t, x)) + \frac{1}{2}\sigma^2(t, \varphi(t, x))\, u''_{xx}(t, \varphi(t, x))\,,$$

$$\sigma_1(t, x) = \sigma(t, \varphi(t, x))\, u'_x(t, \varphi(t, x))\,,$$

wobei $\varphi(t, x)$ so beschaffen ist, daß $u(t, \varphi(t, x)) = x$ gilt. Wenn dagegen $\eta(t)$ ein Prozeß mit momentaner Reflexion am Rand ist, der der Gleichung (4) genügt, dann ist $\xi(t) = \varphi(t, \eta(t))$ der gesuchte Prozeß. Es sei bemerkt, daß wir nur die Lösung von (2) für einen WIENERprozeß $w(t)$ zu finden brauchen. Deshalb kann man sie im weiteren auf geeignete Weise auswählen.

Wegen der bezüglich $u(t, x)$ gemachten Voraussetzungen ist $a_1(t, +0) = 0$. Wir werden die Koeffizienten $a_1(t, x)$ und $\sigma_1(t, x)$ für $x \leqq 0$ mit Hilfe der Beziehungen

$$a_1^*(t, x) = -a_1(t, -x) \qquad (x < 0), \qquad a_1^*(t, 0) = 0,$$
$$\sigma_1^*(t, x) = \sigma_1(t, -x) \qquad (x < 0), \qquad \sigma_1^*(t, 0) = \sigma_1(t, +0)$$

definieren (für $x > 0$ stimmen a_1^* und σ_1^* mit a_1 und σ_1 überein). Da $a_1(t, x)$ und $\sigma_1(t, x)$ einer LIPSCHITZbedingung genügen und $a_1^*(t, x)$ und $\sigma_1^*(t, x)$ für $x = 0$ stetig sind, so genügen sie für alle $x \in (-\infty, \infty)$ einer LIPSCHITZbedingung. Es sei $\eta^*(t)$ eine Lösung der Gleichung

$$\eta^*(t) = \eta(0) + \int_0^t a_1^*(s, \eta^*(s))\, ds + \int_0^t \sigma_1^*(s, \eta^*(s))\, dw_1(s),$$

wobei $w_1(t)$ ein WIENERprozeß und $\eta(0)$ unabhängig von $w_1(t)$ ist. Wir werden zeigen, daß der Prozeß $\eta(t) = |\eta^*(t)|$ ein Prozeß mit momentaner Reflexion ist, der der Gleichung (4) mit dem WIENERprozeß $w(t)$ genügt. Der WIENERprozeß $w(t)$ läßt sich durch $w_1(t)$ auf folgende Weise ausdrücken:

$$w(t) = \int_0^t \operatorname{sign} \eta^*(s)\, dw_1(s). \tag{5}$$

Dazu beweisen wir einige Lemmata.

Lemma 1. *Der Prozeß $w(t)$, der durch die Beziehung (5) definiert ist, ist ein von $\eta^*(0)$ unabhängiger WIENERprozeß.*

Beweis. Offensichtlich ist $w(t)$ $\mathfrak{F}_t^{(1)}$-meßbar, wobei $\mathfrak{F}_t^{(1)}$ die minimale σ-Algebra ist, bezüglich der $\eta^*(0)$ und $w_1(s)$ bei $s \leqq t$ meßbar sind. Der Prozeß $w(t)$ ist mit Wahrscheinlichkeit 1 stetig. Ferner ist

$$M(w(t+h) - w(t)/\mathfrak{F}_t^{(1)}) = 0 \qquad (h > 0),$$
$$M([w(t+h) - w(t)]^2/\mathfrak{F}_t^{(1)}) = M\left(\int_t^{t+h} [\operatorname{sign} \eta^*(s)]^2\, ds/\mathfrak{F}_t^{(1)}\right)$$
$$= h - M\left(\int_t^{t+h} [1 - \operatorname{sign}^2 \eta^*(s)]\, ds/\mathfrak{F}_t^{(1)}\right)$$

und bezeichnen wir mit $\alpha = \inf\limits_{t \leqq s \leqq t+h} \sigma_1(s, 0)$, dann erhalten wir für $n \to \infty$

$$M\left(\int_t^{t+h} [1 - \operatorname{sign}^2 \eta^*(s)]\, ds/\mathfrak{F}_t^{(1)}\right) \leqq \frac{1}{\alpha^2} M\left(\int_t^{t+h} [1 - \operatorname{sign}^2 \eta^*(s)]\right.$$
$$\left.\times (\sigma_1^*(s, \eta^*(s)))^2\, ds/\mathfrak{F}_t^{(1)}\right) \leqq \frac{1}{\alpha^2} M\left(\int_t^{t+h} \frac{(\sigma_1^*(s, \eta^*(s)))^2}{1 + n^2(\eta^*(s))^2}\, ds/\mathfrak{F}_t^{(1)}\right)$$
$$= M\left(\frac{2}{\alpha^2 n} \int_{\eta^*(t)}^{\eta^*(t+h)} \operatorname{arctg} n x\, dx - \frac{2}{\alpha^2 n} \int_t^{t+h} [\operatorname{arctg} n\, \eta^*(s)]\, a_1^*(s, \eta^*(s))\, ds/\mathfrak{F}_t^{(1)}\right) \to 0$$

(es wurde die Itô-Formel für die Funktion $\frac{1}{n}\int\limits_0^x \arctan n\,z\,dz$ verwendet). Die Tatsache also, daß $w(t)$ ein Wienerprozeß ist, folgt aus dem Satz 1 von § 1, und daß $w(t)$ unabhängig von $\eta^*(0)$ ist, folgt aus der Bemerkung 1 von § 1. Das Lemma ist damit bewiesen.

Lemma 2. *Es sei $P^*(s, x, t, A)$ die Übergangswahrscheinlichkeit des Prozesses $\eta^*(t)$. Dann gilt für jedes x und A die Beziehung*

$$P^*(s, x, t, A) = P^*(s, -x, t, -A)\,,$$

wobei $-A$ die Menge derjenigen y ist, für die $-y \in A$ ist.

Beweis. Man braucht nur zu zeigen, daß die Verteilungen der Größen $\eta^*_{x,s}(t)$ und $-\eta^*_{-x,s}(t)$ übereinstimmen, wobei $\eta^*_{x,s}(t)$ eine Lösung der Gleichung

$$d\eta^*_{x,s}(t) = a_1^*\left(t, \eta^*_{x,s}(t)\right) dt + \sigma_1^*\left(t, \eta^*_{x,s}(t)\right) dw(t)$$

mit der Anfangsbedingung $\eta^*_{x,s}(s) = x$ ist. Es ist aber

$$\begin{aligned} d\left(-\eta^*_{-x,s}(t)\right) &= -a_1^*\left(t, \eta^*_{-x,s}(t)\right) dt - \sigma_1^*\left(t, \eta_{-x,s}(t)\right) dw(t) \\ &= a_1^*\left(t, -\eta^*_{-x,s}(t)\right) dt + \sigma_1^*\left(t, -\eta^*_{-x,s}(t)\right) d\left(-w(t)\right)\,, \end{aligned}$$

da $a_1^*(t, x)$ eine in x ungerade und $\sigma_1^*(t, x)$ eine in x gerade Funktion ist. Es verbleibt zu bemerken, daß $-w(t)$ ebenfalls ein Wienerprozeß ist und $-\eta_{-x,s}(s) = x$ ist. Somit unterscheidet sich die Gleichung für $-\eta_{-x,s}(t)$ nur durch den in sie eingehenden Wienerprozeß. Hieraus folgt der Beweis des Lemmas.

Lemma 3. *Es sei $f(x)$ eine stetige gerade Funktion, die für $x > 0$ monoton wächst. Dann ist der Prozeß $\theta(t) = f\left(\eta^*(t)\right)$ ein Markowscher Prozeß.*

Beweis. Es genügt zu zeigen, daß

$$\mathbf{P}\,\{\theta\,(t+h) \in A/\mathfrak{F}_t^{(1)}\} = \mathbf{P}\,\{\theta\,(t+h) \in A/\theta(t)\}$$

ist. Daraus, daß $\eta^*(t)$ ein Markowscher Prozeß ist, folgt

$$\begin{aligned} \mathbf{P}\,\{\theta\,(t+h) \in A/\mathfrak{F}_t^{(1)}\} &= \mathbf{P}\,\{f\left(\eta^*\,(t+h)\right) \in A/\mathfrak{F}_t^{(1)}\} \\ &= \mathbf{P}\,\{f(\eta^*\left(t+h\right)) \in A/\eta^*(t)\} = P^*\left(t, \eta^*(t), t+h, B\right)\,, \end{aligned}$$

wobei B die Menge derjenigen x ist, für die $f(x) \in A$ ist. Da die Funktion $f(x)$ gerade ist, ist die Menge B bezüglich dem Koordinatenursprung symmetrisch. Deshalb ist

$$P^*\,(t, -x, t+h, B) = P^*\,(t, x, t+h, B)\,,$$

so daß

$$P^*\,(t, x, t+h, B) = P^*\,(t, |x|, t+h, B)$$

ist. $|x|$ ist aber eindeutig durch den Wert von $f(x)$ bestimmt, da $f(x)$ eine gerade Funktion ist und für $x > 0$ wächst. Wenn wir also für $x > 0$ mit $f^{-1}(x)$ ein $y > 0$ mit $f(y) = x$ bezeichnen, dann erhalten wir

$$\boldsymbol{P}\,\{\theta\,(t+h) \in A/\mathfrak{F}_t^{(1)}\} = P^*\,\big(t, \eta^*(t), t+h, B\big)$$
$$= P^*\,\big(t, |\eta^*(t)|, t+h, B\big) = P^*\,\big(t, f^{-1}(\theta)t), t+h, B\big)\,.$$

Das Lemma ist bewiesen.

Wir setzen

$$f_\varepsilon(x) = \begin{cases} |x|, & |x| > \varepsilon\,, \\ \dfrac{1}{2\,\varepsilon}\,x^2 + \dfrac{\varepsilon}{2}\,, & |x| \leqq \varepsilon\,; \end{cases} \quad \theta_\varepsilon(t) = f_\varepsilon\big(\eta^*(t)\big)\,.$$

Dann genügt $\theta_\varepsilon(t)$ der Gleichung

$$\mathrm{d}\theta_\varepsilon(t) = \Big\{f'_\varepsilon\big(\eta^*(t)\big)\,a_1^*\big(t, \eta^*(t)\big) + \frac{1}{2}\,f''_\varepsilon\big(\eta^*(t)\big)\,[\sigma_1^*\big(t, \eta^*(t)\big)]^2\Big\}\,\mathrm{d}t$$
$$+ f'_\varepsilon\big(\eta^*(t)\big)\,\sigma_1^*\big(t, \eta^*(t)\big)\,\mathrm{d}w_1(t)\,,$$

woraus

$$\theta_\varepsilon(t) - \theta_\varepsilon(0) = \int_0^t \psi_\varepsilon\big(|\eta^*(s)|\big)\,a_1^*\big(s, \eta^*(s)|\big)\,\mathrm{d}s + \int_0^t \psi_\varepsilon\big(\eta^*(s)\big)\,\sigma_1^* s, |\eta^*(s)|\big)\,\mathrm{d}w_1(s)$$
$$+ \frac{1}{2\,\varepsilon}\int_0^t \chi_\varepsilon\big(|\eta^*(s)|\big)\,[\sigma_1^*\big(s, \eta^*(s)\big)]^2\,\mathrm{d}s$$

folgt; dabei ist

$$\psi_\varepsilon(x) = \begin{cases} -1, & x < -\varepsilon\,, \\ 1, & x > \varepsilon\,, \\ \dfrac{x}{\varepsilon}\,, & |x| \leqq \varepsilon\,, \end{cases}$$

so daß $f'_\varepsilon(x) = \psi_\varepsilon(x) = \psi_\varepsilon(|x|)\,\mathrm{sign}\,x$, $\chi_\varepsilon(x) = 1$ für $0 \leqq x \leqq \varepsilon$ und $\chi_\varepsilon(x) = 0$ für $x > \varepsilon$ ist. Gehen wir für $\varepsilon \to 0$ zum Grenzwert über und berücksichtigen wir, daß $\psi_\varepsilon(x) \to \mathrm{sign}\,x$, $\theta_\varepsilon(t) \to |\eta^*(t)|$ konvergiert, so können wir uns davon überzeugen, daß im Sinne der Konvergenz in Wahrscheinlichkeit die Grenzwerte

$$\lim_{\varepsilon\to 0}\int_0^t \psi_\varepsilon\big(|\eta^*(s)|\big)\,a_1^*\big(s, |\eta^*(s)|\big)\,\mathrm{d}s = \int_0^t a_1\big(s, |\eta^*(s)|\big)\,\mathrm{d}s\,,$$
$$\lim_{\varepsilon\to 0}\int_0^t \psi_\varepsilon\big(\eta^*(s)\big)\,\sigma_1^*\big(s, |\eta_1^*(s)|\big)\,\mathrm{d}w_1(s) = \int_0^t \sigma_1\big(s, |\eta^*(s)|\big)\,\mathrm{d}w(s)$$

existieren. Demzufolge existiert im Sinne der Konvergenz in Wahrscheinlichkeit auch der Grenzwert

$$\lim_{\varepsilon\to 0}\frac{1}{2\,\varepsilon}\int_0^t \chi_\varepsilon\big(|\eta^*(s)|\big)\,[\sigma_1^*\big(s, \eta^*(s)\big)]^2\,\mathrm{d}s = \zeta(t)\,.$$

Der Prozeß $\zeta(t)$ ist auf jedem Intervall (α, β) konstant, auf dem $|\eta^*(s)| > 0$ ist. Somit genügen die Prozesse $\eta(t) = |\eta^*(t)|$ und $\zeta(t)$ der Beziehung

$$\eta(t) = \eta(0) + \int_0^t a_1(s, \eta(s))\, ds + \int_0^t \sigma_1(s, \eta(s))\, dw(s) + \zeta(t)$$

und den Bedingungen 1 und 2. Hiermit ist die Existenz eines Prozesses mit momentaner Reflexion am Rand nachgewiesen.

Unter bestimmten Bedingungen an die Glattheit der Koeffizienten $a_1^*(t, x)$, $\sigma_1^*(t, x)$ und der Funktion $f(x)$ ist die Funktion $u(s, x)$ gleich $\boldsymbol{M} f(\eta_{x,s}^*(t))$, wobei $\eta_{x,s}^*(t)$ im Lemma 2 definiert wurde, und sie genügt der Gleichung von A. N. Kolmogorow (siehe § 11)

$$-\frac{\partial}{\partial s} u(s, x) = a_1^*(s, x) \frac{\partial}{\partial x} u(s, x) + \frac{1}{2} [\sigma_1^*(s, x)]^2 \frac{\partial^2}{\partial x^2} u(s, x)$$

und der Anfangsbedingung $\lim_{s \uparrow t} u(s, x) = f(x)$. Es sei nun $f(x)$ eine gerade Funktion und $\eta_{x,s}(t)$ ein Prozeß, der für $t > s$, $x > 0$ der Gleichung

$$\eta_{x,s}(t) = x + \int_s^t a_1(u, \eta_{x,s}(u))\, du + \int_s^t \sigma_1(u, \eta_{x,s}(u))\, dw(u) + \zeta(t) - \zeta(s)$$

und den Bedingungen 1, 2 genügt. Dann genügt die Funktion $u_1(s, x) = \boldsymbol{M} \times \times f(\eta_{x,s}(t))$ für $x > 0$, $s < t$ der Gleichung

$$-\frac{\partial}{\partial s} u_1(s, x) = a_1(s, x) \frac{\partial}{\partial s} u_1(s, x) + \frac{1}{2} [\sigma_1(s, x)]^2 \frac{\partial^2}{\partial x^2} u_1(s, x) \tag{6}$$

sowie den Randbedingungen

$$\lim_{s \uparrow t} u_1(s, x) = f(x); \left.\frac{\partial u_1(s, x)}{dx}\right|_{x=0} = 0 .$$

Die letzte Bedingung folgt daraus, daß für $x > 0$ die Beziehung $u_1(s, x) = u(s, x)$ gilt und $u(s, x)$ eine gerade Funktion von x ist.

Analoge Überlegungen führen zu der Gleichung

$$-\frac{\partial}{\partial s} v_1(s, x) = a_1(s, x) \frac{\partial}{\partial x} v_1(s, x) + \frac{1}{2} [\sigma_1(s, x)]^2 \frac{\partial^2}{\partial x^2} v_1(s, x) + \lambda\, g(s, x)\, v_1(s, x) \tag{7}$$

für die Funktion

$$v_1(s, x) = \boldsymbol{M} \exp \left\{\lambda \int_s^t g(u, \eta_{x,s}(u))\, du\right\} f(\eta_{x,s}(t)) .$$

Die Funktion $v_1(s, x)$ genügt ebenfalls folgenden Randbedingungen:

$$\lim_{s \uparrow t} v_1(s, x) = f(x) , \left.\frac{\partial v_1(s, x)}{\partial x}\right|_{x=0} = 0 .$$

Wir betrachten nun einen Prozeß auf dem Intervall (0, 1) mit momentaner Reflexion an den Intervallenden. Wir sagen, daß der Prozeß $\xi(t)$ im Intervall (0, 1) der Gleichung (1) genügt und ein Prozeß mit momentaner Reflexion am Intervallrand ist, wenn Funktionen $\zeta_0(t)$ und $\zeta_1(t)$ existieren, für die folgende Bedingungen erfüllt sind:

1. $\xi(t)$, $\zeta_0(t)$, $\zeta_1(t)$ sind definiert, $\mathfrak{F}_t$-meßbar und für $t \in [0, T]$, $0 \leqq \xi(t) \leqq 1$ mit Wahrscheinlichkeit Eins stetig;

2. die Funktion $\zeta_0(t)$ nimmt nicht ab, und ihre Wachstumspunkte sind nur diejenigen t, für die $\xi(t) = 0$ ist; die Funktion $\zeta_1(t)$ wächst nicht an und ihre Wachstumspunkte sind diejenigen t, für die $\xi(t) = 1$ ist;

3. die Funktionen $\xi(t)$, $\zeta_0(t)$ und $\zeta_1(t)$ sind durch die Beziehung

$$\xi(t) = \xi(0) + \int_0^t a(s, \xi(s))\, ds + \int_0^t \sigma(s, \xi(s))\, dw(s) + \zeta_0(t) + \zeta_1(t) \qquad (8)$$

miteinander verknüpft.

Die Eindeutigkeit des Prozesses mit Reflexion am Rand eines endlichen Intervalls kann man aus dem Satz 1 herleiten. Bezeichnen wir nämlich mit $\tau_1, \tau_2, \ldots, \tau_k, \ldots$ die aufeinanderfolgenden Zeitpunkte, zu denen erstmalig der Anfangszustand nach jeweiliger Berührung des Randes erreicht wird, so kann man das gesamte Zeitintervall in die Abschnitte $[0, \tau_1]$, $[\tau_1, \tau_2]$, ... aufteilen, auf denen der Prozeß mit einem Prozeß mit momentaner Reflexion auf einem Intervall mit einem Randpunkt zusammenfällt.

Für die Konstruktion eines Prozesses mit momentaner Reflexion in einem endlichen Intervall setzen wir voraus, daß $a(t, x)$ in den Randpunkten verschwindet (das kann man immer dadurch erreichen, indem man anstelle des Prozesses $\xi(t)$ den Prozeß $f(t, \xi(t))$ mit einer geeigneten Funktion $f(t, x)$ betrachtet). Es seien nun die Koeffizienten $a(t, x)$ und $\sigma(t, x)$ für alle x mit Hilfe der Beziehung $a_1(t, x) = -a(t, -x)$, $\sigma_1(t, x) = \sigma(t, -x)$ bei $-1 \leqq x \leqq 0$, $a_1(t, x + 2k) = a_1(t, x)$, $\sigma_1(t, x + 2k) = \sigma_1(t, x)$ bei $|x| \leqq 1$ und einer beliebigen ganzen Zahl k fortgesetzt. Wir bezeichnen mit $\xi_1(t)$ eine Lösung der Gleichung

$$d\xi_1(t) = a_1(t, \xi_1(t))\, dt + \sigma_1(t, \xi_1(t))\, dw_1(t)$$

und für eine beliebige ganze Zahl k sei $s(x) = 1$ bei $2k < x < 2k + 1$ und $s(x) = -1$ bei $2k - 1 < x < 2k$, und es sei

$$l(x) = \int_0^x s(z)\, dz\,.$$

Dann genügt der Prozeß $\xi(t) = l(\xi_1(t))$ den Bedingungen 1 und 2 und der Gleichung (8), wenn wir

$$w(t) = \int_0^t s(\xi_1(t))\, dw_1(t)\,,$$

$$\zeta_0(t) = \lim_{\varepsilon \to 0} \frac{1}{2\varepsilon} \int_0^t \chi_\varepsilon(\xi(u))\, \sigma^2(u, \xi(u))\, du\,,$$

$$\zeta_1(t) = -\lim_{\varepsilon \to 0} \frac{1}{2\varepsilon} \int_0^t \chi_\varepsilon\, (1 - \xi(u))\, \sigma^2(u, \xi(u))\, du$$

setzen (diese Grenzwerte existieren im Sinne der Konvergenz in Wahrscheinlichkeit). Der Beweis dafür, daß $w(t)$ ein WIENERprozeß und $l(\xi_1(t))$ ein MARKOWscher Prozeß sind, verläuft analog zu den Beweisen der Lemmata 1 bis 3. Die Gleichung (8) wird mit Hilfe des Grenzüberganges aus der ITô-Formel für die Funktion $f_\varepsilon(\xi_1(t))$ hergeleitet, wobei $f_\varepsilon(x)$ eine periodische Funktion mit der Periode 2 ist, für die $f_\varepsilon(x) = |x|$ bei $\varepsilon < |x| < 1 - \varepsilon$, $f_\varepsilon(x) = \frac{x^2}{2\varepsilon} + \frac{\varepsilon}{2}$ bei $|x| \leqq \varepsilon$, $f_\varepsilon(x) = 1 - \frac{(1-|x|)^2}{2\varepsilon} - \frac{\varepsilon}{2}$ bei $1 - \varepsilon \leqq |x| \leqq 1$ ist.

Es sei bemerkt, daß im Fall hinreichender Glattheit der Koeffizienten $a_1(t, x)$ und $\sigma_1(t, x)$ sowie der Funktionen $g(s, x)$ und $f(x)$ die Funktion

$$V(s, x) = \boldsymbol{M} \exp\left\{\int_s^t g(u, \xi_{x,s}(u))\, du\right\} f(\xi_{x,s}(t))$$

für $s < t$, $x \in (0, 1)$ eine Lösung der Gleichung

$$-\frac{\partial}{\partial s} V(s, x) = a(s, x) \frac{\partial}{\partial x} V(s, x) + \frac{1}{2} \sigma^2(s, x) \frac{\partial^2}{\partial x^2} V(s, x) + g(s, x)\, V(s, x)$$

mit den Randbedingungen $\lim\limits_{s \uparrow t} V(s, x) = f(x)$, $\frac{\partial}{\partial x} V(s, x)\Big|_{\substack{x=0\\x=1}} = 0$ ist. Hier ist $\xi_{x,s}(t)$ ein Prozeß, der für $t \geqq s$ der Gleichung

$$\xi_{x,s}(t) = x + \int_s^t a(u, \xi_{x,s}(u))\, du + \int_s^t \sigma(u, \xi_{x,s}(u))\, dw(u) + \zeta_0(t) + \zeta_1(t)$$

genügt, und die Funktionen $\xi_{x,s}(t)$, $\zeta_0(t)$, $\zeta_1(t)$ genügen den Bedingungen 1 und 2.

Wir untersuchen nun das asymptotische Verhalten der Verteilung von $\xi(t)$ und der Mittelwert $\frac{1}{T}\int_0^T f(\xi(t))\, dt$ für einen Prozeß mit momentaner Reflexion am Rand in dem Fall, daß die Koeffizienten der Gleichung unabhängig von t sind. Wir benötigen den folgenden Hilfssatz.

Lemma 4. *Die Funktionen $\xi(t)$, $\zeta_0(t)$, $\zeta_1(t)$ mögen den Bedingungen* 1, 2 *und der Beziehung* (8) *genügen. Ist $f(x)$ auf* $[0, 1]$ *eine zweimal stetig differenzierbare Funktion, dann ist*

$$f(\xi(t)) - f(\xi(0)) = \int_0^t \left[f'(\xi(s))\, a(s, \xi(s)) + \frac{1}{2} f''(\xi(s))\, \sigma^2(s, \xi(s))\right] ds$$

$$+ \int_0^t f'(\xi(s))\, \sigma(s, \xi(s))\, dw(s) + \int_0^t f'(\xi(s))\, d\zeta_0(s) + \int_0^t f^2(\xi(s))\, d\zeta_1(s)\,.$$

Beweis. Es sei $0 = t_0 < t_1 < \cdots < t_n = t$, $\Delta t_k = t_{k+1} - t_k$. Dann ist

$$f(\xi(t)) - f(\xi(0)) = \sum_{k=0}^{n-1} [f(\xi(t_{k+1})) - f(\xi(t_k))] = \sum_{k=0}^{n-1} \Big\{ f'(\xi(t_k)) \times \Big[\int_t^{t_{k+1}} a(s, \xi(s))\, ds + \int_{t_k}^{t_{k+1}} \sigma(s, \xi(s))\, dw(s)\Big] + \frac{1}{2} f''(\xi(t_k) + \theta_k) \times \Big[\int_{t_k}^{t_{k+1}} \sigma(s, \xi(s))\, dw(s)\Big]^2\Big\} + \sum_{k=0}^{n-1} f'(\xi(t_k))\, [\zeta_0(t_{k+1}) - \zeta_0(t_k) + \zeta_1(t_{k+1}) - \zeta_1(t_k)] + O\Big(\sum_{k=0}^{n-1} \Big(\Delta t_k \Big|\int_{t_k}^{t_{k+1}} \sigma(s, \xi(s))\, dw(s)\Big| + \Delta t_k^2 + (\zeta_0(t_{k+1}) - \zeta_0(t_k))^2 + (\zeta_1(t_{k+1}) - \zeta_1(t_k))^2\Big)\Big);$$

$$|\theta_k| \leqq |\xi(t_{k+1}) - \xi(t_k)|\,.$$

Die Tatsache, daß die erste Summe für $\max_k \Delta t_k \to 0$ gegen

$$\int_0^t \Big[f'(\xi(s))\, a(s, \xi(s)) + \frac{1}{2} f''(\xi(s))\, \sigma^2(s, \xi(s))\Big] ds + \int_0^t f'(\xi(s))\, \sigma(s, \xi(s))\, dw(s)$$

konvergiert, kann man genau so beweisen, wie bei der Herleitung der Itô-Formel (§ 3). Aus der Stetigkeit von $f'(\xi(s))$ und der Monotonie von $\zeta_i(t)$ folgt, daß für $\max_k \Delta t_k \to 0$

$$\sum_{k=0}^{n-1} f'(\xi(t_k))\, [\zeta_i(t_{k+1}) - \zeta_i(t_k)] \to \int_0^t f'(\xi(s))\, d\zeta_i(s)$$

konvergiert. Ferner ist

$$M \sum_{k=0}^{n-1} \Big|\int_{t_k}^{t_{k+1}} \sigma(s, \xi(s))\, dw(s)\Big| \Delta t_k \leqq C \sum_{k=0}^{n-1} (\Delta t_k)^{3/2} \leqq C\, t \sqrt{\max_k \Delta t_k}\,,$$

$$\sum_{k=0}^{n-1} \Delta t_k^2 \leqq t \max_k \Delta t_k$$

und wegen der Monotonie und Stetigkeit von $\zeta_i(t)$ konvergiert

$$\sum_{k=0}^{n-1} (\zeta_i(t_{k+1}) - \zeta_i(t_k))^2 \leqq \max_k |\zeta_i(t_{k+1}) - \zeta_i(t_k)| \cdot |\zeta_i(t)| \to 0$$

für $\max_k \Delta t_k \to 0$. Damit ist das Lemma bewiesen.

Wir bezeichnen die Koeffizienten der Gleichung mit $a(x)$ und $\sigma(x)$, und die Funktionen $\xi_x(t)$, $\zeta_0(t)$, $\zeta_1(t)$ mögen den Bedingungen 1, 2 und der Gleichung

$$\xi_x(t) = x + \int_0^t a(\xi_x(s))\, ds + \int_0^t \sigma(\xi_x(s))\, dw(s) + \zeta_0(t) + \zeta_1(t)$$

genügen.

Lemma 5. *Es sei $0 < x < y < 1$ und $V_0(x)$ eine Lösung von*

$$a(x)\, V_0'(x) + \frac{1}{2}\sigma^2(x)\, V_0''(x) = 1\,,$$

für die $V_0'(0) = 0$ ist. Wir bezeichnen mit $\tau_{x,y}$ den Zeitpunkt, zu dem der Prozeß $\xi_x(t)$ zum ersten Mal den Punkt y erreicht. Dann ist

$$\boldsymbol{M}\tau_{x,y} = V_0(y) - V_0(x)\,.$$

Beweis. Wenn wir das Lemma 4 auf die Funktion $V_0(x)$ anwenden, dann haben wir

$$V_0(\xi_x(t)) - V_0(x) = \int_0^t \Big[a(\xi_x(s))\, V_0'(\xi_x(s)) + \frac{1}{2}\sigma^2(\xi_x(s))\, V_0''(\xi_x(s))\Big] ds$$
$$+ \int_0^t V_0'(\xi_x(s))\, \sigma(\xi_x(s))\, dw(s) + \int_0^t V_0'(\xi_x(s))\, d\zeta_0(s) + \int_0^t V_0'(\xi_x(s))\, d\zeta_1(s)\,.$$

Wir setzen nun $t = \tau_{x,y}$. Wegen $\xi_x(\tau_{x,y}) = y$, $\int_0^t V_0'(\xi_x(s))\, d\zeta_0(s) = 0$ (in allen Wachstumspunkten von $\zeta_0(s)$ ist nämlich $V_0'(\xi_x(s)) = 0$) und $\zeta_1(s) = 0$ für $s < \tau_{x,y}$ ist

$$V_0(y) - V_0(x) = \tau_{x,y} + \int_0^{\tau_{x,y}} V_0'(\xi_x(s))\, \sigma(\xi_x(s))\, dw(s)\,. \tag{9}$$

Aus (9) läßt sich leicht

$$\boldsymbol{M}\tau_{x,y} \leqq |V_0(y) - V_0(x)| + \sup_z\, [V_0'(z)\, \sigma(z)]^2$$

herleiten, so daß $\boldsymbol{M}\tau_{x,y} < \infty$ und folglich

$$\boldsymbol{M} \int_x^{\tau_{x,y}} V_0'(\xi_x(s))\, \sigma(\xi_x(s))\, dw(s) = 0 \tag{10}$$

ist, woraus der Beweis des Lemmas folgt.

Bemerkung 2. Analog läßt sich beweisen, daß für $x > y$

$$\boldsymbol{M}\tau_{x,y} = V_1(y) - V_1(x)$$

ist, wobei $V_1(x)$ eine Lösung der Gleichung

$$a(x)\, V_1'(x) + \frac{1}{2}\sigma^2(x)\, V_1''(x) = 1$$

ist, die der Bedingung $V_1'(1) = 0$ genügt.

Wir beweisen nun verschiedene Ergodensätze.

Satz 2. *Für jede beschränkte meßbare Funktion $f(x)$ und jedes $x \in (0, 1)$ existiert der von x unabhängige Grenzwert*

$$\lim_{t\to\infty} \boldsymbol{M} f(\xi_x(t))\,.$$

Beweis. Es sei $x_1 < x_2$. Dann folgt aus dem Eindeutigkeitssatz, daß $\xi_{x_1}(t) \leqq \xi_{x_2}(t)$ für alle t ist. Ist $\xi_{x_1}(t') = \xi_{x_2}(t')$ für ein gewisses $t' > 0$, dann ist $\xi_{x_1}(t) = \xi_{x_2}(t)$ für alle $t > t'$. Wegen $0 \leqq \xi_{x_1}(t) \leqq \xi_{x_2}(t) \leqq 1$ und $\xi_{x_1}(\tau_{x_1}, 1) = 1$ ist auch $\xi_{x_2}(\tau_{x_1,1}) = 1$, so daß $\xi_{x_1}(t) = \xi_{x_2}(t)$ für $t > \tau_{x_1,1}$ ist. Außerdem ist $\tau_{x_1,1} < \tau_{0,1}$, folglich haben wir

$$P\{\xi_{x_1}(t) \neq \xi_{x_2}(t)\} \leqq P\{\tau_{0,1} > t\},$$

und deshalb ist auch

$$P f\{(\xi_{x_1}(t)) \neq f(\xi_{x_2}(t))\} \leqq P\{\tau_{0,1} > t\}.$$

Schließlich ist

$$|Mf(\xi_x(t)) - Mf(\xi_y(t))| \leqq M|f(\xi_x(t)) - f(\xi_y(t))| \leqq 2\,||f||\,P\{\tau_{0,1} > t\}$$

mit $||f|| = \sup_x |f(x)|$. Für $t \to \infty$ konvergiert also gleichmäßig bezüglich s

$$|Mf(\xi_x(t)) - Mf(\xi_x(t+s))| = \left|Mf(\xi_x(t)) - \int_0^1 Mf(\xi_y(t))\,P\{\xi(s) \in dy\}\right|$$

$$\leqq \int_0^1 |Mf(\xi_x(t)) - Mf(\xi_y(t))|\,P\{\xi(s) \in dy\} \to 0.$$

Hieraus folgt die Existenz des Grenzwerts $\lim_{t\to\infty} Mf(\xi_x(t))$. Daß dieser Grenzwert unabhängig von x ist, folgt aus der Ungleichung

$$|Mf(\xi_x(t)) - Mf(\xi_y(t))| \leqq 2\,||f||\,P\{\tau_{0,1} > t\}.$$

Der Satz ist damit bewiesen.

Folgerung 1. Es sei $F_t(x, y) = P\{\xi_x(t) < y\}$. Dann existiert der Grenzwert (im Sinne der schwachen Konvergenz von Verteilungen)

$$F(y) = \lim_{t\to\infty} F_t(x, y).$$

Wir suchen nun den expliziten Ausdruck für $F(y)$.

Lemma 6. *Es sei*

$$\Phi(x) = \exp\left\{\int_0^x \frac{2\,a(z)}{\sigma^2(z)}\,dz\right\}.$$

Dann gilt $\lim_{t\to\infty} Mf(\xi_x(t)) = 0$ *für jede beschränkte meßbare Funktion* $f(x)$ *mit*

$$\int_0^1 f(x)\,\frac{\Phi(x)}{\sigma^2(x)}\,dx = 0.$$

Beweis. Wir setzen

$$G(x) = \int_0^x \frac{1}{\Phi(z)} \int_0^z \frac{2\,f(u)\,\Phi(u)}{\sigma^2(u)}\,du.$$

Dann ist

$$G''(x)\frac{\sigma^2(x)}{2} + a(x)\,G'(x) = f(x) \quad \text{und} \quad G'(z) = \frac{1}{\Phi(z)}\int_0^z \frac{2f(u)\,\Phi(u)}{\sigma^2(u)}\,du\,,$$

so daß $G'(0) = 0$, $G'(1) = \frac{2}{\Phi(1)}\int_0^1 f(u)\frac{\Phi(u)}{\sigma^2(u)}\,du = 0$ ist. Deshalb ist auf Grund von Lemma 4

$$G(\xi_x(t)) - G(x) = \int_0^t f(\xi_x(s))\,ds + \int_0^t G'(\xi_x(s))\,\sigma(\xi_x(s))\,dw(s)$$

und

$$\boldsymbol{M}\,G(\xi_x(t)) - G(x) = \int_0^t \boldsymbol{M} f(\xi_x(s))\,ds\,,$$

woraus

$$0 = \lim_{t\to\infty}\frac{\boldsymbol{M}\,G(\xi_x(t)) - G(x)}{t} = \lim_{t\to\infty}\frac{1}{t}\int_0^t \boldsymbol{M} f(\xi_x(s))\,ds = \lim_{t\to\infty}\boldsymbol{M}\,f(\xi_x(t))$$

folgt, da wegen Satz 2 der letzte Grenzwert existiert. Das Lemma ist bewiesen.

Folgerung 2. Es sei $f(x)$ eine beliebige beschränkte meßbare Funktion. Dann ist

$$\lim_{t\to\infty}\boldsymbol{M} f(\xi_x(t)) = c\int_0^1 \frac{f(y)\,\Phi(y)}{\sigma^2(y)}\,dy\,,$$

wobei

$$c = \left[\int_0^1 \frac{\Phi(y)}{\sigma^2(y)}\,dy\right]^{-1}$$

ist. Dieses Ergebnis erhalten wir dadurch, daß für die Funktion

$$\bar{f}(x) = f(x) - c\int_0^1 \frac{f(y)\,\Phi(y)}{\sigma^2(y)}\,dy$$

die Bedingungen von Lemma 6 erfüllt sind.

Damit haben wir folgenden Satz bewiesen.

Satz 3. *Ist $F_t(x, y) = \boldsymbol{P}\{\xi_x(t) < y\}$, dann ist für $0 < y < 1$ der Grenzwert*

$$\lim_{t\to\infty} F_t(x, y) = F(y)\,,$$

wobei

$$F(y) = \left[\int_0^1 \frac{1}{\sigma^2(z)}\,\Phi(z)\,dz\right]^{-1}\int_0^y \frac{\Phi(z)}{\sigma^2(z)}\,dz \tag{11}$$

ist.

Wir beweisen nun einen Ergodensatz für die Zeitmittel. Die Funktion $F(y)$ sei durch die Formel (11) definiert.

Satz 4. *Für jede meßbare Funktion $f(y)$, für die $\int_0^1 |f(y)|\, dF(y) < \infty$ ist, gilt mit Wahrscheinlichkeit 1 die Beziehung*

$$\lim_{T\to\infty} \frac{1}{T}\int_0^T f(\xi(t))\, dt = \int_0^1 f(y)\, dF(y)\,.$$

Beweis. Wir nehmen zunächst an, daß die Funktion $f(y)$ nichtnegativ und beschränkt ist. Die Zeitpunkte $0 = \tau_0 < \tau_1 < \cdots$ seien als die Zeitpunkte der ersten Rückkehr in den Punkt x nach erfolgtem Auftreffen auf den Rand definiert, d. h. $\xi_x(\tau_k) = x$, $k = 0, 1, 2, \ldots$, zwischen τ_k und τ_{k+1} erreicht der Prozeß den Rand, und wenn τ_k^* der Zeitpunkt ist, zu dem zum ersten Mal nach dem Zeitpunkt τ_k der Rand erreicht wird, dann ist $\xi_x(t) \neq x$ für $t \in (\tau_k, \tau_{k+1})$. Wie leicht zu sehen ist, sind die Zufallsgrößen

$$\int_0^{\tau_1} f(\xi_x(s))\, ds, \ldots, \int_{\tau_k}^{\tau_{k+1}} f(\xi_x(s))\, ds, \ldots$$

unabhängig und besitzen die gleiche Verteilung. Wegen Lemma 5 ist

$$\boldsymbol{M} \int_0^{\tau_1} f(\xi_x(s))\, ds \leqq \|f\|\,(\boldsymbol{M}\tau_{x,0} + \boldsymbol{M}\tau_{0,x} + \boldsymbol{M}\tau_{x,1} + \boldsymbol{M}\tau_{1,x}) < \infty\,.$$

Aus dem starken Gesetz der großen Zahlen ergibt sich

$$\boldsymbol{P}\left\{\lim_{k\to\infty} \frac{1}{k}\sum_{i=0}^{k-1} \int_{\tau_i}^{\tau_{i+1}} f(\xi_x(s))\, ds = \boldsymbol{M}\int_0^{\tau_1} f(\xi_x(s))\, ds\right\} = 1\,.$$

Folglich haben wir

$$\boldsymbol{P}\left\{\lim_{k\to\infty} \frac{1}{k-1}\int_0^{\tau_k} f(\xi_x(s))\, ds = \lim_{k\to\infty} \frac{1}{k+1}\int_0^{\tau_k} f(\xi_x(s))\, ds = \boldsymbol{M}\int_0^{\tau_1} f(\xi_x(s))\, ds\right\} = 1\,.$$

Setzen wir $f(x) = 1$, so erhalten wir

$$\boldsymbol{P}\left\{\lim_{k\to\infty} \frac{1}{k-1}\tau_k = \lim_{k\to\infty} \frac{1}{k+1}\tau_k = \boldsymbol{M}\tau_1\right\} = 1\,.$$

Es sei ν_T eine ganze Zahl mit $\tau_{\nu_T} \leqq \tau\, \nu_{T+1}$. Da τ_k für alle k endlich ist, strebt ν_T für $T \to \infty$ gegen ∞, und mit Wahrscheinlichkeit 1 ist

$$\lim_{T\to\infty} \frac{1}{\tau_{\nu_T+1}} \int_0^{\tau_{\nu_T}} f(\xi_x(s))\, ds = \lim_{T\to\infty} \frac{\frac{1}{\nu_T}\int_0^{\tau_{\nu_T}} f(\xi_x(s))\, ds}{\frac{1}{\nu_T}\tau_{\nu_T+1}} = \frac{\boldsymbol{M}\int_0^{\tau_1} f(\xi_x(s))\, ds}{\boldsymbol{M}\tau_1}\,,$$

$$\lim_{T\to\infty} \frac{1}{\tau_{\nu_T}} \int_0^{\tau_{\nu_T+1}} f(\xi_x(s))\, ds = \frac{1}{\boldsymbol{M}\tau_1}\boldsymbol{M}\int_0^{\tau_1} f(\xi_x(s))\, ds\,.$$

Wegen

$$\frac{1}{\tau_{\nu_T+1}}\int_0^{\tau_{\nu_T}} f(\xi_x(s))\,ds \leqq \frac{1}{T}\int_0^T f(\xi_x(s))\,ds \leqq \frac{1}{\tau_{\nu_T}}\int_0^{\tau_{\nu_T+1}} f(\xi_x(s))\,ds$$

gilt für jede beschränkte meßbare nichtnegative Funktion f mit Wahrscheinlichkeit 1

$$\lim_{T\to\infty}\frac{1}{T}\int_0^T f(\xi_x(s))\,ds = \frac{1}{M\tau_1} M\int_0^{\tau_1} f(\xi_x(s))\,ds\,.$$

Da

$$\left|\frac{1}{T}\int_0^T f(\xi_x(s))\,ds\right| \leqq \|f\|$$

ist, gilt

$$\lim_{T\to\infty} M\frac{1}{T}\int_0^T f(\xi_x(s))\,ds = M\lim_{T\to\infty}\frac{1}{T}\int_0^T f(\xi_x(s))\,ds\,.$$

Es ist aber

$$\lim_{T\to\infty} M\frac{1}{T}\int_0^T f(\xi_x(s))\,ds = \int_0^1 f(y)\,dF(y)\,;$$

folglich haben wir

$$P\left\{\lim_{T\to\infty}\frac{1}{T}\int_0^T f(\xi_x(s))\,ds = \int_0^1 f(y)\,dF(y)\right\} = 1\,. \tag{12}$$

Der Satz ist für beschränkte nichtnegative meßbare Funktionen bewiesen. Seine Übertragung auf alle Funktionen $f(x)$, die den Voraussetzungen des Satzes genügen, wird genauso vorgenommen wie in Satz 2 aus § 18. Der Satz ist damit bewiesen.

Analog zu den Sätzen 3 und 4 kann man folgenden Ergodensatz für Prozesse mit momentaner Reflexion vom Rand des Intervalls $(0, \infty)$ beweisen.

Satz 5. *Es sei $F_t(x, y) = P\{\xi_x(t) < y\}$, wobei $\xi_x(t)$ eine Lösung der Gleichung* (2) *mit den Koeffizienten $a(x)$ und $\sigma(x)$ und der Anfangsbedingung $\xi_x(0) = x$ ist. Ist die Bedingung*

$$\int_0^\infty \frac{1}{\sigma^2(z)}\,\Phi(z)\,dz < \infty$$

erfüllt, dann ist

$$\lim_{t\to\infty} F_t(x, y) = F(y)\,,$$

wobei

$$F(y) = \begin{cases} 0, & y < 0\,,\\ \displaystyle\int_0^y \frac{1}{\sigma^2(z)}\,\Phi(z)\,dz\left(\int_0^\infty \frac{\Phi(z)}{\sigma^2(z)}\,dz\right)^{-1}, & y > 0\,,\end{cases}$$

ist, und für jede meßbare Funktion $f(x)$, *für die* $\int_0^\infty f(x)\,\mathrm{d}F(x) < \infty$ *ist, gilt mit Wahrscheinlichkeit* 1

$$\lim_{T\to\infty} \frac{1}{T} \int_0^T f(\xi_x(s))\,\mathrm{d}s = \int_0^\infty f(y)\,\mathrm{d}F(y)\,.$$

§ 24. Die verzögerte Reflexion am Rand

Wir betrachten nur homogene Prozesse mit verzögerter Reflexion am Rand, d. h. Lösungen von Gleichungen, deren Koeffizienten auf dem Intervall $(0, \infty)$ mit einem Randpunkt von der Zeit unabhängig sind. Wir werden nicht die Eindeutigkeit der Lösung beweisen, sondern konstruieren die Lösung der stochastischen Gleichung und untersuchen einige ihrer Eigenschaften; insbesondere werden wir Gleichungen erhalten, die die Bestimmung der Übergangswahrscheinlichkeit für die Lösung einer stochastischen Gleichung ermöglichen.

Für $x > 0$ seien die Funktionen $a(x)$ und $\sigma(x)$ definiert, die folgenden Bedingungen genügen: 1. Es existiert ein K, so daß für $x > 0$ und $y > 0$ die Ungleichung $|a(x) - a(y)| + |\sigma(x) - \sigma(y)| \leqq K\,|x - y|$ erfüllt ist; 2. für $x > 0$ ist $\sigma(x) > 0$, und es ist $\sigma(0) = 0$, $a(0) > 0$ (die Funktionen $a(x)$ und $\sigma(x)$ können im Punkt 0 einen Sprung besitzen).

Wir betrachten die Lösung der stochastischen Gleichung

$$\mathrm{d}\xi(t) = a(\xi(t))\,\mathrm{d}t + \sigma(\xi(t))\,\mathrm{d}w(t)\,, \tag{1}$$

die der Bedingung $\xi(t) \geqq 0$ genügt. Eine derartige Lösung werden wir Lösung der Gleichung (1) im Intervall $(0, \infty)$ mit verzögerter Reflexion am Rand nennen, wobei $a(0)$ die Geschwindigkeit ist, mit der der Prozeß den Rand verläßt.

Um die Lösung der Gleichung (1) zu bestimmen, betrachten wir den Prozeß $\xi_1(t)$, der eine Lösung der Gleichung

$$\mathrm{d}\xi_1(t) = a(\xi_1(t))\,\mathrm{d}t + \sigma(\xi_1(t))\,\mathrm{d}w_1(t) \tag{2}$$

darstellt, wobei $w_1(t)$ ein WIENERprozeß im Intervall $(0, \infty)$ mit momentaner Reflexion ist. Dann haben wir (siehe § 23)

$$\xi_1(t) = \xi_1(0) + \int_0^t a(\xi_1(s))\,\mathrm{d}s + \int_0^t \sigma(\xi_1(s))\,\mathrm{d}w_1(s) + \zeta_1(t)\,, \tag{3}$$

wobei $\zeta_1(t)$ ein nichtfallender stetiger Prozeß ist, dessen Wachstumspunkte die Nullstellen des Prozesses $\xi_1(t)$ sind. Die Familie der Zufallsgrößen τ_t sei durch die Gleichung

$$t = \tau_t + \frac{1}{a(0)} \zeta_1(\tau_t) \tag{4}$$

bestimmt. Wenn $\mathfrak{F}_u^{(1)}$ die minimale σ-Algebra ist, bezüglich der die Größen $\xi_1(0)$ und $w_1(s)$ für $s \leqq u$ meßbar sind ($\xi_1(0)$ ist eine Größe, die vom Prozeß $w_1(t)$ unabhängig ist), dann ist τ_t für jedes $t > 0$ ein MARKOWsches Moment bezüglich dem System der σ-Algebren $\mathfrak{F}_u^{(1)}$. Wir betrachten eine zufällige Zeitsubstitution in der Gleichung (2), indem wir $\xi_1(\tau_t) = \eta(t)$ setzen. Für $x > 0$ sei $\chi_+(x) = 1$, für $x = 0$ sei $\chi_+(x) = 0$. Dann ist

$$\int_0^{\tau_t} a(\xi_1(s))\, ds = \int_0^{\tau_t} a(\xi_1(s)))\, \chi_+\, (\xi_1(s))\, ds + \frac{1}{a(0)} \int_0^{\tau_t} a(\xi_1(s))\, \chi_+\, (\xi_1(s))\, d\zeta_1(s)$$

$$= \int_0^t a(\xi_1(\tau_u))\, \chi_+(\xi_1(\tau_u)) \left[d\tau_u + \frac{1}{a(0)} d\zeta_1(\tau_u)\right] = \int_0^t a(\eta(u))\, \chi_+(\eta(u))\, du$$

(wir haben dabei die Beziehung (4) und $\chi_+(\xi_1(s))\, d\zeta_1(s) = 0$ berücksichtigt). Ferner ist

$$\zeta_1(\tau_t) = \int_0^{\tau_t} [1 - \chi_+(\xi_1(s))]\, d\zeta_1(s) = \int_0^{\tau_t} [1 - \chi_+(\xi_1(s))]\, d\zeta_1(s)$$

$$+ a(0) \int_0^{\tau_t} [1 - \chi_+(\xi_1(s))]\, ds = \int_0^t [1 - \chi_+(\xi_1(\tau_s))]\, (d\zeta_1(\tau_s) + a(0)\, d\tau_s)$$

$$= \int_0^t a(0)\, [1 - \chi_+(\xi_1(s))]\, ds = \int_0^t a(\eta(s))\, [1 - \chi_+(\xi_1(s))]\, ds\,. \tag{5}$$

Aus der Kette der Gleichungen (5) folgt insbesondere die Beziehung

$$\int_0^t (1 - \chi_+(\eta(u)))\, du = \frac{1}{a(0)} \zeta_1(\tau_t)\,. \tag{6}$$

Das stochastische Integral

$$\int_0^{\tau_t} \sigma(\xi_1(s))\, dw_1(s) = \int_0^t \sigma(\xi_1(\tau_u))\, dw_1(\tau_u) = \int_0^t \sigma(\eta(u))\, dw_1(\tau_u)$$

werden wir nun umformen.

Es sei $\bar{w}(t)$ ein WIENERprozeß, der von den Prozessen $w_1(t)$ und $\xi_1(t)$ unabhängig ist. Wir setzen

$$w(t) = w_1(\tau_t) + \int_0^t (1 - \chi_+(\eta(s)))\, d\bar{w}(s)\,.$$

Wir zeigen, daß $w(t)$ ebenfalls ein WIENERprozeß ist. Es sei $\mathfrak{F}_t$ die minimale σ-Algebra, bezüglich der $\xi_1(s)$, $w_1(s)$ bei $s \leqq \tau_t$ und $w(s)$ bei $s \leqq t$ meßbar sind. Dann ist für $h > 0$ wegen der Bemerkung 2 aus § 4

$$\boldsymbol{M}\,(w\,(t + h) - w(t)/\mathfrak{F}_t) = 0\,,$$

$$\boldsymbol{M}\,([w\,(t + h) - w(t)]^2/\mathfrak{F}_t) = \boldsymbol{M}\,([w_1(\tau_{t+h}) - w_1(\tau_t)]^2/\mathfrak{F}_t)$$

$$+ \boldsymbol{M}\left(\int_t^{t+h} (1 - \chi_+(\eta(s)))\, ds/\mathfrak{F}_t\right)$$

$$= \boldsymbol{M}\left[\tau_{t+h} - \tau_t + \frac{1}{a(0)} (\zeta_1(\tau_{t+h}) - \zeta_1(\tau_t))/\mathfrak{F}_t\right] = h$$

(wir haben die Gleichungen (4) und (6) benutzt). Offensichtlich ist der Prozeß $w(t)$ mit Wahrscheinlichkeit 1 stetig, und deshalb ist er wegen Satz 1 aus § 1 ein WIENERprozeß. Da wegen $\sigma(x)\,(1 - \chi_+(x)) = 0$

$$\int_0^t \sigma(\eta(u))\,(1 - \chi_+(\eta(u)))\, d\bar{w}(u) = 0$$

ist, gilt

$$\int_0^t \sigma(\eta(u))\, dw_1(\tau_u) = \int_0^t \sigma(\eta(u))\, dw(u)\,.$$

Somit erhalten wir nach der Durchführung der genannten Zeitsubstitution

$$\eta(t) = \xi_1(\tau_t) = \xi_1(0) + \int_0^t a(\eta(u))\,\chi_+(\eta(u))\, du + \int_0^t \sigma(\eta(u))\, dw(u) +$$
$$+ \int_0^t a(\eta(u))\,(1 - \chi_+(\eta(u)))\, du = \eta(0) + \int_0^t a(\eta(u))\, du + \int_0^t \sigma(\eta(u))\, dw(u)\,.$$

Der Prozeß $\eta(t)$ ist nichtnegativ, mit Wahrscheinlichkeit 1 stetig und genügt der Gleichung (1). Somit ist die Existenz einer Lösung der Gleichung (1) erwiesen.

Es sei nun $\xi(t)$ eine Lösung der Gleichung (1), die der Anfangsbedingung $\xi(t)|_{t=0} = \xi(0)$ genügt, mit Wahrscheinlichkeit 1 stetig ist und für alle $t > 0$ bezüglich der durch die Größen $\xi(0)$ und $w(s)$, $s \leqq t$, erzeugten σ-Algebra $\mathfrak{F}_t$ meßbar ist. Wir führen in der Gleichung (1) die Zeitsubstitution $\xi(\tau_t) = \xi_1(t)$ durch, wobei τ_t durch

$$t = \int_0^{\tau_t} \chi_+(\xi(s))\, ds$$

bestimmt ist. Die Funktion τ_t ist stetig, da die Funktion $\lambda(u) = \int_0^u \chi_+(\xi(s))\, ds$ stetig und streng monoton ist (auf dem gesamten Intervall kann $\xi(s)$ nicht verschwinden). Nach der durchgeführten Zeitsubstitution formen wir jedes Integral auf der rechten Seite der integrierten Gleichung (1) um:

$$\int_0^{\tau_t} a(\xi(s))\, ds = \int_0^t a(\xi(\tau_s))\, d\tau_s = \int_0^t a(\xi(\tau_s))\,\chi_+(\xi_1(s))\, ds + a(0)\int_0^t (1 - \chi_+(\xi_1(s)))\, d\tau_s\,.$$

Wegen

$$t = \int_0^{\tau_t} \chi_+(\xi(s))\, ds = \int_0^t \chi_+(\xi_1(s))\, d\tau_s$$

ist $dt = \chi_+(\xi_1(s))\, d\tau_s$, und folglich haben wir

$$\int_0^{\tau_t} a(\xi(s))\, ds = \int_0^t a(\xi_1(s))\, ds + \zeta_1(t)\,,$$

wobei

$$\zeta_1(t) = a(0)\int_0^t [1 - \chi_+(\xi_1(s))]\, d\tau_s$$

ist. Offensichtlich können die Wachstumspunkte der Funktion $\zeta_1(t)$ nur die Nullstellen sein. Die Funktionen $\xi_1(t)$ und $\zeta_1(t)$ sind nichtfallende stetige Funktionen, Wir zeigen, daß die Zeit, die der Prozeß $\xi_1(t)$ im Punkt Null verbleibt, gleich Null ist, d. h., es ist

$$\int_0^t \left(1 - \chi_+(\xi_1(s))\right) ds = t - \int_0^t \chi_+(\xi_1(s))\, ds$$
$$= t - \int_0^t \chi_+(\xi_1(\tau_s))\, d\tau_s = t - \int_0^{\tau_t} \chi_+(\xi(s))\, ds = 0$$

(wir haben die Beziehung $ds = \chi_+(\xi_1(s))\, d\tau_s$ benutzt). Ferner ist

$$\int_0^{\tau_t} \sigma(\xi(s))\, dw(s) = \int_0^t \sigma(\xi_1(s))\, dw(\tau_s) = \int_0^t \sigma(\xi_1(s))\, \chi_+(\xi_1(s))\, dw(\tau_s)\,.$$

Wir zeigen, daß der Prozeß

$$w_1(t) = \int_0^t \chi_+(\xi_1(s))\, dw(\tau_s) = \int_0^{\tau_t} \chi_+(\xi(s))\, dw(s)$$

ein WIENERprozeß ist. Das folgt aus Satz 1 von § 1, da der Prozeß $w_1(t)$ mit Wahrscheinlichkeit 1 stetig ist und für $\mathfrak{F}_t^{(1)} = \mathfrak{F}_{\tau_t}$

$$M\left(w_1(t+h) - w_1(t)/\mathfrak{F}_t^{(1)}\right) = 0\,,$$

$$M\left([w_1(t+h) - w_1(t)]^2/\mathfrak{F}_t^{(1)}\right) = M\left(\int_{\tau_t}^{\tau_{t+h}} \chi_+(\xi(s))\, ds/\mathfrak{F}_{\tau_t}\right) = h$$

gilt. Folglich genügt $\xi_1(t)$ der Gleichung (3) mit bestimmten $w_1(t)$ und $\zeta_1(t)$, d. h., $\xi_1(t)$ ist ein Prozeß mit momentaner Reflexion am Rand.

Kann man nun mit Hilfe einer zufälligen Zeitsubstitution aus $\xi_1(t)$ wieder $\xi(t)$ erhalten? Offenbar ist $\xi(t) = \xi_1(\varphi_t)$, wobei φ_t eine Lösung der Gleichung $\tau_{\varphi_t} = t$ ist. Nach der Definition von τ_s bedeutet das, daß

$$\varphi_t = \int_0^t \chi_+(\xi(s))\, ds = t - \int_0^t [1 - \chi_+(\xi(s))]\, ds = t - \int_0^{\varphi_t} [1 - \chi_+(\xi(\tau_s))]\, d\tau_s$$
$$= t - \int_0^{\varphi_t} [1 - \chi_+(\xi_1(s))]\, d\tau_s = t - \frac{1}{a(0)}\, \zeta_1(\varphi_t)$$

ist (wir haben die Form des Prozesses $\zeta_1(t)$ benutzt). Demzufolge ist $\xi(t) = \xi_1(\varphi_t)$, wobei φ_t eine Lösung der Gleichung $t = \varphi_t + \frac{1}{a(0)}\, \zeta_1(\varphi_t)$ ist. Es gilt also folgender Satz.

Satz 1. *Die Formeln* $\xi_1(t) = \xi(\tau_t)$, $\xi(t) = \xi_1(\varphi_t)$,

$$w_1(t) = \int_0^{\tau_t} \chi_+(\xi(s))\, dw(s)\,, \qquad w(t) = w_1(\varphi_t) + \int_0^t [1 - \chi_+(\xi(s))]\, d\overline{w}(s)\,,$$

$$\zeta_1(t) = a(0) \int_0^t [1 - \chi_+(\xi_1(s))]\, d\tau_s$$

geben uns eine eineindeutige Zuordnung zwischen den Lösungen der Gleichungen (1) *und* (3), *wobei* $\overline{w}(t)$ *ein von* $w_1(t)$ *unabhängiger* WIENER*prozeß ist und* τ_t *und* φ_t *sich aus den Gleichungen*

$$t = \int_0^{\tau_t} \chi_+(\xi(s))\, ds\,, \qquad t = \varphi_s + \frac{1}{a(0)}\, \zeta_1(\varphi_t)$$

ermitteln lassen.

Folgerung 1. Die endlichdimensionalen Verteilungen des Prozesses $\xi(t)$, der eine Lösung der Gleichung (1) ist, lassen sich eindeutig durch die Verteilung von $\xi(0)$ und durch die Koeffizienten $a(x)$ und $\sigma(x)$ bestimmen.

Lemma 1. *Ist die Funktion* $\Phi(t, x)$ *für* $t > 0$, $x > 0$ *eine Lösung von*

$$\frac{\partial}{\partial t}\, \Phi(t, x) = a(x)\, \frac{\partial}{\partial x}\, \Phi(t, x) + \frac{1}{2}\, \sigma^2(x)\, \frac{\partial^2}{\partial x^2}\, \Phi(t, x)\,, \tag{7}$$

die der Randbedingung

$$\lim_{x \downarrow 0} a(0)\, \Phi_x'(t, x) = \Phi_t'(t, 0) \tag{8}$$

genügt, und ist die Funktion $\sigma(x)\, \Phi_x'(t, x)$ *beschränkt, dann ist für* $t_1 < t_2$

$$M\big(\Phi(t_1, \xi(t_2))/\mathfrak{F}_{t_1}\big) = \Phi\big(t_2, \xi(t_1)\big)\,.$$

Beweis. Mit Hilfe der Itô-Formel können wir

$$\begin{aligned} d\Phi(t_2 - s, \xi(t_1 + s)) = \Big[&- \Phi_t'(t_2 - s, \xi(t_1 + s)) + \Phi_x'(t_2 - s, \xi(t_1 + s))\, a(\xi(t_1 + s)) \\ &+ \frac{1}{2}\, \sigma^2(\xi(t_1 + s))\, \Phi_{xx}''(t_2 - s, \xi(t_1 + s)) \Big]\, ds \\ &+ \Phi_x'(t_2 - s, \xi(t_1 + s))\, \sigma(\xi(t_1 + s))\, dw\,(t_1 + s) \end{aligned}$$

schreiben. Infolge (7) und (8) ist der Ausdruck in den eckigen Klammern gleich Null. Folglich ist

$$\Phi(t_1, \xi(t_2)) - \Phi(t_2, \xi(t_1)) = \int_0^{t_2 - t_1} \Phi_x'(t_2 - s, \xi(t_1 + s))\, \sigma(\xi(t_1 + s))\, dw\,(t_1 + s)\,.$$

Aus dieser Beziehung und der Bemerkung 1 von § 2 erhalten wir den Beweis des Lemmas.

Bemerkung 1. Zur Lösung der Gleichung (7) mit der Randbedingung (8) ist die LAPLACE-Transformation bezüglich t geeignet. Es sei

$$u_\lambda(x) = \int_0^\infty e^{-\lambda t}\, \Phi(t, x)\, dt\,.$$

Wenden wir dann die LAPLACE-Transformation auf die Gleichung (7) an, so gelangen wir zu der Gleichung

$$\lambda\, u_\lambda(x) - \Phi(0, x) = a(x)\, \frac{d}{dx}\, u_\lambda(x) + \frac{\sigma^2(x)}{2} \cdot \frac{d^2}{dx^2}\, u_\lambda(x)\,. \tag{9}$$

Die Randbedingung für $u_\lambda(x)$ erhalten wir, wenn wir die LAPLACE-Transformation auf (8) anwenden:

$$\lim_{x \downarrow 0} a(0) \frac{\mathrm{d}}{\mathrm{d}x} u_\lambda(x) = \lambda\, u_\lambda(0) - \Phi(0, 0)\,. \tag{10}$$

Es erweist sich, daß man die LAPLACE-Transformierte der Erwartungswerte von Funktionen der Trajektorie des Prozesses unmittelbar finden kann, ohne die Existenz einer Lösung der Gleichung (7) mit der Randbedingung (8) voraussetzen zu müssen.

Lemma 2. *Es sei $\varphi(x)$ eine beschränkte stetige Funktion, $u_\lambda(x)$ für $x > 0$ eine beschränkte Lösung von*

$$\lambda\, u_\lambda(x) - \varphi(x) = a(x) \frac{\mathrm{d}}{\mathrm{d}x} u_\lambda(x) + \frac{\sigma^2(x)}{2} \cdot \frac{\mathrm{d}^2}{\mathrm{d}x^2} u_\lambda(x)\,, \tag{11}$$

die der Randbedingung

$$a(0) \frac{\mathrm{d}}{\mathrm{d}x} u_\lambda(+0) - \lambda\, u_\lambda(0) = -\varphi(0) \tag{12}$$

genügt, und $u'_\lambda(x)\, \sigma(x)$ eine beschränkte Funktion. Dann ist für alle $t > 0$

$$u_\lambda(\xi(t)) = e^{\lambda t} \boldsymbol{M}\left(\int_t^\infty e^{-\lambda s} \varphi(\xi(s))\, \mathrm{d}s/\mathfrak{F}_t\right). \tag{13}$$

Beweis. Indem wir die ITÔ-Formel auf die Funktion $u_\lambda(\xi(t))\, e^{-\lambda t}$ anwenden, erhalten wir

$$\mathrm{d}\left[u_\lambda(\xi(t))\, e^{-\lambda t}\right] = \left[-\lambda u_\lambda(\xi(t)) + \frac{\mathrm{d}}{\mathrm{d}x} u_\lambda(\xi(t))\, a(\xi(t)) + \frac{1}{2} \sigma^2(\xi(t)) \frac{\mathrm{d}^2}{\mathrm{d}x^2} u_\lambda(\xi(t))\right] e^{-\lambda t}$$
$$+ u'_\lambda(\xi(t))\, \sigma(\xi(t))\, e^{-\lambda t}\, \mathrm{d}w(t)\,.$$

Wegen (11) und (12) ist der Ausdruck in den eckigen Klammern auf der rechten Seite der letzten Gleichung gleich $\varphi(\xi(t))$. Deshalb ist für $t < T$ die Gleichung

$$e^{-\lambda T} u_\lambda(\xi(T)) - e^{-\lambda t} u_\lambda(\xi(t)) = -\int_t^T e^{-\lambda s} \varphi(\xi(s))\, \mathrm{d}s + \int_t^T \sigma(\xi(s))\, u'_\lambda(\xi(s))\, e^{-\lambda s}\, \mathrm{d}w(s)$$

erfüllt. Gehen wir für $T \to \infty$ zum Grenzwert über, dann erhalten wir

$$u_\lambda(\xi(t))\, e^{-\lambda t} = \int_t^\infty e^{-\lambda s} \varphi(\xi(s))\, \mathrm{d}s - \int_t^\infty \sigma(\xi(s))\, u'_\lambda(\xi(s))\, e^{-\lambda s}\, \mathrm{d}w(s)\,, \tag{14}$$

da $u_\lambda(\xi(T))\, e^{-\lambda T}$ infolge der Beschränktheit von $u_\lambda(x)$ gegen 0 konvergiert. Die Existenz der Integrale auf der rechten Seite von (14) folgt aus der Beschränktheit von $u'_\lambda(x)\, \sigma(x)$ und $\varphi(x)$. Indem wir auf beiden Seiten in (14) den bedingten Erwartungswert bilden, erhalten wir den Beweis des Lemmas.

Folgerung 2. Für $a(x)$ und $\sigma(x)$ existiere eine Klasse K von beschränkten stetigen Funktionen $\varphi(x)$, so daß folgende Bedingungen erfüllt sind:

1. Für $\varphi \in K$ existiert für alle λ, für die $\operatorname{Re} \lambda > 0$ ist, eine beschränkte Lösung von (11), die der Randbedingung (12) genügt und für die $u'_\lambda(x)\, \sigma(x)$ beschränkt ist;

2. für jede beschränkte stetige Funktion $g(x)$ kann man eine Funktionenfolge $\varphi_n(x)$ aus K angeben, die überall gegen $g(x)$ konvergiert.

Dann ist jede Lösung der Gleichung (1) ein homogener MARKOWscher Prozeß. Ist $P(t, x, dy)$ die Übergangswahrscheinlichkeit für diesen Prozeß, dann ist für jede stetige beschränkte Funktion $g(x)$

$$\int_0^\infty e^{-\lambda t} \int g(y)\, P(t, x, dy)\, dt = \lim_{n\to\infty} u_\lambda^{(n)}(x)\,, \tag{15}$$

wobei $u_\lambda^{(n)}(x)$ eine Lösung der Gleichung (11) mit der Randbedingung (12) ist, falls man dort anstelle von φ die Funktion φ_n einsetzt, wobei $\varphi_n(x)$ für $n \to \infty$ gegen $g(x)$ konvergiert.

In der Tat folgt aus (13), daß für alle $\varphi \in K$ bei $t' > t$

$$M(\varphi(\xi(t'))/\mathfrak{F}_t) = \psi(\xi(t))$$

ist, wobei ψ eine gewisse Funktion ist (man muß die Umkehrformel für die LAPLACE-Transformation benutzen). Deshalb ist

$$M[\varphi(\xi(t'))/\mathfrak{F}_t] = M[\varphi(\xi(t'))/\xi(t)]\,,$$

d. h., der Prozeß ist ein MARKOWscher Prozeß. Die Homogenität folgt aus (13), da

$$u_\lambda(\xi(t)) = M\left(\int_0^\infty e^{-\lambda s}\,\varphi(\xi(t+s))\, ds/\mathfrak{F}_t\right) = \int_0^\infty e^{-\lambda s}\, M[\varphi(\xi(t+s))/\xi(t)]\, ds$$

und

$$u_\lambda(\xi(0)) = \int_0^\infty e^{-\lambda s}\, M[\varphi(\xi(s))/\xi(0)]\, ds$$

ist, so daß die Funktion $\Phi(t, t+s, x)$, für die

$$\Phi(t, t+s'\,\xi(t)) = M[\varphi(\xi(t+s))/\xi(t)$$

ist, unabhängig von t ist. Die Formel

$$\int_0^\infty e^{-\lambda t} \int \varphi(y)\, P(t, x, dy)\, dt = u_\lambda(x) \tag{16}$$

für $\varphi \in K$ folgt aus (13), und durch Grenzübergang erhält man (15) aus (16).

Wir betrachten nun Ergodensätze für einen Prozeß mit verzögerter Reflexion.

Lemma 3. *Wir setzen* $\Phi(x) = \exp\left\{\int_0^x \frac{2\,a(u)}{\sigma^2(u)}\, du\right\}$, *und es sei* $\int_0^\infty \frac{\Phi(z)}{\sigma^2(z)}\, dz < \infty$. *Dann ist für jede beschränkte stetige Funktion* $f(x)$, *für die die Funktion* $\frac{\sigma(x)}{\Phi(x)} \int_x^\infty f(z)\, \frac{\Phi(z)}{\sigma^2(z)}\, dz$ *beschränkt ist und das Integral* $\int_0^\infty \frac{\Phi(z) f(z)}{\sigma^2(z)} \int_0^z \frac{dx}{\Phi(x)}\, dz$ *konver-*

giert, die Beziehung

$$\lim_{T\to\infty} \frac{1}{T} \int_0^T \boldsymbol{M} f(\xi(t))\, dt = \frac{f(0) + 2\, a(0) \int\limits_0^\infty f(z) \frac{\Phi(z)}{\sigma^2(z)}\, dz}{1 + 2\, a(0) \int\limits_0^\infty \frac{\Phi(z)}{\sigma^2(z)}\, dz} \tag{17}$$

erfüllt.

Beweis. Es sei zunächst f so beschaffen, daß

$$f(0) + 2\, a(0) \int_0^\infty f(z) \frac{\Phi(z)}{\sigma^2(z)}\, dz = 0 \tag{18}$$

ist. Wir zeigen, daß dann

$$\lim_{T\to\infty} \frac{1}{T} \int_0^T \boldsymbol{M} f(\xi(t))\, dt = 0$$

gilt. Es sei $V(x)$ eine Lösung der Gleichung

$$a(x)\, V'(x) + \frac{1}{2} \sigma^2(x)\, V''(x) = f(x)$$

bei $x > 0$, die der Randbedingung $a(0)\, V'(0) = f(0)$ genügt. Dann ist

$$V'(x) = \left[\frac{f(0)}{a(0)} + \int_0^x f(z) \frac{2\, \Phi(z)}{\sigma^2(z)}\, dz\right] (\Phi(x))^{-1} = -\frac{2}{\Phi(x)} \int_x^\infty f(z) \frac{\Phi(z)}{\sigma^2(z)}\, dz\,.$$

Aus den Bedingungen des Lemmas folgt die Beschränktheit von $V(x)$ und $\sigma(x)\, V'(x)$. Indem wir auf die Funktion $V(\xi(t))$ die Itô-Formel anwenden, erhalten wir

$$V(\xi(T)) - V(\xi(0)) = \int_0^T f(\xi(t))\, dt + \int_0^T \sigma(\xi(t))\, V'(\xi(t))\, dw(t)\,,$$

deshalb konvergiert für $T \to \infty$

$$\frac{1}{T} \int_0^T \boldsymbol{M} f(\xi(t))\, dt = \frac{\boldsymbol{M}\, V(\xi(T)) - \boldsymbol{M}\, V(\xi(0))}{T} \to 0\,.$$

Es sei f eine beliebige Funktion, die den Bedingungen des Lemmas genügt. Wir setzen $\bar{f}(x) = f(x) - c$, wobei

$$c = \frac{f(0) + 2\, a(0) \int\limits_0^\infty f(z) \frac{\Phi(z)}{\sigma^2(z)}\, dz}{1 + 2\, a(0) \int\limits_0^\infty \frac{\Phi(z)}{\sigma^2(z)}\, dz}$$

ist. Wegen $\frac{1}{T}\int_0^T M f(\xi(t))\,dt = \frac{1}{T}\int_0^T M\bar{f}(\xi(t))\,dt + c$ und

$$\lim_{T\to\infty}\frac{1}{T}\int_0^T M\bar{f}(\xi(t))\,dt = 0$$

folgt hieraus der Beweis des Lemmas.

Folgerung 3. Es sei $F_t(y)$ die Verteilung der Größe $\xi(t)$. Dann ist

$$\lim_{T\to\infty}\frac{1}{T}\int_0^T F_t(y)\,dt = F(y)\,,$$

wobei

$$F(y) = \begin{cases} 0\,, & y \leqq 0\,,\\[1ex] \dfrac{1 + 2a(0)\displaystyle\int_0^y \frac{\Phi(z)}{\sigma^2(z)}\,dz}{1 + 2a(0)\displaystyle\int_0^\infty \frac{\Phi(z)}{\sigma^2(z)}\,dz}\,, & y > 0 \end{cases}$$

ist.

Bemerkung 2. Die Verteilungsfunktion $F(y)$ hat im Punkt Null einen Sprung, der gleich

$$\frac{1}{1 + 2a(0)\displaystyle\int_0^\infty \frac{\Phi(z)}{\sigma^2(z)}\,dz}$$

ist und dessen wahrscheinlichkeitstheoretischer Sinn $\lim_{T\to\infty}\frac{1}{T}\int_0^T P\{\xi(t)=0\}\,dt$ ist.

Lemma 4. *Der Prozeß $\xi(t)$ genüge der Gleichung* (1), *und es sei* $f(x) = \int_0^x \frac{dz}{\Phi(z)}$, *wobei $\Phi(z)$ die gleiche Funktion ist wie in Lemma* 3. *Dann genügt der Prozeß $\bar{\xi}(t) = f(\xi(t))$ der Gleichung*

$$d\bar{\xi}(t) = \chi_0(\bar{\xi}(t))\,a(0)\,dt + \bar{\sigma}(\bar{\xi}(t))\,dw(t)\,, \tag{19}$$

wobei $\chi_0(x) = 0$ bei $x > 0$, $\chi_0(x) = 1$ bei $x = 0$ und $\bar{\sigma}(x) = \frac{\sigma(\varphi(x))}{\Phi(\varphi(x))}$ ist. ($\varphi(x)$ *ist die zu $f(x)$ inverse Funktion*).

Der Beweis dieses Lemmas folgt aus der Itô-Formel.

Bemerkung 3. Wenn für jede stetige beschränkte Funktion $g(x)$ der Grenzwert $\lim_{T\to\infty}\frac{1}{T}\int_0^T g(\bar{\xi}(t))\,dt$ mit Wahrscheinlichkeit 1 existiert, dann existiert mit der gleichen Wahrscheinlichkeit auch der Grenzwert

$$\lim_{T\to\infty} \frac{1}{T} \int_0^T g(\xi(t))\, dt = \lim_{T\to\infty} \frac{1}{T} \int_0^T g(\varphi(\bar{\xi}(t)))\, dt\,.$$

Eine analoge Behauptung gilt auch für die Größen

$$\lim_{T\to\infty} \frac{1}{T} \int_0^T \boldsymbol{M}\, g(\xi(t))\, dt\,, \qquad \lim_{T\to\infty} \frac{1}{T} \int_0^T \boldsymbol{M}\, g(\bar{\xi}(t))\, dt\,;$$

deshalb werden wir im weiteren nur die Lösung der Gleichung (19) betrachten.

Folgerung 4. Ist $\bar{\xi}(t)$ eine Lösung der Gleichung (19) und ist $\int_0^\infty \frac{dz}{\bar{\sigma}^2(z)} < \infty$, dann gilt für jede beschränkte stetige Funktion $g(x)$, für die die Funktion $\bar{\sigma}(x) \int_x^\infty \frac{g(z)}{\bar{\sigma}^2(z)}\, dz$ beschränkt ist und das Integral $\int_0^\infty \frac{z\, g(z)}{\bar{\sigma}^2(z)}\, dz$ konvergiert, die Beziehung

$$\lim_{T\to\infty} \frac{1}{T} \int_0^T \boldsymbol{M}\, g(\bar{\xi}(t))\, dt = \frac{g(0) + 2\, a(0) \int_0^\infty \frac{g(z)}{\bar{\sigma}^2(z)}\, dz}{1 + 2\, a(0) \int_0^\infty \frac{dz}{\bar{\sigma}^2(z)}}\,.$$

Lemma 5. *Ist* $\int_0^\infty \frac{dz}{\sigma^2(z)} < \infty$, *dann existiert mit Wahrscheinlichkeit* 1 *der Grenzwert*

$$\lim_{T\to\infty} \frac{1}{T} \int_0^T [1 - \chi_+(\bar{\xi}(s))]\, ds\,. \tag{20}$$

Beweis. Wir führen die zufällige Zeitsubstitution $\bar{\xi}(\tau_t) = \bar{\xi}_1(t)$ durch, wobei

$$t = \int_0^{\tau_t} \chi_+(\bar{\xi}(s))\, ds$$

ist. Dann genügt $\bar{\xi}_1(t)$ der Gleichung

$$\bar{\xi}_1(t) = \bar{\xi}_1(0) + \int_0^t \bar{\sigma}(\bar{\xi}_1(u))\, dw_1(u) + \bar{\zeta}_1(t)\,,$$

wobei $w_1(t) = \int_0^{\tau_t} \chi_+(\bar{\xi}(s))\, dw(s)$ und $\bar{\zeta}_1(t) = a(0) \int_0^{\tau_t} [1 - \chi_+(\xi(s))]\, ds$ ist. Folglich braucht man für den Beweis der Existenz des Grenzwertes (20) nur zu zeigen, daß ein endlicher oder unendlicher Grenzwert $\lim\limits_{t\to\infty}\frac{\bar{\zeta}_1(t)}{t}$ existiert, denn es ist

$$\lim_{T\to\infty}\frac{1}{T}\int_0^T(1-\chi_+(\bar{\xi}(s)))\,ds=\lim_{T\to\infty}\frac{1}{\tau_T}\int_0^{\tau_T}(1-\chi_+(\bar{\xi}(s)))\,ds=\frac{1}{a(0)}\lim_{T\to\infty}\frac{\bar{\zeta}_1(T)}{\tau_T}$$

$$=\frac{1}{a(0)}\lim_{T\to\infty}\frac{\bar{\zeta}_1(T)}{T+\frac{1}{a(0)}\bar{\zeta}_1(T)}=\lim_{T\to\infty}\frac{\frac{\bar{\zeta}_1(T)}{T}}{a(0)+\frac{\bar{\zeta}_1(T)}{T}}.$$

Es sein $\nu_1, \nu_2, \ldots$ die aufeinanderfolgenden Zeitpunkte, zu denen nach erfolgtem Auftreffen auf den Rand ein gewisser Punkt $x > 0$ erreicht wird, d. h., es gilt $\bar{\xi}_1(\nu_k) = x$, $\min\limits_{\nu_k<t<\nu_{k+1}}\bar{\xi}_1(t) = 0$, und wenn $\nu_k < s' < \nu_{k+1}$ und $\bar{\xi}_1(s') = 0$ ist, gilt $\bar{\xi}_1(u) < x$ bei $u \in (s', \nu_{k+1})$. Die Momente ν_k sind Markowsche Momente, und die $\nu_2-\nu_1, \nu_3-\nu_2, \ldots$ sind genau so wie $\bar{\zeta}_1(\nu_2)-\bar{\zeta}_1(\nu_1), \bar{\zeta}_1(\nu_3)-\bar{\zeta}_1(\nu_2), \ldots$ unabhängige Größen mit gleicher Verteilung, wobei $\boldsymbol{M}(\nu_2-\nu_1) < \infty$ nach Lemma 1 aus § 18 ist. Deshalb existiert mit Wahrscheinlichkeit 1 der Grenzwert

$$\lim_{n\to\infty}\frac{\bar{\zeta}_1(\nu_n)}{\nu_n}=\lim_{n\to\infty}\frac{\bar{\zeta}_1(\nu_n)}{\nu_{n+1}}=\lim_{n\to\infty}\frac{\bar{\zeta}_1(\nu_{n+1})}{\nu_n}=\lim_{n\to\infty}\frac{\sum\limits_{k=1}^{n}(\bar{\zeta}_1(\nu_{k+1})-\bar{\zeta}_1(\nu_k))}{\sum\limits_{k=1}^{n}(\nu_{k+1}-\nu_k)},$$

und ist gleich $\frac{\boldsymbol{M}(\bar{\zeta}_1(\nu_2)-\bar{\zeta}_1(\nu_1))}{\boldsymbol{M}(\nu_2-\nu_1)}$ (dieser Ausdruck kann auch $+\infty$ sein). Für $\nu_n \leqq T \leqq \nu_{n+1}$ gilt die Ungleichung $\frac{\bar{\zeta}_1(\nu_n)}{\nu_{n+1}} \leqq \frac{\bar{\zeta}_1(T)}{T} \leqq \frac{\bar{\zeta}_1(\nu_{n+1})}{\nu_n}$, aus der der Beweis des Lemmas folgt.

Nun kann man auch einen Ergodensatz für die Zeitmittel formulieren.

Satz 2. *Sind die Voraussetzungen von Lemma 5 erfüllt, dann ist für jede meßbare Funktion $g(x)$, für die $\int_0^\infty |g(z)|\frac{dz}{\bar{\sigma}^2(z)} < \infty$ gilt, mit Wahrscheinlichkeit Eins*

$$\lim_{T\to\infty}\frac{1}{T}\int_0^T g(\bar{\xi}(t))\,dz=\frac{g(0)+2\,a(0)\int_0^\infty g(z)\frac{dz}{\bar{\sigma}^2(z)}}{1+2\,a(0)\int_0^\infty\frac{dz}{\bar{\sigma}^2(z)}}. \tag{21}$$

Beweis. Wir beweisen zunächst die Existenz des Grenzwertes auf der linken Seite von (21). Da

$$\frac{1}{T}\int_0^T g(\bar{\xi}(t))\,dt=g(0)\frac{1}{T}\int_0^T(1-\chi_+(\bar{\xi}(t)))\,dt+\frac{1}{T}\int_0^T g(\bar{\xi}(t))\,\chi_+(\bar{\xi}(t))\,dt$$

ist und die Existenz des Grenzwertes für das erste Integral aus dem Lemma 5 folgt, so braucht man nur die Existenz des Grenzwertes

$$\lim_{T\to\infty} \frac{1}{T} \int_0^T g(\bar{\xi}(t))\, \chi_+(\bar{\xi}(t))\, dt$$

zu beweisen. Indem wir die Bezeichnungen aus dem Lemma 5 benutzen, können wir

$$\frac{1}{\tau_T} \int_0^{\tau_T} g(\bar{\xi}(t))\, \chi_+(\bar{\xi}(t))\, dt = \frac{1}{\tau_T} \int_0^T g(\bar{\xi}(\tau_s))\, \chi_+(\bar{\xi}(\tau_s))\, d\tau_s$$

$$= \frac{1}{\tau_T} \int_0^T g(\bar{\xi}_1(s))\, ds = \frac{T}{\tau_T} \cdot \frac{1}{T} \int_0^T g(\bar{\xi}_1(s))\, ds$$

schreiben. Die Existenz des Grenzwertes

$$\lim_{T\to\infty} \frac{1}{T} \int_0^T g(\bar{\xi}_1(s))\, ds = \int_0^\infty g(z) \frac{dz}{\bar{\sigma}^2(z)} \left(\int_0^\infty \frac{dz}{\bar{\sigma}^2(z)} \right)^{-1}$$

folgt aus Satz 5 von § 23, und es ist

$$\frac{T}{\tau_T} = 1 - \frac{1}{\tau_T} \int_0^{\tau_T} (1 - \chi_+(\bar{\xi}(s)))\, ds\,.$$

Auf Grund von Lemma 5 existiert also $\lim_{T\to\infty} \frac{T}{\tau_T}$. Die Existenz des Grenzwertes $\lim_{T\to\infty} \frac{1}{T} \int_0^T g(\bar{\xi}(t))\, dt$ folgt nun daraus, daß $\tau_T \to \infty$ für $T \to \infty$ strebt. Für beschränkte Funktionen, die den Bedingungen der Folgerung 4 genügen, ist offenbar

$$\lim_{T\to\infty} \frac{1}{T} \int_0^T g(\bar{\xi}(s))\, ds = \lim_{T\to\infty} \frac{1}{T} \int_0^T \boldsymbol{M}\, g(\bar{\xi}(s))\, ds = \frac{g(0) + 2\,a(0) \int_0^\infty g(z) \frac{dz}{\bar{\sigma}^2(z)}}{1 + 2\,a(0) \int_0^\infty \frac{dz}{\bar{\sigma}^2(z)}}\,.$$

Da bewiesen ist, daß

$$\lim_{T\to\infty} \frac{1}{T} \int_0^T g(\bar{\xi}(t))\, dt = g(0) \lim_{T\to\infty} \frac{1}{T} \int_0^T (1 - \chi_+(\bar{\xi}(t)))\, dt + \frac{\int_0^\infty \frac{g(z)\, dz}{\bar{\sigma}^2(z)} \lim_{T\to\infty} \frac{\tau_T}{T}}{\int_0^\infty \frac{dz}{\bar{\sigma}^2(z)}} \tag{22}$$

ist, erhalten wir

$$\lim_{T\to\infty} \frac{1}{T} \int_0^T \left(1 - \chi_+(\bar{\xi}(t))\right) dt = \left(1 + 2\, a(0) \int_0^\infty \frac{dz}{\bar{\sigma}^2(z)}\right)^{-1}, \tag{23}$$

$$\lim_{T\to\infty} \frac{T}{\tau_T} = 2\, a(0) \int_0^\infty \frac{dz}{\bar{\sigma}^2(z)} \left(1 + 2\, a(0) \int_0^\infty \frac{dz}{\bar{\sigma}^2(z)}\right)^{-1}. \tag{24}$$

Aus den Gleichungen (24), (23) und (22) folgt der Beweis des Satzes.

§ 25. Prozesse mit sprungartiger Reflexion am Rand

Wir betrachten den Prozeß $\xi(t)$, der im Intervall $(0, \infty)$ der Gleichung

$$d\xi(t) = a(\xi(t))\, dt + \sigma(\xi(t))\, dw(t) \tag{1}$$

und folgender Bedingung genügt: Die Menge der t, für die $\xi(t) = 0$ ist, ist höchstens abzählbar. Sind dabei $t_1, t_2, \ldots$ alle Punkte, für die $\xi(t_k) = 0$ ist, dann sind $\xi\,(t_k + 0) = \eta_k$, $k = 1, 2, \ldots$, unabhängige Zufallsgrößen mit gleicher Verteilung, die vom Prozeß $w(t)$ unabhängig sind. Wenn $a(x)$ und $\sigma(x)$ für $x > 0$ einer Lipschitzbedingung genügen, dann kann man die beschriebene Lösung auf folgende Weise konstruieren: Es sei $\xi_{x,s}(t)$ eine Lösung der Gleichung

$$d\xi_{x,s}(t) = a(\xi_{x,s}(t))\, dt + \sigma(\xi_{x,s}(t))\, dw_s(t)$$

mit der Anfangsbedingung $\xi_{x,s}(0) = x$, wobei $w_s(t) = w\,(s + t) - w(s)$ ist und $\eta_1, \eta_2, \ldots$ unabhängige Zufallsgrößen mit gleicher Verteilung sind, die von $w(t)$ unabhängig sind. Wir bezeichnen mit $\tau_{x,s}$ den Zeitpunkt, zu dem der Prozeß $\xi_{x,s}(t)$ zum ersten Mal an den Rand des Intervalls $(0, \infty)$ gelangt. Wir setzen

$$\xi(t) = \xi_{\xi(0),\,0}(t) \qquad \text{für} \quad 0 \leqq t \leqq \tau_{\xi(0),\,0} = \tau_1\,,$$

$$\xi(t) = \xi_{\eta_k,\tau_k}(t - \tau_k) \qquad \text{für} \quad \tau_k < t \leqq \tau_{\eta_k,\tau_k} + \tau_k = \tau_{k+1}\,.$$

Da für die Eindeutigkeit der Lösung der Gleichung (1) hinreichend ist, daß sie bis zum Austritt aus dem Intervall $(0, \infty)$ eindeutig ist, ist die angegebene Lösung eindeutig. Man kann sich leicht davon überzeugen, daß diese Lösung ein homogener Markowscher Prozeß ist, wobei die Übergangswahrscheinlichkeit dieses Prozesses $P(t, x, A)$ mit der Wahrscheinlichkeit $\boldsymbol{P}\,\{\xi_x(t) \in A\}$ übereinstimmt und $\xi_x(t)$ die beschriebene Lösung von (1) mit der Anfangsbedingung $\xi(0) = x$ ist. Zur Bestimmung von $P(t, x, A)$ betrachten wir die Gleichung

$$u_\lambda(x) = \boldsymbol{M} \int_0^\infty f(\xi_x(t))\, e^{-\lambda t}\, dt = \int_0^\infty e^{-\lambda t} \int f(y)\, P(t, x, dy)\, dt\,.$$

Für die Prozesse der betrachteten Art benötigen wir folgende modifizierte Itô-Formel.

Lemma 1. *Ist $\xi(t)$ eine Lösung der Gleichung* (1) *mit sprungartiger Reflexion vom Rand und $f(t, x)$ eine stetige Funktion, für die die Ableitungen $f_t'(t, x)$, $f_x'(t, x)$, $f_{xx}''(t, x)$ stetig sind, dann ist*

$$f(T, \xi(T)) - f(0, \xi(0)) =$$

$$= \int_0^T \left[f_t'(t, \xi(t)) + a(\xi(t))\, f_x'(t, \xi(t)) + \frac{1}{2}\sigma^2(\xi(t))\, f_{xx}''(t, \xi(t))\right] dt$$

$$+ \int_0^T f_x'(t, \xi(t))\, \sigma(\xi(t))\, dw(t) + \sum_{\tau_k < T} [f(\tau_k, \eta_k) - f(\tau_k, 0)]\,. \tag{2}$$

Der Beweis des Lemmas folgt daraus, daß man in den Intervallen (τ_k, τ_{k+1}) die Itô-Formel anwenden kann, so daß für $\tau_k < T \leqq \tau_{k+1}$

$$f(T, \xi(T))$$

$$= f(\tau_k, \xi(\tau_k + 0)) + \int_{\tau_k}^T \left[f_t'(t, \xi(t)) + a(\xi(t))\, f_x'(t, \xi(t)) + \frac{1}{2}\sigma^2(\xi(t))\, f_{xx}''(t, \xi(t))\right] dt$$

$$+ \int_{\tau_k}^T f_x'(t, \xi(t))\, \sigma(\xi(t))\, dw(t)$$

und

$$f(\tau_k, \xi(\tau_k + 0)) - f(\tau_k, \xi(\tau_k)) = f(\tau_k, \eta_k) - f(\tau_k, 0)$$

gilt.

Lemma 2. *Es sei $f(x)$ eine beliebige beschränkte zweimal stetig differenzierbare Funktion, für die der Ausdruck*

$$g(x) = -\lambda f(x) + a(x)\, f'(x) + \frac{1}{2}\sigma^2(x)\, f''(x)$$

beschränkt ist. Dann ist

$$-f(x) = \sum_k \boldsymbol{M}\,[f(\eta_k) - f(0)]\, e^{-\lambda \tau_k} + \int_0^\infty e^{-\lambda t}\, \boldsymbol{M}\, g(\xi_x(t))\, dt\,. \tag{3}$$

Beweis. Indem wir die Formel (2) auf die Funktion $f(t, x) = e^{-\lambda t} f(x)$ anwenden, erhalten wir

$$f(\xi_x(T))\, e^{-\lambda T} - f(x) = \sum_{\tau_k < T} [f(\eta_k) - f(0)]\, e^{-\lambda \tau_k}$$

$$+ \int_0^T e^{-\lambda t}\left[-\lambda f(\xi_x(t)) + a(\xi_x(t))\, f'(\xi_x(t)) + \frac{1}{2}\sigma^2(\xi_x(t))\, f''(\xi_x(t))\right] dt$$

$$+ \int_0^T e^{-\lambda t} f'(\xi_x(t))\, \sigma(\xi_x(t))\, dw(t)\,.$$

Gehen wir für $T \to \infty$ zum Grenzwert über, so finden wir

$$-f(x) = \sum_{k=1}^{\infty} [f(\eta_k) - f(0)] e^{-\lambda \tau_k} + \int_0^{\infty} e^{-\lambda t} g(\xi_x(t))\, dt + \int_0^{\infty} e^{-\lambda t} f'(\xi_x(t))\, \sigma(\xi_x(t))\, dw(t). \tag{4}$$

Ferner haben wir

$$\left| \int_0^{\infty} e^{-\lambda t} g(\xi_x(t))\, dt \right| \leqq \frac{1}{\lambda} \|g\| \qquad (\|g\| = \sup_x |g(x)|),$$

$$\left| \sum_{k=1}^{\infty} (f(\eta_k) - f(0))\, e^{-\lambda \tau_k} \right| \leqq 2\, \|f\| \sum_{k=1}^{\infty} e^{-\lambda \tau_k},$$

$$\boldsymbol{M} \left(\sum_{k=1}^{\infty} e^{-\lambda \tau_k} \right)^2 \leqq 2 \sum_{k \leqq j} \boldsymbol{M}\, e^{-\lambda \tau_k} e^{-\lambda \tau_j} = 2 \sum_{k \leqq j} \boldsymbol{M}\, e^{-2\lambda \tau_k} e^{-\lambda(\tau_j - \tau_k)}$$

$$= 2 \sum_{k \leqq j} \boldsymbol{M}\, e^{-2\lambda \tau_k} \boldsymbol{M}\, e^{-\lambda(\tau_j - \tau_k)} = 2\, \boldsymbol{M}\, e^{-2\lambda \tau_1} \sum_{k \leqq j} \boldsymbol{M}\, e^{-2\lambda(\tau_k - \tau_1)} \boldsymbol{M}\, e^{-\lambda(\tau_j - \tau_k)}$$

$$= \boldsymbol{M}\, e^{-2\lambda \tau_1} \sum_{k=1}^{\infty} [\psi(2\lambda)]^{k-1} \sum_{j=k}^{\infty} [\psi(\lambda)]^{j-k} = \frac{\boldsymbol{M}\, e^{-2\lambda \tau_1}}{[1 - \psi(2\lambda)]\,(1 - \psi(\lambda))},$$

wobei $\psi(\lambda) = \boldsymbol{M}\, e^{-\lambda(\tau_2 - \tau_1)}$ ist, da die Größen $\tau_1, \tau_2 - \tau_1, \ldots, \tau_k - \tau_{k-1} \ldots$ unabhängig und $\tau_2 - \tau_1, \ldots, \tau_k - \tau_{k-1}, \ldots$ identisch verteilt sind. Somit ist

$$\boldsymbol{M} \left(\int_0^{\infty} e^{-\lambda t} f'(\xi_x(t))\, \sigma(\xi_x(t))\, dw(t) \right)^2 < \infty, \qquad \boldsymbol{M} \int_0^{\infty} e^{-\lambda t} f'(\xi_x(t))\, \sigma(\xi_x(t))\, dw(t) = 0.$$

Nehmen wir von beiden Seiten der Gleichung (4) den Erwartungswert, so gelangen wir zu (3).

Bemerkung 1. Unter Verwendung der Bezeichnungen aus dem Lemma können wir

$$\boldsymbol{M} \sum_k [f(\eta_k) - f(0)]\, e^{-\lambda \tau_k} = \boldsymbol{M}\, [f(\eta_1) - f(0)]\, \frac{\boldsymbol{M}\, e^{-\lambda \tau_{x,0}}}{1 - \psi(\lambda)} \tag{5}$$

schreiben.

Folgerung 1. Für $x > 0$ sei $u_\lambda(x)$ eine beschränkte Lösung der Gleichung

$$-\lambda\, u_\lambda(x) + a(x) \frac{d}{dx} u_\lambda(x) + \frac{1}{2} \sigma^2(x) \frac{d^2}{dx^2} u_\lambda(x) = g(x), \tag{6}$$

wobei $g(x)$ eine beschränkte stetige Funktion ist, die der zusätzlichen Bedingung

$$u_\lambda(0) = \int_0^{\infty} u_\lambda(y)\, dF(y) \tag{7}$$

mit $F(y) = \boldsymbol{P}\, \{\eta_k < y\}$ genügt. Dann ist

$$u_\lambda(x) = \boldsymbol{M} \int_0^{\infty} e^{-\lambda t} g(\xi_x(t))\, dt.$$

Mit Hilfe der Folgerung 1 kann man die Übergangswahrscheinlichkeiten für den Prozeß $\xi(t)$ finden.

Wir betrachten nun einen Ergodensatz für den Prozeß $\xi(t)$. Es sei $f(x)$ eine beschränkte zweimal stetig differenzierbare Funktion. Dann gilt

$$f(\xi(T)) - f(\xi(0)) = \sum_{\tau_k < T} [f(\eta_k) - f(0)]$$
$$+ \int_0^T \left[a(\xi(s))\, f'(\xi(s)) + \frac{1}{2}\sigma^2(\xi(s))\, f''(\xi(s))\right] ds + \int_0^T f'(\xi(s))\, \sigma(\xi(s))\, dw(s)\,.$$

Ist $a(x)\, f'(x) + \frac{1}{2}\sigma^2(x)\, f''(x) = g(x)$, wobei $g(x)$ eine beschränkte Funktion ist, dann hat wegen

$$\left|\sum_{\tau_k \leqq T} [f(\eta_k) - f(0)]\right| \leqq 2\, \|f\|\, e^{\lambda T} \sum_k e^{-\lambda \tau_k}\,,$$

wie in Lemma 2 gezeigt wurde, der Ausdruck auf der rechten Seite ein endliches zweites Moment

$$\boldsymbol{M}\left(\int_0^T f'(\xi(t))\, \sigma(\xi(t))\, dw(t)\right)^2 < \infty\,,$$

und es ist

$$\boldsymbol{M}\int_0^T f'(\xi(t))\, \sigma(\xi(t))\, dw(t) = 0\,.$$

Demzufolge haben wir

$$\frac{\boldsymbol{M}[f(\xi(T)) - f(\xi(0))]}{T} = \frac{1}{T}\boldsymbol{M}\sum_{\tau_k < T}[f(\eta_k) - f(0)] + \frac{1}{T}\int_0^T \boldsymbol{M}\, g(\xi(t))\, dt$$
$$= \frac{1}{T}\boldsymbol{M}\, \nu_T\, \boldsymbol{M}[f(\eta_k) - f(0)] + \frac{1}{T}\int_0^T \boldsymbol{M}\, g(\xi(t))\, dt\,, \tag{8}$$

wobei ν_T die Anzahl der Punkte τ_k ist, die der Bedingung $\tau_k < T$ genügen.

Lemma 3. *Es sei* $\sigma(x) > 0$. *Wir setzen*

$$\Phi(x) = \exp\left\{\int_0^x \frac{2\, a(u)}{\sigma^2(u)}\, du\right\}, \qquad B(x) = \frac{2\,\Phi(x)}{\sigma^2(x)}\int_0^x \frac{1 - F(y)}{\Phi(y)}\, dy\,,$$

wobei $F(y) = \boldsymbol{P}\{\eta_k < y\}$ *ist. Ist* $\int_0^\infty B(x)\, dx < \infty$, *dann ist für jede beschränkte Funktion* $g(x)$ *mit*

$$\int_0^\infty B(x)\, g(x)\, dx = 0 \tag{9}$$

die Beziehung

$$\lim_{T\to\infty} \frac{1}{T}\int_0^T \boldsymbol{M}\, g(\xi(t))\, dt = 0 \tag{10}$$

erfüllt.

Beweis. Es sei

$$u(x) = \int_0^x \frac{1}{\Phi(u)} \int_0^u \frac{2\,g(z)\,\Phi(z)}{\sigma^2(z)}\,dz + c_1 \int_0^x \frac{du}{\Phi(u)}\,.$$

Es läßt sich leicht nachprüfen, daß $a(x)\,u'(x) + \frac{1}{2}\sigma^2(x)\,u''(x) = g(x)$ ist. Wir wählen c_1 so, daß

$$\int_0^\infty u(x)\,dF(x) = \int_0^\infty \bigl(1 - F(x)\bigr)\,du(x) = 0$$

ist. Dazu genügt es, $c_1 = \int_0^\infty \frac{2\,g(z)\,\Phi(z)}{\sigma^2(z)}\,dz$ zu wählen, da dann wegen (9)

$$\int_0^\infty \bigl(1 - F(x)\bigr)\,du(x) = \int_0^\infty \frac{1 - F(x)}{\Phi(x)} \left[\int_0^x \frac{2\,g(z)\,\Phi(z)}{\sigma^2(z)}\,dz - \int_0^\infty \frac{2\,g(z)\,\Phi(z)}{\sigma^2(z)}\,dz\right] dx$$

$$= -\int_0^\infty \frac{1 - F(x)}{\Phi(x)} \int_x^\infty \frac{2\,g(z)\,\Phi(z)}{\sigma^2(z)}\,dz\,dx = -\int_0^\infty \frac{2\,g(z)\,\Phi(z)}{\sigma^2(z)} \int_0^z \frac{1 - F(x)}{\Phi(x)}\,dx\,dz$$

$$= -\int_0^\infty g(z)\,B(z)\,dz = 0$$

ist. Somit ist

$$\boldsymbol{M}\,[u(\eta_k) - u(0)] = \int_0^\infty u(y)\,dF(y) = 0$$

und auf Grund der Formel (8) konvergiert dann für $T \to \infty$

$$\frac{1}{T}\int_0^T \boldsymbol{M}\,g\bigl(\xi(t)\bigr)\,dt = \frac{\boldsymbol{M}\,u(\xi(T)) - \boldsymbol{M}\,u(\xi(0))}{T} \to 0\,,$$

da $u(x)$ eine beschränkte Funktion ist. Das Lemma ist bewiesen.

Folgerung 2. Unter den Bedingungen des Lemmas 3 ist für jede beschränkte stetige Funktion $g(x)$

$$\lim_{T\to\infty} \frac{1}{T}\int_0^T \boldsymbol{M}\,g\bigl(\xi(t)\bigr)\,dt = \int_0^\infty B(x)\,g(x)\,dx \left(\int_0^\infty B(x)\,dx\right)^{-1}.$$

Damit wir uns davon überzeugen können, braucht man das Lemma 3 nur auf die Funktion

$$\bar{g}(x) = g(x) - \int_0^\infty B(x)\,g(x)\,dx \left(\int_0^\infty B(x)\,dx\right)^{-1}$$

anzuwenden, für die $\int_0^\infty \bar{g}(x)\,B(x)\,dx = 0$ ist.

Wir werden nur den Fall $a(x) = 0$ behandeln (zu diesem Fall kann man immer übergehen, indem man eine Substitution der räumlichen Variablen vornimmt). Offensichtlich stimmt die Zeit τ_x, zu der der Prozeß $\xi_x(t)$ erstmalig den Punkt Null erreicht, mit der Zeit überein, zu der der Prozeß $\tilde{\xi}_x(t)$ diesen Punkt erreicht. Hierbei ist $\tilde{\xi}_x(t)$ eine Lösung der Gleichung $d\tilde{\xi}_x(t) = \tilde{a}(\tilde{\xi}_x(t))\,dt + \tilde{\sigma}(\tilde{\xi}_x(t))\,dw(t)$ mit der Anfangsbedingung $\tilde{\xi}_x(0) = x$, wobei $\tilde{a}(x)$ und $\tilde{\sigma}(x)$ für $x \in (-\infty, \infty)$ definiert sind, für $x > 0$ mit $a(x)$ und $\sigma(x)$ übereinstimmen und den Bedingungen des Existenz- und Eindeutigkeitssatzes genügen. Ist $\int_0^\infty \frac{dz}{\sigma^2(z)} < \infty$, dann ist wegen Lemma 1 aus § 18

$$\boldsymbol{M}\tau_x = 2x\int_x^\infty \frac{dz}{\sigma^2(z)} + \int_0^x \frac{2z\,dz}{\sigma^2(z)},$$

und deshalb haben wir

$$\boldsymbol{M}(\tau_{k+1} - \tau_k) = \int_0^\infty \left[2x\int_x^\infty \frac{dz}{\sigma^2(z)} + \int_0^x \frac{2z\,dz}{\sigma^2(z)}\right] dF(x) = 2\int_0^\infty (1 - F(x)) \int_x^\infty \frac{dz}{\sigma^2(z)}$$

$$= 2\int_0^\infty \frac{dz}{\sigma^2(z)} \int_0^z (1 - F(x))\,dx < \infty,$$

sofern $\boldsymbol{M}\eta_k = \int_0^\infty (1 - F(x))\,dx < \infty$ ist. Wenden wir also die schon mehrmals benutzte Methodik für die Beweisführung eines Ergodensatzes an, d. h., betrachten wir die identisch verteilten Größen $\int_{\tau_k}^{\tau_{k+1}} f(\xi(s))\,ds$, so können wir zeigen, daß folgender Satz gilt.

Satz 1. *Ist $\xi(t)$ eine Lösung der Gleichung $d\xi(t) = \sigma(\xi(t))\,dw(t)$ im Gebiet $(0, \infty)$, sind $\eta_1, \eta_2, \ldots$ die Größen des Sprungs des Prozesses $\xi(t)$ vom Rand, wobei $\boldsymbol{P}\{\eta_k < x\} = F(x)$ und $\boldsymbol{M}\eta_k < \infty$ ist, genügt $\sigma(x)$ für $x > 0$ einer* LIPSCHITZ*bedingung und ist $\int_0^\infty \frac{dz}{\sigma^2(z)} < \infty$, dann existiert für jede meßbare Funktion $f(x)$, für die $\int_0^\infty |f(x)| \frac{dx}{\sigma^2(x)} < \infty$ ist, mit Wahrscheinlichkeit Eins der Grenzwert*

$$\lim_{T\to\infty} \frac{1}{T}\int_0^T f(\xi(t))\,dt = \frac{\int_0^\infty f(x)\frac{1}{\sigma^2(x)}\int_0^x (1 - F(y))\,dy\,dx}{\int_0^\infty \frac{1}{\sigma^2(x)}\int_0^x (1 - F(y))\,dy\,dx}.$$

TEIL II

SYSTEME VON STOCHASTISCHEN DIFFERENTIALGLEICHUNGEN

KAPITEL 1

STOCHASTISCHE VEKTORDIFFERENTIALGLEICHUNGEN

Im vorliegenden Kapitel werden die im Teil I eingeführten Begriffe des stochastischen Integrals und der stochastischen Differentialgleichung in bestimmten Richtungen verallgemeinert: Die Lösungen stochastischer Differentialgleichungen werden zufällige Vektorfunktionen sein, und uns werden Gleichungen interessieren, deren Lösungen unstetig sein können und nicht unbedingt MARKOWsche Prozesse sind. Im Zusammenhang damit geben wir der Definition der stochastischen Differentialgleichung einen etwas anderen Sinn.

Wir betrachten eine Differentialgleichung

$$\frac{dx}{dt} = A(t, x)\,, \qquad x = x(t)\,, \qquad t \geqq 0\,, \qquad x(0) = x_0\,, \tag{0.1}$$

im m-dimensionalen Vektorraum X als eine Gleichung, die die Bewegung eines Systems Σ im Phasenraum X beschreibt. Die Funktion $A(t, x)$, $t \geqq 0$, $x \in X$, ist eine lokale Charakteristik der Bewegung, die bei Erfüllung bestimmter Bedingungen die Trajektorien des System Σ im Raum X eindeutig bestimmt. Diese Bewegung ist differenzierbar (hat eine Geschwindigkeit). Wenn wir eine Bewegung $x = x(t) = x(t, x_0)$, $x(0) = x_0$, $t \geqq 0$, mit Hilfe einer entsprechenden lokalen Charakteristik vorgeben, die aber nicht unbedingt eine Geschwindigkeit hat und möglicherweise sogar unstetig ist, so kann man versuchen, die Bewegung mit Hilfe einer Funktion $A(t, x, h)$, $t, h \geqq 0$, $x \in X$ und der Forderung, daß die Differenz $x(t + \Delta t) - x(t) - A(t, x(t), \Delta t)$ in einem gewissen Sinne unendlich klein gegenüber Δt ist, zu bestimmen. Die Funktion $A(t, x, h)$ spielt nun die Rolle der lokalen Bewegungscharakteristik, und die vorige Forderung ist natürlich durch ihre „integrierte" Form

$$x(t) - x(0) = \int_0^t A(\tau, x(\tau), d\tau) \tag{0.2}$$

zu ersetzen, wobei wir das Integral auf der rechten Seite von (0.2) als Grenzwert (in einem bestimmten Sinne) der Integralsummen der Form

$$\sum_{k=0}^{n-1} A(t_k, x(t_k), \Delta t_k)\,, \qquad 0 = t_0 < t_1 < \cdots < t_n = t\,, \qquad \Delta t_k = t_{k+1} - t_k \tag{0.3}$$

für $\max_k \Delta t_k \to 0$ verstehen. Den Grenzwert (0.3) kann man als eine Variante für die Definition eines Kurvenintegrals im Vektorfeld $\{A(t, x, h),\ t \geqq 0,\ h \geqq 0,\ x \in X\}$ längs der Kurve $x = x(\tau)$, $0 \leqq \tau \leqq t$, auffassen. Das Vorhandensein von Sprüngen bei der Funktion $x(t)$ kann dann durch die Sprünge der Funktion $A(\cdot, \cdot, h)$ im Punkt $h = 0$ bedingt sein, und die Nichtdifferenzierbarkeit oder Unbeschränktheit der Variation der Funktion $x(t)$ kann durch die „schlechte" analytische Natur von $A(\cdot, \cdot, h)$ hervorgerufen werden.

Die entsprechende Theorie der Gleichung (0.2) für hinreichend allgemeine Funktionen $A(t, x, h)$ ist nicht entwickelt worden, man kann sie aber mit Hilfe eines statistischen Ansatzes aufbauen, indem man den Funktionalraum „der zulässigen Funktionen $A(t, x, h)$" betrachtet, in dem ein gewisses Maß (eine Wahrscheinlichkeit) gegeben ist, und indem man die erforderlichen Operationen im statistischen Sinne vornimmt. Im vorliegenden Kapitel werden derartige Konstruktionen für eine ziemlich allgemeine Situation angegeben. Insbesondere ist für die erhaltenen Bewegungen die Nachwirkung nicht ausgeschlossen. In den folgenden Kapiteln kehren wir zu den Bewegungen ohne Nachwirkung zurück, die unstetige Trajektorien zulassen.

§ 1. Das stochastische Kurvenintegral

Wir geben die Definition für das stochastische Kurvenintegral längs einer zufälligen Kurve und betrachten einige seiner Eigenschaften.

Es sei X ein reeller m-dimensionaler Vektorraum; x, y, z die Elemente von X; $(x \mid y)$ das Skalarprodukt im Raum X; $|x|$ die Norm von $x \in X$; $(\Omega, \mathfrak{S}, \boldsymbol{P})$ ein gewisser fester Wahrscheinlichkeitsraum; Ω der Raum der Elementarereignisse; $\mathfrak{S}$ eine σ-Algebra von Teilmengen von Ω; $\boldsymbol{P}$ eine auf $\mathfrak{S}$ definierte Wahrscheinlichkeit.

Die Familie der zufälligen Vektoren in X

$$\{\alpha(t, x, h) = \alpha(t, x, h, \omega); \quad t \in [0, T], \quad h \in [0, h_0], \quad x \in X, \quad \omega \in \Omega\}$$

nennen wir *zufälliges Vektorfeld* im Raum X.

Das stochastische Kurvenintegral wird für zufällige Felder und zufällige Kurven (Integrationswege) definiert, die gewissen spezifischen wahrscheinlichkeitstheoretischen Bedingungen genügen. Diese Bedingungen bestehen darin, daß der Änderungsprozeß des Feldes $\alpha(t, x, h)$ nach dem Zeitpunkt t_0 $(t > t_0)$ nur in einem sehr beschränkten Maß von der Information über den Zustand des Feldes vor dem Zeitpunkt t_0 $(t + h \leqq t_0)$ abhängt. Wir nennen derartige Felder *Felder mit beschränkter Nachwirkung*. Felder der Form $\alpha(t, x, h) = \alpha(t + h, x) - \alpha(t, x)$ genügen diesen Bedingungen. Hierbei ist $\alpha(t, x)$ bei konstantem x ein Prozeß mit zeitunabhängigen Zuwächsen.

Wir betrachten die Gesamtheit aller zufälligen Vektoren in X, für die

$$\boldsymbol{M}\,|\alpha|^2 < \infty$$

ist und die in einen Hilbertraum übergeht, wenn man unter dem Skalarprodukt der Elemente α und β $\boldsymbol{M}(\alpha \mid \beta)$ versteht. Wir bezeichnen diesen Raum mit $L_2(X)$. Die Konvergenz im $L_2(X)$ ist die Konvergenz im quadratischen

Mittel, und wenn die Folge $\alpha_n \in L_2(X)$ $(n = 1, 2, \ldots)$ im quadratischen Mittel gegen α_0 konvergiert, d. h., wenn

$$\boldsymbol{M}\,|\alpha_n - \alpha_0|^2 \to 0 \qquad \text{für} \quad n \to \infty$$

ist, dann schreiben wir

$$\alpha_0 = \text{l. i. m.}\, \alpha_n\,.$$

Eine analoge Bezeichnung wird auch für die Konvergenz im $L_2(X)$ einer beliebigen halbgeordneten Menge von zufälligen Elementen benutzt.

Im vorliegenden Kapitel wird ständig vorausgesetzt, daß das zufällige Feld $\alpha(t, x, h)$ folgender Bedingung genügt: Für beliebige $t \in [0, T]$, $h \in [0, h_0]$ ist der zufällige Vektor $\alpha(t, x, h)$ eine Borelfunktion von x, und für feste t, x, h ist

$$\boldsymbol{M}\,|\alpha(t, x, h)|^2 < \infty\,.$$

Aus dieser Bedingung folgt insbesondere die Aussage: Wenn ξ ein $\mathfrak{S}$-meßbarer zufälliger Vektor ist, dann ist $\alpha(t, \xi, h)$ ebenfalls ein $\mathfrak{S}$-meßbarer zufälliger Vektor.

Definition 1. Das zufällige Feld $\alpha(t, x, h)$ heißt *Feld mit beschränkter Nachwirkung*, wenn eine derartige monoton nichtfallende Schar von σ-Algebren $\{\mathfrak{F}_t, 0 \leqq t < T + h_0\}$, $\mathfrak{F}_t \subset \mathfrak{S}$ existiert, daß 1. der zufällige Vektor $\alpha(t, x, h)$ $\mathfrak{F}_{t+h}$-meßbar ist; 2. eine derartige monoton nichtfallende, von links stetige, beschränkte nichtzufällige Funktion $F(t)$ $\big(0 \leqq t \leqq T + h_0,\ F(0) = 0\big)$ existiert, daß

$$|\boldsymbol{M}\,\{\alpha(t, x, h)/\mathfrak{F}_t\}| \leqq (1 + |x|)\, F(t, t + h)\,, \tag{1}$$

$$\boldsymbol{M}\,\{|\alpha(t, x, h)|^2/\mathfrak{F}_t\} \leqq (1 + |x|^2)\, F(t, t + h) \tag{2}$$

ist, wobei $F(t, t + h) = F(t + h) - F(t)$ ist.

Definition 2. Wenn sich für jedes $R > 0$ eine Konstante C_R (die unabhängig von t, x, h und nichtzufällig ist) finden läßt und für alle x, y, $|x| \leqq R$, $|y| \leqq R$, die Ungleichungen

$$|\boldsymbol{M}\,\{\alpha(t, x, h) - \alpha(t, y, h)/\mathfrak{F}_t\} \leqq C_R\, |x - y|\, F(t, t + h)\,, \tag{3}$$

$$\boldsymbol{M}\,\{|\alpha(t, x, h) - \alpha(t, y, h)|^2/\mathfrak{F}_t\} \leqq C_R\, |x - y|\, F(t, t + h) \tag{4}$$

erfüllt sind, dann sagen wir, daß das Feld $\alpha(t, x, h)$ *einer lokalen* Lipschitz*bedingung genügt*. Wenn wir $C_R = C$ setzen können und C unabhängig von R ist, dann sagen wir, daß $\alpha(t, x, h)$ *einer gleichmäßigen* Lipschitz*bedingung genügt*.

Es sei bemerkt, daß die zweiten Ungleichungen in den Definitionen 1 und 2 bedeuten, daß der Erwartungswert vom Quadrat der Norm für die Größen $\alpha(t, x, h)$ und $\alpha(t, x, h) - \alpha(t, y, h)$ die Größenordnung $\Delta F = F(t, t + h)$ besitzt. Hieraus folgt, daß der Erwartungswert für die Norm dieser Größen die Ordnung $\sqrt{\Delta F}$ hat. Diese Forderungen sind nicht ausreichend, und der Sinn der ersten Ungleichungen in diesen Definitionen besteht darin, daß der Erwartungswert von den Größen $\alpha(t, x, h)$ und $\alpha(t, x, h) - \alpha(t, y, h)$ selbst (nicht von ihren Normen!) die Größenordnung ΔF besitzt. Außerdem ist in den Definitionen 1 und 2 die Forderung enthalten, daß alle aufgezählten Abschätzungen im bekannten Sinne gleichmäßig bezüglich den σ-Algebren $\mathfrak{F}_t$ erfüllt sind, d. h. gleichmäßig bezüglich allen möglichen Informationen über das Feld $\alpha(\tau, z, h)$ für $\tau \geqq 0$, $h > 0$, $\tau + h < t$ und beliebige $z \in X$.

Es ist klar, daß die vorigen Bedingungen für den Aufbau einer Integrationstheorie nicht ausreichen. Für kleine h darf sich die Größe $\alpha(t, x, h)$ wenigstens im verallgemeinerten Sinne nicht viel von einem Differential einer Funktion unterscheiden, d. h., sie darf sich nicht viel von einer additiven Funktion des Intervalls $(t, t + h)$ unterscheiden. Diese wesentliche Forderung formulieren wir nun mit Hilfe der folgenden Definition.

Definition 3. Das zufällige Feld $\alpha(t, x, h)$ nennen wir *Quasidifferentialfeld*, wenn sich eine nichtzufällige stetige, monoton nichtfallende Funktion $g(t)$ $(0 \leqq t \leqq T + h_0)$ finden läßt, so daß $g(0) = 0$ und

$$|M\{\alpha(t, x, h_1 + h_2) - [\alpha(t, x, h_1) - \alpha(t + h_1, x, h_2)]/\mathfrak{F}_{t+h_1}\}| \leqq g(h_1)(1 + |x|) F(t + h_1, t + h_1 + h_2), \tag{5}$$

$$M\{|\alpha(t, x, h_1 + h_2) - [\alpha(t, x, h_1) + \alpha(t + h_1, x, h_2)]|^2/\mathfrak{F}_{t+h_1}\} \leqq g(h_1)(1 + |x|^2) F(t + h_1, t + h_1 + h_2) \tag{6}$$

ist.

Wir bezeichnen mit $\Pi_0 = \Pi_0(F, g, C)$ die Klasse der zufälligen Quasidifferentialfelder mit beschränkter Nachwirkung, die einer gleichmäßigen LIPSCHITZbedingung mit vorgegebenen Funktionen $F(t)$, $g(h)$ und Konstanten C genügen, und mit $\Pi_1 = \Pi_1(F, g)$ die Klasse der zufälligen Quasidifferentialfelder mit beschränkter Nachwirkung und festen Funktionen $F(t)$, $g(h)$, die einer lokalen LIPSCHITZbedingung genügen.

Damit wir uns klarer vorstellen können, was die Definitionen 1 bis 3 für konkrete Fälle bedeuten, betrachten wir einfachste Beispiele von zufälligen Feldern.

Beispiel 1. Es sei

$$\alpha(t, x, h) = A(t, x)\, h + B(t, x)\,[\alpha(t + h) - \alpha(t)], \tag{7}$$

wobei $A(t, x)$ $\mathfrak{F}_t$-meßbare zufällige Funktionen mit Werten in X sind; $B(t, x)$ bei festen t und x $(t \geqq 0, x \in X)$ ein $\mathfrak{F}_t$-meßbarer zufälliger beschränkter linearer Operator ist, der den endlichdimensionalen Vektorraum X_1 in X abbildet; $A(t, x)$ und $B(t, x)$ bei festem t mit Wahrscheinlichkeit Eins BORELfunktionen von x sind und $\alpha(t)$ $(t \geqq 0)$ für jedes t ein zufälliger $\mathfrak{F}_t$-meßbarer Prozeß mit Werten in X_1 ist. Dabei sind

$$M\{\alpha(t + h) - \alpha(t)/\mathfrak{F}_t\} = 0,$$

$$M\{|\alpha(t + h) - \alpha(t)|^2/\mathfrak{F}_t\} \leqq F(t + h) - F(t),\ h > 0,$$

wobei $F(t)$ eine monoton nichtfallende, nichtzufällige, auf $[0, T]$ beschränkte Funktion ist. Ohne Einschränkung der Allgemeinheit kann man $F(t, t + h) \geqq h$

annehmen. Dann ist $\alpha(t, x, h)$ ein Feld mit beschränkter Nachwirkung, wenn für eine gewisse Konstante C mit Wahrscheinlichkeit 1

$$|A(t, x)| + |B(t, x)| \leqq C(1 + |x|) \qquad (0 \leqq t \leqq T)$$

ist, wobei $|B(t, x)|$ die Operatornorm des Operators $B(t, x)$ ist. Läßt sich für ein beliebiges $R > 0$ eine derartige Konstante $C_R > 0$ finden, daß für alle x, y, $|x| \leqq R$, $|y| \leqq R$ mit Wahrscheinlichkeit Eins

$$|A(t, x) - A(t, y)| + |B(t, x) - B(t, y)| \leqq C_R |x - y|$$

ist, dann genügt das Feld $\alpha(t, x, h)$ einer lokalen LIPSCHITZbedingung. Genau so lassen sich die Quasidifferentialbedingungen nachprüfen. Wegen

$$\alpha(t, x, h_1 + h_2) - [\alpha(t, x, h_1) + \alpha(t + h_1, x, h_2)] =$$
$$= [A(t, x) - A(t + h_1, x)]\, h_2 + [B(t, x) - B(t + h_1, x)]\, [\alpha(t + h_1 + h_2) - \alpha(t + h_1)]$$

ist das Feld ein Quasidifferentialfeld, wenn eine derartige nichtnegative nichtzufällige Funktion $g(h)$, $h > 0$, existiert, daß $\lim\limits_{h \to 0} g(h) = 0$ und für alle t und $t + h$ aus $[0, T]$

$$\frac{|A(t, x) - A(t + h, x)| + |B(t, x) - B(t + h, x)|}{1 + |x|} \leqq g(h) \tag{8}$$

ist.

Beispiel 2. Eine weitere Spezialisierung des Feldes (7) erhalten wir, indem wir voraussetzen, daß $A(t, x)$, $B(t, x)$ nichtzufällige Funktionen sind und $\alpha(t)$ ein homogener Prozeß mit unabhängigen Zuwächsen und einem endlichen Moment zweiter Ordnung ist, für den

$$\boldsymbol{M}\, [\alpha(t + h) - \alpha(t)] = 0$$

ist. Dann ist automatisch

$$\boldsymbol{M}\, |\alpha(t + h) - \alpha(t)|^2 = L\, h\,.$$

Die Bedingungen (1) bis (6) sind mit der Funktion $F(t) = L\, t$ erfüllt, wenn a) die Funktion

$$\frac{|A(t + h, x) - A(t, x)| + |B(t + h, x) - B(t, x)|}{1 + |x|}$$

für $h \to 0$ gleichmäßig bezüglich x, t ($x \in X$, $t \in [0, T]$) gegen Null konvergiert; b) die Funktionen $A(t, x)$ und $B(t, x)$ für beliebige R, x, y ($|x| \leqq R$, $|y| \leqq R$) einer LIPSCHITZbedingung

$$|A(t, x) - A(t, y)| + |B(t, x) - B(t, y)| \leqq C_R |x - y|$$

genügen, wobei C_R unabhängig von t ist.

Beispiel 3. Es sei

$$\alpha(t, x, h) = \int_t^{t+h} a(\tau, x)\, dG(\tau)\,.$$

wobei $G(t)$ eine monoton nichtfallende Funktion ist und $a(t, x)$ ein zufälliges Feld ist, dessen Realisierungen mit Wahrscheinlichkeit Eins beschränkte

BORELfunktionen von t sind, die für jedes t ($t \in [0, T + h]$) $\mathfrak{F}_t$-meßbar sind. Ein solches Feld ist immer ein Quasidifferentialfeld (mit $g(t) \equiv 0$), und es ist ein Feld mit beschränkter Nachwirkung, wenn sich eine nichtzufällige Konstante L finden läßt, für die mit Wahrscheinlichkeit Eins

$$|\alpha(t, x)| \leqq L\,(1 + |x|)$$

gilt. Dieses Feld genügt einer LIPSCHITZbedingung, wenn mit der gleichen Wahrscheinlichkeit

$$|\alpha(t, x) - \alpha(t, y)| \leqq C_R\,|x - y| \qquad \text{für} \quad |x| \leqq R\,, \quad |y| \leqq R\,,$$

ist, wobei R beliebig und C_R unabhängig von t und nichzufällig ist. Dabei kann man als Funktion $F(t)$ die Funktion $L\,G(t)$ nehmen, falls $L \geqq 1$ ist.

Allgemeinere und kompliziertere Beispiele von Feldern mit beschränkter Nachwirkung werden später behandelt.

Wir gehen nun zur Definition des stochastischen Kurvenintegrals im Feld $\alpha(t, x, h)$ längs einer gewissen zufälligen Kurve $\xi(t)$ ($0 \leqq t \leqq T$) über. Wir geben zunächst die einfachste Definition.

Wir betrachten eine beliebige Aufteilung des Intervalls $[0, T]$ durch Punkte $t_0, t_1, \ldots, t_n$, $0 = t_0 < t_1 < \cdots < t_n = T$, und es sei δ das Symbol dieser Aufteilung, $|\delta| = \max\limits_{0 \leqq k \leqq n-1} \Delta t_k$, $\Delta t_k = t_{k+1} - t_k$.

Die Summen

$$\sigma = \sum_{k=0}^{n-1} \alpha\big(t_k, \xi(t_k), \Delta t_k\big)$$

werden wir *Integralsummen* nennen.

Wir nehmen an, daß für ein beliebiges δ die Integralsummen σ der gegebenen $\alpha(t, x, h)$ und $\xi(t)$ zum $L_2(X)$ gehören.

Definition 4. Den quadratisch gemittelten Grenzwert der Integralsummen für $|\delta| \to 0$ nennen wir, wenn er existiert, das stochastische Kurvenintegral im Feld $\alpha(t, x, h)$ längs der Kurve $\xi(t)$, $t \in [0, T]$:

$$\int_0^T \alpha\big(t, \xi(t), \mathrm{d}t\big) = \underset{|\delta| \to 0}{\mathrm{l.i.m.}} \sum_{k=0}^{n-1} \alpha\big(t_k, \xi(t_k), \Delta t_k\big)\,.$$

Es sei bemerkt, daß die Wahl des Punktes $\xi(t_k)$ im Summanden $\alpha\big(t_k, \xi(t_k), \Delta t_k\big)$ der Integralsumme wesentlich ist, d. h., die Existenz des Grenzwertes der Summen

$$\sum_{k=0}^{n-1} \alpha\big(t_k, \xi(t_k'), \Delta t_k\big)\,, \qquad t_k \leqq t_k' < t_{k+1}$$

und der Wert dieses Grenzwertes hängen im allgemeinen von der Auswahl der Punkte t_k' ab.

Damit wir die Existenz des stochastischen Kurvenintegrals beweisen und einige seiner Eigenschaften zeigen können, benötigen wir Abschätzungen für die Integralsummen, die wir durch folgende Lemmata erhalten.

Lemma 1. *Sind g_n, h_n, Δ_n $(n = 0, 1, 2, \ldots)$ Folgen von nichtnegativen Zahlen und ist*

$$g_{n+1} \leqq (1 + h_n)\, g_n + \Delta_n$$

oder

$$g_{n+1} \leqq e^{h_n} (g_n + \Delta_n)\,, \qquad n = 1, 2, \ldots,$$

dann ist

$$g_n \leqq e^{\sum_{k=0}^{n-1} h_k} \left[g_0 + \sum_{k=0}^{n-1} \Delta_k \right].$$

Den Beweis erhalten wir sofort durch Induktion, wenn wir die Ungleichung $1 + h_n \leqq e^{h_n}$ verwenden.

Lemma 2. *Es sei $\mathfrak{B}$ die σ-Algebra der* Borel*megen von X, $\mathfrak{S}$ eine σ-Algebra von Mengen aus Ω, $\xi = \xi(\omega)$ ein $\mathfrak{F}$-meßbarer zufälliger Vektor in X, $\mathfrak{F} \subset \mathfrak{S}$. Ist dann $f(x, \omega)$ eine nichtnegative $\mathfrak{B} \times \mathfrak{S}$-meßbare Funktion, so gilt*

$$\boldsymbol{M}\,\{f(\xi(\omega), \omega)/\mathfrak{F}\} = \boldsymbol{M}\,\{f(x, \omega)/\mathfrak{F}\}|_{x=\xi(\omega)}\,.$$

Den Beweis erhalten wir, wenn wir die Funktion $f(x, \omega)$ durch Funktionen der Gestalt $\sum_{k=1}^{n} g_k(x)\, v_k(\omega)$ approximieren.

Im weiteren werden wir das stochastische Kurvenintegral als Funktion der oberen Integrationsgrenze betrachten. Im Zusammenhang damit führen wir Integralsummen mit veränderlicher Summationsgrenze ein.

Wir setzen

$$\sigma(t) = \sigma^{(\delta)}(t) = \sum_{k=0}^{j(t)-1} \alpha\big(t_k, \xi(t_k), \Delta t_k\big) + \alpha\big(t_{j(t)}, \xi(t_{j(t)}), t - t_{j(t)}\big)\,, \tag{9}$$

wobei $j(t)$ der größte Index k ist, für den $t_k < t$ ist.

Für die Werte der Integralsummen $\sigma(t)$ bei $t = t_r$ führen wir die einfachere Bezeichnung

$$\sigma_r = \sigma^{(\delta)}(t_r) = \sum_{k=0}^{r-1} \alpha\big(t_k, \xi(t_k), \Delta t_k\big)$$

ein.

Was die Kurven $\xi(t)$ betrifft, längs denen das Kurvenintegral betrachtet wird, so setzen wir zunächst voraus, daß sie in der Norm von $L_2(X)$ beschränkt sind. Im weiteren wird diese Voraussetzung durch eine allgemeinere ersetzt.

Wir bezeichnen mit H_1 den Raum der im $L_2(X)$ beschränkten zufälligen Vektorfunktionen $\beta(t)$, $0 \leqq t \leqq T$, mit Werten in X und der Form

$$||\beta(\cdot)||_1 = \sup_{0 \leqq t \leqq T} \{\boldsymbol{M}\, |\beta(t)|^2\}^{1/2}\,,$$

die so beschaffen sind, daß für jedes t die Funktion $\beta(t) = \beta(t, \omega)$ $\mathfrak{F}_t$-meßbar ist. Wir bezeichnen mit H_0 einen Teilraum von H_1, der aus den zufälligen Kurven $\beta(t)$ gebildet wird, die im $L_2(X)$ auf $[0, T]$ stetig sind mit Ausnahme einer endlichen Anzahl von Punkten aus $[0, T]$, in denen die Funktion $F(t)$ stetig ist.

Lemma 3. *Ist $\alpha(t, x, h)$ ein Feld mit beschränkter Nachwirkung, das den Bedingungen (1) und (2) genügt, und ist $\xi(t) \in H_1$, dann ist*

$$M\{|\sigma_r|^2/\mathfrak{F}_0\} \leqq 3\, e^{F(t_r)} \left\{F(t_r) + \sum_{k=0}^{r-1} \{|\xi(t_k)|^2/\mathfrak{F}_0\}\, F(t_k, t_{k+1})\right\}. \tag{10}$$

Beweis. Wir setzen

$$m_r = M\{|\sigma_r|^2/\mathfrak{F}_0\}.$$

Wegen

$$\sigma_{r+1} = \sigma_r + \alpha\big(t_r, \xi(t_r), \Delta t_r\big)$$

ist

$$m_{r+1} = m_r + 2\, M\{\big(\sigma_r|\alpha(t_r, \xi(t_r), \Delta t_r)\big)/\mathfrak{F}_0\} + M\{|\alpha\big(t_r, \xi(t_r), \Delta t_r\big)|^2/\mathfrak{F}_0\}.$$

Benutzen wir die bekannten Eigenschaften der bedingten Erwartungswerte, das Lemma 2 und die Ungleichung (1), dann erhalten wir

$$|M\{\big(\sigma_r|\alpha(t_r, \xi(t_r), \Delta t_r)\big)/\mathfrak{F}_0\}| = |M[M\{\big(\sigma_r|\alpha(t_r, \xi(t_r), \Delta t_r)\big)/\mathfrak{F}_{t_r}\}/\mathfrak{F}_0]|$$
$$= |M[\big(\sigma_r|M\{\alpha(t_r, \xi(t_r), \Delta t_r)/\mathfrak{F}_{t_r}\}\big)/\mathfrak{F}_0]| \leqq M[|\sigma_r|\big(1 + |\xi(t_r)|\big)\, F(t_r, t_{r+1})/\mathfrak{F}_0].$$

Da $2\,a\,b \leqq a^2 + b^2$ ist, sehen wir, daß der vorige Ausdruck die Größe

$$\left[\frac{m_r}{2} + M\{1 + |\xi(t_r)|^2/\mathfrak{F}_0\}\right] F(t_r, t_{r+1})$$

nicht übertrifft. Mit Hilfe der Ungleichung (2) erhalten wir

$$M\{|\alpha\big(t_r, \xi(t_r), \Delta t_r\big)|^2/\mathfrak{F}_0\} \leqq M\{1 + |\xi(t_r)|^2/\mathfrak{F}_0\}\, F(t_r, t_{r+1}),$$

woraus wir zu folgender Ungleichung gelangen:

$$m_{r+1} \leqq \big(1 + F(t_r, t_{r+1})\big)\, m_r + 3\, M\{1 + |\xi(t_r)|^2/\mathfrak{F}_0\}\, F(t_r, t_{r+1}). \tag{11}$$

Aus dem Lemma 1 und der letzten Beziehung folgt die Ungleichung (10).

Lemma 4. *Es sei $\alpha(t, x, h) \in \Pi_0(F, g, C)$, η ein $\mathfrak{F}_0$-meßbarer zufälliger Vektor im Raum X und $M|\eta|^2 < \infty$. Dann ist*

$$\begin{aligned} &M\{|\sigma_n - \alpha\big(0, \xi(0), t_n\big) + \eta|^2/\mathfrak{F}_0\} \\ &\leqq \exp\{\big(C + g(t_n)\big)\, F(t_n)\}\, [|\eta|^2 + 4\, g(t_n)\, \big(1 + |\xi(0)|^2\big)\, F(t_n) \\ &\quad + 3 \sum_{r=0}^{n-1} M\{|\xi(t_r) - \xi(0)|^2/\mathfrak{F}_0\}\, F(t_r, t_{r+1})]. \end{aligned} \tag{12}$$

Beweis. Wir setzen

$$\beta_r = \sigma_r - \alpha\big(0, \xi(0), t_r\big) + \eta, \qquad v_r = M\{|\beta_r|^2/\mathfrak{F}_0\},$$
$$\gamma_{r+1} = \alpha\big(0, \xi(0), t_{r+1}\big) - \alpha\big(0, \xi(0), t_r\big) - \alpha\big(t_r, \xi(0), \Delta t_r\big).$$

Wegen

$$\beta_{r+1} = \beta_r - \gamma_{r+1} + \alpha\big(t_r, \xi(t_r), \Delta t_r\big) - \alpha\big(t_r, \xi(0), \Delta t_r\big)$$

ist

$$v_{r+1} = v_r + \boldsymbol{M}\{|\gamma_{r+1}|^2/\mathfrak{F}_0\} + \boldsymbol{M}\{|\alpha(t_r, \xi(t_r), \Delta t_r) - \alpha(t_r, \xi(0), \Delta t_r)|^2/\mathfrak{F}_0\}$$
$$- 2\,\boldsymbol{M}\{(\beta_r|\gamma_{r+1}) + (\beta_r|\alpha(t_r, \xi(t_r), \Delta t_r) - \alpha(t_r, \xi(0), \Delta t_r))$$
$$- (\gamma_{r+1}|\alpha(t_r, \xi(t_r), \Delta t_r) - \alpha(t_r, \xi(0), \Delta t_r))/\mathfrak{F}_0\}\,. \tag{13}$$

Aus den Bedingungen (5) und (6) folgt

$$|\boldsymbol{M}\{\gamma_{r+1}/\mathfrak{F}_{t_r}\}| \leqq g(t_r)\,(1 + |\xi(0)|)\,F(t_r, t_{r+1})\,,$$
$$\boldsymbol{M}\{|\gamma_{r+1}|^2/\mathfrak{F}_{t_r}\} \leqq g(t_r)\,(1 + |\xi(0)|^2)\,F(t_r, t_{r+1})\,,$$

und deshalb ist

$$|\boldsymbol{M}\{(\beta_r|\gamma_{r+1})/\mathfrak{F}_0\}| = |\boldsymbol{M}\{(\beta_r|\boldsymbol{M}[\gamma_{r+1}/\mathfrak{F}_{t_r}])/\mathfrak{F}_0\}|$$
$$\leqq \frac{g(t_r)}{2}\,(v_r + 2\,(1 + |\xi(0)|^2))\,F(t_r, t_{r+1})\,.$$

Aus (3) und (4) erhalten wir mit ($C_R = C$)

$$\boldsymbol{M}\{|\alpha(t_r, \xi(t_r), \Delta t_r) - \alpha(t_r, \xi(0), \Delta t_r)|^2/\mathfrak{F}_0\} \leqq C\,\boldsymbol{M}\{|\xi(t_r) - \xi(0)|^2/\mathfrak{F}_0\}\,F(t_r, t_{r+1})\,,$$
$$|\boldsymbol{M}\{(\beta_r|\alpha(t_r, \xi(t_r), \Delta t_r) - \alpha(t_r, \xi(0), \Delta t_r))/\mathfrak{F}_0\}| \leqq C\,\boldsymbol{M}\{|\beta_r|\,|\xi(t_r) - \xi(0)|/\mathfrak{F}_0\}\,F(t_r, t_{r+1})\,.$$

Ferner haben wir

$$|\boldsymbol{M}\{(|\gamma_{r+1}|\,\alpha(t_r, \xi(t_r), \Delta t_r) - \alpha(t_r, \xi(0), \Delta t_r))/\mathfrak{F}_0\}|$$
$$\leqq \frac{1}{2}\,[\boldsymbol{M}\{|\gamma_{r+1}|^2/\mathfrak{F}_0\} + \boldsymbol{M}\{|\alpha(t_r, \xi(t_r), \Delta t_r) - \alpha(t_r, \xi(0), \Delta t_r)|^2/\mathfrak{F}_0\}],$$
$$\leqq \frac{g(t_r)}{2}\,(1 + |\xi(0)|^2)\,F(t_r, t_{r+1}) + \frac{C}{2}\,\boldsymbol{M}\{|\xi(t_r) - \xi(0)|^2/\mathfrak{F}_0\}\,F(t_r, t_{r+1})\,.$$

Setzen wir anstelle der Summanden auf der rechten Seite der Gleichung (13) die für sie erhaltenen Abschätzungen ein, so gelangen wir zu der Ungleichung

$$v_{r+1} \leqq [1 + (C + g(t_r))\,F(t_r, t_{r+1})]\,v_r + 4\,g(t_r)\,(1 + |\xi(0)|^2)\,F(t_r, t_{r+1})$$
$$+ 3\,C\,\boldsymbol{M}\{|\xi(t_r) - \xi(0)|^2/\mathfrak{F}_0\}\,F(t_r, t_{r+1})\,,$$

woraus unter Berücksichtigung von Lemma 1

$$v \leqq \exp\left\{\sum_{r=0}^{n-1}(C + g(t_r))\,F(t_r, t_{r+1})\right\}$$
$$\times\left[|\eta|^2 + \sum_{r=0}^{n-1}[4\,(1 + |\xi(0)|^2)\,g(t_r) + 3\,\boldsymbol{M}\{|\xi(t_r) - \xi(0)|^2/\mathfrak{F}_0\}]\,F(t_r, t_{r+1})\right].$$

folgt. Das Lemma ist damit bewiesen.

Mit Hilfe der erhaltenen Abschätzungen kann man ohne Schwierigkeiten das erste Moment der Größe β_r abschätzen. Wenn wir

$$v'_r = \boldsymbol{M}\{\beta_r/\mathfrak{F}_0\}$$

setzen, ist

$$v'_{r+1} = v'_r - M\{\gamma_{r+1}/\mathfrak{F}_0\} + M\{\alpha(t_r, \xi(t_r), \Delta t_r) - \alpha(t_r, \xi(0), \Delta t_r)/\mathfrak{F}_0\}\,.$$

Hieraus folgt

$$|v'_{r+1}| \leqq |v'_r| + [g(t_r)\,(1 + |\xi(0)|) + C\,M\{|\xi(t_r) - \xi(0)|/\mathfrak{F}_0\}]\,F(t_r, t_{r+1})\,,$$

und aus der letzten Ungleichung erhalten wir

$$|M\{\sigma_n - \alpha(0, \xi(0), t_n)/\mathfrak{F}_0\}|$$
$$\leqq g(t_n)\,(1 + |\xi(0)|)\,F(t_n) + C\sum_{k=0}^{n-1} M\{|\xi(t_k) - \xi(0)|/\mathfrak{F}_0\}\,F(t_r, t_{r+1})\,. \quad (14)$$

Wir betrachten nun die Differenz zwischen zwei Integralsummen bei verschiedenen Aufteilungen des Intervalls $[0, T]$. Wir werden uns auf den Fall beschränken, daß die eine Aufteilung eine Unteraufteilung der anderen ist. Es sei also

$$\delta = \{0 = t_0, t_1, t_2, \ldots, t_n = T\}\,,$$
$$\delta' = \{0 = t_{00}, t_{01}, \ldots, t_{0p_1} = t_1 = t_{10}, t_{11}, \ldots, t_{n-1, p_n} = t_n = T\}\,,$$

und $\sigma(t) = \sigma^{(\delta)}(t)$, $\sigma'(t) = \sigma^{(\delta')}(t)$ die entsprechenden Integralsummen mit veränderlicher Summationsgrenze, wobei

$$\sigma_{rj} = \sigma(t_{rj})\,, \qquad \sigma'_{rj} = \sigma'(t_{rj})$$

ist.

Wir werden nun die Differenz $\sigma'(T) - \sigma(T)$ abschätzen. Aus diesem Grunde sei bemerkt, daß aus der Gleichung

$$\sigma'_{rj} - \sigma_{rj} = \sigma'_{r0} - \sigma_{r0} + \tilde{\sigma}_{rj}$$

und dem Lemma 4 die Ungleichung

$$M\{|\sigma'_{rj} - \sigma_{rj}|^2/\mathfrak{F}_{t_{r0}}\} \leqq \exp\{[C + g(t_{rj} - t_{r0})]\,F[t_{r0}, t_{rj})\}$$
$$\times \Big[|\sigma'_{r0} - \sigma_{r0}|^2 + 4\,(1 + |\xi(t_{r0})|^2)\,F[t_{r0}, t_{rj})\,g(t_{rj} - t_{r0})$$
$$+ 3\sum_{k=0}^{j-1} M\{|\xi(t_{rk}) - \xi(t_{r0})|^2/\mathfrak{F}_{t_{r0}}\}\,F[t_{rk}, t_{r,k+1})\Big] \quad (15)$$

folgt, wobei

$$\tilde{\sigma}_{rj} = \sum_{k=0}^{j-1} \alpha(t_{rk}, \xi(t_{rk}), \Delta t_{rk}) - \alpha(t_{r0}, \xi(t_{r0}), t_{rj} - t_{r0})$$

ist. Wir setzen

$$d_r = M\{|\sigma'_{r0} - \sigma_{r0}|^2/\mathfrak{F}_0\}\,.$$

Aus der Ungleichung (15) folgt dann

$$d_{r+1} \leqq \exp(F'_r)\,d_r + z_r\,,$$

wobei

$$F'_r = [C + g(t_{r+1} - t_r)]\, F[t_r, t_{r+1})\,,$$

$$z_r = \exp(F'_r)\,\bigl(4\, g(t_{r+1} - t_r)\bigr)\, F[t_r, t_{r+1})\, \boldsymbol{M}\,\{\bigl(1 + |\xi(t_r)|^2\bigr)/\mathfrak{F}_0\}$$
$$+ 3 \sum_{k=0}^{p_{r+1}-1} \boldsymbol{M}\{|\xi(t_{rk}) - \xi(t_{r0})|^2/\mathfrak{F}_0\}\, F[t_{rk}, t_{r,k+1})$$

ist. Wenden wir noch einmal das Lemma 1 an, dann gelangen wir zu folgender Behauptung.

Lemma 5. *Es ist*

$$\boldsymbol{M}\{|\sigma'_n - \sigma_n|^2/\mathfrak{F}_0\}$$
$$\leqq \exp\{\bigl(C + g(|\delta|)\bigr)\, F(T)\}\left[4\, g(|\delta|) \sum_{k=0}^{n-1} \boldsymbol{M}\{\bigl(1 + |\xi(t_r)|^2\bigr)/\mathfrak{F}_0\}\, F(t_r, t_{r+1})\right.$$
$$\left. + 3 \sum_{r=0}^{n-1} \sum_{k=0}^{p_{r+1}-1} \boldsymbol{M}\{|\xi(t_{rk}) - \xi(t_{r0})|^2/\mathfrak{F}_0\}\, F(t_{rk}, t_{r,k+1})\right].$$

Satz 1. *Ist für gewisse $F(t)$, $g(h)$ und C das Feld $\alpha(t, x, h) \in \Pi_0(F, g, C)$, dann existiert das stochastische Kurvenintegral längs einer beliebigen zufälligen Kurve $\xi(t) \in H_0$. Dabei ist fast sicher*

$$\left|\boldsymbol{M}\left\{\int_0^T \alpha\bigl(\tau, \xi(\tau), \mathrm{d}\tau\bigr)/\mathfrak{F}_0\right\}\right| \leqq F(T) + \int_0^T \boldsymbol{M}\{|\xi(\tau)|/\mathfrak{F}_0\}\, \mathrm{d}F(\tau)\,, \tag{16}$$

$$\boldsymbol{M}\left\{\left|\int_0^T \alpha\bigl(\tau, \xi(\tau), \mathrm{d}\tau\bigr)\right|^2 \Big/ \mathfrak{F}_0\right\} \leqq 3\, e^{F(T)} \left\{F(T) + \int_0^T \boldsymbol{M}\{|\xi(\tau)|^2/\mathfrak{F}_0\}\, \mathrm{d}F(\tau)\right\}. \tag{17}$$

Beweis. Aus dem Lemma 5 ergibt sich folgender Schluß: Wenn $\xi(t)$ als Funktion mit Werten im $L_2(X)$ stetig ist höchstens mit Ausnahme endlich vieler Punkte, in denen $F(t)$ stetig ist, dann ist eine beliebige Folge σ_n für $|\delta| = |\delta_n| \to 0$ eine Fundamentalfolge im $L_2(X)$. Hieraus folgt die Existenz eines stochastischen Integrals. Mit Hilfe des Grenzübergangs erhält man aus (10) die Ungleichung (17). Die Ungleichung (16) kann man leicht erhalten, indem man die Summen σ_n betrachtet und zum Grenzwert übergeht.

Ohne Änderung der Voraussetzungen über das zufällige Feld $\alpha(t, x, h)$ verallgemeinern wir nun die Definition des stochastischen Kurvenintegrals auf eine breitere Klasse von Kurven $\xi(t)$.

Wir bezeichnen mit $H = H(F)$ eine Klasse von Kurven $\xi(t) = \xi(t, \omega)$, die folgenden Bedingungen genügen:

1. $\xi(t) = \xi(t, \omega) \in L_2(X)$, und $\xi(t, \omega)$ ist $\mathfrak{F}_t$-meßbar $(0 \leqq t \leqq T)$;
2. $\boldsymbol{M}\, |\xi(t)|^2$ ist eine Borelfunktion von t, und es ist

$$||\xi(\cdot)||_2^2 = \int_0^T \boldsymbol{M}\, |\xi(t)|^2\, F(\mathrm{d}t) < \infty\,.$$

Folgender Satz läßt sich leicht beweisen.

Lemma 6. *Bei natürlicher Einbettung von H_0 in H ist H_0 überall dicht in H.*

Wir beweisen nun folgende Behauptung: Ist

$$\|\xi_n(\cdot) - \xi(\cdot)\|_2 \to 0 \qquad \text{für } n \to \infty ,$$

wobei $\xi_n(\cdot) \in H_0$ $(n = 1, 2, \ldots)$ ist, dann konvergiert im $L_2(X)$ die Folge von stochastischen Kurvenintegralen im Feld $\alpha(t, x, h)$ längs der Kurven $\xi_n(\cdot)$ gegen einen bestimmten Grenzwert. Dieser Umstand wird bei der folgenden Definition ausgenutzt.

Definition 5. Als stochastisches Kurvenintegral

$$\int_0^T \alpha(t, \xi(t), dt)$$

längs der Kurve $\xi(\cdot) \in H$ bezeichnen wir den quadratisch gemittelten Grenzwert der Folge von Integralen längs der Kurven $\xi_n(\cdot)$, wobei $\xi_n(\cdot) \in H_0$ ist und für $n \to \infty$

$$\int_0^T \boldsymbol{M}\, |\xi(t) - \xi_n(t)|^2\, F(dt) \to 0$$

konvergiert.

Der Beweis dafür, daß die stochastischen Integrale längs $\xi_n(\cdot)$ eine Fundamentalfolge im $L_2(X)$ bilden, wenn $\xi_n(\cdot)$ in H eine Fundamentalfolge von Elementen aus H_0 ist, ergibt sich aus folgendem Lemma.

Lemma 7. *Wir nehmen an, daß $\xi(t), \eta(t) \in L_2(X)$ $(0 \leqq t \leqq T)$ ist und das zufällige Feld $\alpha(t, x, h)$ einer gleichmäßigen* Lipschitz*bedingung genügt, und es sei*

$$\sigma_r' = \alpha + \sum_{k=0}^{r-1} \alpha\big(t_k, \xi(t_k), \Delta t_k\big) , \qquad \sigma_r'' = \beta + \sum_{k=0}^{r-1} \alpha\big(t_k, \eta(t_k), \Delta t_k\big) ,$$

wobei α und β im $L_2(X)$ $\mathfrak{F}_0$-meßbare zufällige Vektoren sind. Dann ist

$$\boldsymbol{M}\{|\sigma_n'' - \sigma_n'|^2/\mathfrak{F}_0\} \leqq e^{C\,F(T)} \left(|\beta - \alpha|^2 + 2\, C \sum_{k=0}^{n-1} \boldsymbol{M}\{|\eta(t_k) - \xi(t_k)|^2/\mathfrak{F}_0\}\, F(t_k, t_{k+1})\right). \tag{18}$$

Beweis. Wir haben

$$\sigma_{r+1}'' - \sigma_{r+1}' = \sigma_r'' - \sigma_r' + \alpha\big(t_r, \eta(t_r), \Delta t_r\big) - \alpha\big(t_r, \xi(t_r), \Delta t_r\big) .$$

Es sei $d_r = \boldsymbol{M}\{|\sigma_r'' - \sigma_r'|^2/\mathfrak{F}_0\}$. Dann ist

$$\begin{aligned} d_{r+1} = d_r &+ \boldsymbol{M}\,[\boldsymbol{M}\{|\alpha\big(t_r, \eta(t_r), \Delta t_r\big) - \alpha\big(t_r, \xi(t_r), \Delta t_r\big)|^2/\mathfrak{F}_{t_r}\}/\mathfrak{F}_0] \\ &+ 2\, \boldsymbol{M}\,[\boldsymbol{M}\{\big(\sigma_r'' - \sigma_r' \,|\alpha(t_r, \eta(t_r), \Delta t_r) - \alpha(t_r, \xi(t_r), \Delta t_r)\big)/\mathfrak{F}_{t_r}\}/\mathfrak{F}_0] . \end{aligned}$$

Berücksichtigen wir die Ungleichungen (3) und (4) und setzen $C_R = C$, dann erhalten wir

$$d_{r+1} \leqq d_r\, \big(1 + C\, F(t_r, t_{r+1})\big) + 2\, C\, \boldsymbol{M}\{|\eta(t_r) - \xi(t_r)|^2/\mathfrak{F}_0\}\, F(t_r, t_{r+1}) .$$

Indem wir das Lemma 1 anwenden, erhalten wir die Ungleichung (18).

Folgerung 1. Wenn $\xi(\cdot) \in H_0, \eta(\cdot) \in H_0$ ist, das zufällige Feld $\alpha(t, x, h)$ den Bedingungen des Satzes 1 genügt und

$$\xi_1 = \alpha + \int_0^T \alpha(t, \xi(t), dt), \qquad \eta_1 = \beta + \int_0^T \alpha(t, \eta(t), dt)$$

ist, dann ist

$$M\{|\eta_1 - \xi_1|^2/\mathfrak{F}_0\} \leqq e^{C F(T)} \left(|\beta - \alpha|^2 + 2C \int_0^T M\{|\eta(t) - \xi(t)|^2/\mathfrak{F}_0\} \, dF(t)\right). \tag{19}$$

Satz 2. *Wenn das Feld $\alpha(t, x, h)$ den Bedingungen des Satzes 1 genügt, dann existiert das stochastische Kurvenintegral längs einer beliebigen Kurve $\xi(\cdot) \in H$ im Sinne der Definition 5, und die Ungleichungen* (16), (17) *und* (19) *sind für beliebige $\xi(\cdot), \eta(\cdot) \in H$ erfüllt.*

Folgerung 2. Wenn die Voraussetzungen des Satzes 1 erfüllt sind und $\xi(\cdot) \in H$ ist, dann ist

$$\left|M\left\{\int_0^T \alpha(t, \xi(t), dt) - \alpha(0, \xi(0), T)/\mathfrak{F}_0\right\}\right|$$

$$\leqq g(T)\left(1 + |\xi(0)|\right) F(T) + C \int_0^T M\{|\xi(t) - \xi(0)|/\mathfrak{F}_0\} \, dF(t), \tag{20}$$

$$M\left\{\left|\int_0^T \alpha(t, \xi(t), dt) - \alpha(0, \xi(0), T)\right|^2 \Big/ \mathfrak{F}_0\right\} \leqq \exp\{(C + g(T)) F(T)\}$$

$$\times \left[4 g(T) \left(1 + |\xi(0)|^2\right) F(T) + 3 \int_0^T M\{|\xi(t) - \xi(0)|^2/\mathfrak{F}_0\} \, dF(t)\right]. \tag{21}$$

Folgerung 3. Unter den vorigen Voraussetzungen ist

$$M\left\{\left|\int_0^T \alpha(t, \xi(t), dt) - \sigma_n\right|^2 \Big/ \mathfrak{F}_0\right\}$$

$$\leqq \exp\{(C + g(|\delta|)) F(T)\} \left[4 g(|\delta|) \left(\sum_{r=0}^{n-1} M\{|\xi(t_r)|^2/\mathfrak{F}_0\} F(t_r, t_{r+1}) + F(T)\right)\right.$$

$$\left. + 3 \sum_{r=0}^{n-1} \int_{t_r}^{t_{r+1}} M\{|\xi(t) - \xi(t_r)|^2/\mathfrak{F}_0\} \, dF(t)\right]. \tag{22}$$

Die Behauptungen der Folgerungen 2 und 3 ergeben sich aus den Ungleichungen (14), (12) und dem Lemma 5 mit Hilfe eines zweifachen Grenzübergangs: Der erste Grenzübergang entspricht dem Übergang von den Integralsummen σ_n zu den stochastischen Integralen für $\xi(\cdot) \in H_0$, der zweite entspricht dem Grenzübergang bezüglich der Folgen $\xi_n(\cdot) \in H_0$, die in H gegen eine Funktion $\xi(\cdot) \in H$ konvergieren.

Lemma 8. *Es sei* $\alpha(t, x, h) \in \Pi_0(F, g, C)$ *und* $\eta(t)$, $\xi(t) \in H$. *Dann ist für beliebige* $A > 0$ *und* $N > 0$

$$P\left\{\left|\int_0^T \alpha\big(t, \xi(t), \mathrm{d}t\big) - \int_0^T \alpha\big(t, \eta(t), \mathrm{d}t\big)\right| > A/\mathfrak{F}_0\right\}$$
$$\leqq \frac{2\,C\,e^{C\,F(T)}\,N}{A^2} + P\left\{\int_0^T |\xi(t) - \eta(t)|^2\,\mathrm{d}F(t) > N/\mathfrak{F}_0\right\}. \tag{23}$$

Beweis. Es sei

$$\xi_N(t) = \xi(t) \qquad \text{und} \qquad \eta_N(t) = \eta(t) \qquad \text{für} \quad \int_0^t |\xi(t) - \eta(t)|^2\,\mathrm{d}F(t) \leqq N$$

und

$$\xi_N(t) = \eta_N(t) = 0 \qquad \text{für} \quad \int_0^t |\xi(t) - \eta(t)|^2\,\mathrm{d}F(t) > N\,.$$

Offensichtlich gehören $\xi_N(t)$ und $\eta_N(t)$ zu H. Der Beweis des Lemmas folgt aus der Ungleichung

$$P\left\{\left|\int_0^T \alpha\big(t, \xi(t), \mathrm{d}t\big) - \int_0^T \alpha\big(t, \eta(t), \mathrm{d}t\big)\right| > A/\mathfrak{F}_0\right\}$$
$$\leqq P\left\{\left|\int_0^T \alpha\big(t, \xi_N(t), \mathrm{d}t\big) - \int_0^T \alpha\big(t, \eta_N(t), \mathrm{d}t\big)\right| > A/\mathfrak{F}_0\right\}$$
$$+ P\left\{\left|\int_0^T \alpha\big(t, \xi(t), \mathrm{d}t\big) - \int_0^T \alpha\big(t, \xi_N(t), \mathrm{d}t\big)\right.\right.$$
$$\left.\left. + \int_0^T \alpha\big(t, \eta_N(t), \mathrm{d}t\big) - \int_0^T \alpha\big(t, \eta(t), \mathrm{d}t\big)\right| > 0/\mathfrak{F}_0\right\}$$
$$\leqq \frac{M\left\{\left|\int_0^T \alpha(t, \xi_N(t), \mathrm{d}t) - \int_0^T \alpha(t, \eta_N(t), \mathrm{d}t)\right|^2 \Big/ \mathfrak{F}_0\right\}}{A^2} + P\left\{\int_0^T |\xi(t) - \eta(t)|^2\,\mathrm{d}F(t) > N/\mathfrak{F}_0\right\}$$

und der Bemerkung, daß wir wegen (19) und der Definition der Größen $\xi_N(t)$, $\eta_N(t)$

$$M\left\{\left|\int_0^T \alpha\big(t, \xi_N(t), \mathrm{d}t\big) - \int_0^T \alpha\big(t, \eta_N(t), \mathrm{d}t\big)\right|^2 \Big/ \mathfrak{F}_0\right\}$$
$$\leqq 2\,C\,e^{C\,F(T)}\,M\left\{\int_0^T |\eta_N(t) - \xi_N(t)|^2\,\mathrm{d}F(t)/\mathfrak{F}_0\right\} \leqq 2\,C\,e^{C\,F(T)}\,N$$

haben.

Das letzte Lemma erlaubt, die Definition des stochastischen Kurvenintegrals auf eine weitere Klasse von Integrationskurven zu verallgemeinern.

Es sei $H_2 = H_2(F)$ eine Klasse von meßbaren zufälligen Prozessen $\beta(t)$, $0 \leqq t \leqq T$, mit Werten in X, die für jedes t $\mathfrak{F}_t$-meßbar sind und für die mit Wahrscheinlichkeit 1

$$\int_0^T |\beta(t)|^2\,\mathrm{d}F(t) < \infty$$

ist.

Wir betrachten die Folge $\xi_n(t)$, $n = 1, 2, \ldots, \xi_n(\cdot) \in H$, und setzen voraus, daß

$$\boldsymbol{P}\text{-}\lim_{n\to\infty} \int_0^T |\xi(t) - \xi_n(t)|^2 \, \mathrm{d}F(t) = 0 \tag{24}$$

ist.[1]) Indem wir $A = \delta$, $2\, C\, e^{C\,F(T)}\, N = A^2\, \varepsilon$ setzen, wobei ε und δ beliebig vorgegebene positive Zahlen sind, erhalten wir aus der Beziehung (23)

$$\boldsymbol{P}\left\{\left|\int_0^T \alpha\big(t, \xi_n(t), \mathrm{d}t\big) - \int_0^T \alpha\big(t, \xi_{n+m}(t), \mathrm{d}t\big)\right| > \delta\right\}$$
$$\leqq \varepsilon + \boldsymbol{P}\left\{\int_0^T |\xi_n(t) - \xi_{n+m}(t)|^2 \, \mathrm{d}F(t) > N\right\},$$

woraus folgt, daß der Grenzwert

$$\boldsymbol{P}\text{-}\lim \int_0^T \alpha\big(t, \xi_n(t), \mathrm{d}t\big) \qquad \text{für } n \to \infty$$

existiert.

Definition 6. Wenn $\xi_0(t) \in H_2(F)$, $\xi_n(t) \in H(F)$ ist und (24) erfüllt ist, dann ist

$$\int_0^T \alpha\big(t, \xi_0(t), \mathrm{d}t\big) = \boldsymbol{P}\text{-}\lim \int_0^T \alpha\big(t, \xi_n(t), \mathrm{d}t\big) .$$

Da ein beliebiger zufälliger Prozeß $\xi_0(\cdot) \in H_2(F)$ auf entsprechende Weise durch eine Folge $\xi_n(\cdot) \in H(F)$ approximiert werden kann, ist damit das stochastische Kurvenintegral für eine beliebige Kurve $\xi(\cdot) \in H_2$ und für beliebige Felder $\alpha(t, x, h) \in \Pi_0(F, g, C)$ definiert.

Eine andere Variante der Verallgemeinerung des stochastischen Kurvenintegrals, die darin besteht, daß man sich von der gleichmäßigen LIPSCHITZbedingung zu befreien wünscht, kann man auf folgende Weise erhalten. Es sei

$$\boldsymbol{P}\left\{\sup_{0\leqq t\leqq T} |\xi(t)| = \infty\right\} = 0 . \tag{25}$$

Wir setzen

$$\xi_N(t) = \xi(t) , \qquad \text{wenn } \sup_{0\leqq\tau\leqq t} |\xi(\tau)| \leqq N \quad \text{ist} ,$$

und

$$\xi_N(t) = 0 , \qquad \text{wenn } \sup_{0\leqq\tau\leqq t} |\xi(\tau)| > N \quad \text{ist} .$$

Dann ist $\xi(t)$ für jedes t $\mathfrak{F}_t$-meßbar und $\xi(\cdot) \in H$. Wenn andererseits $\alpha(t, x, h)$ ein Quasidifferentialfeld mit beschränkter Nachwirkung ist, das einer LIPSCHITZbedingung genügt, dann ist

$$\int_0^T \alpha\big(t, \xi_N(t), \mathrm{d}t\big) = \int_0^T \alpha_N\big(t, \xi_N(t), \mathrm{d}t\big) , \tag{26}$$

[1]) Das Symbol P-lim bedeutet „Grenzwert in Wahrscheinlichkeit“.

wobei das Integral auf der rechten Seite über ein beliebiges Quasidifferentialfeld mit beschränkter Nachwirkung gebildet wird, das einer gleichmäßigen LIPSCHITZ-bedingung genügt und für $|x| \leqq N$ mit $\alpha(t, x, h)$ übereinstimmt, und wobei das Integral auf der linken Seite im Sinne der vorangegangenen Definitionen (Definitionen 4 und 5) existiert. Es sei Λ_N die Menge der Elementarereignisse in Ω mit $\left\{\sup_{0 \leqq t \leqq T} |\xi(t)| \leqq N\right\}$. Für $N > N_0$ stimmen offenbar auf Λ_N, die Integrale (26) überein. Da $\Lambda_{N'} \supset \Lambda_N$ bei $N' > N$ und $\boldsymbol{P}\left(\bigcup_1^\infty \Lambda_N\right) = 1$ ist, konvergieren die Integrale (26) für $N \to \infty$ in Wahrscheinlichkeit gegen einen Grenzwert. Diese Überlegungen kann man mit den vorangegangenen zusammenfassen, die sich auf Funktionen aus H_2 bezogen haben.

Definition 7. Es sei $\xi(\cdot) \in H_2$,

$$\boldsymbol{P}\text{-}\lim_{n\to\infty} \int_0^T |\xi(t) - \xi_n(t)|^2 \, dF(t) = 0 \qquad \text{und} \qquad \sup_{0 \leqq t \leqq T} |\xi_n(t)| \leqq n .$$

Dann ist

$$\int_0^T \alpha(t, \xi(t), dt) = \boldsymbol{P}\text{-}\lim_{n\to\infty} \int_0^T \alpha_n(t, \xi_n(t), dt) , \tag{27}$$

wobei $\alpha_n(t, x, h)$ ein Quasidifferentialfeld mit beschränkter Nachwirkung ist, das einer gleichmäßigen LIPSCHITZbedingung genügt, und es ist

$$\alpha_n(t, x, h) = \alpha(t, x, h) \qquad \text{für} \quad |x| \leqq n , \quad x \in X , \quad 0 \leqq h \leqq h_0 .$$

Satz 3. *Das stochastische Kurvenintegral* (27) *existiert für ein beliebiges Quasidifferentialfeld mit beschränkter Nachwirkung, das einer lokalen* LIPSCHITZ-*bedingung genügt.*

Bemerkung 1. Ist $\xi(\cdot) \in H$, dann hat das Integral (27) ein endliches Moment zweiter Ordnung, und mit Wahrscheinlichkeit 1 sind die Ungleichungen (16) und (17) erfüllt.

Wir betrachten folgende Frage. Wir nehmen an, daß die zufälligen Felder $\alpha(t, x, h)$ und $\beta(t, x, h)$ den Bedingungen des Satzes 3 genügen. Unter welchen Bedingungen stimmen (mit Wahrscheinlichkeit 1) die bezüglich $\alpha(t, x, h)$ und $\beta(t, x, h)$ gebildeten stochastischen Kurvenintegrale längs einer beliebigen Kurve $\xi(\cdot) \in H_2$ überein?

Eine Teilantwort kann man aus folgendem Lemma erhalten.

Lemma 9. *Wir nehmen an, daß die zufälligen Felder* $\alpha(t, x, h)$, $\beta(t, x, h)$ *den Bedingungen des Satzes* 3 *genügen und daß außerdem*

$$|\boldsymbol{M}\{\alpha(t, x, h) - \beta(t, x, h)/\mathfrak{F}_t\}| \leqq F_1(t, h)\,(1 + |x|) , \tag{28}$$

$$\boldsymbol{M}\{|\alpha(t, x, h) - \beta(t, x, h)|^2/\mathfrak{F}_t\} \leqq F_1(t, h)\,(1 + |x|^2) \tag{29}$$

gilt, wobei $F_1(t, h)$ *eine nichtzufällige Funktion und*

$$V_{(0,T)}(F_1) = \overline{\lim_{|\delta|\to 0}} \sum_{k=0}^{n-1} F_1(t_k, \Delta t_k) < \infty$$

ist. Dann ist für eine beliebige Kurve $\xi(t) \in H_1$

$$M\left\{\left|\int_0^T \alpha\big(\tau, \xi(\tau), d\tau\big) - \int_0^T \beta\big(\tau, \xi(\tau), d\tau\big)\right|^2 \Big/ \mathfrak{F}_0\right\}$$

$$\leqq V_{(0,T)}(F_1)\, e^{V_{(0,T)}(F)} \left(1 + \sup_{0 \leqq t \leqq T} M\{|\xi(t)|^2/\mathfrak{F}_0\}\right). \tag{30}$$

Beweis. Wir können uns auf die Funktionen $\xi(\cdot)$ aus H_0 beschränken. Es seien σ_r und $\tilde{\sigma}_r$ Integralsummen, die für eine derartige Funktion $\xi(\cdot)$ bezüglich der Felder $\alpha(t, x, h)$ bzw. $\beta(t, x, h)$ gebildet wurden. Dann ist

$$\tilde{\sigma}_{r+1} - \sigma_{r+1} = \tilde{\sigma}_r - \sigma_r + \alpha\big(t_r, \xi(t_r), \Delta t_r\big) - \beta\big(t_r, \xi(t_r), \Delta t_r\big)\,.$$

Berücksichtigen wir (28) und (29), dann erhalten wir die Abschätzung

$$M\{|\tilde{\sigma}_{r+1} - \sigma_{r+1}|^2/\mathfrak{F}_0\}$$

$$\leqq M\{|\bar{\sigma}_r - \sigma_r|^2/\mathfrak{F}_0\}\,\big(1 + F_1(t_r, \Delta t_r)\big) + M\{\big(1 + |\xi(t)|^2\big)/\mathfrak{F}_0\}\, F_1(t_r, \Delta t_r)\,,$$

aus der die Ungleichung

$$M\{|\tilde{\sigma}_n - \sigma_n|^2/\mathfrak{F}_0\} \leqq \exp\left\{\sum_{r=0}^{n-1} F_1(t_r, \Delta t_r)\right\} \sum_{r=0}^{n-1} M\{(1 + |\xi(t_r)|^2)/\mathfrak{F}_0\}\, F_1(t_r, \Delta t_r)$$

folgt. Das Lemma ist damit bewiesen.

Folgerung 4. Ist

$$V_{(0,T)}(F_1) = 0\,,$$

dann ist für eine beliebige Funktion $\xi(\cdot) \in H_2$

$$\int_0^T \alpha\big(t, \xi(t), dt\big) = \int_0^T \beta\big(t, \xi(t), dt\big)\,.$$

Folgerung 5. Genügt $\beta(t, x, h) = \beta_n(t, x, h)$ für jedes $n = 1, 2, \ldots$ den Bedingungen von Lemma 9 und konvergiert für $n \to \infty$

$$V_{(0,T)}(F_1) = V_{(0,T)}(F_1^n) \to 0\,,$$

dann ist für eine beliebige Funktion $\xi(t) \in H_1$

$$\operatorname*{l.i.m.}_{n\to\infty} \int_0^T \beta_n\big(t, \xi(t), dt\big) = \int_0^T \alpha\big(t, \xi(t), dt\big)\,.$$

§ 2. Das stochastische Kurvenintegral als Funktion der oberen Grenze

Das Feld $\alpha(t, x, h)$ und der zufällige Prozeß $\xi(t)$ mögen den Bedingungen des Satzes 3 aus § 1 ($t \in [0, T]$) genügen. Wir betrachten den zufälligen Prozeß

$$\eta(t) = \int_0^t \alpha\big(\tau, \xi(\tau), d\tau\big)\,. \tag{1}$$

Für jedes $t \in [0, T]$ ist $\eta(t)$ mit Wahrscheinlichkeit Eins definiert. Im weiteren werden wir voraussetzen, daß $\eta(t)$ ein separabler zufälliger Prozeß ist. Analog zu dem Beweis von Lemma 1 aus Teil I, § 3, kann man folgendes Ergebnis erzielen.

Lemma 1. *Es sei $\xi_1, \xi_2, \ldots, \xi_n$ eine Folge von reellen Zufallsgrößen, $\mathfrak{F}_k$ $(k = 0, 1, \ldots, n)$ eine nichtfallende Folge von σ-Algebren, die Zufallsgrößen ξ_k seien $\mathfrak{F}_k$-meßbar, und es sei*

$$|M\{\xi_k/\mathfrak{F}_{k-1}\}| \leqq \psi_k .$$

Wir setzen $\eta_k = \sum_{i=1}^{k} \xi_i$, $\zeta = \max\{|\eta_1|, |\eta_2|, \ldots, |\eta_n|\}$. Dann ist

$$M\zeta^\alpha \leqq \left(\frac{\alpha}{\alpha - 1}\right)^\alpha M(\varrho_n + |\eta_n|)^\alpha , \tag{2}$$

wobei $\varrho_n = \sum_{k=1}^{n} \psi_k$ ist.

Wenden wir diese Ungleichung auf die der gegebenen Aufteilung δ des Intervalls $[0, T]$ entsprechenden Summen

$$\sigma_k = \sum_{r=1}^{k} \alpha\big(t_{r-1}, \xi(t_{r-1}), \Delta t_{r-1}\big)$$

an und setzen wir $\alpha = 2$, und $\xi_k = \big(\alpha(t_{k-1}), \xi(t_{k-1}), \Delta t_{k-1}\big)\,|x|$, so erhalten wir

$$M \max_{1 \leqq k \leqq n} |(\sigma_k|x)|^2 \leqq 8\,(M\varrho_n^2 + M\,|\sigma_n|^2)\,|x|^2 , \tag{3}$$

wobei x ein beliebiger Vektor, $x \in X$, und

$$\varrho_n = \sum_{k=0}^{n-1} \big(1 + |\xi(t_k)|\big)\, F(t_k, t_{k+1})$$

ist. Wegen

$$M\varrho_n^2 \leqq 2\,F(T)\left[F(T) + \sum_{k=0}^{n-1} M\,|\xi(t_k)|^2\, F(t_k, t_{k+1})\right],$$

$$M\,|\sigma_n|^2 \leqq 3\,e^{F(T)}\left[F(T) + \sum_{k=0}^{n-1} M\,|\xi(t_k)|^2\, F(t_k, t_{k+1})\right]$$

folgt aus (3)

$$M\zeta^2 \leqq 40\,s\,e^{F(T)}\left[F(T) + \sum_{k=0}^{n-1} M\,|\xi(t_k)|^2\, F(t_k, t_{k+1})\right], \tag{4}$$

wobei s die Dimension des Raumes X und

$$\zeta = \max\{|\sigma_k|^2 ,\ k = 1, 2, \ldots, n\}$$

ist.

Lemma 2. *Es sei $\alpha(t, x, h)$ ein Quasidifferentialfeld mit beschränkter Nachwirkung, das einer lokalen* Lipschitz*bedingung genügt, $\xi(\cdot) \in H$ und $\eta(t)$ der separable Prozeß (1). Dann ist*

$$M\left\{\sup_{0 \leqq t \leqq T} |\eta(t)|^2\right\} \leqq C_1\left[F(T) + \int_0^T M\,|\xi(t)|^2\, \mathrm{d}F(t)\right], \tag{5}$$

wobei $C_1 = 80\,s\,e^{F(T)}$ ist.

Der Übergang von (4) zu (5) ist durch die gleichen Überlegungen begründet wie in Lemma 2 aus Teil I, § 3.

Bemerkung 1. Wenn wir voraussetzen, daß das Feld $\alpha(t, x, h)$ einer gleichmäßigen LIPSCHITZbedingung mit konstantem C und $\xi_i \in H$ $(i = 1, 2)$ genügt, zeigen die gleichen Überlegungen, daß

$$M\left\{\sup_{0\leq t\leq T}\left|\int_0^t \alpha(\tau, \xi_1(\tau), d\tau) - \int_0^t \alpha(\tau, \xi_2(\tau), d\tau)\right|^2\right\} \leq C_1\, C \int_0^T M\, |\xi_1(t) - \xi_2(t)|^2\, dF(t) \tag{6}$$

ist.

Mit Hilfe der letzten Bemerkung und des vorangegangenen Lemmas kann man das Lemma 8 aus § 1 auf folgende Weise präzisieren.

Lemma 3. *Ist $\alpha(t, x, h)$ ein Quasidifferentialfeld mit beschränkter Nachwirkung, das der gleichmäßigen* LIPSCHITZ*bedingung mit der Konstanten C und $\xi_i(\cdot) \in H$ $(i = 1, 2)$ genügt, dann haben wir für beliebige $A > 0$ und $N > 0$*

$$P\left\{\sup_{0\leq t\leq T}\left|\int_0^t \alpha(\tau, \xi_1(\tau), d\tau) - \int_0^t \alpha(\tau, \xi_2(\tau)\, d\tau)\right| \geq A\right\}$$

$$\leq \frac{C_1\, C\, N}{A^2} + P\left\{\int_0^T |\xi_1(t) - \xi_2(t)|^2\, dF(t) > N\right\}. \tag{7}$$

Der Beweis verläuft analog zum Beweis von Lemma 8 aus § 1.

Wir nehmen an, daß $\alpha(t, x, h)$ einer gleichmäßigen LIPSCHITZbedingung genügt und $\xi(t) \in H_0$ ist. In diesem Fall ist das stochastische Kurvenintegral der Grenzwert (im Sinne der Konvergenz im quadratischen Mittel) der entsprechenden Integralsummen. Wie in § 1 bezeichnen wir die Integralsummen mit $\sigma(t)$ und schätzen die Größe $\sup\limits_{0\leq t\leq T} |\eta(t) - \sigma(t)|$ ab. Es sei bemerkt, daß wir mit Hilfe des Grenzübergangs aus der Ungleichung (14) von § 1 zu der Ungleichung

$$\left|M\left\{\int_0^t \alpha(\tau, \xi(\tau), d\tau) - \alpha(0, \xi(0), t)/\mathfrak{F}_0\right\}\right|$$

$$\leq g(t)\,\big(1 + |\xi(0)|\big)\, F(t) + C\int_0^t M\{|\xi(\tau) - \xi(0)|/\mathfrak{F}_0\}\, dF(\tau) \tag{8}$$

gelangen.

Diese Ungleichung werden wir nun anwenden. Die Integralsumme $\sigma(t)$ sei für eine gegebene Aufteilung $\delta = \{0, t_1, \ldots, t_m = T\}$ gebildet. Wir betrachten die Folge Λ_n von Mengen mit endlich vielen Punkten auf $[0, T]$ und mit a) $\Lambda_n \subset \Lambda_{n+1}$; b) $\bigcup\limits_{n=1}^{\infty} \Lambda_n = \Lambda$, wobei Λ die Separabilitätsmenge des Prozesses $\eta(t)$ ist; c) Λ_n enthält die Punkte, die in δ eingehen.

Wir schreiben die Punkte aus Λ_n in der Form t_{jk} $(j = 0, 1, \ldots, m-1;$ $k = 0, 1, \ldots, r_j)$, wobei $t_{j r_j} = t_{j+1, 0} = t_{j+1}$ ist. Es sei

$$\eta_{jk} = \eta(t_{jk}) - \sigma(t_{jk}), \qquad \zeta_{jk} = \eta_{jk} - \eta_{j\,k-1}.$$

Dann können wir

$$\zeta_{jk} = \left(\int_{t_{jk-1}}^{t_{jk}} \alpha(\tau, \xi(\tau), d\tau) - \alpha(t_{jk-1}, \xi(t_{jk-1}), \Delta t_{jk-1}) \right)$$
$$+ \left(\alpha(t_{jk-1}, \xi(t_{jk-1}), \Delta t_{jk-1}) - \alpha(t_{j,k-1}, \xi(t_{j0}), \Delta t_{jk-1})\right)$$
$$- \left(\alpha(t_{j0}, \xi(t_{j0}), t_{jk} - t_{j0}) - \alpha(t_{j0}, \xi(t_{j0}), t_{jk-1} - t_0) - \alpha(t_{jk-1}, \xi(t_{j0}), \Delta t_{jk-1})\right)$$

schreiben, wobei $\Delta t_{jk-1} = t_{jk} - t_{jk-1}$ ist. Unter Berücksichtigung von (8) und den Ungleichungen (3), (5) aus § 1 erhalten wir

$$|M\{\zeta_{jk}/\mathfrak{F}_{jk-1}\}| \leqq \psi_{jk},$$

wobei

$$\psi_{jk} = [g(\Delta t_{jk-1})\left(1 + |\xi(t_{jk-1})|\right) + g(t_{jk} - t_{j0})\left(1 + |\xi(t_{j0})|\right)] F[t_{jk-1}, t_{jk})$$
$$+ C[|\xi(t_{jk-1}) - \xi(t_{j0})| F(t_{jk-1}, t_{jk})] + \int_{t_{jk-1}}^{t_{jk}} M\{|\xi(\tau) - \xi(t_{jk-1})/|\mathfrak{F}_{t_{jk-1}}\} \, dF(\tau)]$$

ist. Wegen der gemachten Voraussetzungen ist mit Wahrscheinlichkeit Eins

$$\sup_{0 \leqq t \leqq T} |\eta(t) - \sigma(t)| = \lim_{n\to\infty} \sup_{t_{jk} \in \Lambda_n} |\eta_{jk}|,$$

woraus wir

$$M\left\{\sup_{0 \leqq t \leqq T} |\eta(t) - \sigma(t)|^2\right\} = \lim_{n\to\infty} M\left\{\sup_{t_{jk} \in \Lambda_n} |\eta_{jk}|^2\right\}$$

erhalten. Aus dem Lemma 1 folgt

$$M\left\{\sup_{t_{jk} \in \Lambda_n} |\eta_{jk}|^2\right\} \leqq 8s\{M\varrho_n^2 + M|\eta(T) - \sigma(T)|^2\},$$

wobei $\varrho_n = \sum_{j,k} \psi_{jk}$ ist. Aus dem vorigen Ausdruck für ψ_{jk} folgt, daß wir für eine nur von C und $F(T)$ abhängige Konstante C' die Ungleichung

$$\lim M\varrho_n^2 \leqq C'\left(g(|\delta|) \sum_{j=0}^{m-1} M\left(1 + |\xi(t_j)|^2\right) F(t_j, t_{j+1}) + \sum_{j=0}^{m-1} \int_{t_j}^{t_{j+1}} M|\xi(\tau) - \xi(t_j)|^2 \, dF(\tau)\right)$$

haben. Eine analoge Gestalt hat auch die Abschätzung der Größe $M|\eta(T) - \sigma(T)|^2$ (siehe (22) aus § 1). Somit haben wir folgenden Hilfssatz erhalten.

Lemma 4. *Ist $\alpha(t, x, h) \in \Pi_0(F, g, C)$ und $\xi(t) \in H_0$, dann existiert eine solche nur von C und $F(T)$ abhängige Konstante C'', daß*

$$M\{\sup |\eta(t) - \sigma(t)|^2\}$$
$$\leqq C''\left[g(|\delta|) \sum_{j=0}^{m-1} M\left(1 + |\xi(t_j)|^2\right) F(t_j, t_{j+1}) + \sum_{i=0}^{m-1} \int_{t_j}^{t_{j+1}} M|\xi(\tau) - \xi(t_j)|^2 \, dF(\tau)\right] \quad (9)$$

ist.

Satz 1. *Es sei $\xi(\cdot) \in H_2$, und $\alpha(t, x, h)$ sei ein Quasidifferentialfeld ohne Nachwirkung, das einer lokalen* Lipschitz*bedingung genügt. Hat für feste t und x*

das Feld $\alpha(t, x, h)$ mit Wahrscheinlichkeit Eins keine Sprünge zweiter Art, dann hat das separable stochastische Integral

$$I(t) = \int_0^t \alpha\big(\tau; \xi(\tau), d\tau\big)$$

ebenfalls keine Sprünge zweiter Art (mit Wahrscheinlichkeit Eins). Ist $\alpha(t, x, h)$ eine stetige Funktion von h (mit der gleichen Wahrscheinlichkeit), dann ist $I(t)$ mit Wahrscheinlichkeit Eins stetig.

Der Beweis kann analog zum Beweis von Satz 1 aus Teil I, § 3, geführt werden. Wir setzen zunächst voraus, daß $\alpha(t, x, h)$ einer gleichmäßigen Lipschitzbedingung genügt und daß $\xi(\cdot) \in H_0$ ist. In Übereinstimmung mit der Ungleichung (9) konstruieren wir eine Folge von Integralsummen σ_n, so daß

$$\boldsymbol{M}\left\{\sup_{0 \leqq t \leqq T} |\eta(t) - \sigma_n(t)|^2\right\} \leqq \frac{1}{2^{n+2}}$$

ist. Hieraus folgt

$$\boldsymbol{P}\left\{\sup_{0 \leqq t \leqq T} |\sigma_{n+1}(t) - \sigma_n(t)| > \frac{1}{2^{n/4}}\right\} \leqq 2^{-n/2}.$$

Deshalb konvergiert die Reihe

$$\sigma_1(t) + \big(\sigma_2(t) - \sigma_1(t)\big) + \cdots + \big(\sigma_{n+1}(t) - \sigma_n(t)\big) + \cdots$$

gleichmäßig, da aus der Konvergenz der Reihe

$$\sum_{n=2}^{\infty} \boldsymbol{P}\left\{\sup_{0 \leqq t \leqq T} |\sigma_{n+1}(t) - \sigma_n(t)| > \frac{1}{2^{n/4}}\right\}$$

und dem Lemma von Borel-Cantelli folgt, daß mit Wahrscheinlichkeit 1 nur eine endliche Anzahl der Ereignisse

$$\sup_{0 \leqq t \leqq T} |\sigma_{n+1}(t) - \sigma_n(t)| > \frac{1}{2^{n/4}}$$

eintreten kann. Damit ist der Satz für den betrachteten Spezialfall bewiesen. Ist $\xi(t) \in H$ und $\alpha(t, x, h) \in \Pi_0$, so läßt sich der Satz analog beweisen. Man braucht nur $\xi(t)$ durch die zufällige Kurven $\xi_n(t) \in H_0$ so zu approximieren, daß die Integrale

$$\eta_n(t) = \int_0^t \alpha\big(t, \xi_n(t), dt\big)$$

mit Wahrscheinlichkeit Eins bezüglich t gleichmäßig konvergieren. Daß dies möglich ist, folgt aus der Ungleichung (6) und Überlegungen, die den vorigen analog sind. Die Gültigkeit des Satzes für den allgemeinen Fall folgt schließlich daraus, daß für $\sup_{0 \leqq t \leqq T} |\xi(t)| \leqq N$ und alle $t \in [0, T]$

$$\int_0^t \alpha\big(\tau, \xi(\tau), d\tau\big) = \int_0^t \alpha_N\big(\tau, \xi_N(\tau), d\tau\big)$$

ist, wobei $\alpha_N(t, x, h) \in \Pi_0$, $\xi_N(\cdot) \in H$ ist, d. h., $\eta(t)$ stimmt mit Wahrscheinlichkeit 1 mit einer Funktion ohne Sprünge zweiter Art überein (oder entsprechend mit einer stetigen Funktion).

Bemerkung 2. Ist die Funktion $F(t)$ stetig, ist $\alpha(t, x, h) \in \Pi_1$ und ist $\alpha(t, x, h)$ (für feste t und x) ein separabler Prozeß, dann hat $\alpha(t, x, h)$ als Funktion von h keine Sprünge zweiter Art.

Aus den Ungleichungen (2) und (6) von § 1 folgt nämlich

$$\boldsymbol{M}\{|\alpha(t, x, h + \Delta) - \alpha(t, x, h)|^2/\mathfrak{F}_{t+h}\} \leqq K[F(t + h + \Delta) - F(t + h)],$$

wobei K und von t, h, Δ und nichtzufällig ist. Die Bemerkung folgt nun aus einem bekannten Satz [22].

Folgerung. Ist die Funktion $F(t)$ stetig und sind $\alpha(t, x, h)$ und $\eta(t)$ separable Prozesse in den Argumenten h und t, dann hat $\eta(t)$ keine Sprünge zweiter Art.

§ 3. Die stochastische Differentialgleichung

Wir geben nun die Definition einer stochastischen Differentialgleichung im Vektorraum, beweisen einen Existenz- und Eindeutigkeitssatz und untersuchen die einfachsten Eigenschaften der Lösungen. Die Definition der stochastischen Differentialgleichung basiert auf dem Begriff des stochastischen Kurvenintegrals, der im vorigen Paragraphen eingeführt wurde. Jedoch wird nun vorausgesetzt, daß die in die Ungleichungen (1) bis (6) des vorigen Paragraphen eingehende Funktion $F(t)$ gleich $L\,t$ ist, wobei L eine Konstante ist. Die in § 1 eingeführten wesentlichen Bezeichnungen bleiben auch im vorliegenden Paragraphen unverändert.

Insbesondere ist $\mathfrak{F}_t$ $(0 \leqq t \leqq T)$ eine feste nichtfallende Familie von σ-Algebren, die Unteralgebren von $\mathfrak{S}$ sind, $\{\Omega, \mathfrak{S}, \boldsymbol{P}\}$ der Wahrscheinlichkeitsgrundraum, X ein endlichdimensionaler Vektorraum. Wir bezeichnen mit $\Pi_0(L, C, g)$ die Klasse der zufälligen Felder, die den Bedingungen für die Beschränktheit der Nachwirkung mit einer festen Konstanten L

$$|\boldsymbol{M}\{\alpha(t, x, h)/\mathfrak{F}_t\}| \leqq L(1 + |x|)\,h, \tag{1}$$

$$\boldsymbol{M}\{|\alpha(t, x, h)|^2/\mathfrak{F}_t\} \leqq L(1 + |x|^2)\,h, \tag{2}$$

einer gleichmäßigen LIPSCHITZbedingung

$$|\boldsymbol{M}\{\alpha(t, x, h) - \alpha(t, y, h)/\mathfrak{F}_t\}| \leqq C\,|x - y|\,h, \tag{3}$$

$$\boldsymbol{M}\{|\alpha(t, x, h) - \alpha(t, y, h)|^2/\mathfrak{F}_t\} \leqq C\,|x - y|^2\,h \tag{4}$$

und folgenden Quasidifferentialbedingungen genügen:

$$|\boldsymbol{M}\{\alpha(t, x, h_1 + h_2) - \alpha(t, x, h_1) - \alpha(t + h_1, x, h_2)/\mathfrak{F}_{t+h_1}\}| \leqq L\,h_2(1 + |x|)\,g(h_1), \tag{5}$$

$$\boldsymbol{M}\{|\alpha(t, x, h_1 + h_2) - \alpha(t, x, h_1) - \alpha(t + h_1, x, h_2)|^2/\mathfrak{F}_{t+h_1}\} \leqq L\,h_2(1 + |x|^2)\,g(h_1), \tag{6}$$

wobei $g(h)$ eine feste nichtnegative monoton nichtfallende Funktion, $h \to 0$ und $\lim_{h \to 0} g(h) = 0$ ist.

Wenn wir die Bedingungen (3) und (4) abschwächen, indem wir fordern, daß sich für jedes $R > 0$ eine solche Konstante $C = C_R$ finden läßt, daß die Ungleichungen (3) und (4) mit dieser Konstanten für alle x und y mit $|x| \leqq R$ und $|y| \leqq R$ erfüllt sind, dann erhalten wir eine breitere Klasse von zufälligen Feldern, die wir mit $\Pi_1 = \Pi_1(L, g)$ bezeichnen werden.

Es sei H_C der Raum der zufälligen Prozesse (zufälligen Kurven) $\xi(t) = \xi(t, \omega)$, $t \in [0, T]$, $\omega \in \Omega$, mit Werten im Raum X, die für jedes ω meßbar, für jedes t $\mathfrak{F}_t$-meßbar und auf $[0, T]$ im quadratischen Mittel stetig sind (d. h., $\boldsymbol{M}\, |\xi(t+h) - \xi(t)|^2 \to 0$ konvergiert bei $h \to 0$, t, $t + h \in [0, T]$.)

Im H_C führen wir die Norm

$$||\xi(\cdot)||_C = \max_{0 \leqq t \leqq T} \{\boldsymbol{M}\, |\xi(t)|^2\}^{1/2} \tag{7}$$

ein. Längs einer beliebigen Kurve $\xi(\cdot) \in H_C$ existiert das stochastische Kurvenintegral

$$\xi_1(t) = x + \int_0^t \alpha(\tau, \xi(\tau), d\tau) \,. \tag{8}$$

Hier ist x ein $\mathfrak{F}_0$-meßbarer zufälliger Vektor, $x \in L_2(X)$, $\xi_1(t)$ ist $\mathfrak{F}_t$-meßbar, und es ist

$$\boldsymbol{M}\, |\xi_1(t + h) - \xi_1(t)|^2 \leqq C_1 \left\{ h + \int_t^{t+h} \boldsymbol{M}\, |\xi(t)|^2 \, dt \right\}, \tag{9}$$

wobei C_1 eine von $\xi(t)$ unabhängige Konstante ist. Die durch die Formel (8) definierte Zuordnung $\xi_1(\cdot) = I(\xi(\cdot))$ bildet also den Raum H_C in sich ab.

Definition 1. Als *Lösung der stochastischen Differentialgleichung*

$$d\xi = \alpha(t, \xi, dt) \,, \qquad \xi(0) = x \,, \tag{10}$$

bezeichnen wir einen zufälligen Prozeß $\xi(t)$ $\big(t \in [0, T], \xi(\cdot) \in H_C\big)$, der für jedes t mit Wahrscheinlichkeit Eins definiert ist und der die Gleichung

$$\xi(t) = x + \int_0 \alpha(\tau, \xi(\tau), d\tau)$$

erfüllt.

Den Wert $\xi(0) = x$ nennt man Anfangsbedingung der Gleichung (10).

Satz 1. *Ist das zufällige Feld* $\alpha(t, x, h) \in \Pi_0$, *dann hat die stochastische Differentialgleichung* (10) *für einen beliebigen Anfangswert* x *im* H_C *eine eindeutige Lösung.*

Beweis. Wir haben schon darauf hingewiesen, daß die Integrationsoperation (8) den Raum H_C in H_C abbildet. Es sei

$$\xi_n(\cdot) = I(\xi_{n-1}(\cdot)) \,, \qquad \eta_n(\cdot) = I(\eta_{n-1}(\cdot)) \,, \qquad n = 1, 2, \ldots,$$

und $\xi_0(t)$, $\eta_0(t)$ seien beliebige Prozesse aus H_C. Infolge der Ungleichung (19) aus § 1 ist

$$M\,|\xi_n(t) - \eta_n(t)|^2$$

$$\leqq C_2 \int_0^t M\,|\xi_{n-1}(\tau) - \eta_{n-1}(\tau)|^2\,\mathrm{d}\tau \leqq \frac{C_2^n\,t^{n-1}}{(n-1)!} \int_0^t M\,|\xi_0(\tau) - \eta_0(\tau)|^2\,\mathrm{d}\tau\,,$$

wobei C_2 eine von t unabhängige Konstante ist. Somit ist eine gewisse Potenz des Operators I ein kontrahierender Operator, und I selbst ist stetig. Folglich hat der Operator I nur einen Fixpunkt, nämlich die Lösung der Gleichung (10).

Bemerkung 1. Unter den Bedingungen des Satzes kann man die Lösung der stochastischen Differentialgleichung mit Hilfe der Iterationsmethode erhalten, indem man von einer beliebigen nullten Näherung $\xi_0(t) \in H_C$ ausgeht. Dabei bleibt die Konvergenz im quadratischen Mittel der Iterationen erhalten, wenn man den Erwar tungswert durch die bedingten Erwartungswerte bezüglich $\mathfrak{F}_0$ ersetzt.

Bemerkung 2. Genügen die zufälligen Felder $\alpha(t, x, h)$ und $\beta(t, x, h)$ den Bedingungen des Lemmas 9 § 1 und gilt $V_{0,T}(F_1) = 0$. dann fallen die Lösungen der Gleichungen $\mathrm{d}\xi = \alpha(t, \xi, \mathrm{d}t)$, $\mathrm{d}\eta = \beta(t, \eta, \mathrm{d}t)$, $\eta(0) = \xi(0)$ auf dem Intervall $[0, T]$ bei jedem $t \in [0, T]$ mit Wahrscheinlichkeit 1 zusammen.

Bemerkung 3. Das Feld $\alpha(t, x, h)$ genüge den Bedingungen des Satzes 1, der zufällige Prozeß $\varphi(t)$ $(0 \leqq t \leqq T)$ sei $\mathfrak{F}_t$-meßbar, $\varphi(t) \in L_2(X)$, und er sei in $L_2(X)$ stetig. Die Gleichung

$$\xi(t) = \varphi(t) + \int_0^t \alpha\big(\tau, \xi(\tau), \mathrm{d}\tau\big) \tag{11}$$

hat im H_C eine eindeutige Lösung.

Der Beweis dieser Behauptung unterscheidet sich nicht vom Beweis des Satzes 1.

Definition 2. Als Eulersche Approximation der Lösung einer stochastischen Differentialgleichung (10) bezeichnen wir den zufälligen Prozeß $\xi_\delta(t)$, der durch die Rekursionsformel

$$\xi_\delta(0) = x\,, \qquad \xi_\delta(t) = \xi_\delta(t_k) + \alpha\big(t_k, \xi_\delta(t_k), t - t_k\big)\,, \qquad t_k \leqq t \leqq t_{k+1}\,,$$
$$k = 1, 2, \ldots, n-1$$

definiert ist, wobei $\delta = \{t_0, t_1, \ldots, t_n\}$ eine Aufteilung des Intervalls $[0, T]$ darstellt.

Wir zeigen, daß die Eulerschen Approximationen gute Näherungen für die Lösung der stochastischen Differentialgleichung (10) gleichmäßig bezüglich aller Felder $\alpha(t, x, h) \in \Pi_0(L, g, C)$ geben.

Lemma 1. *Ist $\xi(t)$ eine Lösung der Gleichung* (10) *und genügt $\alpha(t, x, h)$ den Bedingungen* (1) *bis* (6), *dann ist*

$$M\,\{|\xi(t) - x|^2/\mathfrak{F}_0\} \leqq (e^{C_1 t} - 1)\,(1 + |x|^2)\,,$$

wobei C_1 eine Konstante ist, die nur von C, L und T $(0 \leqq t \leqq T)$ abhängt.

Beweis. Benutzen wir den Satz 1 und die Folgerung 1 aus § 1, dann erhalten wir

$$\begin{aligned}&M\{|\xi_n(t) - x|^2/\mathfrak{F}_0\}\\ &\leqq 2M\left\{\left|\int_0^t \alpha\big(\tau, \xi_{n-1}(\tau), d\tau\big) - \alpha(\tau, x, d\tau)\right|^2\Big/\mathfrak{F}_0\right\} + 2M\left\{\left|\int_0^t \alpha(\tau, x, d\tau)\right|^2\Big/\mathfrak{F}_0\right\}\\ &\leqq C_1 \int_0^t M\{|\xi_{n-1}(\tau) - x|^2/\mathfrak{F}_0\}\, d\tau + C_1(1 + |x|^2)\, t\,.\end{aligned}$$

Hier ist C_1 eine gewisse Konstante, die nur von C, L, T abhängt, und $\xi_n(t)$ ist die n-te Näherung für die Lösung der Gleichung (10), wobei als nullte Näherung $\xi_0(t) = x$ genommen wurde. Iterieren wir die letzte Ungleichung, dann erhalten wir

$$M\{|\xi_n(t) - x|^2/\mathfrak{F}_0\} \leqq (1 + |x|^2) \sum_{k=1}^{n} \frac{C_1^k t^k}{k!}\,.$$

Gehen wir hier für $n \to \infty$ zum Grenzwert über und berücksichtigen die Bemerkung zu Satz 1, so erhalten wir den Beweis.

Lemma 2. *Für jedes $\varepsilon > 0$ läßt sich ein $\varepsilon_0 = \varepsilon_0(\varepsilon)$ finden, so daß für $|\delta| < \varepsilon_0$*

$$M\left\{\sup_{0 \leqq t \leqq T} |\xi(t) - \xi_\delta(t)|^2/\mathfrak{F}_0\right\} \leqq \varepsilon(1 + |x|^2)$$

ist, wobei unter den Bedingungen (1) *bis* (6) ε_0 *nur von* $|\delta|$, $g(|\delta|)$, T *und den Konstanten* L, C *abhängt.*

Beweis. Wegen

$$\begin{aligned}&M\{|\xi(t + h) - \xi(t)|^2/\mathfrak{F}_0\}\\ &\leqq 2M\left\{\left|\int_t^{t+h} \alpha\big(\tau, \xi(\tau), d\tau\big) - \int_t^{t+h} \alpha(\tau, x, d\tau)\right|^2\Big/\mathfrak{F}_0\right\} + 2M\left\{\left|\int_t^{t+h} \alpha(\tau, x, d\tau)\right|^2\Big/\mathfrak{F}_0\right\}\end{aligned}$$

erhalten wir unter Berücksichtigung der Ungleichungen (17) und (19) von § 1

$$M\{|\xi(t + h) - \xi(t)|^2/\mathfrak{F}_0\} \leqq C_1(1 + |x|^2)\, h + \int_t^{t+h} M\{|\xi(\tau) - x|^2/\mathfrak{F}_0\}\, d\tau\,,$$

woraus

$$M\{|\xi(t + h) - \xi(t)|^2/\mathfrak{F}_0\} \leqq K(1 + |x|^2)\,(e^{C_1 h} - 1)$$

folgt. Jetzt braucht man nur noch das Lemma 4 aus § 2 anzuwenden, aus dem sich dann die Ungleichung

$$M\{\sup |\xi(t) - \xi_\delta(t)|^2/\mathfrak{F}_0\} \leqq C_2\big(g(|\delta|) + \delta\big)(1 + |x|^2) \qquad (12)$$

ergibt, wobei C_2 eine Konstante ist, die ebenfalls wie C_1 nur von C, L, T abhängt. Das Lemma ist bewiesen.

Folgerung 1. Ist $\xi(t)$ eine Lösung der stochastischen Differentialgleichung (10) und sind die Bedingungen des Satzes (1) erfüllt, dann ist $\xi(t) = \operatorname*{l.i.m.}_{\sigma \to 0} \xi_\sigma(t)$.

Bemerkung 4. Ist $\xi(t)$ eine Lösung der Gleichung (10) und ist $\alpha(t, x, h) \in \Pi_0$, dann folgt aus dem Lemma 1

$$M\,|\xi(t+h) - \xi(t)|^2 \leqq C'\,h\,,$$

wobei C' irgendeine Konstante ist. Insbesondere ist $\xi(t)$ ein stochastisch stetiger Prozeß. Da $\xi(t)$ keine Sprünge zweiter Art besitzt, ist der Prozeß $\xi(t)$ stochastisch äquivalent einem zufälligen Prozeß, dessen Realisierungen in jedem Punkt des Intervalls $[0, T]$ mit Wahrscheinlichkeit Eins rechtsseitig stetig sind. Ein analoger Schluß gilt für den zufälligen Prozeß $\alpha(t, x, h)$, der als Funktion von h betrachtet wird. Deshalb werden wir im weiteren annehmen, daß die Realisierungen der Prozesse $\alpha(\,\cdot\,,\,\cdot\,, h)$ und $\xi(t)$ rechtsseitig stetig sind. Dabei kann man voraussetzen, daß $\xi(t)$ der Grenzwert einer mit Wahrscheinlichkeit 1 auf $[0, T]$ gleichmäßig konvergenten Folge von Integralsummen ist.

Bemerkung 5. Ist das Feld $\alpha(\,\cdot\,,\,\cdot\,, h)$ als Funktion von h mit Wahrscheinlichkeit 1 stetig, dann ist auch die separable Lösung der stochastischen Differentialgleichung (10) mit der gleichen Wahrscheinlichkeit stetig.

Ist G eine offene Menge im Raum X, dann ist die Menge der t, für die $\xi(t) \notin G$ ist, abgeschlossen. Es sei

$$\tau = \min\,\{t;\, \xi(t) \notin G\}\,.$$

Die Zufallsgröße τ ist meßbar, das $\tau = \inf\,\{t;\, t \in \Lambda,\, \xi(t) \notin G\}$ ist. Hierbei ist Λ die abzählbare Menge der Separabilitätspunkte des Prozesses $\xi(t)$. Wir nennen τ den Zeitpunkt des ersten Austritts aus dem Gebiet G.

Folgerung 2. Es seien $\xi_i(t)$ $(i = 1, 2)$ separable Lösungen der Gleichungen $d\xi_i(t) = \alpha_i(t, \xi_i(t), dt)$, $i = 1, 2$, $\xi_1(0) = \xi_2(0)$, die Felder $\alpha_i(t, x, h)$ genügen den Bedingungen des Satzes 1, und für eine gewisse offene Menge G, $G \subset X$, sei

$$\alpha_1(t, x, h) = \alpha_2(t, x, h)\,, \qquad x \in G\,, \qquad t \in [0, T]\,, \qquad h \in [0, h_0]\,.$$

Wir bezeichnen mit τ_i den Zeitpunkt, zu dem der Prozeß $\xi_i(t)$ erstmalig das Gebiet G_0 verläßt, wobei G_0 mit seiner Abschließung im Gebiet G liegt. Dann ist für alle $t < \tau$ mit Wahrscheinlichkeit Eins $\tau_1 = \tau_2$ und $\xi_1(t) = \xi_2(t)$.

Bei hinreichend kleinem $|\delta|$ liegen nämlich für $t < \tau_1$ die EULERschen Polygonzüge $\xi_i^{(\delta')}(t)$ mit Wahrscheinlichkeit Eins im Gebiet G; dann ist aber $\xi_1^{(\delta)}(t) = \xi_2^{(\delta)}(t)$ bei $t < \tau_1$, und folglich ist $\xi_1(t) = \xi_2(t)$ bei $t < \tau_1$. Deshalb ist $\tau_2 \leqq \tau_1$. Vertauschen wir die Prozesse $\xi_1(t)$ und $\xi_2(t)$, dann erhalten wir $\tau_1 = \tau_2 = \tau$ und für alle $t < \tau$ mit Wahrscheinlichkeit Eins die Gleichung $\xi_1(t) = \xi_2(t)$. Diese Eigenschaft bringt die lokale Abhängigkeit der Lösungen einer stochastischen Differentialgleichung vom Feld zum Ausdruck.

Wir erweitern nun die Gültigkeitsbedingungen des Satzes 1, indem wir die gleichmäßige LIPSCHITZbedingung durch eine lokale ersetzen. Wir benötigen folgenden Hilfssatz.

Lemma 3. *Ist* $\alpha(t, x, h) \in \Pi_0(L, g, C)$ *und*

$$\boldsymbol{M} \sup_{0 \leq t \leq T} |\varphi(t)|^2 < \infty ,$$

dann existiert eine solche nur von L und T abhängige Konstante C_2, *daß für die Lösung* $\xi(t)$ *der Gleichung* (11) *die Ungleichung*

$$\boldsymbol{M}\left\{\sup_{0 \leq t \leq T} |\xi(t)|^2/\mathfrak{F}_0\right\} \leq C_2\left[1 + \boldsymbol{M}\left(\sup_{0 \leq t \leq T} |\varphi(t)|^2\right)\right]$$

erfüllt ist.

Beweis. Wir setzen

$$z(t) = \boldsymbol{M}\left\{\sup_{0 \leq t \leq T} |\xi(\tau)|^2/\mathfrak{F}_0\right\}, \qquad \gamma = \boldsymbol{M}\left(\sup_{0 \leq \tau \leq T} |\varphi(t)|^2\right).$$

Wegen Lemma 2 aus § 2 ist

$$z(t) \leq 2\,\gamma + 2\,L\,C_1\left(T + \int_0^t \boldsymbol{M}\{|\xi(\tau)|^2/\mathfrak{F}_0\}\,\mathrm{d}\tau\right) \leq 2\,\gamma + C_1' + C_2' \int_0^t z(\tau)\,\mathrm{d}\tau ,$$

wobei $C_1' = 2\,C_1^2\,L^T$, $C_2' = 2\,L\,C_1$ ist. Aus der erhaltenen Ungleichung folgt

$$z(t) \leq (2\,\gamma + C_1')\,e^{C_2' t} ,$$

was zu beweisen war.

Satz 2. *Ist* $\alpha(t, x, h) \in \Pi_1$, $\boldsymbol{P}\left\{\sup_{0 \leq t \leq T} |\varphi(t)| = \infty\right\} = 0$ *und* $G(t)$ *rechtsseitig stetig, dann hat die stochastische Differentialgleichung* (11) *eine eindeutige Lösung* $\xi(t)$, *die mit Wahrscheinlichkeit Eins rechtsseitig und für jedes* $t \in [0, T]$ $\mathfrak{F}_t$*-meßbar ist. Sind dabei* $\varphi(t)$ *und* $\alpha(\,\cdot\,,\,\cdot\,, h)$ *mit Wahrscheinlichkeit Eins in t und h stetig, so ist auch* $\xi(t)$ *mit der gleichen Wahrscheinlichkeit stetig.*

Wir beweisen die Existenz einer Lösung. Zunächst approximieren wir das Feld $\alpha(t, x, h)$ durch die Felder $\alpha_N(t, x, h) \in \Pi_0$. Wir setzen

$$\alpha_N(t, x, h) = g_N(x)\,\alpha(t, x, h) ,$$

wobei $g_N(x) = 1$, wenn $|x| \leq N$, $g_N(x) = N + 1 - |x|$, wenn $N \leq |x| \leq N + 1$, und $g_N(x) = 0$ bei $|x| > N + 1$ ist. Offenbar ist $\alpha_N(t, x, h) \in \Pi_0(L, g, C_N)$; deshalb hat die Gleichung

$$\xi_N(t) = \varphi_N(t) + \int_0^t \alpha_N(\tau, \xi_N(\tau), \mathrm{d}\tau)$$

eine rechtsseitig stetige Lösung. Es sei τ_N die Zeit des ersten Austritts von $\xi_N(t)$ aus der Kugel $|x| \leq N$. Dann ist $\xi_{N+1}(t) = \xi_N(t)$, wenn $t \leq \tau_N$ ist. Aus dem Lemma 3 folgt, daß für $N \to \infty$

$$\boldsymbol{P}\,\{\tau_N \leq T\} = \boldsymbol{P}\left\{\sup_{0 \leq t \leq T} |\xi_N(t)| > N\right\} \to 0$$

konvergiert. Demzufolge existiert mit Wahrscheinlichkeit 1 der Grenzwert $\lim \xi_N(t) = \xi(t)$ $(0 \leqq t \leqq T)$, wobei man mit der gleichen Wahrscheinlichkeit sich eine derartige Zahl $N_0 = N(\omega)$ finden kann, daß

$$\xi(t) = \xi_N(t) \quad (0 \leqq t \leqq T), \qquad N > N_0$$

ist. Folglich ist der Prozeß $\xi(t)$ mit Wahrscheinlichkeit Eins rechtsseitig stetig. Hieraus folgt ebenfalls, daß nach Definition der Grenzwert

$$\boldsymbol{P}\text{-}\lim_{N\to\infty} \int_0^t \alpha_N(\tau, \xi_N(\tau), \mathrm{d}\tau) = \int_0^t \alpha(\tau, \xi(\tau)\, \mathrm{d}\tau) \tag{13}$$

existiert. Mehr noch, mit Wahrscheinlichkeit Eins stimmt das Integral auf der rechten Seite der Gleichung für alle $t \in [0, T]$ mit dem Integral auf der linken Seite für alle $N \geqq N_0 = N_0(\omega)$ überein. Somit ist $\xi(t)$ eine Lösung der Gleichung (11). Für jedes t ist $\xi(t)$ offenbar $\mathfrak{F}_t$-meßbar.

Der Beweis für die Eindeutigkeit der Lösung der Gleichung (11) verläuft analog zum Beweis von Satz 3 aus Teil I, § 6. Sind $\xi_i(t)$ zwei rechtsseitig stetige Lösungen von (11), die für jedes t $\mathfrak{F}_t$-meßbar sind, und ist $\psi_N(t) = 1$, wenn

$$\sup_{0\leqq\tau\leqq T} |\xi_i(\tau)| \leqq N \qquad (i = 1, 2)$$

ist, dann haben wir

$$\begin{aligned} &\boldsymbol{M}\,\psi_N(t)\, |\xi_1(t) - \xi_2(t)|^2 \\ &= \boldsymbol{M}\psi_N(t) \left| \int_0^t \alpha_{N+1}(\tau, \xi_1(\tau), \mathrm{d}\tau) - \int_0^t \alpha_{N+1}(\tau, \xi_2(\tau), \mathrm{d}\tau) \right|^2 \\ &\leqq C'_{N+1}\, \boldsymbol{M}\,\psi_N(t) \int_0^t |\xi_1(\tau) - \xi_2(\tau)|^2\, \mathrm{d}\tau \leqq C'_{N+1}\, \boldsymbol{M} \int_0^t \psi_N(\tau)\, |\xi_1(\tau) - \xi_2(\tau)|^2\, \mathrm{d}\tau\,, \end{aligned}$$

wobei C'_{N+1} eine Konstante ist. Aus der erhaltenen Ungleichung folgt, daß für jedes N und t mit Wahrscheinlichkeit Eins $\psi_N(t)\, |\xi_1(t) - \xi_2(t)|^2 = 0$ ist, woraus die Eindeutigkeit der Lösung folgt. Die zusätzliche Behauptung des Satzes über die Stetigkeit von $\xi(t)$ folgt daraus, daß mit Wahrscheinlichkeit Eins $\xi(t)$ mit einem gewissen $\xi_N(t)$ übereinstimmt und $\xi_N(t)$ infolge Satz 1 aus § 2 unstetig ist.

Bemerkung 6. Ist $\alpha(t, x, h) \in \Pi_1(L, g)$ und

$$\boldsymbol{M} \sup_{0\leqq t\leqq T} |\varphi(t)|^2 < \infty\,,$$

dann gehört die Lösung $\xi(t)$ der Gleichung (11) für jedes t zu L_2, und es ist

$$\boldsymbol{M}\Big(\sup_{0\leqq t\leqq T} |\xi(t)|^2\Big) \leqq C_2\Big[1 + \boldsymbol{M}\Big(\sup_{0\leqq t\leqq T} |\varphi(t)|^2\Big)\Big]\,, \tag{14}$$

wobei C_2 dieselbe Konstante ist wie in Lemma 3.

Da nämlich von einem gewissen $N_0 = N_0(\omega)$ ab $\xi(t)$ mit $\xi_N(t)$ zusammenfällt $(N \geqq N_0)$, ist $\sup_{0\leqq t\leqq T} |\xi(t)| \leqq \varliminf_{N\to\infty} \sup_{0\leqq t\leqq T} |\xi_N(t)|$. Um (14) zu erhalten, braucht man nur noch das Lemma von Fatou und das Lemma 3 anzuwenden.

KAPITEL 2

STOCHASTISCHE DIFFERENTIALGLEICHUNGEN OHNE NACHWIRKUNG

§ 4. Einführende Bemerkungen

Die zufälligen Bewegungen, die für den homogenen Fall untersucht wurden, hatten folgende Eigenschaft: Der Hauptteil der Verschiebung des sich bewegenden Punktes während des Zeitintervalls $(t, t + h)$ bestand in der „regulären“ Verschiebung, die gleich $A(t, x)\,h$ ist. Diese Verschiebung hat den gleichen Charakter wie bei einer Bewegung, die durch eine gewöhnliche Differentialgleichung definiert ist und einen zufälligen Teil, der die Fluktuationen des sich bewegenden Punktes bezüglich der „regulären“ Bewegung charakterisiert und die Gestalt $\sigma(t, x)\,[w\,(t + h) - w(t)]$ hat, wobei $w(t)$ ein WIENER-prozeß ist.

Im vorliegenden Kapitel werden mehrdimensionale Bewegungen behandelt, deren lokale Charakteristik noch durch ein zusätzliches Glied kompliziert wird, und zwar durch einen unstetigen Prozeß mit unabhängigen Zuwächsen und mit einem beliebigen Spektrum von Sprüngen. Wir bezeichnen diesen Summanden mit $\gamma(t, x, h)$ und führen einige einführende Bemerkungen in bezug auf diesen Prozeß an.

Wir werden auch weiterhin einen Prozeß mit endlichen Momenten zweiter Ordnung betrachten. Wie bekannt ist, kann man einen homogenen Vektorprozeß mit unabhängigen Zuwächsen, endlichen Momenten zweiter Ordnung, mit einem Mittelwert, der gleich Null ist, und ohne stetige Komponente in der Form

$$\gamma(t, x, h) = \int u\, \tilde{\nu}_{tx}(h, du) \tag{1}$$

darstellen, wobei u ein n-dimensionaler Vektor ist, die Integration über den gesamten n-dimensionalen Raum vorgenommen wird, $\nu_{tx}(h, A)$ das POISSONsche Zufallsmaß und

$$\tilde{\nu}_{tx}(h, A) = \nu_{tx}(h, A) - h\,\Pi_{tx}(A)\,, \qquad h\,\Pi_{tx}(A) = \mathbf{M}\,\nu_{tx}(h, A) \tag{2}$$

ist, wobei

$$\int |u|^2\, \Pi_{tx}(dx) < \infty \tag{3}$$

ist. Die Variablen t, x spielen hier die Rolle von Parametern der betrachteten Maße. Da die Abhängigkeit der Maße von den Parametern bestimmte Schwierigkeiten mit sich bringt, ist es günstiger, zu anderen Darstellungsformen überzugehen, bei denen gewisse Punktfunktionen von t und x abhängen, nämlich zu Darstellungen der Form

$$\gamma(t, x, h) = \int f(t, x, u)\, \tilde{\nu}(h, du) \tag{4}$$

(mit einem festen POISSONschen „Standard"maß $\nu(h, A)$). Man kann voraussetzen, daß wir beim Übergang zur Darstellung (4) an Allgemeinheit nichts einbüßen. Um uns davon zu überzeugen, werden wir den Ausdruck für die charakteristische Funktion der Verteilung der Größe (4) angeben. Das in (4) auftretende Integral ist als mittlerer quadratischer Grenzwert der Summe ($n \to \infty$)

$$\sum_k f_k^{(n)} \tilde{\nu}(h, A_k^{(n)}) \tag{5}$$

zu verstehen, wobei $f^{(n)}(u)$ eine stückweise konstante Funktion ist:

$$f^{(n)}(u) = f_k^{(n)} \quad \text{für} \quad u \in A_k^{(n)}, \qquad \bigcup_k A_k^{(n)} = X,$$
$$\int |f(u) - f^{(n)}(u)|^2 \, \Pi(\mathrm{d}u) \to 0 .$$

Die Abhängigkeit der Funktion $f^{(n)}(u)$ von t und x werden wir jetzt fortlassen. Berücksichtigen wir, daß $\nu(t, A)$ eine POISSONsche Verteilung besitzt und daß auf den disjunkten Mengen A_k, $k = 1, 2, \ldots, n$, die Zufallsgrößen

$$\nu(h, A_1), \qquad \nu(h, A_2), \ldots, \nu(h, A_n)$$

unabhängig sind, dann erhalten wir für die charakteristische Funktion $g_n(\lambda)$ des zufälligen Vektors (5) den folgenden Ausdruck:

$$g_n(\lambda) = \boldsymbol{M} \exp\left\{i\left(\lambda \mid \sum_k f_k^{(n)} \tilde{\nu}(h, A_k^{(n)})\right)\right\} = \prod_k \boldsymbol{M} \exp\{i(\lambda \mid f_k^{(n)}) \tilde{\nu}(h, A_k^{(n)})\}$$
$$= \prod_k \exp\left\{\left(e^{i(\lambda \mid f_k^{(n)})} - 1 - i(\lambda \mid f_k^{(n)})\right) h \, \Pi(A_k^{(n)})\right\}$$
$$= \exp\left\{h \int \left[e^{i(\lambda \mid f_k^{(n)}(u))} - 1 - i(\lambda \mid f^{(n)}(u))\right] \Pi(\mathrm{d}u)\right\}.$$

Gehen wir in dieser Gleichung für $n \to \infty$ zum Grenzwert über, so erhalten wir für die charakteristische Funktion $g(\lambda)$ des zufälligen Vektors (4) die Formel

$$\ln g(\lambda) = h \int [e^{i(\lambda \mid f(u))} - 1 - i(\lambda \mid f(u))] \, \Pi(\mathrm{d}u), \tag{6}$$

wobei $f(u) = f(t, x, u)$ eine beliebige Funktion ist, die der Bedingung

$$\int |f(u)|^2 \, \Pi(\mathrm{d}u) < \infty \tag{7}$$

genügt. Durch Variablensubstitution $v = f(u)$ im Integral (6) gelangen wir zu der Form

$$\ln g(\lambda) = h \int [e^{i(\lambda \mid v)} - 1 - i(\lambda \mid v)] \, \Pi f^{-1}(\mathrm{d}v), \tag{8}$$

und die Bedingung (7) läßt sich dabei wie folgt schreiben:

$$\int |v|^2 \, \Pi f^{-1}(\mathrm{d}v) < \infty . \tag{9}$$

Andererseits existiert für ein beliebiges auf der σ-Algebra der BORELmengen des n-dimensionalen Raumes X gegebenes Maß eine meßbare Abbildung $f(x)$ des Raumes X in X, bei der

$$\Pi f^{-1}(A) = \Pi'(A)$$

ist, wobei $\Pi(A)$ das LEBESGUEsche Maß von A ist. Die Formel (6) zusammen mit der Bedingung (7) umfaßt also beliebige Verteilungen, die den Prozessen (1) entsprechen, d. h. beliebigen homogenen Prozessen mit unabhängigen Zuwächsen, endlichen Momenten zweiter Ordnung und ohne stetige Komponete.

Im vorliegenden Kapitel werden also Bewegungen im s-dimensionalen Raum X betrachtet, die durch die stochastische Differentialgleichung

$$d\xi = \alpha(t, \xi, dt)$$

beschrieben werden; dabei ist

$$\alpha(t, x, h) = a(t, x)\, h + B(t, x)\, [w(t + h) - w(t)] + \int f(t, x, u)\, \tilde{\nu}(h, du);$$

$a(t, x)$, $f(t, x, u)$ sind nichtzufällige n-dimensionale Funktionen der entsprechenden Argumente; $t \in [0, T]$; $x \in X$; $u \in X$; $B(t, x)$ ist eine nichtzufällige Operatorfunktion, die X in X linear abbildet (bei festen t und x); $w(t)$ ist ein s-dimensionaler WIENERscher Vektorprozeß, d. h. ein Vektorprozeß, dessen Komponenten in einer beliebigen orthonormierten Basis unabhängige homogene WIENERprozesse sind; $\tilde{\nu}(t, A) = \nu(t, A) - t\,\Pi(A)$, $\nu(t, A)$ ist das POISSONsche Maß und $t\,\Pi(A) = M\,\nu(t, A)$.

§ 5. Gewisse Spezialfälle von stochastischen Integralen

Wir benötigen einige Definitionen für die stochastischen Integrale bei gewissen Spezialfällen. Diese Definitionen und Eigenschaften der Integrale sind analog den schon früher behandelten. Zunächst betrachten wir stochastische Integrale der Gestalt

$$\int_0^T \big(\varphi(t) \mid d\psi(t)\big)\,, \tag{1}$$

wobei $\varphi(t)$ und $\psi(t)$ zufällige Prozesse sind. Derartige Integrale sind Spezialfälle des stochastischen Kurvenintegrals, das dem zufälligen Feld $\alpha(t, x, h) = \big(x \mid \psi(t + h) - \psi(t)\big)$ entspricht. Jedoch werden wir hier Voraussetzungen betrachten, die sich von den früher behandelten etwas unterscheiden. Wir werden annehmen, daß der Prozeß $\psi(t)$ ein D-Martingal ist.

Definition 1. Der zufällige Vektorprozeß $\psi(t)$, $t \in [0, T]$ heißt *Martingal*, wenn $M\,|\psi(t)| < \infty$ ist und eine solche Schar von σ-Algebren $\mathfrak{F}_t$ ($t \in [0, T]$, $\mathfrak{F}_t \subset \mathfrak{S}$) gegeben ist, daß $\xi(t)$ für jedes t $\mathfrak{F}_t$-meßbar und für $s > t$

$$M\,\{\psi(s)/\mathfrak{F}_t\} = \psi(t)$$

ist.

Das Martingal $\psi(t)$ nennen wir *D-Martingal*, wenn $M\,|\psi(t)|^2 < \infty$ ist und eine nichtnegativ definite zufällige Matrix $\varrho(t)$ existiert, die für jedes t $\mathfrak{F}_t$-meßbar, mit Wahrscheinlichkeit Eins meßbar in t und so beschaffen ist, daß

$$M\,\{\big(\psi(s) - \psi(t)\big)\big(\psi(s) - \psi(t)\big)^*/\mathfrak{F}_t\} = M\left\{\int_t^s \varrho(\tau)\, d\tau/\mathfrak{F}_t\right\}, \qquad 0 \leqq t \leqq s \leqq T$$

gilt.

Wir erinnern, daß die Vektoren Spaltenvektoren sind und das Zeichen „*" den Übergang zum transponierten Vektor (Zeilenvektor) bedeutet. Wir weisen auf folgenden Spezialfall des D-Martingals hin.

Wenn

$$\boldsymbol{M}\,\{[\psi_k(s) - \psi_k(t)]^2/\mathfrak{F}_t\} = F_k(s) - F_k(t)$$

ist, wobei $\psi_k(t)$ die Komponenten des Vektors $\psi(t)$ sind und $F_k(t)$ eine nichtzufällige Funktion ist, dann genügt das Feld $\alpha(t, x, h) = \big(x \mid \psi\,(t + h) - \psi(t)\big)$ allen Bedingungen des Kapitels I, d. h., es ist ein Quasidifferentialfeld $\big(g(h) = 0\big)$ mit beschränkter Nachwirkung und genügt einer gleichmäßigen LIPSCHITZ-bedingung. In diesem Fall sind also alle Ergebnisse über die Kurvenintegrale aus dem vorigen Kapitel auf das Integral (1) anwendbar.

Für einen allgemeineren Fall des D-Martingals kann man die Konstruktion des stochastischen Integrals und die Herleitung seiner Eigenschaften analog zu dem eben Gesagten vornehmen. Man braucht sich nur auf den skaralen Fall zu beschränken, d. h. auf die Annahme, daß $\varphi(t)$ und $\psi(t)$ zufällige Prozesse sind, die Zahlenwerte annehmen, da das Integral (1) als Summe der Integrale von skalaren Prozessen angesehen werden kann.

Es sei zunächst $\varphi(t)$ eine stückweise konstante Funktion, d. h., es sei

$$\varphi(t) = \alpha_k \qquad \text{für} \quad t \in [t_k^*, t_{k+1}^*]\,, \qquad k = 0, 1, \ldots, n-1\,,$$

wobei $0 = t_0^* < t_1^* < \cdots < t_n^*$ gilt und α_k eine $\mathfrak{F}_{t_k^*}$-meßbare Zufallsgröße ist. In diesem Fall setzen wir

$$\int_0^T \varphi(t)\, \mathrm{d}\psi(t) = \sum_{k=0}^{n-1} \alpha_k\, [\psi(t_{k+1}^*) - \psi(t_k^*)]\,. \tag{2}$$

Wie in Teil I, § 2 können wir zeigen, daß das Integral (2) folgende Eigenschaften besitzt:

1. Wenn α_1 und α_2 konstante Zufallsgrößen sind, dann ist

$$\int_0^T [\alpha_1\, \varphi_1(t) + \alpha_2\, \varphi_2(t)]\, \mathrm{d}\psi(t) = \alpha_1 \int_0^T \varphi_1(t)\, \mathrm{d}\psi(t) + \alpha_2 \int_0^T \varphi_2(t)\, \mathrm{d}\psi(t)\,; \tag{3}$$

2. ist $\chi_{[\alpha,\beta)}(t)$ der Indikator des Intervalls $[\alpha, \beta)$, dann ist

$$\int_0^T \chi_{[\alpha,\beta)}(t)\, \mathrm{d}\psi(t) = \psi(\beta) - \psi(\alpha)\,;$$

3. ist $\boldsymbol{M} \int_0^T \varphi^2(t)\, \varrho(t)\, \mathrm{d}t < \infty$, dann ist

$$\boldsymbol{M}\left\{\int_0^T \varphi(t)\, \mathrm{d}\psi(t)/\mathfrak{F}_0\right\} = 0\,, \quad \boldsymbol{M}\left\{\left|\int_0^T \varphi(t)\, \mathrm{d}\psi(t)\right|^2\Big/\mathfrak{F}_0\right\} = \boldsymbol{M}\left\{\int_0^T \varphi^2(t)\, \varrho(t)\, \mathrm{d}t/\mathfrak{F}_0\right\}; \tag{4}$$

4. ist (4) erfüllt, dann gilt für beliebiges C und N die Ungleichung

$$\boldsymbol{P}\left\{\left|\int_0^T \varphi(t)\, \mathrm{d}\psi(t)\right| > C\right\} \leqq \boldsymbol{P}\left\{\int_0^T \varphi^2(t)\, \varrho(t)\, \mathrm{d}t > N\right\} + \frac{N}{C^2}\,. \tag{5}$$

Wir bezeichnen mit $H(\varrho)$ und $H_2(\varrho)$ die Klassen der zufälligen Prozesse $\varphi(t)$, die auf $[0, T]$ gegeben und für jedes t $\mathfrak{F}_t$-meßbar sind und entsprechend mit Wahrscheinlichkeit 1 den Bedingungen

$$\boldsymbol{M}\int_0^T \varphi^2(t)\,\varrho(t)\,\mathrm{d}t < \infty\,, \qquad \int_0^T \varphi^2(t)\,\varrho(t)\,\mathrm{d}t < \infty$$

genügen. Die Eigenschaften 1 bis 4 erlauben, die Definition des stochastischen Integrals auf die Klassen $H(\varrho)$ und $H_2(\varrho)$ zu verallgemeinern. Ist $\varphi(t) \in H(\varrho)$ und ist $\varphi_n(t)$ eine beliebige Folge von Stufenprozessen aus $H(\varrho)$, für die

$$\boldsymbol{M}\int_0^T [\varphi(t) - \varphi_n(t)]^2\,\varrho(t)\,\mathrm{d}t \to 0$$

konvergiert, dann setzen wir

$$\int_0^T \varphi(t)\,\mathrm{d}\psi(t) = \text{l.i.m.}\int_0^T \varphi_n(t)\,\mathrm{d}\psi(t)\,. \tag{6}$$

Die Existenz dieses Grenzwertes, die Unabhängigkeit von der Wahl der approximierenden Folge $\varphi_n(t)$ und die Tatsache, daß die Eigenschaften 1 bis 4 für das Integral (6) erhalten bleiben, werden genauso bewiesen wie die analogen Behauptungen aus Teil I, § 2 für das Integral bezüglich des WIENERprozesses. Wenn $\varphi(t) \in H_2(\varrho)$ ist, dann wählen wir die Folge $\varphi_n(t) \in H(\varrho)$ derart, daß in Wahrscheinlichkeit

$$\int_0^T [\varphi(t) - \varphi_n(t)]^2\,\varrho(t)\,\mathrm{d}t \to 0$$

konvergiert, und setzen

$$\int_0^T \varphi(t)\,\mathrm{d}\psi(t) = \boldsymbol{P}\text{-lim}\int_0^T \varphi_n(t)\,\mathrm{d}\psi(t)$$

(siehe Teil I, § 2). Der entsprechende Grenzwert existiert, ist unabhängig von der den Prozeß $\varphi(t)$ approximierenden Folge $\varphi_n(t)$ und hat die Eigenschaften 1 und 4.

Für die weiteren Ausführungen sei noch bemerkt, daß für beliebige $\varphi_i(t) \in H(\varrho)$ $(i = 1, 2)$ die Gleichung

$$\boldsymbol{M}\left\{\int_0^T \varphi_1(t)\,\mathrm{d}\psi(t)\cdot\int_0^T \varphi_2(t)\,\mathrm{d}\psi(t)/\mathfrak{F}_0\right\} = \boldsymbol{M}\left\{\int_0^T \varphi_1(t)\,\varphi_2(t)\,\varrho(t)\,\mathrm{d}t/\mathfrak{F}_0\right\} \tag{7}$$

gilt.

Wir betrachten nun die Eigenschaften eines stochastischen Integrals als Funktion der oberen Integrationsgrenze. Wir setzen

$$\eta(t) = \int_0^t \varphi(t)\,\mathrm{d}\psi(t)\,. \tag{8}$$

Es sei angemerkt, daß sich die Beweise der Sätze 1 und 2 aus Teil I, § 3 nur darauf gestützt haben, daß der WIENERprozeß $w(t)$ ein stetiges D-Martingal ist. Im Zusammenhang damit gelten folgende Sätze.

Satz 1. *Es sei* $\varphi(t) \in H(\varrho)$, *und* $\eta(t)$ *sei ein separables stochastisches Integral. Dann sind*

$$P\left\{\sup_{0\leq t\leq T}\left|\int_0^t \varphi(s)\,d\psi(s)\right| > a\right\} \leqq \frac{1}{a^2}\int_0^T M\,\varphi^2(s)\,\varrho(s)\,ds\,, \tag{9}$$

$$M\left\{\sup_{0\leq t\leq T}\left|\int_0^t \varphi(s)\,d\psi(s)\right|^2\right\} \leqq 4\,M\left[\int_0^T \varphi(s)\,d\psi(s)\right]^2 = 4\int_0^T M\,\varphi^2(s)\,\varrho(s)\,ds\,. \tag{10}$$

Satz 2. *Es sei* $\varphi(t) \in H_2(\varrho)$, *und* $\eta(t)$ *sei ein separabler Prozeß. Hat der Prozeß* $\psi(t)$ *mit Wahrscheinlichkeit Eins keine Sprünge zweiter Art, dann hat auch* $\eta(t)$ *mit der gleichen Wahrscheinlichkeit keine Sprünge zweiter Art (er ist stetig). Dabei ist*

$$P\left\{\sup_{0\leq t\leq T}\left|\int_0^t \varphi(s)\,d\psi(s)\right| > C\right\} \leqq \frac{N}{C^2} + P\left\{\int_0^T \varphi^2(s)\,\varrho(s)\,ds > N\right\}.$$

Satz 3. *Das separable Martingal* $\psi(t)$ *habe keine Sprünge zweiter Art. Konvergiert außerdem*

$$\sum_{k=1}^{n} P\left\{|\psi(t_{nk}) - \psi(t_{n\,k-1})| > a\right\} \to 0 \qquad \text{für} \quad \max_k |t_{nk} - t_{n\,k-1}| \to 0\,,$$

wobei $0 = t_{n0} < t_{n1} < t_{n2} < \cdots < t_{nn} = T$ *ist, dann ist* $\psi(t)$ *mit Wahrscheinlichkeit* 1 *stetig.*

Ist $\varphi(t) \in H(\varrho)$, dann ist $\eta(t)$ ein D-Martingal.

Wir gehen nun zur Definition des stochastischen Integrals über, in der wir die räumlichen und zeitlichen Variablen unterscheiden, die bei unseren Ausführungen eine unterschiedliche Rolle spielen werden.

Es sei X ein s-dimensionaler euklidischer Raum, $\mathfrak{B}_\varepsilon$ die σ-Algebra der Borelmengen von X, die in der Menge $\left\{x,\ \varepsilon \leqq |x| \leqq \frac{1}{\varepsilon}\right\}$, $\varepsilon > 0$, liegen, $\mathfrak{B}_0$ die Summe aller $\mathfrak{B}_\varepsilon$ mit $\varepsilon > 0$. Wir nehmen an, daß jedem $A \in \mathfrak{B}_0$ eine Zufallsgröße $\nu(A)$ zugeordnet ist, die eine Poissonverteilung mit dem Parameter $\Pi(A)$, $0 \leqq \Pi(A) < \infty$, besitzt, wobei gilt:

a) Sind $A_1, A_2, \ldots, A_n$ paarweise disjunkt, $A_k \in \mathfrak{B}_0$, dann sind die Zufallsgrößen $\nu(A_1), \nu(A_2), \ldots, \nu(A_n)$ voneinander unabhängig;

b) ist $A_n \in \mathfrak{B}_\varepsilon$ ($\varepsilon > 0$; $n = 1, 2, \ldots$), dann gilt mit Wahrscheinlichkeit 1

$$\nu\left(\bigcup_{n=1}^{\infty} A_n\right) = \sum_{n=1}^{\infty} \nu(A_n)\,.$$

Die zufällige Mengenfunktion $\nu(A)$ nennt man Poisson*sches Maß* auf $\mathfrak{B}_0$. Aus der Definition folgt

$$\Pi\left(\bigcup_{n=1}^{\infty} A_n\right) = \sum_{n=1}^{\infty} \Pi(A_n)\,, \qquad A_n \in \mathfrak{B}_\varepsilon\,.$$

Ohne Einschränkung der Allgemeinheit kann man also annehmen, daß $\Pi(A)$ ein Maß auf der σ-Algebra der BORELmengen von X ist. Es ist auf einer beliebigen beschränkten BORELmenge von X endlich, deren Abschließung den Punkt Null nicht enthält. Man kann voraussetzen, daß $\Pi\{0\} = 0$ ist, wobei $\{0\}$ eine Menge ist, die aus einem Punkt besteht, aber im allgemeinen wird zugelassen, daß

$$\Pi\{x; |x| < \varepsilon\} = \infty, \quad \Pi\{x; |x| > \varepsilon\} = \infty$$

sind.

Wir führen das zufällige Maß $\tilde{\nu}(A)$ auf $\mathfrak{B}_0$ ein,

$$\tilde{\nu}(A) = \nu(A) - \Pi(A),$$

und definieren das stochastische Integral $\int \alpha(x)\, \tilde{\nu}(dx)$ analog dem stochastischen Integral bezüglich des WIENERprozesses (Teil I, Kapitel 1, § 2). Wir nehmen an, daß eine gewisse feste σ-Algebra von Ereignissen $\mathfrak{A}$ im Wahrscheinlichkeitsgrundraum ist, so daß $\nu(A)$ unabhängig von $\mathfrak{A}$ ist. Wir betrachten die zufälligen Funktionen $\alpha(x)$, $x \in X$, die für beliebige x $\mathfrak{A}$-meßbar sind. Ist $\alpha(x)$ eine Stufenfunktion, d. h., ist $\alpha(x) = \alpha_k$ für $x \in A_k$, dann setzen wir

$$\int \alpha(x)\, \tilde{\nu}(dx) = \sum_{k=1}^{n} \alpha_k\, \tilde{\nu}(A_k).$$

Hierbei sind die Mengen A_k paarweise disjunkt ($k = 1, 2, \ldots, n$), und es ist $\alpha(x) = 0$ bei $x \notin \bigcup_{k=1}^{n} A_k$, wobei $A_k \in \mathfrak{B}_\varepsilon$ ist. Ist aber $\alpha(x)$ so beschaffen, daß

$$\int \boldsymbol{M}\, \alpha^2(x)\, \Pi(dx) < \infty \tag{11}$$

ist, dann setzen wir

$$\int \alpha(x)\, \tilde{\nu}(dx) = \text{l.i.m.} \int \alpha_n(x)\, \tilde{\nu}(dx), \tag{12}$$

wobei $\alpha_n(x)$ eine Folge von einfachen Funktionen ist, für die

$$\int_X \boldsymbol{M}\, |\alpha(x) - \alpha_n(x)|^2\, \Pi(dx) \to 0$$

konvergiert. Die Existenz des Grenzwertes (12) folgt sofort aus der für die einfachen Funktionen $\alpha_i(x)$ ($i = 1, 2$) leicht nachprüfbaren Gleichung

$$\boldsymbol{M}\, \left| \int \alpha_1(x)\, \tilde{\nu}(dx) - \int \alpha_2(x)\, \tilde{\nu}(dx)\right|^2 = \int \boldsymbol{M}\, |\alpha_1(x) - \alpha_2(x)|^2\, \Pi(dx). \tag{13}$$

Aus der Definition (12) folgt, daß (13) auch für beliebige (für beliebige x $\mathfrak{A}$-meßbare) $\alpha_i(x)$ gilt, die der Bedingung (11) genügen. Das eingeführte stochastische Integral hat offenbar folgende Eigenschaften:

1. $\int [C_1 \alpha_1(x) + C_2 \alpha_2(x)]\, \tilde{\nu}(dx) = C_1 \int \alpha_1(x)\, \tilde{\nu}(dx) + C_2 \int \alpha_2(x)\, \tilde{\nu}(dx)$;
2. ist $\chi_A(x)$ der Indikator der Menge $A \in \mathfrak{B}_0$, dann ist
$$\int \chi_A(x)\, \tilde{\nu}(dx) = \tilde{\nu}(A);$$
3. $\boldsymbol{M}\, \{\int \alpha(x)\, \tilde{\nu}(dx)/\mathfrak{A}\} = 0, \quad \boldsymbol{M}\, \{|\int \alpha(x)\, \tilde{\nu}(dx)|^2/\mathfrak{A}\} = \int \boldsymbol{M}\, |\alpha(x)|^2\, \Pi(dx)$;

4. für beliebige $N > 0$ und $C > 0$ ist

$$\boldsymbol{P}\{|\int \alpha(x)\,\tilde{\nu}(\mathrm{d}x)| > C\} \leqq \frac{N}{C^2} + \boldsymbol{P}\{\int \alpha^2(x)\,\Pi(\mathrm{d}x) > N\}\,. \tag{14}$$

Den Beweis der Ungleichung (14) kann man zunächst für Stufenfunktionen $\alpha(x)$ erhalten und danach mit Hilfe des Grenzübergangs auch für beliebige $\alpha(x)$, die (11) genügen (genau so wie die entsprechende Ungleichung aus Teil I, Kapitel 1, § 2). Die Ungleichung (14) erlaubt, die Definition des Integrals auf solche Funktionen $\alpha(x)$ zu erweitern, für die das Integral

$$\int \alpha^2(x)\,\Pi(\mathrm{d}x) \tag{15}$$

mit Wahrscheinlichkeit Eins endlich ist. In der Tat, es sei $\alpha_n(x)$ eine Folge von $\mathfrak{A}$-meßbaren Zufallsgrößen,

$$\int \boldsymbol{M}\,|\alpha_n(x)|^2\,\Pi(\mathrm{d}x) < \infty$$

und

$$\boldsymbol{P}\text{-lim} \int |\alpha(x) - \alpha_n(x)|^2\,\Pi(\mathrm{d}x) = 0\,.$$

Dann folgt aus (14)

$$\boldsymbol{P}\{|\int [\alpha_{n+m}(x) - \alpha_n(x)]\,\tilde{\nu}(\mathrm{d}x)| > \delta\} \leqq \varepsilon + \boldsymbol{P}\{|\int [\alpha_{n+m}(x) - \alpha_n(x)]^2\,\Pi(\mathrm{d}x)| > \varepsilon\,\delta^2\},$$

d. h., die Folge der Integrale

$$\int \alpha_n(x)\,\tilde{\nu}(\mathrm{d}x)$$

ist eine Fundamentalfolge im Sinne der Konvergenz in Wahrscheinlichkeit. Nach Definition setzen wir

$$\int \alpha(x)\,\tilde{\nu}(\mathrm{d}x) = \boldsymbol{P}\text{-lim} \int \alpha_n(x)\,\tilde{\nu}(\mathrm{d}x)\,.$$

Man kann sich leicht davon überzeugen, daß der Integralwert unabhängig von der Wahl der approximierenden Folge $\alpha_n(x)$ ist und bei dieser Erweiterung der Definition des Integrals die Eigenschaften 1 und 4 erhalten bleiben.

Außer dem Integral nach dem Maß $\tilde{\nu}(\,\cdot\,)$ werden wir auch Integrale unmittelbar nach dem Maß $\nu(\,\cdot\,)$ behandeln. Für die Existenz eines solchen Integrals muß man außer der Existenz mit Wahrscheinlichkeit 1 des Integrals (15) noch die Endlichkeit (mit derselben Wahrscheinlichkeit) des Integrals

$$\int |\alpha(x)|\,\Pi(\mathrm{d}x)$$

fordern. Dann ist nach Definition

$$\int \alpha(x)\,\nu(\mathrm{d}x) = \int \alpha(x)\,\tilde{\nu}(\mathrm{d}x) + \int \alpha(x)\,\Pi(\mathrm{d}x)\,.$$

Wir betrachten nun das Poissonsche Maß im Raum $[0, T] \times X$, dessen Wert auf einer Menge der Form $\Delta \times A$ wir mit $\nu(\Delta, A)$ bezeichnen werden. Wir nehmen an, daß das zufällige Maß ν bezüglich einer Verschiebung auf dem Intervall $[0, T]$ homogen ist, d. h., daß

$$\boldsymbol{M}\,\nu(\Delta, A) = |\Delta|\,\Pi(A)$$

gilt, wobei $|\Delta|$ das LEBESGUEsche Maß von Δ ist. Wir setzen

$$\tilde{\nu}(\Delta, A) = \nu(\Delta, A) - |\Delta| \Pi(A) .$$

Wie in Kapitel 1 setzen wir voraus, daß eine monoton nichtfallende Familie von σ-Algebren $\mathfrak{F}_t$ $(0 \leqq t \leqq T)$ existiert, die Unteralgebren von $\mathfrak{S}$ sind, wobei

a) für ein beliebiges $A \in \mathfrak{B}_0$ die Zufallsgrößen $\nu([0, t], A)$ $\mathfrak{F}_t$-meßbar sind;

b) die Familie der Zufallsgrößen $\{\nu([t, t + h), A),\ A \in \mathfrak{B}_0,\ h < 0\}$ unabhängig von der σ-Algebra $\mathfrak{F}_t$ ist.

Wir definieren nun das Integral

$$\int_0^T \int \varphi(t, y)\, \tilde{\nu}(dt, dy) \tag{16}$$

für gewisse Klassen von Funktionen $\varphi(t, y)$, $(t \in [0, T],\ y \in X)$, die für beliebige t und y $\mathfrak{F}_t$-meßbar sind. Wir nehmen zunächst an, es sei $\varphi(t, y) = \varphi_k(y)$ für $t \in [t_{k-1}, t_k)$, $k = 1, 2, \ldots, n$, $0 = t_0 < t_1 < \cdots < t_n = T$, $\varphi_k(y)$ sei $\mathfrak{F}_{t_{k-1}}$-meßbar, und es gelte

$$\int \boldsymbol{M}\, \varphi_k^2(y)\, \Pi(dy) < \infty .$$

Dann setzen wir

$$\int_0^T \int \varphi(t, y)\, \tilde{\nu}(dt, dy) = \sum_{k=1}^{n} \int \varphi(t_{k-1}, y)\, \tilde{\nu}\big([t_{k-1}, t_k), dy\big) .$$

Die Integrale auf der rechten Seite der letzten Gleichung haben einen Sinn wegen der soeben gegebenen Definitionen. Es läßt sich leicht nachprüfen, daß das eingeführte Integral folgende Eigenschaften besitzt:

1.
$$\int_0^T \int [C_1 \varphi_1(t, y) + C_2 \varphi_2(t, y)]\, \tilde{\nu}(dt, dy) = C_1 \int_0^T \int \varphi_1(t, y)\, \tilde{\nu}(dt, dy) + C_2 \int_0^T \int \varphi_2(t, y)\, \tilde{\nu}(dt, dy) ; \tag{17}$$

2. ist $\chi_{\Delta \times A}(t, y)$ der Indikator der Menge $\Delta \times A$, dann ist

$$\int_0^T \int \chi_{\Delta \times A}(t, y)\, \tilde{\nu}(dt, dy) = \tilde{\nu}(\Delta, A) ; \tag{18}$$

3. $$\boldsymbol{M}\left\{\int_0^T \int \varphi(t, y)\, \tilde{\nu}(dt, dy)/\mathfrak{F}_0\right\} = 0 , \tag{19}$$

$$\boldsymbol{M}\left\{\left|\int_0^T \int \varphi(t, y)\, \tilde{\nu}(dt, dy)\right|^2 \Big/ \mathfrak{F}_0\right\} = \int_0^T \int \boldsymbol{M}\, \{\varphi^2(t, y)/\mathfrak{F}_0\}\, \Pi(dy)\, dt ; \tag{20}$$

4. für beliebige $N > 0$, $C > 0$ ist

$$\boldsymbol{P}\left\{\left|\int_0^T \int \varphi(t, y)\, \tilde{\nu}(dt, dy)\right| > C\right\} \leqq \frac{N}{C^2} + \boldsymbol{P}\left\{\int_0^T \int \varphi^2(t, y)\, \Pi(dy)\, dt > N\right\} . \tag{21}$$

Die Definition des Integrals (16) kann man leicht auf eine breitere Klasse von Funktionen verallgemeinern. Wir setzen

$$\int_0^T \int \varphi(t, y)\, \tilde{\nu}(\mathrm{d}t, \mathrm{d}y) = \operatorname*{l.i.m.}_{n\to\infty} \int_0^T \int \varphi_n(t, y)\, \tilde{\nu}(\mathrm{d}t, \mathrm{d}y)\,, \tag{22}$$

wobei $\varphi(t, y)$ eine beliebige, für $t \in [0, T]$, $y \in X$ $\mathfrak{F}_t$-meßbare zufällige Funktion mit

$$\int_0^T \int \boldsymbol{M}\, \varphi^2(t, y)\, \Pi(\mathrm{d}y)\, \mathrm{d}t < \infty$$

und $\varphi_n(t, y)$ eine beliebige Folge von $\mathfrak{F}_t$-meßbaren zufälligen Funktionen ist, für die bei $n \to \infty$

$$\int_0^T \int \boldsymbol{M}\, |\varphi(t, y) - \varphi_n(t, y)|^2\, \Pi(\mathrm{d}y)\, \mathrm{d}t \to 0$$

konvergiert. Der Grenzwert auf der rechten Seite der Gleichung (22) existiert und ist von der Wahl der Folge $\varphi_n(t, y)$ unabhängig. Für das Integral auf der linken Seite der Gleichung (22) sind die Beziehungen 1 bis 4 ebenfalls erfüllt. Wir sagen, daß $\varphi(t, y) \in H(\Pi)$ ist, wenn für beliebige $t \in [0, T]$ und $y \in X$ die Zufallsgröße $\varphi(t, y)$ $\mathfrak{F}_t$-meßbar, mit Wahrscheinlichkeit 1 in den Variablen t, y meßbar und

$$\int_0^T \int \boldsymbol{M}\, \varphi^2(t, y)\, \Pi(\mathrm{d}y)\, \mathrm{d}t < \infty$$

ist, und daß $\varphi(t, y) \in H_2(\Pi)$ ist, wenn sie den vorigen Bedingungen genügt, außer der letzten, die durch folgende (mit Wahrscheinlichkeit 1) zu ersetzen ist:

$$\int_0^T \int \varphi^2(t, y)\, \Pi(\mathrm{d}y)\, \mathrm{d}t < \infty\,.$$

Die Ungleichung (21) erlaubt, die Definition des Integrals (16) auf die Funktion $\varphi(t, y)$ aus $H_2(\Pi)$ zu verallgemeinern. Wir setzen nämlich

$$\int_0^T \int \varphi(t, y)\, \tilde{\nu}(\mathrm{d}t, \mathrm{d}y) = \boldsymbol{P}\text{-}\lim \int_0^T \int \varphi_n(t, x)\, \tilde{\nu}(\mathrm{d}t, \mathrm{d}y)\,,$$

wobei $\varphi_n(t, y) \in H(\Pi)$ ist und in Wahrscheinlichkeit für $n \to \infty$

$$\int_0^T \int [\varphi(t, y) - \varphi_n(t, y)]^2\, \Pi(\mathrm{d}y)\, \mathrm{d}t \to 0$$

konvergiert. (Die Existenz des entsprechenden Grenzwertes kann man genauso zeigen, wie es schon früher für den analogen Fall durchgeführt wurde.)

Wir betrachten nun die Eigenschaften des Integrals

$$\Phi(t) = \int_0^t \int \varphi(\tau, y)\, \tilde{\nu}(\mathrm{d}\tau, \mathrm{d}y)\,,$$

wobei $\varphi(t, y) \in H$ als Funktion von t angesehen wird. Aus den vorigen Formeln folgt

$$M\{\Phi(t) - \Phi(s)/\mathfrak{F}_s\} = 0\,, \qquad 0 \leqq s < t \leqq T\,, \tag{23}$$

$$M\{|\Phi(t) - \Phi(s)|^2/\mathfrak{F}_s\} = \int_0^t \int M\{\varphi^2(\tau, y)/\mathfrak{F}_s\}\, \Pi(\mathrm{d}y)\, \mathrm{d}\tau\,, \tag{24}$$

d. h., der Prozeß $\Phi(t)$ ist ein D-Martingal. Da $\Phi(t)$ für jedes t nur mit Wahrscheinlichkeit 1 definiert ist, können wir uns diesen Umstand zunutze machen und die Funktion $\Phi(t)$ so definieren, daß sie einen separablen Prozeß bildet. Dann ist $\Phi(t)$ mit Wahrscheinlichkeit 1 beschränkt und hat keine Sprünge zweiter Art (Satz 3).

Satz 1′. *Ist $\varphi(t, y) \in H$, dann gilt*

$$P\left\{\sup_{0\leqq t\leqq T} |\Phi(t)| > a\right\} \leqq \frac{1}{a^2} \int_0^T \int M\,\varphi^2(t, y)\, \Pi(\mathrm{d}y)\, \mathrm{d}\tau\,,$$

$$M\left\{\sup_{0\leqq t\leqq T} |\Phi(t)|^2\right\} \leqq 4\, M\left[\int_0^T \int \varphi(\tau, y)\, \tilde{\nu}(\mathrm{d}\tau, \mathrm{d}y)\right]^2 = 4 \int_0^T \int M\,\varphi^2(\tau, y)\, \Pi(\mathrm{d}y)\, \mathrm{d}\tau\,.$$

Lemma 1. *Ist $\varphi(t, y) \in H_2(\Pi)$ und sind N, a beliebige Zahlen, dann ist*

$$P\left\{\sup_{0\leqq t\leqq T} |\Phi(t)| > a\right\} \leqq \frac{N}{a_2} + P\left\{\int_0^T \int \varphi^2(t, y)\, \Pi(\mathrm{d}y)\, \mathrm{d}t > N\right\}.$$

Der Beweis stimmt mit dem Beweis von Satz 2 aus Teil I, § 3 überein.

Lemma 2. *Es sei $A \in \mathfrak{B}_0$, $B \in \mathfrak{B}_0$ und $\delta = \{0 = t_0 < t_1 < \cdots < t_n = T\}$ eine beliebige Aufteilung des Intervalls $[0, T]$, $\Delta_k = [t_k, t_{k+1}]$. Dann ist*

$$\operatorname*{l.i.m.}_{|\delta|\to 0} \sum_{k=0}^{n-1} \tilde{\nu}(\Delta_k, A)\, \tilde{\nu}(\Delta_k, B) = \nu([0, T]\,,\ A \cap B)\,. \tag{25}$$

Wir setzen

$$x = \sum_{k=0}^{n-1} x_k\,, \qquad x_k = \tilde{\nu}(\Delta_k, A)\, \tilde{\nu}(\Delta_k, B) - \nu(\Delta_k, A \cap B)\,.$$

Erstens ist

$$M\,x_k = M\,\tilde{\nu}^2(\Delta_k, A \cap B) - M\,\nu(\Delta_k, A \cap B) = 0\,,$$

so daß $M\,x = 0$ ist. Wir zeigen, daß $D\,x \to 0$ für $|\delta| \to 0$ gilt. Wir haben

$$\begin{aligned} &D\,x_k \\ &= D\left[\left(\tilde{\nu}(\Delta_k, A\backslash B) + \tilde{\nu}(\Delta_k, A \cap B)\right)\left(\tilde{\nu}(\Delta_k, B\backslash A) + \tilde{\nu}(\Delta_k, A \cap B)\right) - \nu(\Delta_k, A \cap B)\right] \\ &= D\left[\tilde{\nu}\left(\Delta_k, (A\backslash B) \cup (B\backslash A)\right) \tilde{\nu}(\Delta_k, A \cap B) + \tilde{\nu}(\Delta_k, A\backslash B)\, \tilde{\nu}(\Delta_k, B\backslash A)\right. \\ &\qquad \left. + \tilde{\nu}^2(\Delta_k, A \cap B) - \nu(\Delta_k, A \cap B)\right] \\ &\leqq 3\left\{M\left[\tilde{\nu}\left((\Delta_k, (A\backslash B) \cup (B\backslash A)\right) \tilde{\nu}(\Delta_k, A \cap B)\right]^2 + M\left[\tilde{\nu}(\Delta_k, A\backslash B)\, \tilde{\nu}(\Delta_k, B\backslash A)\right]^2\right. \\ &\qquad \left. + M\left[\tilde{\nu}^2(\Delta_k, A \cap B) - \nu(\Delta_k, A \cap B)\right]^2\right\}. \end{aligned}$$

Für den Beweis brauchen wir nur zu zeigen, daß für beliebige C und D aus $\mathfrak{B}_0$, die keine gemeinsamen Punkte haben, bei $|\delta| \to 0$

$$I_1 = \sum_{k=0}^{n-1} \boldsymbol{M} [\tilde{\nu}(\Delta_k, C)\, \tilde{\nu}(\Delta_k, D)]^2 \to 0\,,$$

$$I_2 = \sum_{k=0}^{n-1} \boldsymbol{M} [\tilde{\nu}^2(\Delta_k, C) - \nu(\Delta_k, C)]^2 \to 0$$

konvergiert. Die erste dieser Behauptungen wird auf folgende Weise nachgeprüft:

$$I_1 = \sum_{k=0}^{n-1} \boldsymbol{M}\, \tilde{\nu}^2(\Delta_k, C)\, \boldsymbol{M}\, \tilde{\nu}^2(\Delta_k, D) = \sum_{k=0}^{n-1} |\Delta_k|^2\, \Pi(C)\, \Pi(D) \to 0$$

($|\Delta_k| = t_{k+1} - t_k$). Ferner haben wir

$$\boldsymbol{M} [\tilde{\nu}^2(\Delta_k, C) - \nu(\Delta_k, C)]^2$$
$$= \boldsymbol{M} [\tilde{\nu}^4(\Delta_k, C) - 2\, \tilde{\nu}^3(\Delta_k, C) - 2\, |\Delta_k|\, \Pi(C)\, \tilde{\nu}^2(\Delta_k, C) + \nu^2(\Delta_k, C)]\,,$$

wobei

$$\boldsymbol{M}\, \tilde{\nu}^4(\Delta_k, C) = |\Delta_k|\, \Pi(C)\, \big(1 + 3\, |\Delta_k|\, \Pi(C)\big)\,,$$
$$\boldsymbol{M}\, \tilde{\nu}^3(\Delta_k, C) = |\Delta_k|\, \Pi(C)\,,$$
$$\boldsymbol{M}\, \nu^2(\Delta_k, C) = |\Delta_k|\, \Pi(C)\, \big(1 + |\Delta_k|\, \Pi(C)\big)$$

ist, woraus

$$I_2 = \sum_{k=0}^{n-1} 2\, |\Delta_k|^2\, \Pi^2(C) \to 0 \qquad \text{für} \quad |\delta| \to 0$$

folgt. Das Lemma ist bewiesen.

Lemma 3. Sind die $\varphi_i(t, x)$ Stufenfunktionen ($i = 1, 2$), *dann ist*

$$\boldsymbol{P}\text{-}\lim_{|\delta| \to 0} \sum_{k=0}^{n-1} \int_{t_k}^{t_{k+1}} \int \varphi_1(t, y)\, \tilde{\nu}(\mathrm{d}t, \mathrm{d}y) \int_{t_k}^{t_{k+1}} \int \varphi_2(t, y)\, \tilde{\nu}(\mathrm{d}t, \mathrm{d}y) = \int_0^T \int \varphi_1(t, y)\, \varphi_2(t, y)\, \nu(\mathrm{d}t, \mathrm{d}y)\,. \tag{26}$$

Da die Funktionen $\varphi_i(t, y)$ ($i = 1, 2$) Stufenfunktionen sind, sind die $\varphi_i(t, y)$ $\mathfrak{F}_t$-meßbar, und es existiert eine endliche Anzahl von paarweise disjunkten Intervallen $\Delta_k = [t_k^*, t_{k+1}^*)$ ($k = 0, 1, \ldots, m - 1$) $\bigcup_{k=1}^{m} \Delta_k = [0, T]$ und eine endliche Anzahl von Mengen A_r ($r = 1, 2, \ldots, p$), $A_n \in \mathfrak{B}_0$, die so beschaffen sind, daß die $\varphi_i(t, x)$ auf $\Delta_k \times A_r$ konstant und außerhalb von $\bigcup_{r=1}^{p} A_r$ gleich Null sind. Mit anderen Worten, es gilt

$$\varphi_i(t, x) = \sum_{k, r} \alpha_{k, r}^{(i)}\, \chi_{\Delta_k}(t)\, \chi_{A_r}(x)\,,$$

wobei $\alpha_{kr}^{(i)}$ $\mathfrak{F}_{t_k}$-meßbare Zufallsgrößen sind. Für Stufenfunktionen läßt sich der Beweis durch zweimalige Anwendung des vorigen Lemmas führen. Indem wir (25) auf die Menge $A = A_r$ und anstelle $[0, T]$ auf das Intervall $[t_s^*, t_{s+1}^*]$ anwenden, mit $\alpha_{sr}^{(1)}$ multiplizieren und über r summieren, erhalten wir

$$\boldsymbol{P}\text{-}\lim_{|\delta|\to 0} \sum \int_{t_k}^{t_{k+1}} \int \varphi_1(t, y)\, \tilde{\nu}(\mathrm{d}t, \mathrm{d}y)\, \tilde{\nu}((t_k, t_{k+1}), B) = \int_{t_k^*}^{t_{k+1}^*} \int \varphi_1(t, x)\, \chi_B(x)\, \nu(\mathrm{d}t, \mathrm{d}x)\,, \quad (27)$$

wobei δ die Aufteilung des Intervalls $[t_s^*, t_{s+1}^*]$ bedeutet. Indem wir $B = A_r$ setzen, mit $\alpha_{sr}^{(2)}$ multiplizieren, über alle r summieren und danach alle erhaltenen Gleichungen über s summieren, erhalten wir die Formel (26). Wir setzen

$$\Phi_i(t) = \int_0^t \int \varphi_i(\tau, x)\, \tilde{\nu}(\mathrm{d}\tau, \mathrm{d}x)\,, \quad i = 1, 2, \qquad \Phi(t) = \Phi_1(t)\, \Phi_2(t)\,. \quad (28)$$

Wir betrachten eine beliebige Zerlegung $\delta = \{t_0, t_1, \ldots, t_n\}$ des Intervalls $[0, T]$. Wir haben

$$\Phi(T) = \sum_{i=0}^{n-1} [\Phi(t_{i+1}) - \Phi(t_i)] = \sum_{i=0}^{n-1} \Delta\Phi(t_i)$$

und

$$\Delta\Phi(t_i) = \Phi(t_{i+1}) - \Phi(t_i) = \Phi_1(t_i)\, \Delta\Phi_2(t_i) + \Phi_2(t_i)\, \Delta\Phi_1(t_i) + \Delta\Phi_1(t_i)\, \Delta\Phi_2(t_i)\,. \quad (29)$$

Wir nehmen an, daß $\varphi_i(t, x) \in H$ und stufenförmig ist. Dann kann man leicht nachweisen, daß

$$\boldsymbol{P}\text{-}\lim_{|\delta|\to 0} \sum \Phi_1(t_i)\, \Delta\Phi_2(t_i) = \int_0^T \Phi_1(t)\, \mathrm{d}\Phi_2(t)$$

ist. Das Integral auf der rechten Seite der letzten Gleichung verstehen wir im Sinne des Integrals über ein Martingal, das zu Beginn dieses Paragraphen eingeführt wurde. Für den Beweis der letzten Beziehung genügt es zu zeigen, daß im Sinne der Konvergenz in Wahrschenilichkeit für $|\delta| \to 0$

$$\int_0^T \left(\Phi_1^{(\delta)}(t) - \Phi_1(t)\right)^2 \varrho_2(t)\, \mathrm{d}t \to 0$$

konvergiert, wobei $\Phi_1^{(\delta)}(t) = \Phi_1(t_i)$ ist, wenn $t_i \leqq t \leqq t_{i+1}$, und $\varrho_2(t) = \int \varphi_2^2(t, y)\, \Pi(\mathrm{d}y)$ ist. Für Stufenfunktionen $\varphi_2(t, y)$ folgt das daraus, daß

$$\boldsymbol{P}\text{-}\lim \int_0^T \left(\Phi_1^{(\delta)}(t) - \Phi_1(t)\right)^2 \mathrm{d}t = 0$$

ist. Für $|\delta| \to 0$ gilt aber

$$\boldsymbol{M} \int_0^T \left(\Phi_1^{(\delta)}(t) - \Phi_1(t)\right)^2 \mathrm{d}t = \sum_{i=0}^{n-1} \int_{t_i}^{t_{i+1}} \int_{t_i}^{t} \int \boldsymbol{M}\, \varphi_1^2(\tau, x)\, \Pi(\mathrm{d}x)\, d\tau\, \mathrm{d}t$$

$$\leqq |\delta| \int_0^T \int \boldsymbol{M}\, \varphi_1^2(t, x)\, \Pi(\mathrm{d}x)\, \mathrm{d}t \to 0$$

was zu beweisen ist. Gehen wir in (29) für $|\delta| \to 0$ zum Grenzwert über und berücksichtigen das Lemma 3, dann erhalten wir

$$\Phi_1(T)\,\Phi_2(T) = \int_0^T \Phi_1(t)\,\mathrm{d}\Phi_2(t) + \int_0^T \Phi_2(t)\,\mathrm{d}\Phi_1(t) + \int_0^T\int \varphi_1(t,x)\,\varphi_2(t,x)\,\nu(\mathrm{d}t,\mathrm{d}x)\,. \quad (30)$$

Wir bezeichnen mit $H_n(\Pi)$ die Klasse der Funktionen $\varphi(t, x)$ $(0 \leqq t \leqq T$, $x \in X)$, die folgende Eigenschaften besitzen:

a) Für beliebige $t \in [0, T]$ und $x \in X$ ist die Funktion $\varphi(t, x)$ $\mathfrak{F}_t$-meßbar, und für ein festes ω ist $\varphi(t, x)$ eine Borelfunktion von (t, x);

b) mit Wahrscheinlichkeit Eins ist

$$\int_0^T\int |\varphi(t,x)|^n\,\Pi(\mathrm{d}x)\,\mathrm{d}t < \infty\,.$$

Wenn $\varphi \in H_s(\Pi) \cap H_r(\Pi)$ bei $s < r$ ist, dann erhalten wir unter Berücksichtigung der Hölderschen Ungleichung $\varphi \in H_l(\Pi)$, wobei $s < l < r$ ist.

Wir verallgemeinern nun die Formel (30) auf die Funktionen $\varphi_i(t, x) \in H_{2,4}(\Pi)$, $H_{2,4}(\Pi) = H_4(\Pi) \cap H_2(\Pi)$. Aus diesem Grunde wählen wir beliebige Folgen von Stufenfunktionen $\varphi_i^{(n)}(t, x) \in H(\Pi)$, mit

$$\boldsymbol{P}\text{-}\lim \int_0^T\int [\varphi_i^{(n)}(t,x) - \varphi_i(t,x)]^{2k}\,\Pi(\mathrm{d}x)\,\mathrm{d}t = 0 \qquad (k = 1, 2;\ i = 1, 2)\,. \quad (31)$$

Die den Funktionen $\varphi_i^{(n)}(t, x)$ entsprechenden Integrale (28) bezeichnen wir mit $\Phi_i^{(n)}(t)$. Nach Definition konvergiert dann $\Phi_i^{(n)}(t)$ in Wahrscheinlichkeit gegen $\Phi_i(t)$. Ferner ist (Satz 2)

$$\boldsymbol{P}\left\{\left|\int_0^T \Phi_1^{(n)}(t)\,\mathrm{d}\Phi_2(t) - \int_0^T \Phi_1(t)\,\mathrm{d}\Phi_2(t)\right| > \varepsilon\right\}$$
$$\leqq \frac{N}{\varepsilon^2} + \boldsymbol{P}\left\{\int_0^T\int (\Phi_1^{(n)}(t) - \Phi_1(t))^2\,\varphi_2^2(t, y)\,\Pi(\mathrm{d}y)\,\mathrm{d}t > N\right\}.$$

Andererseits ist (Lemma 1)

$$\boldsymbol{P}\left\{\sup_{0\leqq t\leqq T} |\Phi_1^{(n)}(t) - \Phi_1(t)| > C\right\}$$
$$\leqq \frac{N}{C^2} + \boldsymbol{P}\left\{\int_0^T\int (\varphi_1^{(n)}(t, y) - \varphi_1(t, y))^2\,\Pi(\mathrm{d}y)\,\mathrm{d}t > N\right\},$$

was zusammen mit der vorigen Ungleichung

$$\boldsymbol{P}\text{-}\lim_{n\to\infty} \int_0^T \Phi_1^{(n)}(t)\,\mathrm{d}\Phi_2(t) = \int_0^T \Phi_1(t)\,\mathrm{d}\Phi_2(t)$$

ergibt. Diese Gleichung gilt für eine beliebige Funktion $\varphi_2 \in H(\Pi)$ und eine beliebige Folge $\varphi_1^{(n)} \in H(\Pi)$, die (31) genügt. Unter den gleichen Bedingungen kann man analog zeigen, daß

$$\boldsymbol{P}\text{-}\lim_{n\to\infty} \int_0^T \Phi_2(t)\,\mathrm{d}\Phi_1^{(n)}(t) = \int_0^T \Phi_2(t)\,\mathrm{d}\Phi_1(t)$$

ist. Bis jetzt haben wir die Bedingung (31) nur für $k = 1$ benutzt. Indem wir nun diese Bedingung für $k = 2$ und die Definition des stochastischen Integrals über das Maß $\nu(\mathrm{d}t, \mathrm{d}x)$ benutzen, kann man leicht zeigen, daß

$$\begin{aligned} P - \lim_{n\to\infty} \int_0^T \int \varphi_1^{(n)}(t, x)\, \varphi_2(t, x)\, \nu(\mathrm{d}t, \mathrm{d}x) &= \int_0^T \int \varphi_1(t, x)\, \varphi_2(t, x)\, \nu(\mathrm{d}t, \mathrm{d}x) \\ &= \int_0^T \int \varphi_1(t, x)\, \varphi_2(t, x)\, \tilde{\nu}(\mathrm{d}t, \mathrm{d}x) + \int_0^T \int \varphi_1(t, x)\, \varphi_2(t, x)\, \Pi(\mathrm{d}x)\, \mathrm{d}t \end{aligned}$$

ist.

Satz 4. *Für die stochastischen Integrale* (28) $\left(\varphi_i \in H_2(\Pi) \cap H_4(\Pi);\ i = 1, 2\right)$ *gilt folgende Formel für die partielle Integration:*

$$\mathrm{d}\left(\Phi_1(t)\, \Phi_2(t)\right) = \Phi_1(t)\, \mathrm{d}\Phi_2(t) + \Phi_2(t)\, \mathrm{d}\Phi_1(t) + \int \varphi_1(t, x)\, \varphi_2(t, x)\, \nu(\mathrm{d}t, \mathrm{d}x)\,. \quad (32)$$

Die letzte Gleichung ist nur eine andere Schreibweise für die Integralbeziehung (30).

Folgerung 1. Ist $\varphi_i(t, x) \in H_1(\Pi) \cap H_4(\Pi)$, $i = 1, 2$, dann ist

$$\Psi_1(T)\, \Psi_2(T) = \int_0^T \Psi_1(t)\, \mathrm{d}\Psi_2(t) + \int_0^T \Psi_2(t)\, \mathrm{d}\Psi_1(t) + \int_0^T \int \varphi_1(t, x)\, \varphi_2(t, x)\, \nu(\mathrm{d}t, \mathrm{d}x) \quad (33)$$

mit

$$\Psi_i(t) = \int_0^t \int \varphi_i(\tau, x)\, \nu(\mathrm{d}\tau, \mathrm{d}x)\,.$$

Man kann den Übergang von (32) zu (33) durchführen, indem man die gewöhnliche Formel für die partielle Integration anwendet. Aus $\varphi_i \in H_1(\Pi) \cap H_4(\Pi)$ folgt $\varphi_i \in H_2(\Pi)$.

Wir führen einige Spezialfälle der Formel (30) an. Zunächst ist für beliebige A und B aus $\mathfrak{B}_0$ $\left(\tilde{\nu}\, (t, A)\right) = \tilde{\nu}\, ((0, t], A)$

$$\tilde{\nu}(t, A)\, \tilde{\nu}(t, B) = \int_0^t \tilde{\nu}(t, A)\, \tilde{\nu}(\mathrm{d}t, B) + \int_0^t \tilde{\nu}(t, B)\, \tilde{\nu}(\mathrm{d}t, A) + \nu(t, A \cap B)$$

und

$$\tilde{\nu}^2(t, A) = 2 \int_0^t \tilde{\nu}(t, A)\, \tilde{\nu}(\mathrm{d}t, A) + \nu(t, A)\,.$$

Derartige Formeln gelten auch, wenn man das Maß $\tilde{\nu}(t, A)$ durch das Maß $\nu(t, A)$ ersetzt.

Lemma 4. *Ist* $A \in \mathfrak{B}_0$, *dann gilt*

$$\mathrm{d}\nu^m(t, A) = \left[\left(\nu(t, A) + 1\right)^m - \nu^m(t, A)\right] \nu(\mathrm{d}t, A)\,. \quad (34)$$

Den Beweis kann man durch Induktion führen. Setzen wir voraus, daß die Formel (34) für ein gegebenes m gilt, dann erhalten wir aus (32)

$$\begin{aligned} &\mathrm{d}\nu^{m+1}(t, A) = \\ &= \nu(t, A)\, \mathrm{d}\nu^m(t, A) + \nu^m(t, A)\, \nu(\mathrm{d}t, A) + \left[\left(\nu(t, A) + 1\right)^m - \nu^m(t, A)\right] \nu(\mathrm{d}t, A) \\ &= \left[\left(\nu(t, A) + 1\right)^{m+1} - \nu^{m+1}(t, A)\right] \nu(\mathrm{d}t, A)\,. \end{aligned}$$

Folgerung 2. Ist $P(x)$ ein Polynom, dann gilt

$$\mathrm{d}P(\nu(t, A)) = [P(\nu(t, A) + 1) - P(\nu(t, A))]\, \nu(\mathrm{d}t, A)\,.$$

Analoge Formeln gelten auch für die stochastischen Integrale

$$\Psi(t) = \int_0^t \int \varphi(\tau, x)\, \nu(\mathrm{d}\tau, \mathrm{d}x)\,, \tag{35}$$

wobei $\varphi(t, x)$ den Bedingungen der Folgerung 1 genügt, d. h., es ist

$$\mathrm{d}\Psi^2(t) = 2\,\Psi(t)\, \mathrm{d}\Psi(t) + \int \varphi^2(t, x)\, \nu(\mathrm{d}t, \mathrm{d}x)\,, \tag{36}$$

und wenn $\varphi \in H_1(\Pi) \cap H_{2m}(\Pi)$ ist, dann haben wir

$$\mathrm{d}\Psi^m(t) = \int \left([\Psi(t) + \varphi(t, x)]^m - \Psi^m(t)\right) \nu(\mathrm{d}t, \mathrm{d}x)\,. \tag{37}$$

Die Formel (34) ist ein Spezialfall der Formel (37) $\left(\varphi(t, x) = \chi_A(x)\right)$. Der Beweis von (37) verläuft genauso wie in Lemma 4. Als Folgerung führen wir eine Formel für das stochastische Differential eines Polynoms von einem stochastischen Integral an:

$$\mathrm{d}P(\Psi(t)) = \int \left(P[\Psi(t) + \varphi(t, x)] - P(\Psi(t))\right) \nu(\mathrm{d}t, \mathrm{d}x)\,, \tag{38}$$

wobei $\varphi \in H_1(\Pi) \cap H_{2m}(\Pi)$ ist und m die Ordnung des Polynoms $P(x)$ bezeichnet. Die Formel (37) kann man zur Abschätzung der Momente von stochastischen Integralen über das Poissonsche Maß anwenden. Es sei $\varphi(t, x) \in H_1(\Pi) \cap H_{2m}(\Pi)$. Wir setzen

$$a_m(t) = \sup_{0 \leqq \tau \leqq t} \boldsymbol{M}\, |\Psi(\tau)|^m\,, \qquad b_m(t, x) = \boldsymbol{M}\, |\varphi(t, x)|^m\,.$$

Aus (37) folgt

$$a_m(t) \leqq \sum_{k=0}^{m-1} C_m^k \int_0^t \int \boldsymbol{M}\, |\Psi(\tau)|^k\, |\varphi(\tau, x)|^{m-k}\, \Pi(\mathrm{d}x)\, \mathrm{d}\tau\,.$$

Unter Berücksichtigung der Hölderschen Ungleichung erhalten wir

$$\boldsymbol{M}\, |\Psi(t)|^k\, |\varphi(t, x)|^{m-k} \leqq a_m^{k/m}(t)\, b_m^{1-\frac{k}{m}}(t, x)\,.$$

Solange $a_m(t) \leqq 1$ ist, haben wir

$$a_m(t) \leqq \int_0^t \int \left[\left(b_m^{1/m}(t, x) + 1\right)^m - 1\right] \Pi(\mathrm{d}x)\, \mathrm{d}t;$$

wird aber $a_m(t) \geqq 1$, dann ist

$$a_m(t) \leqq a_m^{\frac{m-1}{m}}(t) \int_0^t \left[\left(b_m^{1/m}(t, x) + 1\right)^m - 1\right] \Pi(\mathrm{d}x)\, \mathrm{d}t\,,$$

woraus

$$a_m(t) \leqq \left[\int_0^t \int \left[\left(b_m^{1/m}(t, x) + 1\right)^m - 1\right] \Pi(\mathrm{d}x)\, \mathrm{d}t\right]^m.$$

folgt. Somit erhalten wir

$$a_m(T) \leqq \max\left\{\left[\int_0^T \int [(b_m^{1/m}(t, x) + 1)^m - 1]\,\Pi(\mathrm{d}x)\,\mathrm{d}t\right]^j, \quad j = 1, m\right\}. \tag{39}$$

Wir verallgemeinern nun die Formel (38) auf eine weitere Klasse von Funktionen. Wir setzen

$$H_{m,n}(\Pi) = H_m(\Pi) \cap H_n(\Pi)\,.$$

Wir nehmen zunächst an, daß $\varphi \in H_{1,2}(\Pi)$ ist und mit Wahrscheinlichkeit Eins $\sup_{t,x} |\varphi(t, x)| < \infty$ gilt und daß $f(x)$ zusammen mit seiner Ableitung stetig ist. Dann existiert mit der gleichen Wahrscheinlichkeit eine solche Konstante $\gamma = \gamma(\omega)$, daß

$$|f[\Psi(t) + \varphi(t, x)] - f[\Psi(t)]| \leqq \gamma(\omega)\,|\varphi(t, x)|$$

ist und folglich das Integral

$$\int_0^T \int [f(\Psi(t) + \varphi(t, x)) - f(\Psi(t))]\,\nu(\mathrm{d}t, \mathrm{d}x)$$

existiert. Wir konstruieren eine Folge von Polynomen $P_n(x)$, die zusammen mit den Ableitungen erster Ordnung auf jedem Kompaktum gleichmäßig gegen $f(x)$ bzw. seine Ableitung konvergieren. Dann ist

$$\boldsymbol{P}\text{-}\lim \int_0^T \int [P_n(\Psi(t) + \varphi(t, x)) - P_n(\Psi(t))]\,\nu(\mathrm{d}t, \mathrm{d}x)$$
$$= \int_0^T \int [f(\Psi(t) + \varphi(t, x)) - f(\Psi(t))]\,\nu(\mathrm{d}t, \mathrm{d}x)\,.$$

Folglich haben wir

$$\mathrm{d}f(\Psi(t)) = \int [f(\Psi(t) + \varphi(t, x)) - f(\Psi(t))]\,\nu(\mathrm{d}t, \mathrm{d}x)\,. \tag{40}$$

Es sei nun $\varphi(t, x)$ eine beliebige Funktion aus $H_{1,2}(\Pi)$. Wir bezeichnen mit D_φ eine Klasse von nichtzufälligen in X stetig differenzierbaren Funktion $f(x)$, für die

$$f(\Psi(t) + \varphi(t, x)) - f(\Psi(t)) \in H_{1,2}(\Pi)$$

gilt.

Wenn $|\varphi(t, x)| \geqq N$ ist, dann setzen wir $\varphi_N(t, x) = 0$, und es sei $\psi_N(t)$ das stochastische Integral (35), in dem $\varphi(t, x) = \varphi_N(t, x)$ gesetzt wird. Dann ist $\boldsymbol{P}\text{-}\lim \Psi_N(t) = \Psi(t)$. Ferner ist

$$\boldsymbol{P}\left\{\int_0^T \int |f(\Psi(t) + \varphi(t, x)) - f(\Psi(t)) - f(\Psi_N(t) + \varphi_N(t, x)) + f(\Psi_N(t))|^k\,\Pi(\mathrm{d}x)\,\mathrm{d}t > \varepsilon\right\}$$
$$= \boldsymbol{P}\left\{\int_{B_N}\int |f(\Psi(t) + \varphi(t, x)) - f(\Psi(t))|^k\,\Pi(\mathrm{d}x)\,\mathrm{d}t > \varepsilon\right\},$$

wobei B_N die Menge $\{t, x;\, |\varphi(t, x)| \geqq N\}$ ist. Die Menge B_N ist zufällig. Ihr $\Pi \times l$-Maß (l ist das Lebesguesche Maß auf $[0, T)$) strebt mit Wahrscheinlichkeit 1 gegen Null. Hieraus folgt, daß mit Wahrscheinlichkeit Eins und damit auch in Wahrscheinlichkeit

$$\int\limits_{B_N}\int |f(\Psi(t)+\varphi(t,x))-f(\Psi(t))|^k\,\Pi(\mathrm{d}x)\,\mathrm{d}t\to 0\,,\qquad k=1,2,$$

konvergiert. Es ist also

$$\boldsymbol{P}\text{-}\lim_{N\to\infty}\int\limits_0^T\int [f(\Psi_N(t)+\varphi_N(t,x))-f(\Psi_N(t))]\,\nu(\mathrm{d}t,\mathrm{d}x)$$

$$=\int\limits_0^T\int [f(\Psi(t)+\varphi(t,x))-f(\Psi(t))]\,\nu(\mathrm{d}t,\mathrm{d}x)\,.$$

Damit haben wir folgendes Lemma bewiesen.

Lemma 5. *Ist* $\varphi\in H_{1,2}(\Pi)$, $f(x)$ *eine stetig differenzierbare Funktion und* $f(x)\in D_\varphi$, *dann genügt* $f(\Psi(t))$ *der stochastischen Differentialgleichung* (40).

§ 6. Die verallgemeinerte Itô-Formel für stochastische Differentiale

Es sei $\mathfrak{F}_t$ $(0\leqq t\leqq T)$ eine feste Familie von σ-Algebren, $\alpha(t)$ ein Vektorprozeß, $\gamma(t,u)$ ein Vektorfeld mit Werten in X, $0\leqq t\leqq T$, $u\in X$, $\beta(t)$ eine lineare Abbildung von X in X, wobei $\alpha(t)$, $\beta(t)$, $\gamma(t,u)$ für ein beliebiges $t\in[0,T]$ $\mathfrak{F}_t$-meßbar sind, $\sqrt{|\alpha(t)|}$ und $\beta(t)$ zu H_2 gehören und $\gamma(t,u)\in H_2(\Pi)$ ist. Dabei ist H der Raum der zufälligen Vektoren (Abbildungen), die für jedes $t\in[0,T]$ $\mathfrak{F}_t$-meßbar, mit Wahrscheinlichkeit Eins bezüglich t meßbar und so beschaffen sind, daß mit derselben Wahrscheinlichkeit

$$\int\limits_0^T|\alpha(t)|^2\,\mathrm{d}t<\infty$$

ist. Ist außerdem

$$\boldsymbol{M}\int\limits_0^T|\alpha(t)|^2\,\mathrm{d}t<\infty\,,$$

dann sagen wir, daß $\alpha(t)\in H$ ist. Diese Voraussetzungen sind im vorliegenden Paragraphen stets erfüllt. Wenn

$$\zeta(t)=\zeta(0)+\int\limits_0^t\alpha(\tau)\,\mathrm{d}\tau+\int\limits_0^t\beta(\tau)\,\mathrm{d}w+\int\limits_0^t\int\gamma(\tau,u)\,\tilde{\nu}(\mathrm{d}\tau,\mathrm{d}u)$$

ist, dann sagen wir, daß der Prozeß $\zeta(t)$ auf $[0,T]$ das stochastische Differential

$$\mathrm{d}\zeta=\alpha(t)\,\mathrm{d}t+\beta(t)\,\mathrm{d}w+\int\gamma(t,u)\,\tilde{\nu}(\mathrm{d}t,\mathrm{d}u)=\alpha(t,\mathrm{d}t)\tag{1}$$

besitzt. Hierbei sind $w(t)$ ein s-dimensionaler WIENERprozeß (d. h. ein stetiger Prozeß mit Werten in X, dessen Komponenten in einer beliebigen orthonormierten Basis von X eindimensionale, stetige, voneinander unabhängige WIENERprozesse sind), $\nu(t,A)$ das POISSONsche Maß mit dem Parameter $t\,\Pi(A)$, $\tilde{\nu}(t,A)=\nu(t,A)-\Pi(A)\,t$, wobei $w(t)$ und $\nu(t,A)$ für beliebige $A\in\mathfrak{B}_0$, $t\in[0,T]$ $\mathfrak{F}_t$-meßbar sind.

Im vorliegenden Paragraphen wird die Itô-Formel, die in Teil I, § 3 für eindimensionale stochastische Differentiale mit $\gamma(t, u) = 0$ aufgestellt wurde, auf Prozesse mit dem stochastischen Differential (1) verallgemeinert.

Wir benötigen eine Reihe von Hilfssätzen, die die Betrachtungen aus dem vorigen Paragraphen unmittelbar fortsetzen.

Lemma 1. *Ist*

$$\Phi(t) = \int_0^t \int \varphi(\tau, u)\, \tilde{\nu}(\mathrm{d}\tau, \mathrm{d}u)\,, \qquad \varphi(t, u) \in H_2(\Pi)\,, \tag{2}$$

$\alpha(t)$ *eine mit Wahrscheinlichkeit* 1 *differenzierbare Funktion, deren Ableitung keine Sprünge zweiter Art besitzt und* $\varphi(t, u)$ *eine skalare Funktion, dann gilt*

$$\mathrm{d}\big(\alpha(t)\, \Phi(t)\big) = \alpha'(t)\, \Phi(t)\, \mathrm{d}t + \alpha(t)\, \mathrm{d}\Phi(t)\,.$$

Beweis. Aus den Gleichungen

$$\int_0^t t\, \mathrm{d}\Phi(t) = \boldsymbol{P}\text{-}\lim_{n\to\infty} \sum_{k=0}^{n-1} t_k\, [\Phi(t_{k+1}) - \Phi(t_k)]\,,$$

$$\int_0^t \Phi(t)\, \mathrm{d}t = \boldsymbol{P}\text{-}\lim_{n\to\infty} \sum_{k=0}^{n-1} \Phi(t_{k+1})\, (t_{k+1} - t_k)$$

folgt

$$\Phi(t)\, t = \int_0^t \Phi(t)\, \mathrm{d}t + \int_0^t t\, \mathrm{d}\Phi(t)\,.$$

Somit ist

$$\mathrm{d}\big(t\, \Phi(t)\big) = \Phi(t)\, \mathrm{d}t + t\, \mathrm{d}\Phi(t)\,. \tag{3}$$

Hieraus folgt, daß für einen beliebigen stetigen Polygonzug

$$\mathrm{d}\big(a(t)\, \Phi(t)\big) = \Phi(t)\, a'(t)\, \mathrm{d}t + a(t)\, \mathrm{d}\Phi(t)$$

ist. Approximieren wir eine beliebige mit Wahrscheinlichkeit Eins differenzierbare Funktion $\alpha(t)$, deren Ableitung keine Sprünge zweiter Art besitzt, mit Hilfe einer Folge von stückweise linearen Funktionen $\alpha_n(t)$, die zusammen mit ihren Ableitungen gleichmäßig gegen $\alpha(t)$ und $\alpha'(t)$ konvergieren, dann erhalten wir den Beweis der Formel (3) für den allgemeinen Fall.

Folgerung 1. Es sei $\Phi_i^*(t) = \alpha_i(t) + \Phi_i(t)$, $\mathrm{d}\Phi_i(t) = \int \varphi_i\, \tilde{\nu}(\mathrm{d}t, \mathrm{d}u)$, $\varphi_i \in H_{1,2}$, $i = 1, 2$, wobei die $\alpha_i(t)$ den Bedingungen des Lemmas 1 genügen. Dann ist

$$\mathrm{d}\big(\Phi_1^*(t)\, \Phi_2^*(t)\big) = \Phi_1^*(t)\, \mathrm{d}\Phi_2^*(t) + \Phi_2^*(t)\, \mathrm{d}\Phi_1^*(t) + \int \varphi_1(t, u)\, \varphi_2(t, u)\, \nu(\mathrm{d}t, \mathrm{d}u)\,. \tag{4}$$

Die Formel (4) kann man leicht beweisen, indem man den Satz 4 aus § 5 das soeben bewiesene Lemma benutzt.

Wir verallgemeinern die früher eingeführte Definition der Klasse D_φ auf Funktionen $g(t, z)$ mit zwei reellen Veränderlichen t und z $\big(t \in [0, T],\, z \in (-\infty, \infty)\big)$. Wir sagen, daß $g(t, z) \in D_\varphi$ ist, wenn $g(t, z)$ eine nach den Variablen t und z stetig differenzierbare Funktion und $g\big(t, \Psi(t) + \varphi(t, x)\big) - g\big(t, \Psi(t)\big) \in H_{1,2}(\Pi)$ ist, wobei $\Psi(t)$ ein stochastisches Integral ist, das durch die Beziehung (35) aus § 5 definiert ist.

Lemma 2. *Ist* $\varphi(t, z) \in H_{1,2}(\Pi)$ *und* $g(t, z) \in D_\varphi$, *dann gilt*

$$dg(t, \Psi(t)) = g_t'(t, \Psi(t))\,dt + \int [g(t, \Psi(t) + \varphi(t, x)) - g(t, \Psi(t))]\,\nu(dt, dx)\,. \quad (5)$$

Beweis. Es sei $g(t, x) = h(t)\,g(x)$. In Übereinstimmung mit der Formel (40) aus § 5 ist

$$dg(\Psi(t)) = \int [g(\Psi(t) + \varphi(t, x)) - g(\Psi(t))]\,\nu(dt, dx)\,.$$

Wenden wir das Lemma 1 an, so erhalten wir

$$\begin{aligned} dg(t, \Psi(t)) &= d[h(t)\,g(\Psi(t))] \\ &= h'(t)\,g(\Psi(t))\,dt + \int h(t)\,[g(\Psi(t) + \varphi(t, x)) - g(\Psi(t))]\,\nu(dt, dx)\,, \end{aligned}$$

d. h. die Formel (5) für Funktionen der Form $g(t, x) = h(t)\,g(x)$. Es sei nun noch bemerkt, daß die Klasse der Funktionen $g(t, x)$, für die die Formel (5) gilt, linear und abgeschlossen in der Klasse der Funktionen ist, für die auf jedem endlichen Intervall $g(t, x)$, $g_t'(t, x)$ und $g_x'(t, x)$ gleichmäßig konvergieren.

Bemerkung 1. Die Formel (5) behält auch ihre Gültigkeit für zufällige Funktionen $g(t, x)$, wenn $g(t, x)$ mit Wahrscheinlichkeit 1 den Bedingungen des Lemmas 2 genügt und $g(t, x)$ $\mathcal{F}_t$ meßbar ist.

Wir behandeln nun den mehrdimensionalen Fall. Es sei $\gamma(t, u)$ ein m-dimensionales Vektorfeld $(t \in [0, T],\ u \in X,\ \gamma(t, u) \in X)$. Wir sagen, daß $\gamma(t, u) \in H_s(\Pi)$ $(\gamma(t, u) \in H_{s,p}(\Pi))$ ist, wenn seine Komponenten zu $H_s(\Pi)$ (oder $H_{s,p}(\Pi)$) gehören. Die nach den Formeln (2) oder (35) aus § 4 berechneten stochastischen Integrale, in denen die skalare Funktion $\varphi(t, u)$ durch die Vektorfunktion $\gamma(t, u)$ ersetzt wird, werden wir entsprechend mit $\Phi_\gamma(t)$ und $\Psi_\gamma(t)$ bezeichnen. Aus dem Lemma 1 und der Formel für die partielle Integration (32) aus § 5 erhalten wir

$$\begin{aligned} &d\,(\Phi_{\gamma_1}^*(t) \mid \Phi_{\gamma_2}^*(t)) \\ &= (\Phi_{\gamma_1}^*(t) \mid d\Phi_{\gamma_2}^*(t)) + (\Phi_{\gamma 2}^*(t) \mid d\Phi_{\gamma 1}^*(t)) + \int (\gamma_1(t, u) \mid \gamma_2(t, u))\,\nu(dt, du)\,, \quad (6) \end{aligned}$$

wobei

$$\Phi_{\gamma_i}^*(t) = \Phi_{\gamma_i}(t) + \alpha_i(t) \qquad (i = 1, 2)\,, \qquad \gamma_i \in H_{1,2}(\Pi)$$

ist und die $\alpha_i(t)$ mit Wahrscheinlichkeit Eins stückweise differenzierbare Vektorfunktionen sind.

Lemma 3. *Es sei* $\gamma \in H_{1,2}(\Pi)$, $g(t, x) \in D_\gamma$. *Dann ist*

$$dg(t, \Psi_\gamma(t)) = g_t'(t, \Psi_\gamma(t))\,dt + \int [g(t, \Psi_\gamma(t) + \gamma(t, u)) - g(t, \Psi_\gamma(t))]\,\nu(dt, du)\,. \quad (7)$$

Wir nehmen zunächst an, daß zusätzlich zu den Bedingungen des Lemmas $\gamma(t, x)$ mit Wahrscheinlichkeit 1 beschränkt ist und $g(t, x)$ eine beliebige stetig differenzierbare Funktion der Gestalt

$$g(t, x_1, x_2, \ldots, x_m) = h(t)\,g_1(x_1)\,g_2(x_2) \ldots g_m(x_m)$$

ist. Für derartige Funktionen kann man die Formel (7) durch Induktion bezüglich m unter Verwendung der Formel (40) aus § 4, des Lemmas 1 und der

Folgerung 1 des vorliegenden Paragraphen nachprüfen. Zum Beispiel ist für $m = 2$

$$\mathrm{d}\left(h(t)\, g_1(\Psi_1(t))\, g_2(\Psi_2(t))\right) = h'(t)\, g_1(\Psi_1(t))\, g_2(\Psi_2(t))\, \mathrm{d}t + h(t)\, \mathrm{d}\left(g_1(\Psi_1(t))\, g_2(\Psi_2(t))\right).$$

Auf Grund der Folgerung 1 und der Formel (40) aus § 5 haben wir

$$\begin{aligned} &\mathrm{d}\left(g_1(\Psi_1(t))\, g_2(\Psi_2(t))\right) \\ &= g_1(\Psi_1(t)) \int [g_2(\Psi_2(t) + \gamma_2(t, u)) - g_2(\Psi_2(t))]\, \nu(\mathrm{d}t, \mathrm{d}u) \\ &\quad + g_2(\Psi_2(t)) \int [g_1(\Psi_1(t) + \gamma_1(t, u)) - g_1(\Psi_1(t))]\, \nu(\mathrm{d}t, \mathrm{d}u) \\ &\quad + \int [g_1(\Psi_1(t) + \gamma_1(t, u)) - g_1(\Psi_1(t))]\, [g_2(\Psi_2(t) + \gamma_2(t, u)) - g_2(\Psi_2(t))]\, \nu(\mathrm{d}t, \mathrm{d}u) \\ &= \int [g_1(\Psi_1(t) + \gamma_1(t, u))\, g_2(\Psi_2(t) + \gamma_2(t, u)) - g_1(\Psi_1(t))\, g_2(\Psi_2(t))]\, \nu(\mathrm{d}t, \mathrm{d}u), \end{aligned}$$

woraus die Formel (7) bei $m = 2$ folgt. Die Klasse der Funktionen $g(t, x_1, \ldots, x_m)$, für die die Formel (7) gilt, ist offenbar in unserem Fall ($\gamma(t, x)$ ist mit Wahrscheinlichkeit Eins beschränkt) linear und abgeschlossen in bezug auf den Grenzübergang, bei dem $g(t, x)$ und seine ersten Ableitungen auf jedem Kompaktum von $[0, T] \times X$ gleichmäßig konvergieren, und die Formel (7) ist für beliebige stetig differenzierbare Funktionen $g(t, x)$ erfüllt. Der Übergang zum allgemeinen Fall $g \in D_\gamma$, $\gamma \in H_{1,2}(\Pi)$ wird genauso begründet wie beim Beweis von Lemma 5 aus § 5.

Wir bezeichnen mit $\tilde{D}_\gamma$ eine Klasse der stetig differenzierbaren Funktionen $g(t, x)$, $x \in X$, für die

$$g(t, \Phi_\gamma(t) + \gamma(t, u)) - g(t, \Phi_\gamma(t)) \in H_2(\Pi),$$

$$g(t, \Phi_\gamma(t) + \gamma(t, u)) - g(t, \Phi_\gamma(t)) - (\nabla g(t, \Phi_\gamma) \mid \gamma(t, u)) \in H_1(\Pi)$$

sind, wobei $\nabla g(t, x)$ ein Vektor mit den Komponenten $\dfrac{\partial g(t, x)}{\partial x_i}$ $(i = 1, 2, \ldots, m)$ ist.

Lemma 4. *Sind $\gamma(t, u) \in H_2(\Pi)$ und $g(t, x) \in \tilde{D}_\gamma$, dann ist*

$$\begin{aligned} &\mathrm{d}g(t, \Phi(t)) = \\ &= [g_t'(t, \Phi_\gamma(t)) + L_\pi(g)]\, \mathrm{d}t + \int [g(t, \Phi_\gamma(t) + \gamma(t, u)) - g(t, \Phi_\gamma(t))]\, \tilde{\nu}(\mathrm{d}t, \mathrm{d}u), \quad (8) \end{aligned}$$

wobei L_π folgender Integrodifferentialoperator ist:

$$L_\pi(g) = \int [g(t, \Phi_\gamma(t) + \gamma(t, u)) - g(t, \Phi_\gamma(t)) - (\nabla g(t, \Phi_\gamma(t)) \mid \gamma(t, u))\, \Pi(\mathrm{d}u). \quad (9)$$

Für den Beweis ist die Formel (7) anzuwenden und danach zum Grenzwert überzugehen.

Die Formeln (7) und (9) entsprechen der ITÔ-Formel im Fall stochastischer Differentiale, bei denen die Integration über das POISSONsche Maß vorgenommen wird. Wir gehen nun zum allgemeinen Fall des stochastischen Differentials (1) über.

Lemma 5. *Es sei $w(t)$ ein eindimensionaler* WIENER*prozeß, und die Prozesse $w(t)$ und $\nu(t, A)$ $(A \in \mathfrak{B}_0,\ t \in [0, T])$ seien unabhängig. Dann ist*

$$d\big(w(t)\,\nu(t, A)\big) = \nu(t, A)\,dw + w(t)\,\nu(dt, A)\,.$$

Da wir für eine beliebige Zerlegung $\delta = \{t_0, t_1, \ldots, t_n\}$ des Intervalls $[0, T]$

$$w(t)\,\nu(t, A) = \sum_{k=0}^{n-1} [\Delta w(t_k)\,\Delta\nu(t_k, A) + \nu(t_k, A)\,\Delta w(t_k) + w(t_k)\,\Delta\nu(t_k, A)]$$

haben, wobei

$$\Delta w(t_k) = w(t_{k+1}) - w(t_k)\,, \qquad \Delta\nu(t_k, A) = \nu(t_{k+1}, A) - \nu(t_k, A)$$

ist, braucht man nur zu zeigen, daß

$$\text{l. i. m.} \sum_{k=0}^{n-1} \Delta w(t_k)\,\Delta\nu(t_k, A) = 0$$

ist. Die letzte Gleichung folgt daraus, daß

$$M \sum_{k=0}^{n-1} \Delta w(t_k)\,\Delta\nu(t_k, A) = 0\,,$$

$$D\left[\sum_{k=0}^{n-1} \Delta w(t_k)\,\Delta\nu(t_k, A)\right] = \sum_{k=0}^{n-1} D[\Delta w(t_k)\,\Delta\nu(t_k, A)]$$

$$= \sum_{k=0}^{n-1} M[\Delta w(t_k)]^2\, M[\Delta\nu(t_k, A)]^2 = \sum_{k=0}^{n-1} \Delta t_k^2\, \Pi(A) \to 0 \quad \text{bei} \quad |\delta| \to 0\,.$$

Lemma 6. *Sind $w_1(t)$ und $w_2(t)$ unabhängige* WIENER*prozesse, dann ist*

$$d\big(w_1(t)\,w_2(t)\big) = w_1(t)\,dw_2(t) + w_2(t)\,dw_1(t)\,.$$

Dieses Lemma wird genauso bewiesen wie das vorige Lemma.

Lemma 7. *Wenn*

$$d\xi_i = \alpha_i(t)\,dt + \sum_{j=1}^{n} \beta_{ij}(t)\,dw_j(t) + \int \gamma_i(t, u)\,\tilde{\nu}(dt, du)\,, \qquad i = 1, 2\,,$$

gilt, α_i, β_{ij}, γ_i eindimensionale zufällige Funktionen (die den zu Beginn des Paragraphen aufgezählten Bedingungen genügen), $\gamma_i \in H_{2,4}(\Pi)$ und $w_j(t)$ $(j = 1, 2, \ldots, n)$ unabhängige WIENER*prozesse sind und $\{\nu\}$ und $\{w_j\}$ unabhängig sind dann gilt*

$$d\big(\xi_1(t)\,\xi_2(t)\big) = \xi_1(t)\,d\xi_2 + \xi_2(t)\,d\xi_1 + \sum_{j=1}^{n} \beta_{1j}\,\beta_{2j}\,dt + \int \gamma_1\gamma_2\,\nu(dt, du)\,. \quad (10)$$

Wie beim Beweis des Lemmas 1 kann man leicht zeigen, daß die Gültigkeit der Formel (10) für den allgemeinen Fall daraus folgt, daß sie für von der Zeit unabhängige Funktionen $\alpha_i(t)$ und $\beta_j(t)$ und für Funktionen $\gamma_i(t, u) = \gamma\,\chi_A(u)$, $A \in \mathfrak{B}_0$, gilt. Da die Klasse von Funktionen, für die die Formel (10) gültig ist, linear ist und die Formel (10) bezüglich ξ_1 und ξ_2 linear ist, braucht man unter Berücksichtigung der Fälle, für die entweder $\beta_{1j} = \beta_{2j} = 0$ oder $\gamma_1 - \gamma_2 = 0$ ist, und des Lemmas 6 nur zu zeigen, daß

$$d(\zeta'\,\zeta'') = \zeta'\,d\zeta'' + \zeta''\,d\zeta'$$

ist, wenn

$$\zeta' = a\,t + \beta\,w(t)\,, \qquad \zeta'' = c\,\nu(t, A)$$

gilt. Die Gleichung

$$\mathrm{d}\big(t\,\nu(t, A)\big) = \nu(t, A)\,\mathrm{d}t + t\,\nu(\mathrm{d}t, A)$$

folgt aber aus Lemma 1, und aus Lemma 5 erhalten wir

$$\mathrm{d}\big(w(t)\,\nu(t, A)\big) = \nu(t, A)\,\mathrm{d}w(t) + w(t)\,\nu(\mathrm{d}t, A)\,.$$

Das Lemma ist bewiesen.

Lemma 8. *Ist $g(x)$ eine zweimal stetig differenzierbare Funktion der Variablen x $\big(x \in (-+, \infty)\big)$ und $g(x) \in D_\gamma$,*

$$\xi(t) = \xi_0 + \int_0^t \alpha(\tau)\,\mathrm{d}\tau + \int_0^t \sum_{j=1}^n \beta_j(\tau)\,\mathrm{d}w_j(\tau) + \Psi(t)\,,$$

$$\Psi(t) = \int_0^t \int \gamma(\tau, u)\,\nu(\mathrm{d}\tau, \mathrm{d}u)\,,$$

dann ist

$$\mathrm{d}g\big(\xi(t)\big) = \left[g'\big(\xi(t)\big)\,\alpha(t) + \frac{1}{2}\,g''\big(\xi(t)\big)\sum_{j=1}^n \beta_j^2(t)\right]\mathrm{d}t$$
$$+ g'\big(\xi(t)\big)\sum_{j=1}^n \beta_j(t)\,\mathrm{d}w_j(t) + \int \big[g\big(\xi(t) + \gamma(t, u)\big) - g\big(\xi(t)\big)\big]\,\nu(\mathrm{d}t, \mathrm{d}u)\,. \quad (11)$$

Beweis. Wie beim Beweis von Lemma 5 aus Teil I, Kapitel 3 und von Lemma 5 aus § 5 braucht man nur die Formel (11) für die Funktionen $g(x) = x^m$ zu beweisen. Die Formel (11) hat für sie folgende Gestalt:

$$\mathrm{d}\xi^m(t) = \left[m\,\xi^{m-1}(t)\,\alpha(t) + \frac{1}{2}\,m\,(m-1)\,\xi^{m-2}(t)\sum_{j=1}^n \beta_j^2(t)\right]\mathrm{d}t$$
$$+ m\,\xi^{m-1}(t)\sum_{j=1}^n \beta_j(t)\,\mathrm{d}w_j(t) + \int \big[\big(\xi(t) + \gamma(t, u)\big)^m - \xi^m(t)\big]\,\nu(\mathrm{d}t, \mathrm{d}u)\,. \quad (12)$$

Den Beweis der letzten Formel kann man durch Induktion erhalten. Für ein gegebenes m sei (12) erfüllt. Indem wir das vorige Lemma anwenden, können wir

$$\mathrm{d}[\xi^{m+1}(t)] = \xi^m(t)\,\mathrm{d}\xi(t) + \xi(t)\,\mathrm{d}\big(\xi^m(t)\big) + \sum_{j=1}^n \beta_j^2\,m\,\xi^{m-1}(t)\,\mathrm{d}t$$
$$+ \int \big[\big(\xi(t) + \gamma(t, u)\big)^m - \xi^m(t)\big]\,\gamma(t, u)\,\nu(\mathrm{d}t, \mathrm{d}u)$$

schreiben. Setzen wir hier die Ausdrücke für $\mathrm{d}\xi(t)$ und $\mathrm{d}\xi^m(t)$ aus (12) ein, so erhalten wir auf der rechten Seite Ausdrücke die mit der rechten Seite der Formel (12) übereinstimmen, wenn man in der letzteren m durch $m + 1$ ersetzt. Damit ist das Lemma bewiesen.

Satz 1. *Es sei*

$$\mathrm{d}\xi = \alpha(t)\,\mathrm{d}t + \beta(t)\,\mathrm{d}w(t) + \int \gamma(t, u)\,\nu(\mathrm{d}t, \mathrm{d}u)\,,$$

wobei

$$\alpha(t) = \{\alpha_1(t), \ldots, \alpha_m(t)\}, \quad \beta(t) = \{\beta_{jk}(t),\ j = 1, \ldots, m;\ k = 1, \ldots, n\},$$
$$\gamma(t, u) = \{\gamma_1(t, u), \ldots, \gamma_m(t, u)\}, \quad \sqrt{|\alpha_i(t)|} \in H_2, \quad \beta_{ik}(t) \in H_2,$$

$\gamma(t, u) \in H_{1,2}(\Pi)$, *$w(t)$ ein n-dimensionaler* WIENER*prozeß, $\{w\}$ und $\{\nu\}$ unabhängig sind $g(t, x) = g(t, x_1, x_2, \ldots, x_m)$ eine nach den Variablen x_j zweimal stetig differenzierbare Funktion und $g(t, x) \in D_\gamma$ ist. Dann ist*

$$\mathrm{d}g(t, \xi(t)) = \left[g_t'(t, \xi) + \sum_{k=1}^{m} g_{x_k}'(t, \xi)\,\alpha_k(t) + \frac{1}{2}\sum_{j,k=1}^{m} g_{x_k x_j}''(t, \xi)\sum_{i=1}^{n}\beta_{ki}(t)\,\beta_{ji}(t)\right]\mathrm{d}t$$
$$+ \sum_{i=1}^{n}\sum_{k=1}^{m} g_{x_k}'(t, \xi)\,\beta_{ki}(t)\,\mathrm{d}w_i(t) + \int [g(t, \xi + \gamma) - g(t, \xi)]\,\nu(\mathrm{d}t, \mathrm{d}x)\,. \quad (13)$$

Den Beweis führen wir durch Induktion nach der Anzahl der unabhängigen Variablen der Funktion $g(t, x)$. Wir setzen zunächst voraus, daß die Funktion $g(t, x)$ unabhängig von t ist $g((t, x) = g(x))$. Ist $g(x)$ eine Funktion von einer Variablen und betrachten wir $g(\xi_k(t))$, wobei $\xi_k(t)$ eine beliebige Komponente des Vektors $\xi(t)$ ist, dann haben wir Formel (13) im Lemma 8 hergeleitet. Die Gültigkeit der Formel (13) sei für Funktionen von s Komponenten des Vektors $\xi(t)$ gezeigt. Wir beweisen, daß die Formel (13) ihre Gültigkeit behält, wenn wir zu Funktionen mit $s + 1$ Variablen übergehen. Zu diesem Zweck betrachten wir zunächst die Funktion $g_{s+1}(x_1, \ldots, x_s, x_{s+1})$, die folgende spezielle Gestalt hat:

$$g_{s+1}(x_1, \ldots, x_s, x_{s+1}) = g(x_1, \ldots, x_s)\,f(x_{s+1})\,.$$

Aus Lemma 7 und der Induktionsvoraussetzung folgt dann

$$\mathrm{d}g_{s+1}(\xi(t)) = f(\xi_{s+1}(t))\,\mathrm{d}g(\xi_1, \ldots, \xi_s) + g(\xi(t))\,\mathrm{d}f(\xi_{s+1}(t))$$
$$+ \left(\sum_{i=1}^{n}\sum_{k=1}^{s} g_{x_k}'(\xi)\,\beta_{ki}(t)\,f'(\xi_{s+1})\,\beta_{s+1,i}(t)\right)\mathrm{d}t$$
$$+ \int [g(\xi + \gamma) - g(\xi)]\,[f(\xi_{s+1} + \gamma_{s+1}) - f(\xi_{s+1})]\,\nu(\mathrm{d}t, \mathrm{d}x)\,.$$

Setzen wir hier die Ausdrücke für $\mathrm{d}g(\xi_1, \ldots, \xi_s)$ aus (13) und für $\mathrm{d}f(\xi_{s+1})$ aus (11) ein, dann können wir und davon überzeugen, daß (13) auch für Funktionen unserer speziellen Form mit $s + 1$ Veränderlichen gilt. Dann gilt sie aber auch für lineare Kombinationen von Funktionen der Gestalt g_{s+1}. Mit Hilfe des Grenzübergangs können wir zeigen, daß sie auch für beliebige zweimal differenzierbare Funktionen $g(x_1, \ldots, x_{s+1})$ erfüllt ist, die den Bedingungen des Satzes genügen. Somit ist Formel (13) für Funktionen bewiesen, die von der Zeit unabhängig sind. Damit wir zu Funktionen übergehen können, die von der Zeit abhängen, prüfen wir zunächst die Formel (13) mit Hilfe des Lemmas 7 für Funktionen der Form $g(t, x) = h(t)\,g(x)$ nach und stellen danach Überlegungen an, die den soeben angeführten analog sind. Der Satz ist damit bewiesen.

Die Formel (13) ist diejenige Verallgemeinerung der Itô-Formel, über die wir zu Beginn des Paragraphen gesprochen haben. Wir schreiben sie nun für den eindimensionalen Fall. Sind $\alpha(t)$, $\beta(t)$, $\gamma(t, u)$, $w(t)$ eindimensional und ist

$$d\xi = \alpha\, dt + \beta(t)\, dw(t) + \int \gamma(t, u)\, \nu(dt, du)\,,$$

dann gilt

$$dg(t, \xi(t)) = \left[g_t'(t, \xi(t)) + g_x'(t, \xi(t))\, \alpha(t) + \frac{1}{2} g_{xx}''(t, \xi(t))\, \beta^2(t)\right] dt$$
$$+ g_x'(t, \xi(t))\, \beta(t)\, dw(t) + \int [g(t, \xi(t) + \gamma(t, u)) - g(t, \xi(t))]\, \nu(dt, du)\,. \quad (14)$$

Als Beispiel für die Anwendung der Formel (14) betrachten wir die Lösung der linearen homogenen stochastischen Differentialgleichung

$$d\xi = \xi[\alpha(t)\, dt + \beta(t)\, d\omega(t) + \int \gamma(t, u)\, \nu(dt, du)]\,. \quad (15)$$

Indem wir eine neue unbekannte Funktion $\eta(t) = \ln |\xi(t)|$ einführen und die Formel (14) benutzen, erhalten wir für $\eta(t)$ die Gleichung

$$d\eta = \left(\alpha(t) - \frac{1}{2} \beta^2(t)\right) dt + \beta(t)\, dw(t) - \int \ln |1 + \gamma(t, u)|\, \nu(dt, du)\,,$$

woraus

$$\eta = \eta_0 + \int_0^t \left(\alpha(\tau) - \frac{1}{2} \beta^2(\tau)\right) d\tau + \int_0^t \beta(\tau)\, dw(\tau) + \int_0^t \int \ln |1 + \gamma(t, u)|\, \nu(dt, du)$$

und

$$\xi(t) = \xi_0 \exp \left\{ \int_0^t \left(\alpha(\tau) - \frac{1}{2} \beta^2(\tau)\right) d\tau + \int_0^t \beta(\tau)\, dw(\tau) + \int_0^t \int \ln |1 + \gamma(t, u)|\, \nu(dt, du) \right\}$$

folgen. Wir betrachten nun die inhomogene lineare Gleichung

$$d\xi = (\alpha_0 + \alpha_1 \xi)\, dt + (\beta_0 + \beta_1 \xi)\, dw + \int (\gamma_0 + \gamma_1 \xi)\, \nu(dt, du) \quad (16)$$

und setzen voraus, daß $\gamma_1(t, u) > -1$ ist. Wir setzen

$$\xi_0(t) = \exp \left\{ -\int_0^t \left(\alpha_1(\tau) - \frac{1}{2} \beta_1(\tau)\right) d\tau - \int_0^t \beta_1(\tau)\, dw - \int_0^t \int \ln (1 + \gamma_1(t, u))\, \nu(dt, du) \right\}.$$

Mit Hilfe der Formel (14) kann man leicht nachprüfen, daß $\xi_0(t)$ folgender Gleichung genügt:

$$d\xi_0 = \xi_0 \left[(\beta_1^2 - \alpha_1)\, dt - \beta_1\, dw - \int \frac{\gamma_1}{1 + \gamma_1}\, \nu(dt, du)\right].$$

Wir führen nun den Prozeß $\eta(t)$ ein:

$$\eta(t) = \xi_0(t)\, \xi(t)\,.$$

Unter Berücksichtigung der Formel (10) erhalten wir

$$d\eta = \xi_0 (\alpha_0 - \beta_0 \beta_1)\, dt + \beta_0 \xi_0\, dw + \int \frac{\gamma_0 \xi_0}{1 + \gamma_1}\, \nu(dt, du)\,,$$

woraus

$$\eta(t) = \xi(0) + \int_0^t \xi_0(\tau)\,\big(\alpha_0(\tau) - \beta_0(\tau)\,\beta_1(\tau)\big)\,d\tau$$
$$+ \int_0^t \beta_0(\tau)\,\xi_0(\tau)\,dw(\tau) + \int_0^t\int \frac{\gamma_0(\tau)\,\xi_0(\tau)}{1+\gamma_1(\tau)}\,\nu(d\tau, du)$$

folgt. Somit erhalten wir folgende Lösung der Gleichung (16):

$$\xi(t) = \frac{\eta(t)}{\xi_0(t)} = \eta(t) \exp\left\{\int_0^t \Big(\alpha_1(\tau) - \frac{1}{2}\,\beta_1^2(\tau)\Big)\,d\tau + \int_0^t \beta_1(\tau)\,dw \right.$$
$$\left. + \int_0^t\int \ln\big(1+\gamma_1(t, u)\big)\,\nu(dt, du)\right\}. \tag{17}$$

Wir werden jetzt noch eine etwas allgemeinere Variante des Satzes 1 und der verallgemeinerten Itô-Formel angeben. Der Prozeß $\eta(t)$ habe das stochastische Differential der Form

$$d\eta = \alpha(t)\,dt + \beta(t)\,dw(t) + \int \gamma(t, u)\,\tilde{\nu}(dt, du)\,. \tag{18}$$

Satz 2. *Genügen $\alpha(t)$, $\beta(t)$ den Bedingungen des Satzes 1 und ist $\gamma(t, u) \in H_2(\Pi)$, $g(t, x)$ eine zweimal nach x stetig differenzierbare Funktion und $g(t, x) \in \tilde{D}_\gamma$, dann ist*

$$dg\big(t, \eta(t)\big) = L(g) + \big(\nabla g\big(t, \eta(t)\big)\,|\,\beta\,dw\big)$$
$$+ \int \big[g\big(t, \eta(t)\big) + \gamma(t, u) - g\big(t, \eta(t)\big)\big]\,\tilde{\nu}(dt, du)\,, \tag{19}$$

wobei L ein Integrodifferentialoperator mit

$$\left.\begin{aligned} L(g) &= L_0(g) + L_\pi(g) + L_N(g)\,, \\ L_0(g) &= g_t'\big(t, \xi(t)\big) + \big(\nabla g(t, \xi(t))\,|\,\alpha(t)\big) \end{aligned}\right\} \tag{20}$$

ist.

Der Operator $L_\pi(g)$ ist mit einem stochastischen Integral über das Poissonsche Maß verknüpft und schon früher definiert worden (siehe (9)):

$$L_\pi(g) = \int \big[g\big(t, \eta(t) + \gamma(t, u)\big) - g\big(t, \eta(t)\big) - \nabla g\big(t, \eta(t)\big)\,|\,\gamma(t, u)\big]\,\Pi(du)\,. \tag{21}$$

Der Operator $L_N(g)$ ist durch das stochastische Integral über das Wienersche Maß bedingt:

$$L_N(g) = \frac{1}{2}\,\mathrm{sp}\,\big(\nabla^2(g(t, \eta(t))\,\beta(t)\,\beta^*(t))\big) = \frac{1}{2}\sum_{j,k=1}^{m}\sum_{j=1}^{n} g''_{x_j x_k}\big(t, \eta(t)\big)\,\beta_{ki}(t)\,\beta_{ji}(t)\,. \tag{22}$$

Wir erinnern, daß $\nabla g(t, x)$ ein Vektor ist, dessen Komponenten gleich $g'_{x_k}(t)$ sind, und daß $\nabla^2 g(t, x)$ eine Matrix mit den Elementen $g''_{x_k x_j}(t, x)$, sp A die Spur der Matrix A und $\beta^*(t)$ die transponierte Matrix von $\beta(t)$ ist.

§ 7. Stochastische Differentialgleichungen ohne Nachwirkung

Wir behandeln die stochastische Differentialgleichung

$$d\xi(t) = a\big(t, \xi(t)\big)\, dt + b\big(t, \xi(t)\big)\, dw(t) + \int f\big(t, \xi(t), u\big)\, \tilde{\nu}(dt, du) \tag{1}$$

wobei $a(t, x)$, $b(t, x)$, $f(t, x, u)$ nichtzufällige Funktionen, $a(t, x)$, $f(t, x, u)$ Vektorfunktionen mit Werten in X, $t \in [0, T]$, $x \in X$, $u \in X$ sind und $b(t, x)$ eine Operatorfunktion ist, die X linear in X abbildet. Weiterhin ist $w(t)$ ein m-dimensionaler WIENERprozeß, $\tilde{\nu}(t, A) = \nu(t, A) - t\,\Pi(A)$, $\nu(t, A)$ das POISSONsche Maß in X, $\boldsymbol{M}\,\nu(t, A) = t\,\Pi(A)$, und der Prozeß $w(t)$ und das Maß $\nu(t, A)$ sind voneinander unabhängig. Die Gleichung (1) ist ein Spezialfall der Gleichung (10) aus § 2. Dabei ist

$$\alpha(t, x, h) = a(t, x)\, h + \beta(t, x, h)\,,$$

$$\beta(t, x, h) = b(t, x)\,[w(t + h) - w(t)] + \int f(t, x, u)\, \tilde{\nu}\big([t, t + h), du\big)\,.$$

zu setzen. Wir bezeichnen die Komponenten des Feldes $\beta(t, x, h)$ in irgendeiner festen Basis mit $\beta_j(t, x, h)$ $(j = 1, 2, \ldots, m)$. Dann ist

$$\beta_j(t, x, h) = \bar{\beta}_j(t, x, h) + \gamma_j(t, x, h)$$

mit

$$\bar{\beta}_j(t, x, h) = \sum_{k=1}^{m} b_{jk}(t, x)\,[w_k(t + h) - w_k(t)]\,,$$

$$\gamma_j(t, x, h) = \int f_j(t, x, u)\, \tilde{\nu}\big([t, t + h), du\big)\,,$$

$$\boldsymbol{M}\{\beta_j(t, x, h)/\mathfrak{F}_t\} = 0\,; \qquad \boldsymbol{M}\{\gamma_j(t, x, h)\, \gamma_k(t, x, h)/\mathfrak{F}_t\} = h \int f_j f_k\, \Pi(du)\,.$$

Hieraus folgt

$$\boldsymbol{M}\{\,|\beta(t, x, h)|^2/\mathfrak{F}_t\} = h\big[\int |f(t, x, u)|^2\, \Pi(du) + |b(t, x)|^2\big]\,,$$

$$\boldsymbol{M}\{\,|\beta(t,x,h) - \beta(t,y,h)|^2/\mathfrak{F}_t\} = h\,\big[\int |f(t,x,u) - f(t,y,u)|^2 \Pi(du) + |b(t,x) - b(t,y)|^2\big],$$

wobei

$$|b(t, x)|^2 = \sum_{j,k=1}^{m} |b_{jk}(t, x)|^2$$

ist.

Das Feld $\alpha(t, x, h)$ ist also ein Feld mit beschränkter Nachwirkung, wenn sich eine solche Konstante L finden läßt, daß

$$|a(t, x)|^2 + |b(t, x)|^2 + \int |f(t, x, u)|^2\, \Pi(du) \leqq L\,(1 + |x|^2) \tag{2}$$

gilt, und es genügt einer lokalen LIPSCHITZbedingung, wenn man für ein beliebiges $R > 0$ eine derartige Konstante C_R angeben kann, daß für $|x| \leqq R$, $|y| \leqq R$

$$|a(t, x) - a(t, y)|^2 + |b(t, x) - b(t, y)|^2 + \int |f(t, x, u) - f(t, y, u)|^2\, \Pi(du) \leqq$$
$$\leqq C_R\, |x - y|^2 \tag{3}$$

ist. Man kann leicht zeigen, daß dieses Feld ein Quasidifferentialfeld ist, wenn sich eine Konstante L und eine Funktion $g(h)$, $g(h) \geqq 0$, $g(h) \downarrow 0$ bei $h \to 0$, finden lassen, so daß

$$|a(t+h, x) - a(t, x)|^2 + |b(t+h, x) - b(t, x)|^2 + \int |f(t+h, x, u) - f(t, x, u)|^2 \Pi(\mathrm{d}u) \leqq L(1 + |x|^2)\, g(h) \quad (4)$$

ist. Wenn die Bedingungen (2), (3), (4) erfüllt sind, dann hat wegen Satz 2 aus § 3 die stochastische Differentialgleichung (1) eine eindeutige, mit Wahrscheinlichkeit 1 rechtsseitig stetige Lösung. Ist dabei $f(t, x, u) \equiv 0$, dann ist die Lösung $\xi(t)$ mit Wahrscheinlichkeit 1 stetig. Wenn wir im weiteren auf den Existenz- und Eindeutigkeitssatz für die Lösung der Gleichung (1) hinweisen, meinen wir diesen Satz, und als Voraussetzungen dieses Satzes nehmen wir die Ungleichungen (2), (3) und (4).

Wir werden nun die Momente der Lösung der Gleichung (1) abschätzen. Dazu benutzen wir die verallgemeinerte Itô-Formel (Formel (19) aus § 6), indem wir $g(t, x) = |x|^{2m}$ setzen. Da

$$\nabla g(x) = 2m\, |x|^{2m-2}\, x\,, \quad \nabla^2 g(x) = 4m(m-1)\, |x|^{2m-4}\, (x \times x) + 2m\, |x|^{2m-2}\, E$$

ist, wobei E die Einheitsmatrix und $x \times x$ eine Matrix mit den Elementen $x_{jk} = x_j x_k$ ist, gilt für den betrachteten Fall

$$\alpha_1(t) = L_N(g) =$$
$$= 2m(m-1)\, |\xi(t)|^{2m-4}\, |b^*(t, \xi(t))\, \xi(t)|^2 + m\, |\xi(t)|^{2m-2}\, \mathrm{sp}\,[b(t, \xi(t))\, b^*(t, \xi(t))]$$

und

$$\alpha_2(t) = L_\pi(g) =$$
$$= \int \{|\xi(t) + f(t, \xi(t), u)|^{2m} - |\xi(t)|^{2m} - 2m\, |\xi(t)|^{2m-2}\, (\xi(t) \,|\, f(t, \xi(t), u))\}\, \Pi(\mathrm{d}u)\,.$$

Aus der Formel (19) aus § 6 folgt

$$|\xi(t)|^{2m} = |x|^{2m} + \int_0^t [2m\, |\xi(\tau)|^{2m-2}\, (\xi(\tau) \,|\, a(\tau, \xi(\tau))) + \alpha_1(\tau) + \alpha_2(\tau)]\, \mathrm{d}\tau$$
$$+ \int_0^t 2m\, |\xi(\tau)|^{2m-2}\, (\xi(\tau) \,|\, b(\tau, \xi(\tau))\, \mathrm{d}w(\tau))$$
$$+ \int_0^t \int [|\xi(\tau) + f(\tau, \xi(\tau), u)|^{2m} - |\xi(\tau)|^{2m}]\, \tilde{\nu}(\mathrm{d}\tau, \mathrm{d}u)\,. \quad (5)$$

Wir nehmen an, daß außer den Ungleichungen (2) noch folgende Ungleichungen erfüllt sind:

$$\int |f(t, x, u)|^p\, \Pi(\mathrm{d}u) \leqq L(1 + |x|^p)\,, \qquad p = 2, 3, \ldots, 2m\,. \quad (6)$$

Es läßt sich dann eine nur von L und m abhängige Konstante L' finden, so daß

$$|L_N(g)| + |L_\pi(g)| \leqq L'\,(1 + |\xi(t)|^{2m})$$

gilt.

Wir betrachten nun die Funktionen $a_N(t, x)$, $b_N(t, x)$, $f_N(t, x, u)$, die für $|x| \leqq N$ mit $a(t, x)$, $b(t, x)$, $f(t, x, u)$ übereinstimmen, welche bei $|x| \geqq N + 1$ gleich Null sind, den Bedingungen des Existenz- und Eindeutigkeitssatzes für die Lösungen einer stochastischen Differentialgleichung (siehe Beweis von Satz 2 aus § 3) und den Ungleichungen (2) und (6) mit einer von N unabhängigen Konstanten genügen. Wir bezeichnen die Lösung einer stochastischen Differentialgleichung mit den Koeffizienten $a_N(t, x)$, $b_N(t, x)$, $f_N(t, x, u)$ mit $\xi_N(t)$. Da die in der verallgemeinerten Itô-Formel bei $dw(\tau)$ und $\tilde{\nu}(d\tau, du)$ stehenden Faktoren für $|\xi_N(t)|^{2m}$ beschränkt sind, haben die stochastischen Integrale auf der rechten Seite der Formel (5) endliche Momente. Gehen wir auf beiden Seiten der Gleichung (5) zu den Erwartungswerten über, dann erhalten wir die Ungleichung

$$\boldsymbol{M}\,|\xi_N(t)|^2 \leqq |x|^{2m} + L\int_0^t (1 + \boldsymbol{M}\,|\xi_N(\tau)|^{2m})\,d\tau\,,$$

woraus sich $\boldsymbol{M}\,|\xi_N(t)|^{2m} \leqq L_1\,(1 + |x|^{2m})$ ergibt, wobei L_1 nicht von N abhängt. Da $\xi(t) = \boldsymbol{P}\text{-}\lim \xi_N(t)$ ist, folgt hieraus die Endlichkeit der Momente von $\xi(t)$ bis einschließlich $2\,m$-ter Ordnung. Indem wir nun in (5) zu den Erwartungswerten übergehen, erhalten wir erneut eine Abschätzung der Form

$$\boldsymbol{M}\,|\xi(t)|^{2p} \leqq L_{1,p}\,(1 + |x|^{2p})\,, \qquad p = 1, 2, \ldots, m\,, \tag{7}$$

wobei $L_{1,p}$ nur von L, T, p abhängt.

Satz 1. *Sind die Bedingungen* (2), (3), (4) *und* (6) *erfüllt, dann hat die Lösung der stochastischen Differentialgleichung* (1) *endliche Momente bis einschließlich* $2\,m$*-ter Ordnung, und es gilt* (7).

Bemerkung 1. Sind die Bedingungen des Satzes 1 erfüllt, dann zeigen analoge Überlegungen, daß eine Konstante L_{2p} existiert, so daß

$$\boldsymbol{M}\,|\xi(t) - x|^{2p} \leqq L_{2p}\,(1 + |x|^{2p})\,t\,, \qquad p = 1, 2, \ldots, m \tag{8}$$

ist.

Bemerkung 2. Wenn in der stochastischen Differentialgleichung das Glied fehlt, das das Poissonsche Maß enthält, dann hat ihre Lösung Momente beliebig hoher Ordnung, und es ist

$$\boldsymbol{M}\,|\xi(t) - x|^{2p} \leqq L_{2p}\,(1 + |x|^{2p})\,t^p\,. \tag{9}$$

Den Beweis der letzten Ungleichung kann man analog zu dem Beweis der Ungleichung (8) aus Teil I, Kapitel 2, § 6 erhalten.

§ 8. Parameterabhängige stochastische Differentialgleichungen. Die Differenzierbarkeit nach den Anfangswerten

Die Fragen, die mit der stetigen Abhängigkeit der Lösungen stochastischer Differentialgleichungen vom Parameter und der Differenzierbarkeit der Lösungen nach dem Parameter und den Anfangswerten zusammenhängen, sind für den eindimensionalen Fall in Teil I, § 7, 8 untersucht worden. Der größte Teil der Sätze und Beweise läßt sich ohne Schwierigkeiten auch auf allgemeinere Gleichungen übertragen. Im vorliegenden Paragraphen werden die entsprechenden Sätze, manchmal mit kleinen Abänderungen in den Formulierungen und kurzen Beweisen für die Sätze, bei denen es notwendig erscheint, angegeben.

Wir geben zunächst einige Sätze an, die sich auf die in § 3 betrachteten allgemeinen stochastischen Differentialgleichungen beziehen.

Satz 1. *Es seien $\xi_n(t)$ $(n = 0, 1, 2, \ldots)$ Lösungen der Gleichungen*

$$\xi_n(t) = \varphi_n(t) + \int_0^t \alpha_n(\tau, \xi_n(\tau), d\tau)\,, \qquad t \geqq 0\,,$$

wobei die Felder $\alpha_n(t, x, h)$ zu $\Pi_0(L, C, g)$ gehören und C, L, g unabhängig von n sind. Außerdem sei

$$\lim_{n\to\infty} \sup_{0\leqq t\leqq T} M\,|\varphi_n(t) - \varphi_0(t)|^2 = 0\,,$$

$$|M\{\alpha_0(t, x, h) - \alpha_n(t, x, h)/\mathfrak{F}_t\}| \leqq F_1^{(n)}(t, h)\,(1 + |x|)\,,$$

$$M\{|\alpha_0(t, x, h) - \alpha_n(t, x, h)|^2/\mathfrak{F}_t\} \leqq F_1^{(n)}(t, h)\,(1 + |x|^2)\,,$$

und für $n \to \infty$ konvergiere

$$V_{(0,T)}(F_1^{(n)}) = \lim_{|\delta|\to 0} \sum_{k=0}^{n-1} F_1^{(n)}(t_k, \Delta t_k) \to 0\,.$$

Für $n \to \infty$ konvergiert dann

$$\sup_{0\leqq t\leqq T} M\,|\xi_n(t) - \xi_0(t)|^2 \to 0\,.$$

Wenn dabei

$$M \sup_{0\leqq t\leqq T} |\varphi_n(t) - \varphi_0(t)|^2 \to 0$$

strebt, dann konvergiert auch

$$M \sup_{0\leqq t\leqq T} |\xi_n(t) - \xi_0(t)|^2 \to 0\,.$$

Der Beweis dieses Satzes ist analog dem Beweis des genannten Satzes 2, Teil I, aus § 7, und es wird dabei die Beschränktheit von $M\,|\xi_0(t)|^2$ (siehe Lemma 1 aus § 3), das Lemma 9 aus § 1 und die Folgerung 5 des gleichen Paragraphen benutzt.

Mit Hilfe von Satz 1 kann man leicht einen Satz über die Differenzierbarkeit der Lösungen stochastischer Differentialgleichungen nach einem Parameter (vgl. Teil I, § 7, Satz 4) erhalten.

Satz 2. *Gegeben sei eine Schar zufälliger Felder $\alpha_\mu(t, x, h)$, die von einem skalaren Parameter μ $(\mu = 0)$ abhängen, $\alpha_\mu(t, x, h) \in \Pi_0(L, C, g)$ (L, C, g sind von μ unabhängig), und folgende Eigenschaften besitzen:*

a) *Die Felder $\alpha_\mu(t, x, h)$ sind in folgendem Sinne nach μ im Punkt $\mu = 0$ differenzierbar: Es existiert ein zufälliges Feld $\alpha'(t, x, h)$, $\alpha'(t, x, h) \in \Pi_1(L, g)$,* *so daß*

1. $\left|M\left\{\frac{\alpha_\mu(t, x, h) - \alpha_0(t, x, h)}{\mu} - \alpha'(t, x, h)\Big/\mathfrak{F}_t\right\}\right| \leqq (1 + |x|)\, F_1(t, h, \mu)\, h\ ;$

2. $M\left\{\left|\frac{\alpha_\mu(t, x, h) - \alpha_0(t, x, h)}{\mu} - \alpha'(t, x, h)\right|^2\Big/\mathfrak{F}_t\right\} \leqq (1 + |x|^2)\, F_1(t, h, \mu)\, h$

und

$$\lim_{\mu\to 0}\overline{\lim_{|\delta|\to 0}}\sum_{k=0}^{n-1} F_1(t_k, \Delta t_k, \mu)\,\Delta t_k = 0$$

gilt.

b) *Die Felder $\alpha_\mu(t, x, h)$ sind für $\mu \in [0, \mu_0]$ im folgenden Sinne nach x differenzierbar: Es existiert ein zufälliges Operatorfeld $\nabla\alpha_\mu(t, x, h)$, so daß*

1. $\left|M\left\{\frac{\alpha_\mu(t, x + s z, h) - \alpha_\mu(t, x, h)}{s} - \big(\nabla\alpha_\mu(t, x, h)\,|\,z\big)\Big/\mathfrak{F}_t\right\}\right| \leqq (1 + |z|^2)\, F_2(t, h, s)\, h\ ,$

2. $M\left\{\left|\frac{\alpha_\mu(t, x + s z, h) - \alpha_\mu(t, x, h)}{s} - \big(\nabla\alpha_\mu(t, x, h)\,|\,z\big)\right|^2\Big/\mathfrak{F}_t\right\} \leqq (1 + |z|^2)\, F_2(t, h, s)\, h$

mit

$$\lim_{s\to 0}\overline{\lim_{|\delta|\to 0}}\sum_{k=0}^{n-1} F_2(t_k, \Delta t_k, s)\,\Delta t_k = 0$$

ist.

c) *Das Feld $\nabla\alpha_\mu(t, x, h)$ hat folgende Stetigkeitseigenschaften bezüglich μ:*

1. $|M\{\nabla\alpha_\mu(t, x, h) - \nabla\alpha_0(t, x, h)/\mathfrak{F}_t\}| \leqq F_3(t, h, \mu)\ ,$

2. $M\{|\nabla\alpha_\mu(t, x, h) - \nabla\alpha_0(t, x, h)|^2/\mathfrak{F}_t\} \leqq F_3(t, h, \mu)\ ,$

wobei

$$\lim_{\mu\to 0}\overline{\lim_{|\delta|\to 0}}\sum_{k=0}^{n-1} F_3(t_k, \Delta t_k, \mu) = 0$$

ist.

d) *Das zufällige Feld*

$$\beta(t, x, h) = \alpha'\big(t, \xi_0(t), h\big) + \big(\nabla\alpha_0(t, \xi_0(t), h)\,|\,x\big)\ ,$$

wobei $\xi_0(t)$ eine Lösung der stochastischen Differentialgleichung

$$\mathrm{d}\xi = \alpha_0\big(t\ \xi(t), \mathrm{d}t\big)$$

ist, genügt den Bedingungen des Existenz- und Eindeutigkeitssatzes; insbesondere ist

1. $|M\{\nabla\alpha_0\big(t, \xi_0(t), h\big)/\mathfrak{F}_t\}| \leqq C\, h\ ,$

2. $M\{|\nabla\alpha_0\big(t, \xi_0(t), h\big)|^2/\mathfrak{F}_t\} \leqq C\, h\ .$

e) *Für den Anfangswert $\xi_\mu(0)$ existiert die Ableitung nach μ*

$$M\left|\frac{\xi_\mu(0) - \xi_0(0)}{\mu} - \xi'(0)\right|^2 \to 0 \qquad \text{für}\quad \mu \to 0\ .$$

Sind alle diese Bedingungen erfüllt, dann konvergiert für $\mu \to 0$

$$\sup_{0 \leq t \leq T} M \left| \frac{\xi_\mu(t) - \xi_0(t)}{\mu} - \zeta(t) \right|^2 \to 0 ,$$

wobei $\zeta(t)$ eine Lösung der stochastischen Differentialgleichung

$$d\zeta(t) = \alpha'(t, \xi_0(t), dt) + (\nabla \alpha_0(t, \xi_0(t), dt) \mid \zeta(t))$$

ist.

Beweis. Wir setzen

$$\zeta_\mu(t) = \frac{\xi_\mu(t) - \xi_0(t)}{\mu} .$$

Diese Lösung genügt der stochastischen Differentialgleichung

$$d\zeta_\mu(t) = \beta(t, \zeta_\mu(t), dt) + \tilde{\beta}_\mu(t, \zeta_\mu(t), dt) ,$$

wobei $\beta(t, x, h)$ das in der Bedingung d) eingeführte zufällige Feld und

$$\tilde{\beta}(t, x, h) = \left[\frac{\alpha_\mu(t, \xi_0(t) + \mu x, h) - \alpha_\mu(t, \xi_0(t), h)}{\mu} - (\nabla \alpha_\mu(t, \xi_0, h) \mid x) \right]$$
$$+ (\nabla \alpha_\mu(t, \xi_0(t), h) - \nabla \alpha_0(t, \xi_0(t), h) \mid x)$$
$$+ \left[\frac{\alpha_\mu(t, \xi_0(t), h) - \alpha_0(t, \xi_0(t), h)}{\mu} - \alpha'(t, \xi_0(t), h) \right]$$

ist. Man kann leicht zeigen, daß die Bedingungen des Satzes 1 erfüllt sind (unter Berücksichtigung der offensichtlichen Modifizierung des Satzes 1, die im Übergang vom diskreten Parameter n ($n \to \infty$) zum stetigen Parameter μ ($\mu \to 0$) besteht). Die Behauptung des Satzes folgt unmittelbar aus Satz 1.

Etwas ausführlicher werden wir uns mit den Gleichungen der Form

$$\xi(t) = \varphi(t) + \int_0^t \alpha(\tau, \xi(\tau)) \, d\tau + \int_0^t \beta(\tau, \xi(\tau)) \, dw(\tau) + \int_0^t \int \gamma(\tau, \xi(\tau), u) \, \tilde{\nu}(d\tau, du)$$

befassen, wobei $\varphi(t)$, $\alpha(t, x)$, $\beta(t, x)$, $\gamma(t, x, u)$ im allgemeinen zufällige Funktionen sind, die für jedes t $\mathfrak{F}_t$-meßbar sind. Weiterhin sind $w(t)$ und $\nu(t, A)$ ein n-dimensionaler WIENERprozeß bzw. das POISSONsche Maß mit dem Parameter $\Pi(A)\, t$, wobei die Größen $w(t) - w(s)$, $\nu(t, A) - \nu(s, A)$ $(t \geq s)$ unabhängig von $\mathfrak{F}_s$ sind; $\varphi(t)$, $\alpha(t, x)$, $\gamma(t, x, u)$ sind n-dimensionale zufällige Vektoren mit Werten in X; $\tilde{\nu}(t, A) = \nu(t, A) - t\, \Pi(A)$.

Wir nehmen an, daß folgende Bedingungen erfüllt sind, die die Anwendbarkeit des Existenz- und Eindeutigkeitssatzes gewährleisten: Es existiert eine Konstante C, so daß mit Wahrscheinlichkeit Eins

$$|\alpha(t, x)|^2 + |\beta(t, x)|^2 + \int |\gamma(t, x, u)|^2 \, \Pi(du) \leq C\, (1 + |x|^2) , \quad (1)$$

$$|\alpha(t, x) - \alpha(t, y)|^2 +$$
$$+ |\beta(t, x) - \beta(t, y)|^2 + \int |\gamma(t, x, u) - \gamma(t, y, u)|^2 \, \Pi(du) \leq C\, |x - y|^2 \quad (2)$$

gilt, und außerdem

$$P\left\{\sup_{0\leqq t\leqq T}|\varphi(t)|=\infty\right\}=0 \tag{3}$$

ist.

Satz 3. *Es sei*

$$\xi_p(t)=\varphi_p(t)+\int_0^t\alpha_p(\tau,\xi_p(\tau))\,\mathrm{d}\tau+\int_0^t\beta_p(\tau,\xi_p(\tau))\,\mathrm{d}w(\tau)+\int_0^t\int\gamma_p(\tau,\xi_p(\tau),u)\,\tilde{\nu}(\mathrm{d}\tau,\mathrm{d}u), \tag{4}$$

wobei $\alpha_p(t,x)$, $\beta_p(t,x)$, $\gamma_p(t,x,u)$ *den Bedingungen* (1) *und* (2) *mit den gleichen Konstanten* C, $p=0,1,2,\ldots$ *genügen. Wenn für beliebige* $N>0$, $t\in[0,T]$, $\varepsilon>0$

$$\lim_{n\to\infty}P\left\{\sup_{|x|\leqq N}[|\alpha_p(t,x)-\alpha_0(t,x)|+|\beta_p(t,x)-\beta_0(t,x)|+\int|\gamma_p(t,x,u)-\gamma_0(t,x,u)|^2\,\Pi(\mathrm{d}u)]>\varepsilon\right\}=0$$

und

$$\lim_{n\to\infty}\sup_{0\leqq t\leqq T}M|\varphi_p(t)-\varphi_0(t)|^2=0$$

gilt, dann ist

$$\lim_{n\to\infty}\sup_{0\leqq t\leqq T}M|\xi_p(t)-\xi_0(t)|^2=0\,.$$

Wenn dabei

$$\lim_{p\to\infty}M\sup_{0\leqq t\leqq T}|\varphi_p(t)-\varphi_0(t)|^2=0$$

gilt, dann ist auch

$$\lim_{p\to\infty}M\sup_{0\leqq t\leqq T}|\xi_p(t)-\xi_0(t)|^2=0\,.$$

Der Beweis wird unter Verwendung der Eigenschaften des Integrals über das Poissonsche Maß wie bei Satz 2 aus Teil I, § 7 geführt.

Satz 4. *Es sei* $\xi_p(t)$, $0\leqq p\leqq a$, *eine Lösung der stochastischen Differentialgleichung*

$$\xi_p(t)=\xi_p(0)+\int_0^t\alpha_p(\tau,\xi_p(\tau),\mathrm{d}\tau)\,, \tag{5}$$

$$\alpha_p(t,x,h)=a_p(t,x)\,h+b_p(t,x)\,[w(t+h)-w(t)]+\int f_p(t,x,u)\,\tilde{\nu}([t,t+h),\mathrm{d}u)\,, \tag{6}$$

und es sind $a_p(t,x)$, $b_p(t,x)$, $f_p(t,x,u)$ *nichtzufällige Funktionen, die für jedes* p *den Bedingungen des Existenz- und Eindeutigkeitssatzes für die Lösungen der stochastischen Differentialgleichung genügen, und in einem beliebigen beschränkten Gebiet* $|x|\leqq R$ *konvergieren für* $p\to0$ *gleichmäßig in* x

$$a_p(t,x)\to a_0(t,x)\,,\qquad b_p(t,x)\to b_0(t,x)\,,\qquad f_p(t,x,u)\to f_0(t,x,u)\,.$$

Weiterhin existiere eine von p *unabhängige Konstante* C, *so daß*

$$|a_p(t,x)|^2+|b_p(t,x)|^2+\int|f_p(t,x,u)|^2\,\Pi(\mathrm{d}u)\leqq C\,(1+|x|^2)$$

ist, und es konvergiere $\xi_p(0)$ in Wahrscheinlichkeit gegen $\xi_0(0)$. Dann ist

$$\boldsymbol{P}\text{-}\lim \sup_{0 \leqq t \leqq T} |\xi_p(t) - \xi_0(t)| = 0$$

(siehe den Beweis von Satz 3 aus Teil I, § 7).

Wir befassen uns nun mit der Frage der Differenzierbarkeit der Lösungen der Gleichung (4) nach einem Parameter. Der Parameter p verändere sich auf einem gewissen Intervall $[a, b]$. Unter der Ableitung der Lösung nach p verstehen wir die quadratisch gemittelte Ableitung

$$\frac{\partial}{\partial p} \xi_p(t) = \underset{\Delta p \to 0}{\text{l.i.m.}} \frac{\xi_{p+\Delta p}(t) - \xi_p(t)}{\Delta p} .$$

Satz 5. *Wir nehmen an, daß folgende Bedingungen erfüllt sind:*

1. $\varphi_p(t) \in H_1$, *es existiert* $\frac{\partial}{\partial p} \varphi_p(t)$, *und es ist*

$$\lim_{\Delta p \to 0} \left\| \frac{\partial}{\partial p} \varphi_p(t) - \frac{1}{\Delta p} [\varphi_{p+\Delta p}(t) - \varphi_p(t)] \right\|_1 = 0 .$$

2. *Es existieren die Ableitungen*

$$\frac{\partial}{\partial p} a_p(t, x) , \quad \frac{\partial}{\partial p} b_p(t, x) , \quad \frac{\partial}{\partial p} f_p(t, x, u) \quad \left(\frac{\partial}{\partial p} f_p(t, x, u) \in H_2(\Pi)\right),$$

wobei

$$\lim_{\Delta p \to 0} \boldsymbol{M} \int_0^T \left\{ \left| \frac{1}{\Delta p} [a_{p+\Delta p}(t, \xi_p(t)) - a_p(t, \xi_p(t))] - \frac{\partial}{\partial p} a_p(t, \xi_p(t)) \right|^2 \right.$$
$$\left. + \left| \frac{1}{\Delta p} [b_{p+\Delta p}(t, \xi_p(t)) - b_p(t, \xi_p(t))] - \frac{\partial}{\partial p} b_p(t, \xi_p(t)) \right|^2 \right\} dt = 0 ,$$

$$\lim_{\Delta p \to 0} \boldsymbol{M} \left| \int_0^T \left\{ \frac{1}{\Delta p} [\Phi_{p+\Delta p}(t, \xi_p(t), dt) - \Phi_p(t, \xi_p(t), dt)] - \Phi_p'(t, \xi_p(t), dt) \right\} \right|^2 = 0$$

und

$$\Phi_p(t, x, h) = \int f_p(t, x, u) \, \tilde{\nu}([t, t + h), du) ,$$
$$\Phi_p'(t, x, h) = \int \frac{\partial}{\partial p} f_p(t, x, u) \, \tilde{\nu}([t, t + h), du)$$

ist.

3. *Es existieren mit Wahrscheinlichkeit 1 die stetigen partiellen Ableitungen*

$$\frac{\partial a_p(t, x)}{\partial x_j}, \quad \frac{\partial b_p(t, x)}{\partial x_j}, \quad \frac{\partial f_p(t, x, u)}{\partial x_j}, \quad j = 1, 2, \ldots, n ,$$

wobei für alle t, x, $0 \leqq t \leqq T$, $x \in X$ mit Wahrscheinlichkeit 1

$$\sum_{j=1}^n \left(\left| \frac{\partial}{\partial x_j} a_p(t, x) \right| + \left| \frac{\partial}{\partial x_j} b_p(t, x) \right| + \int \left| \frac{\partial}{\partial x_j} f_p(t, x, u) \right|^2 \Pi(du) \right) \leqq C$$

ist.

Wenn alle diese Bedingungen erfüllt sind, dann ist $\xi_p(t)$ nach p differenzierbar, $\xi_p'(t) = \frac{\partial}{\partial p}\xi_p(t)$, und genügt der Gleichung

$$\xi_p'(t) = \frac{\partial}{\partial p}\varphi_p(t) - \int_0^t \frac{\partial}{\partial p}\alpha_p(\tau, \xi_p(\tau), d\tau) + \int_0^t \left(\nabla\alpha_p(\tau, \xi_p(\tau), d\tau) \mid \xi_p'(\tau)\right) , \quad (7)$$

wobei $\frac{\partial}{\partial p}\alpha_p(t, x, u)$ das zufällige Feld

$$\frac{\partial}{\partial p}\alpha_p(t, x, h)$$
$$= \frac{\partial}{\partial p}a_p(t, x)\, h + \frac{\partial}{\partial p}b_p(t, x)\,[w(t+h) - w(t)] + \int \frac{\partial}{\partial p}f_p(t, x, u)\,\tilde{\nu}([t, t+h), du) \quad (8)$$

ist, und mit $y = (y_1, y_2, \ldots, y_n)$ ist

$$\left(\nabla\alpha_p(t, x, h) \mid y\right) =$$
$$= \sum_{k=1}^{n}\left[\frac{\partial a_p(t, x)}{\partial x_k}h + \frac{\partial b_p(t, x)}{\partial x_k}[w(t+h) - w(t)] + \int \frac{\partial f_p(t, x, u)}{\partial x_k}\tilde{\nu}([t, t+h), du)\right] y_k . \quad (9)$$

Der Beweis des Satzes ist analog dem Beweis des Satzes 4 aus Teil I, § 7.

Wir behandeln nun das Problem der Abhängigkeit der Lösungen stochastischer Differentialgleichungen von den Anfangswerten. Wie in Teil I werden wir die Lösungen der Gleichungen mit dem Anfangszeitpunkt $t = s$ als Funktionen von s und dem Anfangswert z ($z \in X$) betrachten.

Wir führen also die Prozesse $\xi_{z,s}(t)$ ein, die der Gleichung

$$\xi_{z,s}(t) = z + \int_s^t \alpha(\tau, \xi_{z,s}(\tau), d\tau) \quad (10)$$

genügen, wobei

$$\alpha(t, x, h) = a(t, x)\, h + b(t, x)\,[w(t+h) - w(t)] + \int f(t, x, u)\,\tilde{\nu}([t, t+h), du) \quad (11)$$

ist und die Funktionen $a(t, x)$, $b(t, x)$, $f(t, x, u)$ den Bedingungen des Existenz- und Eindeutigkeitssatzes für die Lösungen der Gleichung (10) genügen.

Außerdem setzen wir voraus, daß die Größen

$$\frac{\partial a(t, x)}{\partial x_k}, \quad \frac{\partial b(t, x)}{\partial x_k}, \quad \int \left|\frac{\partial f(t, x, u)}{\partial x_k}\right|^2 \Pi(du) , \qquad k = 1, 2, \ldots, n , \quad (12)$$

existieren, stetig und beschränkt sind ($t \in [0, T]$, $x \in X$) und daß für $(t', x') \to (t, x)$

$$\int \left|\frac{\partial f(t, x, u)}{\partial x_k} - \frac{\partial f(t', x', u)}{\partial x_k}\right|^2 \Pi(du) \to 0$$

konvergiert. Aus Satz 5 folgt, daß die Ableitungen $\frac{\partial}{\partial z_k}\xi_{z,s}(t)$ existieren, die den Gleichungen

$$\frac{\partial}{\partial z_k}\xi_{z,s}(t) = \delta_k + \int_s^t \left(\nabla\alpha(\tau, \xi_{z,s}(\tau), d\tau) \,\middle|\, \frac{\partial}{\partial z_k}\xi_{z,s}(\tau)\right) \quad (13)$$

genügen, wobei δ_k ein Vektor ist, dessen k-te Komponente gleich 1 und alle übrigen gleich Null sind, und das Feld $\left(\nabla\alpha(t, \xi_{z,s}(t), h)\,|\,x\right)$ durch die Formel (9) definiert ist.

Wenn die entsprechenden Bedingungen erfüllt sind, dann kann man den Satz 5 auf die Gleichung (13) anwenden und die Existenz von Ableitungen höherer Ordnung nachweisen.

Somit erhalten wir für die Ableitung $\frac{\partial^2}{\partial z_k\,\partial z_j}\xi_{z,s}(t)$ die stochastische Differentialgleichung

$$\frac{\partial^2}{\partial z_k\,\partial z_j}\xi_{z,s}(t) - \int_s^t\left(\nabla^2\alpha\left(\tau, \xi_{z,s}(\tau), d\tau\right)\left|\frac{\partial\xi}{\partial z_k}\right|\frac{\partial\xi}{\partial z_j}\right) + \int_s^t\left(\nabla\alpha\left(\tau, \xi_{z,s}(\tau), d\tau\right)\left|\frac{\partial^2\xi_{z,s}(\tau)}{\partial z_k\,\partial z_j}\right.\right), \quad (14)$$

wobei $\left(\nabla^2\alpha(\tau, z, h)\,|x|\,y\right)$ das folgende zufällige Feld ist:

$$\left(\nabla^2\alpha(t, z, h)\,|x|\,y\right) = \left(\sum_{p,q=1}^{n}\frac{\partial^2 a(t, z)}{\partial z_p\,\partial z_q}x_p\,y_q\right)h + \left(\sum_{p,q=1}^{n}\frac{\partial^2 b(t, z)}{\partial z_p\,\partial z_q}x_p\,y_q\right)[w(t+h) - w(t)]$$
$$+ \int\left(\sum_{p,q=1}^{n}\frac{\partial^2 f(t, z, u)}{\partial z_p\,\partial z_q}x_p\,y_q\right)\tilde{\nu}([t, t+h), du)\,.$$

Wir werden nicht nachprüfen, ob die Bedingungen des Satzes 5 erfüllt sind, sondern beweisen unmittelbar die Existenz der Ableitung $\frac{\partial^2}{\partial z_k\,\partial z_j}\xi_{z,s}(t)$ und die Gültigkeit der Gleichung (14). Dabei verstehen wir unter einer Ableitung den Grenzwert der entsprechenden Beziehung im Sinne der Konvergenz in Wahrscheinlichkeit. Wir setzen

$$\xi_{\Delta z_j}(t) = \frac{1}{\Delta z_j}\left(\frac{\partial}{\partial z_k}\xi_{z+\Delta z_j,s}(t) - \frac{\partial}{\partial z_k}\xi_{z,s}(t)\right).$$

Für $\xi_{\Delta z_j}(t)$ haben wir die Gleichung

$$\xi_{\Delta z_j}(t) = \varphi_{\Delta z_j}(t) + \int_s^t\left(\nabla\alpha(\tau, \xi_{z,s}(\tau), d\tau)\,|\,\xi_{\Delta z_j}(\tau)\right), \quad (15)$$

wobei

$$\varphi_{\Delta z_j}(t) = \int_s^t\frac{1}{\Delta z_j}\left(\nabla\alpha\left(\tau, \xi_{z+\Delta z_j,s}(\tau), d\tau\right) - \nabla\alpha\left(\tau, \xi_{z,s}(\tau), d\tau\right)\left|\frac{\partial}{\partial z_k}\xi_{z+\Delta z_j,s}(\tau)\right.\right) \quad (16)$$

ist. Wir betrachten die Gleichung

$$\zeta(t) = \varphi(t) + \int_s^t\left(\nabla\alpha(\tau, \xi_{z,s}(\tau), d\tau)\,|\,\zeta(\tau)\right), \quad (17)$$

wobei $\varphi(t)$ für jedes $t \in [0, T]$ $\mathfrak{F}_t$-meßbar ist. Diese Gleichung hat eine Lösung für eine beliebige Funktion $\varphi(t)$, für die

$$\mathbf{P}\left\{\sup_{0\le t\le T}|\varphi(t)| = \infty\right\} = 0$$

ist.

Lemma 1. *Ist in der Gleichung* (17) $\varphi(t) = \varphi_h(t)$, $h \geqq 0$, *konvergiert* $\varphi_h(t)$ *für* $h \to 0$ *in Wahrscheinlichkeit gegen* $\varphi_0(t)$ *und ist*

$$\lim_{N\to\infty} \sup_{0\leqq h\leqq h} \boldsymbol{P}\left\{\sup_{0\leqq t\leqq T} |\varphi_h(t)| > N\right\} = 0\,,$$

dann konvergieren die entsprechenden Lösungen $\zeta_h(t)$ *der Gleichung* (17) *für jedes* t *in Wahrscheinlichkeit gegen* $\zeta_0(t)$.

Wir bemerken, daß man im Fall $\boldsymbol{M}\,|\varphi(t)|^2 \leqq K$ wegen (17) eine Konstante C' finden kann, so daß

$$\boldsymbol{M}\,|\zeta(t)|^2 \leqq C'\left[\boldsymbol{M}\,|\varphi(t)|^2 + \int_s^t \boldsymbol{M}\,|\zeta(\tau)|^2\,d\tau\right]$$

gilt, woraus (C'' ist unabhängig von φ)

$$\boldsymbol{M}\,|\zeta(t)|^2 \leqq C''\left[\boldsymbol{M}\,|\varphi(t)|^2 + \int_s^t \boldsymbol{M}\,|\varphi(\tau)|^2\,d\tau\right]$$

folgt. Aus der letzten Ungleichung ist zu ersehen, daß $\boldsymbol{M}\,|\zeta_n(t) - \zeta_0(t)|^2 \to 0$ konvergiert, wenn $\boldsymbol{M}\,|\varphi_0(t) - \varphi_n(t)|^2 \to 0$ strebt. Für den allgemeinen Fall setzen wir $\varphi_n^N(t) = \varphi_n(t)$, wenn $\sup_{0\leqq\tau\leqq T} |\varphi_n(\tau)| \leqq N$ ist, und $\varphi_n^N(t) = 0$ im entgegengesetzten Fall. Dann haben wir

$$\begin{aligned}
&\boldsymbol{P}\,\{|\zeta_n(t) - \zeta_0(t)| > \varepsilon\}\\
&\leqq \boldsymbol{P}\,\{|\zeta_n^N(t) - \zeta_0^N(t)| > \varepsilon\} + \boldsymbol{P}\,\{\zeta_n^N(t) \neq \zeta_n(t)\} + \boldsymbol{P}\,\{\zeta_0^N(t) \neq \zeta_0(t)\}\\
&= \boldsymbol{P}\,\{|\zeta_n^N(t) - \zeta_0(t)| > \varepsilon\} + \boldsymbol{P}\left\{\sup_{0\leqq t\leqq T} |\varphi_n(t)| > N\right\} + \boldsymbol{P}\left\{\sup_{0\leqq t\leqq T} |\varphi_0(t)| > N\right\}.
\end{aligned}$$

wobei $\zeta_n^N(t)$ eine Lösung der Gleichung (17) bei $\varphi(t) = \varphi_n^N(t)$ ist. Die letzte Ungleichung beweist das Lemma.

Lemma 2. *Sind für die Gleichung* (7) *die Bedingungen* 3 *des Satzes* 5 *erfüllt, dann läßt sich eine solche Konstante* C' *finden, daß*

$$\boldsymbol{M} \sup_{0\leqq t\leqq T} |\zeta_{z,s}(t)|^2 \leqq C'\,(1 + |z|^2)$$

ist.

Aus den Eigenschaften der stochastischen Integrale folgt

$$\boldsymbol{M} \sup_{0\leqq t\leqq T} \left|\int_s^t b(\tau, \xi(\tau))\,dw(\tau)\right|^2 \leqq \int_s^t 4\,\boldsymbol{M}\,|b(\tau, \xi(\tau))|^2\,d\tau \leqq 4\,C \int_s^t (1 + \boldsymbol{M}\,|\xi(\tau)|^2)\,d\tau\,,$$

$$\begin{aligned}
\boldsymbol{M} \sup_{0\leqq t\leqq T} \left|\int_s^t\!\!\int f(\tau, \xi(\tau), u)\,\tilde{\nu}(d\tau, du)\right|^2 &\leqq \boldsymbol{M} \int_s^t\!\!\int |f(\tau, \xi(\tau), u)|^2\,\Pi(du)\,d\tau\\
&\leqq 4\,C \int_s^t (1 + \boldsymbol{M}\,|\xi(\tau)|^2)\,d\tau\,.
\end{aligned}$$

Aus der Gleichung (10) kann man nun leicht schließen, daß bei einem gewissen von t, s, z unabhängigen C_1 für die Größe $\eta(t) = \sup\limits_{0 \leqq t \leqq T} |\xi_{z,s}(t)|^2$ die Ungleichung

$$M\,\eta(t) \leqq C_1\left(|z|^2 + t + \int_s^t \eta(\tau)\,d\tau\right)$$

erfüllt ist, woraus die Behauptung des Lemmas folgt.

Lemma 3. *Sind die Größen* (12) *beschränkt, dann kann man eine Konstante* C' *finden, für die*

$$M\left\{\sup_{0\leqq t\leqq T}\left|\frac{\partial}{\partial z_k}\xi_{z,s}(t)\right|^2 + \sup_{0\leqq t\leqq T}\left|\frac{\xi_{z+\Delta z_k,s}(t) - \xi_{z,s}(t)}{\Delta z_k}\right|^2\right\} \leqq C'$$

ist.

Der Beweis ist analog dem vorigen Beweis.

Folgerung. Wenn die Größen

$$\frac{\partial^2 a(t,x)}{\partial x_k\,\partial x_j}, \quad \frac{\partial^2 b(t,x)}{\partial x_k\,\partial x_j}, \quad \int\left|\frac{\partial^2 f(t,x,u)}{\partial x_k\,\partial x_j}\right|^2 \Pi(du), \quad k, j = 1, 2, \ldots, m, \tag{18}$$

existieren und in allen Variablen stetig sind, dann konvergieren die Größen $\varphi_{\Delta z_j}(t)$ für $\Delta z_j \to 0$ in Wahrscheinlichkeit gegen $\varphi_0(t)$, und es ist

$$\varphi_0(t) = \int_s^t \left(\nabla^2\alpha\left(\tau, \xi_{z,s}(\tau), d\tau\right)\left|\frac{\partial}{\partial z_k}\xi(\tau)\right|\frac{\partial}{\partial z_j}\xi(\tau)\right)$$

und

$$\lim_{N\to\infty}\sup_{|\Delta z_j|\leqq h} P\left\{\sup_{s\leqq t\leqq T}|\varphi_{\Delta z_j}(\tau)| > N\right\} = 0\,.$$

Aus den aufgezeigten Ergebnissen ergibt sich folgender Satz.

Satz 6. *Wenn die Größen* (12) *beschränkt und die Größen* (18) *stetig sind, dann existieren die Ableitungen* $\frac{\partial}{\partial z_k}\xi_{z,s}(t)$ *und* $\frac{\partial^2}{\partial z_k\,\partial z_j}\xi_{z,s}(t)$ *(im Sinne der Konvergenz in Wahrscheinlichkeit), die den Gleichungen* (13) *bzw.* (14) *genügen.*

Bemerkung 1. Analog kann man folgende Behauptung beweisen: Wenn die Größen (12) beschränkt sind, die stetigen partiellen Ableitungen der Funktionen $a(t, x)$, $b(t, x)$ nach den Variablen x bis einschließlich m-ter Ordnung und dieselben Ableitungen von $f(t, x, u)$ existieren, deren Quadrat über u bezüglich des Maßes Π integrierbar ist und die im quadratischen Mittel (bezüglich des Maßes Π) in t und x stetig sind, dann besitzen die Größen $\xi_{z,s}(t)$ Ableitungen (im Sinne der Konvergenz in Wahrscheinlichkeit) nach z_k bis einschließlich m-ter Ordnung.

Bemerkung 2. Unter den Bedingungen des Satzes 6 gilt die Abschätzung

$$M\,|\xi_{z,s}(t) - \xi_{z_1,s_1}(t)|^2 \leqq C_1\left(|z - z_1|^2 + (s - s_1)\,(1 + |z|^2)\right).$$

Sind aber die Bedingungen der Bemerkung 1 erfüllt, dann können wir uns davon überzeugen, daß die Größen $\frac{\partial^p}{\partial z_k^p} \xi_{z,s}(t)$ $(p = 1, 2, \ldots, m)$ in den Variablen z, s (im Sinne der Konvergenz in Wahrscheinlichkeit) stetig sind.

In einigen Fällen sind die erhaltenen Ergebnisse unzureichend. Indem wir die Voraussetzungen über die Koeffizienten der Gleichung (10) verschärfen, können wir erreichen, daß die Momente höherer Ordnung von den zufälligen Prozessen $\frac{\partial}{\partial z_k} \xi_{z,s}(t)$ und die mittleren quadratischen partiellen Ableitungen zweiter Ordnung nach den Anfangswerten existieren.

Wir setzen voraus, daß für die stochastische Differentialgleichung (10) die Bedingungen (1) und (2) erfüllt sind und daß

$$\int |f(t, x, u)|^k \Pi(\mathrm{d}u) \leqq C\,(1 + |x|^k)\,, \quad k = 3, 4, \tag{20}$$

ist. Wegen Satz 1 aus § 7 hat die Lösung der Gleichung (10) endliche Momente vierter Ordnung.

Wir betrachten die Gleichung

$$\mathrm{d}\zeta = \nabla\alpha(t, \zeta(t), \mathrm{d}t)\,, \quad \zeta(0) = \delta\,, \tag{21}$$

wobei

$$\nabla\alpha(t, x, h) = \big(\nabla a(t, \xi_{z,s}(t))\,|\,x\big)\,h + \big(\nabla b(t, \xi_{z,s}(t))\,[w(t+h) - w(t)]\,|\,x\big) + \int \big(\nabla f(t, \xi_{z,s}(t), u)\,|\,x\big)\,\tilde{\nu}\big([t, t+h), \mathrm{d}u\big)$$

ist. Setzen wir

$$\int |\nabla f(t, x, u)|^k \Pi(\mathrm{d}u) \leqq C\,, \quad k = 3, 4\,, \tag{22}$$

voraus, wobei die Konstante C unabhängig von x ist, und wenden wir die verallgemeinerte Itô-Formel an, so erhalten wir wie beim Beweis von Satz 1 aus § 7, daß die Lösung der Gleichung (21) beschränkte Momente vierter Ordnung besitzt, die der Gleichung

$$\begin{aligned} \boldsymbol{M}\,|\zeta(t)|^4 = |\delta|^4 + \boldsymbol{M} \int_0^t \{&4\,|\zeta(\tau)|^2 \big(\zeta(\tau)|\,\nabla a(\tau, \xi_{z,s}(\tau))\,|\zeta(\tau)\big) \\ &+ 2\,|\zeta(\tau)|^2\,\mathrm{sp}\,\big(\nabla b(\tau, \xi_{z,s}(\tau))\,|\,\zeta(\tau)\big)\,\big(\nabla b(\tau, \xi_{z,s}(\tau))\,|\zeta(\tau)\big) \\ &+ \int [|\zeta(\tau)| + \big(\nabla f(\tau, \xi_{z,s}(\tau), u)\,|\zeta(\tau)\big)|^4 - |\zeta(\tau)|^4 \\ &- 4\,|\zeta(\tau)|^2\,\big(\zeta(\tau)\,|\nabla f(\tau, \xi_{z,s}(\tau), u)|\,\zeta(\tau)\big)]\,\Pi(\mathrm{d}u)\}\,\mathrm{d}\tau \end{aligned} \tag{23}$$

genügen.

Wie man leicht sieht, kann man den in den eckigen Klammern bei $\Pi(\mathrm{d}u)$ stehenden Faktor durch eine Größe der Form

$$K\,|\zeta(\tau)|^4 \sum_{k=2}^{4} |\nabla f\big(\tau, \xi_{z,s}(\tau), u\big)|^k$$

majorisieren, wobei K eine positive Konstante ist. Berücksichtigen wir die gleichmäßige Beschränktheit der Größen

$$\nabla a(t, x), \quad \nabla b(t, x), \quad \int |\nabla f(t, x, u)|^k \Pi(\mathrm{d}u)\,, \quad k = 2, 3, 4\,,$$

so erhalten wir folglich

$$M\,|\zeta(t)|^4 \leqq d + C_1 \int_s^t M\,|\zeta(\tau)|^4\,d\tau\,,$$

wobei d und C_1 unabhängig von t und z sind. Somit ist $M\,|\zeta(t)|^4$ gleichmäßig beschränkt (in $z \in X$, $t \in [s, T]$). Unter den gleichen Voraussetzungen ist

$$M\,|\zeta(t) - \zeta(s)|^4 \leqq C_2\,(t - s)\,.$$

Wir betrachten nun die Lösungen der Gleichung (21) als Funktionen des Parameters z_k und wenden auf sie Satz 5 an. Die Bedingungen 1 und 3 des Satzes sind offenbar erfüllt. Zur Überprüfung der Bedingung 2 nehmen wir eine der in dieser Bedingung vorkommenden Größen,

$$I_1 = M \int_s^T \Bigg|\frac{1}{\Delta z_k}\left[\left(\nabla a(t, \xi_{z+\Delta z, s}(t))\,|\,\zeta(t)\right) - \left(\nabla a(t, \xi_{z,s}(t))\,|\,\zeta(t)\right)\right] - \frac{\partial}{\partial z_k}\left(\nabla a(t, \xi_{z,s}(t))\,|\,\zeta(t)\right)\Bigg|^2 dt\,,$$

wobei Δz ein Vektor ist, dessen k-te Komponente gleich z_k und alle übrigen gleich Null sind, und $\zeta(t)$ eine Lösung der Gleichung (21) ist.

Wenn $\nabla^2 a(t, x)$ existiert und beschränkt (in x) ist, dann existiert die Ableitung $\frac{\partial}{\partial z_k}\left(\nabla a(t, \xi_{z,s}(t))\,|\,\zeta(t)\right)$ im Sinne der Konvergenz im quadratischen Mittel, und es ist

$$\frac{\partial}{\partial z_k}\left(\nabla a(t, \xi_{z,s}(t))\,|\,\zeta(t)\right) = \left(\nabla^2 a(t, \xi_{z,s}(t))\,\bigg|\frac{\partial}{\partial z_k}\xi_{z,s}(t)\bigg|\,\zeta(t)\right).$$

Ferner haben wir

$$I_1 \leqq 2\,M \int_s^T \left\{|\nabla^2 a(t, \tilde{\xi})|\;|\zeta(t)|^2 \left|\frac{\xi_{z+\Delta z, s}(t) - \xi_{z,s}(t)}{\Delta z_k} - \frac{\partial}{\partial z_k}\xi_{z,s}(t)\right|^2 + |\nabla^2 a(t, \tilde{\xi}) - \nabla^2 a(t, \xi_{z,s}(t))|^2\,\frac{|\zeta(t)|^4 + \left|\frac{\partial}{\partial z_k}\xi_{z,s}(t)\right|^4}{2}\right\} dt\,,$$

wobei $\tilde{\xi} = \xi_{z,s}(t) + \Theta\,[\xi_{z+\Delta z, s}(t) - \xi_{z,s}(t)]$, $0 \leqq \Theta \leqq 1$, ist. Ist die Voraussetzung über die Beschränktheit von $\nabla^2 a(t, x)$ erfüllt, dann kann man den zweiten Summanden des Integranden durch eine Größe der Gestalt

$$K\left(|\zeta(t)|^4 + \left|\frac{\partial}{\partial z_k}\xi_{z,s}(t)\right|^4\right)$$

majorisieren, die von Δz unabhängig ist und einen über t integrierbaren Erwartungswert besitzt. Außerdem konvergiert dieser Summand in Wahrscheinlichkeit gegen Null. Der diesem Summanden entsprechende Teil von I_1 konvergiert also gegen Null bei $\Delta z_k \to 0$. Indem wir die verallgemeinerte Itô-Formel und die Bedingung (20) anwenden, können wir uns davon überzeugen, daß für $\Delta z_k \to 0$

$$\boldsymbol{M}\left|\frac{\xi_{z+\Delta z,s}(t)-\xi_{z,s}(t)}{\Delta z_k}-\frac{\partial}{\partial z_k}\xi_{z,s}(t)\right|^4 \to 0$$

konvergiert. Hieraus folgt $I_1 \to 0$. Analog lassen sich die übrigen Größen abschätzen, die in die Bedingung 2 des Satzes 5 eingehen.

Somit haben wir folgenden Satz erhalten.

Satz 7. *Genügt die stochastische Differentialgleichung* (10) *den Bedingungen* 1, 2 *und ist außerdem*

$$|\nabla^2 a(t,x)|^2 + |\nabla^2 b(t,x)|^2 + \int |\nabla^2 f(t,x,u)|^2\, \Pi(\mathrm{d}u) \leqq C\,, \tag{24}$$

$$\int \left(|f(t,x,u)|^k + |\nabla f(t,x,u)|^k\right) \Pi(\mathrm{d}u) \leqq C\,, \quad k = 3, 4\,, \tag{25}$$

dann hat die Lösung der Gleichung (10) *mittlere quadratische Ableitungen* $\frac{\partial^2}{\partial z_k\, \partial z_j}\xi_{z,s}(t)$, *die der Gleichung* (14) *genügen.*

Bemerkung 3. Ist in Gleichung (10) $f(t, x, u) \equiv 0$, dann haben die Lösungen der Gleichung (10) Momente beliebig hoher Ordnung. Überlegungen, die denen beim Beweis des Satzes 7 verwendeten analog sind, zeigen, daß die Schlüsse des Satzes die gleichen bleiben, wenn man die Bedingung (24) durch folgende ersetzt:

Für ein gewisses $m > 0$ ist

$$|\nabla^2 a(t,x)| + |\nabla^2 b(t,x)| \leqq C\,(1 + |x|^m)\,.$$

Eine analoge Bemerkung gilt auch im allgemeinen Fall ($f(t, x, u) \not\equiv 0$), wenn man der Funktion $f(t, x, u)$ Bedingungen auferlegt, die für die Lösung der Gleichung (10) die Existenz von Momenten hinreichend hoher Ordnung gewährleisten.

§ 9. Lösungen von stochastischen Differentialgleichungen als Markowsche Prozesse

Satz 1. *Ist $\xi(t)$ die Lösung einer stochastischen Differentialgleichung ohne Nachwirkung, die den Bedingungen des Existenz- und Eindeutigkeitsatzes für die Lösung genügt, dann ist $\xi(t)$ ein Markowscher Prozeß, und ihre Übergangswahrscheinlichkeiten sind durch die Beziehung*

$$P(t, x, s, A) = \boldsymbol{P}\{\xi_{x,t}(s) \in A\}$$

bestimmt, wobei $\xi_{xt}(s)$ eine Lösung der Gleichung

$$\xi_{xt}(s) = x + \int_t^s \alpha\left(\tau, \xi_{xt}(\tau), \mathrm{d}\tau\right)\,, \qquad t < s\,,$$

ist.

Der Beweis dieses Satzes ist analog dem Beweis von Satz 1 aus Teil I, § 10.

Bemerkung 1. Ist $f(x)$ $(x \in X)$ eine stetige beschränkte Funktion, dann ist für jedes s $(t < s)$

$$\varphi_s(x, t) = \boldsymbol{M} f\big(\xi_{xt}(s)\big) = \int P(t, x, s, \mathrm{d}y) f(y)$$

eine stetige Funktion von (x, t). Mehr noch: Ist $f(x)$ stetig, gilt $|f(x)| \leqq C(1 + |x|)^\varrho$ und ist $\boldsymbol{M}\, |\xi_{tx}(s)|^p$ mit $p > \varrho$ in einem beliebigen endlichen Gebiet des Wertebereichs von x gleichmäßig beschränkt, dann ist $\varphi_s(x, t)$ ebenfalls stetig in (x, t).

In der Tat, ist $f(x)$ stetig, dann ist $f\big(\xi_{xt}(s)\big)$ als Funktion von x in Wahrscheinlichkeit stetig. Die formulierte Bedingung garantiert die Möglichkeit des Grenzübergangs unter dem Zeichen für den Erwartungswert. Man braucht nur noch die Bemerkung 2 aus § 8 anzuwenden. Die Bedingung $p > \varrho$ kann man durch folgende Forderung ersetzen: Es sind die Bedingungen des Satzes 1 aus § 7 erfüllt, die die Existenz der Momente von $\xi_{xt}(s)$ bis einschließlich $2m$-ter Ordnung garantieren, und die Funktion $f(x)$ hat stetige partielle Ableitungen bis einschließlich $2m$-ter Ordnung, wobei die $2m$-ten partiellen Ableitungen beschränkt sind. In der Tat, in diesem Fall ist $|D^k f(x)| \leqq C_k\,(1 + |x|^{2m-k})$, wobei D^k das Symbol einer gewissen partiellen Ableitung der Ordnung k und C_k eine Konstante sind. Indem wir die Taylorformel anwenden, erhalten wir also

$$\begin{aligned} &\big|\boldsymbol{M} f\big(\xi_{x+\Delta x,\,t}(s)\big) - \boldsymbol{M} f\big(\xi_{xt}(s)\big)\big| \\ &\leqq C' \sum_{k=1}^{2m} \boldsymbol{M}\,(1 + |\xi_{xt}(s)|^{2m-k})\, |\xi_{x+\Delta x,\,t}(s) - \xi_{xt}(s)|^k \\ &\leqq C' \sum_{k=1}^{2m} \left(1 + [\boldsymbol{M}\, |\xi_{xt}(s)|^{2m}]^{\frac{2m-k}{2m}}\right) [\boldsymbol{M}\, |\xi_{x+\Delta x,\,t}(s) - \xi_{xt}(s)|^{2m}]^{\frac{k}{2m}}, \end{aligned}$$

was zu beweisen war.

Bemerkung 2. Unter den Bedingungen der vorigen Bemerkung ist

$$\lim_{s,\,t \to t_0,\ t < t_0 < s} \boldsymbol{M} f\big(\xi_{xt}(s)\big) = f(x)\,.$$

Definition 1. Als *erzeugenden Operator* der Familie der Übergangswahrscheinlichkeiten $P(t, x, s, A)$ eines Markowschen Prozesses bezeichnen wir die Operatorfunktion A_s $(0 \leqq s \leqq T)$, die auf den Funktionen $f(x)$ $(x \in X)$ durch die Beziehung

$$(A_s f)(x) = \lim_{\substack{t,\,t' \to s \\ t < s < t'}} \frac{\boldsymbol{M} f\big(\xi_{tx}(t')\big) - f(x)}{t' - t} = \lim_{\substack{t,\,t' \to s \\ t < s < t'}} \frac{\int P(t, x, t', \mathrm{d}u) f(u) - f(x)}{t' - t} \tag{1}$$

definiert ist.

Der Definitionsbereich $D(A)$ des erzeugenden Operators besteht aus allen stetigen Funktionen $f(x)$, für die der Grenzwert (1) bei jedem $s \in [0, T]$, $x \in X$ existiert.

Wir ermitteln den erzeugenden Operator eines zufälligen Prozesses, der durch die stochastische Differentialgleichung

$$\mathrm{d}\xi = a(t, \xi)\,\mathrm{d}t + b(t, \xi)\,\mathrm{d}w(t) + \int c(t, \xi, u)\,\tilde{\nu}(\mathrm{d}t, \mathrm{d}u),\ \xi(0) = x\,, \tag{2}$$

definiert ist und den Bedingungen (2) und (3) aus § 7 genügt. Wir setzen

$$\eta(t) = \xi(t) - \xi_1(t)\,,$$

$$\xi_1(t) = x + \int_0^t [a(\tau, x)\, d\tau + b(\tau, x)\, dw + \int c(\tau, x, u)\, \tilde{\nu}(d\tau, du)]\,.$$

Lemma 1. *Genügen die Koeffizienten der stochastischen Differentialgleichung* (2) *den Bedingungen* (2) *und* (3) *aus* § 7 *mit einer von R unabhängigen Konstanten C_R, dann läßt sich ein $C > 0$ finden, für das*

$$|M\{(\xi(t) - \xi_1(t))/\mathfrak{F}_0\}| \leqq C\,(1 + |x|)\, t^{3/2}\,, \tag{3}$$

$$M\{|\xi(t) - \xi_1(t)|^2/\mathfrak{F}\} \leqq C\,(1 + |x|^2)\, t^2 \tag{3'}$$

ist.

Zunächst ist

$$M\{(\xi(t) - \xi_1(t))/\mathfrak{F}_0\} = \int_0^t M\{[a(\tau, \xi(\tau)) - a(\tau, x)]/\mathfrak{F}_0\}\, d\tau\,,$$

woraus wir unter Berücksichtigung der Bedingung (3) aus § 7 und des Lemmas 1 aus § 3

$$|M\{(\xi(t) - \xi_1(t))/\mathfrak{F}_0\}| \leqq C \int_0^t M\{|\xi(\tau) - x|/\mathfrak{F}_0\}\, d\tau$$

$$\leqq C' \int_0^t (1 + |x|)\, \tau^{1/2}\, d\tau = C''\,(1 + |x|)\, t^{3/2}$$

erhalten, wodurch die Ungleichung (3) bewiesen ist. Analog erhalten wir

$$M\{|\xi(t) - \xi_1(t)|^2/\mathfrak{F}_0\} \leqq$$

$$\leqq C\left\{\int_0^t M\{|\xi(\tau) - \xi_1(\tau)|^2/\mathfrak{F}_0\}\, d\tau + \int_0^t M\{|b(\tau, \xi(\tau)) - b(\tau, x)|^2/\mathfrak{F}_0\}\, d\tau\right.$$

$$\left. + \int_0^t M\{|c(\tau, \xi(\tau), u) - c(\tau, x, u)|^2/\mathfrak{F}_0\}\, \Pi(du)\right\}$$

$$\leqq C' \int_0^t M\{|\xi(\tau) - x|^2/\mathfrak{F}_0\}\, d\tau \leqq C''\,(1 + |x|^2)\, t^2\,.$$

Das Lemma ist bewiesen.

Wir befassen uns nun mit der Bestimmung des erzeugenden Operators für die Übergangswahrscheinlichkeiten. Es sei $f(x)$ ($x \in X$) eine beliebige zweimal stetig differenzierbare Funktion mit beschränkten partiellen Ableitungen erster und zweiter Ordnung. Wir betrachten die Beziehung

$$z(t, t') = \frac{1}{t' - t} M\{f(\xi_{tx}(t')) - f(x + \alpha\,(t, x, t' - t))\}$$

mit

$$\alpha(t, x, h) = \int_t^{t+h} \{a(s, x)\, ds + b(s, x)\, dw(s) + \int c(s, x, u)\, \tilde{\nu}(ds, du)\}\,.$$

Wegen

$$
\begin{aligned}
& f(\xi_{t,x}(t')) - f((x + \alpha(t, x, t' - t)) \\
&= (\nabla f(x + \alpha(t\, x, t' - t)) \,|\, \eta(t')) + \frac{1}{2} (\nabla^2 \tilde{f} \,|\eta(t')|\, \eta(t')) \\
&= (\nabla f(x) \,|\, \eta(t')) + (\nabla f(x + \alpha(t, x, t' - t)) - \nabla f(x) \,|\, \eta(t')) + \frac{1}{2} (\nabla^2 \tilde{f} \,|\eta(t')|\, \eta(t'))
\end{aligned}
$$

erhalten wir unter Berücksichtigung der Beschränktheit von $\nabla f(x)$

$$
\begin{aligned}
& (t' - t)\, |z(t', t)| \leqq \\
& \leqq C\, |M\{\eta(t')\}| + C[M\{|\nabla f(x + \alpha(t, x, t' - t)) - \nabla f(x)|^2\} M\{|\eta(t')|^2\}]^{1/2} \\
& + C\, M\, \{|\eta(t')|^2\}\,.
\end{aligned}
$$

Dabei ist $\nabla^2 \tilde{f}$ der Wert von $\nabla^2 f(y)$ im Punkt y, der auf der die Punkte $\xi_{tx}(t')$ und $x + \alpha(t, x, t' - t)$ verbindenden Geraden liegt. Aus dem Lemma 1 und der Beschränktheit von $\nabla^2 f(x)$ folgt

$$
\begin{aligned}
& (t' - t)\, |z(t, t')| \\
& \leqq C'\, (1 + |x|^2)\, (t' - t)^{3/2} + C'\, (1 + |x|)\, (t' - t)\, M\{|\alpha(t, x, t' - t)|^2\}^{1/2} \\
& \leqq C'\, (1 + |x|^2)\, (t' - t)^{3/2}\,.
\end{aligned}
$$

Es ist also

$$
|z(t, t')| \leqq C'\, (1 + |x|^2)\, (t' - t)^{1/2}\,, \tag{4}
$$

und für $t' - t \to 0$ konvergiert $z(t, t') \to 0$. Mit Hilfe der verallgemeinerten Itô-Formel erhalten wir ferner

$$
\begin{aligned}
& M\, \{f(x + \alpha(t, x, h))\} - f(x) \\
&= M \Bigg\{ \int_t^{t+h} \Big[(\nabla f(x + \alpha(t, x, s - t)) | a(s, x)) + \frac{1}{2} \operatorname{sp} \{\nabla^2 f(x + \alpha(t, x, s - t))\, b(s, x)\, b^*(s, x)\} \\
& + \int \{f(x + \alpha(t, x, s - t) + c(s, x, u)) - f(x + \alpha(t, x, s - t)) \\
& - (\nabla f(x + \alpha(t,\, x,\, s - t)) \,|\, c(s, x, u))\}\, \Pi(\mathrm{d}u) \Big]\, \mathrm{d}s \Bigg\}\,.
\end{aligned}
$$

Berücksichtigen wir die Beschränktheit und Stetigkeit der Funktionen $\nabla f(x)$, $\nabla^2 f(x)$ in x, der Funktionen $a(s, x)$, $b(s, x)$, $c(s, x, u)$ als Funktionen von s und für $h \to 0$ die Konvergenz von $\alpha(t, x, h)$ in Wahrscheinlichkeit gegen Null, so können wir uns leicht davon überzeugen, daß der Grenzwert

$$
\begin{aligned}
& \lim_{\substack{t' - t \to 0 \\ t \leqq s \leqq t'}} \frac{1}{t' - t} [M\{f(x + \alpha(t, x, t'))\} - f(x)] \\
&= (\nabla f(x) \,|\, a(s, x)) + \frac{1}{2} \operatorname{sp}\, [\nabla^2 f(x)\, b(s, x)\, b^*(s, x)] \\
& + \int [f(x + c(s, x, u)) - f(x) - (\nabla f \,|\, c(s, x, u))|\, \Pi(\mathrm{d}u)
\end{aligned} \tag{5}
$$

existiert. Schließlich folgt, da

$$\lim_{\substack{t'-t\to 0\\ t<s<t'}} \frac{1}{t'-t}\{\boldsymbol{M} f(\xi_{xt}(t')) - f(x)\}$$

$$= \lim_{\substack{t'-t\to 0\\ t<s<t'}} \frac{1}{t'-t}\{\boldsymbol{M} f(x + \alpha(t, x, t'-t)) - f(x)\} + \lim_{\substack{t'-t\to 0\\ t<s<t'}} z(t, t')$$

ist, aus (4) und (5) der folgende Satz.

Satz 2. *Ist $f(x)$ eine zweimal stetig differenzierbare Funktion mit beschränkten partiellen Ableitungen erster und zweiter Ordnung und $\xi_{xt}(s)$ eine Lösung der stochastischen Differentialgleichung* (1) *aus* § 7, *die den Bedingungen* (2) *und* (4) *aus* § 7 *genügt, dann gilt $f(x) \in D(A)$ und*

$$(A_s f)(x) = \left(\nabla f(x) \,|\, a(s, x)\right) + \frac{1}{2} \operatorname{sp} [\nabla^2 f(x)\, b(s, x)\, b^*(s, x)]$$

$$+ \int [f(x + c(s, x, u)) - f(x) - (\nabla f(x) \,|\, c(s, x, u))]\, \Pi(\mathrm{d}u)\,. \qquad (6)$$

Ist die stochastische Differentialgleichung eine Gleichung stetiger Art $(c(t, x, u) \equiv 0)$, dann kann man die Bedingung der Beschränktheit der partiellen Ableitungen erster und zweiter Ordnung der Funktion $f(x)$ in Satz 2 durch die Forderung ersetzen, daß $f(x)$ und ihre partiellen Ableitungen erster und zweiter Ordnung einer Ungleichung der Gestalt

$$|g(x)| \leqq C\,(1 + |x|^m)\,, \qquad m > 0\,, \qquad (7)$$

genügen. Es sei vor allen Dingen darauf hingewiesen, daß aus der Existenz von Momenten beliebig hoher Ordnung für die Lösung einer stochastischen Differentialgleichung die Existenz der Größen $\boldsymbol{M} f(\xi_{tx}(s))$, $\boldsymbol{M}\, \nabla f(\xi_{tx}(s))$, $\boldsymbol{M}\, \nabla^2 f(\xi_{tx}(s))$ folgt. Aus der Formel (19) von § 6 ergibt sich

$$\boldsymbol{M}\, |\eta(t)|^4 =$$

$$= \int_0^t \boldsymbol{M}\, \{4\, |\eta(s)|^2 \left(\eta(s) \,|\, a(s, \xi(s)) - a(s, x)\right) + 4\, |[b^*(s, \xi(s)) - b^*(s, x)]\, \eta|^2$$

$$+ 4\, |\eta(s)|^2 \operatorname{sp} [b(t, \xi(s)) - b(t, x)]\, [b^*(t, \xi(s)) - b(t, x)]\}\, \mathrm{d}s$$

$$\leqq C \int_0^t \boldsymbol{M}\, \{|\eta(s)|^3\, |\xi(s) - x| + |\eta(s)|^2\, |\xi(s) - x|^2\}\, \mathrm{d}s\,.$$

Durch Anwendung der HÖLDERschen Ungleichung erhalten wir

$$\boldsymbol{M}\, |\eta(t)|^4 \leqq C \left(\int_0^t \boldsymbol{M}\, |\eta(s)|^4\, \mathrm{d}s\right)^{3/4} \left(\int_0^t \boldsymbol{M}\, |\xi(s) - x|^4\, \mathrm{d}s\right)^{1/4}$$

$$+ C \left(\int_0^t \boldsymbol{M}\, |\eta(s)|^4\, \mathrm{d}s \int_0^t \boldsymbol{M}\, |\xi(s) - x|^4\, \mathrm{d}s\right)^{1/2}.$$

Es sei

$$z(t) = \int_0^t \boldsymbol{M}\, |\eta(s)|^4\, \mathrm{d}s\,.$$

Da $z(t)$ beschränkt ist $(0 \leqq t \leqq T)$, läßt sich eine Konstante C_1 finden, für die $z^{3/4}(t) \leqq C_1\, z^{1/2}(t)$ ist. Berücksichtigen wir die Ungleichung (8) aus § 7, so können wir die letzte Ungleichung in der Form

$$z'(t) \leqq C'\, z^{1/2}\, t^{3/4}$$

schreiben, wobei C' eine Konstante ist (die vom Anfangswert x abhängt). Hieraus erhalten wir $z(t) = o\,(t^{7/2})$ und

$$\boldsymbol{M}\, |\eta(t)|^4 = o(t^2)\,. \tag{8}$$

Betrachten wir die Größe $z(t, t')$ für den gegebenen Fall, so gelangen wir zu der Beziehung

$$\frac{1}{t'-t}\, |\boldsymbol{M}\big(\nabla^2 f\, |\eta(t')|\, \eta(t')/\mathfrak{F}_t\big)| \leqq \frac{1}{t'-t} \boldsymbol{M}\{|\nabla^2 f|^2/\mathfrak{F}_t\}^{1/2}\, \boldsymbol{M}\{|\eta(t')|^4/\mathfrak{F}_t\}^{1/2} \to 0\,.$$

Aus den getroffenen Voraussetzungen folgt außerdem die Existenz einer Konstanten C, für welche $|\nabla f\,(x + y) - \nabla f(x)| \leqq C\,(|y| + |y|^m)$ ist (die Konstante C hängt im allgemeinen von x ab). Deshalb ist

$$\begin{aligned} &\boldsymbol{M}\{|(\nabla f(x + \alpha(t, x, t' - t)) - \nabla f(x)\, |\eta(t')|/\mathfrak{F}_t\} \\ &\leqq C\, [\boldsymbol{M}\{|\alpha(t, x, t' - t)|^2 + |\alpha(t, x, t' - t)|^{2m}/\mathfrak{F}_t\}\ \boldsymbol{M}\{|\eta(t')|^2/\mathfrak{F}_t\}]^{1/2} = o(t' - t)\,. \end{aligned}$$

Die Beziehung $z(t, t') \to 0$ für $t' - t \to 0$ behält somit auch für den betrachteten Fall ihre Gültigkeit. Man kann sich nun auch leicht davon überzeugen, daß die Beziehung (5) ebenfalls erhalten bleibt $\big(c(t, x, u) \equiv 0\big)$. Hieraus ergibt sich folgender Satz.

Satz 3. *Wenn $f(x)$ zweimal stetig differenzierbar ist und zusammen mit seinen partiellen Ableitungen erster und zweiter Ordnung für ein gewisses $m > 0$ der Ungleichung* (7) *genügt und $\xi(t)$ eine Lösung der stochastischen Differentialgleichung*

$$\mathrm{d}\xi = a(t, \xi)\, \mathrm{d}t + b(t, \xi)\, \mathrm{d}w(t)$$

ist, deren Koeffizienten den Bedingungen (2) *und* (3) *aus* § 7 *genügen, dann ist $f(x) \in D(A_s)$ und*

$$(A_s f)\,(x) = \sum_{j=1}^{n} a_j(s, x) \frac{\partial f(x)}{\partial x_j} + \frac{1}{2} \sum_{j,\,k=1}^{n} \sigma_{jk}(s, x) \frac{\partial^2 f(x)}{\partial x_j\, \partial x_n}\,, \tag{9}$$

$$\sigma_{jk}(s, x) = \sum_{r=1}^{n} b_{jr}(s, x)\, b_{kr}(s, x)\,. \tag{10}$$

Bemerkung 3. Wenn $f(t, x)$ zusammen mit seinen partiellen Ableitungen erster und zweiter Ordnung nach $x_1, \ldots, x_n$ in den Variablen (t, x) $(0 \leqq t \leqq T$, $x \in X)$ stetig ist und den Bedingungen des Satzes 2 oder des Satzes 3 mit von t unabhängigen Konstanten genügt, dann ist

$$\lim_{\substack{t'-t\to 0\\ t\leqq s\leqq t'}} \frac{\boldsymbol{M} f(t', \xi_{tx}(t)) - f(t', x)}{t' - t} = A_s f(s, x)\,.$$

Wir beschäftigen uns nun mit der Herleitung der inversen Gleichung von A. N. KOLMOGOROW für MARKOWsche Prozesse, die durch stochastische Differentialgleichungen erzeugt werden. Wir zeigen, daß die Funktion

$$u(t, x) = \boldsymbol{M} f(\xi_{xt}(s))$$

für $t \in (0, s)$, $x \in X$ einer gewissen Integrodifferentialgleichung genügt, die für $c(t, x, u) \equiv 0$ in eine n-dimensionale partielle Differentialgleichung zweiter Ordnung parabolischen Typs übergeht.

Lemma 2. *Sind die Bedingungen des Satzes 2 oder des Satzes 3 erfüllt, dann hat die Funktion $u(t, x)$ partielle Ableitungen erster Ordnung nach $x_1, \ldots, x_n$, die in den Variablen (t, x) stetig sind, wobei*

$$\frac{\partial u(t, x)}{\partial x_j} = \boldsymbol{M}\left(\nabla f(\xi_{xt}(s)) \,\middle|\, \frac{\partial}{\partial x_j}\, \xi_{xt}(s)\right) \tag{12}$$

ist.

Es sei

$$\frac{u(t, x + \Delta x) - u(t, x)}{\Delta x_j} - \boldsymbol{M}\left(\nabla f(\xi_{xt}(s)) \,\middle|\, \frac{\partial}{\partial x_j}\, \xi_{xt}(s)\right)$$

$$= \boldsymbol{M}\left\{\left(\nabla f(\xi_{xt}(s) + \theta\, \Delta\xi) - \nabla f(\xi_{xt}(s)) \,\middle|\, \frac{\Delta\xi}{\Delta x_j}\right) + \left(\nabla f(\xi_{xt}(s)) \,\middle|\, \frac{\Delta\xi}{\Delta x_j} - \frac{\partial}{\partial x_j}\, \xi_{xt}(s)\right)\right\},$$

wobei Δx ein Vektor ist, dessen j-te Komponente gleich Δx_j ist und bei dem die übrigen gleich Null sind, und wobei θ eine Zahl ist, die im Intervall $(0, 1)$ liegt.

Für den Fall, daß $\nabla f(x)$ und $\nabla^2 f(x)$ beschränkt sind, konvergiert für $\Delta x_j \to 0$ die rechte Seite der letzten Gleichung gegen Null, da sie die Größe

$$\left\{\boldsymbol{M}\, |\nabla f(\xi_{xt}(s) + \theta\, \Delta\xi) - \nabla f(\xi_{xt}(s))|^2\, \boldsymbol{M}\left|\frac{\Delta\xi_j}{\Delta x_j}\right|\right\}^{1/2}$$
$$+ \left\{\boldsymbol{M}\, |\nabla f(\xi_{xt}(s))|^2\, \boldsymbol{M}\left|\frac{\Delta\xi}{\Delta x_j} - \frac{\partial}{\partial x_j}\, \xi_{xt}(s)\right|^2\right\}^{1/2}$$

nicht übertrifft, die für $\Delta x_j \to 0$ gegen Null strebt. Unter den Bedingungen des Satzes 3 folgt der gleiche Schluß aus der Existenz von Momenten beliebig hoher Ordnung für $\xi_{xt}(s)$, und zwar daraus, daß $\boldsymbol{M}\, |\Delta\xi|^m$ für jedes $m > 0$ gegen 0 konvergiert und $\nabla f(x)$ und $\nabla^2 f(x)$ im Unendlichen nicht schneller anwachsen als eine beliebige Potenz von $|x|$. Berücksichtigen wir die quadratisch gemittelte Stetigkeit der Größe $\xi_{xt}(s)$ von (x, t), so kann man leicht zeigen, daß die Ableitungen (12) in (x, t) stetig sind.

Bemerkung 4. Unter den Bedingungen des Satzes 2 sind die partiellen Ableitungen der Funktion $u(t, x)$ beschränkt in x, und unter den Bedingungen des Satzes 3 wachsen sie für $|x| \to \infty$ nicht schneller an als eine gewisse Potenz von $|x|$.

Lemma 3. *Sind die Bedingungen des Satzes 2 und außerdem die Bedingungen (24) und (25) von § 8 erfüllt, dann hat die Funktion $u(t, x)$ partielle Ableitungen zweiter Ordnung nach $x_1, \ldots, x_n$, und es ist*

$$\frac{\partial^2 u}{\partial x_k \partial x_j} = \boldsymbol{M}\left(\nabla^2 f(\xi_{x\,t}(s))\left|\frac{\partial}{\partial x_k}\xi_{x\,t}(s)\right|\frac{\partial}{\partial x_j}\xi_{x\,t}(s)\right) + \boldsymbol{M}\left(\nabla f(\xi_{x\,t}(s))\left|\frac{\partial^2}{\partial x_k\,\partial x_j}\xi_{x\,t}(s)\right.\right). \tag{13}$$

Das gleiche gilt, wenn die Bedingungen des Satzes 3 und der Bemerkung 3 aus § 8 erfüllt sind.

Beweis. Es gilt

$$\frac{1}{\Delta x_k}\left(\frac{\partial u(t, x+\Delta x)}{\partial x_j} - \frac{\partial u(t, x)}{\partial x_j}\right) - \boldsymbol{M}\left(\nabla^2 f(\xi_{x\,t}(s))\left|\frac{\partial}{\partial x_k}\xi_{x\,t}(s)\right|\frac{\partial}{\partial x_j}\xi_{x\,t}(s)\right)$$
$$- \boldsymbol{M}\left(\nabla f(\xi_{x\,t}(s))\left|\frac{\partial^2}{\partial x_k\,\partial x_j}\xi_{x\,t}(s)\right.\right) = z_1 + z_2 + z_3 + z_4,$$

wobei

$$z_1 = \boldsymbol{M}\left(\nabla f(\xi_{x\,t}(s))\left|\frac{1}{\Delta x_k}\left[\frac{\partial}{\partial x_j}\xi_{x+\Delta x,\,t}(s) - \frac{\partial}{\partial x_j}\xi_{x\,t}(s)\right] - \frac{\partial^2}{\partial x_k\,\partial x_j}\xi_{x\,t}(s)\right.\right),$$

$$z_2 = \boldsymbol{M}\left(\nabla^2 f(\tilde{\xi}) - \nabla^2 f(\xi_{x\,t}(s))\left|\frac{\Delta\xi}{\Delta x_k}\right|\frac{\partial}{\partial x_j}\xi_{x+\Delta x,\,t}(s)\right),$$

$$z_3 = \boldsymbol{M}\left(\nabla^2 f(\xi_{x\,t}(s))\left|\frac{\Delta\xi}{\Delta x_k} - \frac{\partial}{\partial x_k}\xi_{x\,t}(s)\right|\frac{\partial}{\partial x_j}\xi_{x+\Delta x,\,t}(s)\right),$$

$$z_4 = \boldsymbol{M}\left(\nabla^2 f(\xi_{x\,t}(s))\left|\frac{\partial}{\partial x_k}\xi_{x\,t}(s)\right|\frac{\partial}{\partial x_j}\xi_{x+\Delta x,\,t}(s) - \frac{\partial}{\partial x_j}\xi_{x\,t}(s)\right)$$

ist. Hier ist $\tilde{\xi}$ ein Punkt, der auf der die Punkte $\xi_{x\,t}(s)$ und $\xi_{x+\Delta x,\,t}(s)$ verbindenden Gerade liegt, und Δx ein Vektor, bei dem nur die k-te Komponente Δx_k von Null verschieden ist. Es sei die erste Gruppe der Voraussetzungen des Lemmas erfüllt. Für $\Delta x_k \to 0$ strebt $z_1 \to 0$, da $\nabla f(x)$ beschränkt ist und die Ableitung $\frac{\partial^2}{\partial x_k\,\partial x_j}\xi_{x\,t}(s)$ im Sinne der Konvergenz im quadratischen Mittel existiert. Für z_2 gilt die Abschätzung

$$|z_2| \leqq \frac{1}{\sqrt{2}}\left\{\boldsymbol{M}\,|\nabla^2 f(\tilde{\xi}) - \nabla^2 f(\xi_{x\,t}(s))|^2\left[\boldsymbol{M}\left|\frac{\Delta\xi}{\Delta x_k}\right|^4 + \boldsymbol{M}\left|\frac{\partial}{\partial x_j}\xi_{x+\Delta x,\,t}(s)\right|^4\right]\right\}^{1/2}.$$

Wie am Ende des vorigen Paragraphen gezeigt wurde, sind die Summanden in der eckigen Klammer gleichmäßig beschränkt, und der erste Faktor konvergiert gegen Null, da der Ausdruck unter dem Erwartungswertzeichen beschränkt ist und in Wahrscheinlichkeit gegen Null konvergiert. Somit strebt also $z_2 \to 0$. Es ist ebenfalls leicht zu verstehen, daß $z_3 \to 0$ und $z_4 \to 0$ konvergieren. Der erste Teil des Lemmas ist damit bewiesen. Analog läßt sich auch der zweite Teil des Lemmas beweisen. Anstelle der Beschränktheit von ∇f und $\nabla^2 f$ muß man nun die Beschränktheit der Momente beliebiger Ordnung von $\xi_{xt}(s)$ berücksichtigen.

Bemerkung 5. Unter den Bedingungen der Lemmata 2 und 3 sind die partiellen Ableitungen

$$\frac{\partial u}{\partial x_j}(t, x), \qquad \frac{\partial^2 u}{\partial x_k \partial x_j}, \qquad 0 \leqq t \leqq T, \qquad x \in X,$$

in den Variablen (t, x) stetig.

Diese Behauptung kann man mit Hilfe der Überlegungen, die beim Beweis des Lemmas 3 benutzt wurden, unter Berücksichtigung der Formeln (12) und (13) und der Stetigkeit im quadratischen Mittel in (t, x) der Ableitungen

$$\frac{\partial}{\partial x_j} \xi_{xt}(s), \qquad \frac{\partial}{\partial x_k \partial x_j} \xi_{xt}(s)$$

beweisen. Es seien die Bedingungen des Lemmas 3 erfüllt, und es sei $t' < t'' < s$, wobei s fest ist. Wir haben

$$u(t', x) = \boldsymbol{M} f(\xi_{xt'}(s)) = \boldsymbol{M} f(\xi_{\xi_{xt'}(t''), t''}(s)) = \boldsymbol{M}\{\boldsymbol{M}[f(\xi_{\xi_{xt'}(t''), t''}(s))/\mathfrak{F}_{t''}]\}$$
$$= \boldsymbol{M}\, u(t'', \xi_{xt'}(t'')) .$$

Folglich ist

$$\frac{u(t', x) - u(t'' x)}{t'' - t'} = \frac{\boldsymbol{M}\, u(t'', \xi_{xt'}(t'')) - u(t'', x)}{t'' - t'} .$$

Aus den Bemerkungen 4 und 5 folgt, daß man in Abhängigkeit davon, welche der Gruppen von Voraussetzungen des Lemmas 3 erfüllt ist, den Satz 2 oder 3 anwenden kann. Es gelten also folgende Behauptungen.

Satz 4. *Die stochastische Differentialgleichung* (2) *genüge den Bedingungen des Existenz- und Eindeutigkeitssatzes und den Bedingungen*

$$|\nabla^2 a(t, x)|^2 + |\nabla^2 b(t, x)|^2 + \int |\nabla^2 c(t, x, u)|^2 \Pi(\mathrm{du}) \leqq C , \tag{14}$$

$$\int \left(|c(t, x, u)|^k + |\nabla c(t, x, u)|^k\right) \Pi(\mathrm{du}) \leqq C , \quad k = 3, 4 , \tag{15}$$

die Funktion $f(x)$ sei zweimal stetig differenzierbar, und ihre partiellen Ableitungen erster und zweiter Ordnung seien beschränkt. Dann ist die Funktion

$$u(t, x) = \boldsymbol{M} f(\xi_{xt}(s)) , \qquad t < s ,$$

zweimal stetig differenzierbar nach x, differenzierbar nach t und genügt der Gleichung

$$\frac{\partial u}{\partial t} + A_t u = 0 \tag{16}$$

mit

$$A_t u = (a(t, x) \mid \nabla u) + \frac{1}{2} \operatorname{sp} [b(t, x)\, b^*(t, x)\, \nabla^2 u]$$
$$+ \int [u(t, x + c(t, x, u)) - u(t, x) - (c(t, x, u) \mid \nabla u(t, x))]\, \Pi(\mathrm{du}) \tag{17}$$

und der Randbedingung

$$\lim_{t \uparrow s} u(t, x) = f(x) . \tag{18}$$

Satz 5. *Die stochastische Differentialgleichung stetigen Typs*

$$\mathrm{d}\xi = a(t, \xi)\,\mathrm{d}t + b(t, \xi)\,\mathrm{d}w(t)$$

genüge den Bedingungen des Existenz- und Eindeutigkeitssatzes, die Funktionen $a(t, x)$ *und* $b(t, x)$ *seien nach* x *zweimal stetig differenzierbar, die partiellen Ableitungen erster Ordnung nach* x *seien gleichmäßig beschränkt, und die zweiten partiellen Ableitungen sollen für* $x \to \infty$ *kein schnelleres Wachstum haben als das einer gewissen Potenz von* x,

$$|\nabla^2 a(t, x)| + |\nabla^2 b(t, x)| \leqq c\,(1 + |x|^m)\,, \qquad m > 0\,,$$

die Funktion $f(x)$ *sei zweimal stetig differenzierbar, und ihre Ableitungen erster und zweiter Ordnung sollen für* $x \to \infty$ *ebenfalls nicht schneller anwachsen als irgendeine Potenz von* x. *Dann ist die Funktion* $u(t, x)$ *zweimal stetig differenzierbar nach* x, *differenzierbar nach* t *und genügt der partiellen Differentialgleichung zweiter Ordnung vom parabolischen Typ*

$$\frac{\partial u}{\partial t} + \sum_{j=1}^{n} a_j(t, x)\,\frac{\partial u}{\partial x_j} + \frac{1}{2}\sum_{j,\,k=1}^{n} \sigma_{jk}(t, x)\,\frac{\partial^2 u}{\partial x_j\,\partial x_k} = 0\,, \qquad t < s\,, \tag{19}$$

und der Randbedingung (18).

Satz 6. *Genügen* $a(t, x)$, $b(t, x)$, $c(t, x, u)$ $\big(a(t, x),\ b(t, x)\big)$ *und* $f(x)$ *den Bedingungen des Satzes* 4 (*des Satzes* 5), *dann hat die Integrodifferentialgleichung* (16) (*die partielle Differentialgleichung* (19)) *eine Lösung im Gebiet* $x \in X$, $t \in [0, s)$, *die der Randbedingung* (18) *genügt.*

Bis jetzt haben wir Gleichungen betrachtet, die die Abhängigkeit der Größe $\boldsymbol{M} f(\xi_{xt}(s))$ von den Variablen (t, x) charakterisieren. Was kann man über das Verhalten dieser Größe aussagen, wenn man sie als Funktion von s betrachtet?

Um diese Frage zu beantworten, benutzen wir die Gleichung

$$\boldsymbol{M} f(\xi_{xt}(s'')) - \boldsymbol{M} f(\xi_{xt}(s')) = \boldsymbol{M}\{\boldsymbol{M}[f(\xi_{ys'}((s'')) - f(y)]_{y=\xi_{xt}(s')}\}\,,$$

wobei $s'' > s' > t$ ist. Indem wir diese Gleichung durch $s'' - s'$ dividieren und s'' und s' gegen s streben lassen, erhalten wir wie beim Beweis des Satzes 2

$$\frac{\partial}{\partial s}\boldsymbol{M} f(\xi_{xt}(s)) = \boldsymbol{M}(A_s f)\,(\xi_{xt}(s))\,. \tag{20}$$

Lemma 4. *Sind die Bedingungen des Satzes* 4 *oder des Satzes* 5 *erfüllt, dann gilt die Formel* (20).

Wir nehmen an, daß die durch die stochastische Differentialgleichung erzeugten Übergangswahrscheinlichkeiten die Dichten $p(t, x, s, y)$ besitzen,

$$P(t, x, s, A) = P\big(\xi_{xt}(s) \in A\big) = \int_A p(t, x, s, y)\,\mathrm{d}y\,,$$

wobei A eine beliebige Borelmenge in X ist und das Integral über das Lebesguesche Maß in X genommen wird.

Folgerung 1. Haben die Übergangswahrscheinlichkeiten eine Dichte, die nach t stetig differenzierbar und nach x zweimal stetig differenzierbar ist, und genügt die stochastische Differentialgleichung den Bedingungen der Sätze 4 und 5, dann genügt die Dichte der Gleichung

$$\frac{\partial p(t, x, s, y)}{\partial t} + \big(A_t\, p(t, \cdot, s, y)\big)(x) = 0 .$$

Die Schreibweise $A_t\, p(t, \cdot, s, y)$ bedeutet, daß der Operator A_t auf die Funktion $p(t, x, s, y)$ wirkt, in der (t, s, y) als Parameter betrachtet werden. Der Beweis der formulierten Behauptung folgt aus den Sätzen 4 und 5, aus der Darstellung

$$u(t, x) = \int f(y)\, p(t, x, s, y)\, \mathrm{d}y$$

und der Möglichkeit der Differentiation dieses Ausdrucks unter dem Integralzeichen nach t und zweimal nach x, wenn außerhalb eines gewissen Kompaktums $f(y) \equiv 0$ ist.

Wir untersuchen nun, wie in einem Spezialfall (der aber hinreichend umfassend und praktisch möglich ist) die erhaltenen Gleichungen ihre Gestalt verändern. Wir nehmen an, daß

$$\int \Pi(\mathrm{d}u) < \infty \tag{21}$$

ist. Das bedeutet, daß nur solche stochastischen Differentialgleichungen betrachtet werden, in denen die Intensität der Sprünge während eines unendlich kleinen Zeitintervalls endlich ist. Sicherlich ist die Voraussetzung (21) in allen praktisch wichtigen Fällen anwendbar. Im betrachteten Fall kann man den Ausdruck

$$\int [f\big(x + c(x, u)\big) - f(x) - \big(\nabla f(x) \,|\, c(x, u)\big)]\, \Pi(\mathrm{d}u)$$

in der Form

$$-\pi f(x) - \big(\nabla f(x) \,|\, z(x)\big) + \int f\big(x + c(x, u)\big)\, \Pi(\mathrm{d}u)$$

schreiben, wobei

$$\pi = \int \Pi(\mathrm{d}u)\,, \qquad z(x) = \int c(x, u)\, \Pi(\mathrm{d}u)$$

ist. Demzufolge nimmt die inverse Gleichung von A. N. KOLMOGOROW für die Funktion

$$v(t, x) = \boldsymbol{M} f\big(\xi_{xt}(T)\big)$$

folgende Gestalt an:

$$\frac{\partial v(t, x)}{\partial t} - \pi\, v(t, x) + \big(a(t, x) - z(t, x)\, \nabla v(t, x)\big)$$
$$+ \frac{1}{2} \operatorname{sp} \big(\nabla^2 v(t, x)\, b(t, x)\, b^*(t, x)\big) + \int v\big(t, x + c(t, x, u)\big)\, \Pi(\mathrm{d}u) = 0 . \tag{22}$$

Existiert eine Dichte der Übergangswahrscheinlichkeiten, für die die Bedingungen der Folgerung 1 erfüllt sind, dann genügt sie der Gleichung

$$\frac{\partial p}{\partial t} - \pi\, p + \sum_{k=1}^{n} \tilde{a}_k(t, x) \frac{\partial p}{\partial x_k} + \frac{1}{2} \sum_{k, j=1}^{n} \sigma_{kj}(t, x) \frac{\partial^2 p}{\partial x_k\, \partial x_j}$$
$$+ \int p\big(t, x + c(t, x, u), s, y\big)\, \Pi(\mathrm{d}u) = 0 ,$$

wobei

$$p = p(t, x, s, y)\ ,\ \tilde{a}_k(t, x) = a_k(t, x) - z_k(t, x)$$

ist.

Folgerung 2. Es sei $\Pi(X) < \infty$, die Übergangswahrscheinlichkeiten haben eine Verteilungsdichte, und es existieren die stetigen Ableitungen

$$\frac{\partial p}{\partial s}\,,\qquad \frac{\partial(\tilde{a}_k\, p)}{\partial y_k}\,,\qquad \frac{\partial^2(\sigma_{kj}\, p)}{\partial y_k\, \partial y_j}\,,\qquad k, j = 1, 2, \ldots, n\,,$$

$\tilde{a}_k = \tilde{a}_k(s, y)$, $\sigma_{kj} = \sigma_{kj}(s, y)$, $p = p(t, x, s, y)$. Wir nehmen ferner an, daß für jedes s und u die Abbildung

$$z = y + c(s, y, u) \tag{23}$$

X auf X eineindeutig abbildet und daß die inverse Abbildung

$$y = z - c^*(s, z, u) \tag{24}$$

differenzierbar ist. Dann genügt $p(t, x, s, y)$ als Funktion der Argumente s und y der Gleichung

$$\begin{aligned} \frac{\partial p}{\partial s} + (A_s^*\, p)\,(y) = \frac{\partial p}{\partial s} + \sum_{k=1}^{n} \frac{\partial(\tilde{a}_k\, p)}{\partial y_k} - \frac{1}{2} \sum_{k, j=1}^{n} \frac{\partial^2(\sigma_{kj}\, p)}{\partial y_k\, \partial y_j} \\ - \int p\big(t, x, s, y - c^*(s, y, u)\big)\, D(y)\, \Pi\,(\mathrm{d}u) + \pi\, p = 0\,, \end{aligned} \tag{25}$$

wobei $D(y)$ die Funktionaldeterminante der Abbildung (24) ist.

Für den Beweis muß man die Formel (20) anwenden, die man wie folgt schreiben kann:

$$\begin{aligned} &\frac{\partial}{\partial s} \int p(t, x, s\ y,)\, f(y)\, \mathrm{d}y \\ &= \int p(t, x, s, y) \Big[-\pi\, f(y) + \sum_{k=1}^{n} \tilde{a}_k(s, y) \frac{\partial f}{\partial y_k} + \frac{1}{2} \sum_{k, j=1}^{n} \sigma_{kj}(s, y) \frac{\partial^2 f(y)}{\partial y_k\, \partial y_j} \\ &\qquad + \int f\big(y + c(t, y, u)\big)\, \Pi(\mathrm{d}u) \Big]\, \mathrm{d}y\,. \end{aligned}$$

Indem wir auf der rechten Seite dieser Formel partiell integrieren und die Variablensubstitution (23) vornehmen, gelangen wir zu der Beziehung

$$\int f(y) \left(\frac{\partial p}{\partial s} + (A_s^*\, p)\,(y) \right) \mathrm{d}y = 0\,,$$

die für eine beliebige zweimal stetig differenzierbare Funktion $f(y)$ gilt, die in einem gewissen beschränkten Gebiet von Null verschieden ist. Hieraus folgt (25)

Analoge Formeln kann man auch ohne die Einschränkung $\Pi(X) < \infty$ erhalten.

§ 10. Verteilungen von Funktionalen von Lösungen stochastischer Differentialgleichungen

Es sei $\xi_{xt}(s)$ die Lösung einer stochastischen Differentialgleichung ohne Nachwirkung, die den Bedingungen des Existenz- und Eindeutigkeitssatzes genügt. Wir setzen

$$v_\lambda(t, x) = \boldsymbol{M} f(\xi_{xt}(T)) \exp\left\{i \left(\int_t^T g(s, \xi_{xt}(s))\, ds \,|\, \lambda\right)\right\}, \tag{1}$$

wobei $f(x)$ eine stetige Skalarfunktion und $g(t, x)$ eine stetige Vektorfunktion ist, $g(t, x)$ Werte in X annimmt und λ ein Vektor mit Werten in X ist. Setzen wir $f(x) = 1$, $t = 0$, dann gibt uns $v_\lambda(0, x)$ die charakteristische Funktion der Verteilung des zufälligen Vektors

$$\int_0^T g(s, \xi_{x0}(s))\, ds\,.$$

Ist aber $f(x) = \exp\{i(x \,|\, \mu)\}$, dann stimmt $v_\lambda(0, x) = v_{\lambda,\mu}(0, x)$ mit der charakteristischen Funktion der gemeinsamen Verteilung für die zufälligen Vektoren

$$\xi_{x0}(T)\,, \qquad \int_0^T g(s, \xi_{x0}(s))\, ds$$

überein. Wenn ferner $f(x)$ so beschaffen ist, daß für ein gewisses $p > 1$

$$\boldsymbol{M}\, |f(\xi_{xt}(T))|^p < C_x \qquad (0 \leqq t \leqq T)$$

ist, wobei C_x eine nur von x abhängige Konstante ist, dann genügt die Funktion $v_\lambda(t, x)$ der Beziehung

$$\lim_{t \uparrow T} v_\lambda(t, x) = f(x)\,, \tag{2}$$

die wir im weiteren als Randbedingung bezeichnen werden. Die Gültigkeit von (2) folgt daraus, daß $\xi_{xt}(T)$ für $t \to T$ in Wahrscheinlichkeit gegen x konvergiert und man auf der rechten Seite von (1) unter dem Erwartungswertzeichen zum Grenzwert übergehen kann.

Wir setzen voraus, daß die Bedingungen erfüllt sind, die die Existenz von Momenten vierter Ordnung für die Lösungen einer stochastischen Differentialgleichung garantieren (§ 7, Satz 1), und daß die Funktionen $f(x)$ und $g(x)$ zweimal stetig differenzierbar sind, wobei die Ableitungen erster und zweiter Ordnung von diesen Funktionen beschränkt sind. Man kann dann leicht zeigen, daß die Funktion $v_\lambda(t, x)$ zweimal stetig differenzierbar nach x und differenzierbar nach t ist, wobei

$$\frac{\partial v_\lambda(t, x)}{\partial t} + L\, v_\lambda(t, x) + i(\lambda \,|\, g(t, x))\, v_\lambda(t, x) = 0 \tag{3}$$

ist.

Ist die stochastische Gleichung eine Gleichung stetigen Typs $(c(t, x, u) \equiv 0)$, dann können die Voraussetzungen über die übrigen Koeffizienten der Gleichung, wie auch die Voraussetzungen über die Funktionen $f(x)$ und $g(t, x)$, bedeutend umfassender sein. Bezüglich der letzteren braucht man nur zu fordern, daß sie und ihre Ableitungen erster und zweiter Ordnung für $|x| \to \infty$ nicht schneller anwachsen als eine gewisse Potenz von $|x|$ (gleichmäßig in t). Es ist klar, daß auch andere Formulierungen analoger Sätze möglich sind, in denen nicht vorausgesetzt wird, daß der unstetige Teil der stochastischen Differentialgleichung gleich Null ist, sondern es werden Bedingungen für die Existenz von Momenten hinreichend hoher Ordnung für die Lösungen der Gleichungen auferlegt.

Wie schon in § 9 sei bemerkt, daß diese Ergebnisse gleichzeitig Existenzsätze für die Lösungen der Randwertaufgabe (2) für die Integrodifferentialgleichung (3) sind (für eine partielle Differentialgleichung parabolischen Typs, wenn der unstetige Teil der stochastischen Gleichung gleich Null ist).

Wir werden nun verallgemeinerte Lösungen der Gleichung (3) für stochastische Differentialgleichungen stetigen Typs $\big(c(t, x, s, y) \equiv 0\big)$ einführen. Es sei $C_{\text{fin}}^{(2)}$ eine Klasse von zweimal stetig differenzierbaren Funktionen, die außerhalb eines gewissen Kompaktums in X verschwinden.

Ist $\psi(x) \in C_{\text{fin}}^{(2)}$, so kann man mit Hilfe einfacher Umformungen zeigen, daß

$$\int_X \psi(x)\, L[v]\, dx = \int_X v(t, x)\, L^*[\psi]\, dx \tag{4}$$

mit

$$L^*[\psi] = -\sum_{k=1}^{n} \frac{\partial}{\partial x_k}\big(a_k(t, x)\, \psi(x)\big) + \frac{1}{2} \sum_{k, r=1}^{\prime\, n} \frac{\partial^2(\sigma_{k\,r}(t, x)\, \psi(x))}{\partial x_k\, \partial x_r} \tag{5}$$

ist. Für die Gültigkeit dieser Formel genügt es, daß die $a_k(t, x)$ stetig differenzierbar und die b_{kj} zweimal stetig differenzierbar sind.

Ist also $v(t, x)$ zweimal stetig differenzierbar nach x und $\psi(x) \in C_{\text{fin}}^{(2)}$, dann gilt

$$\frac{\partial}{\partial t} \int_X v(t, x)\, \psi(x)\, dx + \int_X v(t, x)\, \big[L^*[\psi] + i\big(\lambda \,|\, g(t, x)\big)\, \psi\big]\, dx = 0\,. \tag{6}$$

Die Funktion $v(t, x)$, die für ein beliebiges $\psi(x) \in C_{\text{fin}}^{(2)}$ der Gleichung (6) genügt, nennen wir *verallgemeinerte Lösung der Gleichung* (3).

Analog zu dem Beweis der Behauptung der Bemerkung 4 aus Teil I, § 11 läßt sich folgender Satz beweisen.

Satz 1. *Genügt die stochastische Differentialgleichung den Bedingungen des Existenz- und Eindeutigkeitssatzes und sind die Funktionen* $\nabla a(t, x)$, $\nabla b(t, x)$ *beschränkt,* $b(t, x)$, $f(x)$ *und* $g(t, x)$ *zweimal stetig differenzierbar und gilt für ein gewisses* $m > 0$

$$|f(x)| + |\nabla f| + |\nabla^2 f| + |g| + |\nabla g| + |\nabla^2 g| \leq C\,(1 + |x|^m)\,,$$

dann ist die durch die Beziehung (1) *definierte Funktion* $v(t, x)$ *eine verallgemeinerte Lösung der Gleichung* (3).

Wir behandeln nun eine allgemeinere Aufgabe zur Bestimmung der Verteilung stochastischer Integrale von den Lösungen stochastischer Differentialgleichungen. Es sei

$$\eta_{yt}(s) = y + \int_t^s g(\tau, \xi_{xt}(\tau))\, d\tau + \int_t^s h(\tau, \xi_{xt}(\tau))\, dw(\tau) + \int_t^s \int q(\tau, \xi_{xt}(\tau), u)\, \tilde{\nu}(d\tau, du), \tag{7}$$

wobei $g(t, x)$, $h(t, x)$, $q(t, x, u)$ den entsprechenden Bedingungen genügen wie $a(t, x)$, $b(t, x)$, $c(t, x, u)$ im Existenz- und Eindeutigkeitssatz für die Lösung einer stochastischen Differentialgleichung.

Wenn wir zu (7) noch die Gleichung für $\xi_{xt}(s)$ hinzufügen, dann erhalten wir ein System von stochastischen Differentialgleichungen für den zusammengesetzten Vektor $(\xi_{xt}(s), \eta_{yt}(s))$, das den Bedingungen des Existenz- und Eindeutigkeitssatzes genügt. Wir setzen noch voraus, daß die Funktionen $c(t, x, u)$ und $q(t, x, u)$ der Bedingung (6) aus § 7 mit $m = 2$ genügen, so daß die Lösungen der betrachteten Gleichungen endliche Momente vierter Ordnung besitzen. Wir nehmen eine beliebige Funktion $F(x, y)$, $x \in X$, $y \in Y$, die zweimal stetig differenzierbar ist und beschränkte partielle Ableitungen erster und zweiter Ordnung besitzt (oder die allgemeineren Bedingungen genügt, unter denen die später zu benutzende Gleichung von A. N. Kolmogorow gilt; siehe § 9). Wir setzen

$$v(t, x, y) = \boldsymbol{M}\, F(\xi_{xt}(T), \eta_{yt}(T))\,, \qquad t \leqq T\,.$$

Dann genügt $v(t, x, y)$ der inversen Gleichung von A. N. Kolmogorow, die wir (für den gegebenen Fall) wie folgt schreiben können:

$$\begin{aligned} 0 = \frac{\partial v}{\partial t} &+ (\nabla_x v \,|\, a(t, x)) + (\nabla_y v \,|\, g(t, x)) + \frac{1}{2} \operatorname{sp} (\nabla_x^2 v\, b(t, x)\, b^*(t, x)) \\ &+ \frac{1}{2} \operatorname{sp} (\nabla_y^2 v\, h(t, x)\, h^*(t, x)) + \frac{1}{2} \operatorname{sp} (\nabla_y \nabla_x v [b(t, x) h^*(t, x) + h(t, x)\, b^*(t, x)]) \\ &+ \int [v(t, x + c(t, x, u), y + q(t, x, u)) - v(t, x, y) \\ &- (\nabla_x v \,|\, c(t, x, u)) - (\nabla_y v \,|\, q(t, x, u))]\, \Pi(du)\,, \end{aligned} \tag{8}$$

wobei ∇_x und ∇_y Operatoren der vektoriellen Differentiation (Gradienten) nach den Variablen x und y sind.

Es sei

$$F(x, y) = f(x)\, e^{i(\lambda | y)}\,.$$

Dann ist offensichtlich

$$v(t, x, y) = e^{i(\lambda | y)}\, v(t, x)$$

mit

$$v(t, x) = v(t, x, 0) = \boldsymbol{M} f(\xi_{xt}(T))\, e^{i(\lambda | \eta_{0t}(T))}\,.$$

Folglich haben wir

$$\nabla_y v(t, x, y) = i\, \lambda\, e^{i(\lambda | y)}\, v(t, x)\,,$$

$$\nabla_y^2 v(t, x, y) = -\lambda\, \lambda^*\, e^{i(\lambda | y)}\, v(t, x)\,,$$

$$\begin{aligned} &v(t, x + c, y + q) - v(t, x, y) - \big(\nabla_x v(t, x, y) \,|\, c\big) - \big(\nabla_y v(t, x, y) \,|\, q\big) \\ &= e^{+i(\lambda | y)} \left\{ [v(t, x + c) - v(t, x) - \big(\nabla_x v(t, x) \,|\, c\big)] + [e^{i(\lambda | q)} - 1 - i(\lambda | q)]\, v(t, x) \right. \\ &\qquad \left. + (e^{i(\lambda | q)} - 1) \big(v(t, x + c) - v(t, x)\big) \right\} . \end{aligned}$$

Die Gleichung (8) geht dabei in

$$\frac{\partial v(t, x)}{\partial t} + (L + L_1)\, v(t, x) = 0 \tag{9}$$

über, wobei

$$\begin{aligned} L_1\, v(t, x) = \Big[&i\big(\lambda \,|\, g(t, x)\big) - \frac{1}{2} \big(\lambda\, h(t, x) \,|\, \lambda\, h(t, x)\big) \\ &+ \int [e^{i(\lambda | q(t, x, u))} - 1 - i\big(\lambda \,|\, q(t, x, u)\big)]\, \Pi(\mathrm{d}u) \Big] v(t, x) \\ &+ i\big(\lambda\, h(t, x) \,|\, \{\nabla v(t, x)\}\, b(t, x)\big) \\ &+ \int (e^{i(\lambda | q)} - 1) \big(v(t, x + c) - v(t, x)\big)\, \Pi(\mathrm{d}u) \end{aligned} \tag{10}$$

oder, in Koordinatenschreibweise,

$$\begin{aligned} L_1\, v(t, x) = \Bigg[&i \sum_{k=1}^{n} \lambda_k\, g_k(t, x) - \frac{1}{2} \sum_{j=1}^{n} \Big| \sum_{k=1}^{n} \lambda_k\, h_{kj}(t, x) \Big|^2 \\ &+ \int \Big[e^{i \sum_{k=1}^{n} \lambda_k q_k(t, x, u)} - 1 - i \sum_{k=1}^{n} \lambda_k\, q_k(t, x, u) \Big]\, \Pi(\mathrm{d}u) \Bigg] v(t, x) \\ &+ i \sum_{k, j, r} \lambda_k \big(h_{kr}(t, x)\, b_{jr}(t, x) + h_{jr}(t, x)\, b_{kr}(t, x)\big) \frac{\partial v}{\partial x_r} \\ &+ \int (e^{i \lambda | q(t, x, u)} - 1) \big(v(t, x + c(t, x, u)) - v(t, x)\big)\, \Pi(\mathrm{d}u) \end{aligned}$$

ist. Für stochastische Gleichungen stetigen Typs $c(t, x, u) = q(t, x, u) \equiv 0$ haben wir

$$L_1\, v(t, x) = \Big[i \sum_{k=1}^{n} \lambda_k\, g_k(t, x) - \frac{1}{2} \sum_{k, r=1}^{n} H_{kr}(t, x)\, \lambda_k \lambda_r \Big] v(t, x) + i \sum_{k, r=1}^{n} \lambda_k\, H^*_{kr}(t, x) \frac{\partial v}{\partial x_r} \tag{11}$$

mit

$$H_{kr}(t,x) = \sum_{j=1}^{n} h_{kj}(t, x)\, h_{rj}(t, x)\,; \quad H^*_{kr}(t, x) = \sum_{j=1}^{n} b_{kj}(t, x)\, h_{rj}(t, x) + b_{rj}(t, x)\, h_{kj}(t, x) \,.$$

Die Funktion $v(t, x)$ genügt der Randbedingung $v(T, x) = f(x)$. Insbesondere entspricht die Randbedingung

$$v(T, x) = 1 \tag{12}$$

der charakteristischen Funktion der Verteilung des zufälligen Vektors $\eta_{0x}(T)$.

Wenn uns aber die charakteristische Funktion der gemeinsamen Verteilung der Integrale

$$\int_0^T g_k(s, \xi_{x\,0}(s))\, ds\,, \quad \int_0^T \sum_{r=1}^n h_{kr}(s, \xi_{x\,0}(s))\, dw_r(s)\,, \quad \int_0^T \int q(s, \xi_{x\,0}(s), u)\, \tilde{\nu}(ds, du)\,,$$
$$k = 1, 2, \ldots, n\,,$$

interessiert, dann muß man in der Formel die Substitutionen

$$\lambda_k \to 1\,, \qquad g_k(t, x) \to \lambda_k\, g_k(t, x)\,, \qquad h_{kr}(t, x) \to \mu_k\, h_{kr}(t, x)\,,$$
$$q_k(t, x, u) \to \nu_k\, q_k(t, x, u)$$

vornehmen. Die charakteristische Funktion ist dann gleich $v_{\lambda\mu\nu}(0, x)$, wobei $v_{\lambda\mu\nu}(t, x)$ der Gleichung (9) und der Randbedingung (12) genügt und der Operator L_1 folgende Gestalt hat:

$$L_1\, v(t, x)$$
$$= \left[i(\lambda \,|\, g) - \frac{1}{2} \sum_{k,\, r=1}^n \mu_k\, \mu_r\, H_{kr}(t, x) + \int \left(e^{i(\nu | q)} - 1 - i(\nu \,|\, q)\right) \Pi(du) \right] v(t, x)$$
$$+ i \sum_{k,\, r=1}^n \mu_k\, H^*_{kr}(t, x) \frac{\partial v}{\partial x_r} + \int \left(e^{i(\nu | q)} - 1\right) \left(v(t, x + c) - v(t, x)\right) \Pi(du)\,. \tag{13}$$

§ 11. Einige Probleme bei homogenen stochastischen Differentialgleichungen

Wir betrachten die stochastische Differentialgleichung

$$d\xi(t) = a(\xi(t))\, dt + b(\xi(t))\, dw(t) + \int c(\xi(t), u)\, \tilde{\nu}(dt, du)\,, \qquad \xi(0) = x\,, \tag{1}$$

deren Koeffizienten $a(x)$, $b(x)$, $c(x, u)$ unabhängig von der Zeit sind und den Bedingungen des Existenz- und Eindeutigkeitssatzes genügen. Wir nehmen an, daß die Lösungen dieser Gleichung so gewählt werden, daß sie mit Wahrscheinlichkeit Eins keine Sprünge zweiter Art besitzen und rechtsseitig stetig sind. Die Lösung der Gleichung (1) bei einem nichtzufälligen Anfangswert x bezeichnen wir mit $\xi_x(t)$.

Es sei $g(x)$, $x \in X$, eine beschränkte und auf einer offenen Menge G zweimal stetig differenzierbare Funktion. Wir erinneren an die verallgemeinerte Itô-Formel

$$g(\xi_x(t)) - g(x) = \int_0^t (L\, g)\, (\xi_x(s))\, ds + \int_0^t \left(\nabla g(\xi_x(s)) \,|\, b(\xi_x(s))\, dw(s)\right)$$
$$+ \int_0^t \int [g(\xi_x(s) + c(\xi_x(s), u)) - g(\xi_x(s))]\, \tilde{\nu}(ds, du)\,, \tag{2}$$

wobei

$$(L\, g)\, (x) = \left(\nabla g(x) \,|\, a(x)\right) + \frac{1}{2} \operatorname{sp} [\nabla^2 g(x)\, b(x)\, b^*(x)]$$
$$+ \int [g(x + c(x, u)) - g(x) - \left(\nabla g(x) \,|\, c(x, u)\right)]\, \Pi(du)$$

für beliebige $g(x) \in D_L$ und für alle $t < \tau$ gilt, wenn $\xi_x(t) \in G$ für $0 \leqq t < \tau$ ist. Mit D_L bezeichnen wir die Klasse der Funktionen $g(x)$, die in X definiert und stetig sind, die in G zweimal stetig differenzierbar sind und für die die Funktionen $g(x + c(x, u)) - g(x) - (\nabla g(x) \mid c(x, u))$ und $(g(x + c(x, u)) - g(x))^2 u$ bei beliebigen x Π-integrierbar ist.

Es sei $\tau_x(F) = \inf\{t; \xi_x(t) \in F\}$, wobei F eine abgeschlossene Menge ist. Gelangt $\xi_x(t)$ überhaupt nicht in die Menge F, dann setzen wir $\tau_x(F) = \infty$. Es sei ferner

$$\tau_T = \min[T, \tau_x(F)] .$$

Setzen wir τ_T anstelle von t in die Formel (2) ein, dann erhalten wir

$$-\int_0^{\tau_T} L(g(\xi(\tau)))\, d\tau = g(x) - g(\xi_x(\tau_T)) + \alpha(\tau_T)$$

mit

$$\alpha(t) = \alpha_g(t) = \int_0^t (\nabla g(\xi_x(s)) \mid b(\xi_x(s))\, dw(s)) + \int_0^t \int \{g[\xi_x(s) + c(\xi_x(s), u)] - g(\xi_x(s))\}\, \tilde{\nu}(ds, du) . \tag{3}$$

Es sei

$$L\, g(x) \leqq -1 , \qquad x \notin F , \tag{4}$$

dann ist

$$\tau_T \leqq g(x) - g(\xi_x(\tau_T)) + \alpha(\tau_T) .$$

Lemma 1. *Existiert eine in X beschränkte Funktion $g(x)$ mit $g(x) \in D_L$ in $X \backslash F$, die der Bedingung (4) genügt, dann ist $\boldsymbol{M}\tau_x(F) < \infty$, und folglich ist $\tau_x(F)$ mit Wahrscheinlichkeit 1 endlich.*

Es ist nämlich

$$\boldsymbol{M}\tau_T \leqq g(x) - \boldsymbol{M}\, g(\xi_x(\tau_T)) . \tag{5}$$

Ferner ist τ_T eine monoton nichtfallende Funktion des Parameters T und $\lim_{T\to\infty} \tau_T = \tau_x(F)$. Wegen des Satzes von Lebesgue haben wir

$$\boldsymbol{M}\tau_x(F) = \lim_{T\to\infty} \boldsymbol{M}\tau_T < \infty .$$

Lemma 2. *Genügt $g(x)$ den Bedingungen des Lemmas 1 und ist $g(x) \geqq 0$ in F, dann ist*

$$\boldsymbol{M}\tau_x(F) \leqq g(x) .$$

Da τ_T mit Wahrscheinlichkeit 1 für ein gewisses T gleich $\tau_x(F)$ wird, konvergiert $\xi_x(\tau_T) \to \xi_x(\tau_x(F))$ für $T \to \infty$. Wegen der rechtsseitigen Stetigkeit des Prozesses $\xi_x(t)$ haben wir $\xi_x(\tau_x(F)) \in F$ und $g(\xi_x(\tau_T)) \to g(\xi_x(\tau_x(F))) \geqq 0$. Aus (5) folgt die Behauptung des Lemmas.

Lemma 3. *Existiert eine Funktion $v(x) \in D_L$, für die $L\, v \geqq -1$ bei $x \notin F$ und $v(x) \leqq 0$ bei $x \in F$ ist, dann gilt*

$$\boldsymbol{M}\tau_x(F) \geqq v(x) .$$

Der Beweis verläuft analog dem Beweis der Lemmata 1 und 2.

Folgerung 1. Existiert eine Funktion $v(x) \in D_L$, die in X beschränkt und so beschaffen ist, daß

$$L\,v(x) = -1 \qquad \text{für} \quad x \in X \setminus F$$

und

$$v(x) = 0 \qquad \text{für} \quad x \in F$$

gilt, dann ist

$$\boldsymbol{M}\,\tau_x(F) = v(x)\,.$$

Lemma 4. *Existiert* $v_i(x) \in D_L$ $(i = 0, 1)$, *wobei* $v_0(x) = v_1(x) = 0$ *bei* $x \in F$ *und*

$$L\,v_0(x) = -1\,, \qquad L\,v_1(x) = -2\,v_0(x)\,, \qquad x \in X \setminus F\,, \tag{6}$$

gilt, und ist $v_0\,(x)$ *in* X *beschränkt, dann ist*

$$\boldsymbol{M}\,\tau_x^2(F) = v_1(x)\,. \tag{7}$$

Aus den vorigen Ausführungen folgt, daß $\tau_x(F)$ endlich ist. Setzen wir in (2) $g(x) = v_0(x)$ und $t = \tau_x(F)$ ein, so erhalten wir

$$\tau_x(F) = \alpha\big(\tau_x(F)\big) + v_0(x)\,,$$

woraus

$$\begin{aligned}
&\boldsymbol{M}\,\tau_x^2(F)\\
&= \boldsymbol{M}\left[\int_0^{\tau_x(F)} (\nabla v_0 \mid b\,\mathrm{d}w)\right]^2\\
&\quad + \boldsymbol{M}\left[\int_0^{\tau_x(F)}\int \{v_0\big(\xi_x(t) + c(\xi_x(t), u)\big) - v_0\big(\xi_x(t)\big)\}\,\tilde{\nu}(\mathrm{d}t, \mathrm{d}u)\right]^2 + v_0^2(x)\\
&= \boldsymbol{M}\int_0^{\tau_x(F)} |\nabla v_0\, b|^2\,\mathrm{d}t + \boldsymbol{M}\int_0^{\tau_x(F)}\int [v_0\big(\xi_x(t) + c(\xi_x(t), u)\big) - v_0\big(\xi_x(t)\big)]^2\,\Pi(\mathrm{d}u) + v_0^2(x)
\end{aligned} \tag{8}$$

folgt.

Es sei

$$Z(x) = v_1(x) - v_0^2(x)\,.$$

Einfache Rechnungen zeigen, daß für eine beliebige Funktion $g(x) \in D_L$

$$L\,g^2(x) = 2\,g(x)\,L\,g(x) + 2\,|\nabla g(x)\,b(x)|^2 + \int [g(x + c) - g(x)]^2\,\Pi(\mathrm{d}u)$$

ist; deshalb haben wir

$$\begin{aligned}
-\,L\,Z(x) &= 2\,v_0(x) + 2\,v_0(x)\,L\,v_0(x) + 2\,|\nabla v_0\, b|^2 + \int [v_0(x + c) - v_0(x)]^2\,\Pi(\mathrm{d}u)\\
&= 2\,|\nabla v_0\, b|^2 + \int [v_0(x + c) - v_0(x)]^2\,\Pi(\mathrm{d}u)\,.
\end{aligned} \tag{9}$$

Aus der verallgemeinerten Itô-Formel ergibt sich

$$Z[\xi_x\big(\tau_x(F)\big)] - Z(x) = \int_0^{\tau_x(F)} L\,Z[\xi_x(t)]\,\mathrm{d}t + \alpha_{v_0}(\tau_x)\,,$$

woraus

$$Z(x) = M \int_0^{\tau_x(F)} [|2\, \nabla v_0\, b(\xi_x(t))|^2 + \int \left(v_0(\xi_x(t) + c(\xi_x(t), u)) - v_0(\xi_x(t))\right)^2 \Pi(du)]\, dt$$

$$= M\, \tau_x^2(F) - v_0^2(x)$$

oder

$$M\, \tau_x^2(F) = v_0^2(x) + Z(x) = v_1(x)$$

folgt. Das Lemma ist damit bewiesen.

Es seien A und B zwei abgeschlossene Mengen, die keine gemeinsamen Punkte besitzen. Ferner sei ${}_BP_x(A)$ die Wahrscheinlichkeit dafür, daß $\xi_x(t)$ in die Menge A früher gelangt als in die Menge B.

Wir nennen eine Funktion $v(x)$ *L-superharmonisch* im Gebiet G, wenn $v(x) \in D_L$ und für $x \in G$

$$L\, v(x) \leqq 0$$

gilt.

Analog nennen wir eine Funktion $v(x) \in D_L$ *L-subharmonisch*, wenn für $x \in G$

$$L\left(v(x)\right) \geqq 0$$

ist.

Die Funktion $v(x)$, die im Gebiet G gleichzeitig L-subharmonisch und L-superharmonisch ist, d. h. die der Gleichung

$$L\, v(x) = 0\,, \qquad x \in G$$

genügt, nennen wir *L-harmonisch.*

Lemma 5. *Ist $U(x)$ L-superharmonisch in $X\backslash(A \cup B)$ und gilt $U(x)|_A \geqq 1$, $U(x)|_B \geqq 0$, dann ist*

$${}_BP_x(A) \leqq U(x)\,.$$

Ist aber $V(x)$ L-subharmonisch in $X\backslash(A \cup B)$ und gilt $V(x)|_A \leqq 1$, $V(x)|_B \leqq 0$, dann ist

$${}_BP_x(A) \geqq V(x)\,.$$

Der Beweis folgt aus der verallgemeinerten Itô-Formel. Es sei $\tau = \tau_x(A \cup B)$. Dann ist

$$U\left(\xi_x(\tau)\right) - U(x) = \int_0^\tau L\, U\left(\xi_x(t)\right) dt + \alpha_U(\tau)\,,$$

wobei $\alpha_U(\tau)$ durch die Beziehung (3) definiert ist. Bilden wir auf beiden Seiten der letzten Gleichung den Erwartungswert, so erhalten wir

$$M\, U\left(\xi_x(\tau)\right) \leqq U(x)\,,$$

wobei

$$M\, U\left(\xi_x(\tau)\right) \geqq {}_BP_x(A)$$

ist. Dadurch ist die erste Behauptung des Lemmas bewiesen. Analog läßt sich auch die zweite Behauptung beweisen.

Folgerung 2. Existiert eine in $X \backslash (A \cup B)$ L-harmonische Funktion $U(x)$ und gilt $U(x)|_A = 1$, $U(x)|_B = 0$, dann ist

$$ {}_B P_x(A) = U(x) . $$

Analog kann man folgende Behauptung beweisen.

Lemma 6. *Es sei $U(x)$ eine in G L-superharmonische Funktion und*

$$ L\, u(x) \leqq 0 , \quad x \in G , \qquad U(x) \geqq f(x) , \quad x \in X \backslash G . $$

Dann ist

$$ M f\big(\xi_x(\tau_x)\big) \leqq U(x) . $$

Es sei $U_*(x) = \inf U(x)$, wobei die exakte untere Schranke über alle L-superharmonischen Funktionen im Gebiet G genommen wird, die in $X \backslash G$ der Ungleichung $U(x) \geqq f(x)$ genügen. Analog ist $V^*(x)$ die exakte obere Schranke für die Werte aller L-subharmonischen Funktionen $V(x)$ in G, für die $V(x) \leqq f(x)$ in $X \backslash G$ ist. Ist

$$ U_*(x) = V^*(x) = u(x) , $$

dann ist

$$ M f\big(\xi_x(\tau_x)\big) = u(x) . $$

Wir werden einige Bemerkungen zu den erhaltenen Ergebnissen für den Spezialfall stochastischer Differentialgleichungen stetigen Typs $\big(c(x, u) \equiv 0\big)$ angeben. Der Operator L hat folgende Gestalt:

$$ L\, v = \sum_{k=1}^{n} a_k(x) \frac{\partial v}{\partial x_k} + \frac{1}{2} \sum_{k,j=1}^{n} \sigma_{kj}(x) \frac{\partial^2 v}{\partial x_k \, \partial x_j} $$

mit

$$ \sigma_{kj}(x) = \sum_{r=1}^{n} b_{kr}(x)\, b_{jr}(x) $$

und

$$ \sum_{k,j=1}^{n} \sigma_{kj}(x)\, \lambda_k \lambda_j = \sum_{r=1}^{n} \left(\sum_{k=1}^{n} \lambda_k b_{kr}(x) \right)^2 \geqq 0 , \tag{10} $$

d. h., L ist ein Differentialoperator zweiter Ordnung elliptischen Typs in jedem Gebiet, in dem das Gleichheitszeichen in (10) nur bei $\lambda_1 = \lambda_2 = \cdots = \lambda_n = 0$ möglich ist. Es sei G ein offenes zusammenhängendes beschränktes Gebiet mit hinreichend glattem Rand. In der Theorie der partiellen Differentialgleichungen elliptischen Typs wird unter bestimmten Voraussetzungen über den Charakter der Glattheit der Koeffizienten des Operators L und der Glattheit des Randes G_R von G die Existenz einer Lösung für das Dirichletsche Randwertproblem des Operators L in G bewiesen, woraus insbesondere folgt, daß auf der Abschließung von G die stetigen Funktionen $v_0(x)$, $v_1(x)$ existieren, die den Gleichungen

$$ \left. \begin{aligned} L\, v_0 &= -1 , \qquad & v_0 \mid G_R &= 0 , \\ L\, v_1 &= -2\, v_0 , \qquad & v_1 \mid G_R &= 0 , \end{aligned} \right\} \tag{11} $$

genügen.

Da für den betrachteten Fall die Trajektorien der Lösungen der stochastischen Differentialgleichung mit Wahrscheinlichkeit 1 stetig sind, ist $\tau_x(G)$ der Zeitpunkt, zu dem die Trajektorie, die zum Anfangszeitpunkt $t = 0$ von dem Punkt $x \in G$ ausgeht, den Rand des Gebietes G schneidet. Der als Funktion von X betrachtete Mittelwert dieser Zeit, d. h. $\boldsymbol{M}\,\tau_x(G) = v_0(x)$, stimmt mit der einfachsten Lösung des DIRICHLETschen Randwertproblems (11) für den Operator L überein, und $v_1(x)$ gibt das Moment zweiter Ordnung an.

Für $x \in G$ stimmt in G die exakte untere Schranke der L-superharmonischen Funktionen in G, die auf dem Rand von G der Ungleichung $u(x) \geqq f(x)$ genügen, mit der exakten oberen Schranke der L-subharmonischen Funktionen $v(x)$ in G überein, für die $v(x) \leqq f(x)$ ist. Der gemeinsame Wert dieser exakten Schranken ist die verallgemeinerte Lösung des DIRICHLETschen Randwertproblems $L\,u = 0$, $x \in G$, $u = f(x)$ auf dem Rand von G.

Sind also die entsprechenden Voraussetzungen erfüllt, dann ist wegen Lemma 6

$$u(x) = \boldsymbol{M} f(\gamma_x)\,,$$

wobei γ_x der Punkt ist, in dem die zum Zeitpunkt $t = 0$ aus dem Punkt $x \in G$ ausgehende Trajektorie der Lösung der stochastischen Differentialgleichung den Rand des Gebietes G schneidet.

Wenn wir als $f(x)$ eine Funktion nehmen, die auf Γ' gleich Eins und für $x \in \Gamma''$ gleich Null ist, $\Gamma' \cup \Gamma'' = G_R$, dann ist $u(x) = P\,\{\gamma_x \in \Gamma'\}$ die Wahrscheinlichkeit dafür, daß die entsprechende Trajektorie erstmalig den Rand des Gebietes G in einem Punkt schneidet, der zu Γ' gehört.

KAPITEL 3

DAS ASYMPTOTISCHE VERHALTEN DER LÖSUNGEN STOCHASTISCHER DIFFERENTIALGLEICHUNGEN

§ 12. Die Stabilität der Lösungen stochastischer Differentialgleichungen

Unter der Stabilität der Lösung einer gewöhnlichen Differentialgleichung versteht man, daß sich bei einer kleinen Änderung der Anfangsbedingungen oder bei einer kleinen Änderung der Koeffizienten der Gleichung die Lösungen der Gleichung im Verlaufe eines unbeschränkten Zeitabschnitts wenig verändern (Stabilität bei konstant wirkenden Störungen).

In der Theorie der gewöhnlichen Differentialgleichungen wird gezeigt, daß sich in vielen Fällen die Aufgabe zur Untersuchung der Stabilität von Lösungen auf die Untersuchung der Stabilität der stationären Lösung einer Differentialgleichung zurückführen läßt, d. h. auf die Untersuchung der Lösung $x \equiv 0$ der Gleichung

$$\frac{\partial x}{dt} = a(t, x), \qquad a(t, 0) \equiv 0. \tag{1}$$

Im vorliegenden Paragraphen wird eine analoge Aufgabe für stochastische Differentialgleichungen behandelt. Beim Übergang zu stochastischen Differentialgleichungen sind verschiedene Definitionen des Begriffs der Stabilität möglich und von Interesse. Wir werden nun einige mögliche Aufgabenstellungen angeben.

Die stochastische Differentialgleichung

$$d\xi = \alpha(t, \xi, dt) \tag{2}$$

sei als Ergebnis der Störung der Gleichung (1) erhalten worden, d. h.

$$\alpha(t, x, h) = a(t, x)\, h + \beta(t, x, h), \tag{3}$$

wobei $\beta(t, x, h)$ ein zufälliges Feld ist, für das der Punkt $x \equiv 0$ ein stationärer Punkt ist, $\beta(t, 0, h) = 0$.

Uns interessieren die Bedingungen, unter denen man für beliebige $\varepsilon_i > 0$ $(i = 1, 2)$ ein $\delta > 0$ finden kann, für das aus $|\xi(0)| \leqq \delta$ folgt, daß der Prozeß $\xi(t)$ im Verlauf eines unbeschränkten Zeitabschnitts $t \geqq 0$ mit Wahrscheinlichkeit größer als $1 - \varepsilon_1$ die ε_2-Umgebung des Punktes 0 nicht verläßt.

Hat die stochastische Differentialgleichung diese Eigenschaft, dann nennen wir die stationäre Lösung $\xi \equiv 0$ *gleichmäßig stochastisch stabile Lösung*. Wenn außerdem mit Wahrscheinlichkeit größer $1 - \varepsilon_1$

$$\lim_{t \to \infty} \xi(t) = 0$$

ist, dann nennt man die Lösung $\xi(t) \equiv 0$ *asymptotisch gleichmäßig stabile Lösung.*

Anstelle der Forderung, daß für alle t die Ungleichung

$$|\xi(t)| < \varepsilon_2 \tag{4}$$

erfüllt ist, kann man annehmen, daß die Lösung $\xi(t)$ wenig von Null verschieden ist, wenn sich für beliebige $\varepsilon_1 > 0$, $\varepsilon_2 > 0$ ein $\delta > 0$ finden läßt, so daß für $|\xi(0)| \leqq \delta$ mit Wahrscheinlichkeit Eins

$$\sup_{0 \leqq t \leqq \infty} P\{|\xi(t)| > \varepsilon_2/\xi(0)\} \leqq \varepsilon_1$$

ist oder für $|\xi(0)| \leqq \delta$ und alle $t \geqq 0$ mit Wahrscheinlichkeit Eins

$$M\{|\xi(t)|^2/\xi(0)\} \leqq \varepsilon$$

ist. Im ersten Fall sagen wir, daß die Lösung $\xi(t) \equiv 0$ stochastisch stabil ist, im zweiten Fall sagen wir, daß die Momente zweiter Ordnung stabil sind.

Zu diesen Definitionen wird das Wort „asymptotisch" hinzugefügt, wenn im ersten Fall für $t \to \infty$ und ein beliebiges $\varepsilon_1 > 0$

$$P\{|\xi(t)| > \varepsilon_1/\xi(0)\} \to 0$$

konvergiert und im zweiten Fall für $t \to \infty$

$$M\{|\xi(t)|^2/\xi(0)\} \to 0$$

konvergiert.

Aus der TSCHEBYSCHEFFschen Ungleichung folgt, daß sich aus der Stabilität der Momente zweiter Ordnung (aus der asymptotischen Stabilität) die stochastische Stabilität (stochastisch asymptotische Stabilität) ergibt.

Wir geben nun eine Aufgabenstellung an, die sich von der vorigen etwas unterscheidet. Wir nehmen an, daß $\beta(t, 0, h) \not\equiv 0$ ist, d. h., die Störung wird nicht identisch Null im stationären Punkt der ungestörten Gleichung (1), aber $\beta(t, x, h)$ ist (in irgendeinem Sinne) in einer gewissen Umgebung des Punktes $x = 0$ klein. Die Tatsache, daß das Feld $\beta(t, x, h)$ klein ist, kann man zum Beispiel so verstehen, daß das Moment zweiter Ordnung für $|x| \leqq \delta$, $h \leqq h_0$, $0 \leqq t < \infty$

$$M\,|\beta(t, x, h)|^2 \leqq \varepsilon$$

ist. Da in den interessantesten Fällen zufälliger Störungen die Realisierungen des Feldes $\beta(t, x, h)$ sogar bei kleinen Momenten auf dem Zeitintervall $[0, \infty)$ mit Wahrscheinlichkeit Eins keine endliche obere Schranke besitzen und sogar mit Wahrscheinlichkeit 1 beliebig große Sprünge haben (die mit den Sprüngen von $\xi(t)$ übereinstimmen), ist nicht zu erwarten, daß die Lösungen einer stochastischen Differentialgleichung gleichmäßig stabil sind. Jedoch bleibt weiterhin die Frage nach der stochastischen Stabilität und der Stabilität der Momente zweiter Ordnung mit einer gewissen Modifizierung der Definition bestehen.

Die Lösung $x(t) \equiv 0$ der Differentialgleichung (1) heißt stochastisch stabil (oder hat stabile Momente zweiter Ordnung) bezüglich einer konstant wirkenden zufälligen Störung aus einer gegebenen Klasse K von zufälligen Feldern, wenn sich für alle $\varepsilon_i > 0$ $(i = 1, 2)$ ein solches $\delta > 0$ finden läßt, daß für eine beliebige zufällige Störung $\beta(t, x, h) \in K$ mit Wahrscheinlichkeit 1 die Ungleichung

$$\sup_{0 \leq t < \infty} \boldsymbol{P} \{ |\xi(t)| > \varepsilon_2 / \xi(0) \} \leqq \varepsilon_1$$

erfüllt ist, sofern

$$\boldsymbol{M} \, |\beta(t, x, h)|^2 < \delta \,, \qquad (t \in [0, \infty)\,, \qquad x \in X\,, \qquad 0 \leqq h \leqq h_0)\,, \qquad |\xi(0)| < \delta$$

ist (oder unter den gleichen Voraussetzungen

$$\sup_{0 \leqq t < \infty} \boldsymbol{M}\{ |\xi(t)|^2 / \xi(0) \} < \varepsilon_1$$

ist).

Alles, was über die Störungen der gewöhnlichen Differentialgleichung (1) gesagt wurde, kann man natürlich auf die stochastische Gleichung übertragen.

Die Untersuchung der Stabilität von stationären Lösungen gewöhnlicher Differentialgleichungen hinsichtlich zufälliger Störungen beginnen wir mit linearen Gleichungssystemen. Wir zeigen, daß man für eine hinreichend breite Klasse von störenden zufälligen Feldern die Frage nach der Stabilität von Momenten zweiter Ordnung der gestörten Gleichungen auf die Untersuchung der Stabilität eines gewissen Systems von gewöhnlichen Differentialgleichungen zurückführen kann (dabei ist die Ordnung dieses Systems gleich $\frac{n(n+1)}{2}$, wobei n die Dimension des Raumes X ist). Dieses Ergebnis kann man im betrachteten Fall als Lösung des Problems ansehen.

Es sei die lineare stochastische Differentialgleichung

$$d\xi(t) = [a_0(t) + a(t)\, \xi(t)]\, dt + \beta\big(t, \xi(t), dt\big) \tag{5}$$

gegeben, wobei $a(t)$ eine nichtzufällige Operatorfunktion von t $(t \geqq 0)$ ist, deren Werte Abbildungen von X in sich selbst sind, $a_0(t)$ eine nichtzufällige Vektorfunktion mit Werten in X und $\beta(t, x, h)$ ein von x abhängiges Vektormartingal ist. Es wird vorausgesetzt, daß die Funktionen $a_0(t)$, $a(t)$ stetig in t sind.

Die Gleichung (5) kann man als Ergebnis der durch das zufällige Feld $a_0(t)\, h + \beta(t, x, h)$ gestörten Gleichung

$$\frac{dx}{dt} = a(t)\, x \tag{6}$$

betrachten, wobei $a_0(t)\, h$ der Mittelwert dieser Störung ist. Noch genauer ist

$$\boldsymbol{M}\{a_0(t)\, h + \beta(t, x, h) / \mathfrak{F}_t\} = a_0(t)\, h\,.$$

Wir wählen in X eine gewisse orthonormierte Basis, und in dieser Basis sei

$$a_0(t) = \{a_0^j(t);\quad j = 1, 2, \ldots, n\}\,,$$

$$a(t) = \{a_j^k(t);\quad k, j = 1, 2, \ldots, n\}\,,$$

$$\beta(t, x, h) = \left\{\sum_{s=1}^{n}\left[\sum_{j=1}^{n} b_{sj}^k(t)\, x^j + b_{s0}^k(t)\right]\left(\beta^{(s)}(t+h) - \beta^{(s)}(t)\right),\quad k = 1, 2, \ldots, n\right\},$$

wobei b_{sj}^k ($k, s = 1, 2, \ldots, n; j = 0, 1, \ldots, n$) nichtzufällige Funktionen, x^j die Koordinaten des Vektors x, $\beta(t) = \{\beta^{(1)}(t), \ldots, \beta^{(n)}(t)\}$ ein Vektormartingal,

$$\boldsymbol{M}\{\beta(t)/\mathfrak{F}_t\} = 0\,, \tag{7}$$

$$\boldsymbol{M}\{[\beta^{(k)}(t+h) - \beta^{(k)}(t)]\,[\beta^{(s)}(t+h) - \beta^{(s)}(t)]/\mathfrak{F}_t\} = l_s^k(t)\, h \tag{8}$$

und $l_s^k(t)$ nichtzufällig sind. Im weiteren werden wir Terminologie und Bezeichnungen der Matrizentheorie benutzen. Wir nehmen also an, daß die Vektoren x, ξ, $a_0(t)$, $\beta(t)$ Matrizen sind, die aus einer Spalte bestehen, und wir werden mit $b_s(t)$ eine quadratische Matrix mit den Elementen $b_{js}^k(t)$ ($k, j = 1, 2, \ldots, n$) bezeichnen, wobei k die Nummer der Zeile und j die Nummer der Spalte ist. Ist C eine Matrix, dann ist C^* die transponierte Matrix, $C_j^{*k} = C_k^j$. Wenn, insbesondere, x ein Spaltenvektor ist, dann ist x^* ein Zeilenvektor mit den Elementen $x_j^* = x^j$. Das Produkt $x\,y^*$, wobei x und y Spalten mit den Elementen x^i, y^i sind, ist eine quadratische Matrix mit den Elementen $z_j^k = x^k\, y_j^*$, und es ist $y^*\, x = \sum_{j=1}^{n} y_j^*\, x^j$.

Die Beziehung (8) kann man in der Form

$$\boldsymbol{M}\{[\beta(t+h) - \beta(t)]\,[\beta(t+h) - \beta(t)]^*/\mathfrak{F}_t\} = L(t)\, h \tag{8'}$$

schreiben, wobei $L(t)$ eine Matrix mit den Elementen $l_s^k(t)$ ist.

Wir setzen

$$m(t) = \boldsymbol{M}\{\xi(t)/\mathfrak{F}_0\}\,.$$

Aus der Gleichung (5) und aus den Eigenschaften der stochastischen Kurvenintegrale, bei denen das zu integrierende zufällige Feld ein Martingal ist, folgt

$$m(t) = \xi(0) + \int_0^t [a_0(\tau) + a(\tau)\, m(\tau)]\, d\tau\,. \tag{9}$$

Da $m(t)$ beschränkt ist, folgt aus (8) die Differenzierbarkeit von $m(t)$ und die Gleichung

$$\frac{dm}{dt} = a_0(t) + a(t)\, m(t)\,,\qquad m(0) = \xi(0)\,.$$

Für die Stabilität eines Moments erster Ordnung der Lösung von (5) hinsichtlich der Klasse der betrachteten Störungen ist notwendig und hinreichend, daß das lineare System (6) stabil bezüglich einer konstant wirkenden (nichtzufälligen) Störung $a_0(t)$ ist. Was die notwendigen und hinreichenden Bedingungen für die Stabilität des linearen Systems (6) bezüglich konstant wirkender

Störungen anbetrifft, so sind diese bekannt. Indem wir diese Ergebnisse anwenden, können wir folgenden Satz formulieren: Wenn $x \equiv 0$ gleichmäßig in x_0, t_0 eine asymptotisch stabile Lösung der Gleichung (6) ist (d. h., wenn die Lösung der Gleichung (6), die der Anfangsbedingung $x(t_0) = x_0$ genügt, für $t \to \infty$ in einem gewissen Gebiet $|x_0| < \delta$, $t_0 > 0$ gleichmäßig gegen Null konvergiert), dann kann man für jedes $\varepsilon > 0$ ein $\delta > 0$ angeben, so daß für ein beliebiges störendes Feld $a_0(t)\,h + \beta(t, x, h)$, wobei $\beta(t, x, h)$ ein beliebiges Martingal ist, $|m(t)| < \varepsilon$, $0 < t < \infty$, gilt, sofern für alle $t > 0$ die Ungleichung $|x_0| + |a_0(t)| < \delta$ erfüllt ist.

Es sei bemerkt, daß in diesem äußerst trivialen Satz nicht vorausgesetzt wird, daß das Martingal $\beta(t, x, h)$ eine lineare Funktion von x ist.

Wir gehen nun zu den Momenten zweiter Ordnung über. Wir führen die Matrix der Momente zweiter Ordnung ein:

$$Q(t) = \boldsymbol{M}\{\xi(t)\,\xi^*(t)/\mathfrak{F}_0\}\,.$$

Wir zeigen, daß die Matrix $Q(t)$ einer gewissen Differentialgleichung genügt. Indem wir t fixieren, setzen wir $\Delta\xi = \xi\,(t + h) - \xi(t)$, $h > 0$. Wir haben

$$Q(t + h) - Q(t) = \boldsymbol{M}\{\Delta\xi\,\xi^*(t) + \xi(t)\,\Delta\xi^* + \Delta\xi\,\Delta\xi^*/\mathfrak{F}_0\}\,.$$

Um die Schreibweise zu vereinfachen, setzen wir

$$z_1 = \int_t^{t+h} \big(a_0(\tau) + a(\tau)\,\xi(\tau)\big)\,d\tau\,, \quad \tilde{z}_1 = \big(a_0(t) + a(t)\,\xi(t)\big)\,h\,, \quad z_2 = \int_t^{t+h} \beta\big(\tau, \xi(\tau), d\tau\big)\,.$$

Aus der Stetigkeit von $a_0(t)$, $a(t)$ und der zweiten Momente von $\xi(t)$ folgt

$$\boldsymbol{M}\{|z_1 - \tilde{z}_1|^2/\mathfrak{F}_0\} = o(h)\,.$$

Außerdem ist

$$\boldsymbol{M}\{z_2\,\xi^*(t)/\mathfrak{F}_0\} = 0\,.$$

Hieraus erhalten wir

$$\begin{aligned}
&\boldsymbol{M}\{\Delta\xi\,\xi^*(t)/\mathfrak{F}_0\} = \\
&= \int_t^{t+h} [a_0(\tau)\,m^*(t) + a(\tau)\,Q(t)]\,d\tau + \int_t^{t+h} a(\tau)\,\boldsymbol{M}\{[\xi(\tau) - \xi(t)]\,\xi^*(t)/\mathfrak{F}_0\}\,d\tau \\
&= [a_0(t)\,m^*(t) + a(t)\,Q(t)]\,h + o(h)\,.
\end{aligned}$$

Ferner haben wir

$$\begin{aligned}
\Delta\xi\,\Delta\xi^* = z_1 z_1^* + z_1 z_2^* + z_2 z_1^* + z_2 z_2^*\,, \quad &|\boldsymbol{M}\{z_1 z_1^*/\mathfrak{F}_0\}| \leqq \boldsymbol{M}\{|z_1|^2/\mathfrak{F}_0\} = o(h)\,, \\
|\boldsymbol{M}\{z_1 z_2^*/\mathfrak{F}_0\}| \leqq |\boldsymbol{M}\{\tilde{z}_1 z_2^*/\mathfrak{F}_0\}| + [\boldsymbol{M}\{&|z_1 - \tilde{z}_1|^2/\mathfrak{F}_0\}\,\boldsymbol{M}\{|z_2|^2/\mathfrak{F}_0\}]^{1/2} = o(h)\,.
\end{aligned}$$

Aus den Eigenschaften der Integrale über ein Martingal folgt

$$\begin{aligned}
\boldsymbol{M}\{z_2 z_2^*/\mathfrak{F}_0\} = \int_t^{t+h} \sum_{s,r} \{&b_{s\cdot}^{\cdot}(\tau)\,Q(\tau)\,b_{r\cdot}^{\cdot *}(\tau) + b_{s\,0}^{\cdot}\big(b_{r\cdot}^{\cdot}(\tau)\,m(\tau)\big)^* \\
&+ \big(b_{s\cdot}^{\cdot}(\tau)\,m(\tau)\big)\,b_{r\,0}^{\cdot *} + b_{s\,0}(\tau)\,b_{r\,0}^{\cdot *}(\tau)\}\,l_r^s(\tau)\,d\tau\,.
\end{aligned}$$

Diese Beziehungen beweisen die Differenzierbarkeit der Matrix $Q(t)$ und die Gültigkeit der Gleichung

$$\frac{dQ}{dt} = \sum_{s,r} b_{s\cdot}^{\cdot} Q b_{r\cdot}^{\cdot *} l_r^s + a(t) Q(t) + Q(t) a^*(t) + r(t), \tag{10}$$

wobei

$$r(t) = a_0(t) m(t) + m(t) a_0(t) + \sum_{s,r} [b_{s0}^{\cdot}(t) b_{r\cdot}^{\cdot}(t) m(t)$$
$$+ b_{s\cdot}^{\cdot}(t) m(t) b_{r0}^{\cdot *}(t) + b_{s0}^{\cdot}(t) b_{r0}^{\cdot *}(t)] l_r^s(t) \tag{11}$$

ist.

Die Matrix $Q(t)$ ist symmetrisch. Deshalb kann man die Gleichung (10) als System von $\frac{n(n+1)}{2}$ linearen Differentialgleichungen für die Elemente der Matrix $Q(t)$ betrachten. Aus den erhaltenen Gleichungen folgt vor allen Dingen die Bedingung für die Stabilität der zweiten Momente, wenn die zufällige Störung nicht von den räumlichen Koordinaten abhängt. Ist nämlich der Punkt 0 gleichmäßig asymptotisch stabil für das System (6), dann sind die Momente zweiter Ordnung für die Lösungen des stochastischen Systems (5) stabil bezüglich konstant wirkender Störungen der Gestalt

$$a_0(t) h + \beta(t, h), \qquad \beta(t, h) = \sum_{s=1}^{n} b_{s0}^{\cdot}(t) [\beta^{(s)}(t + h) - \beta^{(s)}(t)].$$

Zum Beweis sei folgendes bemerkt: Es sei $z(t, t_0)$ eine Matrix, deren Spalten Lösungen des Systems (6) sind, und es sei

$$z(t_0, t_0) = I,$$

wobei I die Einheitsmatrix ist. Aus der gleichmäßigen asymptotischen Stabilität der Lösung $x \equiv 0$ des Systems (6) folgt, daß für alle $t \geqq t_0$ $|z(t, t_0)| \leqq c$ ist und für $t \to \infty$ $z(t, t_0) \to 0$ konvergiert.

Wir führen die Matrix

$$S(t, t_0) = z(t, t_0) S_0 z^*(t, t_0)$$

ein, wobei S_0 eine konstante Matrix ist. Sie genügt der Gleichung

$$\frac{dS}{dt} = a(t) S + S a^*(t) \tag{12}$$

und der Anfangsbedingung

$$S(t_0, t_0) = S_0.$$

Hieraus erhalten wir, daß die Nullösung der Gleichung (12) gleichmäßig asymptotisch stabil ist, d. h., für $t \to \infty$ konvergiert $S(t, t_0) \to 0$, und wir haben $|S(t, t_0)| \leqq \varepsilon$, wenn $|S_0| < \varepsilon/c^2$ ist. Folglich ist die Lösung $S \equiv 0$ des Systems (12) stabil bezüglich konstant wirkender Störungen. Da die Momente erster Ordnung ebenfalls stabil sind, kann man für ein beliebiges $\varepsilon > 0$ und $c > 0$ ein $\delta > 0$ finden, so daß bei

$$|a_0(t)| + |l(t)| \leqq c, \qquad |b_{s0}^{\cdot}(t)| < \delta$$

unabhängig von den übrigen Eigenschaften der stetigen Funktionen $a_0(t)$, $l(t)$, $b^{\cdot}_{s0}(t)$ die Momente zweiter Ordnung der Lösung des Systems

$$d\xi = [a_0(t) + a(t)\,\xi(t)]\,dt + \beta(t, dt)$$

der Ungleichung

$$|Q(t)| < \varepsilon\,, \qquad 0 \leqq t \leqq \infty$$

genügen, sofern $|Q(0)| < \delta$ ist.

Man kann sich leicht davon überzeugen, daß unter den gleichen Voraussetzungen die Lösung $x \equiv 0$ des Systems (5) stabil ist bezüglich konstant wirkender Störungen der allgemeineren Form

$$a_0(t)\,h + \beta(t, x, h)\,.$$

Aus (10) kann man auch folgenden Schluß ziehen: Wenn für die Matrizendifferentialgleichung

$$\frac{dQ}{dt} = a(t)\,Q(t) + Q(t)\,a^*(t) + \sum_{s,r} b^{\cdot}_{s\cdot}(t)\,Q(t)\,b^{\cdot *}_{r\cdot}(t)\,l^s_r(t) \tag{13}$$

die Lösung $Q \equiv 0$ asymptotisch gleichmäßig stabil ist, dann sind die Momente zweiter Ordnung des stochastischen Systems

$$d\xi = a(t)\,\xi(t)\,dt + \sum_s (b^{\cdot}_{s\cdot}\,d\beta^s)\,\xi(t) \tag{14}$$

stabil bezüglich konstant wirkender Störungen der Gestalt

$$a_0(t)\,dt + \sum_{s=1}^{n} b^{\cdot}_{s0}(t)\,d\beta^s\,.$$

Wir befassen uns nun mit einigen Spezialfällen. Wenn die äußeren Störungen fehlen, d. h., wenn $a_0(t) = b_{s0}(t) = 0$ ist, dann hat das stochastische System die Gestalt (14) und das Gleichungssystem für die Momente zweiter Ordnung die Form (13). Das letztere kann man als ein System von $\frac{n(n+1)}{2}$ gewöhnlichen Differentialgleichungen für die verschiedenen Elemente der Matrix Q betrachten. Indem wir sie in einer gewissen Reihenfolge umnumerieren und sie als Vektor in einem Raum von $\frac{n(n+1)}{2}$ Dimensionen betrachten, können wir (13) in der Form

$$\frac{dQ}{dt} = \mathfrak{A}\,Q$$

schreiben. Sind die Matrizen a, $b^{\cdot}_{s\cdot}$, l konstant, dann ist $\mathfrak{A}$ unabhängig von t und die notwendige und hinreichende Bedingung für die asymptotische Stabilität der Momente zweiter Ordnung besteht darin, daß die charakteristischen Zahlen der Matrix $\mathfrak{A}$ negative Realteile besitzen. Für die Stabilität aber ist notwendig und hinreichend, daß die charakteristischen Zahlen nichtpositive Realteile besitzen und die den rein imaginären charakteristischen Zahlen entsprechenden Elementarteiler einfach sind.

Beispiel 1. Gleichung zweiter Ordnung mit konstanten Koeffizienten. Wir betrachten die Gleichung

$$d\frac{d\xi}{dt} + (b_0\, dt + b\, d\beta_1)\frac{d\xi}{dt} + (a_0\, dt + a\, d\beta)\,\xi = 0\,, \tag{15}$$

wobei b_0, b, a_0, a Konstanten und $\beta_1 = \beta_1(t), \beta = \beta(t)$ untereinander unkorrelierte Martingale sind. Diese Gleichung ist als ein System von linearen stochastischen Gleichungen

$$d\xi = \xi_1\, dt\,, \qquad d\xi_1 = -(a_0\, dt + a\, d\beta)\,\xi - (b_0\, dt + b\, d\beta_1)\,\xi_1$$

zu verstehen. Es sei

$$\boldsymbol{M}\{[\beta(t+h) - \beta(t)]^2/\mathfrak{F}_t\} = \boldsymbol{M}\{[\beta_1(t+h) - \beta_1(t)]^2/\mathfrak{F}_t\} = h\,.$$

Das Gleichungssystem für die Momente zweiter Ordnung kann man auf folgende Weise aufschreiben:

$$Q'_{00}(t) = 2\,Q_{01}\,,$$
$$Q'_{01}(t) = -a_0\,Q_{00} - b_0\,Q_{01} + Q_{22}\,,$$
$$Q'_{11}(t) = a^2\,Q_{00} - 2\,a_0\,Q_{01} - (2\,b_0 - b^2)\,Q_{22}\,,$$

wobei

$$Q_{00}(t) = \boldsymbol{M}\,\xi^2(t)\,, \quad Q_{01}(t) = \boldsymbol{M}\,\xi(t)\,\xi'(t)\,, \quad Q_{11}(t) = \boldsymbol{M}\,\xi'(t)^2 \quad \big(\xi'(t) = \xi_1(t)\big)$$

ist.

Die charakteristische Gleichung für dieses System hat die Form

$$\lambda^3 + \lambda^2\,(3\,b_0 - b^2) + \lambda\,[b_0\,(2\,b_0 - b^2) + 4\,a_0] + 2\,[a_0\,(2\,b_0 - b^0) - a^2] = 0\,. \tag{16}$$

Man kann nun leicht (mit Hilfe des Satzes von Routh-Hurwitz) die Bedingungen finden, unter denen alle Nullstellen der Gleichung (16) auf der linken Halbebene liegen. Dafür ist notwendig und hinreichend, daß

$$b^2 < 2\,b_0 \qquad \text{und} \qquad a^2 < (2\,b_0 - b^2)\,a_0 \tag{17}$$

ist.

Beispiel 2. Wir betrachten die stochastische Differentialgleichung

$$\frac{d^2\xi}{dt^2} + [a(t) + b(t)\,\beta'(t)]\,\xi = 0\,, \tag{18}$$

die als System

$$d\xi = \xi_1\, dt\,, \qquad d\xi_1 = -\,\xi\,[a(t)\, dt + b(t)\, d\beta(t)] \tag{19}$$

aufgefaßt werden kann, wobei $\beta(t)$ ein Martingal ist, für das

$$\boldsymbol{M}\{[\beta\,(t+h) - \beta(t)]^2/\mathfrak{F}_t\} = \int_t^{t+h} l(\tau)\, d\tau$$

ist. Für diese Gleichung kann man einige Ergebnisse erhalten, die denen analog sind, die für Gleichungen ohne stochastisches Glied [3]

$$u'' + a(t)\,u = 0 \tag{20}$$

gefunden wurden. Es sei $u_1(t)$, $u_2(t)$ ein linear unabhängiges System von Lösungen der Gleichung (20). Bekanntlich ist die WRONSKIsche Determinante dieses Systems,

$$w(t) = \begin{vmatrix} u_1(t) & u_2(t) \\ u_1'(t) & u_2'(t) \end{vmatrix},$$

konstant. Ohne Einschränkung der Allgemeinheit können wir annehmen, daß $w(t) = 1$ ist. Wir setzen

$$W(t, \tau) = \begin{vmatrix} u_1(\tau) & u_2(\tau) \\ u_1(t) & u_2(t) \end{vmatrix}$$

und zeigen, daß $\xi(t)$ mit der Lösung der Gleichung

$$\eta(t) = z(t) + \int_0^t W(t, \tau)\, b(\tau)\, \eta(\tau)\, d\beta(\tau) \tag{21}$$

übereinstimmt, wobei $z(t)$ eine solche Lösung der Gleichung (20) ist, daß

$$z(0) = \xi(0)\,, \qquad z'(0) = \xi_1(0)$$

gilt. Aus diesem Grunde führen wir die Funktion

$$\eta_1(t) = z'(t) + \int_0^t W_t'(t, \tau)\, b(\tau)\, \eta(\tau)\, d\beta(\tau)$$

ein und überprüfen, ob die Gleichungen

$$\eta(t) = z(0) + \int_0^t \eta_1(\tau)\, d\tau\,, \qquad \eta_1(t) = z'(0) - \int_0^t \eta(\tau)\, [a(\tau)\, d\tau + b(\tau)\, b\beta(\tau)] \tag{22}$$

erfüllt sind. Wenn das der Fall ist, dann bilden $\eta(t)$ und $\eta_1(t)$ die Lösung des Systems (19). Wegen der Eindeutigkeit der Lösung von (19) haben wir

$$\xi(t) = \eta(t)\,, \qquad \xi_1(t) = \eta_1(t)\,.$$

Die Überprüfung der Beziehungen (22) wird mit Hilfe der partiellen Integration vorgenommen. Dabei ist zu berücksichtigen, daß die Gültigkeit der Formel für die partielle Integration,

$$\int_a^b u'(t)\, \zeta(t)\, dt + \int_a^b u(t)\, d\zeta(t) = u(t)\, \zeta(t) \Big|_a^b, \tag{23}$$

genau so aufgestellt wird wie das Lemma 1 aus § 6, wobei $\zeta(t)$ ein Martingal der betrachteten Art und $u(t)$ eine stetig differenzierbare Funktion ist.

Unter Berücksichtigung von (23) erhalten wir

$$\begin{aligned} &\int_0^t d\tau \int_0^\tau W_\tau'(\tau, \theta)\, b(\theta)\, \eta(\theta)\, d\beta(\theta) \\ &= \int_0^t \left\{ u_2'(\tau) \int_0^\tau u_1(\theta)\, b(\theta)\, \eta(\theta)\, d\beta(\theta) - u_1'(\tau) \int_0^\tau u_2(\theta)\, b(\theta)\, \eta(\theta)\, d\beta(\theta) \right\} d\tau \\ &= - \int_0^t [u_2(\tau)\, u_1(\tau) - u_1(\tau)\, u_2(\tau)]\, b(\tau)\, \eta(\tau)\, d\beta(\tau) \\ &\quad + \int_0^t \big(u_2(t)\, u_1(\tau)\, b(\tau)\, \eta(\tau)\, d\beta(\tau) - u_1(t)\, u_2(\tau)\, b(\tau)\, \eta(\tau)\, d\beta(\tau) \big) = \eta(t) - z(t)\,. \end{aligned}$$

Somit ist

$$\int_0^t \eta_1(\tau)\,d\tau = z(t) - z(0) + \int_0^t d\tau \int_0^\tau W_t'(\tau,\theta)\,b(\theta)\,\eta(\theta)\,d\beta(\theta) = \eta(t) - z(0)\,.$$

Dadurch ist die erste Gleichung von (22) bewiesen. Analog läßt sich die zweite Gleichung nachprüfen:

$$\begin{aligned}
\eta_1(t) &= z'(t) + u_2'(t)\int_0^t u_1(\tau)\,\eta(\tau)\,b(\tau)\,d\beta(\tau) - u_1'(t)\int_0^t u_2(\tau)\,\eta(\tau)\,b(\tau)\,d\beta(\tau)\\
&= z'(t) + \int_0^t \left\{u_2''(\tau)\int_0^\tau u_1(\theta)\,\eta(\theta)\,b(\theta)\,d\beta(\theta) - u_1''(\tau)\int_0^\tau u_2(\theta)\,\eta(\theta)\,b(\theta)\,d\beta(\theta)\right\} d\tau\\
&\quad + \int_0^t [u_2'(\tau)\,u_1(\tau) - u_1'(\tau)\,u_2(\tau)]\,\eta(\tau)\,b(\tau)\,d\beta(\tau)\\
&= z'(t) - \int_0^t a(\tau)\int_0^\tau W(\tau,\theta)\,\eta(\theta)\,b(\theta)\,d\beta(\theta)\,d\tau - \int_0^t \eta(\theta)\,b(\theta)\,d\beta(\theta)\\
&= z'(t) - \int_0^t z''(\tau)\,d\tau - \int_0^t \eta(\tau)\,[a(\tau)\,d\tau + b(\tau)\,d\beta(\tau)]\\
&= z'(0) - \int_0^t \eta(\tau)\,[a(\tau)\,d\tau + b(\tau)\,d\beta(\tau)]\,.
\end{aligned}$$

Damit ist auch die zweite Gleichung aus (22) bewiesen. Zu beweisen wäre noch, daß die stochastische Integralgleichung (21) eine eindeutige Lösung hat. Diese Behauptung kann man leicht beweisen (indem man die Eigenschaften des stochastischen Integrals in Betracht zieht), und zwar so wie den Existenz- und Eindeutigkeitssatz für die Lösung einer stochastischen Differentialgleichung

Wir betrachten nun die Momente erster und zweiter Ordnung für die Lösung der Gleichung (18). Ist

$$m(t) = \boldsymbol{M}\{\xi(t)/\mathfrak{F}_0\}\,,$$

dann erhalten wir aus (21)

$$m(t) = z(t)\,.$$

Indem wir $Q(t) = \boldsymbol{M}\{\xi^2(t)/\mathfrak{F}_0\}$ setzen und (21) berücksichtigen, erhalten wir

$$Q(t) = z^2(t) + \int_0^t W^2(t,\tau)\,b^2(\tau)\,Q(\tau)\,l(\tau)\,d\tau\,.$$

Die letzte Gleichung hat eine eindeutige Lösung

$$Q(t) = \sum_{n=0}^{\infty} Q_n(t)\,,$$

wobei

$$Q_0(t) = z^2(t)\,, \qquad Q_{n+1}(t) = \int_0^t W^2(t,\tau)\,b^2(\tau)\,l(\tau)\,Q_n(\tau)\,d\tau$$

ist. Da $W^2(t, \tau) \leqq v(t)\, v(\tau)$ ist, wobei $v(t) = u_1^2(t) + u_2^2(t)$ ist, haben wir

$$Q_{n+1}(t) \leqq v(t) \int_0^t Q_n(\tau)\, v(\tau)\, b^2(\tau)\, l(\tau)\, \mathrm{d}\tau .$$

Wir nehmen an, daß für alle $t > 0$ die Ungleichung

$$v(t)\, b^2(t)\, l(t) \leqq C_1$$

erfüllt ist. Dann ist

$$Q_{n+1}(t) \leqq C_1\, v(t) \int_0^t Q_n(\tau)\, \mathrm{d}\tau .$$

Ziehen wir $z^2(t) \leqq C_0\, v(t)$ in Betracht, wobei C_0 eine Konstante ist, dann erhalten wir

$$Q_1(t) \leqq C_0\, C_1\, v(t) \int_0^t v(\tau)\, \mathrm{d}\tau = \frac{1}{2} C_0\, C_1 \frac{\mathrm{d}}{\mathrm{d}t} \left[\int_0^t v(\tau)\, \mathrm{d}\tau \right]^2$$

und durch Induktion

$$Q_n(t) \leqq \frac{C_0\, C_1^n}{(n+1)!} \cdot \frac{\mathrm{d}}{\mathrm{d}t} \left[\int_0^t v(\tau)\, \mathrm{d}\tau \right]^{n+1} = \frac{C_0\, C_1^n}{n!}\, v(t) \left[\int_0^t v(\tau)\, \mathrm{d}\tau \right]^n .$$

Hieraus ergibt sich die Abschätzung

$$Q(t) \leqq C_0\, v(t)\, e^{C_1 \int_0^t v(\tau)\, \mathrm{d}\tau} ,$$

und wir erhalten den folgenden Satz.

Satz 1. *Wir nehmen an, daß $v(t)\, l(t)\, b^2(t)$ beschränkt ist,* $0 < t < \infty$, *und für eine beliebige Lösung der Gleichung* (20)

$$\int_0^\infty u^2(\tau)\, \mathrm{d}\tau < \infty$$

ist. Dann ist

$$\int_0^\infty Q(\tau)\, \mathrm{d}\tau < \infty .$$

Wenn außerdem a) *eine beliebige Lösung $u(t)$ der Gleichung* (20) *für $t \to 0$ gegen Null konvergiert oder* b) *eine beliebige Lösung $u(t)$ der Gleichung* (20) *beschränkt ist* ($0 < t < \infty$), *dann konvergiert $Q(t)$ im Falle* a) *für $t \to \infty$ in einem beliebigen Gebiet $|\xi(0)| + |\xi_1(0)| \leqq R$ gleichmäßig gegen Null, und im Falle* b) *ist $Q(t)$ in einem beliebigen Gebiet $|\xi(0)| + |\xi_1(0)| \leqq R$ gleichmäßig beschränkt.*

Der letzte Satz ist in folgender Beziehung interessant: Die zufälligen Störungen des gesamten Systems von linearen Differentialgleichungen verschlechtern im allgemeinen die Stabilitätseigenschaften der Momente zweiter Ordnung. Andererseits sagt der Satz 1 aus, daß unter bestimmten Bedingungen für das Moment $Q(t) = M\{\xi^2(t)/\mathfrak{F}_0\}$ einige Stabilitätseigenschaften gelten, die den Eigenschaften der Lösungen der ungestörten Gleichung analog sind.

Wir befassen uns nun mit der Frage nach der gleichmäßigen stochastischen Stabilität. Wir beginnen mit einigen speziellen Gleichungen.

Wir betrachten die einfachste eindimensionale homogene Gleichung

$$d\xi = \left(a(t)\,dt + b(t)\,dw(t) + \int c(t, u)\,\tilde{\nu}(dt, du)\right)\xi\,, \tag{24}$$

wobei $w(t)$ ein WIENERprozeß, $\nu(t, A)$ das POISSONsche Maß mit dem Parameter $t\,\Pi(A)$, $\tilde{\nu}(t, A) = \nu(t, A) - t\,\Pi(A)$ ist und $w(t)$ und $\nu(t, A)$ voneinander unabhängig sind. Die Lösung dieser Gleichung hat die Form (siehe § 6)

$$\xi(t) = \xi_0 \exp\left\{\int_0^t \left(a(\tau) - \frac{1}{2}b^2(\tau)\right)d\tau + \int_0^t \int \left(\ln|1 + c(t, u)| - c(t, u)\right)\Pi(du)\,dt \right.$$
$$\left. + \int_0^t b(\tau)\,dw(\tau) + \int_0^t \int_{-\infty}^{\infty} \ln|1 + c(t, u)|\,\tilde{\nu}(dt, du)\right\}. \tag{25}$$

Für $T \to \infty$ konvergiere

$$\frac{1}{T^2}\left\{\int_0^T b^2(t)\,dt + \int_0^T \int_{-\infty}^{\infty} \ln^2|1 + c(t, u)|\,\Pi(du)\,dt\right\} \to 0\,,$$

dann strebt für $T \to \infty$

$$\frac{1}{T}\left\{\int_0^T b(t)\,dw(t) + \int_0^T \int \ln|1 + c(t, u)|\,\tilde{\nu}(dt, du)\right\} \to 0 \tag{26}$$

(im Sinne der Konvergenz im quadratischen Mittel). Andererseits setzen wir voraus, daß die Mittelwerte

$$\lim_{T\to\infty} \frac{1}{T}\int_0^T a(t)\,dt = A\,,$$

$$\lim_{T\to\infty} \frac{1}{T}\int_0^T b^2(t)\,dt = B^2,$$

$$\lim_{T\to\infty} \frac{1}{T}\int_0^T \int [\ln|1 + c(t, u)| - c(t, u)]\,\Pi(du)\,dt = C$$

existieren.

Unter diesen Voraussetzungen wird das asymptotische Verhalten von $\xi(t)$ für $t \to \infty$ durch die Funktion

$$z(t) = \xi_0 \exp\left\{t\left(A + C - \frac{1}{2}B^2\right)\right\} \tag{27}$$

bestimmt. Das bedeutet, daß im Sinne der Konvergenz im quadratischen Mittel für $t \to \infty$

$$\frac{\xi(t)}{z(t)} \to 1 \tag{28}$$

konvergiert. Wenn wir die Bedingung (26) etwas verschärfen, d. h., wenn wir fordern, daß die Funktion

$$b^2(t) + \int_{-\infty}^{\infty} \ln^2 |1 + c(t, u)| \, \Pi(du) \tag{29}$$

beschränkt ist oder daß die Reihe

$$\sum_{n=1}^{\infty} \frac{1}{n^2} \int_{n-1}^{n} \left(b^2(t) + \int_{-\infty}^{\infty} \ln^2 |1 + c(t, u)| \, \Pi(du) \right) dt$$

konvergiert, dann folgt aus dem Satz von Kolmogorow über das starke Gesetz der großen Zahlen für unabhängige Zufallsgrößen mit endlicher Dispersion, daß die Beziehung (28) mit Wahrscheinlichkeit Eins erfüllt ist.

Wenn also die gemachten Voraussetzungen erfüllt sind und

$$2\,(A + C) < B^2 \tag{30}$$

ist, dann konvergiert für $t \to \infty$ mit Wahrscheinlichkeit Eins $\xi(t) \to 0$. Ist aber

$$0 \leqq B^2 < 2\,(A + C)\,,$$

dann konvergiert für $t \to \infty$ mit der gleichen Wahrscheinlichkeit $\xi(t) \to \infty$. Für die betrachtete Gleichung ist die Tatsache bemerkenswert, daß eine Vergrößerung der Dispersion des stetigen Teils der zufälligen Störung die Stabilitätseigenschaft verbessert. Mehr noch, für beliebige $a(t)$ und $c(t, u)$ (für $a(t) = a > 0$, $c(t, u) = 0$, $b(t) = 0$ konvergiert die Lösung der Gleichung (24) exponentiell gegen ∞) kann man zu der Gleichung ein Glied $b\, dw(t)$ mit hinreichend großem b so hinzufügen, daß die Gleichung stabil wird.

Für das Moment zweiter Ordnung folgt aus der Gleichnug

$$dQ = Q \left(2\,a + b^2 + \int c^2(t, u)\, \Pi(du)\, dt\right),$$

daß $Q(t) = M\{\xi^2(t)/\mathfrak{F}_0\}$ genau dann stabil ist, wenn

$$\overline{\lim_{T\to\infty}} \int_0^T \left(2\,a(t) + b^2(t) + \int c^2(t, u)\, \Pi(du)\right) dt \leqq 0$$

gilt; anderenfalls ist es instabil.

Insbesondere kann die gleichmäßige stochastische Stabilität auch bei Instabilität der Momente zweiter Ordnung auftreten.

Als nächstes Beispiel betrachten wir die Gleichung (18):

$$\frac{d^2\xi}{dt^2} + [a(t) + b(t)\, \beta'(t)]\, \xi = 0\,,$$

wobei $\beta(t)$ ein Martingal ist, das den Bedingungen des Beispiels 2 genügt.

Wie gezeigt wurde, ist

$$\xi(t) = z(t) + u_2(t) \int_0^t u_1(\tau)\, b(\tau)\, \xi(\tau)\, d\beta(\tau) - u_1(t) \int_0^t u_2(\tau)\, b(\tau)\, \xi(\tau)\, d\beta(\tau)\,.$$

Satz 2. *Wenn die Bedingung* a) *des Satzes* 1 *erfüllt ist, dann ist die Lösung* $\xi \equiv 0$ *der Gleichung* (18) *gleichmäßig stochastisch stabil.*

Beweis. Es sei $\sup\{|z(t)|,\ 0 \leqq t < \infty\} < \varepsilon/3$. Wir setzen

$$v(t_0) = \sup\{|u_i(t)|;\quad i = 1, 2,\quad t_0 \leqq t < \infty\}\,.$$

Wir werden nun abschätzen, wie groß die Wahrscheinlichkeit ist, daß wenigstens für ein t aus dem Intervall $[t_0, T]$ die Ungleichung $|\xi(t)| > \varepsilon$ erfüllt ist. Wir haben.

$$P\left\{\sup_{t_0 \leqq t \leqq T} |\xi(t)| > \varepsilon/\mathfrak{F}_0\right\} \leqq \sum_{j=1}^{2} P\left\{\sup_{t_0 \leqq t \leqq T}\left|\int_0^t u_j(\tau)\, b(\tau)\, \xi(\tau)\, d\beta(\tau)\right| > \frac{\varepsilon}{3\, v(t_0)}\Big/\mathfrak{F}_0\right\}.$$

Wir erinnern, daß wir früher festgelegt haben, die Werte der stochastischen Integrale so zu wählen, daß sie als Funktionen der oberen Integrationsgrenze separable Prozesse darstellen. Berücksichtigen wir diese Tatsache sowie die Ungleichung (9) § 5, so erhalten wir

$$\boldsymbol{P}\left\{\sup_{t_0 \leqq t \leqq T} |\xi(t)| > \varepsilon/\mathfrak{F}_0\right\} \leqq \frac{9\, v_0^2(t_0)\, c}{\varepsilon^2} \int_0^T \boldsymbol{M}\{|\xi(t)|^2/\mathfrak{F}_0\}\, dt\,,$$

wenn

$$|(u_1^2(t) + u_2^2(t))\, b^2(t)\, l(t)| \leqq c$$

gilt. Somit ist

$$\boldsymbol{P}\left\{\sup_{t_0 \leqq t < \infty} |\xi(t)| > \varepsilon/\mathfrak{F}_0\right\} \leqq \frac{9\, v_0^2(t)\, c}{\varepsilon^2} \int_0^\infty Q(\tau)\, d\tau$$

und folglich

$$\boldsymbol{P}\left\{\sup_{0 \leqq t < \infty} |\xi(t)| > \varepsilon/\mathfrak{F}_0\right\} \leqq \frac{9\, v_0^2\, c}{\varepsilon^2} \int_0^{t_0} Q(\tau)\, d\tau + \frac{9\, v_0^2(t)\, c}{\varepsilon^2} \int_{t_0}^\infty Q(\tau)\, d\tau\,. \tag{31}$$

Wenn wir t_0 so groß wählen, daß der zweite Summand auf der rechten Seite der Ungleichung (31) $\delta/2$ nicht übertrifft, wobei δ eine beliebig vorgegebene positive Zahl ist, und hinreichend kleine Werte von $\xi(0)$ in Gleichung (10) (und folglich auch beliebig kleine Werte von $Q(t)$, $0 \leqq t \leqq t_0$) so wählen, daß eine analoge Abschätzung für den ersten Summanden erfüllt ist, dann erhalten wir

$$\boldsymbol{P}\left\{\sup_{0 \leqq t < \infty} |\xi(t)| > \varepsilon/\mathfrak{F}_0\right\} < \delta\,, \qquad \text{sofern} \qquad |\xi(0)| < \delta' \qquad \text{ist.}$$

Der Satz ist damit bewiesen.

Der Bedingung b) des Satzes 1 entspricht folgender Satz über die gleichmäßige stochastische Beschränktheit von Lösungen der stochastischen Gleichung (18).

Satz 3. *Wenn jede beliebige Lösung* $u(t)$ *der Gleichung*

$$u''(t) + a(t)\, u(t) = 0$$

beschränkt ist und

$$\int_0^\infty u^2(t)\,dt < \infty$$

gilt, dann kann man zu jedem $\delta > 0$ solche $A > 0$ und $\delta' > 0$ angeben, daß

$$P\left\{\sup_{0 \leqq t < \infty} |\xi(t)| > A/\mathfrak{F}_0\right\} < \delta$$

gilt, sofern $|\xi(0)| < \delta'$ ist.

Diese Behauptung folgt ebenfalls aus den vorigen Abschätzungen.

Wir beschäftigen uns nun mit allgemeinen stochastischen Gleichungen ohne Nachwirkung. Eine Reihe von Ergebnissen über die Stabilität solcher Gleichungen kann man erhalten, indem man von der Idee der zweiten LJAPUNOWschen Methode ausgeht.

Wir betrachten die stochastische Differentialgleichung

$$d\xi(t) = a(t, \xi)\,dt + b\big(t, \xi(t)\big)\,dw(t) + \int f\big(t, \xi(t), u\big)\,\tilde{\nu}(dt, du)\,, \tag{32}$$

wobei a, b, f und $\tilde{\nu}$ den gleichen Sinn haben und denselben Bedingungen genügen wie in § 7. Es sei

$$a(t, 0) = f(t, 0, u) \equiv 0\,, \qquad b(t, 0) \equiv 0\,.$$

Für eine beliebige zweimal stetig differenzierbare Funktion $v(t, x)$ ($t \geqq 0$, $x \in X$) führen wir den Operator

$$L(v) = \frac{\partial v}{\partial t} + (\nabla v \,|\, a) + \frac{1}{2}\,\mathrm{sp}\,[\nabla^2 v\, b\, b^*]$$
$$+ \int [v\big(t, x + f(t, x, u)\big) - v(t, x) - \big(\nabla v \,|\, f(t, x, u)\big)]\,\Pi(du)$$

ein. Ist $b \equiv c \equiv 0$, d. h. geht die stochastische Differentialgleichung in ein System von gewöhnlichen Differentialgleichungen über, dann ist der Operator

$$L(v) = L_0(v)\,, \qquad L_0(v) = \frac{\partial v}{\partial t} + (\nabla v \,|\, a)$$

„die vollständige Ableitung der Funktion $v(t, x)$ im Sinne der Bewegungsgleichung", deren Anwendung die Idee der zweiten LJAPUNOWschen Methode darstellt. Ist die zufällige Störung stetig (d. h. ist $f \equiv 0$), dann ist

$$L(v) = L_0(v) + \frac{1}{2} \sum_{j,k=1}^{n} \frac{\partial^2 v}{\partial x^j\, \partial x^k}\,\sigma^{jk}\,, \qquad \sigma^{jk} = \sum_{s=1}^{n} b_s^k(t, x)\, b_s^j(t, x)$$

ein lokaler Operator, d. h., der Wert von $L(v)$ ist in einem beliebigen Punkt (t_0, x_0) nur von den Werten der Funktion $v(t, x)$ in einer beliebig kleinen Umgebung dieses Punktes abhängig.

Im allgemeinen Fall, wenn die zufällige Störung Sprünge hat und die Lösungen der stochastischen Differentialgleichung unstetig sind, ist der Operator L kein lokaler Operator mehr, und der Wert von $L(v)$ im Punkt (t_0, x_0) ist nun vom Verhalten der Funktion $v(t, x)$ im gesamten Raum $x \in X$ abhängig.

Wir führen jetzt folgende Definitionen ein. Wir sagen, die Funktion $v(t, x)$ sei *positiv definit im Sinne von* LJAPUNOW, wenn die Ungleichung

$$\inf_{t \geqq 0} v(t, x) \geqq g(x)$$

erfüllt ist, wobei $g(x) \geqq 0$ stetig ist und nur dann $g(x) = 0$ ist, wenn $x = 0$ ist. Ist $v(t, x)$ eine zweimal stetig differenzierbare Funktion, die im Sinne von LJAPUNOW positiv definit ist, und gilt

$$L(v) \leqq 0\,, \tag{33}$$

dann nennen wir $v(t, x)$ *verallgemeinerte* LJAPUNOW*sche Funktion.*

Satz 4. *Ist $v(t, x)$ eine verallgemeinerte* LJAPUNOW*sche Funktion und $|\nabla v(t, x)| \leqq c\,(1 + |x|)$, dann ist die Lösung $\xi \equiv 0$ der Gleichung* (32) *gleichmäßig stochastisch stabil. Existiert aber ein solches $k > 0$, daß*

$$L(v) \leqq -\,k\,v \tag{34}$$

ist, dann kann man zu jedem $\delta > 0$ ein solches δ_1 finden, daß $\xi(t)$ für alle $|\xi(0)| < \delta_1$ und $t \to \infty$ mit einer Wahrscheinlichkeit größer als $1 - \delta$ gegen 0 konvergiert.

Beweis. Wir setzen $\eta(t) = v\big(t, \xi(t)\big)$. Wegen der verallgemeinerten ITÔ-Formel haben wir (§ 6, Formel (19))

$$\begin{aligned} d\eta = {} & L(v)\,dt + \big(\nabla v \,|\, b(t, \xi(t))\,dw(t)\big) \\ & + \int \big[v\big(t, \xi(t) + f(t, \xi(t), u)\big) - v\big(t, \xi(t)\big)\big]\,\tilde{\nu}(dt, du)\,. \end{aligned} \tag{35}$$

Wegen $\eta(t) \geqq 0$ ist

$$\zeta(t) \geqq -\,\eta_0\,,$$

wobei

$$\zeta(t) = \int_0^t \Big\{\big(\nabla v \,|\, b(\tau, \xi(\tau))\,dw(\tau)\big) + \int \big[v\big(\tau, \xi(\tau) + f(\tau, \xi(\tau), u)\big) - v\big(\tau, \xi(\tau)\big)\big]\,\tilde{\nu}(d\tau, du)\Big\}$$

ist.

Wegen der Voraussetzung ist für $|x| \to \infty$ die Wachstumsordnung von $\nabla v(t, x)$ nicht höher als die von $|x|$. Deshalb haben die Koeffizienten bei dw und $\tilde{\nu}(d\tau, du)$ endliche Momente. Folglich ist

$$\boldsymbol{M}\{\zeta(t) - \zeta(s)/\mathfrak{F}_s\} = 0\,, \qquad t > s\,.$$

Berücksichtigen wir das Lemma 5 aus Teil I, § 16, so erhalten wir

$$\boldsymbol{P}\left\{\sup_{0 \leqq t < \infty} \zeta(t) > \frac{\varepsilon}{2}\right\} \leqq \frac{2\,\eta_0}{\varepsilon}\,,$$

und folglich ist $\sup\,\{\eta(t), 0 \leqq t < \infty\} \leqq \eta_0 + \frac{\varepsilon}{2}$ mit Wahrscheinlichkeit größer als $1 - \frac{2\,\eta_0}{\varepsilon}$. Da die Funktion $v(t, x)$ im LJAPUNOWschen Sinne positiv definit ist, gilt $\eta(t) = v\big(t, \xi(t)\big) \geqq g\big(\xi(t)\big) \geqq \varepsilon$, falls $|\xi(t)| \geqq \varepsilon_1(\varepsilon)$ ist.

Ist $|\xi(0)| < \delta_1$, dann ist also mit Wahrscheinlichkeit größer $1 - \delta$

$$\sup \{\xi(t)\,,\quad 0 \leqq t < \infty\} < \varepsilon_1\,,$$

wobei durch geeignete Wahl von ε und δ_1 die Größen ε_1 und δ beliebig klein gemacht werden können. Der erste Teil des Satzes ist damit bewiesen.

Wir nehmen nun an, die Ungleichung (34) sei erfüllt. Nehmen wir dann die vorigen Konstanten, so folgt aus (35), daß mit Wahrscheinlichkeit größer $1 - \delta$ für alle $t > 0$ die Ungleichung

$$\eta(t) \leqq \eta_0 + \frac{\varepsilon}{2} - k \int_0^t \eta(\tau)\, d\tau$$

erfüllt ist, falls $|\xi(0)| < \delta_1$ ist. Deshalb haben wir

$$\eta(t) \leqq \left(\eta_0 + \frac{\varepsilon}{2}\right) e^{-kt}.$$

Hieraus folgt, daß $\xi(t)$ für $t \to \infty$ mit Wahrscheinlichkeit größer $1 - \delta$ gegen 0 konvergiert, und zwar für alle $\xi(0)$, für die $|\xi(0)| < \delta_1$ ist, d. h., in diesem Fall ist die Lösung $\xi \equiv 0$ stochastisch asymptotisch stabil. Der Satz ist damit bewiesen.

Bemerkung 1. In den Bedingungen des Satzes ist vorausgesetzt worden, daß $\nabla v(t, x)$ für $|x| \to \infty$ nicht schneller als $|x|$ wächst. Diese Voraussetzung war notwendig, damit die Existenz des Moments erster Ordnung für die in der Itô-Formel auftretenden stochastischen Integrale garantiert war. Besitzt die Lösung der stochastischen Differentialgleichung (32) Momente von der Ordnung $2m$, dann braucht man nur vorauszusetzen, daß $\nabla v(t, x)$ für $x \to \infty$ nicht schneller wächst als $|x|^{2m-1}$ (gleichmäßig bezüglich t). Wenn der unstetige Teil des zufälligen Feldes fehlt $\left(f(t, x, u) \equiv 0\right)$, dann genügt es, daß $\nabla v(t, x)$ im Unendlichen nicht schneller wächst als eine beliebige Potenz von $|x|$.

Bemerkung 2. Sind die Bedingungen des Satzes erfüllt, dann liegt jede Trajektorie, die eine Lösung der stochastischen Differentialgleichung mit Anfangsbedingungen nahe an Null darstellt, mit Wahrscheinlichkeit beliebig nahe an Eins in einer beliebig kleinen Umgebung des Punktes 0. Deshalb braucht man nur zu fordern, daß die Bedingung (33) nur in einer gewissen Umgebung des Punktes 0 erfüllt ist. Wenn der unstetige Teil der stochastischen Differentialgleichung fehlt $\left(f(t, x, u) \equiv 0\right)$, dann genügt es, daß $v(t, x)$ für alle $t \geqq 0$ in einer gewissen Umgebung des Punktes 0 definiert ist.

In der Theorie der gewöhnlichen Differentialgleichungen wird der dem Satz 4 entsprechende Satz auf zweierlei Weise angewendet. Einerseits wird für eine gegebene Differentialgleichung (oder Klasse von Differentialgleichungen) die Ljapunowsche Funktion gesucht oder ihre Existenz bewiesen. Andererseits kann man eine im Ljapunowschen Sinne positiv definite Funktion $v(t, x)$

vorgeben und die Differentialgleichung (oder ihre Klassen) suchen, für die sie eine LJAPUNOWsche Funktion ist. Somit werden gewisse Stabilitätsmerkmale festgelegt.

Wir benutzen nun diesen zweiten Ansatz, um hinreichende Bedingungen für die gleichmäßige stochastische Stabilität zu finden, indem wir als Funktion $v(t, x)$ die Funktion $|x|^2$ nehmen. Wir erhalten dann folgende Behauptung.

Folgerung 1. Ist für alle $t \geqq 0$, $x \in X$

$$2\, x^* a(t, x) + \operatorname{sp}\left(b^*(t, x)\, b(t, x)\right) + \int |f(t, x, u)|^2\, \Pi(\mathrm{d}u) \leqq 0\,,$$

dann ist die Lösung $\xi \equiv 0$ der Gleichung (32) stabil.

Sind die Momente zweiter Ordnung für die Lösung der stochastischen Differentialgleichung asymptotisch stabil und konvergieren sie für $t \to \infty$ hinreichend schnell gegen Null (exponentielle Stabilität), dann zeigen wir, daß die Lösung $\xi \equiv 0$ gleichmäßig stochastisch stabil ist.

Wir betrachten die Gleichung

$$\mathrm{d}\xi = a(t, \xi)\, \mathrm{d}t + \beta(t, \xi, \mathrm{d}t)\,, \qquad a(t, 0) \equiv 0\,, \qquad \beta(t, 0, h) \equiv 0\,, \tag{36}$$

wobei das Feld $\beta(t, x, h)$ ein Martingal ist. Wir nehmen an, daß die Bedingungen des Existenz- und Eindeutigkeitssatzes für die Gleichung (36) erfüllt sind. Hieraus folgt insbesondere, daß für eine gewisse Konstante C

$$|a(t, x)| \leqq C\, |x| \tag{37}$$

ist. Es sei

$$M\{|\beta(t, x, h)|^2/\mathfrak{F}_t\} \leqq C\, |x|^2\, h\,. \tag{38}$$

Ist

$$\beta(t, x, h) = b(t, x)\, [w(t + h) - w(t)] + \int f(t, x, u)\, \tilde{\nu}(\mathrm{d}t, \mathrm{d}u)\,,$$

$$b(t, 0) = f(t, 0, u) \equiv 0\,,$$

genügt die Gleichung (36) den Bedingungen des Existenz- und Eindeutigkeitssatzes und ist $\beta(t, x, h)$ ein Feld mit unabhängigen Zuwächsen, dann ist die Bedingung (38) automatisch erfüllt.

Satz 5. *Wenn die Gleichung* (36) *den Bedingungen* (37) *und* (38) *genügt und positive Zahlen* t_0, N, q *und* δ_0 *existieren, so daß für alle* x, $|x| < \delta_0$ *und* t_1, t_2, $t_2 > t_1 > t_0$, *die Ungleichung*

$$M\, |\xi_{x\, t_1}(t_2)|^2 \leqq N\, e^{-q(t_2 - t_1)}\, (1 + |x|^2) \tag{39}$$

erfüllt ist, dann ist die Lösung $\xi(t) \equiv 0$ *der Gleichung* (36) *gleichmäßig stochastisch stabil.*

Beweis. Es bezeichne $A_\varepsilon(T)$ das Ereignis

$$\sup_{0 \leqq t \leqq T} |\xi(t)| > \varepsilon\,.$$

Damit wir die Wahrscheinlichkeit des Ereignisses $A_\varepsilon(T)$ abschätzen können, setzen wir $\eta(t) = \sup_{0 \leqq \tau \leqq t} |\xi(\tau)|^2$ und benutzen die Ungleichung

$$\eta(t) \leqq 3\,|\xi(0)|^2 + 3\,C \int_0^t \eta(\tau)\,d\tau + 3 \sup_{0<t'\leqq t} \left| \int_0^{t'} \beta(\tau, \xi(\tau), d\tau) \right|^2 . \tag{40}$$

Indem wir auf beiden Seiten der Ungleichung (40) den Erwartungswert bilden und die Ungleichung (5) aus § 2 anwenden (in der $F(t) = t$ zu setzen ist), erhalten wir

$$M\{\eta(t)/\mathfrak{F}_0\} \leqq 3\,|\xi(0)|^2 + K \int_0^t M\{\eta(\tau)/\mathfrak{F}_0\}\,d\tau .$$

Hieraus folgt (siehe Lemma 1 aus Teil I, § 1), daß für gewisse Konstanten C_1 und C_2 die Ungleichung

$$M\{\eta(t)/\mathfrak{F}_0\} \leqq C_1\,|\xi(0)|^2\,(e^{C_2 t} - 1)$$

erfüllt ist. Folglich ist

$$P\{A_\varepsilon(2\,t_0)/\mathfrak{F}_0\} \leqq \frac{M\{\eta(2\,t_0)/\mathfrak{F}_0\}}{\varepsilon^2} < \delta ,$$

wobei δ eine beliebige positive Zahl ist, falls

$$|\xi(0)|^2 < \frac{\delta\varepsilon^2}{C_1\,(e^{2\,C_2 t_0} - 1)} \tag{41}$$

ist.

Wir betrachten nun das Ereignis $A_\varepsilon(2\,t_0, T)$, das darin besteht, daß $\sup_{2t_0<\tau<T} |\xi(\tau)| > \varepsilon$ ist. Wegen

$$|(\xi(t)| \leqq |\xi(2\,t_0)| + \left| \int_{2t_0}^t a(\tau, \xi(\tau))\,d\tau \right| + \left| \int_{2t_0}^t \beta(\tau, \xi(\tau), d\tau) \right| , \qquad t > 2\,t_0 ,$$

gilt

$$P\{A_{3\varepsilon}(2\,t_0, T)/\mathfrak{F}_0\} \leqq P\{|\xi(2\,t_0)| > \varepsilon/\mathfrak{F}_0\} + P\left\{ \sup_{2t_0\leqq t\leqq T} \left| \int_{2t_0}^t a(\tau, \xi(\tau))\,d\tau \right| > \varepsilon/\mathfrak{F}_0 \right\}$$
$$+ P\left\{ \sup_{2t_0\leqq t\leqq T} \left| \int_{2t_0}^t \beta(\tau, \xi(\tau))\,d\tau \right| > \varepsilon/\mathfrak{F}_0 \right\} . \tag{42}$$

Wenn das Ereignis $\overline{A_\varepsilon(2\,t_0)}$ auftritt, dann ist $|\xi(2\,t_0)| < \varepsilon$, und deshalb haben wir

$$P\,\{|\xi(2\,t_0)| > \varepsilon/\mathfrak{F}^0\} < \delta ,$$

wenn (41) erfüllt ist. Ferner ist

$$P\left\{ \sup_{2t_0\leqq t\leqq T} \left| \int_{2t_0}^t a(\tau, \xi(\tau))\,d\tau \right| > \varepsilon/\mathfrak{F}_0 \right\} \leqq P\left\{ \int_{2t_0}^T |a(\tau, \xi(\tau))\,|\,d\tau > \varepsilon/\mathfrak{F}_0 \right\}$$
$$\leqq \frac{1}{\varepsilon} \int_{2t_0}^T C\,M\{\xi(\tau)|/\mathfrak{F}_0\}\,d\tau .$$

Aus den Ungleichungen

$$\int_{2t_0}^{T} \boldsymbol{M}\{|\xi(\tau)|/\mathfrak{F}_0\}\,d\tau \leqq \boldsymbol{M}\left\{\int_{2t_0}^{T} [\boldsymbol{M}\{|\xi(\tau)|^2/\mathfrak{F}_{t_0}\}]^{1/2}\,d\tau/\mathfrak{F}_0\right\}$$

$$\leqq \boldsymbol{M}\left\{\int_{2t_0}^{T} [N\,e^{-q(\tau-t_0)}\,(1+|\xi(t_0)|^2)]^{1/2}\,d\tau/\mathfrak{F}_0\right\}$$

$$\leqq N^{1/2}\,\boldsymbol{M}\{(1+|\xi(t_0)|^2)^{1/2}/\mathfrak{F}_0\}\int_{2t_0}^{T} e^{-\frac{q}{2}(\tau-t_0)}\,d\tau$$

$$\leqq N^{1/2}\,(1+\varepsilon^2\,\delta)^{1/2}\cdot\frac{2}{q}\left(e^{-\frac{q}{2}t_0} - e^{-\frac{q}{2}(T-t_0)}\right)$$

folgt, daß man für ein beliebiges positives δ ($\delta < 1$) und $\varepsilon > 0$ ein hinreichend großes t_0 wählen kann, für das

$$\boldsymbol{P}\left\{\sup_{2t_0<t\leqq T}\left|\int_{2t_0}^{t} a(\tau,\xi(\tau))\,d\tau\right| > \varepsilon/\mathfrak{F}_0\right\} < \delta$$

ist, falls (41) erfüllt ist. Einen analogen Schluß kann man bezüglich des dritten Summanden auf der rechten Seite der Ungleichung (42) ziehen. In der Tat, berücksichtigen wir die Beziehung (28) aus § 1, so erhalten wir für ein hinreichend großes t_0 die Ungleichungen

$$\boldsymbol{P}\left\{\sup_{2t_0\leqq t\leqq T}\left|\int_{2t_0}^{t}\beta(\tau,\xi(\tau),d\tau)\right| > \varepsilon/\mathfrak{F}_0\right\} \leqq \boldsymbol{P}\left\{\sup_{2t_0\leqq t\leqq T}\left|\int_{2t_0}^{T}\beta(\tau,\xi(\tau),d\tau)\right|^2 > \varepsilon^2/\mathfrak{F}_0\right\}$$

$$\leqq \frac{C}{\varepsilon^2}\int_{2t_0}^{T}\boldsymbol{M}\{|\xi(\tau)|^2/\mathfrak{F}_0\}\,d\tau \leqq \frac{C}{\varepsilon^2}\boldsymbol{M}\left\{\int_{2t_0}^{T}\boldsymbol{M}[|\xi(\tau)|^2/\mathfrak{F}_{t_0}]\,d\tau\right\}$$

$$\leqq \frac{CN}{\varepsilon^2}\int_{2t_0}^{T} e^{-q(\tau-t_0)}\,\boldsymbol{M}\{1+|\xi(t_0)|^2\}\,d\tau \leqq \frac{CN(1+\varepsilon^2\,\delta)}{\varepsilon^2\,q}\,(e^{-q\,t_0} - e^{-q(T-t_0)}) < \delta\,.$$

Wenn wir beliebig kleine positive ε und δ vorgeben, können wir also ein hinreichend großes t_0 und ein $\delta_0 > 0$ finden, so daß für jedes $T > 2\,t_0$ die Ungleichung

$$\boldsymbol{P}\{A_{3\varepsilon}(T)/\mathfrak{F}_0\} \leqq \boldsymbol{P}\{A_\varepsilon(2\,t_0)/\mathfrak{F}_0\} + \boldsymbol{P}\{A_{3\varepsilon}(2\,t_0,T)/\mathfrak{F}_0\} < 4\,\delta$$

erfüllt ist, sofern

$$|\xi(0)| < \delta_0$$

ist. Damit ist der Satz bewiesen.

Folgerung 2. Sind die Momente zweiter Ordnung einer linearen stochastischen Differentialgleichung mit konstanten Koeffizienten der Form (36) asymptotisch stabil, dann ist die Lösung $\xi \equiv 0$ dieser Gleichung gleichmäßig stochastisch stabil.

§ 13. Die Beschränktheit der Lösungen stochastischer Differentialgleichungen

Wir betrachten die Eigenschaft der Lösungen stochastischer Differentialgleichungen, in einem gewissen Sinne im Verlaufe eines unbeschränkten Zeitintervalls beschränkt zu bleiben. In dieser Richtung haben wir schon einige Ergebnisse angeführt, da diese in einem engen Zusammenhang mit den Stabilitätseigenschaften stehen und mit ähnlichen Mitteln untersucht werden.

Satz 1. *Es existiere eine nach x zweimal stetig differenzierbare und nach t stetig differenzierbare nichtnegative Funktion $g(t, x)$, für die*

$$L\,g \equiv \frac{\partial g}{\partial t} + (\nabla g|a) + \frac{1}{2}\,\mathrm{sp}\,(\nabla^2 g\, b\, b^*)$$

$$+ \int [g(t, x + f(t, x, u)) - g(t, x) - (\nabla g\,|f(t, x, u))]\,\Pi(\mathrm{d}u) \leqq 0 \quad (1)$$

und

$$\lim_{T,\,|x| \to \infty} \inf_{t \geqq T} g(t, x) = +\infty \quad (2)$$

gilt. Dann hat die Lösung der stochastischen Differentialgleichung ohne Nachwirkung

$$\mathrm{d}\xi = a(t, \xi)\,\mathrm{d}t + b(t, \xi)\,\mathrm{d}w + \int f(t, \xi\, u)\,\tilde{\nu}(\mathrm{d}t, \mathrm{d}u) \quad (3)$$

mit Wahrscheinlichkeit Eins beschränkte Lösungen:

$$\boldsymbol{P}\left\{\sup_{0 \leqq t < \infty} |\xi(t)| < \infty/\mathfrak{F}_0\right\} = 1\,.$$

Die Beschränktheitseigenschaft, die wir *stochastische Beschränktheit* von Lösungen stochastischer Differentialgleichungen nennen werden, kann man erhalten, wenn man anstelle der Forderung, daß die Bedingung (1) im gesamten Raum erfüllt ist, zusätzliche Voraussetzungen über das Verhalten der Funktion $g(t, x)$ im Unendlichen trifft.

Satz 2. *Es sei $g(t, x)$ eine nichtnegative Funktion, die den gleichen Glattheitsbedingungen genügt wie in Satz 1, und es existieren derartige Konstanten $c_i > 0$ $(i = 1, 2)$, daß*

$$L\,g \leqq -c_1\,g + c_2 \quad (4)$$

ist. Dann gilt

$$\sup_{0 \leqq t < \infty} \boldsymbol{P}\,\{g(t, \xi(t)) \geqq C/\mathfrak{F}_0\} < \frac{g(0, \xi(0)) + \frac{c_2}{c_1}}{C}\,. \quad (5)$$

Beweis. Indem wir

$$\eta(t) = g(t, \xi(t))$$

setzen und die verallgemeinerte Itô-Formel benutzen, gelangen wir zu der Ungleichung

$$\eta(t) \leqq \eta(s) + \int_s^t (-c_1\,\eta(\tau) + c_2)\,\mathrm{d}\tau + \alpha(t) - \alpha(s)\,,$$

wobei

$$\alpha(t) = \alpha_g(t) = \int_0^t (\nabla g(\tau, \xi(\tau)) \mid b(\tau, \xi(\tau))\, dw(\tau))$$

$$+ \int_0^t \{g(\tau, \xi(\tau) + f(\tau, \xi(\tau), u)) - g(\tau, \xi(\tau))\}\, \tilde{\nu}(d\tau, du)$$

ist. Hieraus folgt

$$M\{\eta(t)/\mathfrak{F}_0\} \leqq g(0, \xi(0)) + \int_0^t [-c_1 M\{\eta(\tau)/\mathfrak{F}_0\} + c_2]\, d\tau\,. \tag{6}$$

Wir setzen

$$m(t) = M\{\eta(t)/\mathfrak{F}_0\}\,.$$

Die Ungleichung (6) hat die Form

$$m(t) \leqq g(0, \xi(0)) + c_2 t - \int_0^t c_1 m(\tau)\, d\tau\,,$$

woraus, wie man leicht sieht,

$$m(t) \leqq g(0, \xi(0))\, e^{-c_1 t} + \frac{c_2}{c_1}(1 - e^{-c_1 t})$$

folgt. Indem wir die TSCHEBYSCHEFFsche Ungleichung

$$P\{g(t, \xi(t)) \geqq C/\mathfrak{F}_0\} \leqq \frac{m(t)}{C}$$

anwenden, erhalten wir die Behauptung des Satzes.

Wir befassen uns nun mit der Frage der Beschränktheit der Momente einer Lösung stochastischer Differentialgleichungen. Auf einem beliebigen endlichen Intervall $[0, T]$ seien für die stochastische Differentialgleichung (1) die Bedingungen (2), (3) und (6) aus § 7 erfüllt. Dann ist die Lösung der stochastischen Differentialgleichung für alle $t \geqq 0$ definiert und hat endliche Momente bis einschließlich $2m$-ter Ordnung. Wir suchen die Bedingungen, die die Beschränktheit dieser Momente auf einem unendlichen Zeitintervall garantieren.

Aus der Formel (5) von § 6 folgt

$$M\,|\xi(t)|^{2m} = M|\xi(0)|^{2m} + \int_0^t M\,\varphi(\tau)\, d\tau\,,$$

wobei

$$\varphi(t) = 2m\,|\xi(t)|^{2m-2}\,(a(t, \xi(t)) \mid \xi(t)) + 2m(m-1)\,|\xi(t)|^{2m-4}\,|b^*(t, \xi(t))\,\xi(t)|^2$$

$$+ m\,|\xi(t)|^{2m-2}\,\mathrm{sp}\,[b(t, \xi(t))\,b^*(t, \xi(t))]$$

$$+ \int \{|\xi(t) + f(t, \xi(t), u)|^{2m} - |\xi(t)|^{2m} - 2m\,|\xi(t)|^{2m-2}\,(\xi(t) \mid f(t, \xi, u))\}\,\Pi(du)$$

ist. Wir nehmen an, daß solche von der Zeit unabhängige nichtnegative Konstanten A_j $(j = 0, 1)$, B_j $(j = 0, 1, 2)$ und F_j $(j = 0, 1, 2, \ldots, 2m)$ existieren, daß

$$\big(a(t, x) \,|\, x\big) \leqq -A_0 |x|^2 + A_1 |x|, \qquad A_0 > 0, \tag{7}$$

$$\operatorname{sp}[b(t, x)\, b^*(t, x)] \leqq B_0 |x|^2 + B_1 |x| + B_2, \tag{8}$$

$$\int \{|x + f(t, x, u)|^{2m} - |x|^{2m} - 2m\,|x|^{2m-2}\big(x \,|\, f(t, x, u)\big)\}\,\Pi(\mathrm{d}u) \leqq \sum_{p=0}^{2m} F_{2m-p} |x|^p \tag{9}$$

ist. Dann ist

$$|b^*(t, x)\, x|^2 \leqq (B_0 |x|^2 + B_1 |x| + B_2)\,|x|^2$$

und

$$\varphi(t) \leqq \big(-2m A_0 + 2m(m-1) B_0 + m B_0 + F_0\big)\,|\xi(t)|^{2m} + \sum_{k=0}^{2m-1} C_k |\xi(t)|^k,$$

wobei C_k irgendwelche Konstanten sind. Wir setzen

$$\boldsymbol{M}\,|\xi(t)|^{2m} = M(t).$$

Aus der Hölderschen Ungleichung folgt, daß

$$\boldsymbol{M}\,|\xi(t)|^k \leqq [M(t)]^{\frac{k}{2m}}$$

ist und wir folglich

$$\boldsymbol{M}\,\varphi(t) \leqq a_0 M(t) + \sum_{k=0}^{2m-1} C_k [M(t)]^{\frac{k}{2m}}$$

haben, wobei

$$a_0 = 2m A_0 - m(2m-1) B_0 - F_0$$

ist. Andererseits ist für jedes $p \in [0, 1]$ und $c > 0$

$$a^p \leqq p\,c\,a + (1-p)\frac{1}{c^{\frac{p}{1-p}}},$$

und demzufolge ist

$$[M(t)]^{\frac{k}{2m}} \leqq \frac{c\,k}{2m} M(t) + \frac{2m-k}{2m} \cdot \frac{1}{c^{\frac{k}{2m-k}}}.$$

Somit gelangen wir zu der Ungleichung

$$M(t) \leqq M(0) - \int_0^t \left[\left(a_0 - \sum_{k=0}^{2m-1} C_k \frac{c\,k}{2m}\right) M(\tau) - \sum_{k=0}^{2m-1} C_k \frac{2m-k}{2m} \cdot \frac{1}{c^{\frac{k}{2m-k}}}\right] \mathrm{d}\tau.$$

Es sei $a_0 > 0$. Wir wählen $\bar{C}$ so klein, daß

$$\bar{C} \sum_{k=0}^{2m-1} C_k \frac{k}{2m} = \delta < a_0$$

ist. Wenn wir

$$\frac{1}{a_0 - \delta} \sum_{k=0}^{2m-1} C_k \frac{2m-k}{2m} \cdot \frac{1}{c^{\frac{k}{2m-k}}} = d\,, \qquad M(t) - d = M_1(t)$$

setzen, dann ist

$$M_1(t) \leqq M_1(0) - (a_0 - \delta) \int_0^t M_1(\tau)\, \mathrm{d}\tau\,,$$

woraus

$$M_1(t) \leqq M_1(0)\, e^{-(a_0-\delta)t}$$

folgt, d. h., es ist

$$M(t) < d\,, \qquad 0 \leqq t < \infty\,.$$

Damit haben wir folgenden Satz bewiesen.

Satz 3. *Sind die Bedingungen des Satzes* 1 *aus* § 7, *die Ungleichungen* (7)—(9) *und*

$$A_0 > \frac{2m-1}{2} B_0 + \frac{F_0}{2m} \tag{10}$$

erfüllt, dann bleiben die Momente 2m-ter Ordnung für die Lösungen der stochastischen Differentialgleichung (1) *im Verlauf eines unbeschränkten Zeitabschnitts beschränkt.*

Insbesondere genügt für die Beschränktheit ($0 \leqq t < \infty$) der Momente zweiter Ordnung, daß

$$A_0 > \frac{B_0 + F_0}{2} \tag{10}$$

gilt.

Es sei bemerkt, daß aus der Beschränktheit der Momente im allgemeinen nicht folgt, daß die Lösungen mit Wahrscheinlichkeit Eins beschränkt sind.

§ 14. Grenzwertsätze für stochastische Differentialgleichungen

Es sei Λ eine Zahlenmenge, $0 \in \Lambda$ und 0 ein Grenzpunkt von Λ.

Definition 1. Die Familie der zufälligen Funktionen $\{\beta_\lambda(\theta),\ \theta \in \Theta\}$, $\lambda \in \Lambda$, heißt für $\lambda \to 0$ *schwach konvergierend* gegen die zufällige Funktion $\{\beta_0(\theta), \theta \in \Theta\}$, wenn für beliebige s ($s = 1, 2, \ldots, n, \ldots$) und $\theta_1, \theta_2, \ldots, \theta_s$ ($\theta_j \in \Theta; j = 1, \ldots, s$) die gemeinsamen Verteilungen der zufälligen Elemente $\{\beta_\lambda(\theta_1), \beta_\lambda(\theta)_2, \ldots, \beta_\lambda(\theta_s)\}$ für $\lambda \to 0$ schwach gegen die gemeinsame Verteilung der Folge $\{\beta_0(\theta_1), \beta_0(\theta_2), \ldots, \beta_0(\theta_s)\}$ konvergieren.

Es möge die Familie der zufälligen Felder $\{\alpha_\lambda(t, x, h), t \in [0, T], h \geqq 0, x \in X\}$, $\lambda \in \Lambda$, für $\lambda \to 0$ schwach gegen $\alpha_0(t, x, h)$ konvergieren, und es seien $\xi^{(\lambda)}(t)$ ($0 \leqq t \leqq T$) Lösungen der stochastischen Differentialgleichungen

$$\mathrm{d}\xi^{(\lambda)}(t) = \alpha_\lambda\big(t, \xi^{(\lambda)}(t), \mathrm{d}t\big)\,, \qquad \xi^{(\lambda)}(0) = x^{(\lambda)}\,. \tag{1}$$

Unter welchen Bedingungen konvergieren die Prozesse $\xi^{(\lambda)}(t)$ für $\lambda \to 0$ schwach gegen $\xi^{(0)}(t)$?

Das folgende Lemma zeigt, daß in einer Reihe von Fällen zur Lösung der gestellten Aufgabe die EULERschen Approximationen $\xi_\delta^{(\lambda)}(t)$ (siehe Definition 2 aus § 3) geeignet sind.

Lemma 1. *Die zufälligen Felder* $\{\alpha_\lambda(t, x, h), \lambda \in \Lambda\}$ *mögen den Bedingungen* (1) *bis* (6) *aus* § 3 *mit den Konstanten* L, C *und der von* λ *unabhängigen Funktion* $g(h)$ $(h \geqq 0)$ *genügen. Wenn der zufällige Prozeß* $\xi_\delta^{(\lambda)}(t)$ $(t \in [0, T])$ *für ein beliebiges* δ *bei* $\lambda \to 0$ *schwach gegen* $\xi_\delta^{(0)}(t)$ *konvergiert, dann konvergieren die Prozesse* $\xi^{(\lambda)}(t)$ *für* $\lambda \to 0$ *schwach gegen* $\xi^{(0)}(t)$ $(t \in [0, T])$.

Es sei $f(x_1, x_2, \ldots, x_s)$ eine beliebige gleichmäßig stetige und beschränkte Funktion der Variablen x_j $(j = 1, 2, \ldots, s)$. Wir haben

$$\begin{aligned} &|\boldsymbol{M} f(\xi^{(0)}(\tau_1), \ldots, \xi^{(0)}(\tau_s)) - \boldsymbol{M} f(\xi^{(\lambda)}(\tau_1), \ldots, \xi^{(\lambda)}(\tau_s))| \\ &\leqq |\boldsymbol{M} f(\xi^{(0)}(\tau_1), \ldots, \xi^{(0)}(\tau_s)) - \boldsymbol{M} f(\xi_\delta^{(0)}(\tau_1), \ldots, \xi_\delta^{(0)}(\tau_s))| \\ &\quad + |\boldsymbol{M} f(\xi_\delta^{(0)}(\tau_1), \ldots, \xi_\delta^{(0)}(\tau_s)) - \boldsymbol{M} f(\xi_\delta^{(\lambda)}(\tau_1), \ldots, \xi_\delta^{(\lambda)}(\tau_s))| \\ &\quad + |\boldsymbol{M} f(\xi_\delta^{(\lambda)}(\tau_1), \ldots, \xi_\delta^{(\lambda)}(\tau_s)) - \boldsymbol{M} f(\xi^{(\lambda)}(\tau_1), \ldots, \xi^{(\lambda)}(\tau_s))| \end{aligned} \tag{2}$$

und

$$\begin{aligned} &|\boldsymbol{M} f(\xi_\delta^{(\lambda)}(\tau_1), \ldots, \xi_\delta^{(\lambda)}(\tau_s)) - \boldsymbol{M} f(\xi^{(\lambda)}(\tau_1), \ldots, \xi^{(\lambda)}(\tau_s))| \\ &\leqq 2\, N \sum_{k=1}^{s} \boldsymbol{P}\left\{|\xi_\delta^{(\lambda)}(\tau_k) - \xi^{(\lambda)}(\tau_k)| > \frac{h}{\sqrt{s}}\right\} + \omega_f(h)\,, \end{aligned} \tag{3}$$

wobei $\omega_f(h)$ der Stetigkeitsmodul der Funktion f auf der Sphäre X^s mit dem Radius h und N die obere Schranke der Funktion f ist.

Aus der TSCHEBYSCHEFFschen Ungleichung und dem Lemma 2 aus § 3 folgt, daß die Größe

$$\boldsymbol{P}\,\{|\xi_\delta^{(\lambda)}(t) - \xi^{(\lambda)}(t)| > h\}$$

bei beliebigem $h > 0$, $t \in [0, T]$ und einer geeigneten Wahl von δ $(\delta = \delta_0)$ bezüglich $\lambda \in \Lambda$ gleichmäßig beliebig klein wird. Folglich werden bei $\delta < \delta_0$ und für alle $\lambda \in \Lambda$ das erste und das dritte Glied auf der rechten Seite der Ungleichung (2) hinreichend klein. Bei einem gewählten δ konvergiert für $\lambda \to 0$ wegen der Voraussetzungen des Lemmas das zweite Glied auf der rechten Seite der Ungleichung (2) gegen Null.

Das Lemma ist bewiesen.

Wir betrachten nun die Familie der zufälligen Felder $\alpha_\lambda(t, x, h)$ für den Spezialfall

$$\alpha_\lambda(t, x, h) = a_\lambda(t, x)\, h + b_\lambda(t, x)\, [\alpha_\lambda(t + h) - \alpha_\lambda(t)]\,, \qquad \lambda \in \Lambda\,,$$

wobei $a_\lambda(t, x)$, $b_\lambda(t, x)$ nichtzufällige Funktionen sind, $a_\lambda(t, x)$ Werte in X annimmt, $b_\lambda(t, x)$ eine Operatorfunktion ist, die einen gewissen Raum X' in X abbildet, $\alpha_\lambda(t)$ ein zufälliger Prozeß mit Werten in X' ist. Mit Hilfe des vorigen Lemmas kann man einen Satz beweisen, in dem behauptet wird, daß die Lösung der Gleichung

$$d\xi^{(\lambda)}(t) = a_\lambda(t, \xi^{(\lambda)}(t))\, dt + b_\lambda(t, \xi^{(\lambda)}(t))\, d\alpha_\lambda(t)\,, \qquad \xi^{(\lambda)}(0) = x^{(\lambda)}\,, \tag{4}$$

bei Erfüllung gewisser Bedingungen schwach stetig von λ abhängt.

Satz 1. *Wir nehmen an, daß folgende Bedingungen erfüllt sind:*

a) *Es existiert eine monoton nichtfallende Folge von σ-Algebren* $\mathfrak{F}_t$ $(0 \leqq t \leqq T)$ dergestalt, daß

$$|\boldsymbol{M}\{\alpha_\lambda(t+h) - \alpha_\lambda(t)/\mathfrak{F}_t\}| \leqq C\,h\,, \qquad \boldsymbol{M}\{|\alpha_\lambda(t+h) - \alpha_\lambda(t)|^2/\mathfrak{F}_t\} \leqq C\,h$$

ist;

b) $|a_\lambda(t, 0)| + |b_\lambda(t, 0)| \leqq C$;

c) $|a_\lambda(t, x) - a_\lambda(t, y)| + |b_\lambda(t, x) - b_\lambda(t, y)| \leqq C\,|x - y|$;

d) $|a_\lambda(t, x) - a_\lambda(t+h, x)| \leqq g_\lambda(h)\,(1 + |x|)$,

und für $h \to 0$ *konvergiert* $g_\lambda(h) \to 0$;

e) $|b_\lambda(t, x) - b_\lambda(t+h, x)| \leqq g(h)\,(1 + |x|)$,

und für $h \to 0$ *konvergiert* $g(h) \to 0$, $g(h)$ *ist unabhängig von* λ; *für* $\lambda \to 0$ *sei*

f) $\lim\limits_{\lambda\to 0} \int\limits_{t_1}^{t_2} a_\lambda(t, x)\,dt = \int\limits_{t_1}^{t_2} a_0(t, x)\,dt \qquad (0 \leqq t_1 < t_2 \leqq T)$;

g) *die Familie der zufälligen Elemente*

$$\{x^{(\lambda)},\ \alpha_\lambda(t),\ 0 \leqq t \leqq T\}\,, \qquad \lambda \in \Lambda\,,$$

konvergiere für $\lambda \to 0$ *schwach gegen* $\{x^0,\ \alpha_0(t),\ 0 \leqq t \leqq T\}$.

Für $\lambda \to 0$ *konvergieren dann die Prozesse* $\xi^{(\lambda)}(t)$, *die eine Lösung der stochastischen Differentialgleichung* (4) *darstellen, schwach gegen* $\xi^{(0)}(t)$.

Beweis. Neben der Gleichung (4) betrachten wir die Gleichung

$$d\eta^{(\lambda)} = \beta_\lambda(t, \eta^{(\lambda)}, dt)\,, \qquad \eta^{(\lambda)}(0) = x^{(\lambda)}\,, \tag{5}$$

wobei

$$\beta_\lambda(t, x, h) = \int\limits_t^{t+h} a_\lambda(\tau, x)\,d\tau + b_\lambda(t, x)\,[\alpha_\lambda(t+h) - \alpha_\lambda(t)] \tag{6}$$

ist.

Man kann leicht nachprüfen, daß die Felder $\beta_\lambda(t, x, h)$, $\alpha_\lambda(t, x, h)$ den Bedingungen des Existenzsatzes für die Lösung einer stochastischen Differentialgleichung genügen (Satz 1 aus § 2). Wegen der Bedingungen d) und e) sind die Lösungen der Gleichungen (5) und (4) stochastisch äquivalent (Bemerkung 2 zu Satz 1 aus § 3). Aus den Bedingungen a) bis c) und e) folgt, daß die Felder $\beta_\lambda(t, x, h)$ den von μ unabhängigen Bedingungen (1) bis (6) aus § 3 mit der Konstanten C der Funktion $g(h)$ und $L = C$ genügen. Um den Satz zu beweisen, braucht man nur zu zeigen, daß $\eta_\delta^{(\lambda)}(t)$ für jedes δ schwach gegen $\eta_\delta^{(0)}(t)$ konvergiert, d. h., daß für eine beliebige gleichmäßig stetig beschränkte Funktion $f(x_1, x_2, \ldots, x_s)$ in X^s, beliebige ganze Zahlen s $(s = 1, 2, \ldots)$ und Zerlegungen $\delta = \{t_1, t_2, \ldots, t_n\}$ des Intervalls $[a, b]$ der Grenzwert

$$\lim_{\lambda\to 0} \boldsymbol{M} f\big(\eta_\delta^{(\lambda)}(\tau_1), \eta_\delta^{(\lambda)}(\tau_2), \ldots, \eta_\delta^{(\lambda)}(\tau_s)\big) = \boldsymbol{M} f\big(\eta_\delta^{(0)}(\tau_1), \eta_\delta^{(0)}(\tau_2), \ldots, \eta_\delta^{(0)}(\tau_s)\big)$$

existiert.

Dazu betrachten wir $f(\eta_\delta^{(\lambda)}(\tau_1), \eta_\delta^{(\lambda)}(\tau_2), \ldots, \eta_\delta^{(\lambda)}(\tau_s))$ als Funktion vom Anfangswert $x = x^{(\lambda)}$ und von den Differenzen $y_k = \alpha_\lambda(t_{k+1}) - \alpha_\lambda(t_k)$ $(k = 0, 1, 2, \ldots, n-1)$. Der Einfachheit halber nehmen wir an, daß die Punkte $\tau_1, \tau_2, \ldots, \tau_s$ mit irgendwelchen Punkten von δ übereinstimmen. Es seien $\eta_\delta^{(\lambda)}(t_k)$ und $\tilde{\eta}_\delta^{(\lambda)}(t_k)$ EULERsche Approximationen, die mit den Werten $x, y_1, y_2, \ldots$ bzw. $\tilde{x}, \tilde{y}_1, \tilde{y}_2, \ldots$ berechnet werden. Es existiert eine derartige Funktion $\omega(h) \geqq 0$, $\lim\limits_{h \to 0} \omega(h) = 0$, daß

$$|f(\eta_\delta^{(\lambda)}(\tau_1), \ldots, \eta_\delta^{(\lambda)}(\tau_s)) - f(\tilde{\eta}_\delta^{(\lambda)}(\tau_1), \ldots, \tilde{\eta}_\delta^{(\lambda)}(\tau_s))|$$
$$\leqq \omega\left(|\eta_\delta^{(\lambda)}(\tau_1) - \tilde{\eta}_\delta^{(\lambda)}(\tau_2)| + \cdots + |\eta_\delta^{(\lambda)}(\tau_s) - \tilde{\eta}_\delta^{(\lambda)}(\tau_s)|\right)$$

ist.

Wir setzen voraus, daß $x, y_1, \ldots, y_n$ und $\tilde{x}, \tilde{y}_1, \ldots, \tilde{y}_n$ Werte in Sphären mit dem Radius N annehmen. Unter den getroffenen Voraussetzungen über die Funktionen $a_\lambda(t, x)$, $b_\lambda(t, x)$ kann man durch Induktion leicht nachprüfen, daß eine Abschätzung der Form

$$|\eta_\delta^{(\lambda)}(t_k) - \tilde{\eta}_\delta^{(\lambda)}(t_k)| \leqq C'_N\left(|x - \tilde{x}| + \sum_1^n |y_k - \tilde{y}_k|\right)$$

gilt, wobei C'_N nur von N, n, der Konstanten C (in den Bedingungen 1 bis 6), aber nicht von λ abhängt. Deshalb ist die Familie der Funktionen

$$F_\lambda(x, y_1, \ldots, y_n) = f(\eta_\delta^{(\lambda)}(\tau_1), \ldots, \eta_\delta^{(\lambda)}(\tau_s)) \qquad (\lambda \in \Lambda)$$

auf jeder beschränkten Menge $|x| \leqq N$, $|y_k| \leqq N$ gleichmäßig beschränkt, gleichgradig stetig und außerdem konvergiert für $\lambda \to 0$

$$F_\lambda(x, y_1, \ldots, y_n) \to F_0(x, y_1, \ldots, y_n)\,.$$

Der Beweis des Satzes wird durch folgendes Lemma vollendet.

Lemma 2. *Es sei $Q_\lambda(\lambda \in \Lambda)$ eine Familie von Wahrscheinlichkeitsmaßen in dem separablen metrischen Raum X, und für $\lambda \to 0$ konvergiere Q_λ schwach gegen Q_0. Dann konvergiert gleichmäßig bezüglich $f \in S$*

$$\int f(x)\, Q_\lambda(dx) \to \int f(x)\, Q_0(dx)\,,$$

wobei S eine beliebige Menge von auf X stetigen Funktionen ist, die folgenden Bedingungen genügt: a) *die Funktionen aus S sind gleichmäßig beschränkt;* b) *auf jedem Kompaktum $K \subset X$ ist die Menge S kompakt im Sinne der gleichmäßigen Topologie.*

Beweis. Da Q_λ schwach gegen Q_0 konvergiert, existiert für ein beliebiges $\varepsilon > 0$ ein Kompaktum K_ε [22], so daß $Q_\lambda(X - K_\varepsilon) < \varepsilon$ für alle λ ist. Es sei $f_1, \ldots, f_N$ ein ε'-Netz im Raum der auf K_ε eingeschränkten Funktionen aus S, und es sei $\varepsilon' > 0$ und $L = \sup\limits_{f \in S} \sup\limits_{x \in X} |f(x)|$. Dann ist

$$\sup_{f \in S} \left|\int f(x)\, Q_\lambda(dx) - \int f(x)\, Q_0(dx)\right| \leqq 2L\varepsilon + \sup_{f \in S}\left|\int_{K_\varepsilon} f(x)\, Q_\lambda(dx) - \int_{K_\varepsilon} f(x)\, Q_0(dx)\right|$$
$$\leqq 2L\varepsilon + 2\varepsilon' + \max_j \left|\int_{K_\varepsilon} f_j(x)\, Q_\lambda(dx) - \int_{K_\varepsilon} f_j(x)\, Q_0(dx)\right|\,.$$

Durch die letzte Ungleichung ist das Lemma bewiesen.

Wir betrachten nun eine allgemeinere stochastische Differentialgleichung. Es sei

$$\alpha_\lambda(t, x, h) = \int_t^{t+h} a_\lambda(\tau, x)\,\mathrm{d}\tau + b_\lambda(t, x)\,\alpha_\lambda(t, h) + \beta_\lambda(t, x, h) \tag{7}$$

und

$$\mathrm{d}\xi^{(\lambda)}(t) = \alpha_\lambda\big(t, \xi^{(\lambda)}(t), \mathrm{d}t\big)\,, \qquad \xi^{(\lambda)}(0) = x^{(\lambda)}\,. \tag{8}$$

Für die Funktionen $a_\lambda(t, x)$, $b_\lambda(t, x)$ seien alle Bedingungen des Satzes 1 erfüllt. Über die zufällige Funktion $\alpha_\lambda(t, x)$ setzen wir voraus, daß sie den Bedingungen des Existenz- und Eindeutigkeitssatzes genügt. Die genauen Bedingungen für das Feld $\beta(t, x, h)$ werden weiter unten angegeben. Im wesentlichen werden wir voraussetzen, daß $\beta_\lambda(t, x, h)$ in einem gewissen Sinne gegen Null konvergiert. In Übereinstimmung mit dem beim Beweis des Satzes 1 Gesagten können wir die Größe

$$f\big(\xi_\delta^{(\lambda)}(\tau_1)\,, \quad \xi_\delta^{(\lambda)}(\tau_2), \ldots, \xi_\delta^{(\lambda)}(\tau_s)\big)$$

als Funktion der Gestalt

$$F_\lambda\big(x^{(\lambda)}, \alpha_\lambda(0, h_1), \alpha_\lambda(t_1, h_2), \ldots, \alpha_\lambda(t_{n-1}, h_n), \gamma_1^{(\lambda)}, \ldots, \gamma_n^{(\lambda)}\big)$$

betrachten, wobei $t_1, t_2, \ldots, t_n = T$ die Punkte sind, aus denen δ besteht, $\xi_\delta^{(\lambda)}(t)$ die der Zerlegung δ entsprechende EULERsche Approximation für die Lösung der Gleichung (7)—(8) ist, und $h_k = t_k - t_{k-1}$ und $\gamma_k^{(\lambda)} = \beta_\lambda\big(t_{k-1}, \xi_\delta^{(\lambda)}(t_{k-1}), h_k\big)$ ist. Auf diese Funktionen kann man die gleichen Überlegungen anwenden wie beim Beweis des Satzes 1, sofern die gemeinsame Verteilung der Zufallsgrößen

$$x^{(\lambda)}, \alpha_\lambda(0, h_1), \alpha_\lambda(t_1, h_2), \ldots, \alpha_\lambda(t_{n-1}, h_n), \gamma_1^{(\lambda)}, \ldots, \gamma_n^{(\lambda)}$$

schwach gegen die Verteilung der Größen

$$x^{(0)}, \alpha_0(0, h_1), \alpha_0(t_1, h_2), \ldots, \alpha_0(t_{n-1}, h_n), 0, \ldots, 0$$

konvergiert.

Satz 2. *Es genügen die Funktionen $a_\lambda(t, x)$, $b_\lambda(t, x)$ den Bedingungen des Satzes 1, die zufälligen Felder $\alpha_\lambda(t, h)$ und $\beta_\lambda(t, x, h)$ den Bedingungen (1) bis (6) aus § 3 mit den Konstanten L, C und einer von λ unabhängigen Funktion $g(h)$. Außerdem sei für ein gewisses $q > 0$*

$$\boldsymbol{M}\{|\beta_\lambda(t, x, h)|^q/\mathfrak{F}_t\} \leqq L_\lambda\,(1 + |x|^2)\,,$$

wobei L_λ für $\lambda \to 0$ gegen 0 konvergiert. Die Lösung $\xi^{(\lambda)}(t)$ der Gleichung (7)—(8) konvergiert dann für $\lambda \to 0$ schwach gegen die Lösung der stochastischen Differentialgleichung

$$\mathrm{d}\xi = a_0(t, \xi)\,\mathrm{d}t + b_0(t, \xi)\,\alpha(t, \mathrm{d}t)\,. \tag{9}$$

Es genügt zu zeigen, daß für $\lambda \to 0$

$$\boldsymbol{M}\,|\gamma_k^{(\lambda)}|^q \to 0\,, \qquad k = 1, 2, \ldots, n$$

konvergiert. Das folgt aus den Voraussetzungen des Satzes

$$\boldsymbol{M}\,|\gamma_k^{(\lambda)}|^q = \boldsymbol{M}\,\boldsymbol{M}\{|\beta_\lambda(t_{k-1}, \xi_\delta^{(\lambda)}(t_{k-1}), h_k)|^q/\mathfrak{F}_{t_{k-1}}\} \leqq \boldsymbol{M}\,L_\lambda\,(1 + |\xi_\delta^{(\lambda)}(t_{k-1})|^2)$$

und der Tatsache, daß $M\,|\xi_\delta^{(\lambda)}(t)|^2$ in λ, δ, t gleichmäßig beschränkt sind (Lemmata 1 und 2 aus § 2).

Satz 3. *Wir nehmen an, daß die zufälligen Felder $\alpha_\lambda(t, x, h)$ den Bedingungen (1) bis (6) des § 3 mit den Konstanten L, C und einer von λ unabhängigen Funktion $g(h)$ genügen und daß*

$$\alpha_\lambda(t, x, h) = a_\lambda(t, x)\, h + \beta_\lambda(t, x, h) \tag{10}$$

ist, wobei $a_\lambda(t, x)$ den Bedingungen des Satzes 1 genügt, $\beta_\lambda(t, x, h)$ ein Martingal ist und $\beta_\lambda(t, x, h)$ für $\lambda \to 0$ und feste (t, x, h) schwach gegen $\beta_0(t, x, h)$ konvergiert. Für $\lambda \to 0$ konvergiert dann die Lösung der Gleichung

$$d\xi^{(\lambda)} = \alpha_\lambda(t, \xi^{(\lambda)}, dt)\,, \qquad \xi^{(\lambda)}(0) = x^{(\lambda)}\,,$$

schwach gegen die Lösung der Gleichung

$$d\xi^{(0)} = \alpha_0(t, \xi^{(0)}, dt)\,, \qquad \xi^{(0)}(0) = x^{(0)}\,,$$

wobei x^0 der Grenzwert von $x^{(\lambda)}$ für $\lambda \to 0$ im Sinne der schwachen Konvergenz ist und $M\,|x^{(\lambda)}|^2 \leqq C$ gilt.

Beweis. Wie aus dem Beweis des Satzes 2 von § 3 folgt, gilt

$$M \sup_{0 \leqq t \leqq T} |\xi^{(\lambda)}(t)|^2 \leqq C\,,$$

wobei C unabhängig von λ ist. Deshalb braucht man den Satz nur für Felder zu beweisen, die den Bedingungen des Satzes genügen und außerhalb irgendeiner Sphäre $|x| \leqq R$ verschwinden. Derartige Felder werden wir nun auch betrachten. Es sei ε eine beliebige positive Zahl. In der Sphäre S: $|x| \leqq R$ konstruieren wir das ε-Netz $x_1, x_2, \ldots, x_N$ und ein System von Funktionen $g_j(x)$, die folgenden Bedingungen genügen: a) $g_j(x) \geqq 0$ *und* $g_j(x) = 0$ *außerhalb einer ε-Umgebung des Punktes x_j*; b) $\sum_{j=1}^{N} g_j(x) = 1$; c) *die Funktionen $g_j(x)$ sind stetig differenzierbar.*

Wir setzen

$$\gamma_\lambda(t, x, h) = \alpha_\lambda(t, x, h) - \sum_{j=1}^{N} g_j(x)\, \alpha_\lambda(t, x_j, h)\,.$$

Dann ist

$$|M\{\gamma_\lambda(t, x, h)/\mathfrak{F}_t\}| \leqq \max_j \sup_{|x - x_j| \leqq \varepsilon} |M\{\alpha_\lambda(t, x, h) - \alpha_\lambda(t, x_j, h)/\mathfrak{F}_t\}| \leqq C\,\varepsilon\, h\,,$$

wobei C eine von λ unabhängige Konstante ist. Analog haben wir

$$M\{|\gamma_\lambda(t, x, h)|^2/\mathfrak{F}_t\} \leqq C\,\varepsilon\, h\,.$$

Es sei

$$\alpha_\lambda^{(\varepsilon)}(t, x, h) = \sum_{j=1}^{N} g_j(x)\, \alpha_\lambda(t, x_j, h)\,.$$

Es läßt sich leicht nachprüfen, daß die Felder $\alpha_\lambda^{(\varepsilon)}(t, x, h)$ den Bedingungen des Satzes 2 mit von λ und ε unabhängigen Konstanten genügen und deshalb für sie die Behauptung des Satzes 3 gilt.

Ist andererseits $\xi^{(\lambda,\varepsilon)}(t)$ eine Lösung der Gleichung

$$d\xi = \alpha_\lambda^{(\varepsilon)}(t, \xi, dt)\,, \qquad \xi(0) = x^{(\lambda)}\,,$$

dann gilt

$$\begin{aligned} &M|\xi^{(\lambda)}(t) - \xi^{(\lambda,\varepsilon)}(t)|^2 \\ &\leqq 4M\left|\int_0^t \alpha_\lambda(t, \xi^{(\lambda)}, dt) - \int_0^t \alpha_\lambda(t, \xi^{(\lambda,\varepsilon)}, dt)\right|^2 + 4M\left|\int_0^t \alpha_\lambda(t, \xi^{(\lambda,\varepsilon)}, dt) - \int_0^t \alpha_\lambda^{(\varepsilon)}(t, \xi^{(\lambda,\varepsilon)}, dt)\right|^2 \\ &\leqq C_1 \int_0^t M\,|\xi^{(\lambda)}(t) - \xi^{(\lambda,\varepsilon)}|^2\, dt + \varepsilon\, C_1 (1 + \sup_{0 \leqq t \leqq T} M\,|\xi^{(\lambda,\varepsilon)}(t)|^2)\,, \end{aligned}$$

wobei C_1 eine von λ und ε unabhängige Konstante ist. Bei der Herleitung dieser Ungleichung sind das Lemma 9 aus § 1 und die Folgerung 1 des Lemmas 7 aus § 1 angewendet worden.

Aus Lemma 1 von § 3 folgt

$$\sup_{0 \leqq t \leqq T} M\,|\xi^{(\lambda,\varepsilon)}(t)|^2 \leqq C_2\,,$$

wobei C_2 ebenfalls von λ und ε unabhängig ist. Somit haben wir

$$M\,|\xi^{(\lambda)}(t) - \xi^{(\lambda,\varepsilon)}(t)|^2 \leqq \varepsilon\, C_3 + C_1 \int_0^t M\,|\xi^{(\lambda)}(\tau) - \xi^{(\lambda,\varepsilon)}(\tau)|^2\, d\tau\,.$$

Auf Grund von Lemma 1 aus Teil I, § 6, ist

$$\sup_{0 \leqq t \leqq T} M\,|\xi^{(\lambda)}(t) - \xi^{(\lambda,\varepsilon)}(t)|^2 \leqq \varepsilon\, C_4\,.$$

Da für die Prozesse $\xi^{(\lambda,\varepsilon)}(t)$ die Behauptung des Satzes erfüllt ist, folgt aus der letzten Ungleichung die Gültigkeit des Satzes auch für die Prozesse $\xi^{(\lambda)}(t)$.

Bemerkung 1. Wenn für $N \to \infty$ gleichmäßig bezüglich λ

$$P\left\{\sup_{0 \leqq t \leqq T} |\xi_\lambda(t)| > N\right\} \to 0 \tag{11}$$

konvergiert, dann gilt die Behauptung des Satzes auch für beliebige Felder $\alpha_\lambda(t, x, h)$, die den Bedingungen (1) bis (6) des § 3 mit den Konstanten L, C und einer von λ unabhängigen Funktion $g(h)$ genügen und die für $\lambda \to 0$ schwach gegen das Feld $\alpha_0(t, x, h)$ konvergieren. In der Tat, die Voraussetzung, daß $\alpha_\lambda(t, x, h)$ die Gestalt (10) hat, wobei $\beta(t, x, h)$ ein Martingal ist, ist nur benutzt worden, um das Erfülltsein der letzten Behauptung zu sichern.

Als Beispiel für die Anwendung der bewiesenen Sätze betrachten wir das Mittelungsverfahren für stochastische Differentialgleichungen. Für gewöhnliche Differentialgleichungen ist das Mittelungsprinzip in seiner allgemeinen Form von N. N. Bogoljubow [6] vorgeschlagen und begründet worden. Es besteht in folgendem. Es sei ein System von gewöhnlichen Differentialgleichungen mit einem kleinen Parameter ε gegeben,

$$\frac{dx}{dt} = \varepsilon\, a(t, x)\,, \qquad x(0) = x_0\,. \tag{12}$$

Wir nehmen an, daß der zeitliche Mittelwert der Funktion $a(t, x)$ existiert:

$$\lim_{T\to\infty} \frac{1}{T} \int_c^{c+T} a(t, x)\,\mathrm{d}t = a_0(x)\,. \tag{13}$$

Es wird behauptet, daß in Zeitintervallen der Ordnung $1/\varepsilon$ die Lösung der Gleichung (12) sich beliebig wenig von der Lösung der Gleichung

$$\frac{\mathrm{d}y}{\mathrm{d}t} = \varepsilon\, a_0(y)\,, \qquad y(0) = x_0\,, \tag{14}$$

unterscheidet, oder genauer, daß es für beliebige $L > 0$ und $\delta > 0$ ein solches $\varepsilon_0 = \varepsilon_0(\delta, L)$ gibt, daß für alle $\varepsilon < \varepsilon_0$

$$\max_{0 \le t \le L/\varepsilon} |x(t) - y(t)| < \delta$$

ist. Eine ausführliche Darlegung des Mittelungsprinzips für gewöhnliche Differentialgleichungen und seine Anwendungen kann man in der Monographie von N. N. Bogoljubow und J. A. Mitropolski [8] finden.

Für stochastische Differentialgleichungen ist das Mittelungsprinzip von R. L. Stratonowitsch [37], R. S. Chasminski [41, 47] und I. I. Gichman [17, 20] betrachtet worden.

Satz 4. *Es sei $\xi_\varepsilon(t)$ eine Lösung der stochastischen Differentialgleichung*

$$\mathrm{d}\xi_\varepsilon = \varepsilon\,\alpha(t, \xi_\varepsilon, \mathrm{d}t)\,, \qquad \xi_\varepsilon(0) = x_0\,, \tag{15}$$

wobei $\alpha(t, x, h) = a(t, x)\,h + \beta(t, x, h)$ ist, $\beta(t, x, h)$ ein Martingal ist, $a(t, x)$ und $\beta(t, x, h)$ den Bedingungen des Existenz- und Eindeutigkeitssatzes genügen und

$$\lim_{T\to\infty} \frac{1}{T} \int_c^{c+T} a(t, x)\,\mathrm{d}t = a_0(x)\,.$$

ist. Für $\varepsilon \to 0$ konvergiert dann $\xi(t/\varepsilon)$ schwach gegen $x(t)$, wobei $x(t)$ eine Lösung der gewöhnlichen Differentialgleichung

$$\frac{\mathrm{d}x}{\mathrm{d}t} = a_0(x)\,, \qquad x(0) = x_0\,,$$

ist.

Für den Beweis sei angemerkt, daß der Prozeß $\zeta_\varepsilon(t) = \xi_\varepsilon(t/\varepsilon)$ der stochastischen Differentialgleichung

$$\mathrm{d}\zeta_\varepsilon = \alpha_\varepsilon(t, \zeta_\varepsilon, \mathrm{d}t)\,, \qquad \zeta_\varepsilon(0) = x_0\,,$$

genügt, wobei $\alpha_\varepsilon(t, x, h) = \varepsilon \int\limits_{t/\varepsilon}^{(t+h)/\varepsilon} \alpha(\tau, x, \mathrm{d}\tau) = \varepsilon \int\limits_{t/\varepsilon}^{(t+h)/\varepsilon} a(\tau, x)\,\mathrm{d}\tau + \varepsilon \int\limits_{t/\varepsilon}^{(t+h)/\varepsilon} \beta(\tau, x, \mathrm{d}\tau)$ ist.

Dabei gilt für $\varepsilon \to 0$

$$\varepsilon \int_0^{t/\varepsilon} a(\tau, x)\,\mathrm{d}\tau = t\,\frac{\varepsilon}{t} \int_0^{t/\varepsilon} a(\tau, x)\,\mathrm{d}\tau \to t\,a_0(x)\,,$$

$$\boldsymbol{M}\left|\varepsilon \int_0^{t/\varepsilon} \beta(\tau, x, \mathrm{d}\tau)\right|^2 \le \varepsilon^2 \int_0^{t/\varepsilon} C\,(1 + |x|^2)\,\mathrm{d}\tau = \varepsilon\, t\, C\,(1 + |x|^2) \to 0\,.$$

Man kann nun also den Satz 3 anwenden, aus dem die Behauptung folgt.

Es sei

$$\beta(t, x, h) = b(t, x)\,[w(t+h) - w(t)] + \int_0^t \int c(t, x, u)\,\tilde{\nu}(\mathrm{d}t, \mathrm{d}u)\,, \tag{16}$$

wobei $w(t)$ ein WIENERprozeß ist und $\tilde{\nu}(t, A) = \nu(t, A) - M\,\nu(t, A)$ mit dem POISSONschen Maß $\nu(t, A)$ ist. Unter den Bedingungen des Satzes 4 betrachten wir die Fluktuationen des Prozesses $\xi_\varepsilon(t/\varepsilon)$ bezüglich $x(t)$. Wir setzen

$$\eta_\varepsilon(t) = \frac{\xi_\varepsilon\left(\frac{t}{\varepsilon}\right) - x(t)}{\sqrt{\varepsilon}}\,.$$

Der Prozeß $\eta_\varepsilon(t)$ genügt der stochastischen Differentialgleichung

$$\eta_\varepsilon(t) = \frac{1}{\sqrt{\varepsilon}} \int_0^t \left[a\left(\frac{\tau}{\varepsilon}, x(\tau) + \sqrt{\varepsilon}\,\eta_\varepsilon(\tau)\right) - a_0\big(x(\tau)\big)\right] \mathrm{d}\tau$$

$$+ \sqrt{\varepsilon} \int_0^{t/\varepsilon} \beta\Big(\tau, x(\varepsilon\tau) + \sqrt{\varepsilon}\,\eta_\varepsilon(\varepsilon\tau), \mathrm{d}\tau\Big)\,. \tag{17}$$

Satz 5. *Wir nehmen an, daß die Bedingungen des Satzes* 4 *erfüllt sind, das Feld* $\beta(t, x, h)$ *die Gestalt* (16) *hat und*

a) $\displaystyle\frac{1}{\sqrt{\varepsilon}} \int_0^t \left[a\left(\frac{\tau}{\varepsilon}, x(\tau)\right) - a_0\big(x(\tau)\big)\right] \mathrm{d}\tau \to 0 \quad$ *für* $\quad \varepsilon \to 0\,;$

b) $\displaystyle\int_0^t \nabla a\left(\frac{\tau}{\varepsilon}, x(\tau)\right) \mathrm{d}\tau \to \int_0^t g(\tau)\,\mathrm{d}\tau\,;$

c) *es existiert* $\nabla^2 a(t, x)$, *und es ist* $|\nabla^2 a(t, x) - \nabla^2 a(t, y)| \leqq c\,|x - y|\,;$

d) $\displaystyle\int_0^t \left[b\left(\frac{\tau}{\varepsilon}, x(\tau)\right) b^*\left(\frac{\tau}{\varepsilon}, x(\tau)\right) + \int c\left(\frac{\tau}{\varepsilon}, x(\tau), u\right) c^*\left(\frac{\tau}{\varepsilon}, x(\tau), u\right) \Pi(\mathrm{d}u)\right] \mathrm{d}\tau$

$\displaystyle\to \int_0^t d(\tau)\,d^*(\tau)\,\mathrm{d}\tau\,;$

e) $\displaystyle\left|c\left(\frac{\tau}{\varepsilon}, x(\tau), u\right)\right| \leqq r(u) \quad$ *und* $\quad \int r^2(u)\,\Pi(\mathrm{d}u) < \infty\,,$

wobei $g(t)$ *und* $d(t)$ *stetige Matrixfunktionen sind. Für* $\varepsilon \to 0$ *konvergiert dann der Prozeß schwach gegen eine Lösung der linearen stochastischen Differentialgleichung*

$$\mathrm{d}\eta = g(t)\,\eta + d(t)\,\mathrm{d}w\,, \qquad \eta(0) = 0\,. \tag{18}$$

Beweis. Wir setzen

$$A_\varepsilon(t, y) = \frac{1}{\sqrt{\varepsilon}} \int_0^t \left[a\left(\frac{\tau}{\varepsilon}, x(\tau) + \sqrt{\varepsilon}\,y\right) - a_0\big(x(\tau)\big)\right] \mathrm{d}\tau.$$

Dann ist

$$A_\varepsilon(t, y) = \frac{1}{\sqrt{\varepsilon}} \int_0^t \left[a\left(\frac{\tau}{\varepsilon}, x(\tau) + \sqrt{\varepsilon}\, y\right) - a\left(\frac{\tau}{\varepsilon}, x(\tau)\right) - \sqrt{\varepsilon}\, \nabla a\left(\frac{\tau}{\varepsilon}, x(\tau)\right) y \right] d\tau$$

$$+ \frac{1}{\sqrt{\varepsilon}} \int_0^t \left[a\left(\frac{\tau}{\varepsilon}, x(\tau)\right) - a_0(x(\tau)) \right] d\tau + \int_0^t \nabla a_0\left(\frac{\tau}{\varepsilon}, x(\tau)\right) y\, d\tau .$$

Aus den Voraussetzungen a) bis c) folgt

$$A_\varepsilon(t, g) \to \int_0^t g(\tau)\, y\, d\tau .$$

Aus den Eigenschaften des stochastischen Integrals über ein Martingal und den Eigenschaften der Koeffizienten der stochastischen Differentialgleichung folgt ferner

$$M \left| \sqrt{\varepsilon} \int_0^{t/\varepsilon} \beta\left(\tau, x(\varepsilon\tau) + \sqrt{\varepsilon}\, y(\varepsilon\tau), d\tau\right) - \sqrt{\varepsilon} \int_0^{t/\varepsilon} \beta\left(\tau, x(\varepsilon\tau), d\tau\right) \right|^2$$

$$= \varepsilon \int_0^{t/\varepsilon} \left[b\left(\tau, x(\varepsilon\tau) + \sqrt{\varepsilon}\, y(\varepsilon\tau)\right) - b\left(\tau, x(\varepsilon\tau)\right) \right] \left[b\left(\tau, x(\varepsilon\tau) + \sqrt{\varepsilon}\, y(\varepsilon\tau)\right) - b\left(\tau, x(\varepsilon\tau)\right) \right]^*$$

$$+ \int \Big\{ \left[c\left(\tau, x(\varepsilon\tau) + \sqrt{\varepsilon}\, y(\varepsilon\tau), u\right) - c\left(\tau, x(\varepsilon\tau), u\right) \right]$$

$$\times \left[c\left(\tau, x(\varepsilon\tau) + \sqrt{\varepsilon}\, y(\varepsilon\tau), u\right) - c\left(\tau, x(\varepsilon\tau), u\right) \right]^* \Pi(du) \Big\}\, d\tau$$

$$\leqq \varepsilon\, C_1\, \varepsilon \frac{t}{\varepsilon} = \varepsilon\, t\, C_1 ,$$

wobei C_1 eine Konstante ist. Wir betrachten nun den zufälligen Prozeß

$$\gamma_\varepsilon(t) = \sqrt{\varepsilon} \int_0^{t/\varepsilon} \beta\left(\tau, x(\varepsilon\tau), d\tau\right) .$$

Es sei $g_\varepsilon(z)$ die charakteristische Funktion des zufälligen Vektors $\gamma_\varepsilon(t)$. Dann ist

$$\ln g_\varepsilon(z) = -\frac{\varepsilon}{2} \int_0^{t/\varepsilon} \left| b\left(\tau, x(\varepsilon\tau)\right) z \right|^2 d\tau$$

$$+ \int_0^{t/\varepsilon} \int \left[e^{i\sqrt{\varepsilon}\, (c(\tau, x(\varepsilon\tau), u) \mid z)} - 1 - i\sqrt{\varepsilon}\, \left(c(\tau, x(\varepsilon\tau), u) \mid z\right) \right] \Pi(du)\, d\tau$$

$$= -\frac{\varepsilon}{2} \int_0^{t/\varepsilon} \left[\left| b\left(\tau, x(\varepsilon\tau)\right) z \right|^2 + \int \left(c(\tau, x(\varepsilon\tau), u) \mid z\right)^2 \Pi(du) \right] d\tau$$

$$+ \int_0^{t/\varepsilon} \int \left[e^{i\sqrt{\varepsilon}\, (c(\tau, x(\varepsilon\tau), u) \mid z)} - 1 - i\sqrt{\varepsilon}\, \left(c(\tau, x(\varepsilon\tau), u) \mid z\right) \right.$$

$$\left. + \frac{\varepsilon}{2} \left(c(\tau, x(\varepsilon\tau), u) \mid z\right)^2 \right] \Pi(du)\, d\tau .$$

Wegen der Bedingung d) des Satzes konvergiert das erste Glied des erhaltenen Ausdrucks gegen $-\frac{1}{2}\int\limits_0^t z^* d(\tau)\, z\, d\tau$. Indem wir im zweiten Summanden die Substitution $\tau = \theta/\varepsilon$ vornehmen und berücksichtigen, daß dabei für $\varepsilon \to 0$ der Integrand gegen Null konvergiert und daß aus der Bedingung e) folgt, daß man unter dem Integralzeichen zum Grenzwert übergehen kann, sehen wir, daß für $\varepsilon \to 0$ der zweite Summand gegen Null konvergiert.

Somit konvergiert

$$\ln g_\varepsilon(z) \to -\frac{1}{2}\int\limits_0^t z^* d(\tau)\, d^*(\tau)\, z\, d\tau\,,$$

d. h., der Prozeß $\gamma_\varepsilon(t)$ konvergiert schwach gegen einen GAUSSprozeß. Dieser Prozeß ist automatisch ein Prozeß mit unabhängigen Zuwächsen. Berücksichtigen wir den Satz 3, so erhalten wir, daß der Prozeß $\eta_\varepsilon(t)$ für $\varepsilon \to 0$ schwach gegen einen Prozeß konvergiert, der der stochastischen Differentialgleichung

$$d\eta = g(t)\,\eta\, dt + d(t)\, dw$$

genügt, wobei $w = w(t)$ ein WIENERprozeß ist. Der Satz ist damit bewiesen.

Bemerkung 2. Die Gleichung (18) wird mit Hilfe der gewöhnlichen Methoden gelöst. Wir bezeichnen mit $h(t)$ eine quadratische Matrix, die eine Lösung der Gleichung

$$\frac{dh(t)}{dt} = g(t)\, h(t)\,, \qquad h(0) = I\,,$$

darstellt. Die Matrix ist nicht singulär, und es ist

$$\eta(t) = h(t)\int\limits_0^t h^{-1}(\tau)\, d(\tau)\, dw\,. \tag{19}$$

Folgerung 1. Der Prozeß $\eta(t)$ ist ein GAUSSscher MARKOW-Prozeß mit Mittelwert Null und Kovarianzmatrix

$$M\,\eta(t)\,\eta^*(t) = \int\limits_0^t h(t)\, h^{-1}(\tau)\, d(\tau)\, d^*(\tau)\, \big(h(t)\, h^{-1}(\tau)\big)^*\, d\tau\,. \tag{20}$$

Zur Überprüfung der Bedingung d) des Satzes 5 kann folgendes Lemma von Nutzen sein.

Lemma 3. *Gilt für jedes x gleichmäßig bezüglich A*

$$\lim_{T\to\infty}\frac{1}{T}\int\limits_A^{T+A} b(t, x)\, dt = \bar{b}(x)\,,$$

ist die Funktion $\bar{b}(x)$ stetig, ist die Familie der Funktionen $b(t, x) = b_t(x)$ gleichgradig stetig auf einem beliebigen Kompaktum $|x| \leqq C$ und ist die Funktion $x(t)$ stetig ($0 \leqq t \leqq a$), dann gilt

$$\lim_{\varepsilon \to 0} \int_0^t b\left(\frac{\tau}{\varepsilon}, x(\tau)\right) d\tau = \int_0^t \bar{b}(x(\tau))\, d\tau .$$

Beweis. Für $0 \leqq t \leqq a$ sei $|x(t)| \leqq N$, und δ_1 sei eine beliebige positive Zahl. Wir wählen $\delta_2 > 0$ so, daß

$$|\bar{b}(x) - \bar{b}(y)| < \delta_1$$

und für alle $t \in [0, a]$

$$|b(t, x) - b(t, y)| < \delta_1$$

ist, wenn $|x - y| \leqq \delta_2$ und $|x| \leqq N$ ist.

Wir betrachten irgendeine Zerlegung des Intervalls $[0, t]$ durch die Punkte $t_0 = 0, t_1, \ldots, t_n = t$ mit $\max |t_k - t_{k-1}| \leqq \delta_3$, wobei δ_3 so gewählt wird, daß $|x(t') - x(t'')| < \delta_2$ ist, sofern $|t' - t''| \leqq \delta_3$ ist. Dann gilt

$$\left| \int_0^t b\left(\frac{\tau}{\varepsilon}, x(\tau)\right) d\tau - \int_0^t \bar{b}(x(\tau))\, d\tau \right|$$

$$\leqq \left| \varepsilon \sum_{k=1}^{n} \int_{t_{k-1}/\varepsilon}^{t_k/\varepsilon} [b(\tau, x(\varepsilon\tau)) - \bar{b}(x(t_{k-1}))]\, d\tau \right| + \left| \sum_{k=1}^{n} \int_{t_{k-1}}^{t_k} [\bar{b}(x(\tau)) - \bar{b}(x(t_{k-1}))]\, d\tau \right|$$

$$\leqq \sum_{k=1}^{n} \delta_1 \Delta t_k + \varepsilon \left| \sum_{k=1}^{n} \int_{t_{k-1}/\varepsilon}^{t_k/\varepsilon} [b(\tau, x(\varepsilon\tau)) - b(\tau, x(t_{k-1}))]\, d\tau \right|$$

$$+ \varepsilon \left| \sum_{k=1}^{k} \int_{t_{k-1}/\varepsilon}^{t_k/\varepsilon} [b(\tau, x(t_{k-1})) - \bar{b}(x(t_{k-1}))]\, d\tau \right|$$

$$\leqq 2\, t\, \delta_1 + \left| \sum_{k=1}^{n} \Delta t_k \frac{\varepsilon}{\Delta t_k} \int_{t_{k-1}/\varepsilon}^{t_k/\varepsilon} [b(\tau, x(t_{k-1})) - \bar{b}(x(t_{k-1}))]\, d\tau \right|,$$

wobei $\Delta t_k = t_k - t_{k-1}$ ist. Für $\varepsilon \to 0$ und ein beliebiges n konvergiert die Summe auf der rechten Seite der erhaltenen Ungleichungen gegen Null. Berücksichtigen wir, daß δ_1 beliebig gewählt wird, so erhalten wir den Beweis des Lemmas.

Von den übrigen Bedingungen des Satzes 5 kann die Voraussetzung a) gewisse Schwierigkeiten bereiten. Der folgende Hilfssatz gibt uns eine grobe hinreichende Bedingung für die Erfüllung der Voraussetzung a).

Lemma 4. *Genügt $a(t, x)$ den Bedingungen des Satzes 4, hat die Funktion $x(t)$ eine beschränkte Ableitung und ist*

$$\frac{1}{T} \int_A^{A+T} a(\tau, x)\, d\tau - \bar{a}(x) = \frac{1}{T}\, \delta\left(\frac{1}{T}\right),$$

wobei $\delta(h)$ für $h \to 0$ gleichmäßig bezüglich $A \geqq 0$ und x, $|x| \leqq N$ (N ist eine beliebige Zahl) gegen 0 konvergiert, dann ist die Bedingung a) *des Satzes* 5 *erfüllt.*

Beweis. Wir haben $(0 = t_0 < t_1 < \cdots < t_n = t)$

$$\frac{1}{\sqrt{\varepsilon}} \int_0^t \left[a\left(\frac{\tau}{\varepsilon}, x(\tau)\right) - a_0(x(\tau))\right] d\tau$$

$$= \frac{1}{\sqrt{\varepsilon}} \sum_{k=1}^{n} \left\{ \int_{t_{k-1}}^{t_k} \left[a\left(\frac{\tau}{\varepsilon}, x(\tau)\right) - a\left(\frac{\tau}{\varepsilon}, x(t_{k-1})\right)\right] d\tau \right.$$

$$\left. + \varepsilon \int_{t_{k-1}/\varepsilon}^{t_k/\varepsilon} [a(\tau, x(t_{k-1})) - a_0(x(t_{k-1}))]\, d\tau + \int_{t_{k-1}}^{t_k} [a_0(x(t_{k-1})) - a_0(x(\tau))]\, d\tau \right\}.$$

Da $x(t)$ eine stetige Ableitung hat und die Funktion $a(t, x)$ in x gleichmäßig bezüglich t einer LIPSCHITZbedingung genügt, übertreffen die dem ersten und dritten Summanden auf der rechten Seite der letzten Gleichung entsprechenden Summen nicht die Größe

$$\frac{1}{\sqrt{\varepsilon}}\, C \sum_{k=1}^{n} (t_k - t_{k-1})^2 \leqq C\, t\, \frac{\max \Delta t_k}{\sqrt{\varepsilon}}, \qquad \Delta t_k = t_k - t_{k-1}.$$

Ferner ist

$$\left| \sqrt{\varepsilon} \sum_{k=1}^{n} \int_{t_{k-1}/\varepsilon}^{t_k/\varepsilon} [a(\tau, x(t_{k-1})) - a(x(t_{k-1}))]\, d\tau \right|$$

$$\leqq \sqrt{\varepsilon} \sum_{k=1}^{n} \frac{\varepsilon}{\Delta t_k}\, \delta\left(\frac{\varepsilon}{\Delta t_k}\right) \frac{\Delta t_k}{\varepsilon} \leqq t \leqq \max_{1 \leqq k \leqq n} \frac{\sqrt{\varepsilon}}{\Delta t_k}\, \delta\left(\frac{\varepsilon}{\Delta t_k}\right).$$

Wir setzen $\sqrt{\varepsilon}/\Delta t_k = \varrho$, und ϱ und ε seien so miteinander verknüpft, daß $\varrho \to \infty$ und $\varrho\, \delta\, (\sqrt{\varepsilon}\, \varrho) \to 0$ konvergiert. Dann ist die Bedingung a) des Satzes 5 erfüllt.

Wir erwähnen folgenden Spezialfall des Satzes 5.

Es seien die Bedingungen des Satzes 4 erfüllt, und außerdem sei

$$\frac{1}{T} \int_0^T a(t, x_0)\, dt = o\left(\frac{1}{\sqrt{T}}\right), \qquad \lim_{T \to \infty} \frac{1}{T} \int_0^T \nabla a(t, x_0)\, dt = a_1.$$

Weiterhin existieren $\nabla^2 a_0(x)$ und $|\nabla^2 a_0(x) - \nabla^2 a_0(y)| \leqq c\, |x - y|$, die Funktion $r(u)$ sei so beschaffen, daß $|c(t, x_0(u)| \leqq r(u)$ ist, und der Grenzwert

$$\lim_{T \to \infty} \frac{1}{T} \int_0^T \left[b(t, x_0)\, b^*(t, x_0) + \int c(t, x_0, u)\, c^*(t, x_0, u)\, \Pi(du)\right] dt \to D$$

existiert.

Wenn dann $\xi_\varepsilon(t)$ der stochastischen Differentialgleichung

$$d\xi_\varepsilon = \varepsilon\, [a(t, \xi_\varepsilon)\, dt + b(t, \xi_\varepsilon)\, dw + \int c(t, \xi_\varepsilon, u)\, \tilde{\nu}(dt, du)]$$

genügt, dann konvergiert der Prozeß

$$\eta_\varepsilon(t) = \frac{\xi_\varepsilon\left(\frac{t}{\varepsilon}\right) - x_0}{\sqrt{\varepsilon}}$$

für $\varepsilon \to 0$ schwach gegen den Gaussschen Markow-Prozeß $\zeta(t)$, der der stochastischen Gleichung

$$d\zeta = a_1 \zeta\, dt + \sqrt{D}\, dw \tag{21}$$

genügt.

Die Kovarianzmatrix des Prozesses $\zeta(t)$ hat die Form

$$\int_0^t e^{a_1(t-\tau)} D\, e^{a_1^*(t-\tau)}\, d\tau\,.$$

Dieses Ergebnis kann man in der Gestalt

$$\xi_\varepsilon\left(\frac{t}{\varepsilon}\right) \cong x_0 + \sqrt{\varepsilon}\,\zeta(t) \tag{22}$$

schreiben, wobei das Zeichen $\cong$ bedeutet, daß sich die rechte Seite von der linken um eine Größe unterscheidet, die kleiner ist als $\sqrt{\varepsilon}$. Die Größe $\sqrt{\varepsilon}\,\zeta(t)$ charakterisiert die Schwingungen des bewegten Punktes in der Nähe der Ruhelage unter dem Einfluß einer zufälligen Störung während der Zeitintervalle der Ordnung $1/\varepsilon$. Diese Fluktuationen sind Gausssche Fluktuationen und werden durch einfache Markowsche Prozesse beschrieben.

Das Ergebnis des Satzes 5 kann man auch etwas anders deuten. Wir betrachten die Bewegung eines Systems mit schnellveränderlichem Feld. Die Bewegungsgleichung habe die Gestalt

$$d\xi = -\operatorname{grad} U(\xi)\, dt + \beta\left(\frac{t}{\varepsilon}, \xi\right) dt\,, \tag{23}$$

wobei das störende zufällige Feld $\beta(t, x, h)$ die Form (16) hat. Das Vorhandensein des Parameters $1/\varepsilon$ bei t bringt die Tatsache zum Ausdruck, daß das Feld „schnellveränderlich" ist.

Wenn in Übereinstimmung mit dem Satz 5 das Feld $\beta(t, x, h)$ den Bedingungen d) und e) des Satzes genügt, so haben wir

$$\xi(t) \cong x(t) + \sqrt{\varepsilon}\,\zeta(t)\,, \tag{24}$$

wobei $x(t)$ die Lösung der ungestörten Gleichung

$$\ddot{x} = -\operatorname{grad} U(x)\,, \qquad x(0) = x_0\,,$$

ist und $\zeta(t)$ der Gleichung

$$d\dot{\zeta} = g(t)\,\zeta + d(t)\, dw\,, \quad d\zeta = \zeta\, dt\,, \tag{25}$$

$$g(t) = -\nabla \operatorname{grad} U\big(x(t)\big)\,. \tag{26}$$

genügt.

LITERATURVERZEICHNIS

[1] Баклан, В. В., ДАН УССР **10** (1963), 1299—1303.

[2] Баклан, В. В., ДАН СССР **4** (1964), 159.

[3] Bellman, R., Stability theory of differential equations, New York—Toronto—London 1965 (russische Übersetzung: Беллман, Р., Теория устойчивости решений дифференциальных уравнений, ИЛ, Москва 1954).

[4] Бернштейн, С. Н., Труды физ.-мат. ин-та им. Стеклова, № 5 (1934), 95—124.

[5] Бернштейн, С. Н., Теория вероятностей, изд-е 34., Гостехиздат, Москва—Ленинград 1946.

[6] Боголюбов, Н. Н., О некоторых статистических методах в математической физике, Киев 1945.

[7] Боголюбов, Н. Н., и Н. М. Крылов, Зап. каф. мат. физ. АН УССР **4** (1939), 5—158.

[8] Боголюбов, Н. Н., и Ю. А. Митропольский, Асимптотические методы в теории нелинейных колебаний, Москва 1963 (deutsche Übersetzung: Bogoljubow, N. N., und J. A. Mitropolski, Asymptotische Methoden in der Theorie der nichtlinearen Schwingungen, Akademie-Verlag, Berlin 1965).

[9] Благовещенский, Ю. Н., Теория вероятн. и ее прим. **7** (1962), 135 до 152.

[10] Благовещенский, Ю. Н., и М. И. Фрейдлин, ДАН СССР **138** (1961), 508—511.

[11] Волконский, В. А., Теория вероятн. и ее прим. **3** (1958), 332—350.

[12] Гирсанов, И. В., Теория вероятн. и ее прим. **5** (1960), 314—330.

[13] Гирсанов, И. В., ДАН СССР **138** (1961).

[14] Гихман, И. И., Научные записки Киевского ун-та **5** (1941), 119—132.

[15] Гихман, И. И., Научные записки Киевского ун-та **5** (1941), 141—149.

[16] Гихман, И. И., ДАН СССР **58** (1947), 961—964.

[17] Гихман, И. И., УМЖ **2**: 3 (1950), 45—69.

[18] Гихман, И. И., УМЖ **2**: 4 (1950), 37—63; **3** (1951), 317—339.

[19] Гихман, И. И., в: Предельные теоремы и статистические выводы, Ташкент 1966, стр. 14—45.

[20] Гихман, И. И., в: Зимняя школа по теории вероятностей и математической статистики, Ужгород 1964, стр. 48—65.

[21] Гихман, И. И., и А. Я. Дороговцев, УМЖ **17**: 6 (1965), 3—21.

[22] Гихман, И. И., и А. В. Скороход, Введение в теорию случайных процессов, Изд. Наука, Москва 1965.

[23] Далецкий, Ю. Л., ДАН СССР **166** (1966), 4.

[24] Де Дю Ген, Вестник КНДР **3** (1963) [korean.].

[25] Де Дю Ген, Стохастические интегральные уравнения, Пхеньян 1963 [korean.].

[26] Doob, J. L., Stochastic processes, New York—London 1953 (russische Übersetzung: Дуб, Дж. Л., Вероятностные процессы, ИЛ, Москва 1956.).

[27] Дынкин, Е. Б., ДАН СССР 104 (1965), 691—694.

[28] Дынкин, Е. Б., Марковские процессы, Физматгиз, Москва 1963 (englische Übersetzung: Dynkin, E. B., Markov Processes, Springer-Verlag, Berlin 1965).

[29] Кац, И. А., и Н. Н. Красовский, ПММ **24** (1962), 809—823.
[30] Красовский, Н. Н., Некоторые задачи теории устойчивости движения, Физматгиз, Москва 1959.
[31] Колмогоров, А. Н., УМН **5** (1938), 5—41.
[32] Малкин, И. Г., Теория устойчивости движения, Изд. Наука, Москва 1966 (deutsche Übersetzung: Malkin, J. G., Theorie der Stabilität einer Bewegung, Akademie-Verlag, Berlin 1959).
[33] Скороход, А. В., СМЖ **2** (1961), 129—137.
[34] Скороход, А. В., Теория вероятн. и ее прим. **6** (1961), 287—298; **7** (1962), 5—25.
[35] Скороход, А. В., Исследования по теории случайных процессов, Изд. Киевского ун-та 1961.
[36] Скороход, А. В., Случайные процессы с независимыми приращениями, Изд. Наука, Москва 1964.
[37] Стратонович, Р. Л., Избранные вопросы теории флуктуаций в радиотехнике, Советкое радио, Москва 1961.
[38] Стратонович, Р. Л., Условные марковские процессы и их применение, Изд. Московск. ун-та 1966.
[39] Хасьминский, Р. З., Теория вероятн. и ее прим. **5** (1960), 196—214.
[40] Хасьминский, Р. З., ПММ **24** (1960), 809—823.
[41] Хасьминский, Р. З., Теория вероятн. и ее прим. **8** (1963), 3—25.
[42] Хасьминский, Р. З., Проблемы передачи информации **1** (1965).
[43] Хасьминский, Р. З., в: Опознавание образов, Теория передачи информации, 1965, стр. 72—85.
[44] Хасьминский, Р. З., Теория вероятн. и ее прим. **11** (1966), 240—259.
[45] Хасьминский, Р. З., Теория вероятн. и ее прим. **11** (1966), 444—462.
[46] Chintschin, A. J., Asymptotische Gesetze der Wahrscheinlichkeitsrechnung, Springer, Berlin (1933) (russische Übersetzung: Хинчин, А. Я., Асимптотические законы теории вероятностей, Гостехиздат, Москва—Ленинград 1936).
[47] Чантладзе, Т. Л., Сообщения АН ГрузССР **33** (1964), 529—534.
[48] Itô, K., Proc. Imp. Acad. Tokyo **20** (1944), 519—524.
[49] Itô, K., Mem. Amer. Math. Soc. **4** (1951).
[50] Itô, K., Nagoya Math. J. **3** (1951), 55—65 (russische Übersetzung: Ито, К., Об одной формуле, касающейся стохастических дифференциалов, Математика (сб. переводов) **3**: 5 (1959), 131—141 (I, § 3, II; § 5)).
[51] Itô, K., Proc. Jap. Acad. **22**: 2 (1946), 32—35.
[52] Itô, K., Nagoya Math. J. **1** (1950), 35—47.
[53] Itô, K., and H. P. McKean, Diffusion processes and their sample paths, Springer-Verlag, Berlin—Heidelberg—New York 1965.
[54] Itô, K., and M. Nisio, J. Math. Kyoto Univ. **4** (1964), 1—75.
[55] Maruyama, G., Rend. Circ. Mat. Palermo **4** (1955), 1—43 (russische Übersetzung: Маруяма, Г., Непрерывные марковские процессы и стохастические уравнения, Математика (сб. переводов) **1**: 2 (1957), 125—159).
[56] Maruyama, G., and H. Tanaka, Mem. Sci. Fac. Kyushu Univ., Ser. A, **11**: 2 (1957), 117—141.
[57] Feller, W., Trans. Amer. Math. Soc. **77** (1954), 1—31.

SACHVERZEICHNIS

Bei Fragen zur Produktsicherheit wenden Sie sich bitte an:
If you have any questions regarding product safety,
please contact:

Walter de Gruyter GmbH
Genthiner Straße 13
10785 Berlin
productsafety@degruyterbrill.com